Uwe Hartmann
Nanostrukturforschung und Nanotechnologie
De Gruyter Studium

Weitere empfehlenswerte Titel

Uwe Hartmann

Nanostrukturforschung und Nanotechnologie

Band 4: Applikationen und Implikationen

DE GRUYTER

Physics and Astronomy Classification Scheme 2010
61.46.-w, 61.48.-c, 61.25.-g, 63.22.-m, 68.25.-k, 73.22.-f, 73.63.-b, 78.67.-n, 81.07.-b, 81.16.-c

Autor
Prof. Dr. Uwe Hartmann
Universität des Saarlandes
FR Physik
Campus C6.3
66123 Saarbrücken
u.hartmann@mx.uni-saarland.de

ISBN 978-3-486-71783-9
e-ISBN (PDF) 978-3-486-85544-9
e-ISBN (EPUB) 978-3-11-039705-5

Library of Congress Control Number: 2025941251

Bibliografische Information der Deutschen Nationalbibliothek
Die Deutsche Nationalbibliothek verzeichnet diese Publikation in der Deutschen Nationalbibliografie; detaillierte bibliografische Daten sind im Internet über http://dnb.dnb.de abrufbar.

www.degruyter.com
Fragen zur allgemeinen Produktsicherheit:
productsafety@degruyterbrill.com

Vorwort

Nanostrukturforschung und Nanotechnologie sind zu einem dynamischen und viel beachteten Feld des wissenschaftlichen und technischen Fortschritts geworden. Die Begriffe sind Sammelbegriffe für multidisziplinäre Grundlagen und Anwendungen der unterschiedlichsten Art und damit naturgemäß nicht sonderlich präzise definitorisch zu erfassen. Von Bedeutung ist die grundlegende Erkenntnis, dass Nanoskaligkeit der Materie und daraus erschaffenen natürlichen und artifiziellen Objekten ganz besondere Eigenschaften verleiht, die teils Folgen eines Skalierungsverhaltens, teils Resultate eines vielfältigen und komplexen Wechselspiels zwischen klassischen und quantenphysikalischen Phänomenen sind. Damit umfassen aber die Grundlagen der Nanotechnologie zum einen fast alle naturwissenschaftlichen Erkenntnisse zum Verhalten kondensierter Materie und zum andern a priori praktisch alle bekannten analytischen, Präparations-, Herstellungs- und Bearbeitungsverfahren, die teils konventionellen Ursprungs sind, teils im Rahmen nanotechnologischer Ansätze neu entwickelt wurden.

So vielfältig die Grundlagen und Anwendungen der Nanotechnologie sind, so vielfältig ist auch der Bestand an einführenden, weiterführenden und hochgradig spezialisierten Lehrbüchern. Hinzu kommt eine beträchtliche Fülle populärwissenschaftlicher Darstellungen eines jeden Komplexitätsgrads. Je nach Interessenslage und Sichtweise von Autoren und Herausgebern haben die meisten Werke, die einen Überblick über das riesige Gebiet der Nanotechnologie geben wollen, mehr oder weniger stark ausgeprägte Schwerpunkte, etwa in den Bereichen nanostrukturierte Materialien, Nanoelektronik, Nanoanalytik, chemische Nanotechnologie oder auch Nanobiotechnologie. Zusätzlich gibt es in der spezialisierten Literatur ein umfangreiches Angebot an Werken, die von vornherein nur einzelne Bereiche behandeln. Einführungen in das Gebiet, die in ausgewogener Weise die multidisziplinären Grundlagen mit einem hinreichenden wissenschaftlichen und quantifizierenden Anspruch würdigen und die vielfältigen Anwendungen in angemessener Breite ohne spezifische Schwerpunktsetzung behandeln, sind die große Ausnahme, gleichzeitig aber unerlässlich im Rahmen der akademischen Ausbildung, in der Nanotechnologie entweder eine zentrale Rolle spielt oder für die eigene Kerndisziplin von erheblicher Bedeutung ist. Dieses Werk möchte die bestehende Lücke schließen und einen umfassenden Überblick über die naturwissenschaftlichen Grundlagen und die ingenieurwissenschaftlichen Anwendungen der Nanotechnologie bieten. Dabei werden elementare mathematisch-naturwissenschaftliche Kenntnisse – insbesondere grundlegender physikalischer Konzepte – zwar vorausgesetzt, aber die sich aus den Grundlagen ergebenden nanotechnologischen Implikationen ausführlichst und unter Betonung ihres Querschnittscharakters behandelt. Damit ist das Buch bestens geeignet für die universitäre Ausbildung im Rahmen von Bachelor- und Masterstudiengängen der Natur- und Ingenieurwissenschaften. Auch Doktoranden und forschende Wissen-

https://doi.org/10.1515/9783486855449-202

schaftler dürften von der umfassenden Darstellung profitieren. Darüber hinaus ist das Buch sicherlich für Lehrende im Bereich der Nanotechnologie und auch für die berufsbegleitende Weiterbildung industriell arbeitender Wissenschaftler nützlich.

Das Lehrbuch umfasst vier Bände. Band 1 beinhaltet eine ausführliche Diskussion der multidisziplinären Grundlagen und es werden die disziplinären Bezüge verschiedener wissenschaftlich-technischer Felder zur Nanotechnologie diskutiert. Es wird verdeutlicht, in welchen spezifischen Eigenschaften das Skalierungsverhalten klassischer Systeme resultiert und wie kritische Dimensionen dieses Skalierungsverhalten beeinflussen. Die relevanten quantenmechanischen Grundlagen unter Einbeziehung neuer Entwicklungen wie der Quanteninformationsverarbeitung oder der Spinelektronik werden ausführlich behandelt. Von großer Bedeutung für die Entstehung und Stabilität nanoskaliger Systeme sind einerseits Intermolekular- und Oberflächenwechselwirkungen und andererseits spezifische thermodynamische Eigenschaften, die nicht immer auf Gleichgewichtszustände beschränkt sind. Das Zusammenspiel zwischen Wechselwirkungen und Thermodynamik führt zu äußerst interessanten Selbstorganisations- und Strukturbildungsphänomenen, die eingehend dargestellt werden. Viele der behandelten Grundlagen der Nanostrukturforschung und Nanotechnologie werden in festkörperbasierten Systemen beobachtet, erforscht und zu Anwendungen entwickelt. Aus diesem Grund werden neben den „konventionellen" ein-, poly- und quasikristallinen sowie amorphen Konfigurationen auch Festkörper mit nanoskaligen Gitterbausteinen oder Poren als Gitterbausteine diskutiert.

Band 2 umfasst Materialien und Systeme, die in der Nanostrukturforschung und der Nanotechnologie relevant sind. Zu diesen Materialien und Systemen zählen die sehr vielfältige weiche kondensierte Materie inklusive der biologischen Materie und nanoskalige Grundbausteine in Form von monolagigen Filmen, Nanoröhrchen, Clustern oder bestimmten Molekültypen. Die behandelten Materialien und Systeme sind quasi Manifestationen vieler Grundlagen, die in Band 1 der Buchreihe diskutiert werden. So spielen Skalierungseffekte, kritische Dimensionen und Quanteneffekte, aber auch thermodynamische Aspekte und Wechselwirkungen eine dominante Rolle. Die Kenntnis dieser Grundlagen ermöglicht daher einen Zugang zu den teilweise spektakulären Eigenschaften der Materialien und Grundbausteine der Nanotechnologie. Neben physikalischen sind auch chemische und biologische Aspekte im Kontext dieses Bands von Bedeutung und der disziplinübergreifende Charakter von Nanostrukturforschung und Nanotechnologie wird besonders deutlich.

Der zweigeteilte Band 3 komplettiert die nanoskaligen Materialien durch Nanopartikel, niedrigdimensionale Systeme und Metamaterialien. Metamaterialien unterscheiden sich von den „gewöhnlichen" Materialien dadurch, dass sie quasi aus einer Aneinanderreihung von Bauelementen oder funktionellen Einheiten konstituiert sind und damit völlig neue Eigenschaften aufweisen können. Eine solche Eigenschaft ist beispielsweise eine negative effektive Permittivität. Dabei weisen Metamaterialien nicht zwingend eine Nanostrukturierung auf. Die weiterhin behandelten Methoden und Verfahren umfassen sowohl theoretische Konzepte zur Beschreibung der spezifischen Eigenschaften von Nanosystemen als auch experimentelle nanoanalytische Verfahren, unter denen die Rastersondenverfahren als *die* Wegbereiter der Nanotechnologie einen besonderen Stellenwert einnehmen.

Band 4 stellt weitere analytische Verfahren vor, die von besonderer Bedeutung für die Nanostrukturforschung und Nanotechnologie sind. Lithographische und Strukturierungsverfahren bilden hingegen in gewisser Weise das präparative Pendant zu den analytischen Verfahren und werden im Hinblick auf ihren Stellenwert ausführlich und vergleichend diskutiert. Darüber hinaus gibt Band 4 einen Überblick über die heute konkret existierenden Anwendungen der Nanotechnologie sowie über vielversprechende Anwendungspotentiale. Die Kategorisierung orientiert sich dabei einerseits an präparatorischen Kategorien, wie Oberflächen, Partikeln und Massivmaterialien. Diese können in den unterschiedlichsten Anwendungsbereichen eingesetzt werden. Andererseits liefern Nanostrukturforschung und Nanotechnologie in Anwendungsbereichen wie der Elektronik Problemlösungsstrategien, Materialien und Bauelemente, welche einen beachtlichen Einfluss auf die zukünftige Entwicklung haben dürften. Nanotechnologische Konzepte werden daher diesbezüglich ausführlich diskutiert.

Insgesamt spannt das vierbändige Werk damit einen umfassenden Bogen zwischen rein erkenntnisorientierter Grundlagenforschung und konkreter Anwendung in kommerziellen Schlüsselmärkten disziplinübergreifend auf. Jenseits einer Beschreibung des Status Quo finden sich zahlreiche konkrete Hinweise darauf, wie sich das Gebiet der Nanostrukturforschung und Nanotechnologie langfristig weiterentwickeln und damit unser Leben mitbestimmen wird.

Saarbrücken, im Mai 2025 U. Hartmann

Inhaltsübersicht

Band 4: Applikationen und Implikationen

Vorwort zu Band 4

Grundlagenforschung hat zunächst einmal einen Erkenntnisgewinn zum Ziel. Dies allein rechtfertigt sie und damit auch viele Bereiche der Nanostrukturforschung. Allerdings resultieren viele heute sehr wichtige, geradezu nicht mehr wegzudenkende technologische Anwendungen aus der ursprünglich rein erkenntnisorientierten Grundlagenforschung. Das Bindeglied zwischen dieser und der breiten, zumeist kommerziell orientierten Anwendung sind anwendungsorientierte Forschung und Entwicklung. Im Hinblick auf die Nanotechnologie sind diese der zentrale und disziplinübergreifende Gegenstand des vorliegenden Bandes 4 der Lehrbuchreihe.

Je höher entwickelt eine Technologie ist, desto geringer ist die Kluft zwischen Entwicklung und Grundlagenforschung. Dies wird überaus deutlich am Beispiel der Fortschreibung der Mikroelektronik im Einklang mit dem Mooreschen Gesetz. Die Miniaturisierung der Grundbausteine, die schon lange charakteristische Abmessungen im Nanometerbereich aufweisen, erfordert quasi simultan Grundlagenforschung und applikationsnahe technologische Entwicklung. Ein derartiges Hand-in-Hand-Gehen ist charakteristisch für die Entwicklung von Nanostrukturforschung und Nanotechnologie. Dem trägt Band 4 der Lehrbuchreihe Rechnung.

Nanoanalytische Verfahren sind essentiell für den Erkenntnisgewinn in der Grundlagenforschung, aber auch für Prozesskontrolle und Qualitätssicherung in der Fertigung nanotechnologischer Bauelemente und Systeme. Elektronen-, Röntgen- und höchstauflösende optische Mikroskopien sind genauso wie die Atomsondentomographie unverzichtbar, um die Nanostrukturforschung und auch die Nanotechnologie weiter voranzubringen. Dem neuesten Entwicklungsstand in diesen Bereichen analytischer Methoden wird ausführlich Rechnung getragen.

Die Herstellung nanoskaliger Strukturen und Systeme erfordert natürlich adäquate Herstellungsverfahren, die unter realen Bedingungen bei vertretbarem experimentellen Aufwand und reproduzierbar arbeiten. Dies gilt in besonderer Weise für lithographische Verfahren. Grundlagen der optischen, Elektronenstrahl-, Ionenstrahl-, Atom- und Quantenlithographie werden ausführlich diskutiert und das grundlagenorientierte sowie produktionstechnisch orientierte Potential wird kritisch bewertet. Insbesondere werden aus dem bisherigen Entwicklungsstand Prognosen für in die Zukunft weisende „Roadmaps" im Hinblick auf weitere Miniaturisierungsmeilensteine abgeleitet.

In vielen alltäglichen, aber auch hochgradig spezialisierten Applikationen der Nanotechnologie sind Oberflächen mit subtilen funktionellen Eigenschaften eine wesentliche Innovationsgrundlage. Denken wir etwa an den „Lotuseffekt", der geradezu sinnbildlich für die Nanotechnologie steht. Heute spielen Oberflächen mit maßgeschneiderten mechanischen, tribologischen oder auch optischen Eigenschaften in vielen Anwendungen eine tragende Rolle. In diesem Kontext ist wiederum sowohl grundlagen- als auch anwendungsorientiert die Analyse biologischer, also evolutio-

https://doi.org/10.1515/9783486855449-204

när entstandener Oberflächen sehr interessant. Diese Oberflächen weisen zum Teil funktionelle Eigenschaften auf, die gegenüber denjenigen klassischer Werkstoffe völlig unbekannt und neuartig erscheinen. Dies wiederum impliziert sowohl den Einsatz biologischer Oberflächen zur Lösung technischer Probleme als auch bionische oder biomimetische Ansätze im Sinne der in Kap. 12 gemachten Ausführungen.

Jenseits der Oberflächen gibt es natürlich weitere wesentliche Applikationen für Massivmaterialien, also Materialien, deren Abmessungen in der technologischen Verwendung weit jenseits der Nanometerskala liegen. Dennoch können diese Materialien typische Eigenschaften nanoskaliger und nanostrukturierter Systeme aufweisen. Dazu werden Nanostrukturen, häufig Nanopartikel, eingebettet in eine flüssige oder feste Matrix. So entstehen Nanofluide oder auch Nanokomposite, die heute von eminenter technologischer Anwendungsrelevanz sind. Denken wir nur an Ferrofluide oder polymerbasierte Komposite. Die Diskussion dieser Systeme beinhaltet neben einer Aufzählung vielversprechender Applikationen auch toxikologische und umweltbezogene Implikationen.

Nanostrukturierte Massivmaterialien, die auch polykristalline Werkstoffe mit nanoskaligen Körnern einschließen, sind heute von ungeheurer Bedeutung für zahlreiche Einsatzgebiete. Dies basiert auf einem riesigen Parameterraum aus Struktur-Eigenschafts-Beziehungen. Besonders interessant erscheinen zukünftig Energie- und Umwelttechnologien als die Schlüsselherausforderungen, aber auch -märkte unserer Zeit.

Die Nano- und Molekularelektronik ist geradezu zum Schrittmesser der Nanostrukturforschung und Nanotechnologie geworden. Charakteristische Abmessungen von Feldeffekttransistoren im Nanometerbereich und zahlreiche Präsentationen des „Mooreschen Gesetzes" belegen dies. Wohin wird all das führen? Ansätze wie neuromorphe Informationsverarbeitung, generelle Grenzen der siliziumbasierten Technologie oder Perspektiven der gänzlich neuartigen Molekularelektronik werden in Bezug auf Applikationsmöglichkeiten, aber auch in Bezug auf Implikationen weitere Fortschritte der Informationstechnologien betreffend, ausführlich diskutiert.

Eine so ausgesprochen umfangreiche und detaillierte Darstellung der Nanostrukturforschung und Nanotechnologie auf der Basis modernster Forschungsergebnisse wäre nicht denkbar, wenn nicht zahlreiche Kolleginnen und Kollegen weltweit ihre Forschungsergebnisse zur Verfügung gestellt hätten. Insbesondere ist die Vielzahl der vorgestellten Ergebnisse aus Grundlagenforschung, angewandter Forschung und Anwendung die Basis dafür, dass das vorliegende Buch wie auch jeder andere Band der Reihe einen ausgesprochen interdisziplinären Charakter besitzt. Ich möchte mich daher bei allen Kolleginnen und Kollegen, die im Zusammenhang mit den entsprechenden Ergebnissen zitiert wurden, explizit für ihre spannenden Resultate bedanken.

Auch im vorliegenden Fall war für die Bearbeitung oder Herstellung der zahlreichen Abbildungen in diesem Buch Frau Gabriele Kreutzer-Jungmann verantwortlich, bei der ich mich für ihre außerordentlich professionelle Arbeit und für ihr großes Maß an Geduld sehr bedanken möchte. Die Lösung der vielen komplexen Formatierungsprobleme und die Erstellung des druckfertigen Manuskripts lagen erneut bei Frau Stefanie Neumann, ohne deren umfangreiche Expertise, große Akribie und erhebliche Geduld die Realisierung dieses Buches in der vorliegenden Form nicht möglich gewesen wäre. Dafür bedanke ich mich herzlich.

Von unschätzbarer Bedeutung für mich war die geduldige und sachkundige Begleitung durch den DeGruyter-Verlag, der die gesamte Buchreihe nun schon seit einigen Jahren betreut. Stellvertretend für das gesamte Team möchte ich hier insbesondere die angenehme Kooperation mit Frau Nadja Schedensack und Frau Kristin Berber-Nerlinger nennen.

Saarbrücken, im Mai 2025   U. Hartmann

Inhalt

23 Sonstige nanoanalytische Verfahren

Für die Nanotechnologie sind, im Allgemeinen betrachtet, zahlreiche analytische Verfahren von Bedeutung. In extenso haben wir in Kap. 21 die Rastersondenverfahren behandelt, die hochauflösende Abbildungen im Realraum gestatten, aber auf Nanometerskala auch einen analytischen Zugang zu den verschiedensten Eigenschaften einer Probe. Andere Verfahren, etwa die Elektronenmikroskopie, liefern ebenfalls Auflösungen, die für die Nanowissenschaften interessant sind. Sie sind aber im Grunde schon viel länger bekannt als die Rastersondenverfahren. Teilweise hat es gerade bei solchen etablierten Verfahren in den letzten Jahren bahnbrechende Weiterentwicklungen gegeben, die einen großen Einfluss auf den Erkenntnisgewinn in den Nanowissenschaften haben. Gerade derartige Weiterentwicklungen verdienen damit eine Vorstellung an dieser Stelle. Im Folgenden werden konkret Methoden der aberrationskorrigierten Elektronenmikroskopie und der Röntgenmikroskopie diskutiert. Als Verfahren der Lichtmikroskopie stellen die STED- und RESOLFT-Mikroskopie erhebliche Weiterentwicklungen im Hinblick auf eine Steigerung der Ortsauflösung der optischen Mikroskopie dar. Eine Sonderrolle nehmen die tomographischen Atomsonden ein, die es erlauben, Nanostrukturen hinsichtlich ihrer Zusammensetzung in drei Dimensionen zu charakterisieren.

23.1 Einleitung

Wie bereits in Kap. 22 diskutiert, kann man bei den nanoanalytischen Verfahren zwischen solchen unterscheiden, die im Realraum eine für die Nanostrukturforschung und die Nanotechnologie interessante Auflösung zulassen, und solchen, welche durch ihren mittelnden Charakter keine echte Hochauflösung gestatten. In diesem Sinn sind Rastersondenmikroskopie und Elektronenmikroskopie hochauflösend, weil sie unter geeigneten Bedingungen eine echte atomare Auflösung liefern können. Die Röntgenbeugung liefert demgegenüber im Ortsraum keine echte atomare Auflösung, obwohl sie die Bestimmung der Gitterkonstante eines Kristalls bis auf kleinste Bruchteile eines Angströms gestattet. Röntgenbeugung mittelt dabei aber über einen großen Bereich des Kristallgitters. Dabei können durchaus einzelne Gitterplätze un- oder falsch besetzt sein. Das kann nicht mittels Röntgenbeugung detektiert werden, sehr wohl aber mittels der genannten mikroskopische Verfahren.

Grundsätzlich sind sowohl real hochauflösende wie auch mittelnde beugende analytische Verfahren zur experimentellen Behandlung der vielfältigen Fragestellungen der Nanowissenschaften von Bedeutung. Bei den mikroskopischen Verfahren sind a priori natürlich die Licht-, Elektronen- und Röntgenmikroskopie zu nennen. Die Lichtmikroskopie ist dabei in ihrer konventionellen Form nur bedingt relevant, weil der Wellenlängenbereich des sichtbaren Lichts oberhalb des hier behandelten

https://doi.org/10.1515/9783486855449-001

typischen Längenbereichs liegt und das Abbesche Beugungslimit die Auflösung entsprechend begrenzt. Allerdings kann das Beugungslimit wiederum in Form der in Abschn. 22.4 behandelten optischen Nahfeldmikroskopie mit den Methoden der Rastersondenverfahren durchbrochen werden.

Beugungs- oder Streuverfahren sind von essentieller Bedeutung für die Oberflächenphysik [23.1], finden aber auch Anwendung bei der Charakterisierung des Materialinnern [23.2]. Dementsprechend sind diese Verfahren per se auch von Bedeutung für die Nanostrukturforschung. Denn nicht unbedingt besteht die vorliegende Fragestellung darin, eine einzige isolierte Nanostruktur zu analysieren. Häufig liegen größere Ensemble von Strukturen vor, die den Einsatz mittelnder Verfahren sinnvoll erscheinen lassen. Derartige Verfahren können, wie etabliert, die Beugung oder Streuung von Licht, Röntgenstrahlen, Elektronen, anderen Elementarteilchen oder auch Atomen einschließen [23.3]. Kombiniert man entsprechende analytische Verfahren mit der sukzessiven Abtragung des Materials, beispielsweise mit einem fokussierten Ionenstrahl (*FIB, Focused Ion Beam*) [23.4], so können sogar tomographische Verfahren realisiert werden [23.5].

Viele Verfahren mit Relevanz für die Nanoanalytik sind seit langem bekannt und wurden über viele Jahre sukzessive verfeinert. Allerdings beinhaltet eine solche technische Verfeinerung häufig keine methodischen Entwicklungssprünge. Es gibt aber auch Entwicklungen auf der Basis an sich etablierter Verfahren, die durch völlig neuartige technische Ansätze zu einer sprunghaften Leistungssteigerung eines Verfahrens und manchmal zu sogar völlig neuartigen analytischen Möglichkeiten führen.

Die folgende Diskussion konzentriert sich auf mikroskopische Verfahren, die besonders durch neuere Entwicklungen im Hinblick auf ihre Auflösung für die Nanowissenschaften besonders interessant sind und zum Teil sogar eine Querschnittsbedeutung besitzen.

23.2 Elektronenmikroskopie

Das *Transmissionselektronenmikroskop (TEM)* wurde bereits vor etwa 90 Jahren entwickelt [23.6]. Es ist in vielen Bereichen der Nanowissenschaften und der Nanotechnologie als hochauslösendes mikroskopisches Verfahren von ungeheurer Bedeutung. Im Hinblick auf die Ortsauflösung war für lange Zeit die Aberration der Linsen, insbesondere die sphärische Aberration, der begrenzende Faktor. Inkorrekt fokussierte Elektronenstrahlen mit großem Winkel zur optischen Achse verursachen wie in der Lichtmikroskopie unscharfe Bilder. Die Auflösung eines Elektronenmikroskops hängt natürlich von der Wellenlänge λ und eben auch von der Aberration ab, die durch den Aberrationskoeffizienten C quantifiziert wird. Sie ist proportional zu $\sqrt[4]{C\lambda^3}$ [23.7]. Bei einer Beschleunigungsspannung von 1,25 MV erhält man λ =0,74 nm und man erreicht eine Auflösung von 0,1 nm [23.8]. Neben einer hohen Elektronenenergie ist also in jedem Fall eine verschwindende Aberration zur Erreichung der realiter möglichen maximalen Ortsauflösung nötig.

Wesentliche Entwicklungen bezüglich der Aberrationskorrektur in der Elektronenmikroskopie wurden im Jahr 2004 initiiert [23.9]. Dabei konnte die große Bedeutung der Aberrationskorrektur experimentell demonstriert werden [23.10]. Während zunächst primär das Transmissionselektronenmikroskop im Zentrum der Innovationen stand, wurde schnell klar, dass ebenfalls die mikroskopischen Varianten des Archetyps der Elektronenmikroskopie wie die *Rastertransmissionselektronenmikroskopie (Scanning Transmission Electron Microscopy, STEM)*, die *Photoemissionselektronenmikroskopie (PEEM)*, die *Niedrigenergieelektronenmikroskopie (Low Energy Electron Microscopy, LEEM)* und auch die *Rasterelektronenmikroskopie (Scanning Electron Microscopy, SEM)* von Aberrationskorrekturen entsprechend profitieren würden. TEM und STEM werden typisch genutzt in einem Energiebereich von 100 keV bis 1 MeV und sind geeignet, Volumeneigenschaften zu sondieren. PEEM, LEEM und SEM sondieren hingegen Oberflächeneigenschaften bei Energien von typisch weniger als 30 keV.

In der Regel verwendet man rotationssymmetrische elektrostatische (PEEM, LEEM, SEM) und magnetostatische (TEM, STEM) Linsen in der konventionellen Elektronenmikroskopie. Gerade dies verursacht allerdings die Aberrationsfehler. Das Zustandekommen der sphärischen Aberration und der chromatischen Aberration verdeutlicht Abb. 23.1. Die sphärische Aberration wird durch den Öffnungswinkel des Elektronenstrahls erzeugt, während die chromatische Aberration aus der Energieverteilung der Elektronen resultiert. Zusammenfassend kann man feststellen, dass Elektronen mit großem Öffnungswinkel stärker und mit größerer Energie schwächer fokussiert werden.

(a)   (b)

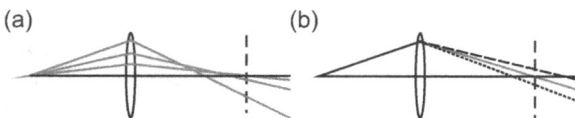

Abb. 23.1. Aberrationsquellen in der Elektronenmikroskopie. (a) Sphärische Aberration. (b) Chromatische Aberration.

Die erste experimentell erfolgreiche Korrektur der sphärischen und chromatischen Aberration wurde an einem Niederspannungs-SEM bereits 1995 demonstriert [23.11]. Die Korrektur erfolgte mit vier Multipolelementen, wie schematisch in Abb. 23.2 dargestellt. Die äußeren Elemente bestehen in elektrostatischen Multipolen, die inneren in einer Kombination elektrostatischer und magnetostatischer Multipole. Das Layout minimiert Brüche der Rotationssymmetrie der sphärischen Linsen aufgrund der verwendeten Multipole. Die Kombination elektro- und magentostatischer Multipole erlaubt die Korrektur der chromatischen Aberration aufgrund der unterschiedlichen Energieabhängigkeiten elektro- und magnetostatischer Kräfte. Die Korrektur von Ab-

(a)   (b)   (c)

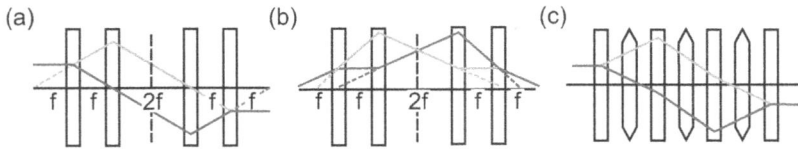

Abb. 23.2. Aberrationskorrektoren. (a) Cosinusartige Strahlen des Quadrupoldetektors in der horizontalen (dunkel) und vertikalen (hell) Ebene. (b) Sinusartige Strahlen des Quadrupoldetektors in der horizontalen (dunkel) und vertikalen (hell) Ebene. (c) Kombination aus Quadrupolen (rechteckig) und Oktupolen (Hexagone) mit Strahlen in der horizontalen (dunkel) und vertikalen (hell) Ebene.

errationen höherer Ordnung erfordert aufwändigere Designs [23.12], wie ebenfalls in Abb. 23.2 dargestellt. Die erreichbare Ortsauflösung in einem 100 keV-STEM *(Scanning Transmission Electron Microscope)* liegt unterhalb von 0,1 nm [23.13].

Speziell im TEM müssen die Korrektoren einen genügend großen Bildbereich zulassen. Dabei müssen in einer Dimension üblicherweise mindestens 2000 Bildpunkte sicher aufgelöst werden. Dies lässt der in Abb. 23.2(b) dargestellte Korrektor im Allgemeinen nicht zu, wohl aber der in Abb. 23.3 dargestellte Hexapolkorrektor [23.14]. Die Strahlen, welche durch die Zentren der Hexapole in Abb. 23.3(b) gehen, werden durch den Korrektor nicht beeinflusst, wodurch der entsprechende Abbildungsbereich erhalten bleibt.

(a)   (b)

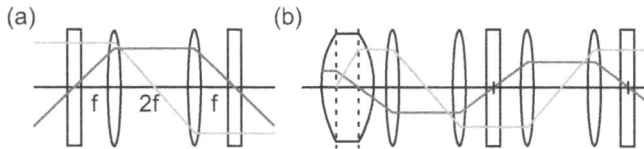

Abb. 23.3. (a) Hexapolkorrektor mit zwei Linsen und sinusartigen (hell) sowie cosinusartigen (dunkel) Strahlen. (b) Strahlengang im TEM von der Objektivlinse bis zum Korrektorende mit sinusförmigen (hell) und cosinusförmigen (dunkel) Strahlen.

Die simultane Korrektur der sphärischen und chromatischen Aberration im TEM erfordert noch kompliziertere Korrektoren als den Hexapolkorrektor aus Abb. 23.3. Ein aus zwei Multipolquintupeln aufgebauter Korrektor ist in Abb. 23.4 dargestellt. Das mittlere Element der beiden Quintupeln ist jeweils eine Kombination aus elektro- und magnetostatischen Multipolen. Damit können wiederum sowohl spärische wie auch chromatische Aberrationen korrigiert werden [23.15]. Auch hier ist das Design so ausgelegt, dass der cosinusartige Strahl der Objektivlinse durch das Zentrum des Korrektors geht und der Bildbereich damit erhalten bleibt, was Abb. 23.4(b) zeigt.

Anschaulich zeigt Abb. 23.5 den Einfluss der automatischen Aberrationskorrektur auf eine SEM-Aufnahme bei niedriger Beschleunigungsspannung. Grundlage der Abbildung mit atomarer oder sogar subatomarer Auflösung im TEM ist die quanten-

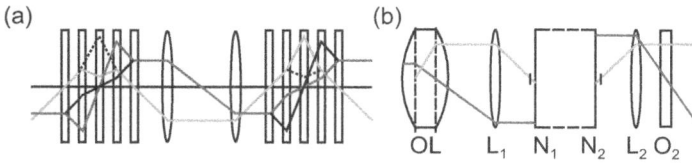

Abb. 23.4. Korrektor aus zwei Multipolquintupeln zur simultanen Korrektur der sphärischen und chromatischen Aberration im TEM. (a) Sinus- und cosinusartige Strahlen in der Horizontal- und Vertikalebene. (b) Strahlengang im TEM.

mechanische Wechselwirkung des Elektronenwellenfelds mit dem atomaren Potential. Diese Wechselwirkung liefert insbesondere auch Aufschluss über die innere Struktur einer Probe. Atomare Strukturen sind dabei Phasenobjekte. Diese Phasenobjekte müssen letztendlich in Form von Intensitätsunterschieden abgebildet werden, was mittels der klassischen Scherzer-Technik des Phasenkontrast-TEM [23.7] realisiert werden kann. Dabei ist der Zusammenhang zwischen atomar variierendem Probenpotential und gemessener Intensitätsverteilung im Abbild der Probe außerordentlich komplex, und eine Rückrechnung ist im Allgemeinen nicht möglich [23.17]. Bei TEM erhält man den höchsten Kontrast bei höchster Auflösung unter überkompensierten Aberrationsbedingungen (*Negative Sperical-Aberration Imaging, NCSI*) [23.18]. Insbesondere sind auch leichte Atome wie O, N oder B sichtbar [23.19]. Abbildung 23.6 zeigt eine Zwillingsdomänengrenze in $BaTiO_3$. Alle atomaren Spezies sind nachweisbar und die lokale Stöchiometrie kann so ermittelt werden.

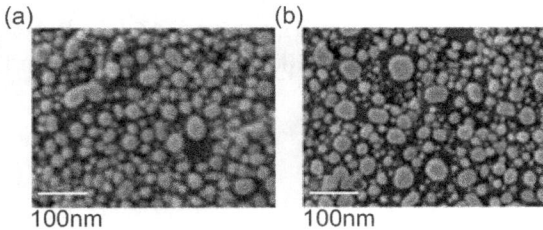

Abb. 23.5. SEM-Abbildung von Goldpartikeln auf einem Kohlenstoffsubstrat bei 800 eV [23.16]. (a) Ohne Aberrationskorrektur. (b) Mit Aberrationskorrektur.

In einem STEM wird ein konvergentes Bündel von Elektronen über die Probe gerastert. Die charakteristischen elektronischen Zustände innerhalb der Probe sind aufgrund der Winkelverteilung des Elektronenstrahls gegenüber denen bei konventionellem TEM modifiziert. Die Zusammensetzung der emittierten ebenen Elektronenwellen ist dementsprechend ebenfalls unterschiedlich für TEM und STEM.

Ein zweiter Unterschied zwischen konventionellem TEM und STEM resultiert aus der Detektoranordnung relativ zur Probe. Bei STEM lässt sich zwischen zwei Ab-

Abb. 23.6. Aberrationskorrigierte TEM-Aufnahme einer Zwillingsdomänengrenze in BaTiO$_3$ [23.20].

bildungsmodi unterscheiden. Die Hellfeldabbildung nutzt Elektronen mit geringem Streuwinkel, welche ähnlich wie bei TEM im Wesentlichen einen Phasenkontrast liefern. Der bevorzugte Abbildungsmodus ist allerdings die Dunkelfeldabbildung mit Elektronen, die unter großem Streuwinkel ringförmig detektiert werden. Dieser Modus hat insbesondere den Vorteil, dass Interferenzen zwischen elektronischen Zuständen, die bei konventionellem TEM zu einem komplexen Kontrastverhalten führen, durch die Detektorgeometrie effektiv herausgemittelt werden [23.21]. Da laterale Interferenzeffekte abwesend sind, resultiert der Kontrast aus inkohärenter Elektronenstreuung. Damit können die inkohärenten Intensitätsvariationen direkt auf die atomare Struktur der Probe zurückgeführt werden. Da die Intensität von der Kernladungszahl Z abhängt, bezeichnet man den entsprechenden Abbildungsmodus auch als Z-Kontrastabbildung. Eine Korrektur der sphärischen Aberration ermöglicht einen kleineren Strahldurchmesser und eine höhere Auflösung [23.22]. Dabei bestimmen sowohl die Auflösung wie auch der Kontrast den Informationsgehalt des letztendlichen Resultats. Dies wird deutlich in Abb. 23.7. Trotz eines geringen Sondendurchmessers von nur 0,7 Å kann das 1,1 Å große Al-N-Atompaar von AlN-Quantenpunktstrukturen nicht aufgelöst werden. Dies liegt daran, dass das Aluminium mit vergleichsweise großem Z den Stickstoff mit vergleichsweise kleinem Z maskiert [23.23]. So lassen sich – ebenfalls in Abb. 23.7 dargestellt – Si-Atome in ein Si-Kristall bei einem Abstand von 0,78 Å deutlich auflösen.

(a)   (b)

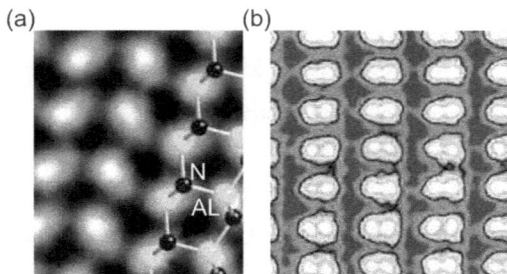

Abb. 23.7. STEM-Dunkelfeldabbildungen. (a) AlN in [-2110]-Projektion. Die Zuordnung der atomaren Positionen erfolgte mit Hilfe quantenmechanischer Rechnungen [23.23]. (b) Si entlang der [112]-Richtung [23.22].

Die Detektoranordnung bei Dunkelfeld-STEM erlaubt es, die passierenden Elektronen, die bei kleinen Winkeln gestreut werden, für die Elektronenenergieverlustspektroskopie (*Electron Energy Loss Spectroscopy, EELS*) zu nutzen. Unter gleichzeitiger Nutzung der Korrektur sphärischer Aberration lässt sich so ein chemischer Kontrast mit atomarer Auflösung beobachten [23.24]. Da allerdings die Streuquerschnitte für Ionisationsprozesse an inneren Schalen gering sind, müssen entsprechende Mittelungszeiten in Kauf genommen werden. Damit lässt sich zwar eine hohe Ortsauflösung realisieren, jedoch keine hohe Anzahl von Bildpunkten. Abbildung 23.8 zeigt ein Beispiel für ortsaufgelöstes EELS mittels aberrationskorrigiertem STEM.

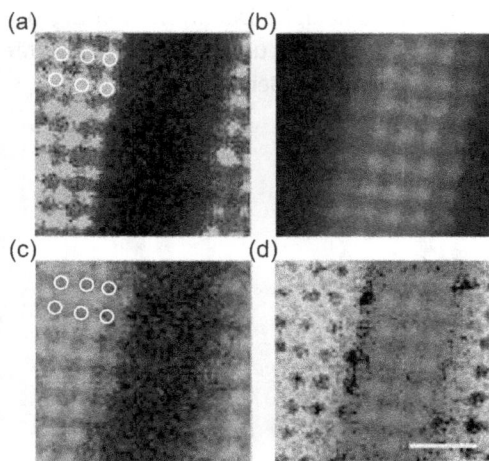

Abb. 23.8. Spektroskopische Abbildung von $La_{0,7}Sr_{0,3}MnO_3$/$SrTiO_3$-Multilagen [23.13]. Die EELS-Daten wurden für 64 × 64 Pixel aufgenommen und liefern die chemischen Untergitter. (a) La-M-Kante. (b) Ti-L-Kante. (c) Mn-L-Kante. (d) Kombinationsabbildung. In (a) und (c) sind die Positionen von La-Atomen markiert.

23.3 Spezielle Methoden der Elektronenmikroskopie

Wie bereits am Ende des vorherigen Abschnitts diskutiert, lassen sich beispielsweise unter Verwendung spezieller Detektoren und ihrer besonderen Anordnung Spezialmodi realisieren, welche über eine reine Abbildung der Probe hinausgehen und spektroskopischen Charakter haben oder besondere Kontraste liefern. Derartige Spezialmodi wurden in den vergangenen Jahren konsequent weiterentwickelt und haben damit zum Teil für die Nanoanalytik heute einen sehr hohen Stellenwert.

Im Hinblick auf die hochauflösende Charakterisierung von Kristallstrukturen sind die *Elektronenrückstreubeugung (Electron Backscatter Diffraction, EBSD)*, die

Transmissions-Kikuchi-Beugung (Transmission Kikuchi Diffraction, TKD) und die Nutzung des Gitterführungseffekts *(Electron Channeling Contrast Imaging, ECCI)* von großer Bedeutung. Die entsprechenden Modi sind in diesem Fall als spezielle SEM-basierte Methoden anzusehen. EBSD wird eingesetzt für die quantitative Phasencharakterisierung bei Massivmaterialien und erlaubt ebenfalls die Charakterisierung von Gitterrotationen und Versetzungsdichten. TKD ermöglicht bei hoher Auflösung die Charakterisierung von Körnern auf Nanometerskala, allerdings nur von hinreichend dünnen Proben. ECCI erlaubt es, oberflächennahe kristallographische Defekte und Versetzungsdichten zu charakterisieren. Die technische Weiterentwicklung der genannten Methoden beruht im Wesentlichen auf Weiterentwicklungen bei Elektronenquellen, der Elektronenoptik, den Detektoren sowie auch im Datenverarbeitungsbereich [23.25]. Abbildung 23.9 verdeutlicht, welche Auflösung und Abbildungsqualität heute mit den Verfahren routinemäßig erreichbar sind, am Beispiel von TKD.

(a) (b)

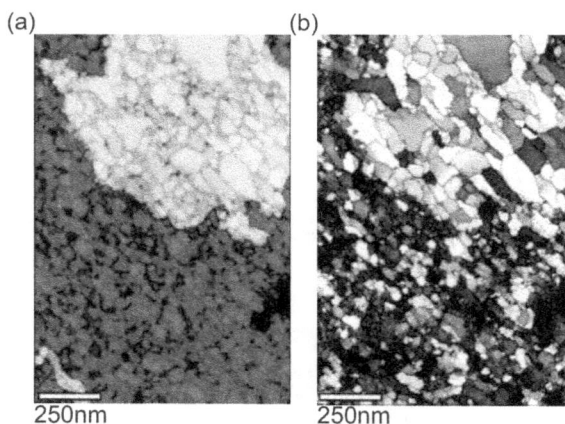

250nm 250nm

Abb. 23.9. TKD an rostfreiem Stahl [23.26]. (a) Helle α-Ferrit-Regionen und dunklere γ-Austenit-Regionen. (b) Orientierungskarte mit nur wenige Nanometer großen Körnern und Kleinwinkelkorngrenzen.

Eine ebenfalls rasante Entwicklung haben in den vergangenen Jahren die *Elektronentomographie und -holographie* durchlaufen [23.27]. Ursache dafür sind wiederum zum einen die im vorherigen Abschnitt diskutierten Fortschritte bei TEM und zum anderen verbesserte Methoden der digitalen Bilderfassung und -verarbeitung. Die Elektronentomographie und -holographie ermöglicht die dreidimensionale Analyse von Morphologien und chemischen Zusammensetzungen auf Nanometerskala. Elektronenholographie erlaubt die Abbildung und Vermessung elektro- und magnetostatischer Potentiale ebenfalls auf Nanometerskala. Abbildung 23.10 zeigt schematisch die Vorgehensweise bei der Elektronentomographie. Aufgrund der beschränkten Projektionen steht natürlich nur ein begrenzter Datensatz zur Verfügung; es handelt sich also um ein „Undersampling".

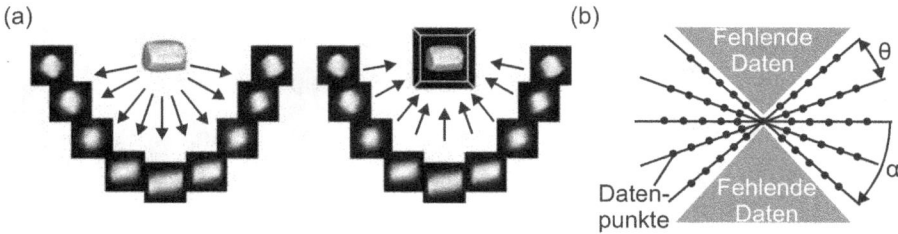

Abb. 23.10. Elektronentomographie [23.27]. (a) Aufnahme von verschiedenen Projektionen einer Probe bei variierender Verkippung gegenüber einer Achse und Rückprojektion der Abbildungen in den dreidimensionalen Ortsraum. (b) Projektionen im Fourier-Raum bei einem Verkippungsinkrement Θ und einer Maximalverkippung α.

Auch im Zusammenhang mit tomographischen Abbildungen bietet STEM im Dunkelfeldmodus, wie im vorhergehenden Abschnitt diskutiert, spezifische Vorteile. Ein Beispiel für eine entsprechende Abbildung ist in Abb. 23.11 dargestellt. Entsprechende magnetotaktische Bakterien haben wir in Abschn. 12.1 und insbesondere in Abb. 12.2 genauer behandelt.

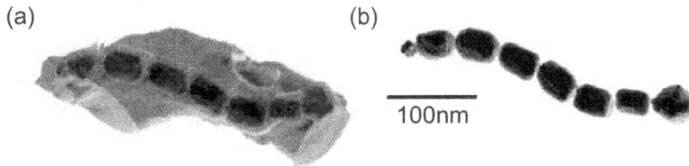

Abb. 23.11. Toomographische Rekonstruktion biogener Magnetitkristalle in einem magnetotaktischen Bakterium [23.28]. (a) Rekonstruktion des Bakteriums mit äußerer Membran und innerem Magnetitrückgrat. (b) Detaillierte Ansicht des Magnetitrückgrats.

Die Elektronenholographie wurde ursprünglich als mögliches Verfahren zur Aberrationskorrektur betrachtet [23.29]. Aufgrund ebenfalls großer Fortschritte in den vergangenen Jahren wird die Elektronenholographie heute allerdings als hochauflösende und quantitative Abbildungsmethode für elektrostatische und magnetostatische Felder verwendet. Die Anordnung für den TEM-Modus ist in Abb. 23.12 dargestellt. Entscheidend ist die Verwendung von Elektronenstrahlen hoher Kohärenz. Die Probe befindet sich außerhalb der Symmetrieachse nur in einem Teil des Elektronenstrahls. Mit Hilfe eines elektrostatischen Biprismas, welches in der Regel in einem goldbeschichteten Quartzdraht mit einem Durchmesser von weniger als 1 μm besteht, werden bei-

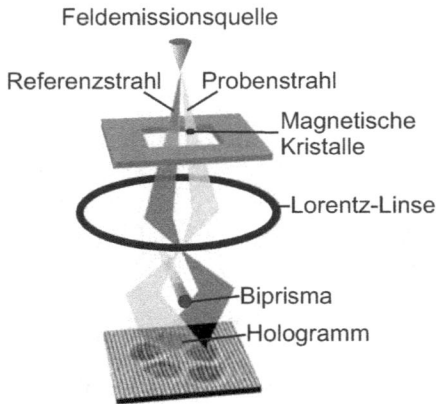

Abb. 23.12. Schematische Darstellung einer elektronenholographischen Abbildung im Hellfeld-TEM-Modus [23.27]. Die Probe besteht in diesem Fall in magnetischen Partikeln.

de Teile des Elektronenstrahls zur Interferenz gebracht. Neben der Hellfeldabbildung der Probe entsteht so ein Interferenzmuster aus Linien. Damit lassen sich Amplitude und Phase der Elektronenwellen detektieren, welche die Probe verlassen. Die jeweilige Phasenverschiebung wird durch elektrische und magnetische Felder in der Probenebene beeinflusst.

Durch erste Arbeitsgruppen wurde die Elektronenholographie mittels TEM in den 1980er Jahren etabliert [23.30]. Die Magnetfelder ferromagnetischer Partikel [23.31] und von Vortices in Supraleitern [23.32], die wir in den Abschn. 3.6.6 und 22.2.5 genauer behandelten, konnten trotz ihrer Nanoskaligkeit abgebildet werden. Ein sehr großer Erfolg war die experimentelle Verifikation des in Abschn. 3.5.2 behandelten

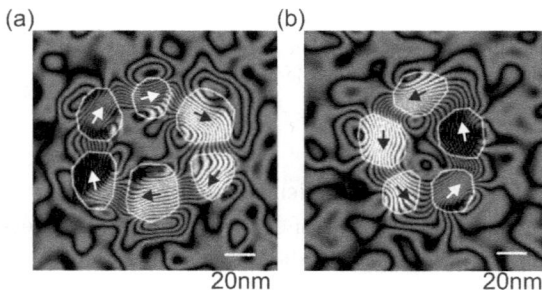

Abb. 23.13. Interferenzmuster eines Elektronenhologramms von Co-Nanopartikeln mit ringförmiger Anordnung [23.34]. Die Periodizität der Interferenzstreifen beträgt 3 nm. (a) Magnetisierung im und (b) entgegen dem Uhrzeigersinn.

Aharonov-Bohm-Effekts und der Nachweis der Realität des magnetischen Vektorpotentials [23.33]. Entsprechende Hologramme zeigen Konturlinien, zwischen denen jeweils eine Phasenverschiebung von 2π besteht, welche durch die Projektion des lokalen Magnetfelds in die Bildebene in Abb. 23.12 zustande kommt. Dies entspricht einem eingeschlossenen magnetischen Fluss von $4\,\pi \cdot 10^{-15}$ Wb. Abbildung 23.13 zeigt die magnetostatische Interaktion innerhalb eines Rings aus Kobaltnanopartikeln mit einem Durchmesser von etwa 20 nm. Durch Interaktion orientiert sich die Magnetisierung der Eindomänenpartikel jeweils so, dass der magnetische Fluss innerhalb der Ringe weitgehend geschlossen ist. Magnetisierungskonfigurationen im und entgegen dem Uhrzeigersinn kommen mit gleicher Wahrscheinlichkeit vor.

Wie wir in Abschn. 12.1 ausführlicher diskutierten, kommen eindomäne ferromagnetische Partikel mit Durchmessern von 35 bis 120 nm aus Magnetit (Fe_3O_4) oder Greigit (Fe_3S_4) in magnetotaktischen Bakterien vor. Innerhalb der Ketten interagieren die einzelnen Partikel ebenfalls magnetostatisch. Abbildung 23.14 zeigt eine elektronenholographische Abbildung eines einzelnen Bakteriums.

Tomographie und Holographie lassen sich auch kombinieren. Damit lassen sich elektrostatische und magnetostatische Felder im Innern von Materialien in drei Dimensionen charakterisieren. Abbildung 23.15 zeigt dies am Beispiel eines pn-Übergangs einer dünnen Halbleiterprobe unter dem Einfluss einer angelegten Spannung.

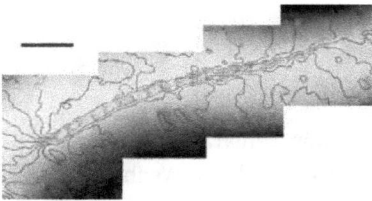

Abb. 23.14. Magnetische Phasenkonturen in einem Elektronenhologramm eines magnetotaktischen Bakteriums [23.35]. Die Balkenlänge beträgt 200 nm.

Im Zusammenspiel mit optimierten Rekonstruktionsalgorithmen und der Vielzahl von Abbildungsmodi der Elektronenmikroskopie sind die Elektronenholographie und -tomographie wichtige analytische Verfahren für die Nanostrukturforschung. Die Tomographie mit der Möglichkeit, auch chemische Eigenschaften zu messen, entwickelt sich zunehmend zu einer genuinen 3D-Nanometrologie. Die Holographie entwickelt sich demgegenüber zu einer Methode, die auch zeitauflösend realisiert werden kann, um beispielsweise chemische Reaktionen zu untersuchen. Außerdem ist auch die Messung extrem kleiner Felder möglich, so dass auch die Einzelspindetektion in den Bereich der Möglichkeiten rückt.

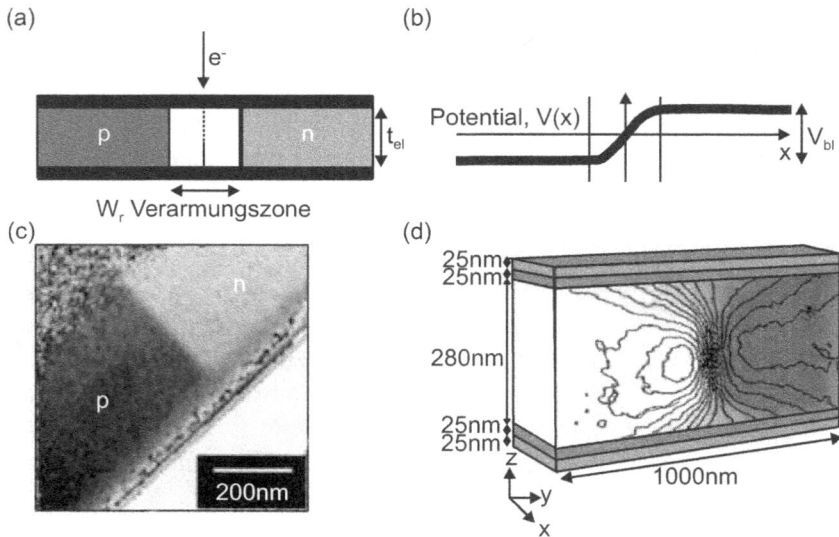

Abb. 23.15. Elektronenholographische Tomographie an einem pn-Übergang unter dem Einfluss einer angelegten Spannung [23.36]. (a) Querschnitt der Probe. (b) Potentialverlauf innerhalb des pn-Übergangs. (c) Aus dem Hologramm rekonstruiertes Phasenbild. (d) Tomographische Rekonstruktion des Potentialverlaufs innerhalb des pn-Übergangs in der Siliziumprobe bei einem Abstand der Äquipotentiallinien von 0,2 V.

23.4 Röntgenmikroskopie

Neben Elektronen sind natürlich insbesondere auch Röntgenstrahlen äußerst vielversprechend für die Mikroskopie. Grundlage ist in diesem Fall die Wechselwirkung der Materie mit Röntgenphotonen. Daher sind die für die Mikroskopie interessanten Kenngrößen die Intensität und Wellenlänge der Röntgenstrahlen. Zur Analyse dynamischer Phänomene ist es zweckmäßig, Röntgenpulse zu verwenden. In diesem Fall sind auch die Pulsdauer und die Repetitionsrate von Bedeutung. Neben Synchrotonen sind daher *Freie-Elektronen-Laser (FEL)* interessante Strahlungsquellen. Mit ihnen lassen sich fs-Pulse mit 10^{12} Photonen pro Puls realisieren [23.37]. Neben den Röntgenstrahlen selbst lassen sich insbesondere auch Photoelektronen für mikroskopische und spektroskopische Verfahren nutzen.

Gerade aufgrund ihrer extremen Strahlungseigenschaften haben es FEL ermöglicht, die Limitierungen herkömmlicher Röntgenmikroskopie [23.38] zu überwinden. Optiken auf Basis diffraktiver Zonenplatten erlauben Ortsauflöungen von etwa 20 nm [23.37]. Da FEL-Pulse in hohem Maße räumlich kohärent sind, lassen sich aus Diffraktionsmustern Bilder der Probe numerisch rekonstruieren, was die Verwendung entsprechender Objektivlinsen obsolet macht. Abbildung 23.16 zeigt die so erreichbare

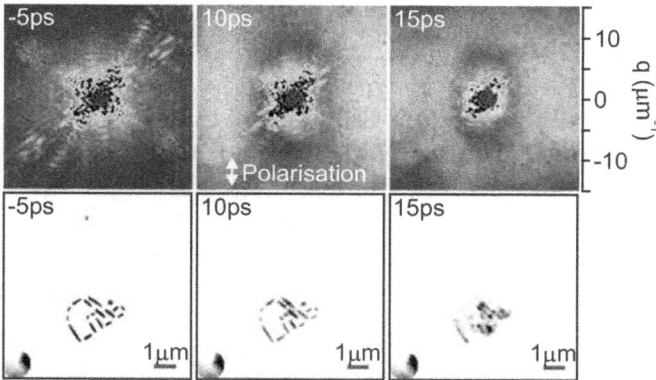

Abb. 23.16. Röntgenmikroskopie eines verdampfenden Siliziumfilms [23.39]. Der Ablationsprozess wurde durch einen Laserpuls initiiert und schreitet mit der Schallgeschwindigkeit von $5 \cdot 10^3$ m/s voran. Die obige Bildreihe zeigt in rascher Folge die Diffusionsmuster und die untere die rekonstruierten Bilder.

hohe räumlich-zeitliche Auflösung am Beispiel eines dynamischen Prozesses auf Nanometerskala.

Von besonderem Interesse ist die Röntgenmikroskopie auch bei der Analyse biologischer Objekte. Allerdings sind derartige Objekte in der Regel sehr schlechte Röntgenstreuer. Selbst für einen Puls von 10^{12} Photonen, der auf einen Durchmesser von 100 nm fokussiert wird, würde das Diffraktionsmuster nur weniger als $5 \cdot 10^3$ Photonen umfassen [23.37].

Einen solchen Fall zeigt Abb. 23.17. Gerade bei großem Streuwinkel erhält man deutlich weniger als ein Photon pro Pixel. Beinhaltet der Abbildungsbereich allerdings eine Vielzahl identischer Objekte mit allerdings statistischer Orientierung, so könnte eine Mittelung über alle Objekte bei bekannter Orientierung der einzelnen Objekte zu einer Verbesserung der erhaltenen Diffraktionsmuster beitragen [23.37].

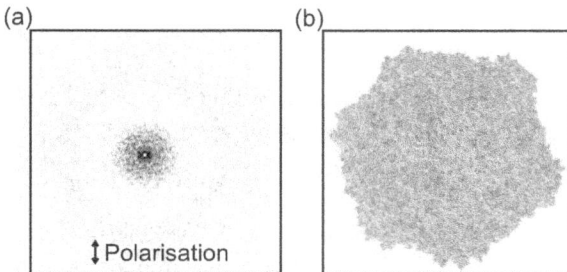

Abb. 23.17. Röntgenmikroskopie an einem einzelnen Kuherbsenmosaikvirus [23.37]. (a) Diffraktionsmuster für einen 10^{12}-Photonen-Puls, der auf einen Durchmesser von 200 nm fokussiert wurde. (b) Rekonstruiertes Bild des Viruspartikels.

Ein besonders vielversprechender Spezialmodus der *Rastertransmissionsröntgen-mikroskopie (Scanning Transmission X-Ray Microscopy, STXM)* wird als *Ptychographie* bezeichnet. Die Probe wird dabei gegenüber einem gebündelten kohärenten Röntgen-strahl rasterförmig bewegt. Die Schrittweite ist typisch fünf- bis zehnmal kleiner als der Strahldurchmesser. An jedem Rasterpunkt wird ein Beugungsbild der Probe auf-genommen. Aus der Gesamtheit aller Beugungsbilder lässt sich durch eine iterative Fourier-Rücktransformation das Bild der Probe rekonstruieren. Die Ptychographie ist im Gegensatz zur konventionellen Röntgenmikroskopie nicht durch Aberrationen und die begrenzte numerische Apertur der Röntgenoptiken begrenzt. Maßgeblich für die Auflösung und für den Kontrast ist die *kohärente Fluenz.* Für einen gegebenen Strahl-durchmesser ist diese durch den kohärenten Fluss der Quelle und die Belichtungsdau-er gegeben. Die Brillianz der Röntgenquelle ist daher von größter Bedeutung. Aber von ebenso großer Bedeutung ist natürlich auch die Strahlfokussierung, welche ei-ne Röntgenoptik mit großer numerischer Apertur voraussetzt. Diese lässt sich mittels refraktiver Linsen [23.40], mittels Fresnelscher Zonenplatten [23.41] oder mittels Laue-scher Multilagenlinsen [23.42] realisieren. Die mittels 15,25 keV-Synchrotronstrahlung und einem 80×80 nm²-Strahl erreichbare Auflösung zeigt Abb. 23.18. Sie beträgt im rekonstruierten Ptychogramm etwa 10 nm.

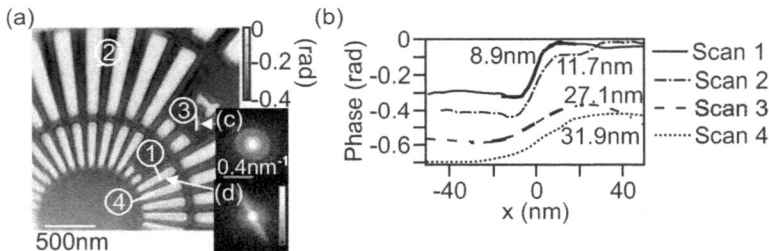

Abb. 23.18. Ptychographische Vermessung eines Testmusters aus 500 nm dickem Tantal [23.42]. (a) Rekonstruiertes Ptychogramm mit Positionen einiger Linienprofile. (b) Zugehörige Linienprofile mit erhaltenen Auflösungen. (c), (d) Fernfelddiffraktionsmuster an den Kanten für die angegebenen Linienprofile.

Die Bedeutung der Fluenz wird verdeutlicht durch Abb. 23.19. Hier wurde ein Mikro-chip abgebildet. Man erkennt, dass eine Steigerung der Fluenz um einen Faktor 17 zu einer Verbesserung der Auflösung von etwa einem Faktor zwei und zu einer deutlichen Verbesserung des Kontrasts führt.

Ein großer Vorteil der Röntgenmikroskopie ist ihre Fähigkeit, das Materialinne-re mit hoher Auflösung zu analysieren. Bei kristallinen Materialien rufen dabei auch Störungen der Kristallstruktur und im Besonderen Spannungen Phasenkontraste her-vor. Auch diesbezüglich liefert wiederum die kohärente Röntgendiffraktion (*Coherent X-Ray Diffraction, CXD*) gerade im Bezug auf nanostrukturierte Materialien sehr wich-

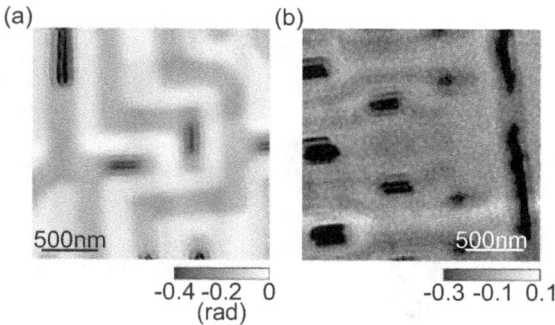

Abb. 23.19. Ptychogramme eines Testmusters [23.43]. (a) Fluenz von $6, 7 \cdot 10^3$ pro nm^2 und Phasenempfindlichkeit von 1 mrad. (b) $3, 9 \cdot 10^2$ Photonen pro nm^2 und Phasenempfindlichkeit von 20 mrad.

tige Resultate [23.44]. Abbildung 23.20 zeigt Ptychogramme von Pb-Nanopartikeln auf einem SiO_2-Substrat. Die Schnittflächen weisen zwar keinen Amplituden-, wohl aber einen kleinen Phasenkontrast auf. Dieses Diffraktionsverhalten an Nanokristallen ist typisch für Gitterspannungen, die in diesem Fall in der Nähe der Substrat-Partikel-Grenzfläche negativ und an der Partikeloberfläche positiv sind.

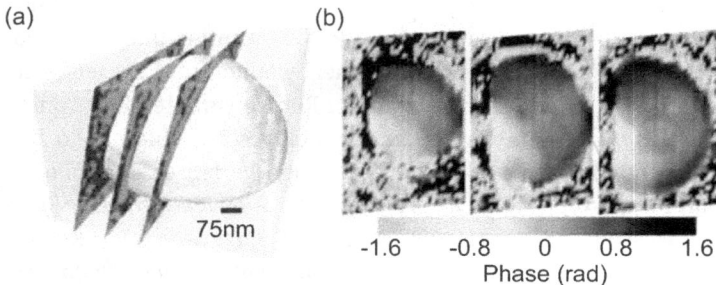

Abb. 23.20. Ptychogramme eines Pb-Nanopartikels auf einem SiO_2-Substrat [23.44]. (a) Äquidichteschnitte. (b) Phasenkontrast innerhalb der Schnitte aus (a). Das Substrat befindet sich links.

Bei CXD-Experimenten mit fokussiertem Röntgenstrahl muss berücksichtigt werden, dass das beleuchtende Wellenfeld im Allgemeinen nicht genau bekannt ist. Das detektierte Wellenfeld setzt sich aber aus dem beleuchtenden und der Probentransmissionsfunktion zusammen. Dies kann dazu führen, dass Bildrekonstruktionen auch Eigenschaften des beleuchtenden Wellenfelds widerspiegeln. Dies zeigt Abb. 23.21 (a). Die Phasenkontraste sind in diesem Fall ausschließlich auf Eigenschaften des beleuchtenden Wellenfelds zurückzuführen. Genauso eindeutig können Phasenkontraste in Abb. 23.21 (b) auf Spannungen innerhalb der Probe zurückgeführt werden, weil die Probe aufgrund eines mechanisch erzeugten Defekts gleichzeitig Dichteschwankungen aufweist.

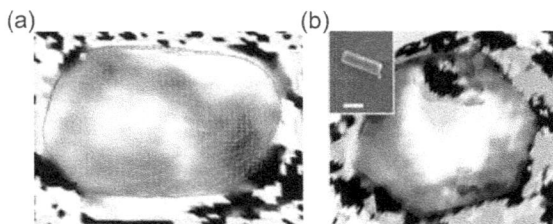

Abb. 23.21. Phasenvariationen entlang von Schnitten durch Nanopartikel [23.44]. (a) 200 nm-Au-Partikel ohne kristalline Spannungen. (b) ZnO-Kristall mit Defekt im oberen Bereich. Oben links befindet sich eine SEM-Aufnahme des Kristalls. Die Balkenlänge beträgt 2 μm.

23.5 Röntgenabsorptionsbasierte Mikroskopie und Spektroskopie

Bei der Wechselwirkung von Röntgenstrahlung mit Materie kann es natürlich auch zu inelastischen Prozessen kommen. Dies ist bei der Photoionisation und beim Photoeffekt der Fall. Da hierbei Photoelektronen entstehen, können im Rahmen spektroskopischer und mikroskopischer Verfahren statt der Röntgenstrahlen Elektronenstrahlen detektiert werden. Auf einer entsprechenden inelastischen Interaktion zwischen Röntgenstrahlen und Materie beruhen die etablierten Verfahren der *Röntgen-Nahkanten-Absorptionsspektroskopie (Near Edge X-Ray Absorption Fine Structure Spectroscopy: NEXAFS Spectroscopy* oder *X-Ray Absorption Near Edge Structure Spectroscopy: XANES Spectroscopy* und die *Photoelektronenemissionsmikroskopie (Photo Electron Emission Microscopy, PEEM)*.

Die NEXAFS-Spektroskopie gehört wie auch die EXAFS-Spektroskopie (*Extended X-Ray Absorption Fine Structure Spectroscopy*) und die *Auger-Elektronenspektroskopie (Auger Electron Spectroscopy, AES)* zur Familie der Röntgenabsorptionsspektroskopien. Bei NEXAFS werden durch die Röntgenstrahlung kernnahe, stark gebundene Elektronen in unbesetzte Zustände des Valenzbands oder unbesetzte Atom- oder Molekülorbitale angeregt. Spektroskopisch genutzt werden die dabei auftretenden Röntgenabsorptionskanten. Die Variation der Röntgenstrahlung erfolgt mit einem Monochromator unter Nutzung des großen Wellenlängenbereichs von Synchrotronstrahlung. Die Röntgenabsorption wird meist nicht über die Abschwächung des Primärstrahls, sondern über die freigesetzten Auger-Elektronen sowie die resultierenden Sekundärelektronen detektiert.

Mittels eines Rastertransmissionsröntgenmikroskops oder Transmissionsröntgenmikroskops lässt sich NEXAFS-Mikroskopie betreiben [23.38]. Dafür eignet sich besonders die PEEM-Anordnung. Dabei wird anders als bei der *Photoelektronenspektroskopie (PES)* und insbesondere der *Röntgenphotoelektronenspektroskopie (X-Ray Photo Electron Spectroscopy: XPS* oder *Electron Spectroscopy for Chemical Analysis: ESCA)* eine zweidimensionale Intensitätsverteilung der Photoelektronen angenommen. Dabei werden Auflösungen von 10–20 nm erreicht.

NEXAFS-Mikroskopie kann sogar an organischen Materialien und in wässriger Umgebung realisiert werden [23.38]. Abbildung 23.22 zeigt Polyvinyl-Alkohol-basierte Mikroballone in wässriger Umgebung. Die Technik erlaubt es, zu analysieren, ob die Ballone mit Luft- oder Wasser gefüllt sind. Beide Fälle können auftreten.

NEXAFS-Tomographie erlaubt insbesondere die chemische Analyse dreidimensional nanostrukturierter Materialien, auch biologischer Materialien. Ein Beispiel für organische Materialien in wässriger Umgebung zeigt ebenfalls Abb. 23.22.

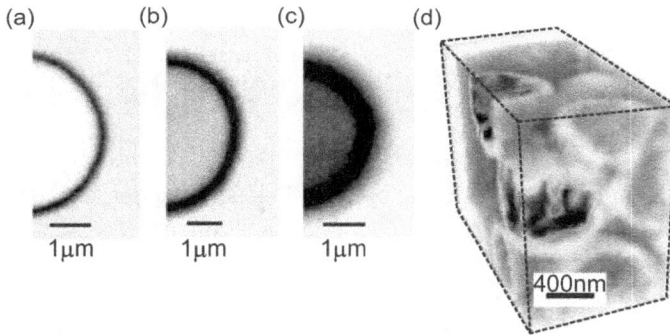

Abb. 23.22. NEXAFS-Mikroskopie bei 520 eV. (a)–(c) Unterschiedliche Polyvinyl-Alkohol-basierte Mikroballone in wässriger Umgebung [23.45]. (d) Polyacrylatverteilung (dunkel) und Polystyrolverteilung (heller) in Wasser suspendierter Latexpartikel [23.46].

Die hohe chemische Sensitivität gekoppelt mit hoher Ortsauflösung hat die NEXAFS-Mikroskopie in den letzten Jahren zu einer bedeutenden nanoanalytischen Technik mit teilweisen Alleinstellungsmerkmalen gemacht [23.38]. Die Anwendungsfelder sind entsprechend breit gegliedert. Ein im Feld organischer Elektronikmaterialien sehr wichtiger Bereich umfasst die Nanostruktur von Polymerblends, wie in Abschn. 7.1 behandelt. Abbildung 23.23 zeigt, dass es möglich ist, die Morphologie der Blends im Detail in Abhängigkeit vom Mischungsverhältnis zu analysieren, weil beide Polymere aufgrund des chemischen Kontrasts unterscheidbar sind.

Nicht immer ist der Kontrast bei NEXAFS oder auch PEEM einfach zu deuten. Wenn beispielsweise die Probenoberfläche nicht atomar glatt ist, so kann ein chemischer Kontrast leicht durch einen topographischen Kontrast überdeckt sein. Eine

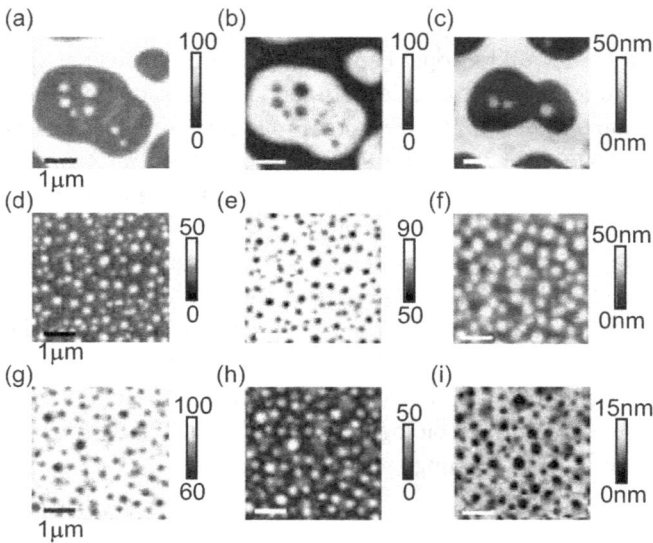

Abb. 23.23. NEXAFS-Mikroskopie und Rasterkraftmikroskopie (AFM) an Polymerblends [23.47].
(a)–(c) Mischungsverhältnis 1:1. (d)–(f) 5:1. (g)–(i) 1:5. (a), (d), (g) Kontrast für Polymer 2.
(b), (e), (h) Kontrast für Polymer 1. (c), (f), (i) AFM-Höhenprofile.

nanostrukturierte Oberfläche kann dazu führen, dass die Beleuchtung der Probenoberfläche ungleichmäßig ist und die Trajektorien der Photoelektronen einen kompli-
zierten Verlauf besitzen können. Dies ist schematisch in Abb. 23.24 dargestellt. Gerade vor dem Hintergrund komplexer Kontrastentstehung ist es natürlich äußerst wertvoll, dass bei entsprechenden Röntgenquellen, also insbesondere für Synchrotrone,
die Photonenenergie mittels eines variablen Monochromators sehr gezielt und über
einen großen Bereich variiert werden kann. So ist es auch bei nanostrukturierten Oberflächen möglich, PEEM-Kontraste eindeutig zu deuten, wie Abb. 23.25 zeigt. Natürlich
können auch die Photoelektronen zusätzlich energiegefiltert detektiert werden. Durch
Vergleich lokaler Photoemissionsspektren in Abb. 23.25 war es hier möglich, die ge-

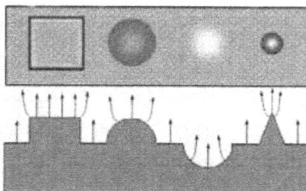

Abb. 23.24. Nanostrukturierte Oberflächen mit Trajektorien von Photoelektronen und resultierende
PEEM-Abbildung.

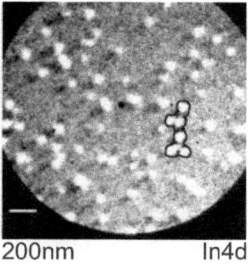

200nm   In4d

Abb. 23.25. PEEM-Abbildung von InAs-Nanokristallen auf einer GaAs(100)-Oberfläche bei Abbildung durch die In-4d-Photoelektronen [23.48].

naue Zusammensetzung der Quantenpunkte zu bestimmen.

Ein bislang noch nicht diskutierter Freiheitsgrad bei der photoelektonenbasierten Mikroskopie ist die Polarisation der beleuchtenden Röntgenphotonen. Synchrotronstrahlung ist praktisch immer polarisiert und die Polarisationseigenschaften lassen sich gezielt variieren. In diesem Kontext haben sich in den letzten Jahren spezielle Modi der NEXAFS-Mikroskopie und von PEEM entwickelt, die den magnetischen Linear- oder Zirkulardichroismus (*X-Ray Magnetic Linear Dichroism: XMLD, X-Ray Magnetic Circular Dichroism: XMCD*), nutzen. Kontraste entstehen dabei, wenn die Wechselwirkung von Röntgenstrahlung und Materie polarisationsabhängig ist. Dies ist offensichtlich immer der Fall, wenn die Probe über bestimmte magnetische Eigenschaften verfügt. Dichroismus, also eine polarisationsabhängige Absorption, tritt auf, wenn in einem Material Symmetriebrüche auftreten. Zirkulardichroismus setzt einen Bruch der Inversions- oder der Zeitumkehrsymmetrie voraus. Eine Magnetisierung oder ein Magnetfeld bricht die Zeitumkehrsymmetrie. Zeitumkehrinvariante Systeme hatten wir bereits in Abschn. 3.6.4 und 3.6.5 diskutiert.

Ein XMCD-Spektrum ergibt sich als Differenzspektrum von zwei *Röntgenabsorptionsspektren (X-Ray Absorption Spectrum, XAS)* mit Polarisationsvektoren parallel und antiparallel zur Magnetisierung oder zum extern applizierten Feld. Physikalisch besteht damit eine Verbindung zwischen XMCD und den ebenfalls für mikroskopische Zwecke genutzten Kerr- und Faraday-Effekten. Wegen der starken Spin-Bahn-Kopplung der inneren Elektronen ist der XMCD-Effekt relativ stark.

Abbildung 23.26 zeigt den Effekt für ein einzelnes Elektron in einem einfachen Zwei-Schritte-Modell. Der 2p-Zustand eines 3d-Metalls ist aufgespalten in eine $j = 3/2$- und eine $j = 1/2$-Linie. Spin und Bahn koppeln dabei parallel oder antiparallel. Im ersten Schritt führt die Absorption eines Röntgenphotons mit einem Helizitätsvektor parallel oder antiparallel zum 2p-Bahnmoment zu einer Anregung des Elektrons in Zustände mit vorherrschender Spin-Up- oder Spin-Down-Orientierung. Im zweiten Schritt besetzt das angeregte Elektron einen unbesetzten Zustand im 3d-Valenzband. Sind hier weniger Löcher mit Spin-Up-Polarisation als mit Spin-Down-Polarisation, so besitzt das XMCD einen negativen L_3- und einen positiven L_2-Peak.

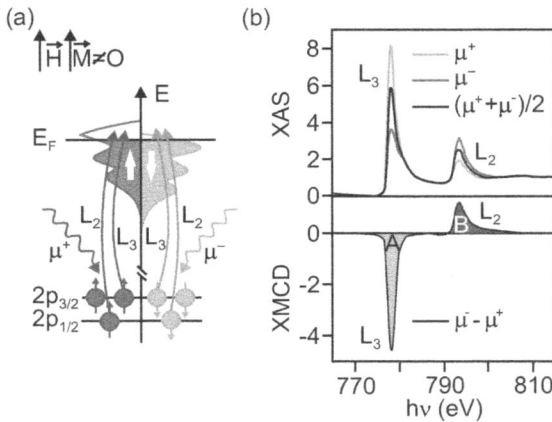

Abb. 23.26. Zustandekommen und resultierende Spektren von XMCD [23.49]. (a) Zwei-Schritte-Prozess für ein 3d-Material. Aufgrund des Fano-Effekts entsteht bei Absorption von Photonen der Helizität μ^+ oder μ^- eine bevorzugte Spinpolarisation der ins Valenzband angeregten Elektronen. Aus dem $2p_{3/2}$-Niveau werden für μ^+-Photonen 62,5 % der Elektronen angeregt und für μ^- 37,5 %. Für $p_{1/2}$ beträgt das Verhältnis 25 % für μ^+ und 75 % für μ^-. (b) Durch die Spinpolarisation der 3d-Zustandsdichte resultieren entsprechende Unterschiede in der Populationswahrscheinlichkeit für beide Spinrichtungen. Beispielhaft sind die XAS- und XMCD-Spektren für L_2 und L_3 von Co gezeigt.

Da XAS eine Elementspezifizität besitzt, indem $h\nu$ auf einen Übergang zwischen kernnahen und Valenzzuständen abgeglichen wird, erlaubt XMCD elementspezifische Magnetometrie. In Form von PEEM[1] erlaubt XMCD sogar eine mikroskopisch hochauflösende Abbildung der Magnetisierung von Proben. Selbst magnetisch-sensitive Röntgenholographie wurde demonstriert [23.50].

In Abschn. 12.1 haben wir magnetotaktische Bakterien diskutiert, die in der Lage sind, Eisen zu reduzieren und so Magnetitnanokristalle bei Raumtemperatur zu synthetisieren. Derartige Biomineralisationsprozesse lassen sich biotechnologisch so implementieren, dass sich mittels entsprechender Bakterien große Mengen an $CoFe_2O_4$-Nanopartikeln produzieren lassen [23.51]. Die Bakterien und die von ihnen produzierten Nanopartikel sind in Abb. 23.27 dargestellt. Die dort ebenfalls dargestellten XA- und XMCD-Spektren zeigen, dass sich die Position der Co-Atome innerhalb des Ferritkristalls sowie ihre Oxidationsstufe exakt bestimmen lassen. Dazu werden die experimentellen mit berechneten Multiplettstrukturen verglichen.

XMCD in Kombination mit PEEM erlaubt es, Variationen der Magnetisierung einer Probe auf Nanometerskala zu visualisieren. Dafür zeigt Abb. 23.28 ein Beispiel. Die Probe besteht in einer Kette von Fe_3O_4-Nanopartikeln mit einem Durchmesser von etwa 200 nm. Im remanenten Zustand besitzt die Kette zwei antiparallele Domänen, die durch entsprechende Domänen in den einzelnen Partikeln gebildet werden.

---

[1] In diesem Kontext zuweilen auch als XPEEM bezeichnet.

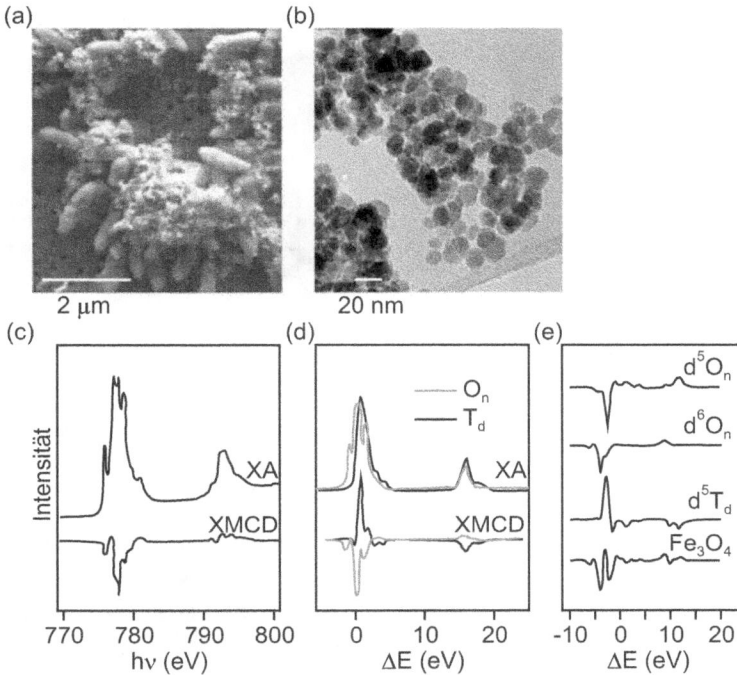

Abb. 23.27. Biomineralisation von $CoFe_2O_4$-Nanopartikeln durch Bakterien [23.49]. TEM-Aufnahmen (a) der Bakterien und (b) der Partikel. (c) Experimentelle Spektren für Co-$L_{2,3}$. (d) Berechnete Spektren für Co^{2+} in und O_h^- und T_d^--Koordination. (e) Berechnete XMCD-Multiplett-Struktur für Fe und $(Fe^{3+})[Fe^{2+}Fe^{3+}]O_4$.

Die Domänen zeigen eine Magnetisierung entlang der Längsachse der Kette. Abgebildet wird die Projektion der Magnetisierung in Richtung des Polarisationsvektors der Röntgenstrahlung. Die erreichte Auflösung beträgt in diesem Fall etwa 30 nm. Die in den Domänen für parallele und antiparallele Polarisationsvektoren aufgenommenen Spektren zeigen deutlich, wie der Domänenkontrast zustande kommt.

Die Domänenkonfigurationen in den Nanopartikeln aus Abb. 23.28 sind natürlich denkbar einfach. Magnetische Dünnschichtelemente für technische Zwecke weisen häufig kompliziertere Bereichsanordnungen auf. Ein wichtiges diesbezügliches Material ist Permalloy (80 % Ni, 20 % Fe), welches besonders weichmagnetisch ist. Abbildung 23.29 zeigt XMCD-PEEM-Abbildungen verschiedener Permalloy-Quadrate, die die zu erwartende Flussabschlussstruktur aufweisen. Zusätzlich ist eine Abbildung dargestellt, die auf der Reflexion niederenergetischer Elektronen (*Low Energy Electron Microscopy, LEEM*) an der Probenoberfläche basiert.

Eine bislang noch nicht thematisierte Stärke von NEXAFS und XMCD ist die Fähigkeit darauf basierender Verfahren, zeitaufgelöste Abbildungen zu liefern. Dabei macht man sich zunutze, dass die Synchrotronstrahlung eine intrinsische Periodizität auf-

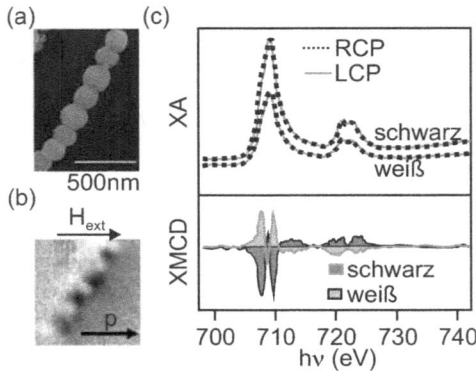

Abb. 23.28. XMCD-PEEM an Ketten magnetischer Nanopartikel [23.52]. (a) SEM-Abbildung der Fe$_3$O$_4$-Nanopartikel. (b) PEEM-Abbildung mit Polarisationsrichtung. (c) Röntgenspektren für die beiden Zirkularpolarisationen in beiden Domänen aus (b).

weist, die darin besteht, dass Röntgenpulse mit einer Dauer im ps-Bereich erzeugt werden. Dies erlaubt entsprechende stroboskopische Abbildungen [23.38]. Derartige Abbildungen mit einer Sub-ns-Zeitauflösung gelangen sogar an magnetischen Vortices, die sich beispielsweise im Zentrum der Domänenstrukturen in Abb. 23.29 befinden.

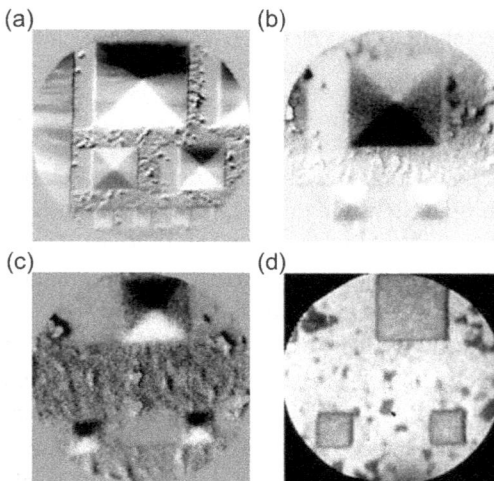

Abb. 23.29. XMCD-PEEM an Permalloy-Mikrostrukturen [23.53]. (a) 10 und 5 μm Kantenlänge. (b) 5 und 2 μm Kantenlänge. (c) 2 und 1 μm Kantenlänge. (d) LEEM-Abbildung zu (c).

Ein solcher Vortex ist in Abb. 23.30 gezeigt. Bei einer Ortsauflösung im Bereich von 25 nm lässt sich aus den STXM-Aufnahmen das Magnetisierungsvektorfeld des Vortex ableiten. Unter dem Einfluss variierender Magnetfelder oder spinpolarisierter Transportströme zeigen Vortices eine spezifische Dynamik, wobei dem gyroskopischen Verhalten des Vortexkerns mit einem Durchmesser von 5–15 nm eine besondere Bedeutung zukommt. Mittels Röntgenmikroskopie konnte die Dynamik von Vortices im Detail analysiert werden [23.54].

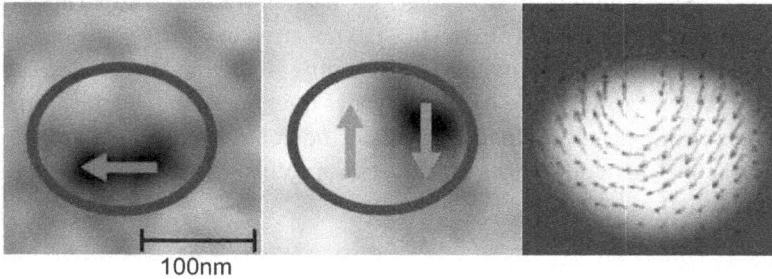

Abb. 23.30. STXM an magnetischen Vortices [23.54]. Aus den horizontalen und vertikalen Magnetisierungskomponenten lässt sich das Magnetisierungsvektorfeld des Vortex zeitaufgelöst während der Oszillation bestimmen.

23.6 Optische Fernfeldmikroskopie mit Sub-Wellenlängen-Auflösung

Trotz der beeindruckenden Auflösung der in Kap. 22 vorgestellten Rastersondenverfahren und der in diesem Kapitel diskutierten elektronen- und röntgenmikroskopischen Verfahren spielt die optische Fernfeldmikroskopie in vielen Bereichen der Wissenschaft und Anwendung immer noch eine dominante Rolle. Dies gilt insbesondere für die Lebenswissenschaften. Hier sind wiederum Verfahren der Fluoreszenzmikroskopie von besonderer Bedeutung. Hingegen besaß die Lichtmikroskopie im Bereich der Nanowissenschaften bis vor einigen Jahren keine größere Relevanz, weil das Abbesche Beugungslimit [23.55] die Ortsauflösung bei etwa einer halben Wellenlänge begrenzt [23.56].

Wird, wie in Abb. 23.31(a) dargestellt, ein Lichtstrahl mit einer Linse fokussiert, so beträgt die Halbwertsbreite des im Fokus resultierenden Lichtflecks $\Delta x = \lambda(2n \sin \alpha)$. In der fokalen Ebene beträgt die Ausdehnung $\Delta z = \lambda/(n \sin^2 \alpha)$ entlang der optischen Achse. λ ist die Wellenlänge, n der Brechungsindex und α der Aperturwinkel der Linse. Befinden sich im fokalen Lichtfleck Fluoreszenzstrahler, so würden sie alle gleichzeitig angeregt und ließen sich nicht voneinander trennen, da die Objektivlinse ebenfalls zu einer beugungsbegrenzten Abbildung führt.

Seit Mitte des 20sten Jahrhunderts gibt es etliche Ansätze zur Erzielung einer Auflösung jenseits des Beugungslimits der Fernfeldoptik [23.57]. Dazu sind die *konvokale Mikroskopie* und die *Zwei-Photonen-Mikroskopie* zu zählen. Aber grundsätzlich lässt sich das Limit von $\Delta \gtrsim 200$ nm und $\Delta z \gtrsim 450$ nm mit diesen Verfahren nicht verschieben. Allerdings kann Δz um das Drei- bis Siebenfache reduziert werden mittels *4Pi*-[23/58]- und *I^5M-Mikroskopie* [23.59]. Dies ist für die Fluoreszenzmikroskopie ein enormer Vorteil [23.58]. Abbildung 23.31(b) zeigt, wie bei der 4Pi-Mikroskopie mittels zweier Linsen eine axiale Unschärfe von Δz =80–150 nm erreicht wird.

In der Fluoreszenzmikroskopie kann die Lokalisierung eines fluoreszierenden Objekts mit einer Auflösung erfolgen, die weit jenseits des Beugungslimits liegt, vorausgesetzt, das Objekt befindet sich allein im Bildbereich oder, besser, in einem Probenbereich $> \lambda/(2n)$. Selbst ein nanoskaliges Objekt, etwa ein Molekül, ist dann als leuchtender Punkt erkennbar.

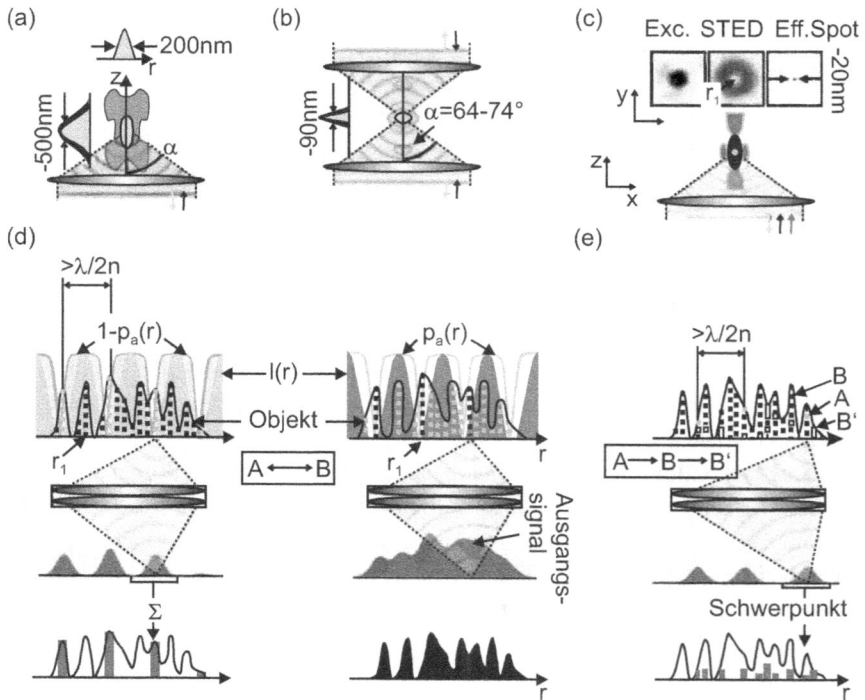

Abb. 23.31. Spezielle Verfahren der Fluoreszenzmikroskopie [23.57]. (a) Konfokale Mikroskopie. (b) 4Pi-Verfahren. (c) STED-Verfahren mit Anregungsstrahl (EXC) und Abregungsstrahl (STED). (d) STED/GSD-Verfahren sowie SPEM/SSIN-Verfahren bei paralleler Anregung und Detektion. (e) PALM/STORM-Verfahren bei stochastischer Anregung und Detektion.

Fluorochrome lassen sich durch Licht bestimmter Wellenlängen anregen und strahlen spontan Licht einer größeren Wellenlänge ab. Die Fluoreszenz lässt sich aber unterdrücken oder abregen, wenn gleichzeitig Licht mit der Emissionswellenlänge eingestrahlt wird. Die Energie des angeregten Fluorochroms wird durch stimulierte Emission abgeregt. Dieser Sachverhalt ist Basis der von S. Hell (Nobelpreis für Chemie 2014) entwickelten *STED-Mikroskopie (Stimulated Emission Depletion)* [23.60]. Dabei wird der Laserstrahl für die Anregung der Fluorochrome umgeben von einem Ring aus Abregungslicht. Nur aus einem zentralen Bereich, der kleiner ist als der beugungsbegrenzte Anregungsfokus, resultiert noch Fluoreszenzlicht. Dies zeigt Abb. 23.31(c). Rastert man den Anregungsfleck innerhalb des Abregungsrings über die Probenoberfläche, so lassen sich entsprechend eng benachbarte Fluorochrome örtlich auflösen, und das Beugungslimit spielt dafür keine Rolle. Die Auflösung kann sogar im Bereich weniger Nanometer liegen [23.61]. Sowohl der Anregungsstrahl als auch der ringförmige Abregungsstrahl sind natürlich beugungsbegrenzt. Der minimale Durchmesser des zentralen Fluoreszenzbereichs resultiert daraus, dass der Wirkungsquerschnitt für die stimulierte Emission groß ist und die Intensität des Abregungsstrahls hoch. Das Dunkelfeld wird mit wachsender Intensität immer kleiner und die Auflösung ist nicht durch fundamentale Grenzen beschränkt [23.57].

Der STED-Ansatz lässt sich gewissermaßen verallgemeinern. Die resultierende Gruppe an verwandten Verfahren bezeichnet man als *RESOLFT-Mikroskopie (Reversible Saturable Optical Linear Fluorescence Transitions)*. Grundlage aller entsprechenden Verfahren ist das Schalten von Marker-Molekülen zwischen einem Zustand A und einem Zustand B. Bei der STED-Mikroskopie wäre A beispielsweise der signalgebende Zustand und B der Dunkelzustand.

Die *GSD-Mikroskopie (Ground State Depletion)* [23.62] nutzt ebenfalls diese Strategie, erzeugt aber auf modifizierte Weise einen Dunkelzustand: Die Fluorochrome werden in einem langlebigen Zustand angeregt, der nicht fluoreszenzaktiv ist. Es kann sich beispielsweise um einen Triplettzustand handeln. Auch mittels GSD-Mikroskopie wurde eine Auflösung im Bereich weniger Nanometer demonstriert [23.63]. *SPEM (Saturated Pattern Exzitation Microscopy)* [23.64] und *SSIM (Saturated Structured Illumination Microscopy)* [23.59] sind RESOLFT-Verfahren, die zunächst Negativbilder erzeugen, aus denen über eine numerische Rekonstruktion die Bildgebung erfolgt. Der Grundzustand nimmt hier die Rolle des dunklen Zustands B ein und der erste angeregte Zustand wird zum hellen Zustand A.

Abbildung 23.31(d) verdeutlicht, dass sich STED/GSD und SPEM/SSIM auch ohne sequentielles Abrastern der Probenoberfläche realisieren lassen. Nötig ist nur eine fokale Intensitätsverteilung $I(r)$ mit dunklen Fluoreszenzbereichen, welche weiter als $\lambda/(2n)$ voneinander entfernt sind.

Einen modifizierten Ansatz nutzen *PALM (Photoactivation Localization Microscopy)* [23.66] und *STORM (Stochastic Optical Reconstruction Microscopy)* [23.67]. Individuelle Fluorochrome werden stochastisch ein- und ausgeschaltet. Das kann über Photoaktivierung, aber auch durch andere Mechanismen erfolgen [23.68]. Wenn die eingeschalteten Fluorochrome genügend Photonen emittieren, bevor sie in einen ausgeschalteten Zustand zurückfallen und gleichzeitig weiter als $\lambda/(2n)$ voneinander entfernt sind, können viele eingeschaltete Moleküle gleichzeitig lokalisiert werden. Die Lokalisation erfolgt mit einer Auflösung von $\lambda/(2n\sqrt{m})$, wenn m die Anzahl der detektierten Photonen ist [23.68]. Durch stochastisches Ein- und Ausschalten von Molekülen über einen längeren Zeitraum und Lokalisation der jeweils emittierenden Fluorochrome ergibt sich eine Fluoreszenzabbildung der Probe mit Sub-Wellenlängen-Auflösung. Das Prinzip von PALM/STORM ist in Abb. 23.31(e) dargestellt.

Eine typische STED-Anordnung ist in Abb. 23.32(a) etwas detaillierter dargestellt. Die Ringform des STED-Strahls wird durch eine Phasenmodulation erzeugt. Die Superposition von STED- und Anregungsstrahl liefert einen Fluoreszenzbereich mit einer Ausdehnung unterhalb des Beugungslimits, die im vorliegenden Fall eine Halbwertsbreite von 66 nm hat. Das entspricht einer elfmaligen Reduktion gegenüber dem Beugungslimit. Der direkte Vergleich der konfokalen mit der STED-Aufnahme in Abb. 23.32(c) verdeutlicht den erheblichen Auflösungsgewinn von STED.

Das Grundprinzip aller Verfahren der Superresolutions-Fluoreszenzmikroskopie besteht, wie bereits diskutiert, darin, Fluorochrome gezielt zwischen einem fluores-

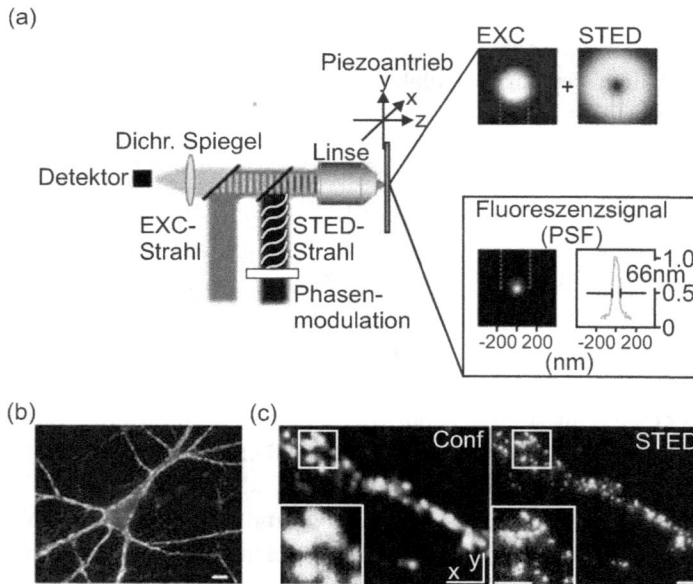

Abb. 23.32. Fluoreszenzabbildung synaptischer Vesikel [23.69]. (a) STED-Anordnung. (b) Abbildung eines mit Antisynaptotagmin-Antikörpern markierten Neurons. Die Balkenlänge beträgt 10 μm. (c) Konfokale und STED-Aufnahme. Die Balkenlänge beträgt 500 nm.

zierenden Zustand A und einem Dunkelzustand B hin- und herzuschalten. Abbildung 23.33 zeigt dies in Form des stochastischen Verfahrens PALM/STORM. Statt konzentrierter Strahlen können für RESOLFT-Verfahren auch linienförmige Profile genutzt werden, die variabel verkippt mehrfach über die Probe gerastert werden. Zu den stochastischen Verfahren gehört auch *GSDIM (Ground State Depletion Followed by Individual Molecule Return)* [23.70]. Wie bei GSD wird der Zustand B erreicht durch Verarmung des Grundzustands und Überführung der Fluorochrome in einen langlebigen Triplettzustand. Die Moleküle kehren in den hellen Zustand A zurück, wenn sie stochastisch in den Singulettzustand zurückkehren.

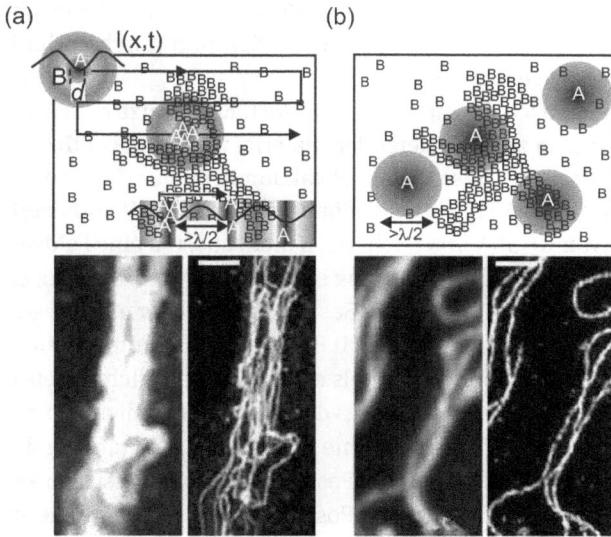

Abb. 23.33. Fluoreszenzabbildungen von Säugetierziellen [23.68]. (a) Prinzip der RESOLFT-Verfahren und konfokale sowie STED-Abbildung im Vergleich. Die Abbildungen zeigen immunomarkiertes Vimentin. Die Balkenlänge beträgt 1 μm. (b) Prinzip der PALM/STORM/GSDIM-Verfahren und Weitfeldsowie GSDIM-Abbildung im Vergleich. Die Abbildungen zeigen Mikrotubuli und Peroxisomen.

Die beschriebenen Verfahren der Fluoreszenzmikroskopie umgehen in einer sehr geschickten Weise das Beugungslimit und sind dennoch Fernfeldverfahren. Die erreichbare Auflösung bis in den Nanometerbereich hinein macht die Verfahren evidenterweise für die Nanowissenschaften äußerst interessant. Allerdings ist das Erreichen der hohen Ortsauflösung natürlich an die Möglichkeit der Fluoreszenzmarkierung gebunden, was die Einsatzmöglichkeiten der Superresolutions-Mikroskopien im Wesentlichen auf die Lebenswissenschaften beschränkt.

23.7 Atomsondentomographie

Die *Atomsondentomographie (Atom Probe Tomography, APT)* nimmt unter den nano-analytischen Verfahren in gewisser Weise eine Sonderstellung ein. Sie ist einerseits in der Lage, Materialien in drei Dimensionen mit nahezu atomarer Auflösung in Bezug auf ihre Zusammensetzung zu analysieren. Andererseits muss die Probe eine spitzen-förmige Geometrie aufweisen und sie wird bei ihrer Analyse zerstört.

Die heute verfügbare APT kann als mittlerweile etabliertes Standardverfahren an-gesehen werden. Das Verfahren entwickelte sich aus der *Atomsonden-Feldionenmi-kroskopie* [23.71]. Der Weg hin zur leistungsfähigen und universell einsetzbaren APT wurde insbesondere durch die Verfügbarkeit von FIB-Geräten (*Focused Ion Beam*) zur Probenpräparation, durch die Einführung von Lokalelektroden und durch die Ent-wicklung von Ultrakurzzeitlasern geebnet [23.72].

Abbildung 23.34 zeigt schematisch die Anordnung für APT. Eine Spitze mit einem Apexradius von 10–100 nm aus dem zu analysierenden Material wird mittels FIB oder elektrochemischen Ätzens hergestellt. Unter Ultrahochvakuumbedingungen und bei Probentemperaturen von typisch 20–60 K wird eine Spannung on 2–18 kV appliziert. Eine resultierende Feldstärke von 10–50 V/nm reicht noch nicht aus, um eine Feldver-dampfung von Atomen zu bewirken. Feldverdampfung erfolgt durch Überlagerung ei-nes zusätzlichen Spannungspulses von 10–25 % der Basisspannung oder eines Laser-pulses. Die Pulse werden so kurz gewählt, dass 10–100 Pulse nötig sind, um ein Atom abzulösen. Die positiv geladenen Ionen werden mittels eines ortsemfindlichen Detek-tors einzeln detektiert. Da der Zeitpunkt des Auslösens des Atoms mit demjenigen des letzten Pulses übereinstimmt, kann die damit bekannte Flugzeit zur Bestimmung der atomaren Masse herangezogen werden. Die x- und y-Position des Atoms lässt sich aus dem Ankunftsort auf dem Detektor berechnen. Die z-Position der einzelnen Atome er-gibt sich aus der Reihenfolge ihrer Ankunft.

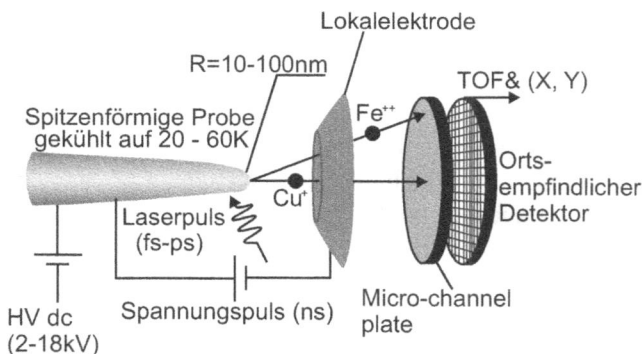

Abb. 23.34. Anordnung für APT.

Die spitzenförmige Probengeometrie ist essentiell für die Aussagekraft einer APT-Messung [23.73]. Bevor eine typische Probe, wie in Abb. 23.35(a) dargestellt, beispielsweise mittels FIB erzeugt wird, verwendet man zur Deposition der entsprechenden Materialsysteme häufig die in Abb. 23.35(b) oder (c) dargestellten Säulenstrukturen. Felder von Mikrospitzen, wie in Abb. 23.35(d) dargestellt, ermöglichen die parallele APT-Charakterisierung einer Vielzahl weitestgehend identischer Proben.

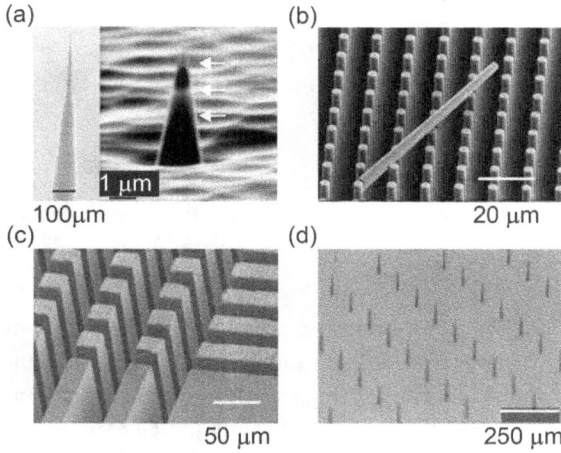

Abb. 23.35. Probenpräparation für APT [23.73]. (a) Elektrochemisch präparierte Probe aus einer Al-Legierung (links) und FIB-präparierte Probe aus Sl/SiO_2/Si/Cr (rechts). (b), (c) Säulenstrukturen zur Aufnahme von Proben. (d) Mikrospitzenfeld zur parallelen Analyse mehrerer Proben.

Eine besondere Stärke von APT ist, dass nicht nur örtlich hochaufgelöst die chemische Zusammensetzung eines Materials analysiert werden kann, sondern auch Informationen über die detaillierte Morphologie erhalten werden. Dies zeigt Abb. 23.36 am Beispiel eines metallischen Glases, bei dem eine Wärmebehandlung unterhalb der Glasübergangstemperatur zur Bildung einer verbundenen Mikrostruktur zweier amorpher Phasen führt, die vor der eigentlichen Kristallisation stattfindet.

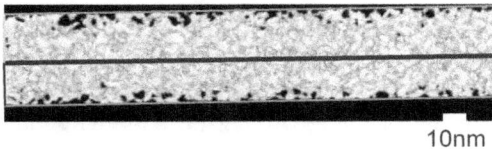

Abb. 23.36. P-Isokonzentrationsoberfläche eines metallischen Glases der Zusammensetzung $Pd_{40}Ni_{40}P_{20}$ [23.73].

Speziell spannungsgepulste Atomsonden erfordern einen niedrigen elektrischen Widerstand der Proben von $< 0,05\,\Omega cm$. Dennoch gelingt es, dünne dielektrische Schichten mit einer Dicke von wenigen Nanometern zu analysieren. Dies zeigt Abb. 23.37 anhand einer Al_2O_3-Schicht zwischen Co und $Ni_{80}Fe_{20}$-Lagen. Derartige Schichtsysteme sind von Bedeutung für die Implementierung des in Abschn. 3.6.5 behandelten spinpolarisierten Tunnelns in Form von Tunnelmagnetowiderstandselementen (*Tunneling Magnetoresistance, TMR*).

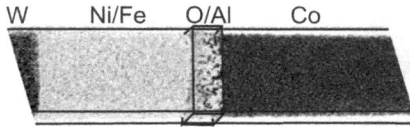

Abb. 23.37. APT-Analyse eines Multischichtsystems mit Isolatorschicht [23.74]. Das Volumen des eingezeichneten Quaders beträgt $1\,nm^3$.

Für die APT-Analyse sind Rekonstruktionsalgorithmen essentiell [23.75]. Sie erlauben es, Morphologien und chemische Zusammensetzungen einer Ortskoordinate zuzuordnen. Zur Optimierung von Rekonstruktionsalgorithmen sind korrelative Analysen, beispielsweise unter Verwendung von SEM/TEM, von Bedeutung [23.75]. Abbildung 23.38 zeigt das Ergebnis einer derartigen korrelativen Analyse. Eine entsprechend materiell inhomogene Probe setzt unterschiedliche Verdampfungsfeldstärken für die einzelnen Materialien voraus. Daraus resultieren jeweils unterschiedliche Rekonstruktionsparameter [23.75].

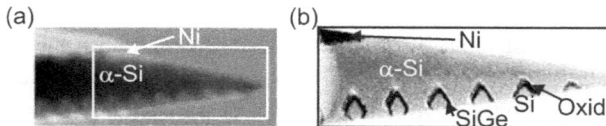

Abb. 23.38. Korrelative Analyse einer APT-Probe [23.75]. (a) SEM-Abbildung. (b) APT-Rekonstruktion.

Neben bestimmten Rekonstruktionsalgorithmen wie beispielsweise der *Ein-Punkt-Rekonstruktion* [23.79] kommt auch der *Post-Rekonstruktionskorrektur* eine Bedeutung zu. In entsprechende Korrekturprozesse fließt zusätzliches Wissen über die dreidimensionale Struktur der Probe ein. Ein Beispiel zeigt Abb. 23.39. Bei der Probe handelt es sich um eine mehrwandige LED-Quantenpunktstruktur, wie wir sie in Abschn. 19.6.2 behandelt haben. Hier ist bekannt, dass jede Schicht flach und parallel zu den Nachbarschichten ausgerichtet ist. Diese Information kann zusammen mit einem

Satz von Rekonstruktionsparametern verwendet werden, um die Rekonstruktion im Hinblick auf die genaue Position eines jeden einzelnen Atoms zu optimieren [23.75].

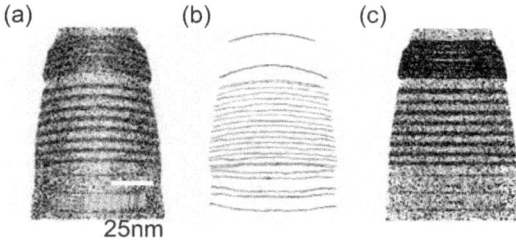

Abb. 23.39. Verwendung von Post-Rekonstruktionsalgorithmen [23.76]. (a) Rekonstruierte Struktur. (b) Identifikation der Grenzflächen. (c) Post-rekonstruktionskorrigierte Abbildung.

Korrelative APT bedient sich mikroskopischer Verfahren wie SEM, TEM, STEM oder auch EBSD, um durch eine multimodale Bildanalyse die APT-Rekonstruktion zu optimieren. Dabei gilt es insbesondere, Trajektorienaberrationen, die aus Inhomogenitäten der Feldverdampfung resultieren, zu korrigieren. Beispielhaft zeigt Abb. 23.40 die korrelative STEM-APT-Analyse von Au-Nanopartikeln in einer MgO-Matrix.

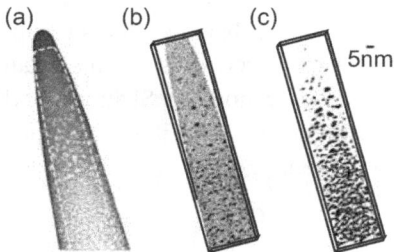

Abb. 23.40. Korrelative STEM-APT-Analyse von Au-Nanopartikeln in MgO-Matrix [23.77]. (a) STEM. (b) APT für Mg, O und Au. (c) Position der Au-Partikel.

APT kann auch leichte Elemente mit hoher Präzision nachweisen, was im Hinblick auf einige spezielle Anwendungen von unschätzbarem Vorteil ist. Beispielsweise basiert die Li- und Na-Ionen-Batterietechnologie auf dem schnellen Transport der Ionen zwischen den Elektroden während eines elektrochemischen Zyklus. Die leichten Ionen sind in der mikroskopischen Analyse aber nur schwerlich quantitativ abbildbar mittels traditioneller mikroskopischer Verfahren. APT erweist sich hingegen als ideal für eine räumlich hochauflösende Analyse leichter atomarer Spezies. Abbildung 23.41 zeigt beispielhaft die relativ gleichmäßige Verteilung von Li in dem

Spinell $LiNi_{0.5}Mn_{1.5}O_4$. In $Li_{1.2}Ni_{0.2}Mn_{0.6}O_2$ entsteht hingegen eine heterogene Li-Verteilung.

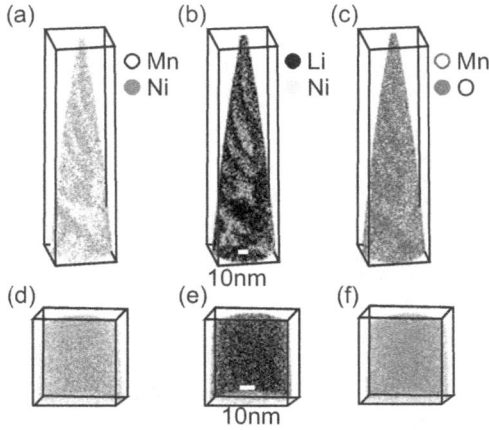

Abb. 23.41. APT-Resultate für zwei Li-Ionen-Batteriekathoden [23.78]. (a)–(c) $Li_{1.2}Ni_{0.2}Mn_{0.6}O_2$. (d)–(f) $LiNi_{0.5}Mn_{1.5}O_4$.

Auch biologische Materialien lassen sich per APT analysieren. Dabei bedient man sich in der Regel der Laserpuls-APT. Die größte Bedeutung haben bislang Untersuchungen biomineralischer Zahn- und Knochengewebe. Beispielsweise können im Detail die Anwachsprozesse von Implantaten auf molekularer oder atomarer Skala studiert werden. Abbildung 23.42 zeigt dies am Beispiel der komplexen Grenzfläche zwischen einem Ti-Dentalimplantat und dem umgebenden Knochen.

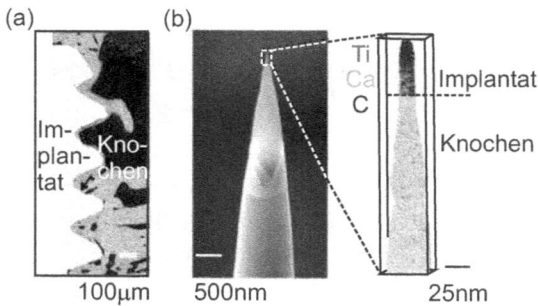

Abb. 23.42. Grenzfläche zwischen einem Ti-Dentalimplantat und dem umgebenden Knochen. [23.79]. (a) Rückstreu-SEM-Abbildung. (b) SEM-Abbildung der APT-Probe und APT-Rekonstruktion.

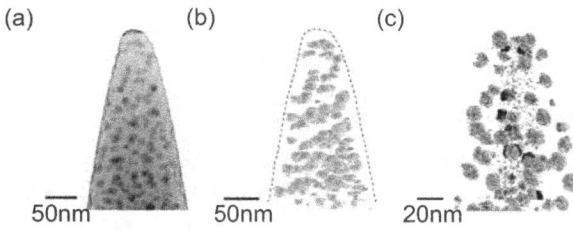

Abb. 23.43. Korrelative STEM-APT-Analyse einer Au-Ag-Legierung. (a) STEM-Abbildung. (b) STEM-Tomographie. (c) Überlagerte APT- und STEM-Rekonstruktionen.

Zur Korrelation mit APT-Daten sind insbesondere tomographische STEM-Daten geeignet. Für die STEM-Tomographie ist dabei neben der atomaren Masse und das Inkrement des Verkippungswinkels von Bedeutung. Für geeignete Probenanordnungen lassen sich durch die korrelative Analyse beeindruckende Resultate erzielen. Abbildung 23.43 zeigt eine korrelative Analyse für eine Au-Ag-Legierung.

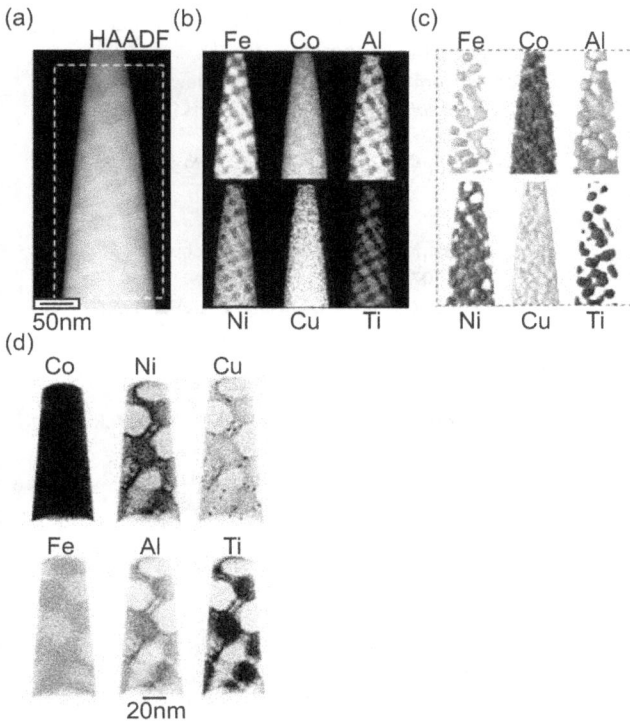

Abb. 23.44. Korrelative Analyse des Magnetwerkstoffs Alnico 8 [23.81]. (a) Dunkelfeld-STEM-Abbildung. (b) Energiedispersive STEM-Röntgenspektroskopie. (c) Rekonstruierte Abbildungen aus Abbildungen entsprechend (b). (d) APT-Rekonstruktionen.

Korrelative STEM-APT-Analysen werden zunehmend von Bedeutung für die angewandte Forschung und Entwicklung. Dies hängt damit zusammen, dass bestimmte Funktionalitäten von Materialien an komplexen Materialkompositionen und Morphologien hängen. Abbildung 23.44 zeigt ein diesbezügliches Beispiel für die Optimierung eines Magnetwerkstoffs.

Zusammenfassend kann festgestellt werden, dass APT zwar einerseits eine analytische Nischenmethode ist. Andererseits ist diese Methode aber ungemein wertvoll für bestimmte nanowissenschaftliche Fragestellungen. So ist eine besondere Stärke der tomographische Nachweis leichter Elemente mit atomarer Ortsauflösung. Allerdings setzt das Verfahren intrinsisch die Präparation der Proben in Spitzenform voraus. Durch laserinduzierte Verdampfung sind Proben mit geringer elektrischer Leitfähigkeit analysierbar, was Grundlage der Anwendbarkeit auch auf geeignete biologische Proben ist.

Literatur

[23.1]   E.C. Duke (Ed.), *Surface Science: The First Thirty Years* (North Holland, Amsterdam, 1994).

[23.2]   B.K. Agarwal, *X-Ray Spectroscopy* (Springer, Berlin, 1991).

[23.3]   J.T. Yates, Jr., *Experimental Innovations in Surface Science* (Springer, New York, 1998).

[23.4]   J. Orloft, M. Utlant and L. Swanson, *High-Resolution Focused Ion Beams* (Kluver Academic/Plenum, New York, 2003).

[23.5]   A.J. Kubis, G.J. Shiflet, D.N. Dunn and R. Hull, Metall. Mat. Trans A **35**, 1935 (2004).

[23.6]   M. Knoll and E. Ruska, Z. Physik **78**, 318 (1932).

[23.7]   O. Scherzer, J. Appl. Phys. **20**, 20 (1949).

[23.8]   F. Phillipp, R. Höschen, M. Osaki, G. Möbus and M. Rühle, Ultramicroscopy **56**, 1 (1994).

[23.9]   U. Dahmen, Microsc. Microanal. **13**, 1150 (2007).

[23.10] Ç.Ö. Girit, J.C. Meyer, R. Erni, M.D. Rossell, C. Kisielowski, L. Yang, C.-H. Park, M.F. Crommie, M.L. Cohen, S.G. Louie and A. Zettl, Science **323**, 1705 (2009).

[23.11] J. Zach and M. Haider, Nucl. Instrum. Methods A **363**, 316 (1995).

[23.12] P.E. Batson, N. Dellby and O.L. Krivanek, Nature **418**, 617 (2002).

[23.13] P.D. Nellist, M.F. Chisholm, N. Dellby, O.L. Krivanek, M.F. Murfitt, Z.S. Szilagyi, A.R. Lupini, A. Borisevich, W.H. Sides Jr. and S.J. Pennycook, Science **305**, 1741 (2004).

[23.14] M. Haider, S. Uhlemann, E. Schwan, H. Rose, B. Kabius and K. Urban, Nature **392**, 768 (1998).

[23.15] H. Rose, J. Electron Microsc. **58**, 77 (2009).

[23.16] K. Hirose, T. Nakano and T. Kawasaki, Microelectr. Engin. **88**, 1559 (2011).

[23.17] K.W. Urban, Science **321**, 506 (2008).

[23.18] M. Leutzen, Ultramicroscopy **99**, 211 (2004).

[23.19] C.L. Jia, M. Leutzen and K. Urban, Science **299**, 870 (2003).

[23.20] C.L. Jia and K. Urban, Science **303**, 2001 (2004).

[23.21] P.D. Nellist and S.J. Pennycook, Ultramicroscopy **78**, 111 (1999); J.L. Allen, S.D. Findlay, M.P. Oxley and C.J. Rossouw, Ultramicroscopy **96**, 47 (2003).

[23.22] P.E. Batson, Ultramicroscopy **96**, 239 (2003).

[23.23] K.A. Mkhoyan, P.E. Batson, J. Cha, W.J. Schaff and J. Silcox, Science **312**, 1354 (2006).

[23.24] M. Varela, S.D. Findlay, A.R. Lupini, H.M. Christen, A.Y. Borisevich, N. Dellby, O.L. Krivanek, P.D. Nellist, M.P. Oxley, L.J. Allen and S.J. Pennycook, Phys. Rev. Lett. **92**, 095502 (2004); M. Bosman, V.J. Keast, J.L. García-Muñoz, A.J. D'Alfonso, S.D. Findlay and L.J. Allen, Phys. Rev. Lett. **99**, 086102 (2007).

[23.25] R. Borrago-Pelaez and P. Hedström, Crit. Rev. Sol. State Mat. Sci. **43**, 455 (2018).

[23.26] P.W. Timby, Y. Cao, Z. Chen, S. Han, K.J. Hemker, J. Lian, X. Liao, P. Rottmann, S. Samudrala, J. Sun, J.T. Wang, J. Wheeler and J.M. Cairey, Acta Materialica **62**, 69 (2014).

[23.27] P.A. Midgley and R.E. Dunin-Borkowski, Nature Mat. **8**, 271 (2009).

[23.28] M. Weyland, T.J.V. Yates, R.E. Dunin-Borkowski, R.E. Laffont and P.A. Midgley, Scripta Materialica **55**, 29 (2006).

[23.29] P.A. Midgley, Micron **32**, 167 (2001).

[23.30] A. Tonomura, *Electron Holography* (Springer, Berlin, 1999).

[23.31] N. Osakabe, K. Yoshida, Y. Horiuchi, T. Matsuda, H. Tanabe, T. Okuwaki, J. Endo, H. Fujiwara and A. Tonomura, Appl. Phys. Lett. **42**, 746 (1983).

[23.32] S. Hasegawa, T. Matsuda, J. Endo, N. Osakabe, M. Igarashi, T. Kobayashi, M. Naito, A. Tonomura and R. Aoki, Phys. Rev. B **43**, 7631 (1991); J.E. Bonevich, K. Harada, T. Matsuda, H. Kasai, T. Yoshida, G. Pozzi and A. Tonomura, Phys. Rev. Lett. **70**, 2952 (1993).

[23.33] A. Tonomura, N. Osakabe, T. Matsuda, T. Kawasaki, J. Endo, S. Yano and H. Yamada, Phys. Rev. Lett. **56**, 792 (1986).

[23.34] R.E. Dunin-Borkowski, T. Kasama, A. Wei, S.L. Tripp, M.J. Hÿtch, E. Snoek, R.J. Harrison and A. Putnis, Microsc. Res. Tech. **64**, 390 (2004).

[23.35] R.E. Dunin-Borkowski, M.R. McCartney, R.B. Frankel, D.A. Bazylinski, M. Pósfai and P.R. Buseck, Science **282**, 1868 (1998).

[23.36] A.C. Twitchett, R.E. Dunin-Borkowski, R.J. Hallifax, R.F. Broom and P.A. Midgley, Microsc. Microanal. **11**, 66 (2005); A.C. Twitchett, T.J. Yates, S.B. Newcomb, R.E. Dunin-Borkowski and P.A. Midgley, Nano Lett. **7**, 2020 (2007).

[23.37] H.N. Chapman, Nature Mat. **8**, 299 (2009).

[23.38] H. Ade and H. Stoll, Nature Mat. **8**, 281 (2009).

[23.39] A. Barty, S. Boutet, M.J. Bogan, S. Hau-Riege, S. Marchesini, K. Sokolowski-Tinten, N. Stojanovic, R. Tobey, H. Ehrke, A. Cavalleri, S. Düsterer, M. Frank, S. Bajt, B.W. Woods, H.M. Seibert, J. Hajdu, R. Treusch and H.N. Chapman, Nature Photon. **2**, 415 (2008).

[23.40] C.G. Schroer, O. Kurapova, J. Patommel, P. Boye, J. Feldkamp, B. Lengeler, M. Burghammer, C. Riekel, L. Vincze, A. van Hart and M. Küchler, Appl. Phys. Lett. **87**, 124103 (2005).

[23.41] J. Vila-Comamala, A. Diaz, M. Guizar-Sicairos, A. Mantion, C.M. Kewish, A. Menzel, O. Bunk and C. David, Opt. Expr. **19**, 21333 (2011).

[23.42] H.C. Kang, J. Maser, G.B. Stephenson, C. Liu, R. Conley, A.T. Macrander and S. Vogt, Phys. Rev. Lett. **96**, 127401 (2006).

[23.43] A. Schropp, R. Hoppe, J. Patommel, D. Samberg, F. Seiboth, S. Stephan, G. Wellenreuther, G. Falkenberg and C.G. Schroer, Appl. Phys. Lett. **100**, 253112 (2012).

[23.44] I. Robinson and R. Harder, Nature Mat. **8**, 291 (2009).

[23.45] G. Tzvetkov, B. Graf, P. Fernandes, A. Fery, F. Cavalieri, G. Paradossi and R.H. Fink, Soft Matter **4**, 510 (2008).

[23.46] G.A. Johansson, T. Tyliszczak, G.E. Mitchell, M.H. Keefe and A.P. Hitchcock, J. Synchrotron Radiat. **14**, 395 (2007).

[23.47] C.R. McNeill, B. Watts, S. Swaraj, H. Ade, L. Thomsen, W. Belcher and P.C. Dastoor, Nanotechnology **19**, 424015 (2008).

[23.48] S. Heun, Y. Watanabe, B. Ressel, D. Bottomley, Th. Schmidt and K. C. Prince, Phys. Rev. B **63**, 125335 (2001).

[23.49] G. van der Laan and A.I. Figuera, Coord. Chem. Rev. **277-278**, 95 (2014).

[23.50] S. Eisebitt, J. Lünnig, W.F. Schlotter, M. Lörgen, O. Hellwig, W. Eberhardt and J. Stöhr, Nature **432**, 885 (2004).

[23.51] V.S. Coker, N.D. Telling, G. van der Laan, R.A.D. Pattrick, C.I. Pearce, E. Arenholz, F. Tuna, R. Winpenny and J.R. Lloyd, ACS Nano **3**, 1922 (2009).

[23.52] W. Zhang, P.K.J. Wong, D. Zhang, J. Yue, Z. Kou, G. van der Laan, A. Scholl, J.-G. Zheng, Z. Lu and Y. Zhai, Adv. Funct. Mat. **27**, 1701265 (2017).

[23.53] A. Locatelli, S. Cherifi, S. Heun, M. Marsi, K. Ono, A. Pavlovska and E. Bauer, Surf. Rev. Lett. **9**, 171 (2002).

[23.54] Y. Acremann, J.P. Strachan, V. Chembrolu, S.D. Andrews, T. Tyliszczak, J.A. Katine, M.J. Carey, B.M. Clemens, HC. Siegmann and J. Stöhr, Phys. Rev. Lett. **96**, 217202 (2006); J.P. Strachan, V. Chembrolu, Y. Acremann, X.W. Yu, A.A. Tulapurkar, T. Tyliszczak, J.A. Katine, M.J. Carey, M.R. Scheinfein, H.C. Siegmann and J. Stöhr, Phys. Rev. Lett. **100**, 247201 (2008).

[23.55] E. Abbe, Arch. Mikroskop. Anatom. **1**, 413 (1873).

[23.56] M. Born and E. Wolf. *Principles of Optics* (Cambridge Univ. Press, Cambridge, 2002).

[23.57] S.W. Hell, Science **316**, 1153 (2007).

[23.58] S.W. Hell and E.H.K. Stelzer, Opt. Commun. **93**, 277 (1992).

[23.59] M.G.L. Gustafsson, D.A. Agard and J.W. Sedat, Proc. SPIE **2412**, 147 (1995).

[23.60] S.W. Hell and J. Wichmann, Opt. Lett. **19**, 780 (1994); T.A. Klar and S.W. Hell, Opt. Lett. **24**, 954 (1999).

[23.61] D. Wildanger, B.R. Patton, H. Schill, L. Marseglia, J.P. Hadden, S. Knauer, A. Schönle, J.G. Rarity, J.L. O'Brien, S.W. Hell and J.M. Smith, Adv. Mat. **24**, OP 309 (2012).

[23.62] S.W. Hell and M. Krang, Appl. Phys. B **60**, 495 (1995).

[23.63] E. Rittweger, D. Wildanger and S.W. Hell, Europhys. Lett. **86**, 14001 (2009).

[23.64] R. Heintzmann, T.M. Jovin and Ch. Cremer, J. Opt. Soc. Am. A **19**, 1599 (2002).

[23.65] M.G.L. Gustafsson, Proc. Natl. Acad. Sci. USA **102**, 13081 (2005).

[23.66] E. Betzig, G.H. Patterson, R. Sougrat, O.W. Lindwasser, S. Olenych, J.S. Bonifacino, M.W. Davidson, J. Lippincott-Schwartz and H.F. Hess, Science **313**, 1642 (2006).

[23.67] M.J. Rust, M. Bates and X. Zhuang, Nature Meth. **3**, 793 (2006).

[23.68] S.W. Hell, Nature Meth. **6**, 25 (2009)

[23.69] K.I. Willig, S.O. Rizzoli, V. Westphal, R. Jahn and S.W. Hell, Nature **440**, 935 (2006).

[23.70] J. Fölling, M. Bossi, H. Bock, R. Medda, C.A. Wurm, B. Hein, S. Jakobs, C. Eggeling and S.W. Hell, Nature Meth. **5**, 943 (2008).

[23.71] M.K. Miller, A. Carezo, M.G. Hetherington and G.D.W. Smith, *Atom Probe Field Ion Microscopy* (Oxford Univ. Press, Oxford, 1996).

[23.72] M.K. Miller and R.G. Forbes, *Atom Probe Tomography* (Springer, New York, 2014).

[23.73] T.F. Kelly, Rev. Sci. Instrum. **78**, 031101 (2007).

[23.74] M. Kuduz, G. Schmitz and R. Kirchheim, Ultramicroscopy **101**, 197 (2004).

[23.75] A. Devaraj, D.E. Perea, J. Liu, L.M. Gordon, T.J. Prosa, P. Parikh, D.R. Diercks, S. Meher, R.P. Kolli, Y.S. Meng and S. Thevuthasan, Int. Mat. Rev. **63**, 68 (2018).

[23.76] T.J. Prosa, B.P. Geiser, D. Reinhard, Y. Chen and D.J. Larson, Microsc. Microanal. **22**, 664 (2016).

[23.77] A. Devaraj, R. Colby, F. Vurpillot and S. Thevuthasan, J. Phys. Chem. Lett. **5**, 1361 (2014).

[23.78] D.R. Diercks, M. Musselman, A. Morgenstern, T. Wilson, M. Kumar, K. Smith, M. Kawase, B.P. Gorman, M. Eberhart and C.E. Packard, J. Electrochem. Soc. **161**, 3039 (2014).

[23.79] L.M. Gordon and D. Joester, Nature **469**, 194 (2011).

[23.80] F. Arslan, E.A.Marquis, M. Homer, M.A.Hekmaty and N.C.Bartelt, Ultramicroscopy **108**, 1579 (2008).

[23.81] W. Guo, B.T. Sneed, L. Zhou, W. Tang, M.J. Kramer, D.A. Cullen and J.D. Poplawsky, Microsc. Microanal. **22**, 1251 (2016).

24 Nanolithographie und Strukturierung

Die gezielte Herstellung nanoskaliger Strukturen basiert auf geeigneten Formgebungsverfahren. A priori wären Verfahren ideal, die eine dreidimensionale Formgebung bei beliebig vorgebbarer Geometrie und Zusammensetzung des Materials oder Systems gestattet. Solche Formgebungsverfahren sind heute auf der Nanometerskala im Allgemeinen nicht verfügbar. Allerdings sind sie auch nicht unbedingt bei der Herstellung nanoskaliger Strukturen erforderlich. Dies gilt insbesondere für die Dünnschichttechnologien, bei denen die Strukturierung im Wesentlichen einen zweidimensionalen Charakter hat.

Am systematischsten und konsequentesten entwickelt wurden Lithographie- und Strukturierungsverfahren zur Herstellung elektronischer Bauelemente. Dabei spielt die Photolithographie eine überragende Rolle. Mit ihr gelingt es heute, Strukturgrößen von wenigen Nanometern großtechnisch zu realisieren. Aufgrund der gegenüber sichtbarem Licht kleineren Wellenlänge sind natürlich spektral tiefes Violett und weiche Röntgenstrahlung interessant. Betrachtet man analog zur elektromagnetischen die de Broglie-Wellenlänge als minimalgrößenbestimmend, so sind auch Partikelstrahlen interessant. Dementsprechend wurden auch Elektronenstrahl-, Ionenstrahl- und Atomstrahllithograpie entwickelt.

24.1 Grundsätzliches

Bereits in Abschn. 1.4 hatten wir das Mooresche Gesetz und die Miniaturisierungstrends in der Halbleiterindustrie thematisiert. Die entsprechende Entwicklung in der Vergangenheit und Gegenwart sowie im prospektiven Sinn verdeutlicht auch Abb. 24.1. Daraus entnimmt man, dass bereits heute charakteristische Abmessungen in integrierten Schaltkreisen nur noch um die 10 nm betragen. Nach ITRS-Angaben ist zwar die in Abb. 24.1(a) sichtbare Verlangsamung der weiteren Abnahme minimaler Strukturgrößen und maximaler Integrationsdichten zu verzeichnen, ebenfalls sind aber auch in den kommenden Jahren weitere Fortschritte bei Hochdurchsatz-Nanostrukturierungsverfahren zu erwarten. Gleichzeitig bestehen zunehmende Prognoseunsicherheiten, wie Abb. 24.1(b) zeigt.

Es gibt durchaus gute Gründe, Bauelemente weiter zu miniaturisieren. In physikalischer Hinsicht kann dies durch die in Abschn. 2.1 diskutierten Skalierungsrelationen bedingt sein, aber beispielsweise auch durch die explizite Applikation quantenmechanischer Phänomene wie in Kap. 3 diskutiert. Jenseits dieser fundamentalen Miniaturisierungsgründe sprechen auch technische und ökonomische Gründe für ein weiteres „Downscaling".

In Anbetracht der globalen Bedeutung mikroelektronischer Bauelemente und daraus hergestellter Gesamtsysteme ist die Bedeutung von Weiterentwicklungen von

https://doi.org/10.1515/9783486855449-002

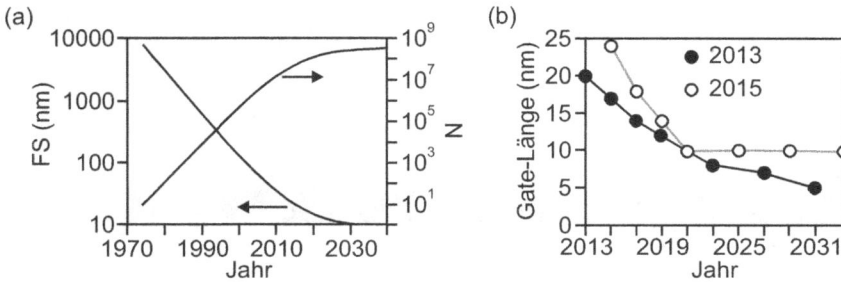

Abb. 24.1. (a) Minimale Strukturgröße (Feature Size, FS) [24.1] und Maximalzahl der Transistoren pro Chip (N) für DRAM in Vergangenheit, Gegenwart und Zukunft [24.1]. (b) Gate-Länge von Feldeffekttransistoren gemäß jeweils zweier ITRS-Prognosen [24.1].

Nanostrukturierungsverfahren in der Mikroelektronik offensichtlich [24.2]. Abweichungen vom Mooreschen Gesetz, wie sie Abb. 24.1 zeigt, sind gegenwärtig und in naher Zukunft unerwünscht, wenngleich sie im Hinblick auf Integrationsdichte und Leistungssteigerungen auf längere Sicht nur durch Paradigmenwechsel vermeidbar sein werden.

Wie bereits erwähnt, sind großindustriell Hochdurchsatzverfahren zur Nanostrukturierung relevant. Hochdurchsatzverfahren ermöglichen die parallele Strukturierung einer großen Anzahl von Bauelementen. Ein solches Verfahren stellt die Photolithographie dar [24.3]. Sie ist von überragender Bedeutung für die Herstellung elektronischer Bauelemente, und andere lithographische Verfahren spielen in der Massenproduktion kaum eine Rolle. Von Weiterentwicklungen der Photolithographie hängt daher ab, wie genau Diagramme wie in Abb. 24.1 zukünftig aussehen.

Im Bereich der Grundlagenforschung und der angewandten Forschung geht es zunächst einmal um Machbarkeit und Realisierungmöglichkeiten. Hier spielen durchaus auch andere lithographische Verfahren eine Rolle, die nicht das Potential für einen Hochdurchsatz haben. Das ist insbesondere für alle inhärent sequentiellen Verfahren der Fall. Im Bereich der Photolithographie wäre ein solches sequentielles Verfahren die Laser-Scanning-Lithographie. Alternativ zum Laserstrahl kann aber auch ein Elektronenstrahl zum Einsatz kommen. Wieder andere sequentielle Verfahren verwenden Ionen- oder sogar Atomstrahlen.

24.2 Photolithographie

Das Grundprinzip der Photolithographie besteht in einer lichtinduzierten lokalen Änderung der chemischen Eigenschaften einer Opferschicht aus Photolack und dessen Entfernens in den modifizierten (Positivlack) oder unmodifizierten (Negativlack) Bereichen [24.4]. Die einzelnen Prozessschritte zeigt Abb. 24.2. Für die Nanolithographie ist die praktisch erreichbare Auflösung natürlich von besonderer Bedeutung. Diese

(a) Belackung (b) Belichtung (c) Entwicklung

Fotoresist
(positiv)
Photolack
Substrat

(d) Ätzen (e) Reststripping

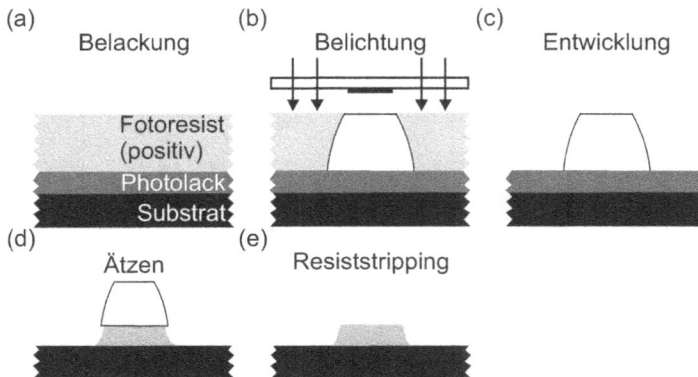

Abb. 24.2. Photolithographie unter Verwendung eines Positivlacks. (a)–(e) Sequentielle Prozessschritte.

kritische Dimension (Critical Dimension, CD) ist aus offensichtlichen Gründen durch das Abbesche Beugungslimit und technische Begebenheiten bestimmt: $CD = k\lambda/NA$. k ist ein durch das Abbildungs- und Photolacksystem bedingter technischer Faktor, der typisch $k = 0,5$ beträgt. λ ist die Wellenlänge des genutzten Lichts und NA die numerische Apertur. Für den k-Faktor, der direkt von technischen Faktoren bestimmt wird, scheint es eine untere Grenze von $k \approx 0,25$ zu geben [24.5]. λ ist offensichtlich wichtig.

Eine Reduzierung der Wellenlänge führt natürlich zu einer größeren Auflösung. Verwendete Lichtquellen und erreichbare Auflösungen zeigt Abb. 24.3. Zwischen den frühen 1960er Jahren und Mitte der 1980er Jahre verwendete man Quecksilberhöchstdrucklampen. Seit den frühen 1980er Jahren verwendete man zunehmend Excimer-Laser. Bereits 2016 wurden damit Strukturabmessungen von 10 nm, in der Massenproduktion von FinFET erreicht [24.6]. Heute verwendete Lichtquellen sind KrF- und ArF-Laser.

Selbst wenn kürzerwellige Lichtquellen im tiefen Ultravioletten (*Deep Ultraviolet, DUV*) verfügbar sind, muss berücksichtigt werden, dass Luft unterhalb von ≈ 193 nm stark absorbiert und dass selbst in Isolatoren wie SiO_2 Elektron-Loch-Paare erzeugt werden. Dennoch ist natürlich der Weg zu einer deutlichen Steigerung der Auflösung eine weitere Verringerung der Wellenlänge. Spektral schließt sich an den *DUV-Bereich* der *EUV-Bereich* (*Extreme Ultraviolet*) an. EUV-Lichtquellen bestehen in Xe- oder Sn-Plasmen, die mittels Excimer-Laser zur Emission angeregt werden. Das Licht ist nicht kohärent. Wegen des geringen Brechungsindex und der geringen Transparenz von Linsenmaterialien kommen Spiegelsysteme bei der optischen Abbildung zum Einsatz. Im Übergangsbereich zwischen DUV und EUV kommen katadioptrische Systeme zum Einsatz.

Jenseits des EUV-Bereichs schließt sich der Bereich weicher Röntgenstrahlen an. Strahlen mit geeigneten Eigenschaften liefern Synchrotrone oder Freie-Elektronen-

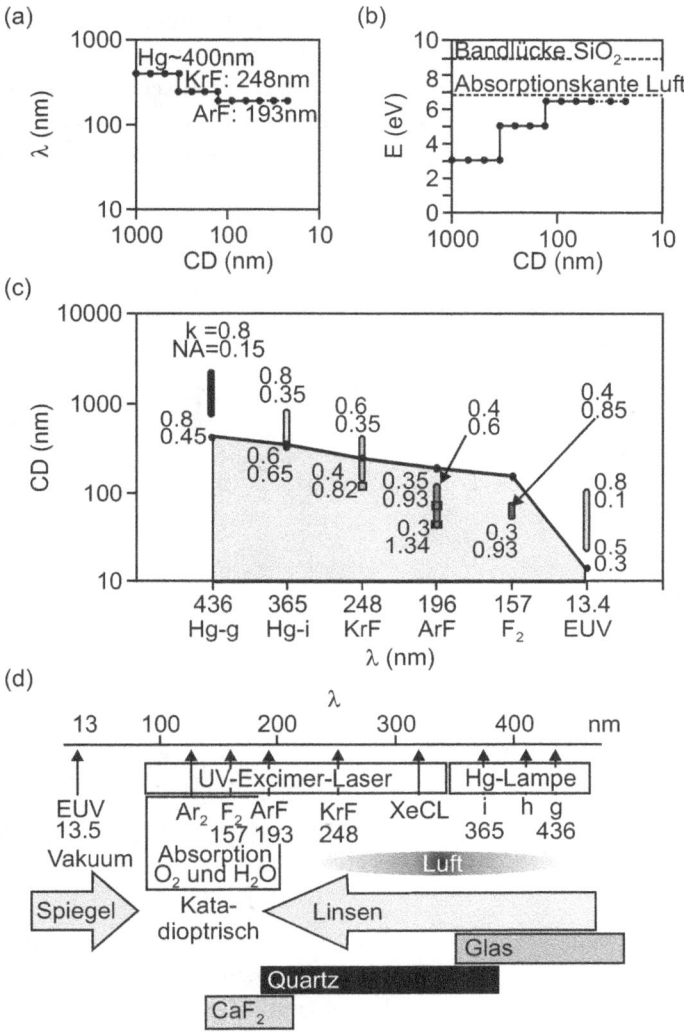

Abb. 24.3. Entwicklung der Photolithographie. (a) Lichtquellen mit ihren Wellenlängen und erreichbare Auflösung. (b) Photonenenergie und erreichte Auflösung. (c) Erreichte Auflösung für die unterschiedlichen Lichtquellen bei unterschiedlichen k-Faktoren und NA-Werten. (d) Lichtquellen und Abbildungssysteme.

Laser. Damit steht die Röntgenlithographie nicht in Form autonomer Photolithographiegeräte zur Verfügung.

EUV- und Röntgenlithographien befinden sich heute in der Entwicklung. Standard in der großtechnischen Massenproduktion ist die DUV-Lithographie. Neben k und λ bestimmt die numerische Apertur NA die kritische Dimension oder Auflösung

CD. Aus $NA = n \sin \Theta$ ergibt sich, dass für einen festen Öffnungswinkel 2Θ des Objektivs die Auflösung durch Verwendung eines Immersionsmediums mit $n > 1$ gesteigert werden kann. So erhält man im Sichtbaren für Wasser $n = 1,33$, für Glycerin $n = 1,47$ und für Immersionsöl $n = 1,51$. Allerdings ist zu berücksichtigen, dass Θ auch vom Brechungsindex der involvierten Medien abhängig ist. Das zeigt im Detail Abb. 24.4.

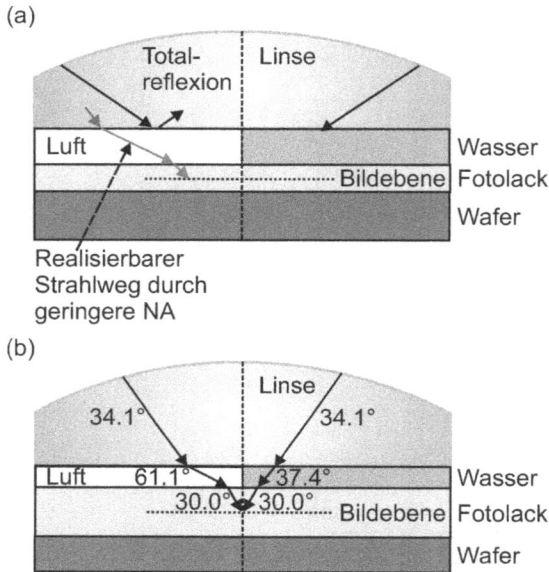

(a)

(b)

Abb. 24.4. Unterschied zwischen einem trockenen und einem immersionslithographischen System. (a) Strahlengänge. (b) Strahlenkegel bei gleicher Abbildungstiefe.

Für ein trockenes Lithographiesystem erwartet man als Grenzwert $NA = 1$. Reale Spitzenwerte liegen bei $NA = 0,95$. Verwendet man für die Immersionslithographie Wasser, so reduziert sich die Vakuumwellenlänge von $\lambda = 193$ nm auf $\lambda = 134$ nm. Trocken kann ein Einfallswinkel von 35° an der Linsenoberfläche erreicht werden, während es bei Wasser ein Winkel von 55° ist. Für den gleichen Propagationswinkel im Photolack, also zum Erreichen einer gegebenen Abbildungstiefe, ist ein gegenüber Luft geringerer Einfallswinkel aus dem Immersionsmedium erforderlich.

Neben der erreichbaren Auflösung *CD* ist die Abbildungstiefe *DOF (Depth of Focus)* von Bedeutung. Diese ist gegeben durch $DOF = k' n \lambda / (NA)^2$ [24.7]. Nur bei hinreichender Abbildungstiefe kann der Photolack gleichmäßig durchbelichtet werden. Eine wachsende numerische Apertur erhöht zwar die Auflösung, verkleinert aber gleichzeitig auch den *DOF*-Wert.

Die Übertragung des gewünschten Musters erfolgt über eine Maske. Während sich die Maske bis zu Beginn der 1980er Jahre direkt auf oder nahe der Oberfläche des

Photolacks befand, werden heute Projektionstechniken verwendet. Die Strukturen der Maske werden dabei durch die Projektion entsprechend verkleinert und das Belichtungsmuster innerhalb des Photolacks ist rein beugungsbegrenzt mit den bereits diskutierten Auflösungsgrenzen CD und DOF. Die entsprechenden Maskenpositionen sind im Überblick in Abb. 24.5(a) dargestellt.

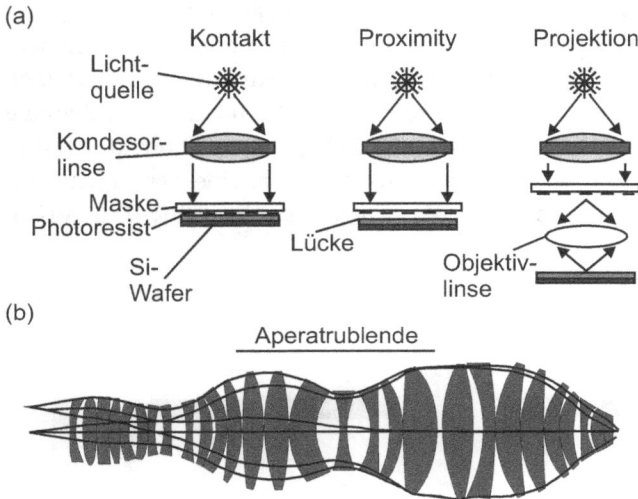

Abb. 24.5. Realisierung der Photolithographie. (a) Maskenanordnungen. (b) Objektiv eines Maskenbelichters mit Einzellinsen und Strahlengang.

Maskenbelichter für die Massenproduktion haben heute einen komplexen Gesamtaufbau. Objektive bestehen typisch und, wie in Abb. 24.5(b) dargestellt, aus bis zu 30 Einzellinsen mit einem Durchmesser von 300 mm oder mehr, die bei Verwendung eines ArF-Excimer-Lasers aus hochreinem Quartz gefertigt sind. Der Durchsatz liegt typischerweise bei 100 oder mehr Wafern pro Stunde.

Aus Sicht der Mikroelektronik und Nanotechnologie sind die entscheidenden Fragen, wie weit sich das Prinzip der Photolithographie für weitere Miniaturisierungen noch nutzen lässt und ob es Alternativen geben könnte, die ebenfalls einen Hochdurchsatz gestatten.

Das Potential der Photolithographie hing bislang eng mit der Reduzierung des technologischen k-Faktors aus Abb. 24.3(c) zusammen, der es bei Werten von $k \approx 0,3$ erlaubt, Strukturgrößen zu erhalten, die deutlich unter der verwendeten Wellenlänge – also deutlich unter dem primären Abbeschen Beugungslimit – liegen. Dies wird insbesondere durch drei Maßnahmen erreicht: Durch die optische Proximity-Korrektur, durch Erzeugung gezielter Phasenverschiebungen und durch Doppelbelichtung. Den Einfluss der Immersion hatten wir bereits diskutiert.

Wenn die Maske in ein Belichtungsmuster des Photolacks und dann in eine topographische Struktur übertragen wird, treten insbesondere nahe der kritischen Dimension CD zahlreiche Fehler auf, die aus Abbildungsfehlern und dem realen Verhalten der involvierten Materialien und Prozesse resultieren. Ein Teil dieser Fehler kann kompensiert werden, wenn die Maske von der Form der letztendlichen Struktur abweicht und die auftretenden Fehler quasi antizipiert. Die Maske weist also Korrekturstrukturen auf, die dafür sorgen, dass die Chip-Strukturen nach Durchführung aller Prozessschritte so aussehen wie gewünscht. Da die geometrischen Korrekturen oder Kompensationen sich an der Funktionsfähigkeit typischer Strukturen in einer integrierten Schaltung orientieren, ist die optische Proximity-Korrektur ein hochgradig heuristisches und empirisches Verfahren [24.8]. Typische Proximity-Korrekturen sind in Abb. 24.6 dargestellt. Die optische Proximity-Korrektur war eine wesentliche Voraussetzung bei der Entwicklung von *VLSI (Very Large Scale Integration)*[2] und *ULSI (Ultra Large Scale Integration)*.[3]

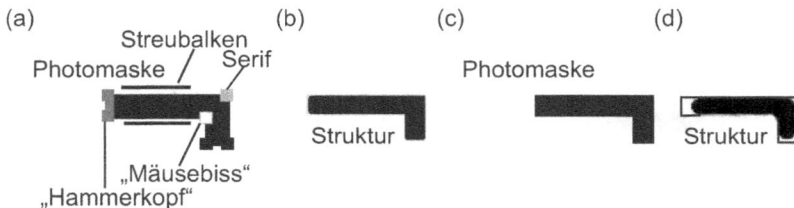

Abb. 24.6. Typische optische Proximity-Korrekturen in der Photolithographie. (a) Korrigierte Maske. (b) Resultierende Struktur. (c) Unkorrigierte Maske. (d) Resultierende Struktur.

Phasenschiebermasken nutzen aus, dass Interferenzeffekte zu Intensitätsvariationen führen können, die auf einer Längenskala verifizierbar sind, die weit unterhalb der verwendeten Wellenlänge liegt. Der Ansatz wurde bereits in den 1980er Jahren betrachtet [24.9]. Phasenschieberstrukturen lassen sich durch Beeinflussung des optischen Wegs in der Maske erzeugen. Abbildung 24.7 zeigt typische Phasenschieberelemente. Auch die richtige Beleuchtung der Photomaske ist von großer Bedeutung. Bei senkrechter Beleuchtung können keine Strukturabmessungen unterhalb des Beugungslimits auf den Wafer übertragen werden [24.4]. In diesem Fall fällt nur das Beugungsmuster nullter Ordnung in den Aperturbereich der Objektivlinse. Beleuchtet man die Maske hingegen schräg, so fällt auch der gebeugte Strahl erster Ordnung in

---

2 $10^4 - 10^5$ Transistoren pro Chip.
3 $10^5 - 10^6$ Transistoren pro Chip.

(a)

(b)

(c)

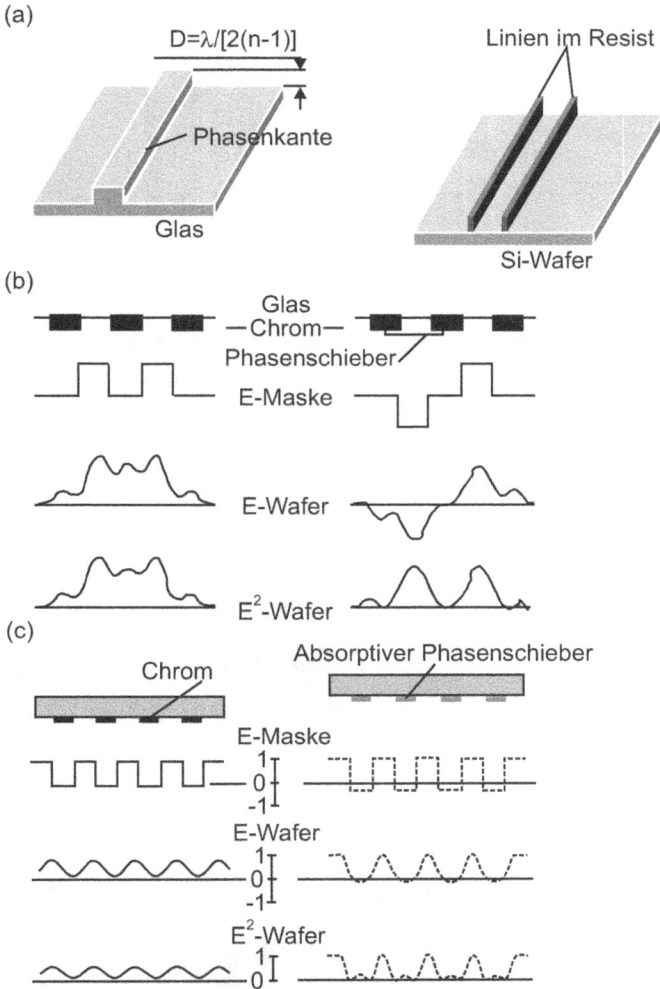

Abb. 24.7. Phasenschieberelemente. (a) Phasenkantenelemente zur Erzeugung von extrem dünnen Streifenstrukturen. (b) Alternierende Phasenschieberstrukturen zur Herstellung eng benachbarter Linien. (c) Abschwächende Phasenschieberelemente.

den Aperturbereich, wodurch es zu einer Abbildung der entsprechenden Maskenstrukturen kommt. Abbildung 24.8 verdeutlicht diese Zusammenhänge.

Einen weiteren Meilenstein bei der Verringerung der kritischen Strukturgröße stellen Doppelbelichtungs- und Doppelstrukturierungsverfahren dar [24.10]. Bei der Doppelbelichtung verwendet man, wie in Abb. 24.9(a) dargestellt, zwei komplementäre Photomasken. Bei der Doppelstrukturierung verwendet man zwei komplementäre Mikromuster in Form aufeinander abgestimmter Photomasken. Der Photoresist wird

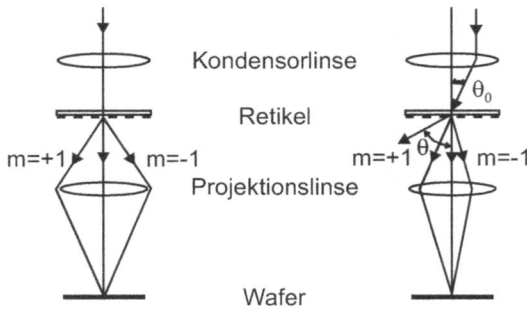

Abb. 24.8. Beleuchtung der Maske in der Photolithographie. Axiale Beleuchtung (links) und Schräg-beleuchtung (rechts).

zweimal deponiert, belichtet und entwickelt, so dass zwei ineinander eingebettete Mikromuster entstehen, wie in Abb. 24.9(b) dargestellt.

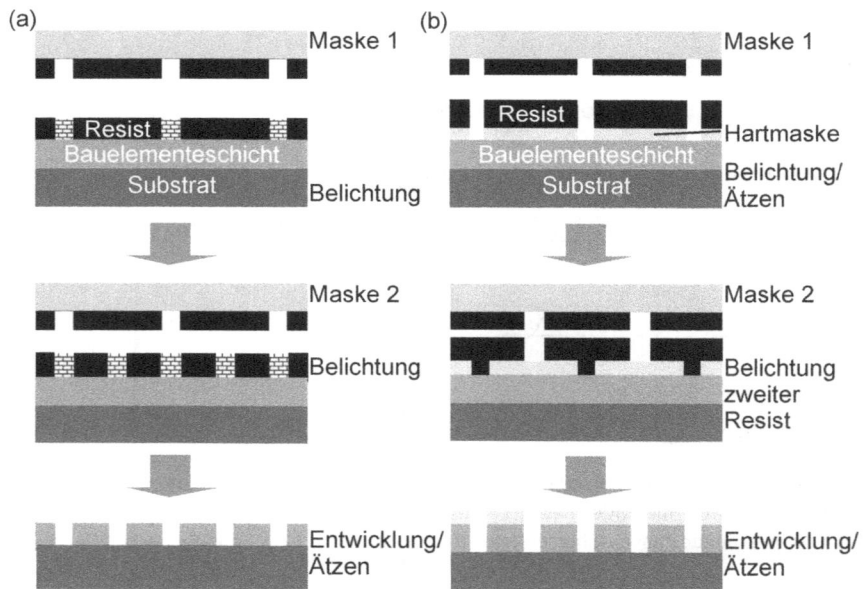

Abb. 24.9. Strukturierungsarten der Photolithographie. (a) Doppelbelichtung. (b) Doppelstrukturie-rung.

Welche enorm kleinen Strukturabmessungen mittels der Photolithographie und vor allem unter Verwendung der genannten Belichtungs- und Maskentechniken realisiert werden können, zeigt Abb. 24.10. Die Gatelänge eines FET von 9 nm wurde unter Ver-wendung eines KrF-Excimer-Lasers mit einer Wellenlänge von 248 nm mittels zweier

Doppelbelichtungen durch Phasenschiebermasken erzielt. Damit beträgt die Gatelänge weniger als 4 % der verwendeten Wellenlänge und überspannt nur 18 Gitterkonstanten des Siliziums.

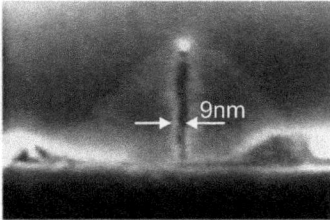

Abb. 24.10. TEM-Aufnahme eines FET mit einer Gatelänge (markiert) von 9 nm [24.11].

Bei integrierten Schaltkreisen müssen nicht nur bestimmte ausgewählte Strukturen Minimalabmessungen aufweisen, sondern alle für die entsprechenden Bauelemente benötigten. Dies führt zu den in Tab. 24.1 aufgeführten charakteristischen Strukturen mit den jeweils realisierten oder prognostizierten Minimalabmessungen.

Tab. 24.1. Charakteristische Minimalabmessungen gemäß ITRS-2015-Roadmap [24.12].

Charakteristische Abmessung (nm)	2917	2018	2019	2020	2021	2022
Raster (Half Pitch)	13	12	11	10	9	8
Minimaler Lochdurchmesser	18	16	14	13	11	10
Linienweitenrauigkeit	1,4	1,3	1,1	1,0	0,9	0,8
Minimale Musterdefektgröße	10	10	10	10	10	10
Minimale Schichtdicke	3,4	3,0	2,7	2,4	2,1	1,9
Minimale Dimensionsschwankungen	0,5	0,4	0,4	0,3	0,3	0,3

Neben der großtechnischen kontinuierlichen Realisierung dieser nanoskaligen Dimensionen spielt für die Einführung weiterer photolithographischer Evolutionsstufen auch der Kostenaspekt eine kritische Rolle [24.2]. Die 193 nm-Immersionslithographie, die nunmehr seit mehr als einer Dekade das High End-Standardverfahren ist, erreicht allmählich ihre intrinsischen Limitierungen bei stark wachsenden Kosten. Damit stellt sich die Frage, ob und gegebenenfalls wann die EUV-Lithographie zukünftig einsetzbar sein wird.

Den typischen Aufbau eines EUV-Lithographen zeigt Abb. 24.11. Das Licht aus der Plasmalampe wird mittels eines Kollektors gesammelt auf den Illuminator fokussiert. Die Projektionsoptik besteht aus Spiegeln mit senkrechtem oder streifendem Lichtein-

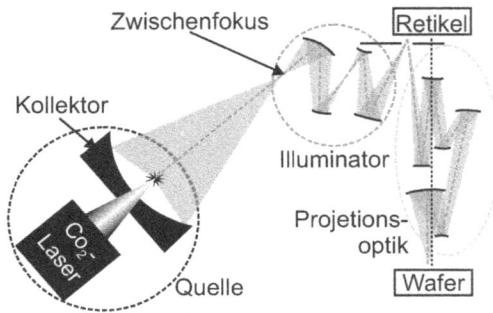

Abb. 24.11. EUV-Lithograph

fall. Die Maske ist eine Reflexionsmaske. Der Lithograph muss aus den zuvor genannten Gründen im Hochvakuum betrieben werden.

Derzeit steht die EUV-Lithographie trotz ungelöster Probleme im Bereich der verfügbaren Leistung der Lichtquellen und auch im Bereich der Masken direkt vor der breiten Einführung [24.2]. Wesentliche Vorteile gegenüber der DUV-Lithographie bestehen im potentiell hohen Durchsatz, in den großen Prozessfenstern und eben in der Erreichbarkeit der zukünftig geplanten Knotenabmessungen von nur wenigen Nanometern. Zusätzlich ist die EUV-Lithographie potentiell sehr kosteneffektiv. Dies ist insbesondere auf eine Reduktion der notwendigen Belichtungsschritte zurückzuführen.

Die Lithographie mit weichen Röntgenstrahlen im Bereich von 0,4–4 nm Wellenlänge hat sich für die Massenproduktion bislang keinesfalls als potentiell tauglich erwiesen. Insbesondere die Herstellung von Masken, die auf einer lokal variierenden Absorption von Röntgenstrahlen basieren, ist ein ungelöstes Problem [24.2].

24.3 Maskenlose Lithographie

24.3.1 Allgemeines

Die zu übertragende Struktur liegt bei der Photolithographie in Form einer Maske vor, die sich auf oder über dem zu strukturierenden Wafer befindet. Der Photolack wird dabei parallel an allen oder vielen Orten belichtet. Sequentielle Verfahren erlauben hingegen nur eine Strukturierung des Substrats nach und nach, beispielsweise durch eine rasterförmige Manipulation. Zu dieser Kategorie von Verfahren sind beispielsweise die in Kap. 22 diskutierten rastersondenlithographischen Verfahren zu zählen. Dazu gehört auch die Abschn. 8.2 diskutierte Dip Pen-Nanolithographie. Weitere sequentielle Lithographietechniken werden im Folgenden diskutiert. Derartige Verfahren benötigen wegen der gesteuerten Relativbewegung zwischen der strukturierenden Sonde oder dem strukturierenden Strahl keine Maske. Allerdings gibt es auch maskenlose

Verfahren, die parallel strukturierend sind und die örtlich variierende Interferenzeffekte ausnutzen.

Im vorliegenden Kontext sollen Verfahren diskutiert werden, die speziell relevant für die Nanostrukturierung sind. Aufgrund von Einschränkungen bei den realisierbaren Strukturformen oder beim erreichbaren Durchsatz sind die maskenlosen lithographischen Verfahren allerdings nicht für die Massenproduktion etwa in der Mikroelektronik geeignet.

24.3.2 Laserlithographie

Die Interferenz von zwei oder mehr kohärenten Lichtstrahlen kann dazu genutzt werden, einen Photoresist zweidimensional periodisch zu strukturieren [24.13]. Das Verfahren wird als *Laserinterferenzlithographie (LIL)* oder auch als *holographische Lithogaphie* bezeichnet.

Für ein Zweistrahlinterferometer ist die Intensitätsverteilung gegeben durch [24.14]

$$I(x) = 2I_0 \left[\cos\left(\frac{4\pi x}{\lambda} \sin \Theta \right) + 1 \right].$$ (24.1)

Hier ist I_0 die Intensität beider Strahlen, λ die Wellenlänge, x die Lateralkoordinate und Θ der Einfallswinkel. Die Periodenlänge (*Pitch*) ist gegeben durch $\Lambda = \lambda/(2 \sin \Theta)$, was impliziert, dass die kleinste Periodizität der halben Wellenlänge entspricht. Die Wellenlänge kann, verwendet man die in Abschn. 24.2 diskutierten DUV-Quellen, so gewählt werden, dass eine Nanostrukturierung erreicht werden kann [24.15]. Abbildung 24.12 zeigt Beispiele. Die Vertikalstrukturierung kommt durch Ausbildung einer Vertikal- neben der Lateralkomponente der stehenden Wellen zustande.

Die sequentielle Variante der Laserlithographie besteht in der rasterweisen Belichtung eines Photoresists. A priori ist das fernfeldoptische Verfahren natürlich beugungsbegrenzt. Die Beugungsbegrenzung lässt sich durchbrechen mittels nahfeldoptischer Lithographie, die wir in Abschn. 22.4.4 diskutiert haben. Ein wesentlicher

(a)   (b)

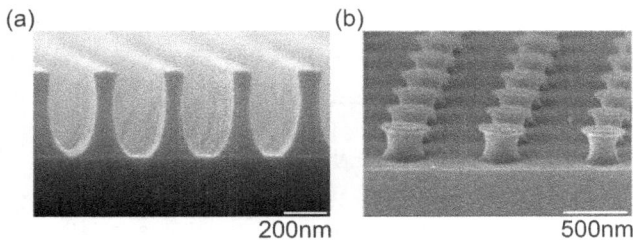

200nm   500nm

Abb. 24.12. Mittels LIL hergestellte Strukturen. (a) Eindimensionale Strukturierung [24.14]. (b) Zweidimensionale Strukturierung [24.21].

Nachteil im Hinblick auf die Praktikabilität der optischen Nahfeldlithographie ist der benötigte äußerst geringe Abstand zwischen Sonde und zu strukturierendem Substrat. Von großem Vorteil wären also offensichtlich Verfahren der fernfeldoptischen Lithographie, die das Beugungslimit umgehen. Entsprechende mikroskopische Verfahren hatten wir in Abschn. 23.6 diskutiert. Eine naheliegende Strategie besteht darin, diese mikroskopischen Verfahren zum Zweck der Lithographie geeignet zu modifizieren und weiter zu entwickeln. Das Resultat dieses Bestrebens ist die dreidimensionale Laserlithographie jenseits des Diffraktionslimits [24.17].

Zunächst wird ein Laserstrahl beugungsbegrenzt fokussiert. Zwei-Photonen-Absorption oder/und die Ausnutzung weiterer optischer Nichtlinearitäten erlauben es, die effektive Photonendosis im Photoresist auf ein kleines fokales Volumenelement (*Voxel*) zu konzentrieren [24.18]. Die benötigte optische Nichtlinearität ist zweckmäßigerweise eine Eigenschaft des Photoresists selbst.

Das Abbesche Theorem liefert eine beugungsbegrenzte Lateralauflösung von $\Delta x = \lambda/(2n \sin \alpha)$ für die Wellenlänge λ, den Brechungsindex n und den halben Objektivöffnungswinkel α. Die axiale Auflösung beträgt demgegenüber $\Delta z = \lambda/[n(1 - \cos \alpha)]$. Für $\alpha = 90°$ erhielte man $\Delta z = 2\Delta x$. Für eine realistischere Situation mit $n = 1,5$ und $NA = n \sin \alpha = 1,4$ folgt hingegen $\Delta z = 2,92\Delta x$. Für $n = 1,5$ und $NA = 1$ erhielte man sogar $\Delta z = 5,26\Delta x$.

Einer gegenüber dem Abbe-Theorem etwas anderen Betrachtungsweise liegt das Sparrow-Kriterium zugrunde [24.19]. Zwei emittierende und beugungsverbreiterte Lichtquellen sind genau dann auflösbar, wenn zwischen ihnen ein Intensitätsminimum auflösbar ist. Dieses Kriterium ist natürlich relevant für die Fluoreszenzmikroskopie und hat auch eine Relevanz für die Laserlithographie.

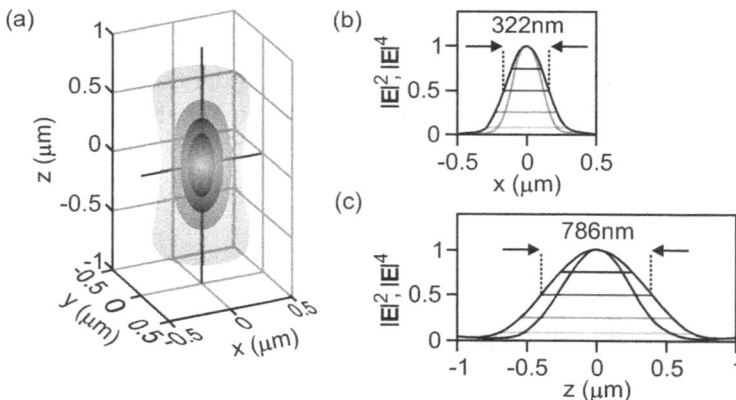

Abb. 24.13. Fokales Profil eines Laserstrahls im Photoresist für $\lambda = 800$ nm, $NA = 1,4$ und $n = 1,5$ sowie Ein-Photon- und Zwei-Photonen-Belichtung [24.17]. (a) Isointensitätsoberfläche. (b) Lateralprofile. (c) Axialprofile.

Zunächst einmal wird die realisierbare Strukturgröße bei der Laserlithographie nicht so ohne weiteres durch das Abbe- oder das Sparrow-Kriterium bestimmt. Dies haben wir bereits im Zusammenhang mit der in Abschn. 24.2 diskutierten Photolithographie betrachtet. Strukturgrößen von $\Delta x \leq \lambda/10$ sind realisierbar. Von Bedeutung hierfür ist das nichtlineare Verhalten des Photoresists unter dem Einfluss der Belichtung. Abbildung 24.13 zeigt ein typisches Profil eines fokussierten Laserstrahls, wie es bei der Laserlithographie im Resist entsteht. Nimmt man der Einfachheit halber an, dass der Resist oberhalb einer Schwelldosis belichtet und unterhalb unbelichtet ist und dass die Dosis proportional zu Intensität und Belichtungsdauer ist, so bestimmen bei gegebener Belichtungsdauer das Strahlprofil und die Belichtungsschwelle die laterale und axiale Strukturgröße, wie aus Abb. 24.13(b) und (c) hervorgeht. Wenn für

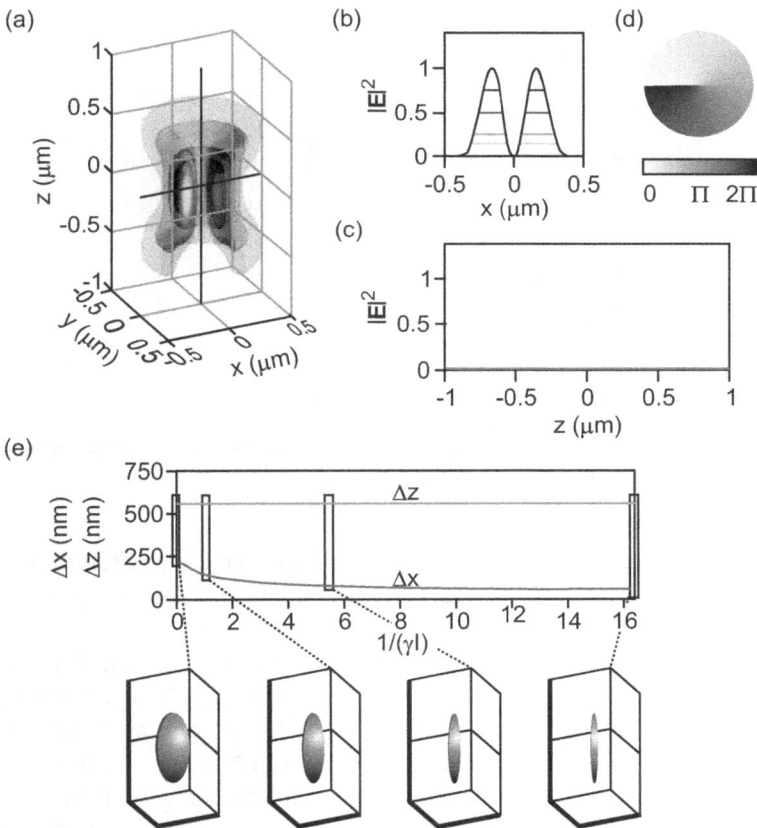

Abb. 24.14. Inhibitionsprofile für $\lambda = 532$ nm und $NA = 1,4$ [24.17]. (a) Voxel und (b) laterales sowie (c) axiales Voxelprofil bei Verwendung der helikalen Phasenschiebermaske aus (d). (e) Voxeldimension als Funktion der Inhibitionsintensität I.

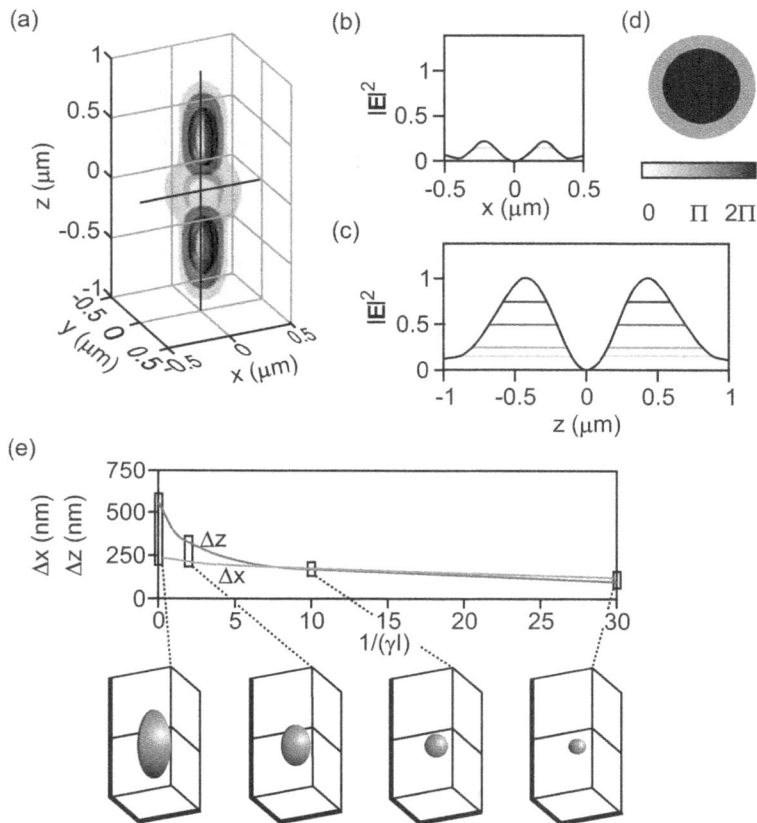

Abb. 24.15. (a) Voxel und (b) laterales sowie (c) axiales Voxelprofil bei Verwendung der zylindrischen Phasenschiebermaske aus (d). (e) Voxeldimension als Funktion von I.

eine Ein-Photon-Belichtung die Feldstärke in Form von E^2 relevant ist, so ist sie dies in Form von E^4 für den Zwei-Photonen-Prozess, für den damit die Profilbreiten geringer sind, wie ebenfalls Abb. 24.13 zeigt.

Wie wir bereits in Abschn. 23.6 gesehen haben, lässt sich in der Fernfeldmikroskopie, namentlich in der Fluoreszenzmikroskopie, das Beugungslimit umgehen. Ähnliche Strategien wie in der Fluoreszenzmikroskopie lassen sich auch auf die Sub-Wellenlängen-Lithographie übertragen. Die Abbildungen 24.14 und 24.15 zeigen zwei Beispiele. Bei Verwendung einer helikalen Phasenmaske, dargestellt in Abb. 24.14(d), erhält man das in Abb. 24.14(a) und (b) dargestellte „Donut-Profil". Dieses Profil zeigt eine Sub-Wellenlängen-Intensitätsvariation lateral, jedoch keine Intensitätsvariation in axialer Richtung, was nur eine zweidimensionale Strukturierung erlaubt. Demgegenüber erhält man unter Verwendung einer zylindrischen Phasenmaske, dargestellt in Abb. 24.15(d), sowohl lateral als auch axial Sub-Wellenlängen-Intensitätsvariationen, wie aus Abb. 24.14(a)–(c) hervorgeht.

Grundlegende Idee der *Inhibitionslaserlithographie* ist nun, mittels eines Inhibitions- oder Verarmungsstrahls lokal die Sensitivität des Photoresists zu erniedrigen. Dies entspricht der Strategie, beispielsweise bei STED die Fluoreszenz zu unterdrücken. Auch in der Inhibitionslithographie wird dies durch einen zweiten Laserstrahl erreicht, der bei einer anderen Wellenlänge betrieben wird als der Anregungslaser. Die Inhibition erfolgt über die Lebensdauer des chemischen Zwischenzustands des Lacks und ist reversibel. Das effektive Belichtungsvolumen lässt sich durch die Intensität des Inhibitionslasers steuern. Die Anregung wird dabei moduliert mit $1/(1 + \gamma I)$, wobei I die Intensität der Inhibition und γ ein resistspezifischer Faktor ist. Den Einfluss von I auf das Voxelvolumen zeigen die Abbildungen 24.14(e) und 24.15(e). Es ist evident, dass das Profil aus 24.15(e) eine dreidimensionale Strukturierung erlaubt, während das bei dem in Abb. 24.14(e) dargestellten Profil nicht möglich ist.

Für die Möglichkeit der Photoinhibition und der Photoinitiation können verschiedene photochemische Mechanismen genutzt werden, die quasi im Resist implementiert werden [24.17]. Darauf basierende Varianten sind beispielsweise die STED-Lithographie [24.20] sowie die Inhibitionslithographie [24.22].

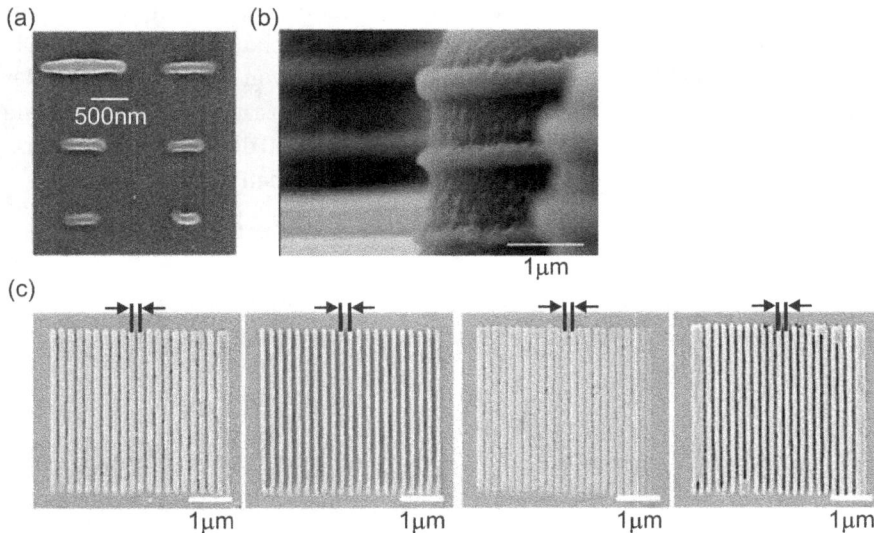

Abb. 24.16. (a) SEM-Abbildungen von Voxeln, die bei zunehmender Deaktivierungsintensität mittels RAPID-Lithographie erzeugt wurden [24.21]. (b) Dreidimensionale Struktur, hergestellt mittels RAPID-Lithographie [24.21]. (c) Konventionelle Laserlithographie (Bilder 1 und 3) und STED-Laserlithographie (Bilder 2 und 4) bei einer Periodizität von 200 nm (Bilder 1 und 2) und 175 nm (Bilder 3 und 4).

Mit der Laserlithographie in Form des Direktschreibens lassen sich Sub-Wellen-längen-Strukturen herstellen, wie Abb. 24.16 zeigt. Insbesondere kann auch eine dreidimensionale Strukturierung erfolgen, was ein inhärenter Vorteil gegenüber der maskenbasierten Photolithographie für den Hochdurchsatz ist.

24.3.3 Elektronenstrahllithographie

Sehr viel kleiner als die Wellenlänge des Lichts bei der Photolithographie, selbst für den EUV-Bereich, ist die de Broglie-Wellenlänge von Elektronen, für die gemäß Abschn. 3.2 $\lambda = h/\sqrt{2mE} = h/\sqrt{2meV}$ gilt. Dabei ist E die kinetische Energie der Elektronen und V eine Beschleunigungsspannung. Belichtet man also einen geeigneten Resist statt mit einem fokussierten Laserstrahl mit einem ebensolchen Elektronenstrahl, so sollten sich mit dieser Elektronenstrahllithographie (*Electron Beam Lithography, EBL*) entsprechend deutlich höhere Auflösungen und geringere kritische Abmessungen erreichen lassen als bei der Photolithographie. Dies ist in der Tat der Fall, wobei die real erreichbare Auflösung nicht nur einfach von der Beschleunigungsspannung respektive von der de Broglie-Wellenlänge abhängt, sondern von der Fokussierung des Elektronenstrahls und von den Eigenschaften der Resistmaterialien.

Abbildung 24.17 zeigt zunächst einmal beispielhaft einen Prozessablauf unter Verwendung der Elektronenstrahllithographie. Da das Verfahren, wie dargestellt, maskenlos arbeitet, ist es auch sequentiell und nicht für den Hochdurchsatz geeignet. Die Hauptanwendung von EBL liegt im Bereich der Herstellung von Photomasken, bei der Herstellung von Strukturen für Kleinserien und in der Nanostrukturforschung sowie in der Entwicklung nanotechnologischer Prozesse. Der Vorteil des Verfahrens ist, dass sich routinemäßig Auflösungen unterhalb von 10 nm erreichen lassen [24.24].

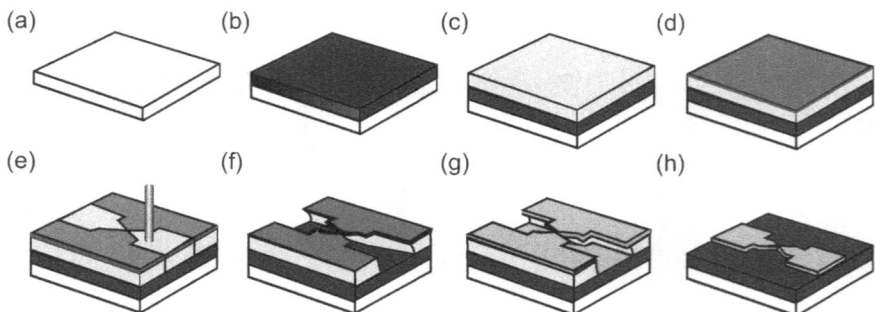

Abb. 24.17. Typischer Prozessablauf bei der Nanostrukturierung mittels EBL. (a) Substrat. (b) Deposition einer Opferschicht mittels Spin Coating. (c) Deposition eines weichen Resists mittels Spin Coating. (d) Deposition eines harten Resists mittels Spin Coating. (e) Belichtung mit dem Elektronenstrahl. (f) Entwicklung. (g) Deposition eines Metallfilms durch Sputtern oder Bedampfen. (h) Lift off und Entstehung des metallischen Bauelements.

Treffen die Primärelektronen bei Energien von typisch 10–50 keV auf den Resist, so kommt es zur Vorwärts- und Rückstreuung. Dies führt zu einer Aufweitung des Strahldurchmessers und zu einer Begrenzung der Auflösung. Inelastische Streuungen können zur Erzeugung von Sekundärelektronen oder sogar Elektronenkaskaden führen [24.25]. Die Elektronenstreuung zusammen mit dem Durchmesser des Primärstrahls bestimmt wesentlich die lithographisch letztendlich erreichbare Strukturgröße [24.26]. Mit heutigen aberrationskorrierten Elektronenoptiken können Strahldurchmesser von wenigen Nanometern erreicht werden. Demgegenüber liegt die de Broglie-Wellenlänge eines 25 keV-Elektrons bei 8 pm, ist also keineswegs auflösungsbegrenzend!

Der erste und heute noch immer genutzte Resist ist *Polymethylmethacrylat (PMMA)* mit einer Sensitivität von 0,8–0,9 C/cm^2 bei 100 keV. Neuere Entwicklungen, die im Gegensatz zu PMMA Negativlacke sind – die belichteten Bereiche bleiben nach der Entwicklung bestehen –, umfassen *Wasserstoffsilsesquioxan (HSQ)* mit 1 C/cm^2 und *Calixarene*, makrocyklische Verbindungen, mit etwa 10 C/cm^2.

Durch Schichtung unterschiedlicher Photolacke mit unterschiedlichen Sensitivitäten lassen sich auf Basis sequentieller Belichtung und Entwicklung auch unterhöhlte Profile (*Undercut*), wie in Abb. 24.18(a) dargestellt, herstellen. Ebenso die dazu quasi inversen T-Profile, welche in Abb. 24.18(b) dargestellt sind.

(a)　　　　(b)

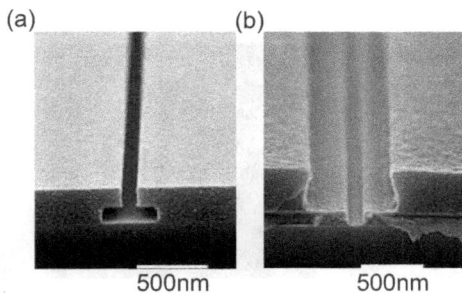

Abb. 24.18. Tiefenprofile, die durch Verwendung zweier Resists mit unterschiedlichen Empfindlichkeiten hergestellt wurden. (a) Undercut-Profil [24.27]. (b) T-Profil [24.28].

In Kap. 20 hatten wir ausführlich über die elektromagnetischen Materialien – und namentlich elektromagnetische Metamaterialien – diskutiert. Sollen diese beispielsweise für sichtbares oder ultraviolettes Licht genutzt werden, so sind derart kleine Strukturgrößen erforderlich, dass EBL diesbezüglich eine sehr geeignete Strukturierungsmethode darstellt. Es lassen sich rein dielektrische wie auch metallische Strukturen herstellen, wie Abb. 24.19 zeigt.

Ebenfalls in Kap. 20 hatten wir die Grundlagen photonischer Kristalle diskutiert. Diese spielen auch für die in Abschn. 20.2.4 diskutierten Superlinsen eine Rolle [24.31].

(a)　　　　　　(b)

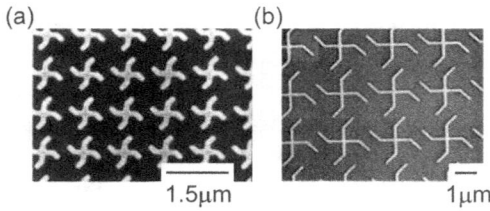

1.5μm　　　　　　1μm

Abb. 24.19. Optische Metamaterialien, hergestellt mittels EBL. (a) Dielektrische Strukturen [24.29]. (b) Metallische Strukturen [24.30].

Die Herstellung entsprechender Strukturen in Kleinserien, wie in Abb. 24.20 gezeigt, wäre ohne EBL schwer realisierbar.

In den vergangen Jahren gab es einige Ansätze zur Überwindung inhärenter Limitationen der EBL. Zur Vermeidung von Sekundärelektronen kann mit sehr niedrigen Elektronenenergien von nur wenigen eV gearbeitet werden. Allerdings erweist es sich als schwierig, eine hohe Auflösung zu erreichen, weil die Elektronenoptik unzureichend fokussiert [24.32] oder die Ausbreitung der Primärelektronen im Resist schwer zu begrenzen ist [24.33].

Auch maskenbasierte Verfahren wurden entwickelt [24.34]. Wie in der Photolithographie erfolgt die Beleuchtung dabei über eine Schattenprojektion [24.35].

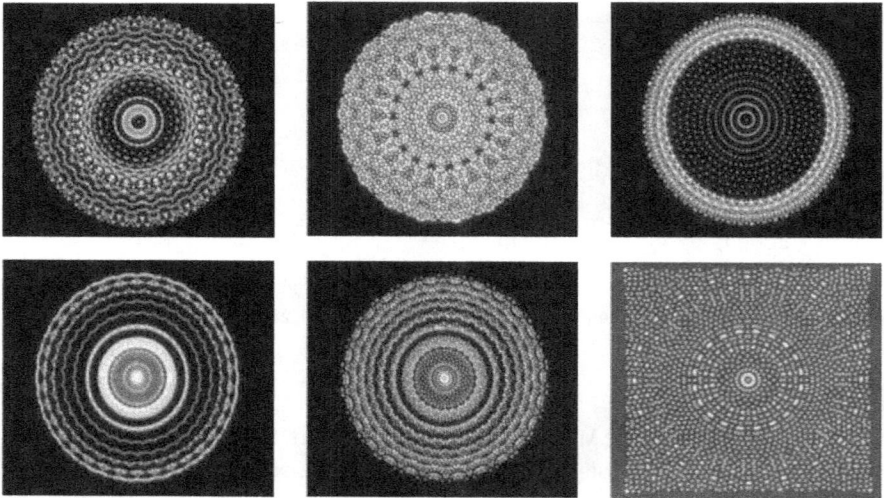

Abb. 24.20. Superlinsen aus photonischen Kristallen von AL-Elementen auf Quartzsubstrat [24.32]. Die minimalen Strukturgrößen liegen im Bereich von 150–200 nm.

Zur Verkürzung der Belichtungszeit wurden Vielstrahlschreiber entwickelt. Bei den entsprechenden Verfahren (*Multi-Beam Lithograhpy, MBL*) kommen mehrere fokussierte Elektronenstrahlen gleichzeitig zum Einsatz [24.36].

24.3.4 Ionenstrahllithographie

Statt Elektronenstrahlen können auch Ionenstrahlen für die Lithographie verwendet werden [24.37]. Dabei ist zwischen drei sehr unterschiedlichen Strahltechniken zu unterscheiden: Zwischen dem Protonen- oder Heliumionenstrahlschreiben, dem Schreiben mit einem fokussierten Ionenstrahl (*Focused Ion Beam, FIB*) und der *Ionenprojektionslithographie (IPL)*. Das zuletzt genannte Verfahren ähnelt methodisch der Photolithographie, ist damit kein maskenloses Verfahren und soll im Folgenden nur kurz Erwähnung finden.

Grundlage der Unterschiede zwischen der *Ionenstrahllithographie (Ion Beam Lithography, IBL)* und den zuvor diskutierten Verfahren ist die Wechselwirkung der jeweils verwendeten Partikel oder elektromagnetischen Strahlung mit der Materie. Dies ist schematisch in Abb. 24.21 gezeigt. Schnelle, leichte Ionen wechselwirken über die Kollision mit Elektronen. Ein Strahl von 2 MeV-Protonen hat für PMMA eine Eindringtiefe von 61 μm und erreicht eine Strahlenaufweitung von 2 μm. In einer Tiefe von 1 μm beträgt die Aufweitung nur 3 nm und in 5 μm Tiefe 30 nm. Schwere, langsame Ionen übertragen im Wesentlichen ihren Impuls auf die Atome an der Oberfläche. Dies führt zu chemischen und strukturellen Veränderungen sowie auch zu einem Sputter-Prozess. Für 30 keV Ga-Ionen beträgt die Sputter-Rate 1–10 Atome pro Ion. Elektronen wechselwirken, wie diskutiert, mit Elektronen des Resists. Die Eindringtiefe für 50 keV-Elektronen beträgt in PMMA 40 μm bei einer Strahlaufweitung von 20 μm. EUV- und Röntgenphotonen wiederum werden elastisch gestreut oder absorbiert bei

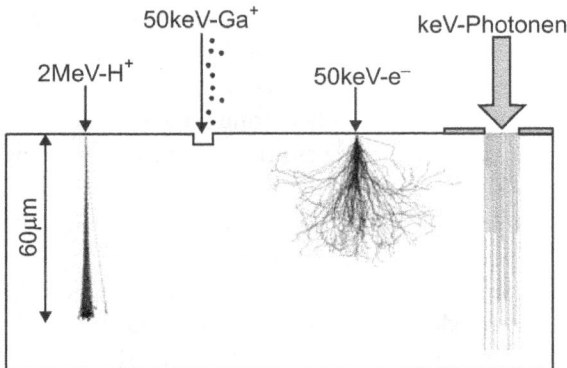

Abb. 24.21. Wechselwirkung von Partikeln oder elektromagnetischer Strahlung mit Resistmaterialien oder Substraten [24.37]

Ionisation von Resistmolekülen. Im Ergebnis nimmt die Photonendosis exponentiell mit wachsender Eindringtiefe ab.

Protonenstrahlschreiber verwenden hochenergetische Protonen mit typisch 2 MeV. Damit lassen sich Strukturen in konventionelle Resists wie PMMA übertragen, wobei man sehr große Aspektverhältnisse erreicht. Das zeigt Abb. 24.22. Hauptherausforderung ist die Fokussierung der hochenergetischen Protonenstrahlen, um minimale Strukturabmessungen von ≤ 100 nm zu erreichen. Verwendung finden kompakte magnetische Quadrupollinsensysteme.

1µm

Abb. 24.22. Protonenstrahllithographie zur Erzeugung von Strukturen mit großem Aspektverhältnis. Die minimale Wanddicke beträgt 60 nm bei einer Wandtiefe von 10 μm [24.37].

Seit relativ kurzem verwendet man alternativ zu Protonen auch He$^+$-Ionen, die sich zu Strahldurchmessern von ≤ 1 nm fokussieren lassen. Das darauf basierende Verfahren wird als Heliumionenstrahllithographie *(Helium Ion Beam Lithography, HIBL)* bezeichnet. Auch hierfür lassen sich die konventionellen EBL-Resists nutzen. Es zeigt sich, dass diese Resists bei HIBL mit geringeren Dosen belichtet werden können als bei EBL. Dies ist in Abb. 24.23(b) erkennbar. Neben konventionellen Resists gibt es auch Versuche mit experimentellen Resists beispielsweise auf Basis der in Abschn. 16.4 diskutierten Fullerene. Teilweise sind solche Resists um Größenordnungen empfindlicher gegenüber Ionen- als gegenüber Elektronenstrahlen. Dies ermöglicht die Erreichung kleinster Minimalabmessungen, wie Abb. 24.23(a) zeigt.

Bereits in den späten 1970er Jahren wurde die FIB-Lithographie entwickelt. Die Technik verwendet vergleichsweise niederenergetische schwere Ionen – beispielsweise 30 keV-Ga$^+$-Ionen –, um direktschreibend topographische oder strukturelle Oberflächenmodifikationen zu erzeugen, wenngleich auch vergleichsweise langsam. Die Sputter-Rate beträgt typisch 1–10 Atome pro Ion, was 0,1–1 μm^3/nC entspricht.

In der Kollisionskaskade dominieren im Energiebereich von 5–50 keV nukleare Kollisionen, welche damit den Energieverlust der Ionen determinieren. Abbildung 24.24

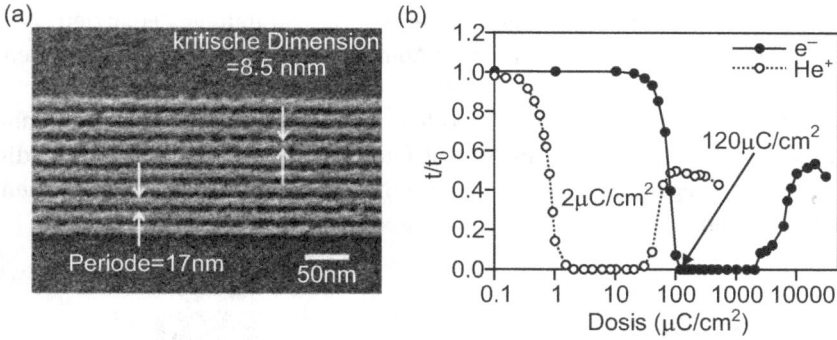

Abb. 24.23. (a) HIBL-erzeugte Linien in einem 10 nm dicken fullerenbasierten Resist [24.38]. (b) Empfindlichkeit von PMMA gegenüber HIBL und EBL im Vergleich [24.39].

zeigt simulierte Kollisionskaskaden für Ga$^+$-Ionen bei zwei unterschiedlichen Primärenergien. Neben den Trajektorien der Ionen ist für die entstehenden Strukturen natür-

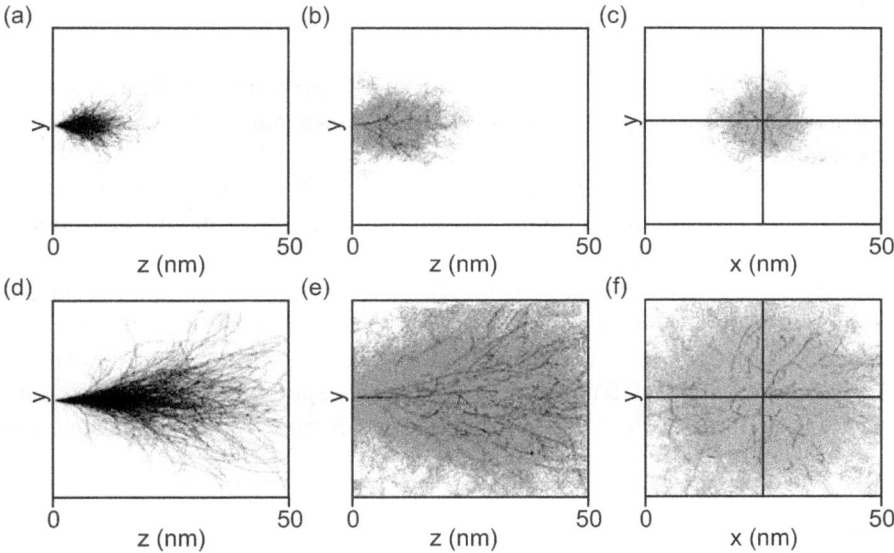

Abb. 24.24. Simulierte Kollisionskaskaden für Ga$^+$-Ionen und ein Substrat aus amorphem Si bei zwei unterschiedlichen Primärenergien [24.41]. (a) Trajektorien von 5 keV-Ga$^+$-Ionen. (b) Deplatzierung der Si-Atome entlang der Substrattiefe. (c) Deplatzierung der Si-Atome mit Querschnitt. (d) Trajektorien für 30 keV-Ga$^+$-Ionen. (e) Deplatzierung der Si-Atome entlang der Substrattiefe. (f) Deplatzierung der Si-Atome in Querschnittsrichtung.

lich von besonderer Bedeutung, in welcher Weise die Substratatome deplatziert oder sogar gesputtert werden, da diese letztlich die Abmessungen der erzeugten Strukturen definieren.

Abbildung 24.25 zeigt, dass sich FIB vorteilhaft auch in Kombination mit anderen Lithographien einsetzen lässt, um Nanostrukturen beispielsweise lokal zu modifizieren. Dies kann gegenüber einer reinen FIB-Strukturierung zu einer erheblichen Zeitersparnis führen.

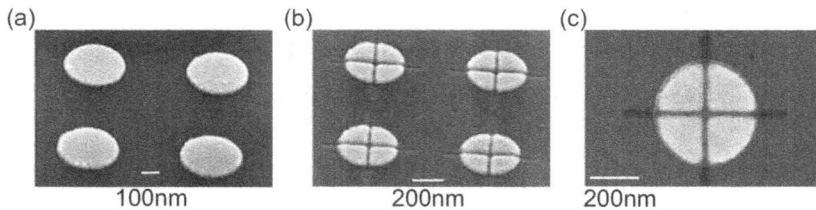

Abb. 24.25. SEM-Abbildungen von Plasmonenresonatoren aus 40 nm dickem Gold [24.42]. (a) Goldinseln, hergestellt mittels EBL. (b) Strukturierte Resonatoren mit FIB-erzeugten 20 nm weiten Spalten. (c) Detailansicht eines einzelnen Resonators.

Der große Vorteil der FIB-Lithographie ist, dass eine dreidimensionale Strukturierung in einem Prozessschritt möglich ist. Dies macht FIB insbesondere auch für die Herstellung mikrofluidischer Elemente höchst relevant. Dabei kann FIB wiederum in Kombination mit anderen Verfahren in einer „Mix and Match-Strategie" eingesetzt werden oder auch als alleiniges Strukturierungsverfahren. Ein Beispiel für eine mikrofluidische Struktur zeigt Abb. 24.26.

FIB kann große Längenskalen überbrücken, wie Abb. 24.27 zeigt. Damit lassen sich einerseits Mikrowerkzeuge wie das in Abb. 24.27(a) dargestellte herstellen und andererseits Nanostrukturen, die sich auf den Mikrostrukturen befinden können. Allerdings lässt sich mittels FIB nicht nur Material durch Sputtern lokal entfernen, sondern in Kombination mit der in Kap. 16 mehrfach erwähnten CVD lässt sich auch Ma-

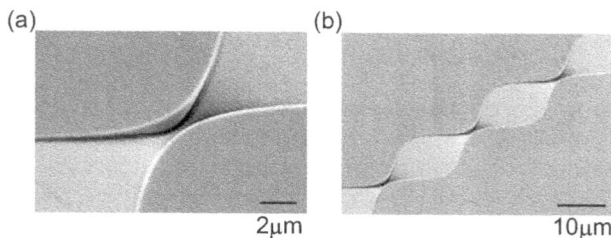

Abb. 24.26. Mikrofluidischer Mixerkanal, hergestellt mittels FIB [24.43]. (a) Detailansicht einer Konstriktion des Kanals. (b) Aufbau des Kanals.

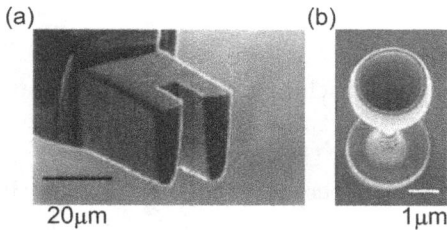

Abb. 24.27. Mittels FIB hergestellte komplexe dreidimensionale Strukturen sehr unterschiedlicher Größe. (a) Diamantenmikrowerkzeug [24.45]. (b) FIBCVD-erzeugte Struktur aus diamantartigem Kohlenstoff (Diamond-Like Carbon, DLC) [24.46].

terial deponieren. Das entsprechende Verfahren wird als *FIBCVD* bezeichnet [24.44]. Abbildung 24.27(b) zeigt ein Beispiel.

In Abschn. 5.2.7 hatten wir photonische Kristalle und ihre spektakulären optischen Eigenschaften angesprochen. Dreidimensionale photonische Kristalle vom Yablonovitch-Typ [24.47] lassen sich ebenfalls mittels FIB herstellen und die inhärenten Vorzüge von FIB können hierbei in besonderer Weise genutzt werden. Abbildung 24.28 zeigt ein Beispiel.

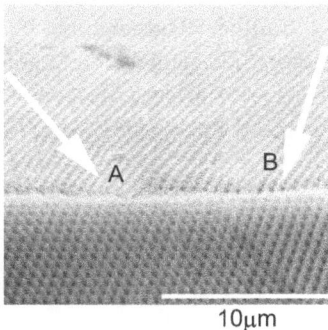

Abb. 24.28. Dreidimensionaler phtonotischer Kristall vom Yablonovitch-Typ aus FIB-bearbeitetem amorphen Silizium [24.48]. Die Ätzrichtungen sind durch die Vektoren A und B gekennzeichnet.

Wie mehrfach erwähnt, haben die direktschreibenden sequentiellen Verfahren den Nachteil, dass sie nicht hochdurchsatztauglich sind. Es gibt daher Ansätze zur Kombination von Partikelstrahlen und Maskentechniken. IPL basiert darauf, mit einem ausgedehnten Strahl von Ionen (H^+, H_2^+, He^+, Ar^+) eine Maske zu bestrahlen und den transmittierten Strahl mittels elektrostatischer Linsen um eine bis zwei Größenordnungen bildlich zu reduzieren [24.49]. Minimale Strukturabmessungen im Bereich von unter 100 nm konnten so routinemäßig erreicht werden [24.50].

24.4 Atomlithographie

Die *Atomlithographie (AL)* [24.51] vertauscht im Vergleich zur Photolithograpie quasi die Rollen von Licht und Materie. In der Photolithographie wird Licht, wie wir diskutierten, durch Materie – etwa in Form von Masken, Linsen und Spiegeln – manipuliert. In der Atomlithographie fungiert demgegenüber Licht als Maske, und durch diese Maske einfallende Atome formen Nanostrukturen auf dem Substrat. Dies kann entweder durch direkte Deposition geschehen oder indem Resists verwendet werden, welche durch die Atome belichtet werden. Da die de Broglie-Wellenlänge bei Atomen typisch einige pm beträgt, spielt wie bei EBL die Beugungsbegrenzung keine Rolle.

Im Hinblick auf die Verwendung materieller Masken kann AL zu den maskenlosen Verfahren gezählt werden. Von essentieller Bedeutung ist allerdings die Wechselwirkung zwischen Atomen und Lichtfeldern, so dass mit aller Berechtigung auch von Licht- oder Kraftmaske gesprochen werden kann, was sicherlich AL im Vergleich zu den anderen maskenlosen und sequentiellen Verfahren eine Sonderstellung verleiht, umso mehr als AL in der Regel keineswegs sequentiell betrieben werden muss.

Das Grundprinzip der AL besteht darin, einen Atomstrahl mittels Licht transversal auf Sub-Wellenlängen-Skala zu modulieren [24.52]. Dabei nutzt man zwei grundsätzlich unterschiedliche Arten von Lichtmasken, wie in Abb. 24.29 dargestellt. Die eine Kategorie erhöht lokal die atomare Dichte durch eine räumlich variierende Kraft auf die Atome. Die Maske könnte man entsprechend als Lichtkraftmaske bezeichnen. Die zweite Kategorie reduziert den atomaren Fluss lokal dadurch, dass metastabile Atome durch optisches Pumpen in den Grundzustand überführt werden. Diesen Maskentyp könnte man als Absorptionsmaske für metastabile Atome bezeichnen.

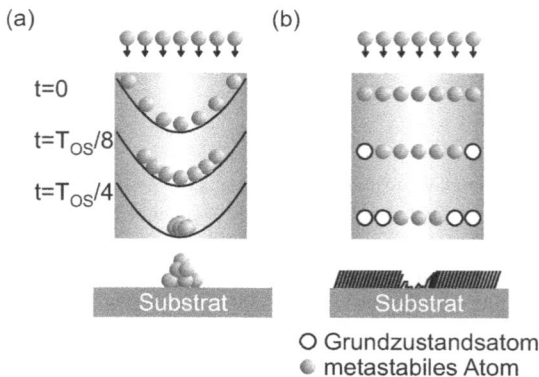

O Grundzustandsatom
◖ metastabiles Atom

Abb. 24.29. Lichtmasken für die AL. (a) Lichtkraftmaske, die über ein harmonisches Potential wie eine Linse für die atomare Materiewelle wirkt. (b) Absorptionsmaske für metastabile Atome, die in den Grundzustand gepumpt werden und nur lokal einen Resist belichten, der selektiv empfindlich gegenüber angeregten Atomen ist.

Die einfachste Kraftmaske besteht aus einem eindimensionalen harmonischen Potential. Wenn T_{os} die Oszillationsperiode unter dem Einfluss dieses Potentials ist, so wird der fokale Punkt unabhängig von der Startposition des Atoms nach einer Zeit $t = T_{os}/4$ erreicht.

Metastabile Atome können durch optisches Pumpen in den Grundzustand überführt werden. Damit kann mittels Licht das Angebot an metastabilen Atomen moduliert werden. Auf diese Weise lassen sich Absorptionsmasken konzipieren. Über Resists, welche empfindlich gegenüber metastabilen Atomen sind, lassen sich dann die Strukturen der Lichtmaske auf das Substrat übertragen.

Die Wechselwirkung von Licht mit Materie, insbesondere mit Atomen oder atomaren Defekten wie den NV-Zentren, hatten wir bereits in Abschn. 22.2.5 diskutiert. Für AL ist speziell die Dipolkraft von Bedeutung. In Abb. 24.30(a) ist schematisch ein Atom unter dem Einfluss eines linear polarisierten Lichtfelds dargestellt. Die Dynamik eines Elektrons unter dem Einfluss dieses Lichtfelds hängt von der Feldamplitude $E_0(x)$ und von der Verstimmung der Anregung gegenüber der Resonanzfrequenz ab, welche durch $\Delta = \omega_l - \omega_0$ gegeben ist. Für eine große Verstimmung ist die Bewegung des Elektrons durch $y(x, t) = eE(x)/(2m_e\omega_l\Delta)$ und $E(x) = E_0(x)\cos(\omega_l t)$. Dabei oszilliert das Elektron je nach Verstimmung entweder in Phase ($\Delta > 0$) oder außer Phase ($\Delta < 0$) mit dem Lichtfeld. Das resultierende Dipolmoment ist durch $D(t) = -ey(x, t)$ gegeben. Dann beträgt die Wechselwirkungsenergie $V(x, t) = -\mathbf{D} \cdot \mathbf{E}$. Die lokale Bewe-

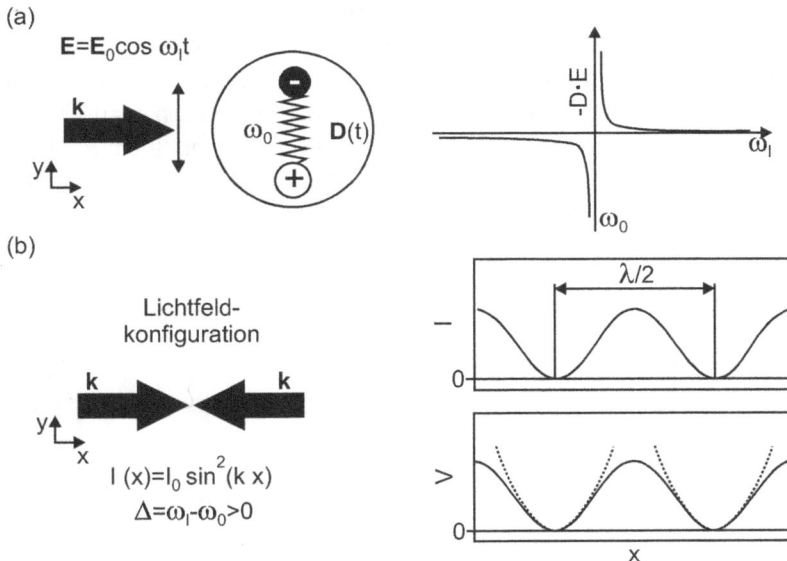

Abb. 24.30. Klassisches Modell der Wechselwirkung zwischen Licht und Atomen. (a) Entstehung des atomaren Dipolmoments und Verlauf der Dipolenergie als Funktion der Lichtfrequenz. (b) Intensitäts- und Potentialverlauf für eine stehende Lichtwelle.

gung des Atoms ist in diesem einfachen Bild durch das nicht verschwindende zeitlich gemittelte Potential $V(x) = \langle -\mathbf{D} \cdot \mathbf{E} \rangle_t$ gegeben. Im Hinblick auf die in Abb. 24.30(a) dargestellte Geometrie erhält man dann $\langle V(x, t) \rangle_t = e^2 I(x)/(2c\varepsilon_0 m_e \omega_l \Delta)$, wobei die Intensität durch $I(x) = E_0^2(x)/(2c\varepsilon_0)$ gegeben ist. Für eine Blauverschiebung $\Delta > 0$ ist also die Energie minimal dort, wo die Intensität minimal ist. In diesem Fall sammeln sich die Atome in den Intensitätsminima an (Low-Field Seekers). Im Fall der Rotverschiebung sammeln sie sich in den Intensitätsmaxima an (High-Field Seekers).

Betrachtet man zwei entgegengesetzt propagierende ebene Wellen, wie in Abb. 24.30(b) dargestellt, so ist die Intensität im Bereich der Minima gegeben durch $I(x) \approx I_0(kx)^2$. Damit folgt aus den zuvor diskutierten Zusammenhängen $V(x) = e^2 \omega_l I_0 x^2/(2c^3\varepsilon_0 m_e \Delta)$, also ein harmonisches Potential, welches als Linse für Atomstrahlen fungiert. Eine stehende Welle entspricht damit einer periodischen Abfolge atomarer Linsen mit einer Periodizität von $\lambda/2$. Die Oszillationsfrequenz innerhalb der periodischen Potentiale beträgt $\omega_{os} = \sqrt{e^2 \omega_l I_0/(c^3\varepsilon_0 m_e m\Delta)}$. m ist dabei die atomare Masse. Mit $f = vT_{os}/4$ folgt für die fokale Länge $f = \pi v/(2\omega_{os}) \sim \sqrt{\Delta/I_0}$. v ist dabei die longitudinale Geschwindigkeit der Atome. Für eine Lichtleistung von $P = 10\,\mathrm{mW}$, einen Radius von $r = 100\,\mu\mathrm{m}$ des Lichtstrahls, eine Verstimmung von $\Delta/2\pi = 200\,\mathrm{MHz}$ und $v = 1000\,\mathrm{m/s}$ erhält man $f \approx 40\,\mu\mathrm{m}$ für Cr-Atome als typischen Wert. Wegen $\omega_{os} \sim 1/\sqrt{\Delta}$ muss die Verstimmung klein sein, um hinreichend große Lichtkräfte zu erzeugen.

Das diskutierte rein klassische Modell der Wechselwirkung zwischen Licht und Atomen kann natürlich bestenfalls ein rein qualitatives und anschauliches Bild liefern. Eine genauere Analyse verlangt eine quantenmechanische Ableitung der Dipolkraft. Der Einfachheit halber betrachten wir im Folgenden ein Zwei-Niveau-Atom in der Langwellennäherung [24.53]. Abbildung 24.31 zeigt das System schematisch. Der Hamiltonian des Atoms unter dem Einfluss des Lichtfelds ist gegeben durch $\hat{H} = \hat{H}_a + \hat{H}_l(t)$. $\hat{H}_a$ beschreibt die rein atomare Situation und $\hat{H}_l$ die Wechselwirkung mit der elektromagnetischen Strahlung. Damit gilt

$$\hat{H}_a = \frac{\hbar\omega_0}{2}(|e\rangle\langle e| - |g\rangle\langle g|) \tag{24.2a}$$

und

$$\hat{H}_l(t) = -\hat{\mathbf{d}} \cdot \mathbf{E}(\mathbf{r})\cos(\omega_l t) = -d_{eg}E(\mathbf{r})\cos(\omega_l t)(|e\rangle\langle g| - |g\rangle\langle e|) \,. \tag{24.2b}$$

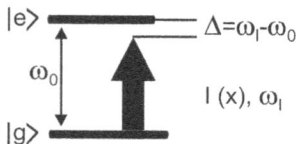

Abb. 24.31. Quantenmechanisches Bild der Wechselwirkung eines Atoms mit einem Lichtfeld der Frequenz ω_l und der Intensität $I(\mathbf{r})$.

$|g\rangle$ und $|e\rangle$ sind Grund- und angeregter Zustand und $\hbar\omega_0$ die Energiedifferenz zwischen ihnen. $\hat{\mathbf{d}}$ ist der Dipoloperator. Dieser ist für ein Zwei-Niveau-Atom gegeben durch $\hat{\mathbf{d}} = d_{eg}\mathbf{e}_\xi = e\int \psi_g^*\psi_e d^3r$ und den Einheitsvektor $\mathbf{e}_\xi$ in Polarisationsrichtung. Die in Abschn. 19.6.3 ausführlicher behandelte Rabi-Frequenz ist gegeben durch $\Omega_R(\mathbf{r}) = \langle e|\hat{\mathbf{d}}\cdot\mathbf{E}(\mathbf{r})|g\rangle/\hbar$. Zur Bestimmung der Wechselwirkung zwischen Atom und Lichtfeld muss die explizit zeitabhängige Schrödinger-Gleichung $i\hbar\partial|\psi\rangle/\partial t = (\hat{H}_a + \hat{H}_e(t))|\psi\rangle$ gelöst werden. Dazu führt man die unitären Transformationen $|g\rangle = \exp(i\omega_l t/2)|\tilde{g}\rangle$ und $|e\rangle = \exp(i\omega_l t/2)|\tilde{e}\rangle$ ein. Diese führt auf Terme mit den Oszillationen $\Delta = \omega_l \pm \omega_0$. Im Rahmen der Rotationswellennäherung, die wir in Abschn. 19.6.3 einführten, kann dabei der schnell oszillierende Term mit $\Delta = \omega_l + \omega_0$ vernachlässigt werden.

Im Rahmen der Rotationswellennäherung reduziert sich dann das Problem auf die Berechnung der Eigenwerte von

$$\underline{\underline{\tilde{H}}} = \frac{\hbar}{2}\begin{pmatrix} \Delta & -\Omega_R \\ -\Omega_R & \Delta \end{pmatrix}.\tag{24.3}$$

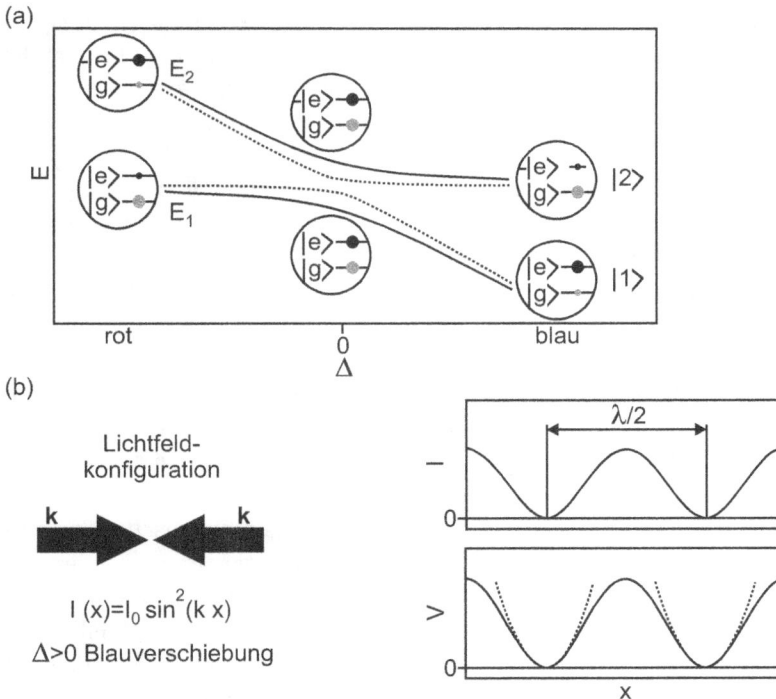

Abb. 24.32. (a) Eigenzustände und Eigenenergien eines Atoms im Lichtfeld für große (durchgezogene Linien) und kleine (gestrichelte Linien) Intensitäten. Der jeweilige Anteil der Amplitude von Grund- und angeregtem Zustand wird durch die Kreisdurchmesser symbolisiert. (b) Lichtfeldkonfiguration, Intensitätsvariation (I) und Potentialverlauf (V).

Energien und Eigenzustände sind damit gegeben durch $E_{1,2} = \pm\hbar\Omega/2$ und $|1\rangle = \sin\theta|g\rangle + \cos\theta|e\rangle$ sowie $|2\rangle = \cos\theta|g\rangle - \sin\theta|e\rangle$. Dabei ist $\Omega(\mathbf{r}) = \sqrt{\Omega_R^2(\mathbf{r}) + \Delta^2}$ und $\theta = \arcsin(\Omega_R|\Omega)/2$.

Dieses Resultat ist in Abb. 24.32(a) als Funktion der Verstimmung Δ dargestellt. Die Basis resultiert aus den in Abschn. 19.6.3 diskutierten Dressed State-Zuständen. Dabei ist jeder Zustand eine Superposition aus Grund- und angeregtem Zustand. Da der angeregte Zustand nicht stabil ist, können wir je nach Gewichtung von Basiszuständen mit kurzer und langer Lebensdauer rechnen. So liefert $|2\rangle$ für eine Blauverschiebung nur einen kleinen Beitrag von $|e\rangle$ und repräsentiert damit einen langlebigen Zustand, während das Gegenteil für eine Rotverschiebung der Fall ist.

Für AL ist die Bewegung des Atoms im Zustand $|2\rangle$ von Bedeutung. In Abb. 24.32(a) erkennt man, dass E_2 mit abnehmender Lichtintensität ebenfalls abnimmt. Bei Blauverschiebung verringert das Atom seine Energie durch eine Bewegung zu Orten niedriger Intensität. Bei Rotverschiebung würde das ebenfalls gelten. Allerdings entspricht in diesem Fall $|2\rangle$ weitestgehend $|e\rangle$ und besitzt damit eine kurze Lebensdauer. Damit ist das relevante Potential, in dem sich die Atome bewegen, durch $V(\mathbf{r}) \approx E_2(\mathbf{r})$ gegeben. Dieses Potential ist in Abb. 24.32(b) dargestellt.

Die fokale Länge lässt sich wie diskutiert abschätzen: $f = \pi v/(2\omega_{os})$ mit $\omega_{os} = \Omega_R\sqrt{\omega_{rec}/\Delta}$ und der Rücklauffrequenz (Recoil Frequency) $\omega_{rec} = \hbar k^2/(2m)$. Ist die natürliche Linienbreite durch Γ gegeben, so sind typische Arbeitsparameter $\Omega_R = 50\Gamma$ und $\Delta = 40\Gamma$. Damit ergibt sich $\omega_{os} = 2,6\,\text{MHz}$ und $f = 100\mu\text{m}$. Die Beziehung $f \sim \sqrt{\Delta/I_0}$ entspricht der klassischen.

Aufgrund der endlichen Lebensdauer $1/\Gamma$ von $|e\rangle$ muss a priori die spontane Emission berücksichtigt werden. Die Emissionsrate ergibt sich aus den optischen Bloch-Gleichungen zu $\gamma_S = s_0\Gamma/\{2[1 + s_0 + (2\Delta/\Gamma)^2]\}$ mit $s_0 = 2\Omega_R^2/\Gamma^2 = I/I_S$. $I_S = \pi hc/(3\lambda^3)$ ist die Sättigungsintensität [24.54]. Unter Annahme der genannten typischen Arbeitsparameter durchlaufen etwa 10 % der Atome bei Wechselwirkung mit einer 100 μm großen Lichtmaske eine Spontanemission.

In der Regel liegt natürlich nicht ein einfaches Zwei-Niveau-System vor, sondern $|g\rangle$ und $|e\rangle$ verfügen über magnetische Unterzustände. Dies ist exemplarisch für Übergang $J = 3 \rightarrow 4$ des Cr-Atoms in Abb. 24.33 dargestellt. Allerdings gelten die Dipolauswahlregeln, die besagen, dass für linear polarisiertes Licht $\Delta m = 0$ und für zirkular polarisiertes $\Delta m = \pm 1$ gilt. Für jedes wechselwirkende Paar magnetischer Unterzustände kann dann wieder eine Zwei-Niveau-Approximation vorgenommen werden, die aber unterschiedliche Dipolmomente d_{eg} zugrunde legt. Das relative Gewicht der einzelnen Übergänge ist durch die Clebsch-Gordon-Koeffizienten gegeben [24.54], die in Abb. 24.33(d) vermerkt sind. Gemäß Abb. 24.33(b) und (c) zeigen alle Potentiale für langlebige Zustände zwar die $\lambda/2$-Periodizität, aber sie liefern unterschiedliche fokale Längen f.

(a)

Lichtfeld-
konfiguration

$\lambda/2$

(d)

Magnet-
quantenzahl
$J=3 \rightarrow J=4$

(b)

linear

E

| -4 | -3 | -2 | -1 | 0 | 1 | 2 | 3 | 4 |

$\frac{1}{28} \times$ 7 12 15 16 15 12 7

m_g -3 -2 -1 0 1 2 3

(c)

zirkular

E

| -4 | -3 | -2 | -1 | 0 | 1 | 2 | 3 | 4 |

$\frac{1}{28} \times$ 1 3 6 10 15 21 28

m_g -3 -2 -1 0 1 2 3

x

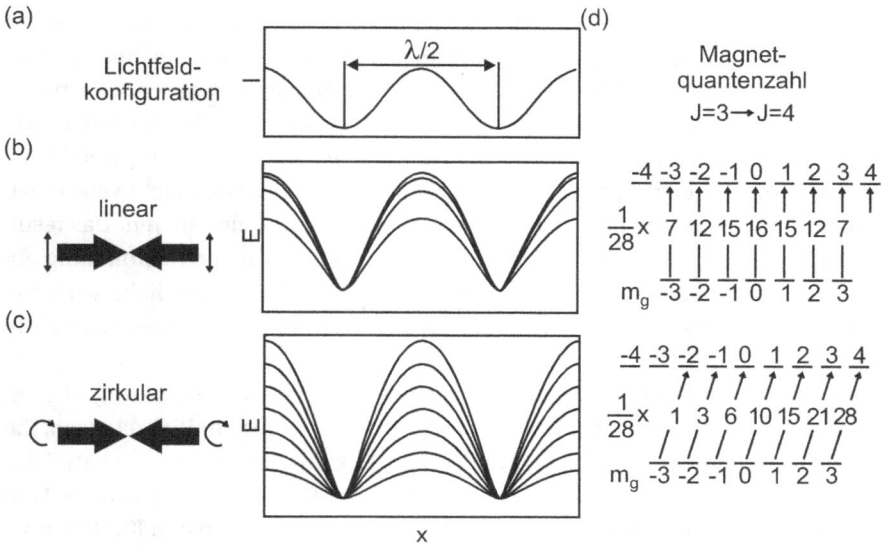

Abb. 24.33. Verhalten von Cr-Atomen im linear und zirkular polarisierten Lichtfeld. (a) Intensität. (b), (c) Eigenenergien für langlebige Zustände. (d) Übergänge zwischen magnetischen Unterzuständen mit Gewichtung ihrer Anteile.

Für die Strukturierung ohne Kraftmaske bietet sich die Nutzung eines Drei-Niveau-Systems an, wie in Abb. 24.34 dargestellt. Der Zustand $|m\rangle$ ist metastabil. Da die Differenz zwischen Grund- und metastabilem Zustand – typisch 15 eV für metastabile seltene Gase – bei weitem die kinetische Energie der Atome – typisch 0,3 eV – überschreitet, können Resiste identifiziert werden, die exklusiv sensitiv gegenüber meta-

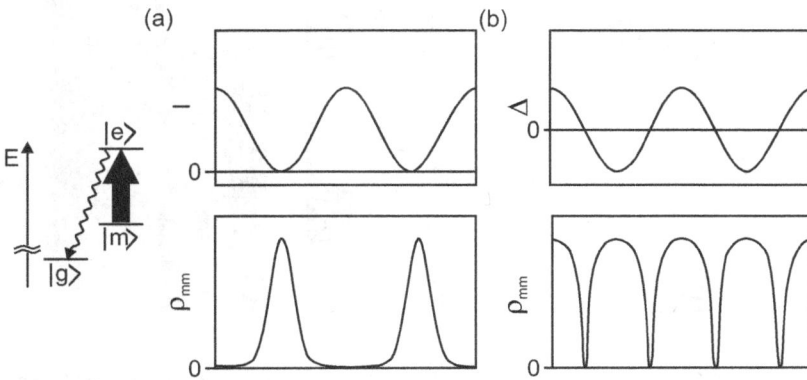

(a)

(b)

E

$|e\rangle$

$|m\rangle$

$|g\rangle$

I

0

ρ_{mm}

0

Δ

0

ρ_{mm}

0

Abb. 24.34. Licht-Absorptionsmaske mit Drei-Niveau-System und optisches Pumpen in den Grundzustand. (a) Strukturierung durch laterale Intensitätsvariation. (b) Strukturierung durch Variation der Verstimmung.

stabilen Atomen sind. Absorptionsmasken können realisiert werden durch optisches Pumpen der metastabilen Atome in den Grundzustand: $|m\rangle \rightarrow |e\rangle$. Die Pumprate für diesen Übergang ist durch die zuvor diskutierte Emissionsrate gegeben. Für niedrige Intensitäten und $\Delta = 0$ ist diese gegeben durch $\gamma_p(x) = \Gamma I(x)/(2I_s)$. Die Bevölkerung ϱ_{mm} des metastabilen Zustands als Funktion der Wechselwirkungszeit ist gegeben durch $\varrho_{mm} = \exp(-\int \gamma_p(x, t)dt)$. Damit kann eine stehende Lichtwelle einen atomaren Strahl transversal mit einer Periodenlänge von $\lambda/2$ modulieren. Das resultierende Muster zeigt Abb. 24.34(b). Da die Pumpzeit auch von der Verstimmung abhängt, kann eine räumliche Modulation erreicht werden durch räumliche Variation der Verstimmung. Das entsprechende Verfahren bezeichnet man als *frequenzkodierte Lichtmaske*.

Im vorliegenden Kontext ist natürlich die minimal erreichbare Strukturgröße der AL relevant. Für eine Kraftmaske lässt sich leicht ein absolutes Limit abschätzen. Zunächst einmal hat das Potential die Form $V(x, z) = V_0 \exp(-2z^2/w^2)\sin^2(kx)$ als Folge der Interferenz zweier entgegengesetzt propagierender Gaußscher Strahlen der Weite w. Für blauverstimmte Wellen werden die deponierten Atome in den Knotenpunkten konzentriert. Für $z = 0$ erhält man in harmonischer Näherung $V(x) = V_0(kx)^2 = m\omega_{os}x^2/2$ und damit $\omega_{os} = \Omega_R\sqrt{\omega_{rec}/\Delta}$.

Abbildung 24.35 zeigt, dass sich die Kraftmasken in Abhängigkeit von der fokalen Position f in zwei unterschiedlichen Weisen nutzen lassen. Für eine dün-

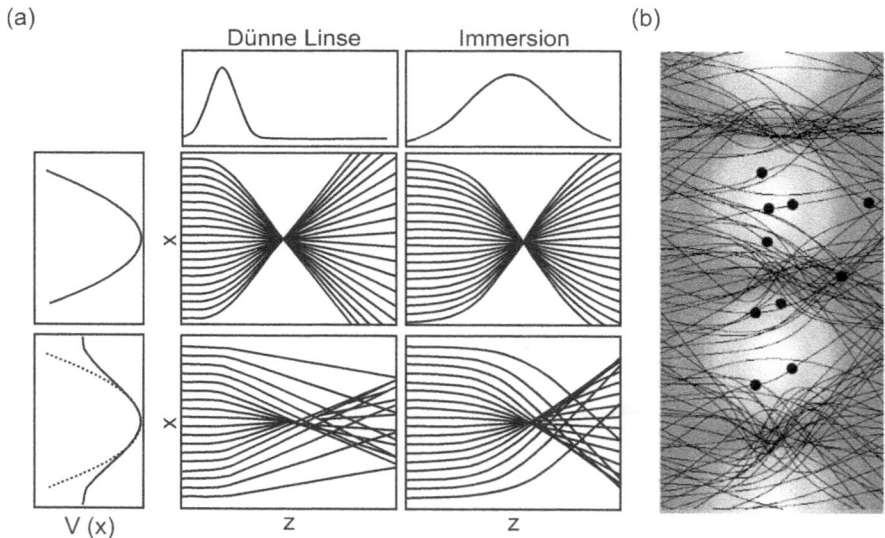

Abb. 24.35. Dünne und immergierte Lichtlinsen [24.57]. (a) Harmonisches und sinusförmiges Potential. Atomare Trajektorien für beide Linsenkategorien. (b) Realitätsnahe Simulation unter Berücksichtigung der magnetischen Subniveaus, der Geschwindigkeitsverteilung, der initialen Divergenz und spontaner Emission (Punkte).

ne Linse befindet sich die fokale Position außerhalb der stehenden Welle: $f_{th} = \sqrt{2/\pi}\ E_{kin}/(V_0 w k^2) = \sqrt{2/\pi}\ v^2/(w\omega_{os})$. E_{kin} ist die kinetische Energie der mit der Geschwindigkeit v einfallenden Atome. Im Immmersionsregime werden die Atome demgegenüber innerhalb der stehende Welle konzentriert: $f_{im} = \pi/(2k)\sqrt{E_{kin}/V_0} = \pi v/(2\omega_{os})$. Unter typischen experimentellen Bedingungen liegen die fokalen Längen im Bereich 50–100 μm [24.55].

Die minimale Strukturgröße ist durch den fokalen Atomstrahldurchmesser gegeben. In Analogie zum Abbeschen Beugungslimit ist dieser durch $d = \lambda/(2NA)$ gegeben. λ ist in diesem Fall die atomare de Broglie-Wellenlänge. Die numerische Apertur der Lichtmaske ist durch $NA = \lambda/(4f)$ gegeben. Für einen thermischen Atomstrahl mit $v = 10^3$ m/s und $f = 50\mu$m erhält man $d \approx 2$ nm. Wenn AL mit sehr langsamen Atomen, wie sie beispielsweise durch Atomlaser erzeugt werden [24.56], durchgeführt wird, kann d Werte oberhalb der Lichtwellenlänge annehmen. In eine realitätsnähere Abschätzung der erzielbaren Auflösung [24.52] sind sphärische Aberrationen mit einzubeziehen [24.57].

Während wir bislang beispielhafte eindimensionale Intensitätsvariationen diskutiert haben, ist die allgemeinste Situation durch $\mathbf{E}(\mathbf{r}) = \sum_{j=1}^{N} \mathbf{E}_j \exp(i\mathbf{k}_j \cdot \mathbf{r})$ und damit

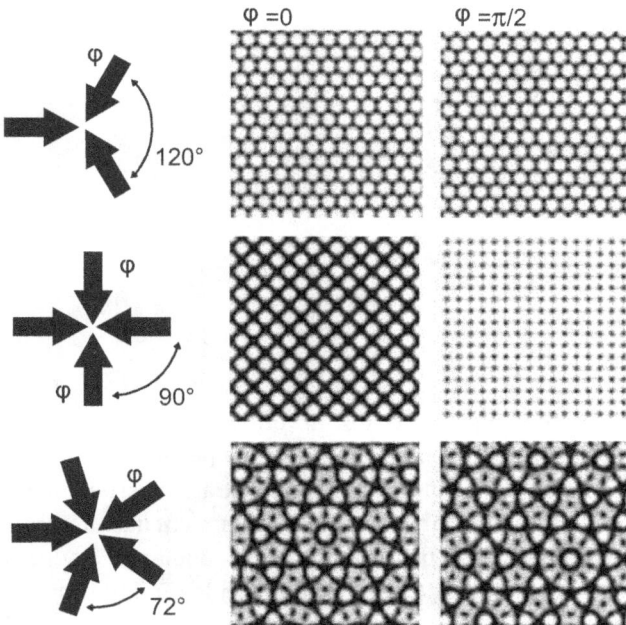

Abb. 24.36. Zweidimensionale Lichtmasken auf der Basis von Mehrstrahlinterferenz und für zwei unterschiedliche Phasenlagen φ.

durch $I(\mathbf{r}) = c\varepsilon_0/2 \sum\limits_{j,l=1}^{N} \mathbf{E}_j \cdot \mathbf{E}_l^* \exp(i[\mathbf{k}_j - \mathbf{k}_l] \cdot \mathbf{r})$ gegeben. Damit kann die lokale Intensität dreidimensional in komplizierter Weise variierend sein. Einzig die minimale räumliche Periodenlänge von $\lambda/2$, die durch die maximale Differenz des Wellenvektors von $2k$ gegeben ist, tritt weiterhin auf.

Zweidimensionale Lichtmasken lassen sich mittels dreier oder weiterer interferierender Strahlen erzeugen. Abbildung 24.36 zeigt Beispiele für eine derartige Mehrstrahlinterferenz. Die Dreistrahlinterferenz mit Winkeln von 120° zwischen den Strahlen ist durch maximale Symmetrie ausgezeichnet. Die Intensitätsmaxima haben einen Abstand von $d = 2\lambda/3$. Die Symmetrie bei der Dreistrahlinterferenz hängt nicht ab von der relativen Phasendiffferenz zwischen den Strahlen. Bei der Vierstrahlinterferenz hängt die Symmetrie der Lichtmaske dagegen kritisch von den relativen Phasendifferenzen ab. Die Fünfstrahlinterferenz schließlich zeigt Symmetrien auf, die an die in Abschn. 5.2.3 diskutierte Penrose-Parkettierung erinnern [24.57].

Den üblichen Aufbau zur experimentellen Realisierung zeigt schematisch Abb. 24.37. Die Divergenz des einfallenden Atomstrahls wird durch transversales Laserkühlen minimiert [24.58]. Das Prisma dient zur präzisen Justage des Einfallswinkels des kollimierten Atomstrahls mittels eines dazu parallelen Laserstrahls. Bereits 1992 wurde die erste eindimensionale Struktur mittels AL erzeugt [24.59]. Bis heute hat man mittels AL minimale Strukturgrößen von 15 nm erreicht [24.60].

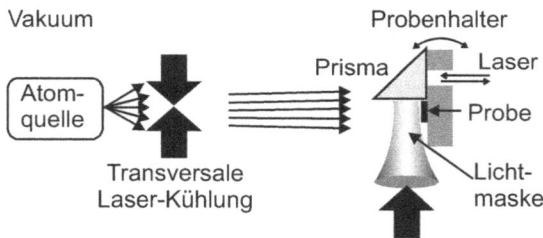

Abb. 24.37. Typischer AL-Aufbau.

Eine einfache Möglichkeit zur Halbierung der Periodizität von $\lambda/2$ zeigt Abb. 24.38(a). Während der Deposition wurde bei Erreichen der Hälfte der Depositionsdauer von Blau- auf Rotverstimmung umgeschaltet. Da die atomare Konzentration bei den Intensitätsminima für $\Delta > 0$ und bei den Maxima für $\Delta < 0$ erfolgt, entspricht das Umschalten einer Verschiebung der Maskenposition um eine halbe Periodenlänge. Dadurch erhält man schließlich eine Periodizität von $\lambda/4$, was im vorliegenden Fall 106 nm entspricht [24.61].

Eine weitere Möglichkeit zur Reduktion der Periodizität sind Polarisationsgradientenmasken. Bei entgegengesetzt propagierenden Strahlen sollte sich eine Periodizität von $\lambda/8$ einstellen [24.62]. Abbildung 24.38(b) zeigt den Fall von zwei Strahlen, die

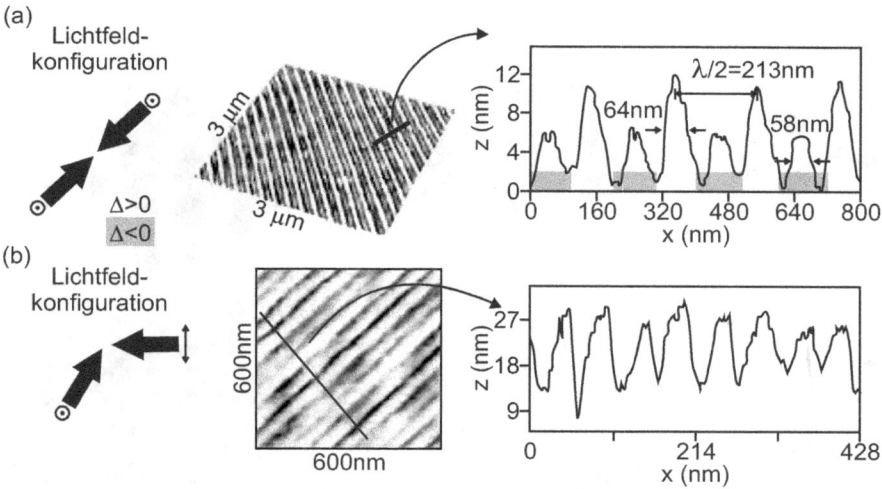

Abb. 24.38. Eindimensionale AL mit Cr-Atomen [24.57]. (a) Lichtfeldkonfiguration, AFM-Abbildung und AFM-Querschnittsprofil. (b) Polarisationsgradientenmaske mit Lichtfeldkonfiguration, AFM-Abbildung und AFM-Querschnittsprofil.

senkrecht zueinander polarisiert unter 120° aufeinander treffen. In diesem Fall beträgt die zu erwartende Periodizität $(2/\sqrt{3})\lambda/8$.

Beispiele für die zweidimensionale AL zeigt Abb. 24.39. Die Abbildung verdeutlicht, dass sich im Allgemeinen die Muster durch die Verstimmung, durch die Winkel zwischen den interferierenden Strahlen und durch die relative Phasenlage φ variieren lassen.

Auch bei der Erzeugung zweidimensionaler Strukturen ist neben Einfallswinkel zwischen den Teilstrahlen und relativer Phase die relative Polarisationsrichtung noch ein Freiheitsgrad. Dies zeigt Abb. 24.40. Wählt man bei der Dreistrahlinterferenz einen Winkel von 35,3° relativ zur Ebene der Lichtmaske, so lassen sich aufeinander senkrecht stehende Polarisationen der Teilstrahlen realisieren. Diese Situation entspricht derjenigen aus Abb. 24.38(b).

Im Rahmen von AL muss nicht zwingend nur eine atomare Spezies deponiert werden. Stimmt man etwa die Lichtmaske im Hinblick auf die atomare Resonanz so ab, dass die Potentialvariation auf eine gegebene atomare Spezies wirkt, so kann sie eine andere atomare Spezies nahezu unbeeinflusst lassen. Dadurch ist es beispielsweise, wie in Abb. 24.41(a) gezeigt, möglich, eine Schicht mit lateral variierender Zusammensetzung oder Dotierung herzustellen [24.63]. Verändert man während der Depositionsdauer den atomaren Fluss der lateral variierenden atomaren Spezies, so gestattet es AL sogar, dreidimensionale Strukturen zu erzeugen. Weitere Möglichkeiten zur Erzeugung derartiger Strukturen sind schematisch in Abb. 24.41(c) dargestellt.

(a)

Lichtfeld-
konfiguration

120°

(b)

φ

90°

φ

φ=0   φ=π/2

2μm

2μm

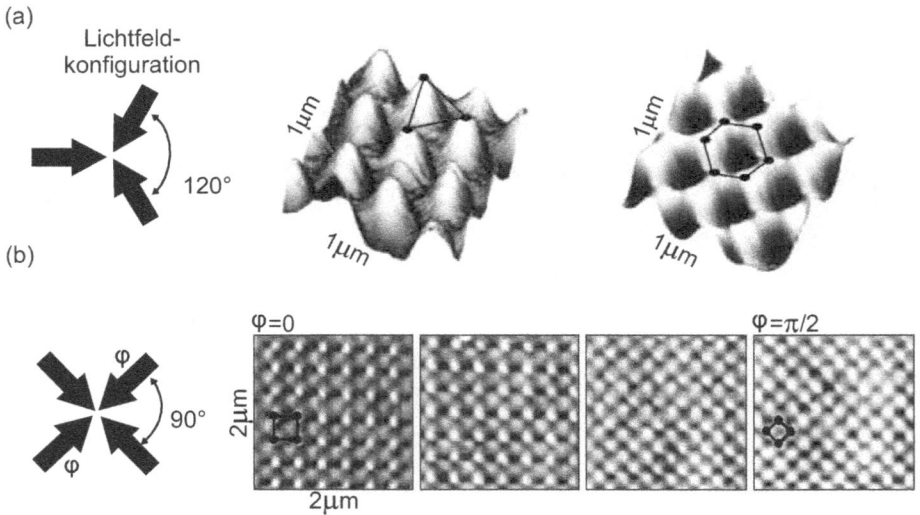

Abb. 24.39. Zweidimensionale AL mit Cr-Atomen [24.58]. Lichtfeldkonfiguration und (a) Dreistrahlinterferenz bei Rotverstimmung (linkes AFM-Bild) sowie Blauverstimmung (rechtes AFM-Bild). (b) Vierstrahlinterferenz bei Rot- und Blauverstimmung (jeweils linkes und rechtes AFM-Bild) sowie für eine
Phasendifferenz zwischen benachbarten Strahlen.

Auch AL auf Basis absorptiver Lichtmasken wurde experimentell realisiert und ausführlich untersucht. Als Resistmaterialien haben sich insbesondere selbstassemblierte Monolagen (*Self-Assembled Monolayer, SAM*) bewährt [24.64]. Wie in Abb. 24.42 dargestellt, können geeignete SAM durch metastabile [24.65] oder reaktive [24.66] Atome

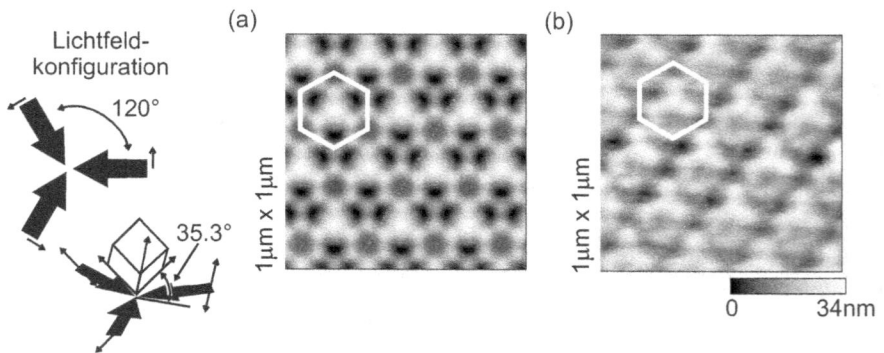

(a)   (b)

Lichtfeld-
konfiguration

120°

35.3°

1μm x 1μm

1μm x 1μm

0   34nm

Abb. 24.40. Zweidimensionale Cr-Strukturen, hergestellt mittels einer Lichtmaske auf Basis von
Dreistrahlinterferenz und aufeinander senkrecht stehender Polarisation der Teilstrahlen [24.52].
Lichtfeldkonfiguration sowie (a) Simulation und (b) Experiment.

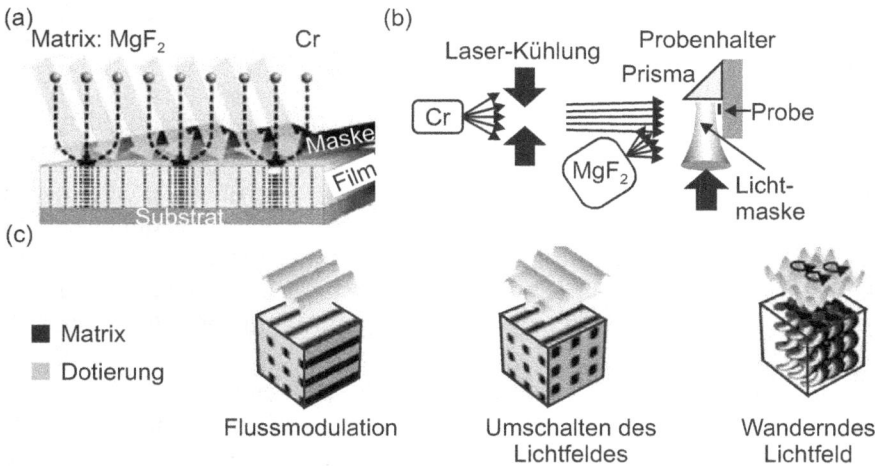

Abb. 24.41. (a) AL zur Herstellung von Filmen variierender Zusammensetzung. (b) Apparativer Aufbau dazu. (c) Möglichkeiten zur Herstellung dreidimensionaler Strukturen mittels AL.

geschädigt und damit strukturiert werden. Ein Transfer der lateralen SAM-Struktur auf das Substrat kann dann durch konventionelle Ätzprozesse erfolgen [24.67].

Absorptive Lichtmasken wurden verwendet, um das Heisenberg-Limit [24.68] der erreichbaren Strukturen aufgrund der Wellennatur der Atome zu demonstrieren [24.69].

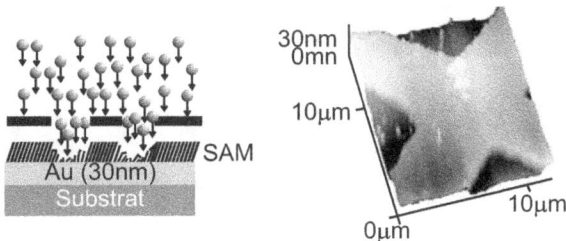

Abb. 24.42. AL-Belichtungstechnik [24.52]. Strukturierung eines SAM mit metastabilen oder reaktiven Atomen und Übertragung der Struktur auf ein Substrat (hier Gold) durch konventionelles Ätzen.

24.5 Quantenlithographie

Die Quantenlithographie gehört einerseits zu der in Abschn. 24.1 diskutierten Photolithographie, basiert aber andererseits auf völlig anderen Paradigmen, indem nichtklassische Eigenschaften von Photonen genutzt werden. Eine solche Eigenschaft ist die Verschränkung. Die Quantenlithographie hat daher enge Bezüge zur *Quantenabbildung* [24.70], *Quantenmetrology* [24.71] und *Quantensensorik* [24.72]. Erste Entwicklungen nahmen im Jahr 2000 ihren Anfang [24.73].

Die Quantenlithographie unterschreitet das Abbesche Beugungslimit, indem man sich einerseits die Verschränkung zwischen speziell präparierten Photonen im *NOON-Zustand* und andererseits Photoresists für Multiphotonenabsorption zunutze macht. Allerdings befindet sich die Quantenlithographie immer noch in einer initialen Entwicklung und ist eher als interessantes Konzept denn als einsetzbares Verfahren zu betrachten. Aufgrund des allerdings hereinbrechenden Quantenzeitalters und des an sich großen Potentials verdient die Quantenlithographie im vorliegenden Kontext eine gesonderte Behandlung.

Der Charme der Quantenlithographie besteht zunächst einmal darin, dass sie Interferenzmuster erlaubt, die N-mal feinere Strukturen besitzen als durch das Abbesche Beugungslimit begrenzte. Abbildung 24.43 illustriert die zugrunde liegende Idee für $N = 2$. Ein Laserstrahl fällt auf einen optisch nichtlinear mischenden Kristall, der Photonen parametrisch heruntermischt, so dass Tochterphotonen mit der doppelten Wellenlänge des Pumplasers entstehen. Das Photonenpaar fällt sodann auf einen 50-50-Strahlteiler. Das resultierende Ausgangssignal ist dann der verschränkte Quantenzustand $|2, 0\rangle + |0, 2\rangle$. Für $|n, m\rangle$ gibt es n Photonen an dem einen Ausgang des Strahlteilers und m an am anderen [24.74]. Das Resultat der Quanteninterferenz ist also, dass zu keiner Zeit zwei Photonen gleichzeitig an beiden Ausgängen des Strahlteilers emittiert werden.

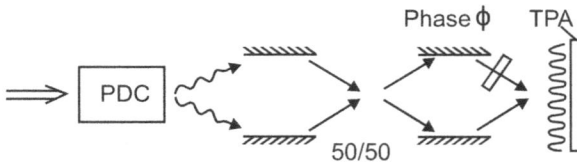

Abb. 24.43. Aufbau für die Quantenlithographie. PDC bezeichnet parametrische Herabkonversion (Parametric Down Conversion). TPA bezeichnet ein Medium mit Zwei-Photonen-Absorption (Two Photon Absorption).

Allgemein ist der Zustand $|N, 0\rangle + |0, N\rangle$ als NOON-Zustand bekannt [24.75]. Der NOON-Zustand ist ein verschränkter quantenmechanischer Vielteilchenzustand:

$$|\psi_{NOON}\rangle = \frac{1}{\sqrt{2}}\left[|N\rangle_a|0\rangle_b + \exp\left(iN\Theta\right)|0\rangle_a|N\rangle_b\right]. \tag{24.4}$$

Es befinden sich jeweils N Bosonen im Zustand a und 0 im Zustand b oder umgekehrt. NOON-Zustände bilden ein wichtiges Konzept in der Quantenmetrologie und in der Quantensensorik, weil sie präzise Phasenmessungen in optischen Interfero metern erlauben. Betrachtet man beispielsweise die Observable

$$A = |N, 0\rangle\langle 0, N| + |0, N\rangle\langle N, 0| \,, \tag{24.5a}$$

schwankt der Erwartungswert $\langle A \rangle$ zwischen 1 und -1 für Phasenänderungen zwischen $\Theta = 0$ und $\Theta = \pi/2$. Der Fehler der Phasenmessung beträgt

$$\Delta\Theta = \frac{\Delta A}{|d\langle A\rangle/d\theta|} = \frac{1}{N} \,. \tag{24.5b}$$

Dies bezeichnet man als Heisenberg-Limit, welches eine quadratische Verbesserung gegenüber dem Quantenlimit [24.76] darstellt.

Neben $N = 2$-Zuständen konnten $N = 3$-Zustände experimentell generiert werden [24.77]. Auch die Präparation von $N = 5$-Zuständen gelang [24.78].

In Abb. 24.43 interferieren die Ausgangsstrahlen des Strahlteilers auf einem Aufzeichnungsmedium, welches eine Zwei-Photonen-Absorption zeigt. Interferenzmuster sind dann die Folge der Überlagerung der Wahrscheinlichkeitsamplitude für die Zwei-Photonen-Absorption des Photonenpaars, das aus dem einen oder aus dem anderen Ausgang des Strahlteilers emittiert wird. Jede der Wahrscheinlichkeitsamplituden hängt über den Faktor $\exp(i2kL)$ vom zurückgelegten Weg L ab, über den beide Photonen die Phasenänderung $\phi = kL$ akquirieren. Damit ist der Abstand zwischen den Interferenzstreifen nur halb so groß wie bei konventioneller Interferenz. Die de Broglie-Wellenlänge eines Quantenzustands aus zwei verschränkten Photonen ist nur halb so groß wie die klassische Wellenlänge des einzelnen Photons [24.79]. Verschränkt man N Photonen und absorbiert das Aufzeichnungsmedium über einen N-Photonen-Prozess, so ist die minimal schreibbare Strukturgröße $CD = \lambda/(2N)$ [24.73]. Allerdings ist es in der Praxis schwierig, NOON-Zustände bei hinreichendem Photonenfluss zu generieren und N-Photonen-Absorptionsprozesse zu realisieren [24.80]. Aus diesem Grund ist die Quantenlithographie derzeitig nur als vielversprechendes Konzept zu betrachten.

Generell sind Zwei-Photonen-Absorptionsprozesse im Kontext der Photopolymerisation beobachtet worden [24.81]. Die Sensitivitäten von Resists sind dabei aber viel geringer als für die Ein-Photon-Absorption. Maßgeblich für die Sensitivität ist auf mikroskopischer Ebene der N-Photonen-Absorptionsquerschnitt [24.82]. Für Moleküle wurden Werte von $10^{-50} - 10^{-45}$ cm²s/Photon beobachtet [24.83]. Vielversprechend erscheinen bislang bestimmte *Porphyrine* und *Tiophen* (C_4H_4S).

Ein gegenwärtig noch diskutierter fundamentaler Aspekt ist, bis zu welchem Grad Photonen ihre räumlich Korrelation zwischen Entstehung und Absorption erhalten [24.84]. Elaborierte Theorien deuten außerdem darauf hin, dass die benötigten Belichtungszeiten mit $t \sim S^N$ skalieren, wenn N die Zahl der verschränkten Photonen ist und S die Anzahl der Bildpunkte (Pixel) [24.84]. Dieses Skalierungsverhalten würde ein Erreichen von hohen Auflösungen im Hochdurchsatz ausschließen. Auch andere multimodale Photonenzahleigenzustände wurden im Hinblick auf ihre Eignung analysiert [24.85].

Unter den vielen vorgeschlagenen Ansätzen zur Verwendung klassischen oder quantenmechanisch geprägten Lichts zur Unterschreitung des Abbeschen Limits in der Lithographie [24.86] ist ein auf Rabi-Oszillationen basierender [24.87] von besonderer Bedeutung, weil er experimentell verifiziert werden konnte [24.88], was insbesondere hinsichtlich hochgradig pfadverschränkter NOON-Zustände bislang nicht gelang. Die Rabi-Oszillationen basieren auf einem atomaren Zwei-Niveau-System in einem stehenden Lichtfeld. Die Intensitätperiode ist dann $\lambda_{eff} = \lambda/NA$. Die Rabi-Frequenz bei resonanter Anregung ist gegeben durch $\Omega_R = \mathbf{d} \cdot \mathbf{E}/\hbar$. $\mathbf{E}$ ist die lokale Feldstärke und $\mathbf{d}$ das Übergangsdipolmoment. Bei maximalem lokalem $\mathbf{E}$ oszillieren die atomaren Zustände mit maximaler Frequenz, während in den Interferenzminima im Idealfall keine Anregung stattfindet. Wenn ein π-Puls – wir hatten einen solchen hinsichtlich der auf die Spinresonanz in Abschn. 22.3.8 diskutiert – in bezug auf das Maximum von Ω_R appliziert wird, beträgt die Periodizität der Anregung weiterhin λ_{eff}. Wenn ein $N\pi$-Puls appliziert wird, so beträgt sie λ_{eff}/N.

In der experimentellen Realisierung wurden Zwei-Photonen-Raman-Übergänge genutzt, um Rabi-Oszillationen zwischen zwei Grundzuständen zu induzieren [24.87]. Auf diese Weise konnten kritische Dimensionen von einem Neuntel des Raman-Beugungslimits beobachtet werden [24.87].

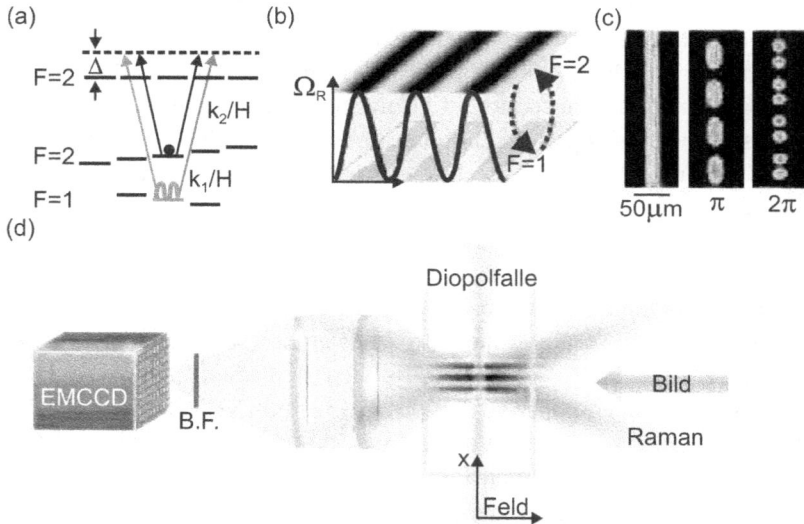

Abb. 24.44. Quantenlithographie mittels örtlich variierender Rabi-Frequenz [24.87]. (a) Hyperfeinaufspaltung von ^{87}Rb. Der D_1-Übergang wird für die Zwei-Photonen-Raman-Anregung sowie für das π-Pumpen genutzt. Für die Abbildung der Strukturen wird der D_2-Übergang $F = 2 \rightarrow 3$ genutzt. (b) Variation der Rabi-Frequenz für beide Grundzustände. (c) Atomare Muster in der Dipolfalle sowie nach π- und 2π-Puls. (d) Experimentelle Anordnung mit Raman-Interferometer, Dipolfalle, Bandpassfilter (BF) und CCD-Kamera (EMCCD).

Abbildung 24.44 zeigt die experimentelle Anordnung sowie die erzielten Lithographieresultate. Es wurden ^{87}Rb-Atome mit einer Atomtemperatur von 10 μK verwendet. Genutzt wurden zwei hyperfein aufgespaltene Grundzustände: $|F = 1, m_F = 0\rangle$ und $|F = 2, m_F = 0\rangle$.

Auf Basis des diskutierten ersten Resultats kann festgestellt werden, dass die Verwendung örtlich variierender Rabi-Oszillationen in Kombination mit der Verwendung multipler Raman-Pulse faktisch ein Durchbrechen des Beugungslimits erlaubt [24.87] und damit anderen Ansätzen [24.88] und insbesondere auch denen basierend auf Dunkelzuständen [24.89] bislang überlegen ist. Allerdings ist offensichtlich, dass die Strategie gegenwärtig noch weit von einem praktisch verwendbaren Lithographieverfahren entfernt ist. Fraglich ist damit, ob sich jemals die prinzipiellen Stärken der Quantenlithographie in die praktische Herstellbarkeit funktionaler Nanostrukturen transformieren lassen werden.

Literatur

[24.1]   www.itrs2.net.

[24.2]   R.M.M. Hasan and X. Luo, Nanoman. Metrol. **1**, 67 (2018).

[24.3]   B.J. Liu, C.R. Physique **7**, 858 (2006).

[24.4]   H.J. Levinson (Ed.), *Principles of Lithography* (SPIE, Bullingham, 2010).

[24.5]   D.P. Sanders, Chem. Rev. **110**, 321 (2010).

[24.6]   news.samsung.com/global/latest.

[24.7]   Y. Wei and R.L. Brainard, *Advanced Processes for 193 nm Immersion Lithography* (SPIE, Bullingham, 2009); B.J. Lin, J. Microlith. Microfabr. Microsys. **1**, 7 (2002).

[24.8]   S. Wolf, *Microchip Manufactoring* (Lattice, Sunset Beach, 2004).

[24.9]   H.J. Levinson, IEEE Trans. Electr. Dev. **29**, 1628 (1982).

[24.10] R.F. Pease and S.Y. Chou, Proc. IEEE **96**, 248 (2008); D. Yost, T. Forte, M. Fritze, D. Astolfi, V. Suntharalingam, C.K. Chen and S. Cann, J. Vac. Sci. Technol. B **20**, 191 (2002).

[24.11] T. Kuhlmann, S. Yulin, T. Feigl, N. Kaiser, T. Gorelik, U. Kaiser and W. Richter, Appl. Opt. **41**, 2048 (2002).

[24.12] M. Neisser and S. Wurm, Adv. Opt. Techn. **4**, 235 (2015); www.semiconductors.org/resources/2015-international-technology-roadmap-for-semiconductors-itrs/.

[24.13] S.R.J. Brueck, Proc. IEEE **93**, 1704 (2005); J.C. Lodder, J. Magn. Magn. Mat. **272**, 1692 (2004).

[24.14] Q. Xie, M. H. Hong, H.L. Tan, G.X. Chen, L.P. Shi, and T.C. Chong, J. Alloy. Comp. **449**, 261 (2008).

[24.15] J.-H. Seo, J.H. Park, Z. Ma, J. Choi and B.-K. Ju, J. Nanosci. Nanotechnol. **14**, 1521 (2014).

[24.16] E.M. Park, J. Choi, B.H. Kang, E.Y. Dong, Y.K. Park, I.S. Song and B.K. Ju, Thin Solid Films **519**, 4220 (2011).

[24.17] J. Fischer and M. Wegener, Laser Photonics Rev. **7**, 22 (2013).

[24.18] M. Thiel, J. Fischer, G. van Freymann and M. Wegener, Appl. Phys. Lett. **97**, 221102 (2010).

[24.19] C.M. Sparrow, Astro. J. **44**, 76 (1916).

[24.20] T.A. Klar, S. Jakobs, M. Dyba, A. Egner and S.W. Hell, Proc. Natl. Acad. Sci. USA **97**, 8206 (2000).

[24.21] L. Li, R.R. Gattass, E. Gershgoren, H. Hwang and J.T. Fourkas, Science **324**, 910 (2009).

[24.22] T.F. Scott, B.A. Kowalski, A.C. Sullivan, C.N. Bowman and R.R. McLeod, Science **324**, 913 (2009).

[24.23] J. Fischer and M. Wegener, Opt. Mat. Expr. **1**, 614 (2011).

[24.24] Y. Chen, Microelectron. Eng. **135**, 57 (2015).

[24.25] L.C. Feldman and J.W. Mayer, *Fundamentals of Surface and Thin Film Analysis* (North Holland, New York, 1986).

[24.26] A.N. Broers, A.C.F. Hoole and F.M. Ryan, Microelectron. Eng. **32**, 131 (1996).

[24.27] Y. Chen, K. Peng and Z. Cui, Microelectron. Eng. **73**, 278 (2004).

[24.28] Y. Chen, D. Macintryre and S. Thoms. J. Vac. Sci. Technol. B**17**, 2507 (1999).

[24.29] Y.F. Chen, A.S. Schwanecke and N.I. Zheludev, in: G. Dewar, M.W. McCall, M.A. Noginov and N.I. Zheludev (Eds), *Complex Photonic Media* (SPI, Bellingham, 2006).

[24.30] A. Polts, A. Papakostas, D.M. Ragnall and N.I. Zheludev, Microelectron. Eng. **73**, 367 (2004).

[24.31] F.M. Huang, M. Zheludev, Y.F. Chen and F.J.G. de Abago, Appl. Phys. Lett. **90**, 09111950 (2007).

[24.32] L.S. Hordon, J. Vac. Sci. Technol. B**11**, 2299 (1993).

[24.33] T.M. Mayer, J. Vac. Sci. Technol. B**14**, 2438 (1996).

[24.34] H.T. Soh, K.W. Guarini and C.F. Quate, *Scanning Probe Lithography* (Springer, New York, 2001).

[24.35] L.R. Harriott, J. Vac. Sci. Technol. B**15**, 2130 (1997).

[24.36] T.H.P. Chang, M. Mankos, K.Y. Lee and L.P. Murray, Microelectron. Eng. **57-58**, 117 (2001); J.J.H. Chen, S.J. Liu, T.Y. Fang, S.M. Chang, F. Krecinic and B.J. Liu, Proc. Int. Symp. VLSI Technology, Systems and Applications (Hsinchu, Taiwan, 2009); IEEE Xplore 2009, DOI:10.1109/VTSA.2009.5159308.

[24.37] F. Watt, A.A. Bettiol, J.A. van Kan, E.J. Teo and M.B.H. Breese, Int. J. Nanosci. **4**, 269 (2005).

[24.38] X. Shi, P. Prewett, E. Hug, D.M. Bagnall, A.P.G. Robinson and S. A. Boden, Microelectron. Eng. **155**, 74 (2016).

[24.39] S. Boden and X. Shi, SPIE News 15 May 2017; spie.org/news/6839-helium-ion-beam-lithography-for-sub-10nm-pattern-definition.

[24.40] S. Reyntgens and S. Puers, J. Micromech. Microeng. **11**, 287 (2001).

[24.41] A. Joshi-Imre and S. Bauerdick, J. Nanotechnol. 170415 (2014).

[24.42] L. Rosa, K. Sun, V. Mizeikis, S. Bauerdick, L. Peto, and and S. Juodkazis, J. Phy. Chem. C **115**, 5251 (2011).

[24.43] E. Palacios, L. E. Ocola, A. Joshi-Imre, S. Bauerdick, M. Berse and L. Peto, J. Vac. Sci. Technol. B**28**, C611 (2010).

[24.44] M. Ishida, J. Fujita and Y. Ochiai, Vac. Sci. Technol. B**20**, 2784 (2002).

[24.45] F. Chyr and A.J. Steckle, MRS Internet J. Nitride Semicond. Res., MIJNF 7 (1999).

[24.46] S. Matsui, T. Kaito, J. Fujita, M. Komuro, K. Kanda and Y. Haruyama, J. Vac. Sci. Technol. B**18**, 3181 (2000).

[24.47] E. Yablanovitch, Phys. Rev. Lett. **58**, 2059 (1987).

[24.48] K. Wang, A. Chelnokov, S. Rowson, P. Garoche and J.-M. Lourtioz, J. Phys. D: Appl. Phys. **33**, 119 (2000).

[24.49] J. Melngailis, A.A. Mondeli, I.L. Berry and R. Mohondro, J. Vac. Sci. Technol. B**16**, 927 (1998).

[24.50] S. Hirscher, M. Kümmel, O. Kirch, W.-D. Domke, A. Wolter, R. Käsmaier, H. Buschbeck, E. Cekan, A. Chalupka, S. Eder, C. Homer, H. Löschner, R. Nowak, G. Stengl, T. Windischbauer and M. Zeininger, Microelectron. Eng. **61-62**, 302 (2002).

[24.51] R.G. Woodham and H. Ahmed, Jpn. J. Appl. Phys. **35**, 6683 (1996).

[24.52] C.J. Lee, Phys. Rev. A **61**, 063604 (2000).

[24.53] P. Meystre and M. Sargent, *Elements of Quantum Optics* (Springer, Heidelberg, 1999).

[24.54] J. Metcalf and P. van der Straten, *Laser Cooling and Trapping* (Springer, New York, 1999).

[24.55] J.J. McClelland, J. Opt. Soc. Am. B **12**, 1761 (1995); W.R. Anderson, C.C. Bradley, J.J. McClelland and R.J. Celotta, Phys. Rev. A **59**, 2476 (1999).

[24.56] W. Ketterle, Rev. Mod. Phys. **74**, 1131 (2002).

[24.57] M.K. Oberthaler and T. Pfau, J. Phys.: Condens. Matter **15**, R 233 (2003).

[24.58] M. Drewsen, U. Drodofsky, C. Weber, C. Maus, G. Schreiber and J. Mlynek, J. Phys. B: At. Mol. Opt. Phys. **29**, L843 (1996).

[24.59] G. Timp, R.E. Behringer, D.M. Tennant, J.E. Cunningham, M. Prentiss and K.K. Berggren, Phys. Rev. Lett. **69**, 1636 (1992).

[24.60] R.E. Behringer, V. Natarajan and G. Timp, Opt. Lett **22**, 114 (1997).

[24.61] Th. Schulze, B. Brezger, P.O. Schmidt, R. Mertens, A.S. Bell, T. Pfau and J. Mlynek, Micro. Eng. **46**, 105 (1999).

[24.62] R. Gupta, J. J. McClelland, P. Marke and R.J. Celotta, Phys. Rev. Lett. **76**, 4689 (1996).

[24.63] Th. Schulze, T. Müther, D. Jürgens, B. Brezger, M.K. Oberthaler, T. Pfau and J. Mlynek, Appl. Phys. Lett. **78**, 1781 (2001).

[24.64] K.K. Berggren, A. Bard, J.L. Wilbur, J.D. Gillapsy, A.G. Helg, J.J. McClelland, S.L. Rolston, W.D. Phillips, M. Prentiss and M.G. Whitesides, Science **269**, 1255 (1995).

[24.65] P. Engels, S. Salewski, H. Levsen, K. Sengstock and W. Ertmer, Appl. Phys. B **69**, 407 (1999).

[24.66] M. Kreis, F. Lison, D. Haubrich, D. Meschede, S. Nowak, T. Pfau and J. Mlynek, Appl. Phys. B **63**, 649 (1996); K.K. Berggren, R. Younkin, E. Cheung, M. Prentiss, A. Black, G.M. Whitesides, D.C. Ralph, C.T. Black and M. Tinkham, Adv. Mat. **9**, 52 (1997).

[24.67] S. Nowak, T. Pfau and J. Mlynek, Appl. Phys. B **63**, 203 (1996).

[24.68] V. Giovannetti, S. Lloyd and L. Maccone, Nature Photon. **5**, 222 (2011).

[24.69] K.S. Johnson, J.H. Thywissen, N.H. Dekker, K.K. Berggren, A.P. Chu, R. Younkin and M. Prentiss, Science **280**, 1583 (1998).

[24.70] J. Dowling, A. Gatti and A. Sergienko (Eds), *Quantum Imaging*, J. Mod. Opt. **53**, 573-864 (2006).

[24.71] S.L. Braunstein and C.M. Caves, Phys. Rev. Lett. **72**, 3439 (1994).

[24.72] C.L. Degen, F. Reinhard and P. Capellaro, Rev. Mod. Phys. **89**, 035002 (2017).

[24.73] A.N. Boto, P.Kok, D.S. Abrams, S.L. Braunstein, C.P. Williams and J.P. Dowling, Phys. Rev. Lett. **85**, 2733 (2000).

[24.74] C.K. Hong, Z.Y. Ou and L. Mandel, Phys. Rev. Lett. **59**, 2044 (1987).

[24.75] V.B. Barginsky and F.Y. Khalili, *Quantum Measurement* (Cambridge Univ. Press, Cambridge, 1992).

[24.76] M.T. Jaekel and S. Renaud, Europhys. Lett. **13**, 301 (1990).

[24.77] P. Walther, J.-W. Pan, M. Aspelmeyer, R. Ursin, S. Gasparoni and A. Zeilinger, Nature **429**, 158 (2004).

[24.78] M.W. Mitchell, J.S. Lundeen and A.M. Steinberg, Nature **429**, 161 (2004); I. Afek, O. Ambar and Y. Silberberg, Science **328**, 879 (2010).

[24.79] E.J.S. Fonseca, C.H. Monken and S. Pádua, Phys. Rev. Lett. **82**, 2868 (1999); K. Edamatsu, R. Shimizu and T. Itoh, Phys. Rev. Lett. **89**, 213601 (2002).

[24.80] R.W. Boyd and J.P. Dowling, Quantum Inf. Process. **11**, 891 (2012).

[24.81] S. Maruo, O. Nakamura and S. Kawata, Opt. Lett. **22**, 132 (1997); S. Kawata, H.-B. Sun, T. Tanaka and K. Tanaka, Nature **412**, 697 (2001).

[24.82] G.S. He, L.-S. Tan, Q. Zheng and P.N. Prasad, Chem. Rev. **108**, 1245 (2008).

[24.83] D.R. Larson, W.R. Zipfel, R.M. Williams, S.W. Clark, M.P. Bruchez, F.W. Wise and W.W. Webb, Science **300**, 1434 (2008).

[24.84] C. Kothe, G. Björk, S. Inoue and M. Bourennane, New J. Phys. **13**, 043028 (2011).

[24.85] L.L. Sánchez-Soto, G. Björk and J. Söderholm, Opt. Spectr. **94**, 666 (2003).

[24.86] M. Al-Amri, Z. Liao and M.S. Zubairy, *Beyond the Rayleigh Limit in Optical Lithography*, in: E.A.P. Berman, E. Arimonda and Ch. Liu, *Advances in Atomic Molecular and Optical Physics* (Academic Press, New York, 2012).

[24.87] J. Rui, Y. Jiang, G.-P. Lu, B. Zhao, X.-H. Bao and J.W. Pan, Phys. Rev. Lett. **105**, 183601 (2010).

[24.88] M. Mützel, S. Tandler, D. Haubrich, D. Meschede, K. Pleithmann, M. Flaspöhler and K. Buse, Phys. Rev. Lett. **88**, 083601 (2002).

[24.89] H. Li, V. Sautenkov, M. Kash, A. Sokolov, G. Welch, Y. Rostovtsev, M. Zubairy and M.O. Scully, Phys. Rev. A **78**, 013803 (2008); N.A. Proite, Z.J. Simmons and D.D. Yavuz, Phys. Rev. A **83**, 041803 (2011); J.A. Miles, Z.J. Simmons and D.D. Yavuz, Phys. Rev. X **3**, 031014 (2013).

25 Funktionelle Oberflächen

Im vorliegenden Kontext sind funktionelle nanostrukturierte Festkörperoberflächen, die aufgrund nanoskaliger Strukturen ganz bestimmte Funktionalitäten aufweisen, Gegenstand der Diskussion. Derartige Funktionalitäten können grundsätzlich beispielsweise mechanischer, chemischer oder auch optischer Natur sein. Technisch relevante Funktionalitäten müssen zumeist mit Methoden der Nanotechnologie durch entsprechende Oberflächenstrukturierung induziert werden. Das Anwendungspotential nanostrukturierter Oberflächen ist enorm und extrem vielfältig. Dies veranschaulichen ausgewählte Beispiele am besten.

25.1 Generelles

Nanostrukturierte Oberflächen sind durch nanoskalige Strukturen an der Oberfläche ausgezeichnet. Insofern ist fast jede Oberfläche nanostrukturiert. Dies zeigt beispielsweise Abb. 25.1 anhand der Oberflächenrauigkeit von Silizium-Wafern. Diese technologisch nicht unterschreitbare oder auch bewusst erzeugte Oberflächenrauigkeit hat durchaus eine gewisse Funktionalität, beispielsweise in Bezug auf das Bonding-Verhalten der Wafer [25.1].

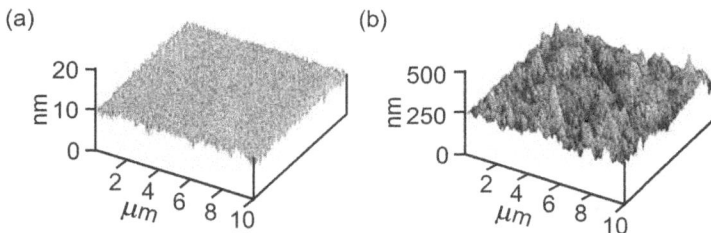

Abb. 25.1. Oberflächenrauigkeit von Silizium-Wafern in AFM-Abbildungen [25.1]. (a) $R = 0,58$ nm. (b) $R = 25,8$ nm nach Oberflächenbehandlung.

Häufig sind aber subtilere Nanostrukturen an Oberflächen von Bedeutung als nur die Rauigkeit eines monolithischen Materials. Der nächste Komplexitätsschritt ist eine regelmäßige Anordnung von monolithischen Nanostrukturen an der Oberfläche eines Materials. In Abb. 25.2 ist die Anordnung von mehr oder weniger geordneten Nanostrukturen an der Oberfläche eines SiO_2-Substrats gezeigt. Sich an einem Mottenauge orientierend, optimieren diese Nanostrukturen die Transmission von Licht bis auf nahezu 100 % [25.2].

Im Allgemeinen lassen sich gewünschte Funktionalitäten nur durch Nanostrukturen eines Materials oder einer Materialkombination auf einem im Vergleich zu den

https://doi.org/10.1515/9783486855449-003

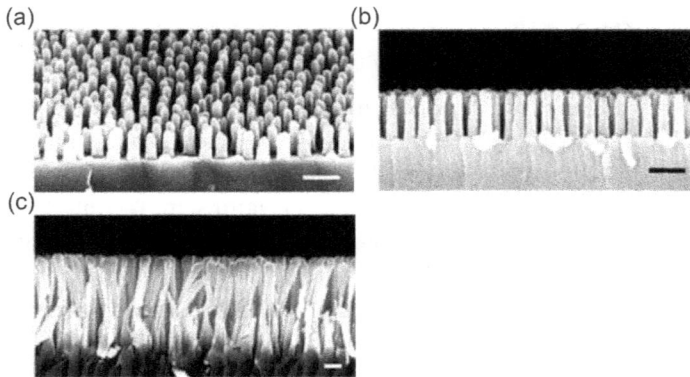

Abb. 25.2. Künstliches Mottenauge auf Basis eines SiO_2-Substrats mit geätzten Nanostrukturen [25.2]. (a)–(c) Unterschiedliche Säulenanordnungen. Die Balkenlänge beträgt 200 nm.

Strukturabmessungen glatten Substrat realisieren. Ein Beispiel zeigt Abb. 25.3. DNA-Origami hatten wir in Abschn. 4.4.3 als Resultat exemplarischer Selbstorganisationsprozesse diskutiert. Die Funktionalität der mit den DNA-Origami dekorierten Oberfläche könnte beispielsweise darin bestehen, dass sie als Templat fungieren kann, wie wir das in Abschn. 13.4 diskutierten.

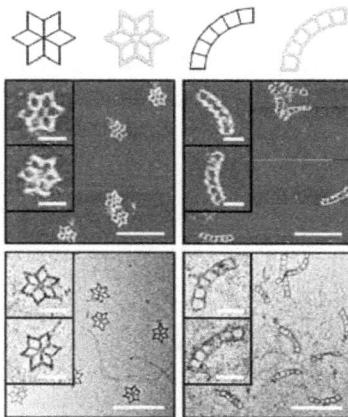

Abb. 25.3. DNA-Origami auf einem Substrat [25.3]. AFM-Abbildungen (oben) und TEM-Abbildungen mit Balkenlängen von 200 nm und 50 nm (Vergrößerungen).

Physikalische und chemische Phänomene an Oberflächen sind Gegenstand der Oberflächenwissenschaft [25.4], die sich wiederum in zahlreiche Spezialdisziplinen gliedert. Die Oberflächenphysik beinhaltet Phänomene wie Oberflächenzustände, Oberflächenrekonstruktionen, Oberflächendiffusion, aber auch Reibung, Oberfächenplasmonen und -phononen. Die Oberflächenchemie subsumiert Bereiche wie Elektrochemie, Aspekte der Geochemie, Korrosion und Katalyse. Zahlreiche im vorliegenden Kontext bereits diskutierte analytische Verfahren erlauben speziell die Charakterisierung von Oberflächeneigenschaften auf Nanometerskala und zahlreiche der vorgestellten präparativen Verfahren erlauben die Kontrolle von Oberflächeneigenschaften ebenfalls auf Nanometerskala.

Welche vertikale Ausdehnung eine Oberfläche hat, ist durch Abweichen physikalischer und/oder chemischer Eigenschaften von denen des involvierten Massivmaterials abhängig. Im Sinn der in Abschn. 2.2 diskutierten kritischen Dimensionen kann eine Oberfläche quasi im Licht unterschiedlicher Phänomene oder Eigenschaften unterschiedliche vertikale Ausdehnungen aufweisen. Auch muss festgestellt werden, dass der Begriff Oberfläche besonders im technischen oder Applikationskontext häufig gegenüber dem Begriff Grenzfläche nicht richtig abgegrenzt wird. Befindet sich beispielsweise ein Lack auf einem Massivmaterial, so entsteht eine Grenzfläche zwischen zwei Festkörpern. Andererseits befindet sich der Lack auf der Oberfläche, die dadurch überhaupt erst zur Grenzfläche wird.

Aus Applikationssicht sind nanostrukturierte funktionelle Oberflächen in den unterschiedlichsten Anwendungsbereichen von besonderer Bedeutung. Bei manchen Anwendungen ist ausschließlich die Funktionalität der Oberfläche relevant, und das darunter befindliche Material hat nur eine indirekte Bedeutung, beispielsweise als Träger der Oberfläche. Beispiele einer direkten Oberflächenrelevanz wären etwa Katalysatoren oder auch Reflektoren für Licht. In anderen Anwendungen wiederum sind die Oberflächen nur von indirekter Bedeutung oder sogar störend für die Funktionalität des darunter liegenden Materials. Diesbezügliche Beispiele wären etwa Korrosionsschutzschichten, die ein an sich reaktives Material langzeitbeständig machen oder eine Oberfläche, die einfach einen Werkstoff oder ein Bauteil geometrisch begrenzt, ohne eine explizite Relevanz für eine Funktionalität des Werkstoffs oder Bauteils zu haben. Es gibt aber auch zahlreiche Anwendungsfälle, bei denen bei multiplen Funktionen sowohl dem Massivmaterial als auch der Oberfläche eine Bedeutung zukommt. Im Zusammenhang mit Abb. 25.1 wird deutlich, dass ein Silizium-Wafer unterschiedliche Rauigkeitsgrade besitzen kann. Diese haben in gewissen Grenzen keinen Einfluss auf die elektronische Funktionalität eines daraus hergestellten Halbleiterchips, wohl aber auf das Bonding-Verhalten, was wiederum relevant ist für die Gesamtfunktionalität eines Chips.

25.2 Mechanisch funktionelle Oberflächen

Bei sehr vielen technischen Anwendungen oder Produkten sind die mechanischen Eigenschaften von Oberflächen von zentraler Bedeutung. Zu den mechanischen Eigenschaften zählen etwa die Härte, die etwas allgemeiner definierte Verschleiß- oder Abriebfestigkeit oder auch, da von direkter Relevanz für die genannten Eigenschaften, die Oberflächenrauigkeit. Nanotechnologie in Form von funktionellen Oberflächenbehandlungen oder -beschichtungen bietet enorme Möglichkeiten auf mechanische Eigenschaften von Oberflächen Einfluss zu nehmen, was im Folgenden anhand exemplarischer Beispiele illustriert wird.

Die Oberflächenveredelung mit Hartstoffschichten ist von geradezu volkswirtschaftlicher Bedeutung, da sie raschen Verschleiß einer Vielzahl von Produkten verhindert und damit die Lebensdauer häufig bestimmt. Auch Fragen der Zuverlässigkeit sind häufig direkt an die Eigenschaften von Schutzschichten gekoppelt. Hartstoffschichten an Oberflächen ermöglichen insbesondere eine Trennung der Eigenschaften von Oberfläche und Massivmaterial. Häufig erfordert die praktische Anwendung von mechanisch funktionellen Oberflächenbeschichtungen multifunktionale Eigenschaften wie Härte, Zähigkeit, thermische und chemische Beständigkeit sowie Haftung auf dem Massivmaterial. Typische herkömmliche Hartstoffschichten bestehen aus Diamant, amorphen Kohlenstoffverbindungen oder Nitriden, Carbiden oder Oxiden der Übergangsmetalle Titan, Chrom, Aluminium, Wolfram oder auch Zirkon.

Die Nanotechnologie hat zunächst Einzug gehalten in die Optimierung von Schichten, welche die Kratz- und Verschleißfestigkeit von Materialien erhöhen. Insbesondere viele Kunststoffe sind diesbezüglich sehr anfällig. Schichten und Lacke mit nanoskaligen Silikat- oder SiO_2-Partikeln erhöhen beträchtlich die Festigkeit von Kunststoffoberflächen.

Im Bereich konventioneller automobiler Antriebe sind auch Motor- und Getriebekomponenten Verschleiß ausgesetzt. Die entsprechenden Hartstoffschichten setzen sich eigentlich aus Haft- und Hartstoffschichten zusammen. Bereits mit Schichtdicken von 1–10 nm lassen sich effektive Härten von typisch 50 GPa erreichen.

Superharte Beschichtungen lassen sich auf Basis von AlTiN-Nanopartikeln in einer amorphen Matrix aus Si_3N_4 herstellen, wie in Abb. 25.4 gezeigt. Bemerkenswert und bedingt durch die Nanostrukturierung ist die Tatsache, dass die Härte des Nanokomposits über derjenigen der einzelnen Komponenten liegt. Die Härte ist mit derjenigen von defektfreiem Diamant vergleichbar.

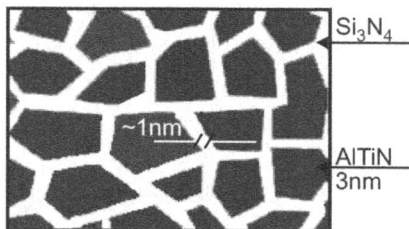

Abb. 25.4. Beispiel für eine Nanokomposit-Hartstoffbeschichtung.

Bei der Veredelung von Kunststoffoberflächen haben sich nanostrukturierte Hybridlacke etabliert. Ein Beispiel zeigt Abb. 25.5 anhand einer Verbindung aus organischen und anorganischen Materialien, welche die Härte von Gläsern mit den Eigenschaften von Polymeren kombiniert. Die Si-O-Si-Struktur des Kieselglases wird dabei über Si-C-Bindungen in das organische Netzwerk eingebunden. Si kann auch durch beispielsweise Ti, Al oder Zr ersetzt werden. Die Wahl der organischen Matrix wiederum steuert den Aushärtemechanismus des Lacks. Damit entsteht quasi ein Baukastenprinzip für Hartstoff-Oberflächenbeschichtungen.

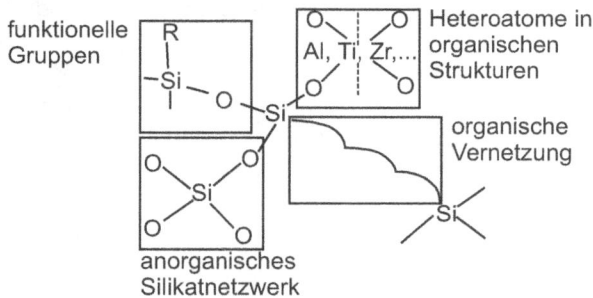

Abb. 25.5. Anorganisch-organischer Hybridlack zur Steigerung der Kratzfestigkeit von Kunststoffen.

Auf Polymeren werden nanostrukturierte Schichten im Allgemeinen aus der Gasphase über PVD, CVD, Sputtern oder plasmagestützt abgeschieden oder über Lackierverfahren aus der der Flüssigphase. Typische Schichten auf Kunststoffoberflächen involvieren die in Abb. 25.6 dargestellten Kategorien. Neben einer Optimierung mechanischer Eigenschaften müssen nanostrukturierte Beschichtungen häufig weitere Funktionalitäten aufweisen. Im Fall von Kunststoffen kann das beispielsweise bedeuten, dass die Schichten hart und gleichzeitig transparent sein sollen. Dies lässt sich insbesondere mit oxidischen Nanopartikeln – beispielsweise SiO_2 – erreichen, wobei ein hinreichend kleiner Partikeldurchmesser die Lichtstreuung durch die Hartstoffschicht minimiert. Die entsprechenden optischen Eigenschaften von Nanopartikeln hatten wir in Abschn. 18.6 diskutiert, die mechanischen in Abschn. 18.4.

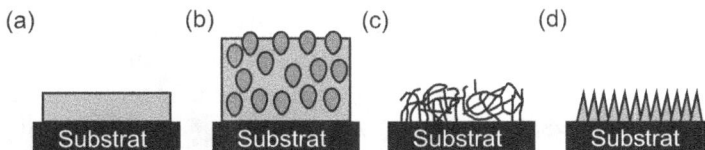

Abb. 25.6. Typische Schichten auf Kunststoffoberflächen. (a) Nanometerdicke unstrukturierte Schicht. (b) Komposit mit Nanopartikeln. (c) Hybridpolymer. (d) Definiert nanostrukturierte Schicht.

Eine klassische Hartstoffbeschichtung ist diamantartiger Kohlenstoff (*Diamond-Like Carbon, DLC*). Man unterscheidet sieben unterschiedliche Konfigurationen, die alle einen signifikanten Anteil sp^3-hybridisierter C-Atome aufweisen [25.5]. Gleichzeitig ist DLC amorph. Mischt man die beiden Polytypen des kristallinen Diamants nanoskalig, so erhält man eine DLC-Konfiguration, die sich durch große Härte bei großer Flexibilität auszeichnet. Die härteste Konfiguration wird als tetraedrischer amorpher Kohlenstoff bezeichnet. Erst vor kurzem gelang eine detaillierte Analyse des Wachstumsprozesses des tetraedrischen amorphen Kohlenstoffs [25.6], den Abb. 25.7 zeigt. Andere DLC-Modifikationen beinhalten Wasserstoff, sp^2-hybridisierten Kohlenstoff oder Metalle und sind dadurch als eine der sechs verbleibenden Modifikationen kategorisiert.

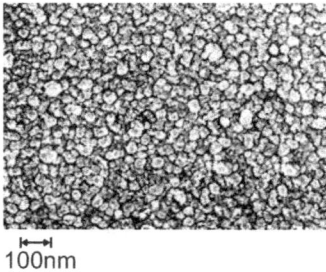

100nm

Abb. 25.7. SEM-Abbildung der Nanostruktur von tetraedrischem amorphen Kohlenstoff [25.7].

Zur Charakterisierung der Eigenschaften nanoskaliger Schichten auf Oberflächen sind in der Regel konventionelle Methoden, beispielsweise zur Härtebestimmung, ungeeignet [25.8]. Vielmehr muss insbesondere bei hinreichend dünnen Schichten auf Nanoindentation [25.9] zurückgegriffen werden. Wir hatten entsprechende Verfahren in Abschn. 22.3.2 diskutiert. Ähnliches gilt auch für die quantitative Bestimmung von Verschleiß, wobei hier zusätzlich die möglichen Verschleißarten und ihre quantitative experimentelle Zugänglichkeit für nanometerdicke Schichten zu berücksichtigen sind [25.10].

Von Bedeutung für die Kontaktmechanik von Oberflächen ist die Oberflächenrauigkeit [25.11]. So wird beispielsweise die Kontaktsteifigkeit flächig primär durch die Anzahl der Kontakte und damit durch die Rauigkeit bestimmt. Dementsprechend werden die beiden Si-Oberflächen aus Abb. 25.1 in mittelnden Messungen unterschiedliche Kontaktsteifigkeiten aufweisen. Auch der Verschleiß einer Oberfläche wird direkt durch ihre Rauigkeit beeinflusst [25.12].

Die Rauigkeit wird durch lokale Abweichungen der Oberfläche in Normalenrichtung zur gemittelten Position quantifiziert. Wenngleich häufig der hochfrequente Anteil mit kurzer Wellenlänge gemeint ist, so gibt es doch auch Anwendungen, in denen die Amplituden-Frequenz-Verteilung bis hin zu niedrigen Frequenzen relevant ist.

In vielen Anwendungen muss die Oberflächenrauigkeit einen bestimmten Maximalwert unterschreiten. Tendenziell ist eine Begrenzung oder sogar Kontrolle der Oberflächenrauigkeit bei abnehmendem Maialwert zunehmend anspruchsvoll. In der Nanotechnologie geht es um eine Rauigkeitskontrolle im Nanometerbereich.

Neben der eigentlichen Rauigkeit im beschriebenen Sinn ist auch die fraktale Dimension von Oberflächen von Bedeutung [25.13]. Sie ermöglicht es, bestimmte Phänomene der Kontaktmechanik zu analysieren [25.14].

Da die Zusammenhänge zwischen nanostrukturierter Oberfläche einerseits und globalen oder makroskopischen Phänomenen andererseits in der Regel komplex sind, werden speziell zum Einfluss der Oberflächenstruktur auf die Kontaktmechanik auch kontrollierte Experimente durchgeführt [25.15]. So wurde die Adhäsionskraft zwischen zwei Oberflächen als Funktion der Rauigkeit einer der Oberflächen quantitativ und mit nanoskaliger Auflösung erfasst. Dazu wurde künstlich eine Oberfläche mit variierender Rauigkeit hergestellt, die aus einer gradientenbehafteten Dichte von SiO_2-Nanopartikeln mit einem Durchmesser von $\approx$ 12 nm auf einer vergleichsweise glatten, oxidierten Si-Oberfläche besteht. Die Probe ist schematisch in Abb. 25.8(a) und realiter in Abb. 25.8(b) dargestellt. Zur Vermeidung parasitärer Kräfte fanden die Messungen gemäß der Diskussion in Abschn. 22.3.2 in Perflunafen [25.15] statt. In Form von Kraft-Abstands-Kurven, wie in Abschn. 22.3.2 diskutiert, wurde die Ablösekraft als Funktion der maximalen Andruckkraft und Oberflächenrauigkeit mit einer an ei-

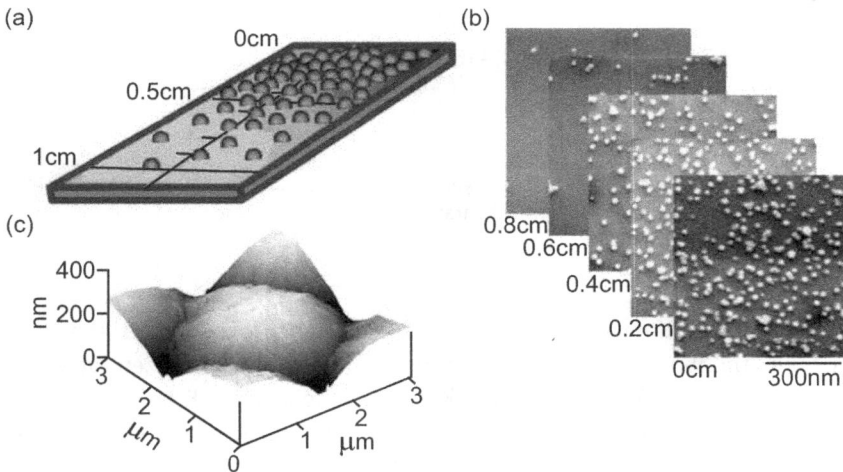

Abb. 25.8. Messung von Adhäsionskräften bei variierender Oberflächenrauigkeit [25.15]. (a) Substrat aus Si mit 12nm-SiO_2-Partikeln. (b) SEM-Aufnahmen der Probe. (c) Polyethylensonde an einem Cantilever.

nem AFM-Cantilever befestigten Polyethylenkugel gemessen. Das Profil der Kugel ist in Abb. 25.8(c) dargestellt. Die Probenrauigkeit variierte zwischen 0 und $\approx 400/\mu m^2$.

Adhäsionsmessungen bei vergleichsweise niedrigen Andruckkräften von ≈ 5 nN zeigt Abb. 25.9(a). Kommt der mechanische Kontakt durch einen Kontakt zwischen den Nanopartikeln auf dem Substrat und den durch die Rauigkeit der Sonde bedingten erhabenen Positionen der Oberfläche zustande, so ist die effektive Kontaktfläche klein und damit die Ablösekraft ebenfalls. Eine größere Partikeldichte auf dem Substrat resultiert dann in zunehmender Ablösekraft. Dieses Verhalten wird im Detail sichtbar in den Kraft-Abstands-Kurven aus Abb. 25.9(b) und (c).

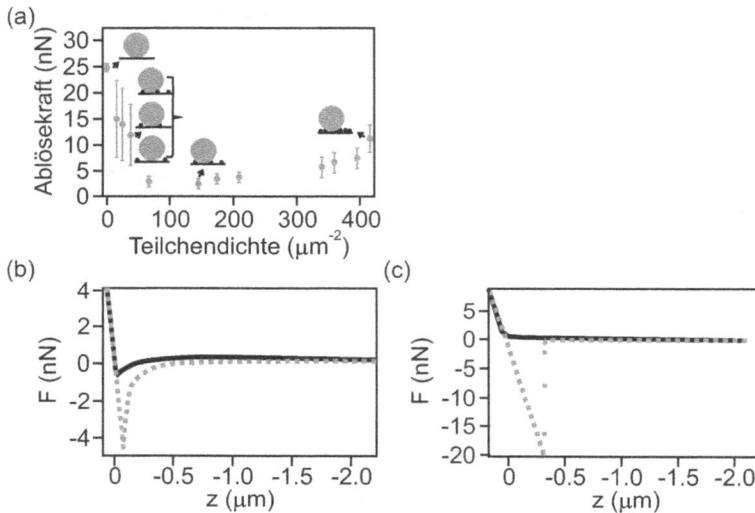

Abb. 25.9. Adhäsionsmessungen bei relativ geringer Andruckkraft [25.15]. (a) Ablösekraft nach einem Andruck mit 4 nN für variierende Oberflächenrauigkeit. (b) Kraft-Abstands-Kurve bei großer und (c) kleiner Oberflächenrauigkeit.

Für höhere Andruckkräfte wird der Einfluss der Oberflächenrauigkeit aus Abb. 25.10 deutlich. Eine Erhöhung der Andruckkraft führt bei hoher Partikelkonzentration auf dem Substrat durch eine Vergößerung der Kontaktfläche zu einer Erhöhung der Ablösekraft. Die Kraft-Abstands-Kurven in Abb. 25.10(b) und (c) zeigen in Abhängigkeit von der Rauigkeit des Substrats erneut das zuvor diskutierte Verhalten.

Wie deutlich wurde, hat die Rauigkeit einer Oberfläche im Nanometerbereich einen erheblichen Einfluss auf die Adhäsion, die wiederum von großer Bedeutung für zahlreiche technische Anwendungen ist. Zu erwarten ist in ähnlicher Weise eine Bedeutung der Rauigkeit für die tribologischen Eigenschaften einer Oberfläche.

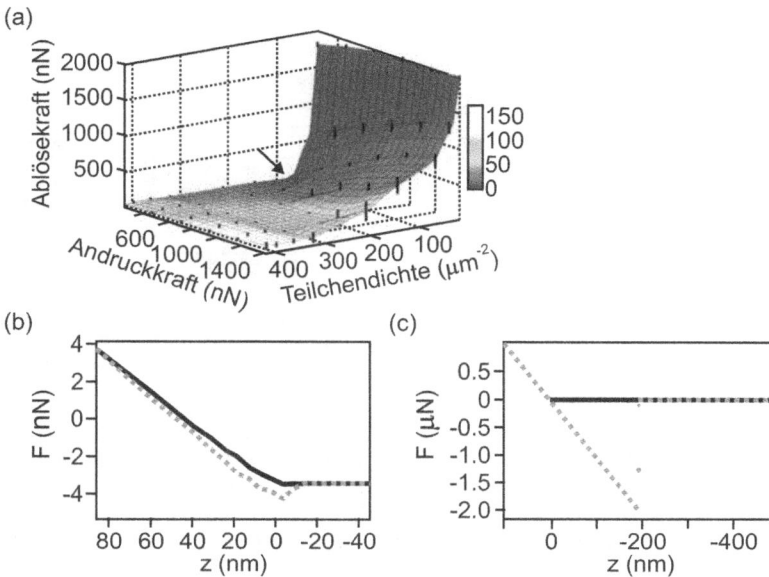

Abb. 25.10. Adhäsionsmessungen bei relativ großen Andruckkräften [25.15]. (a) Variierende Andruck-kraft und Rauigkeit. (b) Kraft-Abstands-Kurve bei großer Rauigkeit und (c) kleiner Rauigkeit und einer Andruckkraft von 1,4 nN.

25.3 Tribologisch funktionelle Oberflächen

In der Praxis hängen häufig Verschleiß und Reibung von Oberflächen zusammen. Reibung und damit verbundene Phänomene sind Gegenstand der Tribologie. Insbesondere durch nanostrukturierte Schichten lassen sich tribologische Oberflächeneigenschaften einstellen [25.16].

Entsprechend klassischer Tribologietheorien [25.17] könnte man intuitiv annehmen, dass eine möglichst große Härte einer Oberfläche von größter Bedeutung ist. Die Verschleißforschung hat allerdings gezeigt, dass auch die Elastizität von großer Bedeutung ist. Konkret muss das H/E-Verhältnis häufig maximiert werden [25.16]. Diesbezüglich sind nanostrukturierte Oberflächen und Nanokomposite besonders vielversprechend [25.18]. Befindet sich eine tribologisch funktionelle Schicht auf einer Oberfläche, so sind in der Regel die Eigenschaften der Schicht und des Substrats von Bedeutung, wie Abb. 25.11 zeigt.

Systematische Untersuchungen zum Zusammenhang zwischen Verschleiß und dem H/E-Verhältnis wurden insbesondere an nanostrukturierten metallischen und glasartigen Filmen durchgeführt [25.16]. Die entsprechenden Filme zeigen hervorragende Verschleißschutzeigenschaften. Abbildung 25.12 zeigt beispielhaft eine derartige Schicht, die mittels PVD deponiert wurde. Die Cr(N)-Cu-Schicht weist 5–20 nm

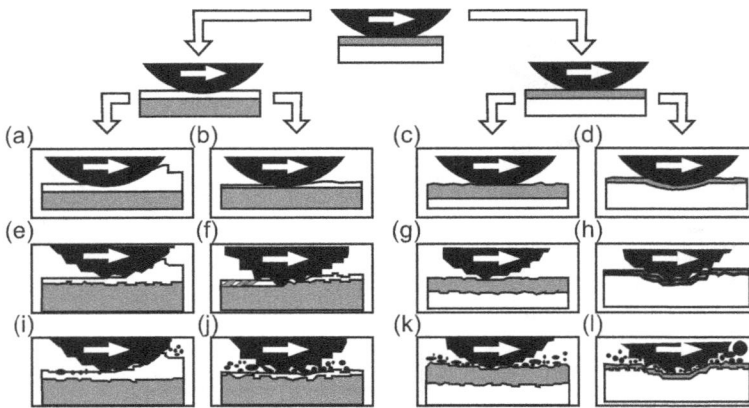

Abb. 25.11. Tribologische Eigenschaften beschichteter Materialien. Die Kontakteigenschaften sind schematisch dargestellt für einen harten Gleiter gegenüber einer weichen Schicht auf hartem Untergrund (links) und gegenüber einer harten Schicht auf weichem Untergrund (rechts). Die Dicke der Oberflächenschicht beeinflusst das Pflügen (a) und Scheren (b) sowie die Lastverteilung (c) und Substratdeformation (d). Die Oberflächenrauigkeit hat Einfluss auf die Entstehung von Kratzern (e) und auf den Eindringvorgang (f) sowie auf die effektive Kontaktfläche (g) und die Abnutzung (h). Abrieb führt zur Einbettung von Nanopartikeln (i), zur Konzentration der Partikel (j) oder auch zur Verdrängung von Partikeln (k) sowie zu ihrer Zerkleinerung (l).

große Cr-Körner in einer 1–2 nm weiten Cu-reichen intergranularen Phase auf. Die Nanokörner ihrerseits weisen eine interstitielle Übersättigung mit Stickstoff auf.

Tribologische Effekte sind von erheblicher Bedeutung für mikroelektromechanische Systeme mit beweglichen Komponenten [25.19]. Exemplarisch sind derartige MEMS in Abb. 25.13 gezeigt. Während tribologische Eigenschaften makroskopisch durch eine vielzahl sich berührender Punkte der wechselwirkenden Oberflächen bestimmt werden, sind es bei MEMS nur wenige nanoskalige Regionen. Wie bereits in Abschn. 22.3.2 festgestellt, führt das dazu, dass beispielsweise das Amontonsche Gesetz keine Gültigkeit mehr besitzt. Nanotribologische Phänomene, die zu Reibung,

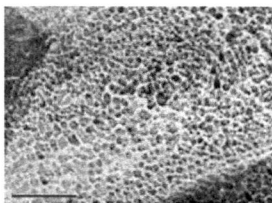

100nm

Abb. 25.12. TEM-Abbildung der Nanostruktur einer Cr(N)-Cu-Nanokompositschicht [25.16].

Verschleiß, aber auch zur Schmierung führen, unterscheiden sich signifikant von entsprechenden makroskopischen Phänomenen.

Abb. 25.13. MEMS mit beeglichen Komponenten [25.19]. (a) Getriebe und (b) beweglicher Spiegel mit Antriebssystem.

Die typischen Bearbeitungsprozesse zur Herstellung von MEMS führen zu charakteristischen Oberflächenstrukturen, wie sie in Abb. 25.14 sichtbar sind. Es ist offensichtlich, dass bei der Relativbewegung zweier Oberflächen nur wenige mechanische Kontakte die tribologischen Eigenschaften bestimmen.

Mechanische Nanokontakte werden durch die bereits in Abschn. 22.3.2 erwähnten Johnson-Kendall-Roberts- und Derjaguin-Muller-Toporov-Theorien beschrieben [25.20; 25.21] sowie durch Übergänge zwischen diesen Theorien [25.22]. Aufgrund des großen Oberflächenanteils sind für MEMS Oberflächenkräfte und die daraus resultierende Adhäsion von großer Bedeutung [25.23]. Im Allgemeinen tragen die in Abschn. 22.3.2 diskutierten Kräfte zur Adhäsion bei. Spielräume zur Reduzierung von Adhäsion sind gering und bestehen im Wesentlichen in einer Optimierung der Oberflächenchemie [25.23].

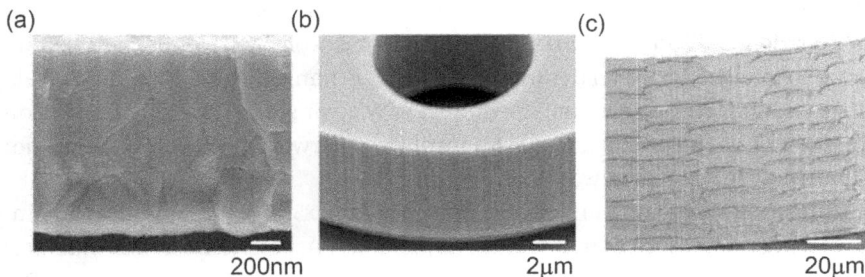

Abb. 25.14. Oberflächenstrukturen von MEMS [25.19]. (a) Herstellung durch Mikrostrukturierung von Silizium. (b) Silizium-auf-Isolator-Technologie. (c) Elektroformierungstechnologie.

Starke Adhäsion der im Kontakt befindlichen Oberflächen hat eine große Reibung zur Folge, die ihrerseits zu erhöhtem Verschleiß führt. Dabei spielen neben den in Abb. 25.11 gezeigten Mechanismen häufig auch tribochemische Reaktionen eine Rolle. Adhäsionskräfte, Reibung und Verschleiß lassen sich durch Schmiermittel reduzieren. Bei MEMS bieten sich insbesondere mobile organische Monolagen an [25.24]. Das können Kohlenwasserstoffe sein. Insbesondere haben sich Perfluorpolyether (PFPE) bewährt.[4] Auch organische ionische Flüssigkeiten finden Verwendung [25.25].

Auch das Beschichten der MEMS mit harten Oberflächenschichten reduziert Reibung und Verschleiß aufgrund der reduzierten Kontaktfläche. Bewährt hat sich amorpher Kohlenstoff. Tabelle 25.1 zeigt relevante harte Materialien sowie Schmierstoffe.

Tab. 25.1. Eigenschaften von MEMS-Materialien.

Material	Elastizitätsmodul (GPa)	Schermodul (GPa)	Härte (Wickers: V, Knoop: K)(GPa)
Poly-Si	167		12 (V)
Si	112	44	11(K)
SiO_2	75	31	8 (K), 11 (V)
SiC	420	165	30 (K)
Si_3N_4	300	119	16 (V)
TiC	450	150	20 (K), 32 (V)
TiN	600		20 (K)
Al_2O_3	370	150	21 (K), 14 (V)
W	400	156	32 (K), 31 (V)
Diamant	900		100 (V)
DLC	80–200		14–30 (V)

Die bisherige Diskussion hat gezeigt, dass die Kenntnis der Nanostruktur von Oberflächen die wichtigste Grundlage für eine Analyse globaler tribologischer Eigenschaften ist. Insbesondere die Funktion einzelner Asperitäten ist von zentraler Bedeutung. Neben experimentellen Analysen der tribologischen Mechanismen auf Nanometerskala haben sich auch Moleklardynamikrechnungen, wie wir sie in Abschn. 21.5.5 diskutierten, als sehr wichtiger Zugang zur Nanotribologie erwiesen [25.26], wobei in der Regel multiskalige Ansätze gewählt werden [25.27].

Ein typisches Modellsystem sieht so aus, wie in Abb. 25.15 dargestellt. Der Nanoindenter ist so gewählt, dass er in Kontakt mit mehreren Asperitäten ist. Der Indenterradius kann variiert werden. Die Indentation erfolgt bis zu einer Tiefe von 1,8 nm. Da-

---

4 Bei Festplattenlaufwerken hat sich insbesondere Z-DOL ($HO-CH_2-CF_2-O-[-CF_2-CF_2-O]_m-[-CF_2-O-]_n-O-CF_2-CH_2-OH$ bewährt [25.24].

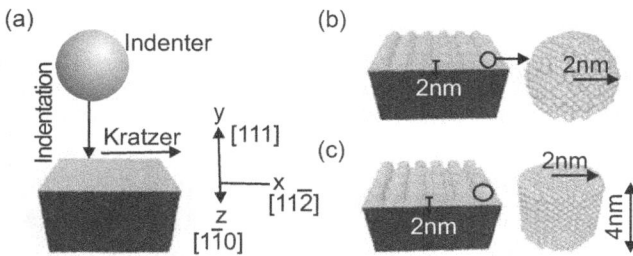

Abb. 25.15. Modellsystem für Molekulardynamiksimulationen zur Tribologie einer Al-Oberfläche [25.26]. (a) Indentations- und Kratzprozess bei glatter Oberfäche und Abmessungen von $40 \times 20 \times 25$ nm^3. (b) Runde und (c) zylindrische Asperitäten.

nach wird ein Kratzer von 10 nm Länge mit einer Geschwindigkeit von 5 nm/s erzeugt. Für die Simulationen wurde ein etabliertes MD-Programmpaket verwendet.[5]

Abbildung 25.16 zeigt die Ergebnisse der virtuellen Indentationsexperimente. In der Region 1 ist der Indenter oberhalb des Substrats, und repulsive Kräfte verschwinden, wie in Abschn. 22.3.2 diskutiert. Im Regime 2 besteht ein linearer Zusammenhang zwischen Kraft und Indentationstiefe. Es gilt also das Hookesche Gesetz im elastischen Regime, wie ebenfalls in Abschn. 22.3.2 diskutiert. Bei der Entstehung erster Versetzungen in der Al-Probe wird die Indentationstiefe kritisch. In Region 3 beginnen plastische Deformationen. Mit steigendem Indentationsradius steigt die kritische Indentationskraft zum Erreichen der Region 3. Liegen keinerlei Asperitäten vor, ist die kritische Indentationskraft maximal.

Von entscheidender Bedeutung für das Indentationsverhalten ist die Gesamtkontaktfläche, wie Abb. 25.17 zeigt. Eine Reduktion der Kontaktfläche führt bei gegebener Kraft zu einer Erhöhung des Kontaktdrucks auf einzelne Asperitäten. Dadurch sinkt die kritische Indentationskraft, bei der erste plastische Deformationen auftreten.

Auch das Auftreten erster kristalliner Defekte in der Al-Probe hängt von der Oberflächen- und Indenterstruktur ab, wie auch zu erwarten und experimentell validiert ist. Die Simulationsergebnisse zeigt Abb. 25.18.

Das Potential von Molekulardynamiksimulationen und den durch sie gelieferten Einblick in die Nanotribologie verdeutlicht insbesondere Abb. 25.19. Die Abbildung zeigt die Variation der Lateralkräfte während eines Kratzvorgangs unter den anfangs geschilderten Indentationsbedingungen. Lateralkräfte hatten wir in Abschn. 22.9.2 behandelt. Die Kratzkraft, die durch die Probe auf den Indenter ausgeübte Kraft, ist am größten für die glatte Oberfläche. Auch eine Vergrößerung des gesamten Kontaktradius führt zu einer Erhöhung der Kratzkraft. Insgesamt fluktuiert die Kratzkraft abhängig vom Radius des Indenters. In jedem Fall ist die Lateralkraft, die durch die Probe auf den Indenter ausgeübt wird, am größten für die glatte Oberfläche. Dies bedeutet,

---

5 LAMMPS [25.28].

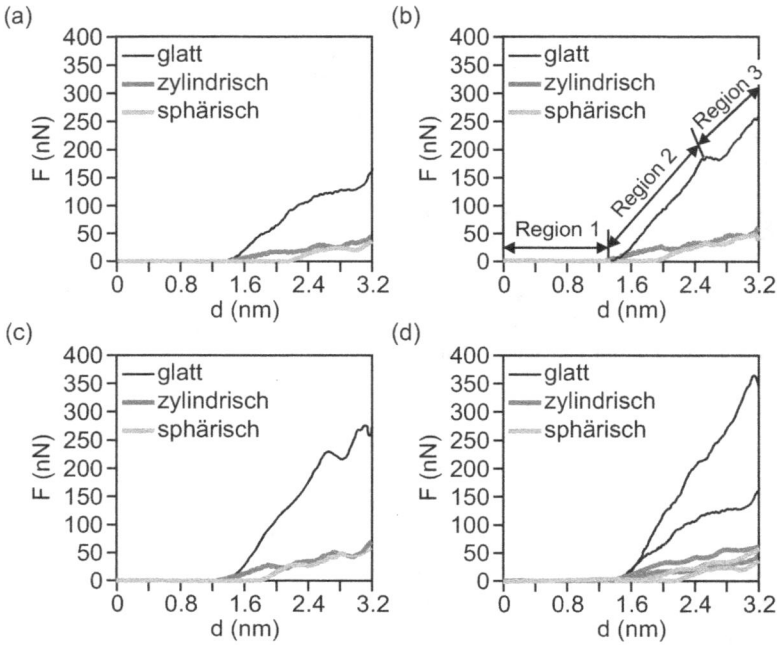

Abb. 25.16. Kraft-Abstands-Kurve für den Indentationsbereich der in Abb. 25.15 gezeigten Anordnungen [25.26]. (a) Indenterradius 3 nm, (b) 4 nm, (c) 5 nm und (d) 6 nm.

dass Nanoasperitäten die zur Erzeugung eines Kratzers notwendige Kraft reduzieren, die Oberfläche also weniger kratzfest machen.

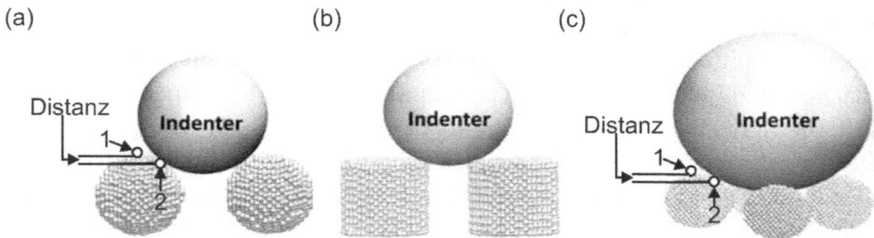

Abb. 25.17. Wechselwirkung des Indenters mit einzulnen Asperitäten [25.26]. Offensichtlich ist, dass Art und Anzahl der Asperitäten einen Einfluss auf die Kraft-Abstands-Kurven in Abb. 25.16 haben. (a) Zwei sphärische Asperitäten, (b) zwei zylindrische und (c) vier sphärische bei größerem Indenterradius.

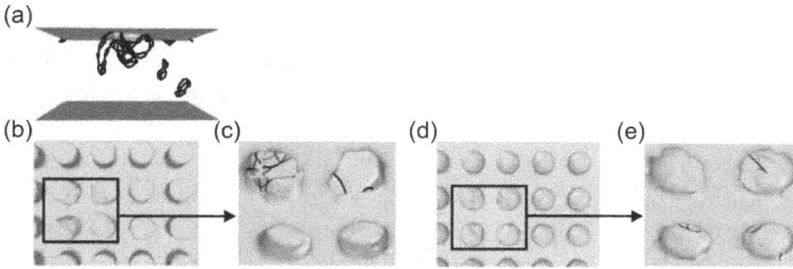

Abb. 25.18. Formation von ersten Defektstrukturen am Ende des Indentationsprozesses gemäß Abb. 25.15 [25.26]. Dargestellt sind Versetzungsanordnungen sowie Deformationen der Asperitäten. (a) Glatte Oberfläche und Versetzungsschleifen. (b), (c) Zylindrische Asperitäten. (d), (e) Sphärische Asperitäten.

Allerdings muss bei entsprechenden modellhaften Verschleißsimulationen berücksichtigt werden, dass der Indenter bis zu einer definierten Tiefe in die Probe eindringt und der Kratzer dann mit konstanter Geschwindigkeit erzeugt wird. Damit ist zunächst nichts über die wirksamen Normalkräfte während des Kratzvorgangs gesagt. Die aus

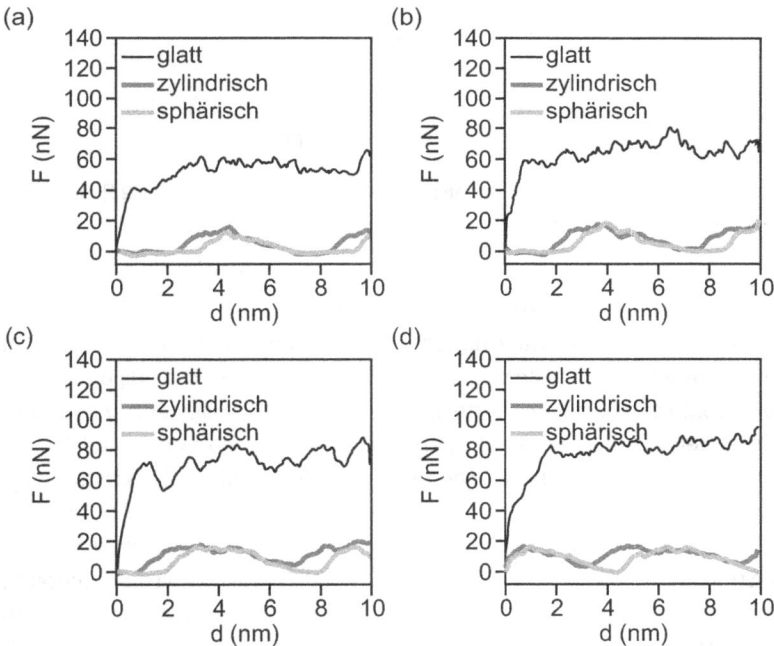

Abb. 25.19. Kratzkraft für verschiedene Indenterradien [25.26]. (a) 2 nm, (b) 4 nm, (c) 5 nm, (d) 6 nm.

der Simulation resultierenden Normalkräfte sind in Abb. 25.20 dargestellt. Über die ersten 2 nm sinkt die Normalkraft auf einen mittleren Wert, der am größten ist für die glatte Oberfläche und zusätzlich mit wachsendem Indentationsradius wächst.

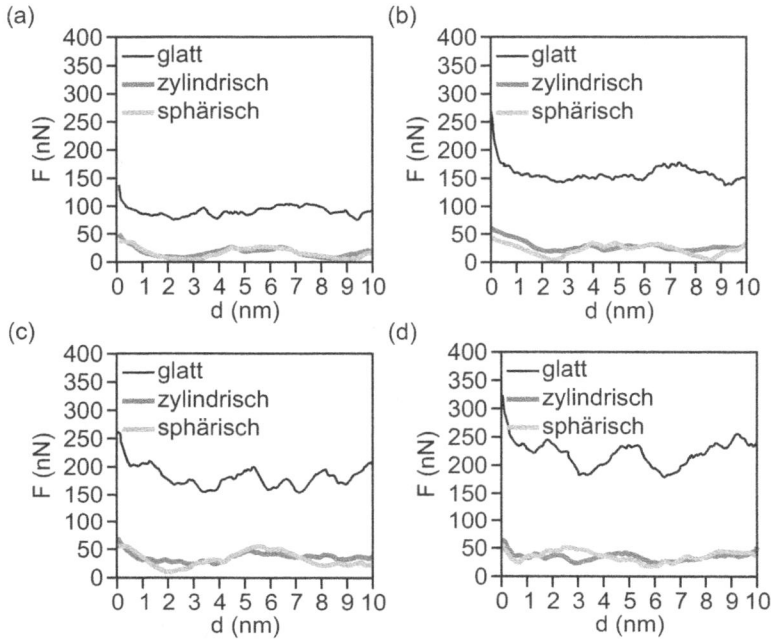

Abb. 25.20. Korrespondierende Normalkräfte zu den Lateralkräften aus Abb. 25.19 [25.26]. Indenter-radien von (a) 3 nm, (b) 4 nm, (c) 5 nm, (d) 6 nm.

Entsprechend des Amontonschen Gesetzes, welches wir in Abschn. 22.3.2 behandelten und auf atomarer Skala hinterfragt hatten, ergibt sich der Reibungskoeffizient μ a priori aus dem Quotienten von Lateral- und Normalkraft [25.29]. Die aus den Daten in Abb. 25.19 und 25.20 gewonnenen Werte sind in Abb. 25.21 dargestellt. μ sinkt mit wachsendem Indenterradius von 0,6 auf 0,4 für zylindrische und von 1,2 auf 0,5 für sphärische Asperitäten [25.26]. Weitere Arbeiten haben den Einfluss der kristallographischen Orientierung einer glatten Al-Oberfläche unter Beweis gestellt [25.30].

Bemerkenswert in Abb. 25.21 sind die partiell negativen Reibungskoeffizienten für die sphärischen und auch zylindrische Asperitäten. Negative μ-Werte wurden schon in AFM-Experimenten [25.31] sowie in weiteren Simulationen [25.32] beobachtet. Ebenfalls in Abb. 25.21 ist modellhaft angedeutet, dass das Phänomen der negativen Reibung mit Form und Anzahl der durch den Indenter berührten Asperitäten zu tun hat. Dabei muss berücksichtigt werden, dass der Indenter zunächst die Asperitäten deformiert und dann während des Kratzprozesses auf zunächst undeformierte Asperitäten

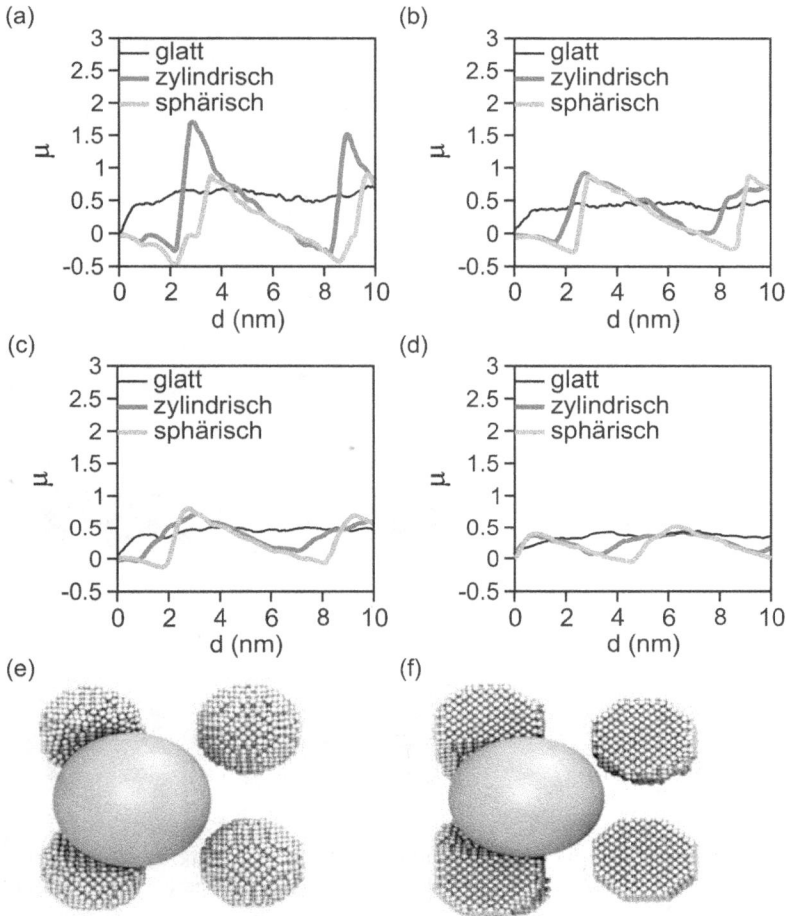

Abb. 25.21. Rebungskoeffizient während des Kratzvorgangs für die Daten aus Abb. 25.19 und 25.20 [25.26]. Indenterradien von (a) 3 nm, (b) 4 nm, (c) 5 nm und (d) 6 nm. (e) Wechselwirkung eines 4 nm-Indenters mit sphärischen und (f) mit zylindrischen Asperitäten.

trifft. Für den größten Indenterradius handelt es sich um vier, für alle anderen Radien um zwei Asperitäten, mit denen der Indenter gleichzeitig wechselwirkt. In jedem Fall können dabei geometrieabhängig negative Lateralkräfte entstehen.

Dichte und Form von Oberflächenasperitäten haben auch einen Einfluss auf die Induktion von Materialdefekten und insbesondere Dislokationen während des Kratzvorgangs. Dies zeigt Abb. 25.22. Entsprechende Simulationspakete erlauben die Visua-

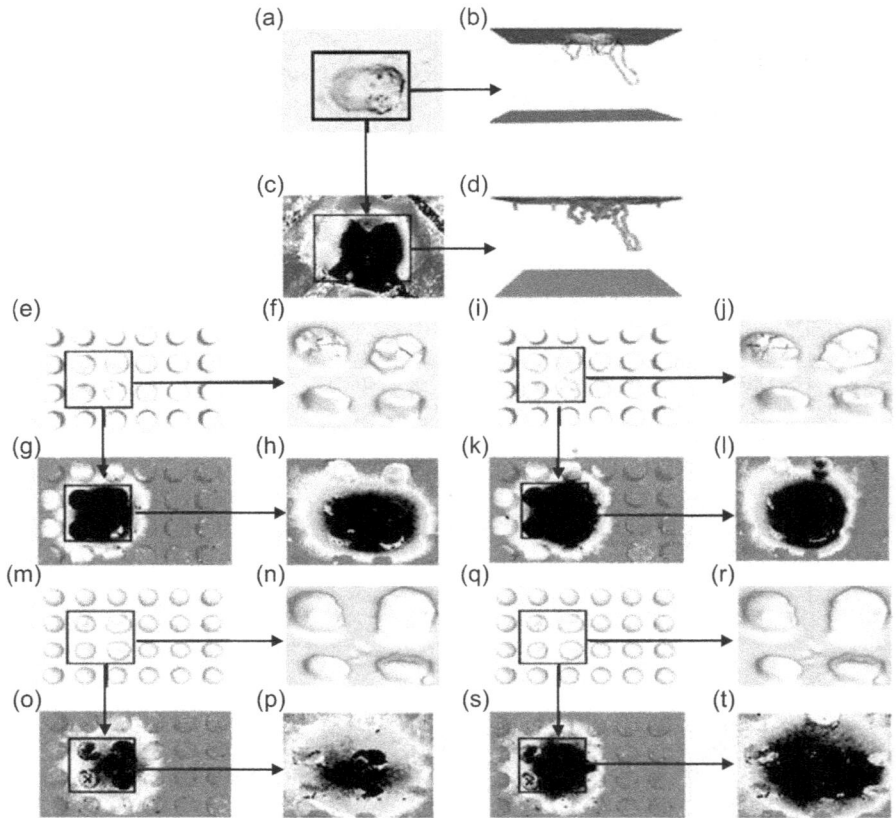

Abb. 25.22. Defektmikrostuktur bei 6 nm Indenterradius während eines Kratzvorgangs. Graustufen repräsentieren Gitterspannungen [25.26]. (a)–(d) Glatte Oberfläche. (e)–(l) Zylindrische Asperitäten. (m)–(t) Sphärische Asperitäten

lisierung von Versetzungsanordnungen, Stapelfehlern und sonstigen atomaren Defekten, wie bereits in Abb. 25.18 zu sehen.[6]

Aus der bisherigen Diskussion werden insbesondere zwei Aspekte sehr deutlich: Experimente auf der Nanometerskala und Molekulardynamiksimulationen tragen zum einen erheblich zum detaillierten Verständnis tribologischer Phänomene bei. Zum anderen wird sehr deutlich, dass die Nanostruktur von Oberflächen, insbesondere die Verteilung und Form von Asperitäten, einen grundlegenden Einfluss auf die tribologischen Eigenschaften einer Oberfläche besitzt.

Für die Funktionsweise vieler mechanischer Systeme sind Schmiermittel von Bedeutung, weil sie Reibung und Verschleiß senken. A priori stellt sich die Frage, ob

---

6 Verwendet wurde im vorliegenden Fall OVITO [25.33].

konventionelle Konzepte zur Schmierung – beispielsweise mit Flüssigkeiten – auch auf der Nanometerskala implementiert werden können [25.34]. Dabei sind Verfahren mit einem Minimalbedarf an Schmiermitteln (*Minimum Quantity Lubrication, MQL*) offensichtlich besonders relevant.

Die bisherigen Diskussionen hatten gezeigt, dass Nanoasperitäten einen signifikanten Einfluss auf Reibung und Verschleiß haben, wenn sich zwei Oberflächen relativ zueinander bewegen. Asperitäten können aber nicht nur Resultat einer inhärenten Topographie einer Oberfläche sein, sondern auch durch ein nanostrukturiertes Schmiermittel auf der Oberfläche entstehen. In der Tat wurde nachgewiesen, dass kolloidale Suspensionen mit emergierten Nanopartikeln – insbesondere mit Al_2O_3-Partikeln – effektiv zur Lubrikation beitragen [25.35].

Flüssige Schmiermittel sind nicht immer anwendbar. So haben sie bei den zuvor diskutierten MEMS störende Kapillarkräfte zur Folge. Bei Hochtemperaturanwendungen würden sie verdampfen. Aus diesen Gründen sind auch feste [25.36] und dampfförmige [25.37] Schmiermittel von Bedeutung. Abbildung 25.23 zeigt den Einfluss einer 1-Pentanol-Atmosphäre ($C_5H_{12}O$) auf den Verschleiß eines Si-Wafers. Mit wachsendem Partialdruck des Schmiermittels nehmen Reibungskoeffizient und Verschleiß ab. Im Konkreten muss eine hinreichende Adsorption von Schmiermittelmolekülen auf den involvierten Oberflächen stattfinden [25.38].

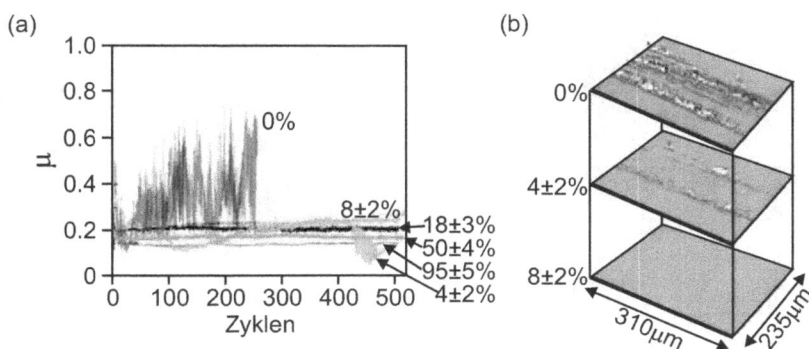

Abb. 25.23. Reibung und Verschleiß eines Si-Wafers als Funktion des relativen Dampfdurcks von 1-Pentanol [25.39]. (a) Reibungskoeffizient und (b) Verschleißspur.

Selbstorganisierende Monolagen (Self-Assembled Monolayers, SAM) hatten wir bereits in Abschn. 15.4 diskutiert. Auch sie sind aus tribologischer Sicht sehr interessant. Ein typisches Molekül zeigt Abb. 25.24. SAM zeigen insbesondere eine niedrige Oberflächenenergie [25.40]. Sie eignen sich insbesondere zur Lubrikation von MEMS [25.34].

Unter den festen Schmiermitteln und nanostrukturierten Oberflächen ist in den vergangenen Jahren zunehmend Graphen, dessen Eigenschaften wir in Abschn. 16.2 aus-

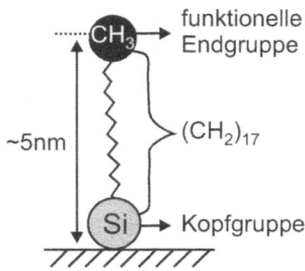

Abb. 25.24. Octadecyltrichlorsilan als Molekül eines tribologisch relevanten SAM.

führlich diskutierten, in den Mittelpunkt des Interesses gerückt [25.41]. Dies ist keineswegs überraschend in Anbetracht der außergewöhnlichen mechanischen Eigenschaften des Materials. Aufgrund seiner Zweidimensionalität eignet sich Graphen zudem in hervorragender Weise für die Applikation in MEMS und NEMS.

Erstaunlich ist, dass Korngrenzen innerhalb ausgedehnter Graphenlagen nicht wesentlich zu einer Reduktion des Elastizitätsmoduls führen [25.42], während andere Defekte oder eine Oxidation einen gravierenden Einfluss besitzen.

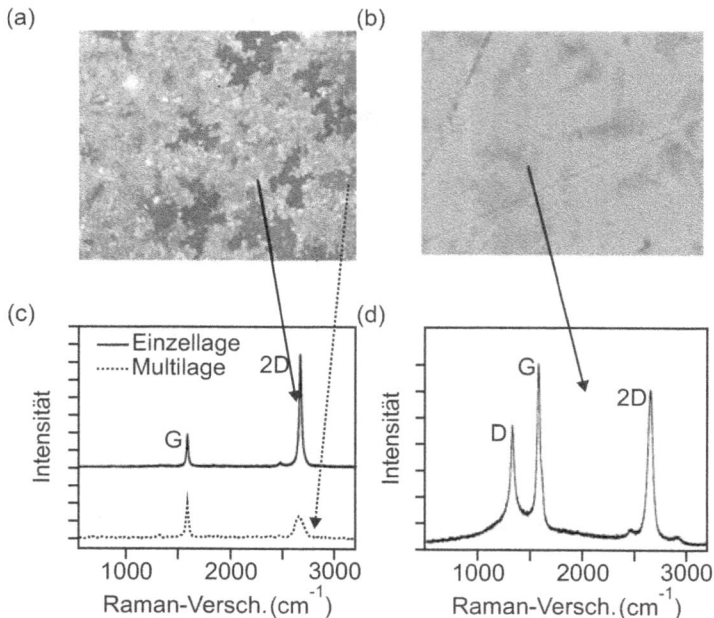

Abb. 25.25. Graphen auf einer Stahloberfläche [25.41]. (a) SEM-Aufnahme von CVD-deponierten Multilagen und (b) von aus der Flüssigkeit adsorbiertem Graphen. (c) Raman-Messung zu (a) und (d) zu (b).

Graphen ist impermeabel für Flüssigkeiten und Gase [25.43], was der Korrosion von Oberflächen vorbeugt. Wasser auf der Oberfläche reduziert den Reibunskoeffizienten weiter, wobei der Grenzflächenwinkel nicht nur durch das Graphen sondern auch durch ein darunter befindliches Material bestimmt wird [25.44]. Die Oberflächenenergie ist relativ niedrig.

Bei großflächiger Deposition von Graphen hängen die Eigenschaften zum einen von der Art der Deposition und zum anderen von der Anzahl der Graphenlagen ab. Das zeigt Abb. 25.25.

Die experimentell gefundene Abhängigkeit des Reibungskoeffizienten von der Anzahl der Graphenlagen [25.45] und damit die Abhängigkeit von dem unterhalb der obersten Monolage befindlichen Material resultiert auch klar aus numerischen Simulationen für die Reibung zwischen einem Kohlenstoffnanoröhrchen und Graphen variabler Lagenzahl. Das Ergebnis einer solchen Simulation auf Basis Brownscher Bewegung ist in Abb. 25.26 dargestellt.

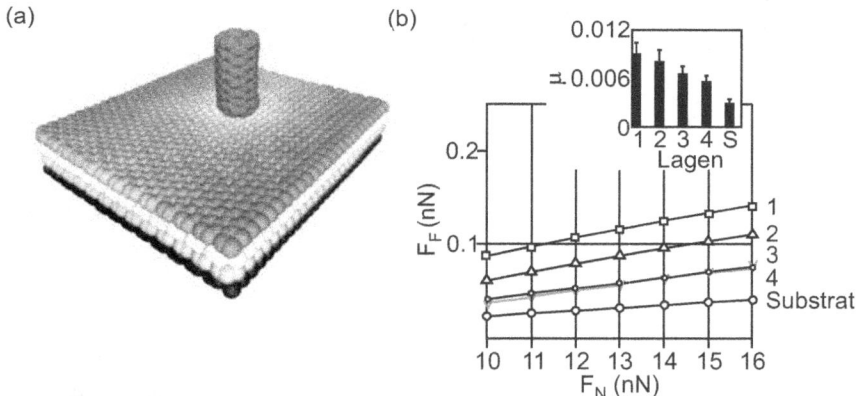

Abb. 25.26. Simulation von Reibungsprozessen zwischen einem Kohlenstoffnanoröhrchen und Graphen auf Basis Brownscher Dynamik [25.46]. (a) Anordnung auf atomarer Skala. (b) Reibungskraft als Funktion der Normalkraft für eine variierende Anzahl von Graphenlagen und eine Graphenlage auf Substrat. Zusätzlich dargestellt ist der Reibungskoeffizient.

Selbstverständlich können neben Simulationen auch experimentelle Messungen mittels Reibungs- oder Lateralkraftmikroskopie durchgeführt werden, wie in Abschn. 22.3.1 beschrieben. Bei derartigen Messungen wurde insbesondere der Einfluss der Anzahl der Graphenlagen auf den Reibungskoeffizienten analysiert. In Übereinstimmung mit den zuvor diskutierten Simulationen wurde eine Reduktion des Reibungskoeffizienten mit zunehmender Anzahl der Graphenlagen verifiziert [25.47]. Verantwortlich könnte eine sondeninduzierte Faltung oder Kräuselung des Graphens sein, da der Effekt bei starker Bindung des Graphens an ein Substrat nicht auftritt. Abbildung 25.27 zeigt entsprechende Resultate, die auch entsprechend für andere atomar dünne Materialien gemessen wurden [25.48].

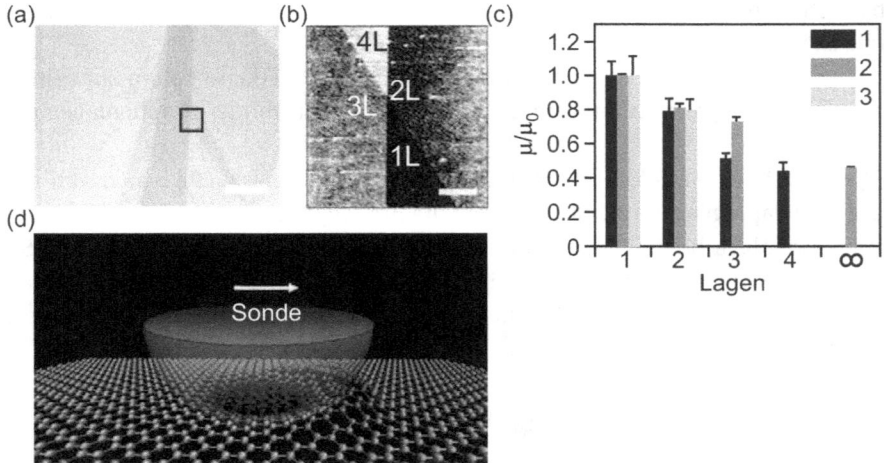

Abb. 25.27. AFM-basierte Reibungsmessungen auf Graphen [25.49]. (a) Lichtmikroskopische Aufnahme einer Probe mit einer Balkenlänge von 10 μm. (b) Kombinierte topographische und Reibungskraft-AFM-Aufnahme in dem in (a) markierten Bereich bei einer Balkenlänge von 1 μm. Die Anzahl der Graphenlagen ist angegeben. (c) Reibungskräfte für jeweils bis zu drei Proben, normiert auf eine Monolage. (d) Sondeninduzierte Kräuselung der Probe mit vergrößerter Kontaktfläche und Reibung.

Auf der Suche nach optimierten nanostrukturierten tribologischen Schichten wurden auch chemisch modifizierte Graphenschichten mittels DFT-Rechnungen – wie in Abschn. 21.5.3 diskutiert – und experimentell analysiert [25.50]. Das verifizierte Verhalten hängt demnach sehr stark von der chemischen Funktionalität der Oberfläche und den damit verbundenen Intermolekular- und Oberflächenwechselwirkungen zusammen. Für oxidiertes wurde gegenüber nativem Graphen eine Zunahme der Reibung gefunden, während diese für hydriertes Graphen abnimmt [25.50]. DFT-Rechnungen lieferten Reibungskoeffizienten von nur μ =0,1–0,5 [25.50]. Diese Resultate stehen allerdings im Widerspruch zu AFM-basierten Reibungskraftmessungen, die eine Vergrößerung des Reibungskoeffizienten für chemisch modifiziertes Graphen ergaben [25.51]. Entsprechende Resultate sind in Abb. 25.28 dargestellt. Diese Resultate deuten darauf hin, dass Spannungskomponenten senkrecht zu den Graphenlagen, die nicht adäquat in den DFT-Rechnungen für die Reibung zwischen ebenen Oberflächen berücksichtigt werden, für AFM-Experimente eine wesentliche Rolle spielen.

Seit langem ist Graphitim Einsatz als fester Schmierstoff [25.52]. Die Wirkung ist insbesondere bei hinreichender Luftfeuchtigkeit sehr gut, was auf die Interkalation von

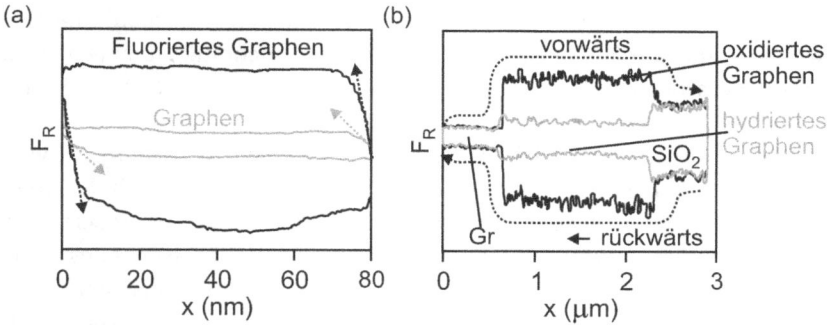

Abb. 25.28. AFM-basierte Reibungskraftprofile für natives und chemisch modifiziertes Graphen auf SiO_2 [25.51]. (a) Ex Situ-modifiziertes Graphen. (b) In Situ-Oxidation oder -Hydrierung.

H_2O-Molekülen zwischen den Graphitschichten und eine damit reduzierte Wechselwirkung zwischen den Schichten zurückgeführt wird [25.53].

Eine naheliegende Fragestellung ist, inwieweit Graphen ein ähnliches Verhalten wie Graphit zeigt, obwohl die Interkalation von Wasser nicht möglich ist. Überraschenderweise zeigen mikro- und makroskopische Reibungsexperimente von aus der Flüssigkeit deponiertem Graphit und Graphen auf Stahl, dass Graphen den Reibungskoeffizienten beträchtlich senkt [25.54], insbesondere auch in trockener Atmosphäre, in der Graphit keine vorteilhaften tribologischen Eigenschaften besitzt. Auch der Verschleiß von Oberflächen wird durch Graphen als Lubrikant signifikant reduziert [25.54].

Zusammenfassend sei noch einmal betont, dass die Nanostruktur von Oberflächen einen erheblichen Einfluss auf die Tribologie hat. Dabei kann noch keineswegs von einem umfassenden Verständnis der Zusammenhänge gesprochen werden. Gerade für MEMS und NEMS sind Reibungs- und Verschleißarmut Voraussetzungen für die Funktionsweise. Eine umfassende Kenntnis der mechanischen und tribologischen Phänomene auf Nanometerskala ist auch Voraussetzung für die rationale und zielgerichtete Entwicklung insbesondere fester Schmiermittel.

25.4 Optisch funktionale Oberflächen

Für die optischen Eigenschaften einer nanostrukturierten Oberfläche ist letztendlich die detaillierte dielektrische Komposition verantwortlich. Dabei können sehr wohl strukturelle Details weit unterhalb einer Lichtwellenlänge, also unterhalb von etwa 500 nm eine Rolle spielen.

Typische optische Phänomene sind die Brechung von Licht, die Absorption oder die Reflexion. Folgen der Wechselwirkung von Licht und Materie sind etwa die Farbe oder der Glanz einer Oberfläche. Bei der Konfiguration der optischen Eigenschaften von Oberflächen sind in der Regel weitere Eigenschaften wie etwa mechanische oder tribologische relevant. Dies gilt beispielsweise für die Beschichtung mit einem Lack, welcher einerseits Farbe und Glanz bestimmt und andererseits ein Material vor Korrosion und Verschleiß bewahren kann.

Farben und Lacke dienen dem Schutz, der Versiegelung und der Färbung. Sie werden auf feste Oberflächen aufgetragen und sind damit ausschlaggebend für das Oberflächenverhalten. Nanopartikel können einerseits die Farbe bestimmen, andererseits aber auch separat zu den Farbpigmenten die Eigenschaften der Farbe oder des Lacks stark beeinflussen, obwohl sie keinen sichtbaren Einfluss auf die optischen Eigenschaften haben. Derartige Zusatzeigenschaften umfassen typisch eine Kratzfestigkeit, eine verlängerte Lebensdauer der Farbpigmente, eine Wasser- und Schmutzabweisbarkeit, einen UV-Schutz oder eine antimikrobielle Resistenz.

Während μm-große TiO_2-Partikel umfassend als „Weißmacher" verwendet werden, dient nanoskaliges TiO_2 aufgrund seiner photokatalytischen Eigenschaften und der Hydrophilizität der Selbstreinigung und dem UV-Schutz ohne selbst einen Einfluss auf die Farbe zu haben. Nanoskaliges SiO_2 wiederum erhöht die Kratzfestigkeit und verringert die thermische Expansion oder Kontraktion. TiO_2- und SiO_2-Nanopartikel sind die mit Abstand meistverwendeten Nanopartikel in Lacken und Farben.

Für viele Anwendungen sind UV-härtende verschleißarme Lacke von Bedeutung. Diesbezüglich sind lösungsmittelfreie Beschichtungen mit einem Nanopartikel-Volumenanteil von $\geq 20\,\%$ verfügbar. Der Einbau der Nanopartikel in die organische

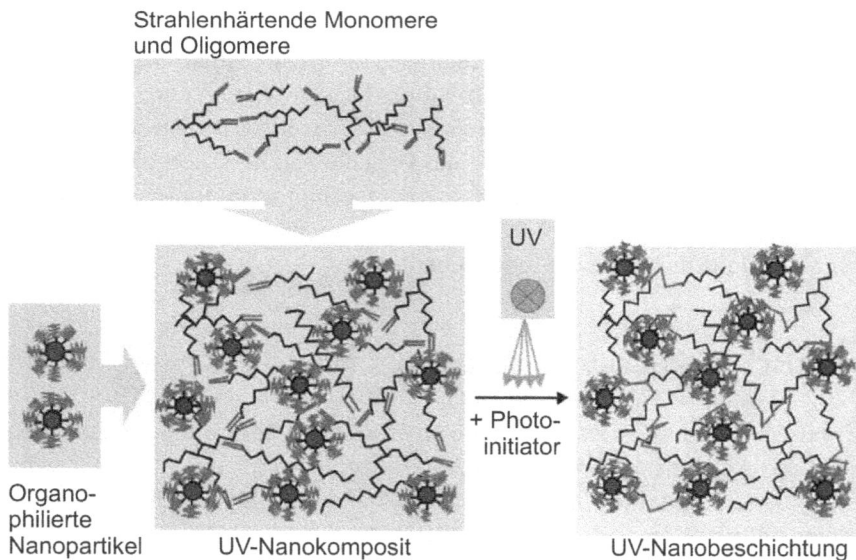

Abb. 25.29. Prozessroute zur Herstellung UV-härtender Nanokomposite.

Matrix erfolgt über Prozessrouten, die angelehnt sind an diejenigen zur Herstellung traditioneller pigmentierter Lacke. Ein Beispiel zur adsorptiven Partikelorganophilierung zeigt Abb. 25.29.

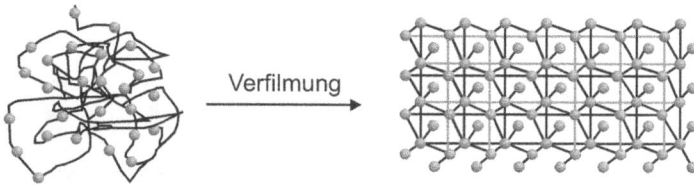

Verfilmung

Abb. 25.30. Filmbildungsprozess auf der Basis einer Nanohybriddispersion.

Der Prozess der Verfilmung kann bei geeigneten Nanohybriddispersionen sogar zur Ausbildung hochgradig geordneter Gitter aus Nanopartikeln führen. Ein solcher Selbstorganisationsprozess unter Verwendung von SiO_2-Partikeln ist exemplarisch in Abb. 25.30 dargestellt. Im Vergleich zur konventionellen Farbe ist die modifizierte Struktur aufgrund der Bildung des SiO_2-Partikelnetzwerks in den rasterelektronenmikroskopischen Aufnahmen in Abb. 25.31 offensichtlich. Die Nanostrukturierung der Farbe verleiht ihr die genannten Zusatzeigenschaften wie geringe Verschmutzungsneigung und Abriebfestigkeit.

(a)   (b)

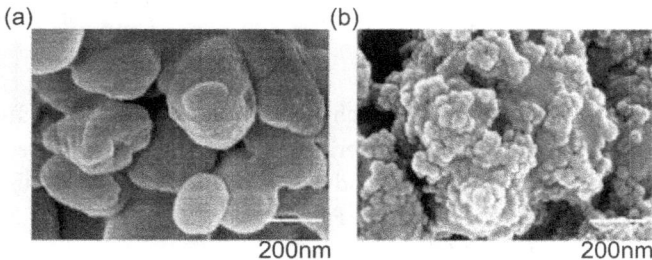

200nm   200nm

Abb. 25.31. SEM-Aufnahmen einer (a) konventionellen und (b) nanostrukturierten Farbe.

Für ein gegebenes Bindemittel und einen gegebenen Typ des Nanopartikels ist für die Eigenschaften eines Lacks, der beispielsweise mittels des in Abschn. 8.2 beschriebenen Sol-Gel-Prozesses hergestellt wird, die Eigenschaft der Grenzschicht zwischen Partikeln und Bindemittel von besonderer Bedeutung. Diese Grenzschicht verhindert einerseits die Agglomeration der Partikel und bestimmt andererseits Zähigkeit und Härte des Lacks. Abbildung 25.32 zeigt die Verhältnisse schematisch.

Lichtstreuung an Oberflächen wird in den unterschiedlichsten technischen Kontexten genutzt, beispielsweise für homogene Lichtauskopplung bei beleuchteten Displays. Unter Verwendung von Nanopartikeln in geeigneten Matrices lässt sich die

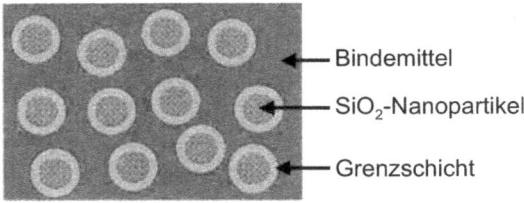

Abb. 25.32. Aufbau eines kratzfesten Lacks.

Lichtstreuung in weiten Grenzen quasi maßschneidern. Verwendung finden, wie Abb. 25.33 zeigt, intransparente wie auch transparente Partikel.

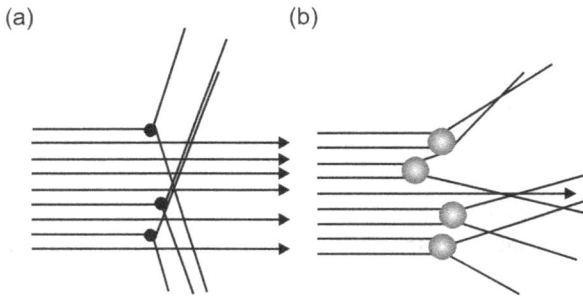

Abb. 25.33. Definierte Lichtstreuung unter Verwendung (a) intransparenter und (b) transparenter Nanopartikel.

Nanoskaliges TiO_2 verleiht einer Oberflächenbeschichtung gleich eine Vielzahl technisch relevanter Zusatzeigenschaften. Es wirkt bakterizid, feuerhemmend, selbstreinigend, wärmedämmend und UV-schützend. Während das pigmentäre TiO_2 zur Weißfärbung verwendet wird, beeinflusst nanoskaliges die Farboptik nicht. Die Unterschiede zwischen beiden Partikelkategorien verdeutlicht Abb. 25.34.

Die Entspiegelung von Oberflächen ist in zahlreichen technischen Kontexten von enormer Bedeutung, so etwa für das Ablesevermögen von Bildschirmen, Instrumentenabdeckscheiben und Displays. An der Grenzfläche zweier Medien mit den Brechungsindices n_0 und $n > n_0$ wird an der Oberfläche des optisch dichteren Mediums ein Teil des Lichts reflektiert. Je größer $n - n_0$ und der Einfallswinkel sind, desto mehr Licht wird an der Grenzfläche reflektiert. Für den senkrechten Einfall von unpolarisiertem Licht auf eine Glasscheibe ($n_0 = 1$, $n = 1,5$) beträgt der reflektierte Anteil $\approx 4\%$. Bei einem Einfallswinkel von 60° steigt der Reflexionsverlust auf 9%. Für eine Doppelverglasung ergeben sich entsprechend Werte von $\approx 15\%$ und 31%. Zur Entspiegelung und Erhöhung der Transparenz sind verschiedene Standardmaßnahmen etabliert.

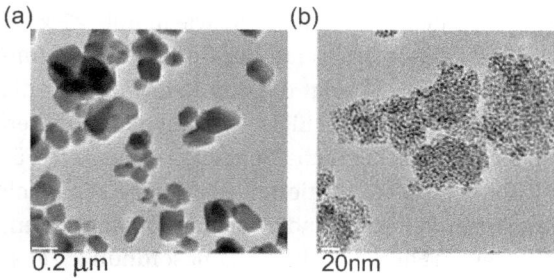

Abb. 25.34. SEM-Aufnahmen von TiO_2 in Farben in (a) pigmentierter und (b) nanoskaliger Form.

Interferenzschichten ermöglichen eine teilweise Entspiegelung. Dies ist insbesondere für eine niedrigbrechende Schicht mit $n_0 < n_I < n$ der Fall, wenn für die optische Dicke $n_I d = \lambda/4$ gilt. Für eine vollständige Entspiegelung müsste zudem $n_I = \sqrt{n_0 n}$ gelten. Dies würde für eine Glasoberfläche eine Interferenzschicht mit $n_I = 1,22$ implizieren. Ein verarbeitbares Dielektrikum mit diesem Brechungsindex ist nicht bekannt. MgF_2 hat allerdings einen Wert von $n_I = 1,38$. Eine $\lambda/4$-Schicht reduziert das an einer Glasoberfläche reflektierte Licht von 4 % auf 1,41 %, Unter Verwendung von Schichtstapeln mit sechs oder mehr Schichten lässt sich eine breitbandige Entspiegelung mit noch kleineren Reflexionsgraden erreichen.

Eine sehr interessante Alternative bieten „Mottenaugenstrukturen". Diese lehnen sich an an die Strukturen auf der Cornea nachtaktiver Motten. Abbildung 25.35(b) zeigt ein hexagonal-periodisches Oberflächenreliefgitter mit einer Periodenlänge von ≈ 230 nm. In Abschn. 5.2.7 und Kap. 20 hatten wir poröse Festkörper, effektive Medien und Metamaterialien diskutiert. Die Mottenaugenstruktur wirkt aufgrund ihrer Subwellenlängenkonfiguration wie ein effektives Medium oder Metamaterial mit einem Brechzahlgradienten. Wie Abb. 25.35(a) zeigt, nimmt die Brechzahl zum Sub-

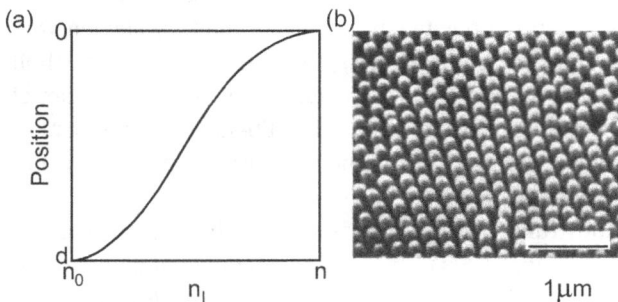

Abb. 25.35. Oberfläche eines Nachtfalterauges. (a) Verlauf des Brechungsindex. (b) SEM-Aufnahme der Oberfläche.

strat kontinuierlich zu. Die Eigenschaften eines optischen Gitters wie in Abb. 25.35(b) werden durch Material, Strukturform und Periode bestimmt. Das Gitter wirkt auf Amplitude und Phase des Lichtfelds. Abbildung 25.36 zeigt die drei Kategorien für die Periodenlänge, die zu grundsätzlich unterschiedlichen Eigenschaften der optischen Gitter führen. Insbesondere ergeben sich unterschiedliche Beugungseffizienzen. Für den in Abb. 25.36(a) dargestellten Fall der nanostrukturierten Oberfläche kann sich jeweils nur die nullte Beugungsordnung in Reflexion und Transmission ausbreiten, während für den in Abb. 25.35(c) dargestellten Fall viel mehr Beugungsordnungen ausbreitungsfähig sind. Für den Fall $\Lambda \ll \lambda$ bietet sich eine Beschreibung der dielektrischen Eigenschaften mit dem in Abschn. 5.2.7 diskutierten Effektiv-Medien-Ansatz an. In diesem Ansatz führt ein vertikal variierender Füllfaktor des Dielektrikums aufgrund der Mottenaugenkonfiguration zu einem kontinuierlich variierenden Brechungsindex gemäß Abb. 25.35(a).

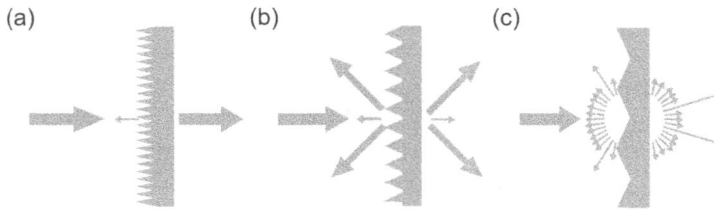

Abb. 25.36. Optische Gitter mit einer Gitterperiode Λ. (a) $\Lambda \ll \lambda$. (b) $\Lambda \approx \lambda$. (c) $\Lambda \gg \lambda$

Es gibt verschiedene Verfahren zur Herstellung von optischen Gradientenschichten. Eine bei Annäherung an das Substrat abnehmende Porosität eines Materials kann mit Hilfe des in Abschn. 8.2 diskutierten Sol-Gel-Prozesses erzeugt werden. Auch andere Verfahren zur Herstellung nanoporöser Schichten, die wir in Abschn. 5.2.7 diskutierten, kommen in Betracht. Lithographisch lassen sich äußerst definiert und großflächig periodische Oberflächenstrukturen herstellen. Stochastische Oberflächenstrukturen erhält man durch Aufrauen der Oberfläche beispielsweise durch Ätzen. Abbildung 25.37 zeigt schematisch entsprechende Oberflächen sowie die Variation der effektiven Brechzahl, gemittelt über die oberflächenparallele Ebene. Alle nanostrukturierten Schichten eignen sich zur wirkungsvollen und industriell einsetzbaren Entspiegelung, weisen aber eine gewisse mechanische Empfindlichkeit auf.

Eine Anwendung von nanostrukturierten Oberflächen, wie in Abb. 25.36 dargestellt, sind diffraktive optische Elemente. Als planare Komponenten mit nanostrukturierter Oberfläche sind sie bei vielen Anwendungen zunehmend eine Alternative für konventionelle optische Komponenten wie etwa Linsen. Das Funktionsprinzip illustriert Abb. 25.38. Das Oberflächenprofil definiert eine zweidimensionale Phasenfunktion, die das Beugungsverhalten der nanostrukturierten Oberfläche bestimmt. So lässt sich Licht sehr definiert formen, fokussieren und ablenken. Ein populäres Beispiel

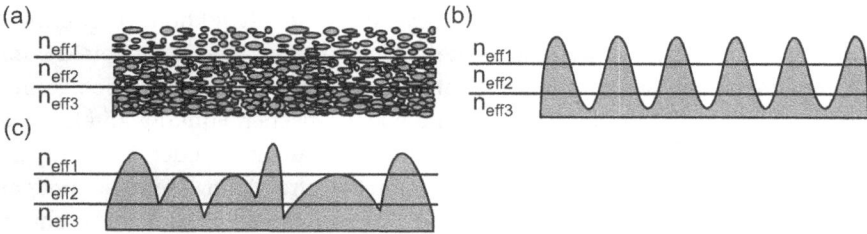

Abb. 25.37. Optische Gradientenschichten. (a) Poröse Schicht. (b) Mottenaugenstrukur. (c) Stochastische Oberflächenstrukur.

sind mehrstufige Fresnel-Zonenlinsen, die konventionelle Linsen wie in Abb. 25.38(a) substituieren können.

Zusammenfassend kann festgestellt werden, dass Nanostrukturen für die optische Funktionalität von Oberflächen entweder in mittelbarer oder in unmittelbarer Weise von großer Relevanz sind. Dementsprechend bedeutsam sind nanotechnologische Ansätze für die Herstellung optimierter Farben und Lacke sowie von optischen Komponenten.

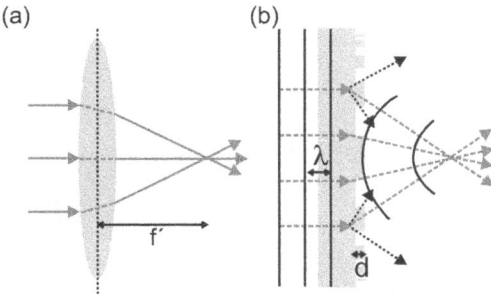

Abb. 25.38. Fokussierung von Licht in einen Brennpunkt. (a) Konventionelle konvexe Linse. (b) Planare diffraktive Linse.

25.5 Katalytisch funktionale Oberflächen

Wie bereits in Abschn. 18.8.3 diskutiert, sind nanostrukturierte Oberflächen von höchster Bedeutung für katalytische Prozesse. Das ist zum einen bedingt durch die gegenüber ebenen Oberflächen gesteigerte Anzahl von Oberflächenatomen und zum anderen gegebenenfalls auch durch bestimmte elektronische Oberflächenzustände.

Katalytische Prozesse sind nicht nur von Bedeutung für zahlreiche Prozessrouten der chemischen Industrie sondern spielen zunehmend auch eine Rolle für „grüne

Technologien", die im Kontext der Energieersparnis, der Reduktion der Umwelt-verschmutzung und der Verlangsamung der Erderwärmung eine Rolle spielen. Im zuletzt genannten Kontext konzentrieren sich Entwicklungen auf großflächige na-nostrukturierte Oberflächen mit häufig mehreren spezifischen Funktionalitäten wie photokatalytischen Eigenschaften, reduzierter Verschmutzungs- oder Besiedlungs-neigung, Abriebfestigkeit, mechanischer Stabilität, Selbstreinigung, antibakteriellem Verhalten sowie Hydro- und Oleophobizität [25.55]. Bereits im vorherigen Abschnitt wurde auf die besondere Bedeutung von TiO_2 als Photokatalysator hingewiesen. TiO_2-Nanopartikel an Oberflächen haben im Sinn der zuvor genannten funktionalen Eigenschaften eine Multifunktionalität zur Folge. Die photokatalytischen Eigenschaf-ten der Nanopartikel verdeutlicht Abb. 25.39. TiO_2 ist ein Halbleiter mit der Bandlücke E_g. Bei Absorption von Licht mit $hv > E_g$ entstehen Elektron-Loch-Paare. Elektronen und/oder Löcher können bei Nanopartikeln an die Oberfläche diffundieren und dort Radikale erzeugen. Diese führen zur Zersetzung organischer Substanzen. Insbeson-dere die Löcher haben eine stark oxidative Wirkung, die dazu führt, dass aus H_2O OH-Radikale gebildet werden. Endprodukte des Zersetzungsprozesses sind in vielen Fällen CO_2 und H_2O.

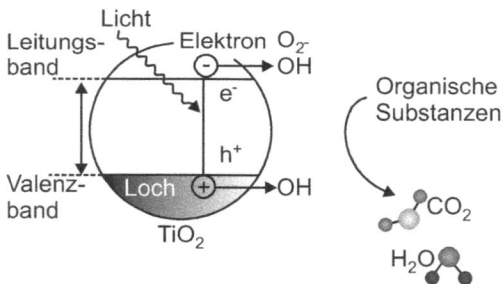

Abb. 25.39. Photokatalytischer Mechanismus für TiO_2-Nanopartikel.

Für die Modifikation Anatas gilt $E_g = 3,2$ eV und für Rutil $E_g = 3,0$ eV. Bei einer Wellenlänge von $\lambda \leq 300$ nm wird also für die Photokatalyse UV-Licht benötigt. TiO_2-Nanopartikel wirken außerdem superhydrophil. Dies ist auf O-Leerstellen an der Ober-fläche zurückzuführen, an die OH-Gruppen binden, die eine gute Benetzung mit Was-ser ermöglichen.

Gerade weil TiO_2 aufgrund der Bandlücke nur etwa 5 % des solaren Spektrums absorbieren kann, ist die nanoskalige Konfiguration einer Oberfläche von besonderer Bedeutung, um photokatalytische Prozesse den Umständen entsprechend möglichst effizient zu realisieren [25.55]. Dies gilt für alle halbleitenden Metalloxide mit photo-katalytischen Eigenschaften. Die resultierenden Radikale sind H^+, OH^-, H_2O_2 und O_2^-. Neben dem vergleichsweise geringen nutzbaren Teil des solaren Spektrums führen vor allem Rekombinationen zur Ineffizienz des photokatalytischen Prozesses.

Zur Effizienzsteigerung wurden zahlreiche Ansätze publiziert [25.55]. Beispielsweise lassen sich die in Abschn. 18.6 diskutierten Plasmonenresonanzen von Ag-Partikeln nutzen, um einen größeren Teil des sichtbaren Lichts für die Photokatalyse zu nutzen [25.56]. Abbildung 25.40(a) zeigt ein Beispiel für ein Hybridsystem aus Ag@AgX(X=Cl, Br, I)-Nanopartikeln auf reduziertem Graphenoxid (RGO). Ag@AgX konvertiert dabei einen größeren Anteil des solaren Spektrums in Elektron-Loch-Paare und RGO reduziert die Rekombination [25.56]. Als noch effizienter insbesondere im Hinblick auf die Freisetzung von H_2 erwies sich ein Hybridsystem aus TiO_2-Nanopartikeln aus MoS_2-Graphen-Lagen [25.57], welches in Abb. 25.40(b) dargestellt ist.

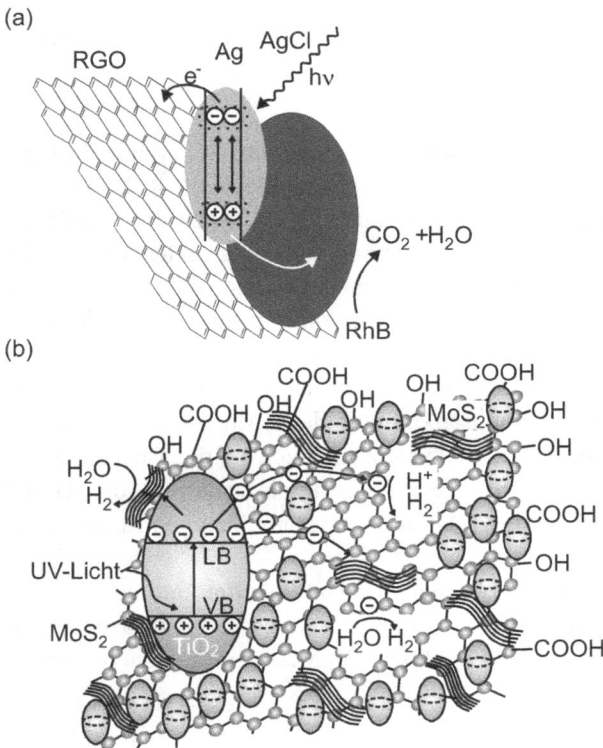

Abb. 25.40. Photokatalytische Aktivität von Hybridsystemen. (a) Ag@AgCl/RGO [25.56]. (b) TiO_2-MoS_2-Graphen [25.57].

Photokatalysatoren lassen sich auch vorteilhaft kombinieren, um die Effizienz des Prozesses zu steigern. Insbesondere ist der Ladungsträgeraustausch von Bedeutung, um die Rekombinationsrate zu senken. In das Zentrum des Interesses ist das Hybridsystem BiOBr-graphitisches C_3N_4 geraten [25.58]. Den Transfer photogenerierter Ladungsträger verdeutlicht Abb. 25.41

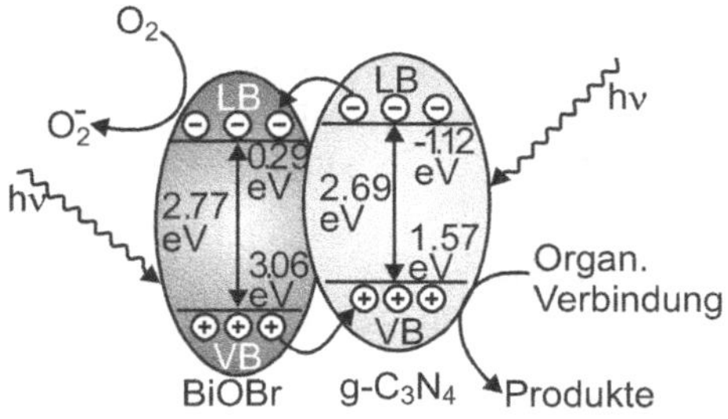

Abb. 25.41. Generation und Transfer von Elektron-Loch-Paaren in einem Kompositphotokatalysator [25.58].

Neben der Kombination verschiedener photokatalytisch aktiver Materialien in Form von Nanopartikeln ist auch ein Dotieren der Partikel eine Möglichkeit, Einfluss auf Bandstruktur und Ladungsträgerdynamik zu nehmen [25.59]. Analysiert wurde der Einfluss von Übergangsmetallen, aber auch Nichtmetallen insbesondere auf das Absorptionsverhalten der Photokatalysatoren. Viele der Untersuchungen konzentrierten sich auf TiO_2 und zeigten mehr oder weniger starke dotierungsinduzierte Modifikationen der Quanteneffizienz [25.60]. Im Hinblick auf die letztendliche photokatalytische Effizienz, die aus Sicht der Anwendung relevant ist, ist eine Aufschlüsselung der konkreten dotierungsbedingten Einflüsse komplex, da im Allgemeinen sowohl ein Einfluss auf die Bandstruktur, die Quanteneffizienz und auch auf den Oberflächenladungstransfer besteht [25.61]. Dies wurde insbesondere für die Dotierung von TiO_2 mit N und B diskutiert. Abbildung 25.42 fasst den dotierungsmodifizierten Absorptionsprozess zusammen.

In Abschn. 2.2.4 und 18.6.1 hatten wir das *Plasmon-Polariton* und seine Eigenschaften diskutiert. Aufgrund der spezifischen Eigenschaften dieses Quasiteilchens ist es naheliegend, dass auch plasmonische Photokatalysatoren untersucht wurden

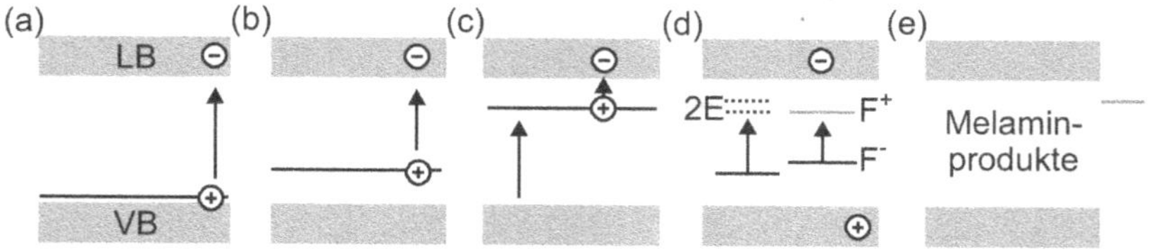

Abb. 25.42. Absorptionsprozesse für den sichtbaren Teil des Spektrums in dotiertem Anatas [25.61]. (a) Bandlückenreduktion. (b), (c) Lokalisierte Zustände in der Bandlücke. (d) Farbzentren innerhalb der Bandlücke. (e) Sensibilisierung durch N-Verbindungen und insbesondere $C_3H_6N_6$.

[25.62]. Lokalisierte Plasmon-Polaritonen an der Oberfläche von Ag-Nanopartikeln führen zu einer starken Nahfeldintensität an der Oberfläche benachbarter TiO_2-Nanopartikel, wodurch sich bei gegebener UV-Einstrahlung die photokatalytische Effizienz erhöhen lässt. Abbildung 25.43 zeigt schematisch die Kombination von Au- und TiO_2-Nanopartikeln. Au-Partikel absorbieren Licht im sichtbaren Bereich des Spektrums und liefern mehr Elektron-Loch-Paare als TiO_2, welches im UV-Bereich absorbiert. Gleichzeitig bilden Au- und TiO_2 einen Schottky-Kontakt, der im Hinblick auf Rekombinationsraten und Ladungstrennung vorteilhafte Eigenschaften besitzt.

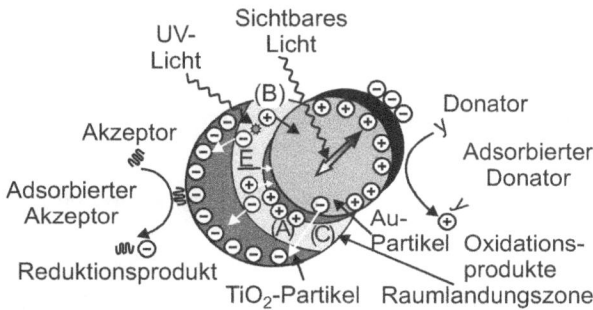

Abb. 25.43. Plasmonische Photokatalyse [25.63].

Noch umfassendere Anwendungsmöglichkeiten als für Photokatalysatoren gibt es natürlich für Katalysatoren generell, wobei zunehmend Bereiche wie Energiekonversion und -speicherung sowie Umweltsanierungsstrategien zu zentralen Anwendungsfeldern werden [25.64]. Wie schon für die Photokatalysatoren kommt auch für Katalysatoren im Allgemeinen der Oberflächenkonditionierung eine Schlüsselbedeutung zu. Im Konkreten besteht die Konditionierung in einer Kontrolle der Oberflächenmorphologie und der gezielten Defektimplementierung auf der Nanometerskala. Für die Katalyse letztendlich relevante Eigenschaften der nanostrukturierten Oberflächen sind die lokale elektronische Zustandsdichte und die Ober- respektive Grenzflächenenergie. Abbildung 25.44 zeigt im Überblick, wie das „Oberflächen-Engineering" über das Maßschneidern elementarer physikalischer Eigenschaften die katalytische Effizienz nanostrukturierter Oberflächen beeinflusst.

Heute stehen verschiedene Möglichkeiten zur Verfügung, die Morphologie einer nanostrukturierten Oberfläche durch rationale Syntheseschritte dezidiert vorzugeben [25.64]. Energetische und kinetische Faktoren führen beispielsweise dazu, dass sehr unterschiedliche, zum Teil hierarchische Strukturen von TiO_2 auf unterschiedlichen Saatkristallen wachsen können. Das Maßschneidern der Nanokristalle in Richtung einer größeren strukturellen Komplexität erlaubt es, bei maximaler Oberfläche ein Maximum an Ladungsträgerseparation zu erhalten. Abbildung 25.45 zeigt das saatkris-

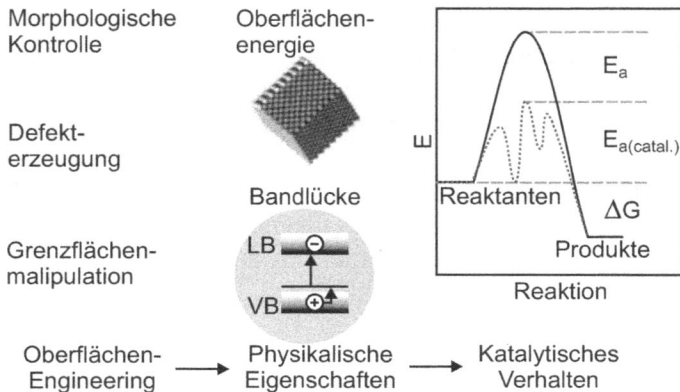

Abb. 25.44. Einfluss der Oberflächenkonditionierung auf die katalytische Effizienz.

tallinduzierte Wachstum sehr unterschiedlicher TiO_2-Konfigurationen und den Einfluss dieser Konfigurationen auf die photokatalytische Effizienz.

Einen großen Einfluss auf die physikalisch-chemischen Eigenschaften von nanostrukturierten Oberflächen haben kristalline Defekte [25.66]. Dies wird insbesondere durch nicht abgesättigte Bindungen (*Dangling Bonds*) verursacht. Insbesondere können hochreaktive Lokationen sowie Lokationen mit stark modifizierten Adsorptions- und Desorptionsenergien entstehen. Das Maßschneidern von Oberflächendefekten ist daher von großer Bedeutung für die Entwicklung innovativer nanostrukturierter Katalysatoren [25.67]. Eine Reihe von Techniken kann heute als Standard betrachtet werden [25.68].

Bei oxidischen Verbindungen sind Sauerstofffehlstellen relevante Punktdefekte. Ein sehr eindrucksvolles Beispiel sind CoO_x-Katalysatoren. Abbildung 25.46(a) zeigt schematisch die Konversion hexagolaler Nanoplättchen aus $Co(OH)_2$ in CoO_x bei präziser Kontrolle der Morphologie und Fehlstellendichte. Polyacrylsäure ($[C_3H_4O_2]_n$) formt an der Oberfläche von $Co(OH)_2$ ein Netzwerk aufgrund starker Koordinationswechselwirkungen mit den Co-Kationen und den COOH-Gruppen. Dies ist in Gegenwart von Diethylenglycol ($C_4H_{10}O_3$) die Basis für die Transformation $Co(OH)_2 \rightarrow CoO_x$ bei Beibehaltung der Morphologie der ursprünglichen Nanoplättchen. Abbildung 25.46(b) zeigt, dass O-Fehlstellenkonzentrationen von > 30 % erreichbar sind.

Das Verständnis katalytischer Prozesse auf atomarer Ebene ist für die Entwicklung nanostrukturierter Katalysatoren von zentraler Bedeutung [25.69]. Dabei steht neben der katalytischen Aktivität auch die Stabilität der Katalysatoren im Zentrum der Analysen. Das betrifft insbesondere auch Katalysatoren für die H_2-Produktion, durch H_2O-Elektrolyse. Die Teilreaktion, welche zur Bildung von O_2 führt (*Oxygen Evolution Reaction, OER*) kann die Zusammensetzung der Katalysatoroberfläche ungünstig verändern [25.69]. Abbildung 25.46(c) zeigt, dass die CoO_x-Nanostrukturen mit hoher O-

(a)

(b)

50nm

100nm

(c)

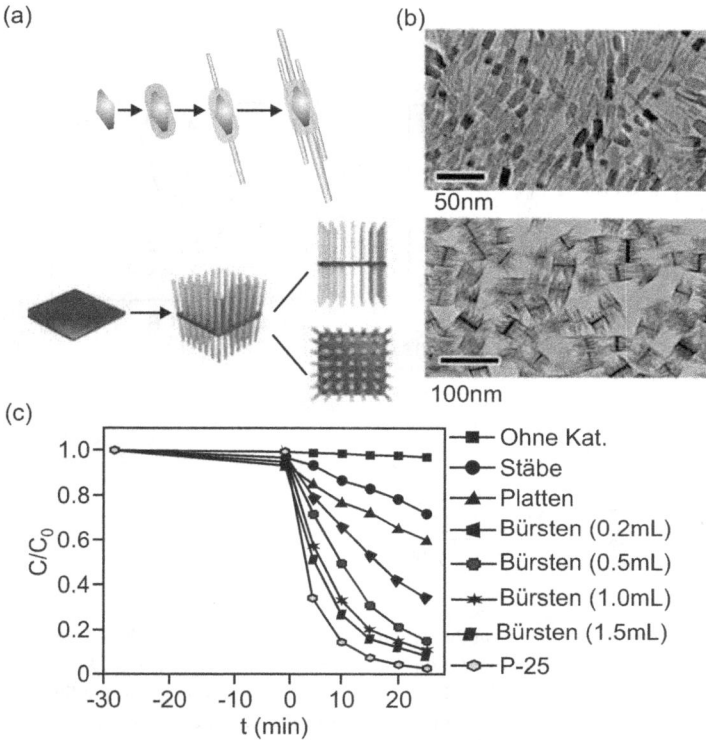

Abb. 25.45. Formation von Anatas-Strukturen durch saatinduziertes Wachstum [25.65]. (a) Saatkristalle und resultierende Konfigurationen. (b) TEM-Aufnahmen der resultierenden Konfigurationen. (c) Abhängigkeit der photokatalytischen Effizienz von der Konfiguration bei der Zersetzung von RhB. Aufgetragen ist die relative RhB-Konzentration im zeitlichen Verlauf. P25 ist ein kommerzieller TiO_2-Photokatalysator, bestehend aus einem Gemisch aus Anatas und Rutil.

Fehlstellenrate eine OER-Überspannung aufweisen, die geringer als für die Vergleichskonfigurationen ist.

Auch bei Halbleiterphotokatalysatoren können O-Fehlstellen einen signifikanten Einfluss auf die katalytische Effizienz photoinduzierter katalytischer Redoxreaktionen haben [25.70]. Dies kann, wie in Abb. 25.46(d) schematisch dargestellt und im Zusammenhang mit Photokatalysatoren zuvor bereits diskutiert, auf eine Rotverschiebung der Absorptionskante zurückzuführen sein. Ein derartiger Effekt zeigt sich beispielsweise bei der Transformation $SnO_2 \rightarrow SnO_{2-x}$ als Ergebnis eines Selbstdotierungsmechanismus. Das veränderte Absorptionsverhalten zeigt Abb. 25.46(e).

Im Kontext der Diskussion innovativer nanostrukturierter Photokatalysatoren hatten wir bereits die Bedeutung von Materialkombinationen und Grenzflächen herausgestellt. Diese Bedeutung kann im Kontext von Katalysatoren im Allgemeinen generalisiert werden. Die Verwendung von Additiven wie beispielsweise funktionellen

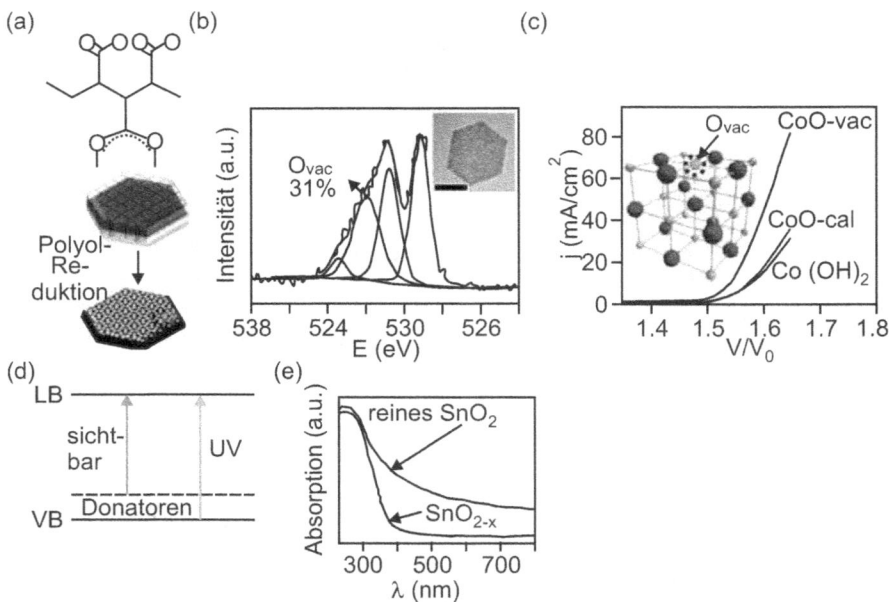

Abb. 25.46. Einfluss von O-Fehlstellen auf die katalytischen Eigenschaften von oxidischen Verbindungen. (a) Synthese von porösen CoO_x-Nanoplättchen aus $Co(OH)_2$-Plättchen [25.71]. (b) XPS-O-1s-Spektren [25.71]. Der Maßstab der Teilabbildung beträgt 1 μm. (c) Strom-Spannungs-Kennlinien für den OER-Prozess in Gegenwart unterschiedlicher Oberflächenkonfigurationen [25.71]. (d) Rotverschiebung der Absorptionskante bei dotierten Photokatalysatoren. (e) Einfluss von O-Fehlstellen auf das Absorptionsverhalten von SnO_2 [25.70].

molekularen Gruppen oder Nanopartikeln ist der Schlüssel zu neuen Funktionalitäten durch die Bildung von Grenzflächen, welche den Ladungs- und Massetransfer während katalytischer Reaktionen begünstigen. Dies wurde für die unterschiedlichsten Reaktionen gezeigt [25.72]. Es sei hier in diesem generalisierten Kontext noch einmal das Beispiel des Photokatalysators TiO_2 aufgegriffen. Die Kombination mit Edelmetallnanopartikeln – Au, Ag, Cu – erlaubt, wie diskutiert, die Nutzung der Plasmonenresonanz und führt zur Ausbildung eines Schottky-Kontakts. Heiße Elektronen, die aus der starken Oberflächenplasmonenresonanz resultieren, werden über den Schottky-Kontakt in das Leitungsband des Halbleiters injiziert. Sie stehen dort für Reduktionsreaktionen zur Verfügung, wohingegen die Löcher im Metallpartikel verbleiben und für Oxidationsreaktionen zur Verfügung stehen [25.73]. Dies ist schematisch für die Kombination TiO_2/Au in Abb. 25.47(a) gezeigt.

In der Praxis erfordert die Präparation der nanoskaligen Heterostrukturen die Lösung verschiedenster synthetischer Problemstellungen. Im diskutierten Fall der TiO_2-Au-Konglomerate sind das etwa das Vermeiden einer Aggregation der Au-Nanopartikel bei hohen Temperaturen und die Entfernung organischer Liganden, so dass sich ein optimaler Schottky-Kontakt bildet. Typische Prozessschritte zeigt Abb. 25.47(d).

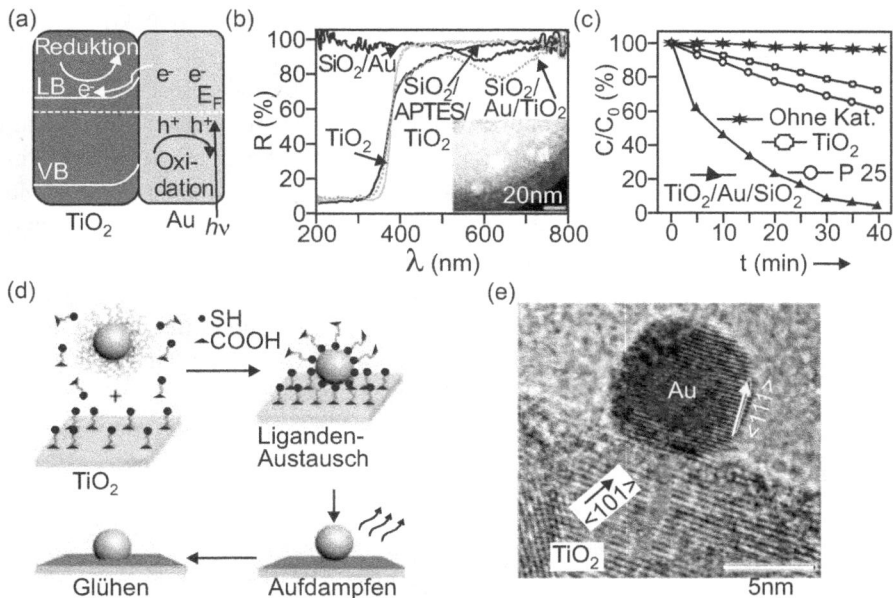

Abb. 25.47. Struktur und Eigenschaften optimierter SiO_2/TiO_2-Au-Photokatalysatoren [25.74; 25.75]. (a) Bandstruktur des Schottky-Kontakts. (b) Reflektivitätsspektrum. 3-Aminopropyl-Triethoxysilan (APTS, $C_9H_{23}NO_3Si$) dient der anfänglichen Fixierung der Au-Nanopartikel auf der SiO_2-Oberfläche und der späteren N- und C-Dotierung der TiO_2-Matrix. (c) Photokatalytische Dekomposition des Azofarbstoffs Methylenorange ($C_{14}H_{14}N_3NaO_3S$). (d) Nanotechnologische Prozessschritte. (e) TEM-Aufnahme des Schottky-Kontakts zwischen Anatas und Au.

Die derzeit innovativsten Photokatalysatoren haben einen durchaus komplexen Aufbau. Abbildung 25.47(b) zeigt eine maximale Absorption im relevanten Sprektralbereich für eine nanostrukturierte Oberfläche, bestehend aus SiO_2-Kernpartikeln, auf deren Oberfläche sich Au-Nanopartikel, eingebettet in eine TiO_2-Matrix befinden [25.74]. Gemäß Abb. 25.47(c) führt diese erhöhte Absorption zu einer gegenüber konventionellen Katalysatoren deutlich erhöhten Effizienz bei der Dekomposition organischer Verbindungen [25.74]. Diese hohe Effizienz ist wesentlich durch die in Abb. 25.47(d) schematisch dargestellten nanotechnologischen Prozessschritte bedingt, die Grundlage für die Ausbildung optimaler Schottky-Kontakte und für die Vermeidung einer Agglomeration der Au-Partikel sind. Abbildung 25.47(e) zeigt bei atomarer Auflösung die atomar scharfe TiO_2-Au-Grenzfläche.

Bestandteile einer katalytischen Reaktion sind die Adsorption von Reaktanten, die Diffusion intermediärer Reaktionsprodukte und die Desorption von Produkten. Alle diese Schritte involvieren einen Elektronentransfer zwischen der jeweiligen reaktiven Spezies und der Katalysatoroberfläche. Ein Maßschneidern der räumlichen und energetischen Verteilung der Valenzelektronen an der Katalysatoroberfläche ist damit die elementarste Maßnahme zum rationalen Design eines effizienten Katalysators. Als Folge ließen sich die Aktivierungsenergiebarriere, welche die Raktivität und die Selektrivität vorgibt, direkt einstellen.

In zahlreichen Kontexten haben wir diskutiert, dass die elektronische Zustandsdichte (DOS) durch Größen- und Confinement-Effekte beeinflusst wird. Dies verdeutlicht noch einmal Abb. 25.48(a). Details dazu hatten wir im Kontext von Abb. 3.50 in Abschn. 3.5.1 diskutiert. Es ist evident, dass die Adsorption eines Moleküls, die wie in Abb. 25.48(b) gezeigt, mit der Überwindung einer Aktivierungsenergie verbunden ist, für ein gegebenes Katalysatormaterial stark von der Oberflächenzustandsdichte und damit von Confinement- und Größeneffekten abhängt. Es ist daher eine genauso fundamentale wie naheliegende Überlegung, ob sich Größen- und Dimensionseffekte nicht nutzen lassen, um die Oberflächenzustandsdichte und damit katalytisch relevante Größen wie die Aktivierungsenergiebarriere maßzuschneidern [25.76].

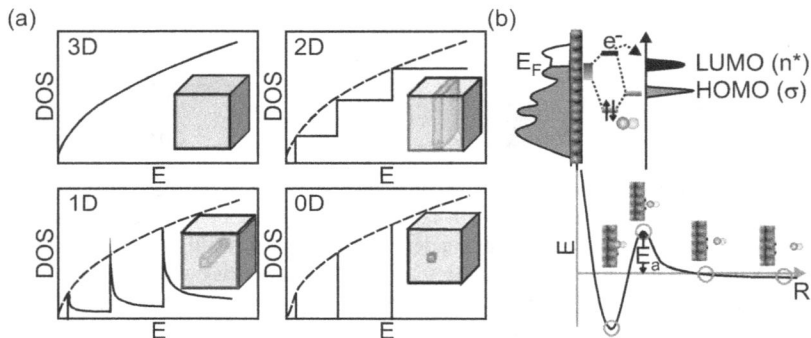

Abb. 25.48. Einfluss von Größen- und Dimensionalitätseffekten auf die katalytische Effizienz und Selektivität. (a) Dimensionsabhängigkeit der elektronischen Zustandsdichte. (b) Elektronische Konfiguration einer Katalysatoroberfläche und eines Moleküls sowie abstandsabhängige Gesamtenergie des Systems.

Nicht nur Nanopartikel zeigen, wie in Abschn. 3.3.1 und 19.6 grundlegend diskutiert, Quantisierungsphänomenme, sondern auch Nanoporen zeigen spezifische Confinement-Phänomene [25.77]. Dies eröffnet neben der gezielten Erzeugung von Defekten und dem Maßschneidern von Grenzflächen weitere Freiheitsgrade zur rationalen Optimierung von Katalysatoren bei gegebenen Materialsystemen.

In den vergangenen Jahren hat sich deutlich die Erkenntnis durchgesetzt, dass es notwendig ist, die Wirkmechanismen von Katalysatoren gerade im Nanometermaßstab genau zu verstehen, da sich auf der Nanoskala eben jene kollektiven Eigenschaften entwickeln, die letztendlich das globale katalytische Verhalten prägen. Dies verdeutlicht in gewisser Weise auch Abb. 25.49. Die Cr_3O_4-Whisker erweisen sich als besonders effizient bei der Katalyse der Co-Oxidation [25.78]. Gerade diese Reaktion unter Tieftemperaturbedingungen wurde im Feld der heterogenen Katalyse vermutlich am intensivsten analysiert, weil sie unter Umweltgesichtspunkten bedeutsam ist. Eine genaue Analyse der Strukturen in Abb. 25.49 ergibt, dass die Whisker so wachsen, dass die Oberfläche hauptsächlich aus {110}-Ebenen bestehen, die wiederum katalytisch aktive Co^{3+}-Ionen exponieren, während sich im Vergleich dazu andere Oberflächen als katalytisch weniger bis gar nicht relevant erweisen.

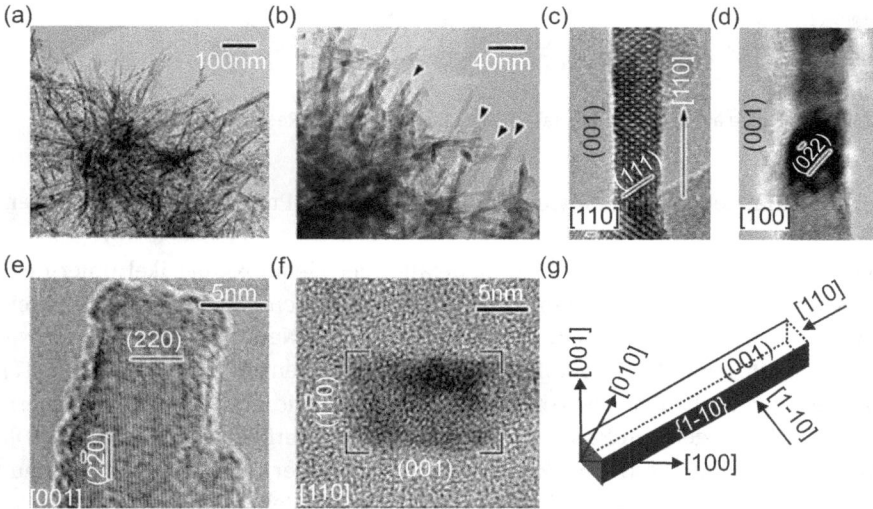

Abb. 25.49. TEM- und HRTEM-Abbildungen von Cr_3O_4-Whiskern [25.78]. (a), (b) Übersichtsaufnahme des Kollektivs. Aufnahmen entlang der (c) [1-10]-, (d) [100]-, (e) [001] und (f) [110]-Orientierung. (g) Katalytisch aktive Oberflächen der Nanowhisker.

Im Hinblick auf industrielle Prozesse sind metallische Nanostrukturen an Oberflächen für die heterogene Katalyse am relevantesten. Für niedrig koordinierte Metallatome steigt die katalytische Aktivität pro Atom mit abnehmender Größe der Nanostrukturen oder Nanopartikel. Allerdings wächst bei abnehmender Größe auch die Aggregationsneigung der Nanopartikel. Das ultimative Limit im Hinblick auf die katalytische Effizienz pro Atom sollte sich für einzelne isolierte Metallatome erreichen lassen. Einzelatomkatalysatoren sind in der Tat seit einigen Jahren Gegenstand intensiver Forschung [25.79]. Einzelne Metallatome an einer Substratoberfläche lassen sich natürlich nur stabilisieren, wenn sie genügend stark und separiert voneinander an die Oberfläche gebunden sind. An welchen Bindungsstellen das für welches Substrat genau der Fall ist, können nur atomar auflösende mikroskopische Verfahren und/oder Dichtefunktionalrechnungen zeigen. Die entsprechenden Verfahren hatten wir in Kap. 21, 22 und 23 behandelt. Abbildung 25.50 zeigt beispielhaft einzelne Pt-Atome auf einer FeO_x-Oberfläche. Die Atome lassen sich in der STEM-Aufnahme identifizieren. Begleiten-

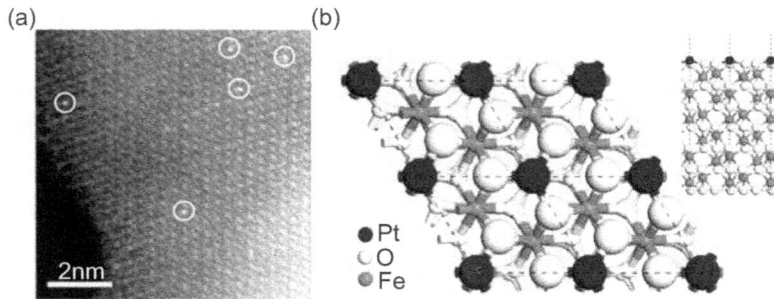

Abb. 25.50. Pt-Atome auf FeO$_x$. [25.79]. (a) STEM-Aufnahme. (b) DFT-Resultat.

de DFT-Rechnungen zeigen, an welchen Lokationen die Pt-Atome genau gebunden sind.

Viele Analysen haben gezeigt, dass Metall- oder Metalloxidpartikel unter dem Einfluss von Confinement-Effekten modifizierte katalytische Eigenschaften aufweisen. Starke Confinement-Effekte treten beispielsweise in Nanoröhrchen auf, wie wir sie in Abschn. 16.3 und 19.5.3 diskutierten. Speziell an Kohlenstoffnanoröhrchen (CNT) wurde die katalytische Effizienz von Metall- und Metalloxidnanopartikeln im Innern der CNT mit derjenigen von Partikeln auf der äußeren Oberfläche verglichen [25.80]. Dabei zeigte sich, dass bestimmte Reaktionen im Innern der CNT beschleunigt ablaufen und wiederum andere unterdrückt werden. Experimentell und unter Verwendung der in Abschn 21.5.3 vorgestellten Dichtefunktionaltheorie wurden die Verhältnisse im Hinblick auf die Oxidation von Fe und die Reduktion von Fe-Oxiden im Innern und auf der Außenwand von Armchair- und Zick-Zack-CNT im Detail analysiert [25.80]. Abbildung 25.51 zeigt das Resultat. Der Einfluss des Confinements besteht in einer Modifikation der elektronischen Eigenschaften der Fe-Cluster, insbesondere in einer Verschiebung der d-Band-Zustände. Dieser Effekt ist abhängig von der elektronischen Konfiguration und Polarisation der CNT am Fermi-Niveau, was zu einer Abhängigkeit vom Durchmesser und von der Chiralität führt. Die Confinement-Energie wird dabei durch die Differenz der O-Bindungsenergien auf der Innen- und Außenseite einer gegebenen CNT definiert. Diese Energie wächst, wie zu erwarten, mit abnehmendem CNT-Durchmesser. Ursache hierfür ist die zunehmende Deformation der sp^2-Hybridisierung. Die zunehmende Confinement-Energie hat zur Folge, dass die Oxidation von Eisen zunehmend behindert und die Reduktion von Fe-Oxiden zunehmend erleichtert wird.

In Enzymen bestehen homo- oder heterogene Katalysatoren häufig in koordinativ ungesättigten (CUS) Metallatomspezies, an denen die Reaktionspartner adsorbiert werden, um untereinander reagieren zu können. In den meisten Fällen handelt es sich um Übergangsmetallkationen in einem Zwischenvalenzzustand. Dieser hat eine moderate Bindung der Reaktanten zur Folge. Dies ist im Einklang mit dem *Sabatier-*

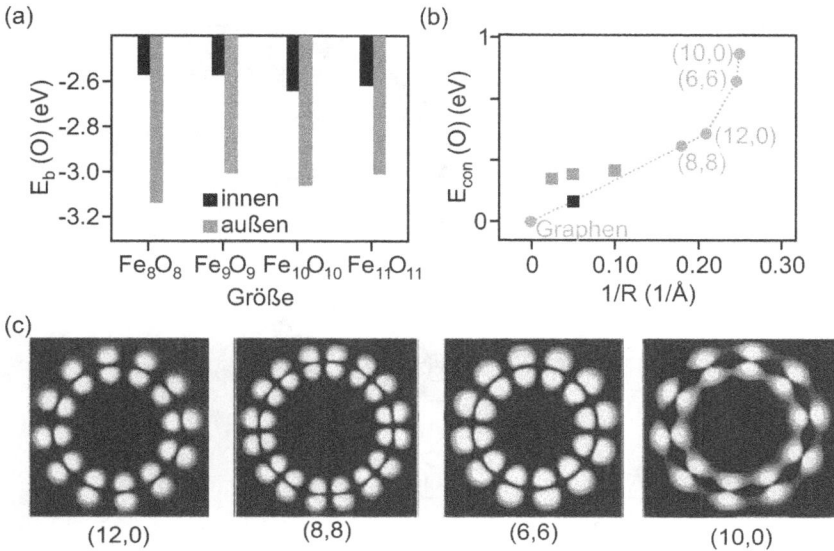

Abb. 25.51. Oxidation von Fe und Reduktion von Fe-Oxiden im Innern und an der Außenwand von CNT [25.80]. (a) O-Bindungsenergien von Fe_nO_n-Clustern im Innern und auf der Außenwand von (12,0)-CNT. (b) Confinement-Energien für Fe_8O_8-Cluster in Abhängigkeit vom CNT-Radius. Die Quadrate repräsentieren experimentelle Daten für CNT unterschiedlichen Durchmessers. (c) Elektronische Polarisation am Valenzbandmaximum für unterschiedliche CNT.

Prinzip, nach dem die Wechselwirkung zwischen Reaktanten und Katalysator weder zu stark noch zu schwach sein darf, um eine maximale Aktivität zu erreichen [25.81].

Der Erhalt des CUS-Zustands ist essentiell für die katalytische Wirkung einzelner Atome [25.80]. Die Confinement-Energie, so wie wir sie zuvor diskutierten, charakterisiert eine hinreichend starke Wechselwirkung mit der Umgebung, die den CUS-Status stabilisiert und beispielsweise eine vollständige Oxidation von Fe-Atomen verhindert. Ein Confinement muss dabei nicht zwingend eine Umhüllung der katalytisch aktiven Spezies voraussetzen, sondern kann auch durch eine geeignete Grenzfläche hervorgerufen werden. Abbildung 25.52 zeigt Katalysatoren auf der Basis von Pt-Nanopartikeln auf SiO_2-Substrat und Pt-Fe/SiO_2. Das Fe liegt monolagig in Form von metastabilem FeO vor, wobei die Kantenatome insbesondere koordinativ ungesättigt sind. Zum Test der katalytischen Aktivität wurde die preferentielle Oxidation von CO bei Anwesenheit von O_2 und H_2 gewählt, ein Prozess der industriell und im Kontext von Brennstoffzellen von Bedeutung ist.

Die konkurrierenden Reaktionen bei der Analyse der katalytischen Aktivität sind $2CO+O_2 \rightarrow 2CO_2$ und $O_2+2H_2 \rightarrow 2H_2O$. Der Unterschied zwischen den beiden Katalysatoren in Abb. 25.52 ist frappierend. Bei Raumtemperatur beträgt die Selektivität des Pt/SiO_2-Katalysators weniger als 10 %, während diejenige des Pt-Fe/SiO_2-Katalysators 100 % beträgt und die CO-Konversion ebenfalls 100 % erreicht.

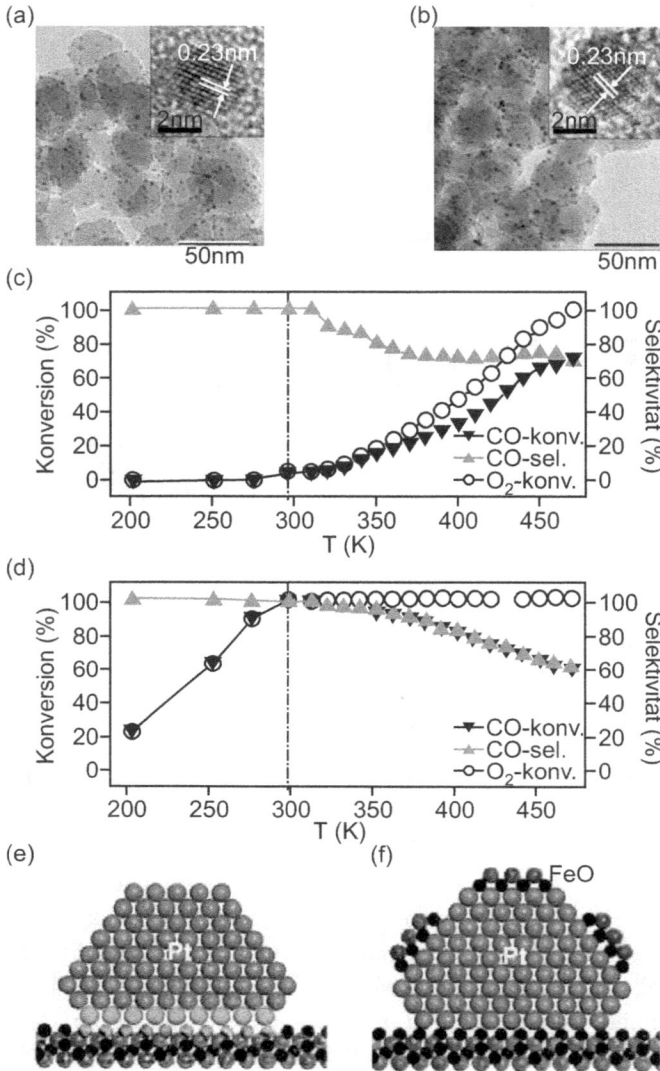

Abb. 25.52. Pt/SiO$_2$ und Pt-Fe/SiO$_2$-Katalysatoren für die preferentielle Oxidation von CO bei Anwesenheit von O$_2$ und H$_2$ [25.82]. (a) TEM-Aufnahme von Pt/SiO$_2$ und (b) von Pt-Fe/SiO$_2$. (c), (d) Katalytische Aktivität. (e), (f) Atomare Konfiguration der Katalysatoren.

Wie bereits erwähnt, lässt sich das subtile Verhalten nanostrukturierter katalytisch aktiver Oberflächen nur auf Basis der elektronischen Oberflächenzustandsdichte erklären und damit auch maßschneidern. Die genauere Analyse der Katalysatoren aus Abb. 25.52 ergab, dass primär die FeO-Kantenzustände verantwortlich für die katalytische Effizienz der Pt-Fe/SiO$_2$-Katalysatoren sind [25.82]. Sehr hilfreich ist in diesem

Kontext die Rastertunnelspektroskopie (STS), die wir in Abschn. 22.2.4 diskutierten. Abbildung 25.53 zeigt Ergebnisse, die an FeO-Nanoinseln auf Pt(111) erhalten wurden. Die dI/dV-Spektren zeigen an den Grenzflächen einen charakteristischen Kantenzustand bei 0,65 eV, der vermutlich auf die Beteiligung der Fe-d_{z^2}-Orbitale zurückgeführt werden kann.

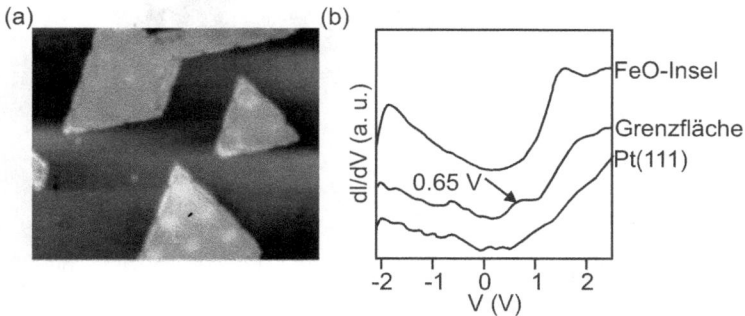

Abb. 25.53. FeO-Nanoinseln auf Pt(111) [25.83]. (a) STM-Aufnahme in eine Bereich von 25 nm × 20,8 nm. (b) STS bei 5 K auf den Inseln, an der Kante und auf dem Substrat.

Bei dieser Art von Katalysatoren erfüllt das Edelmetall – im vorliegenden Fall Pt(111) – offenbar multiple Funktionen. Es dient als Substrat für die FeO-Inseln. Es bietet aber ebenfalls Bindungspositionen für die CO-Adsorption. Es stabilisiert darüber hinaus auch die aktiven Fe-Zentren, ähnlich wie es bei Enzymen geschieht. Die Fe-Pt-Wechselwirkung besteht in einer starken Hybridisierung von Orbitalen beider Spezies. Diese Wechselwirkung bewahrt die katalytisch aktive FeO-Phase vor einer weiteren Oxidation zu einer FeO_{1+x}-Phase mit geringerer Aktivität. In diesem Fall ist die Grenzflächen-Confinement-Energie durch die Energiedifferenz zwischen der freitragenden FeO-Schicht und der auf dem Substrat befindlichen Schicht gegeben. Gemäß der Brønsted-Evans-Polanyi-Relation resultiert aus der Grenzflächen-Confinement-Energie eine große Oxidationsbarriere für die FeO-Schicht, was zu einer bevorzugten Oxidation von CO führt [25.81].

Die starke Grenzflächenwechselwirkung zwischen FeO und Pt(111) aufgrund ausgeprägter orbitaler Hybridisierung resultiert auch aus DFT-Rechnungen, welche die Oberflächenzustandsdichten für die einzelnen atomaren Spezies liefern, wie Abb. 25.54(a) zeigt. Die Adsorption von O_2 und die Aktivierung durch Dissoziation erfolgt an den Kanten der FeO-Inseln aufgrund der dortigen CUS-Zustände. Die Details der CO-Oxidation zeigt Abb. 25.54(b).

Ein freistehender FeO-Film wäre hochreaktiv, würde O_2 dissoziieren und zu Fe_2O_3 oxidieren. Die Aktivierungsenergie beträgt 0,6 eV. Die Aktivierungsenergie für die Oxidation von CO beträgt hingegen 1,5 eV. Die Confinement-Energie von 1,4 eV senkt al-

(a)

(b)

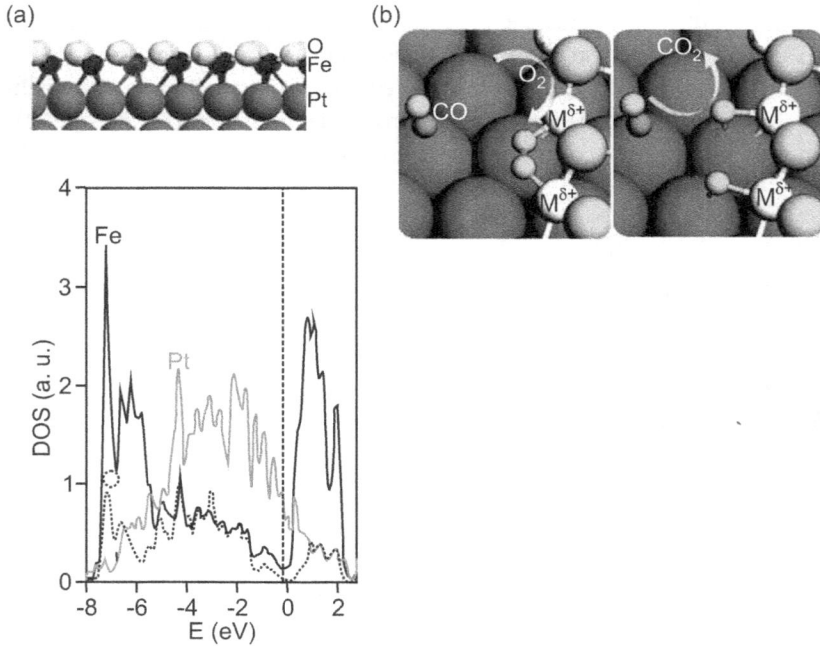

Abb. 25.54. (a) Stabilisierung von FeO auf Pt(111) durch orbitale Hybridisierung [25.82]. (b) Oxidation von CO an den Kanten von FeO-Inseln auf Pt(111) [25.76].

lerdings die Energiebarriere für die Oxidation von CO entsprechend ab, so dass diese dominant wird [25.76]. Dies ist schematisch in Abb. 25.55 dargestellt.

Auch das in Abschn. 16.2 im Detail diskutierte Graphen und sonstige in Abschn. 19.1 behandelte zweidimensionale Systeme wurden aufgrund ihrer teilweise

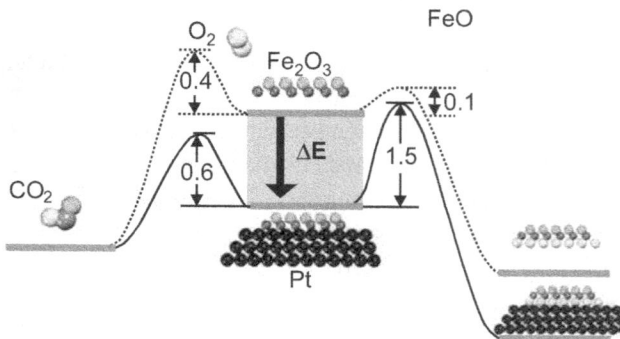

Abb. 25.55. Absenkung der Aktivierungsenergie für die Oxidation von CO durch den Grenzflächen-Confinement-Effekt zwischen FeO und Pt(111) [25.82].

speziellen elektronischen Eigenschaften im Hinblick auf ihre katalytische Aktivität analysiert. In der Regel sind diese Materialien aufgrund ihrer Bindungsverhältnisse chemisch mehr oder weniger inert. Allerdings erweisen sich kristalline Defekte oder Kanten als hoch reaktiv. Daher konzentrieren sich die Arbeiten auf chemisch modifizierte und dotierte 2D-Katalysatoren, insbesondere auf Graphenbasis [25.76]. Auch die katalytische Effizienz von Sandwichstrukturen mit interkalierten Reaktanten wurden untersucht. In diesem Fall wird das Confinement auf Basis der Interkalation realisiert.

Einen anderen Ansatz verdeutlicht Abb. 25.56. CoNi-Nanopartikel wurden mit wenige Graphenlagen dicken Kohlenstoffkugeln umschlossen. Auf diese Weise entsteht ein Elektronentransfer zwischen CoNi und Graphen, der die Zustandsdichte an der äußeren Oberfläche der Graphenkugeln modifiziert. Dementsprechend hängt die katalytische Aktivität sehr stark von der Anzahl der Graphenlagen ab. Dies verdeutlichen auch die Ergebnisse von DFT-Rechnungen, welche die Ladungsdichtedifferenzen der Graphenhülle mit und ohne CoNi-Kern liefern. In elektrochemischen Messungen ergaben die CoNi/Graphen-basierten Katalysatoren im Hinblick auf Wasserstoff-Evolutions-Reaktionen in sauren Medien bessere Aktivitäten als alle anderen kohlenstoffbasierten Katalysatoren [25.84].

Die vorangegangenen Ausführungen haben gezeigt, dass nanostrukturierte, vergleichsweise komplexe Oberflächen von großer Bedeutung für die Entwicklung effizienter und spezifischer Katalysatoren sind. Diese wiederum sind nicht nur von Bedeutung für eine Vielzahl industrieller chemischer Prozesse, sondern zunehmend auch im Kontext der Erzeugung erneuerbarer Energien und der Reduktion von Umweltbelastungen. Die Nanostruktur der Oberflächen und namentlich auch Confinement-Strukturen eröfnen die Möglichkeit, rational elektronische Zustandsdichten zu designen, die im Hinblick auf Aktivierungsbarrieren und Adhäsion die gewünschte katalytische Aktivität erst ermöglichen oder zumindest dominant machen. Insgesamt kann damit die Herstellung entsprechender Katalysatoren als eine der wichtigsten Anwendungen der Nanotechnologie gegenwärtig und in Zukunft betrachtet werden.

(a) (b)

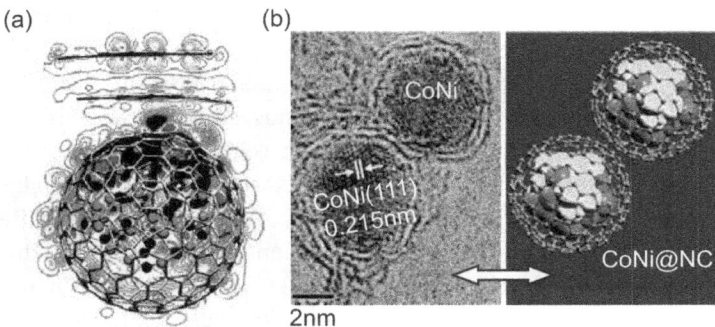

Abb. 25.56. CoNi/Graphen-Nanokatalysatoren [25.84]. (a) DFT-Resultat zur Ladungsdichtedifferenz gegenüber der leeren Graphenkugel. (b) TEM-Aufnahme und schematische Darstellung.

25.6 Superhydrophobe, selbstreinigende und schwach adhäsive Oberflächen

In vielen technischen Kontexten, aber auch im Hinblick auf umweltrelevante Kontexte sind Oberflächen von Bedeutung, die nur eine geringe Neigung zu Anhaftungen bestimmter Spezies zeigen und/oder sogar Selbstreinigungsphänomene – etwa bekannt als Lotuseffekt – aufweisen.

Hydrophobie basiert auf dem Zusammenschluss unipolarer Gruppen oder Moleküle in wässriger Umgebung aufgrund der Tendenz von Wasser, unipolare Gruppen auszuschließen. Unipolare Stoffe sind beispielsweise Fette, Wachse, Alkohole mit langen Alkylresten, Alkane oder auch Alkene. Wenn auch in der Regel hydrophobe Substanzen gleichzeitig lipophil sind, so gibt es doch auch Substanzen, die gleichzeitig hydrophob und lipophob sind, wie beispielsweise Fluorocarbone oder Silikone. Die zuletzt genannten Stoffe werden als *amphiphob* bezeichnet. Liegen gleichzeitig hydrophile und lipophile Strukturanteile vor, so spricht man von *amphiphilen Substanzen*. Ein Beispiel sind waschaktive Substanzen wie etwa Tenside.

Superhydrophobe Oberflächen zeigen extrem wasserabweisende und häufig auch selbstreinigende Eigenschaften. Neben der Hydrophobie als chemisch bedingter Eigenschaft mit entropischer Komponente spielt bei der *Superhydrophobie* die Mikro- und Nanotopographie eine entscheidende Rolle [25.85]. Dies wiederum impliziert, wie wir in Abschn. 25.3 gesehen haben, auch besondere adhäsive Eigenschaften der Oberflächen, im vorliegenden Kontext primär sehr niedrige Adhäsion. Hydrophobie und niedrige Adhäsion wiederum sind entscheidende Voraussetzungen für den Lotuseffekt [25.85].

Phänomenologisch betrachtet zeigen superhydrophobe Oberflächen einen großen statischen Kontaktwinkel oberhalb von 150° und eine Kontaktwinkelhysterese von weniger als 10°. Speziell bei einer derartig niedrigen Differenz der vorder- und rückseitigen Kontaktwinkel rollt ein Tropfen bereits bei geringer Neigung eine Oberfläche hinab und kann sie so reinigen.

Ein wesentlicher Faktor für die Adhäsion unter Umgebungsbedingungen und in technischen Kontexten ist die Kondensation von Wasserdampf. Flüssigkeitsfilme auf Oberflächen haben die in Abschn. 22.3.2 diskutierten Kapillarkräfte zur Folge. Superhydrophobe Oberflächen verhindern die Entstehung ausgedehnter Wasserfilme maximal und reduzieren damit attraktive Kräfte zwischen zwei Oberflächen.

Das populärste Modellsystem für Hydrophobie und Selbstreinigung ist das Blatt der Lotuspflanze *Nelumbonucifera* [25.86]. Wie in Abb. 25.57(a) zu erkennen ist, ist die Oberfläche des Blatts im μm-Maßstab aufgrund der Papillen der Epidermis strukturiert. Die Papillen ihrerseits sind bedeckt mit einer epikutikulären Wachsschicht, die in nanoskaligen Strukturen besteht, was insgesamt zu einer klaren strukturellen Hierarchie führt, wie Abb. 25.57(b) und (c) zeigt. Als Folge dieser hierarchischen Struktur kondensiert Wasser nur in Form von Tröpfchen mit großen Kontaktwinkeln auf den Apices der Nanostrukturen, während sich zwischen Tröpfchen und Blattoberfläche Luftblasen befinden. Vieles deutet darauf hin, dass hydrophobe hierarchische Mikro-/Nanostrukturen mit dramatisch reduzierter Kontaktfläche und Adhäsion das evolutionäre Standardkonzept für die Selbstreinigung sind.

Abb. 25.57. Blatt einer Lotuspflanze [25.85]. (a)–(c) SEM-Aufnahmen bei unterschiedlichen Auflösungen. (d) Wassertropfen auf dem Blatt.

Im vorliegenden Kontext stellt sich die Frage, ob das Profil einer Oberfläche – genauer gesagt, die Mikro- und Nanorauigkeit – einen Einfluss auf den Kontaktwinkel hat, was ja im Standardformatismus gemäß Abschn. 5.2.1 nicht berücksichtigt wird. Grundsätzlich sind zwei Szenarien zu unterscheiden: Ein Tropfen befindet sich im direkten Kontakt mit einer rauen Oberfläche, oder zwischen Tropfen und rauer Oberfläche befinden sich an manchen Stellen mit Luft gefüllte „Taschen" [25.85]. Im zuerst genannten Fall, dargestellt in Abb. 25.58(b), ist der Kontaktwinkel Θ in Bezug zum Kontaktwinkel Θ_0 auf einer glatten Oberfläche gegeben durch $\cos\Theta = R_f \cos\Theta_0$ [25.87]. Der Rauigkeitsfaktor $R_f > 1$ entspricht dem Verhältnis der Fest-Flüssig-Grenzflächen bei rauer und glatter Grenzfläche. Wie Abb. 25.58(c) zeigt, führt eine zunehmende Rauigkeit dazu, dass eine hydrophobe Oberfläche mit $\Theta_0 > 90°$ noch hydrophober und eine hydrophile mit $\Theta_0 < 90°$ noch hydrophiler wird.

Nicht benetzende Flüssigkeiten werden eine raue Oberfläche nicht vollständig bedecken. Es bilden sich Lufttaschen, die dazu führen, dass neben der Fest-Flüssig-

(a) (b) (c)

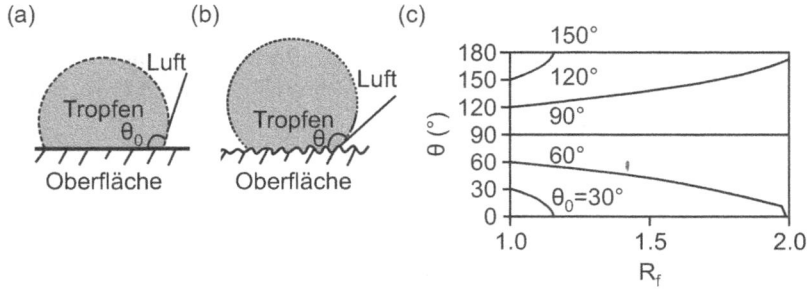

Abb. 25.58. Tropfen auf (a) glatter und (b) rauer Oberfläche. (c) Kontaktwinkel als Funktion des Rauigkeitsfaktors.

Grenzfläche auch noch eine Kompositgrenzfläche entsteht, die ihrerseits aus der Flüssigkeits-Luft-Grenzfläche und der Festkörper-Luft-Grenzfläche besteht. Für den Kontaktwinkel eines Flüssigkeitstropfens auf einer derartigen Kompositgrenzfläche resultiert $\cos \Theta = R_f \cos \Theta_0 - f_{LA}(R_f \cos \Theta_0 + 1)$ [25.88]. $f_{LA} < 1$ ist der Anteil der Flüssigkeits-Luft-Grenzflächen unter dem Tropfen, für die $\Theta = 180°$ gilt. Für einen großen Wert von $f_{LA} > R_f \cos \Theta_0 / (R_f \cos \Theta_0 + 1)$ kann sich eine hydrophile Oberfläche mit $\theta_0 < 90°$ aufgrund der Rauigkeit hydrophob mit $\Theta > 90°$ verhalten.

Befindet sich ein Tropfen auf einer geneigten Oberfläche, so tritt eine Kontaktwinkelhysterese auf, die darin besteht, dass der Kontaktwinkel an der tieferen Position größer ist als derjenige an der höheren. Auch für diesen Effekt ist die Rauigkeit der Oberfläche maßgeblich. Für die Hysterese erhält man konkret $\Delta\theta = \sqrt{1 - f_{LA}}\, R_f(\cos \Theta_0^r - \cos \Theta_0^a / \sqrt{2R_f \cos \Theta_0 + 1})$ [25.89]. Θ_0^r und Θ_0^a bezeichnen hier den hinteren und vorderen Kontaktwinkel auf geneigter, unstrukturierter Oberfläche. Für eine homogene Grenzfläche gilt dabei $f_{LA} = 0$. Für eine derartige Grenzfläche führt eine wachsende Rauigkeit R_f zu einer wachsenden Hysterese $\Delta\Theta$. Für eine Kompositoberfläche mit $f_{LA} \neq 0$ führen zahlreiche Lufteinschlüsse zu einem großen Kontaktwinkel und einer niedrigen Winkelhysterese [25.89; 25.90].

Die Kontaktwinkelhysterese ist ein Maß für die Energiedissipation während des Abrollens eines Wassertropfens. Bei niedriger Hysterese ist der kritische Neigungswinkel, der einen Tropfen in Bewegung setzt, gering [25.91]. Kompositgrenzflächen mit luftgefüllten Poren sind daher für Superhydrophobie und Selbstreinigung wünschenswert.

Kompositgrenzflächen sind metastabil und können leicht in homogene Grenzflächen zerfallen. Ihre Stabilität hängt von der Größe der Tropfen sowie von der geometrischen Struktur der Oberfläche ab. Genauere Analysen haben ergeben, dass hierarchische Strukturen wie diejenige in Abb. 25.59 einer Destabilisierung der Kompositgrenzfläche am besten entgegenwirken. Die Mikrorauigkeit sollte so groß sein, dass ein Tropfen nicht die Zwischenräume zwischen den Asperitäten ausfüllt. Detaillierte Analysen haben ergeben, dass das bei einem Tropfenradius von ≥ 1 mm für $H = 30\,\mu m$,

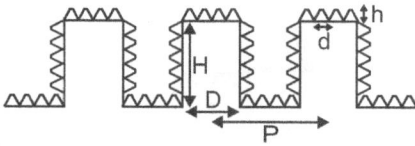

Abb. 25.59. Hierarchisch strukturierte Oberfläche zur Optimierung des Lotuseffekts.

D =15 μm und P = 130 μm der Fall ist. Die Nanoasperitäten fixieren die Flüssigkeits-Luft-Grenzfläche und begünstigen die Kondensation von Nanotröpfchen [25.85]. Dafür werden typisch Werte von h=10 nm und d=100 nm benötigt.

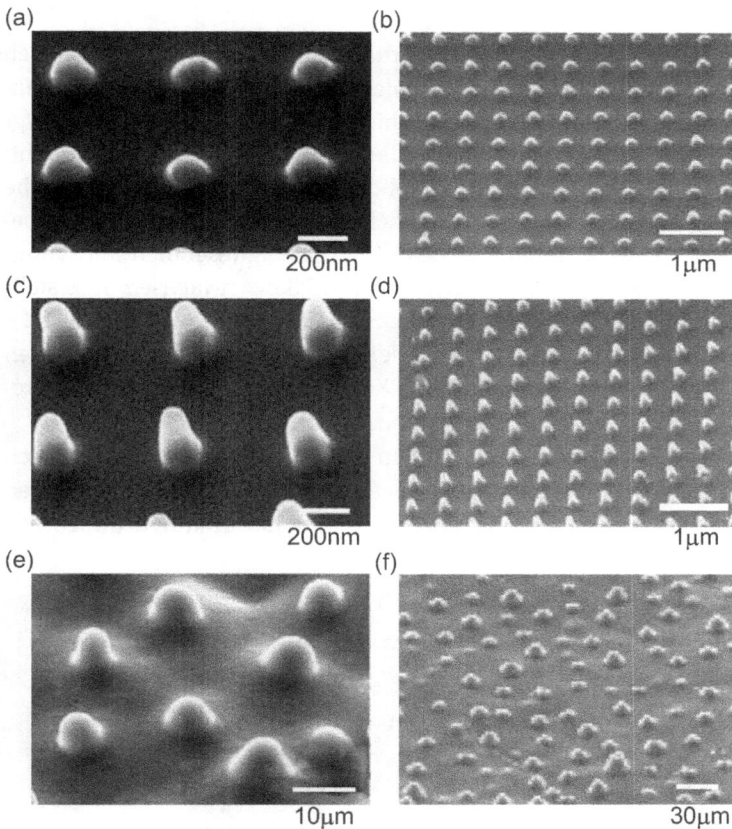

Abb. 25.60. Strukturierte PMMA-Oberfläche [25.92]. (a), (b) Nanostrukturen mit geringem Aspektverhältnis. (c), (d) Nanostrukturen mit großem Aspektverhältnis. (e), (f) Mikrostrukturen eines Lotusreplikats.

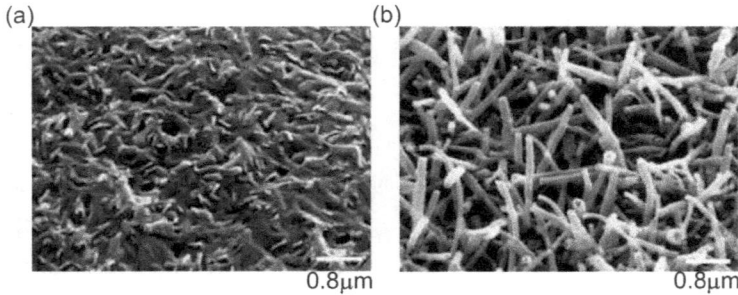

Abb. 25.61. Nanostrukturen aus Lotuswachs [25.85]. (a) Nichttubulare Strukturen. (b) Tubulare Strukturen.

Für die technische Herstellung entsprechend strukturierter Oberflächen bieten sich insbesondere Polymere wie Polymethylmethacrylat (PMMA) oder Polystyrol (PS) an. Die Strukturierung kann über „weiche Lithographie" erfolgen. Abbildung 25.60 zeigt typische Beispiele für reine Nano- oder reine Mikrostrukturen. PMMA ist hydrophil und PS hydrophob, wobei der Grad der Hydrophobie der strukturierten Oberfläche natürlich gemäß des zuvor diskutierten wesentlich durch die konkrete Struktur beeinflusst wird. Nanostrukturen, die entsprechend Abb. 25.59 ja wesentlich sind, konnten sogar durch Evaporation und Rekristallisation von Pflanzenwachsen hergestellt werden. Abbildung 25.61 zeigt zwei verschiedene Strukturarten von Lotuswachs, die durch eine unterschiedliche Nachbehandlung der deponierten Wachse entstanden sind. Die Wachse, bestehend aus aliphatischen Komponenten, sind durch entsprechende Nachbehandlungen in ihrer Kristallisationsneigung stark beeinflusst.

Hierarchische Strukturen, wie schematisch in Abb. 25.59 dargestellt, lassen sich durch Kombination etwa der Mikrostrukturen aus Abb. 25.60 und der Nanostrukturen aus Abb. 25.61 rational herstellen. Eine derartige hierarchische Struktur, in diesem Fall

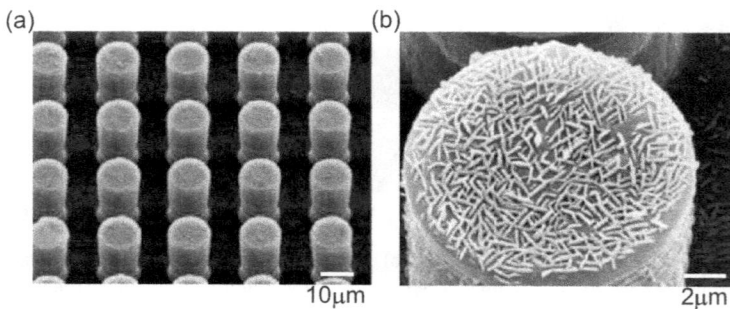

Abb. 25.62. Hierarchisch strukturierte Oberfläche mit Mikrostrukturen aus Epoxidharz und Nanostrukturen aus n-Hexatriacontan [25.85]. (a) Mikrostruktur. (b) Nanostruktur auf der Mikrostruktur.

aus Epoxidharzmikrostrukturen und Nanostrukturen aus dem langkettigen, unverzweigten und gesättigten Alkan n-Hexatriacontan ($C_{36}H_{74}$), zeigt Abb. 25.62. An dieser Struktur konnte gezeigt werden, dass der statische Kontaktwinkel in der Tat sehr viel größer ist als für eine glatte Oberfläche oder als für eine Oberfläche mit bloßer Mikrostruktur. Kontaktwinkelhysterese und kritischer Neigungswinkel sind gering. Die hierarchische Oberfläche ist superhydrophob und selbstreinigend [25.85].

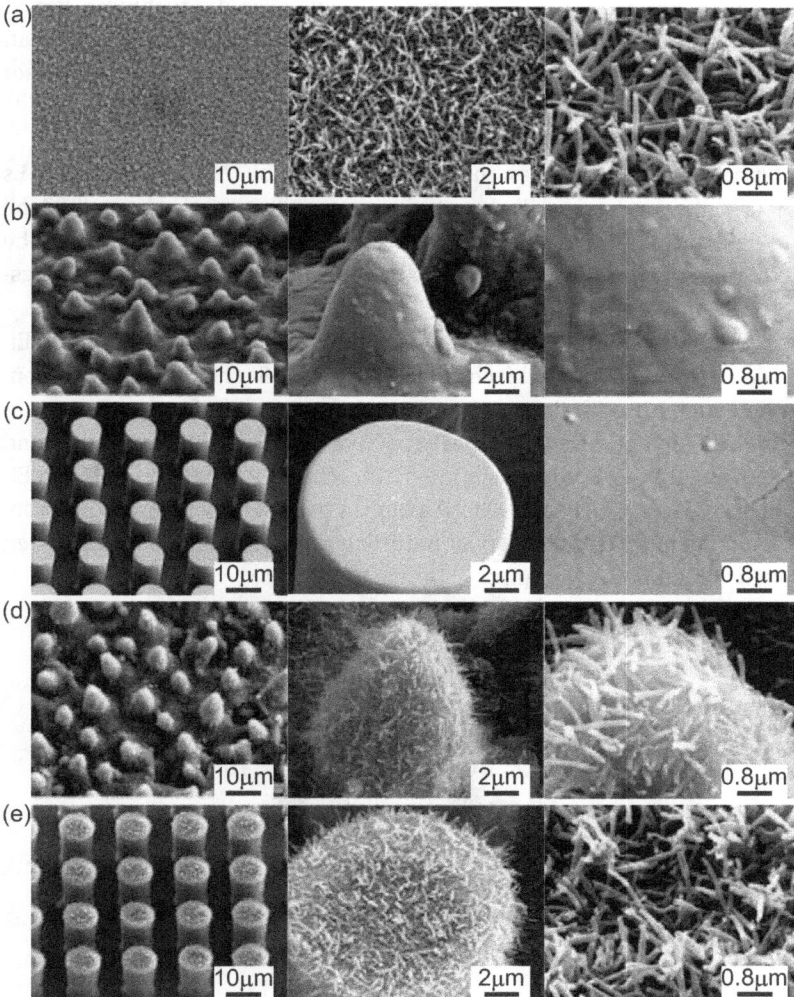

Abb. 25.63. Proben zum Vergleich der Selbstreinigungsfähigkeit technisch hergestellter und biologischer Oberflächen [25.85]. (a) Lotuswachs auf ebenem Substrat. (b) Lotusreplika. (c) Mikrostrukturiertes Si. (d) Lotusreplika mit tubularen Lotuswachs-Nanostrukturen. (e) Si-Probe mit Nanostrukturen aus Lotuswachs.

Im Rahmen systematischer Analysen ist sicherlich von Interesse, maximal erreichbare Kontaktwinkel und minimal erreichbare Winkelhysteresen und Neigungswinkel zu bestimmen. In dem Kontext stellt sich auch die Frage, ob die optimalen Werte durch oder sogar nur durch die biologischen Systeme, also etwa durch das reale Lotusblatt, erreicht werden. Zur experimentellen Beantwortung dieser Fragen bieten sich Proben an, die wie in Abb. 25.63 dargestellt beschaffen sind. Der Vergleich zwischen biologischen Proben wie dem realen Lotusblatt, biomimetischen Proben wie Lotusreplikaten und rein artifiziellen Proben zeigt, dass die technisch hergestellten Oberflächen den biologischen im Hinblick auf statischen Kontaktwinkel, auf Kontaktwinkelhysterese und kritischen Neigungswinkel ebenbürtig oder sogar besser sind. Im Einzelnen werden Kontaktwinkel von $> 170°$, Winkelhysteresen von $\approx 1°$ und kritische Neigungswinkel von $\approx 1°$ gemessen.

Die Benetzungsart der Oberflächen aus Abb. 25.63 zeigt Abb. 25.64 schematisch. Es wird deutlich, dass die Art der Oberflächenstrukturierung die effektive Kontaktfläche zwischen Flüssigkeit und Festkörper über weite Bereiche variieren lässt. Zahlreiche Lufteinschlüsse führen zur Superhydrophobie und zu einer hohen Selbstreinigungsfähigkeit.

Superhydrophobie und minimale Kontaktwinkelhysterese sind beispielhafte Eigenschaften, die sich nur mit hierarchisch aufgebauten Oberflächen erreichen lassen. Dies ist potentiell auch für zahlreiche weitere komplexe Eigenschaften der Fall. Insofern kann es als ein wichtiger Entwicklungsbereich der Nanostrukturforschung und Nanotechnologie angesehen werden, sich intensiver mit der Herstellung und den Eigenschaften hierarchisch aufgebauter Oberflächen zu befassen. Der Anwendungsbereich der selbstreinigenden Oberflächen ist natürlich unter den unterschiedlichsten Gesichtspunkten von großer Bedeutung.

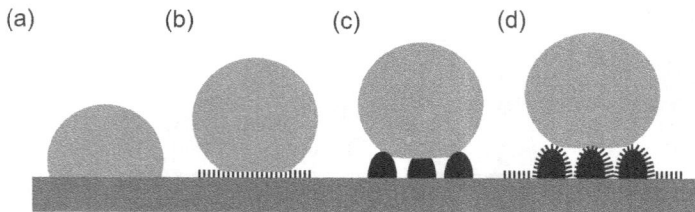

Abb. 25.64. Effektive Kontaktfläche von Flüssigkeiten und unterschiedlichen Oberflächen. (a) Unstrukturierte Oberfläche. (b) Nanostrukturierte Oberfläche. (c) Mikrostrukturierte Oberfläche. (d) Hierarchisch strukturierte Oberfläche.

25.7 Biologische Oberflächen

Oberflächen lebender Organismen sind im Vergleich zu technischen Oberflächen in der Regel recht komplex und beinhalten viele hierarchische Ebenen [25.93]. Dies ist die Voraussetzung für multiple Funktionalitäten. Eine dieser Funktionalitäten mit einer Schlüsselbedeutung für die Evolution im Allgemeinen ist die Superhydrophobizität, die wir im technischen und bionischen Kontext bereits im vorhergehenden Abschnitt diskutierten. Sie ist verbreitet sowohl bei Pflanzen als auch Tieren [25.93]. Jede der etwa 10^7 Spezies hat an die jeweiligen Lebensbedingungen angepasste Oberflächen, um auf die Umgebungseinflüsse adäquat zu regieren. Das Ergebnis der evolutionären Entwicklung von Millionen von Spezies in Millionen von Jahren sind hochspezialisierte biologische Oberflächen, bei denen Nanostrukturen von zentraler Bedeutung für die strukturelle Hierarchie sind. Die beeindruckenden Funktionalitäten biologischer Oberflächen machen sie insbesondere auch im bionischen und biomimetischen Kontext, den wir bereits in Abschn. 12.2 angesprochen hatten, interessant [25.94].

Die Oberflächen der meisten Pflanzen und Tiere bestehen aus mechanisch und chemisch sehr stabilen Polymeren. Bei höheren Pflanzen ist dies *Kutin*. Die polyesterartige Substanz, die zusammen mit Zellulose, Pektin und Wachsen in der Kutikula von Pflanzenzellen zu finden ist, macht diese nahezu wasserundurchlässig. Kutin bildet ein Netzwerk untereinander veresterter ungesättigter und gesättigter Hydroxyfettsäuren, das unter Mitwirkung von Fettsäure-Oxidasen durch Polymerisation gebildet wird.

Die große Mehrheit der Tiere sind Arthropoden wie Insekten, Spinnen oder Krustazeen. Das Exoskelett der Arthropoden besteht aus *Chitin*, einem langkettigen Polysaccharid ($[C_8H_{13}NO_5]_n$). Chitin findet man darüber hinaus in der Zellwand von Pilzen, in Mollusken und selbst in Algen. Vertebraten wiederum besitzen Oberflächen aus dem Protein *Keratin*, das in Haut, Haaren, Krallen und Federn vorkommt.

Für die hierarchische Struktur biologischer Oberflächen sind Fett- oder Wachslagen von großer Bedeutung. Sie findet man sowohl molekular dünn als auch mit beachtlicher Dicke. Die chemische Zusammensetzung variiert, und häufig findet man Gemische. Die Wachse können Kristalle und so Nanostrukturen bilden, die, wie im vorangegangenen Abschnitt diskutiert, zur Superhydrophobizität führen können. Abbildung 25.65 zeigt ein weiteres Beispiel. Zum Teil ist die Anordnung der Wachskristalle im Hinblick auf ihre Funktionalität noch nicht aufgeschlüsselt, wenngleich diese Anordnung auch topologisch keineswegs zufällig wirkt. Ein diesbezüglich eindrucksvolles Beispiel zeigt Abb. 25.66. Teilweise sind auch die chemische Zusammensetzung der Wachse und ihre Biosynthese noch nicht entschlüsselt. Ein spezielles Beispiel zeigt Abb. 25.67(a) für Kanna (Sceletium tortuosum).

Hierarchische Oberflächenstrukturen werden seit mehr als 450 Millionen Jahren evolutionär optimiert. Sie führen zu erstaunlichen Oberflächeneigenschaften mit großer physiologischer Bedeutung und im biomimetischen Sinn hoher technologischer Relevanz. Relevant sind dabei verschiedene strukturelle Ebenen: Ebene

Abb. 25.65. Pilzhyphen in Form von Konidiosphoren von (a) Aspergillus und (b) Botrytis [25.93].

Oberflächen mit Rauigkeiten <10 nm, die durch ihre chemische Zusammensetzung definiert sind. Derartige ebene Oberflächen sind in der Biologie selten anzutreffen [25.93]. Die zweite Ebene stellen Zelloberflächen mit Strukturen mit charakteristischen Abmessungen bis zu 20 µm dar. Derartige Strukturen werden im Allgemeinen durch die diskutierten Wachskristalle gebildet. Aber auch durch kutikulare Faltungen. Dies zeigt Abb. 25.68. Dabei ist interessant, dass eine Koexistenz von Wachskristallen und Faltungen funktionell nicht notwendig zu sein scheint [25.93]. Ein Grund für die evolutionäre Entwicklung der zweiten hierarchischen Ebene der Oberfläche vieler Pflanzen besteht darin, bestäubenden Insekten die Bewegung auf der Oberfläche zu erleichtern [25.98].

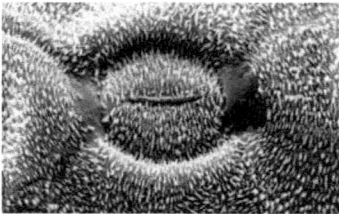

Abb. 25.66. Anordnung von Wachsplättchen um Stomata bestimmter Monokotyledonen herum [25.95].

Auch die Oberflächen von Insekten zeigen Strukturen, die denjenigen der zweiten hierarchischen Ebene von Pflanzenoberflächen ähnlich sind, die allerdings aus Chitin aufgebaut sind. In diese Kategorie fallen etwa Borsten und Mikrovilli. Diese Strukturen haben typischerweise µm-Ausdehnungen, sind aber aus entsprechenden Nanostrukturen zusammengesetzt. Abbildung 25.69 zeigt exemplarisch Mikrovilli und Borsten an der Oberfläche von Insektenaugen und -flügeln.

Es lassen sich drei weitere Hierarchien von Oberflächenstrukturen definieren [25.93], die aber aufgrund ihrer charakteristischen strukturellen Abmessungen keine unmittelbaren Bezüge zur Nanoskaligkeit aufweisen. Hierarchisch strukturierte

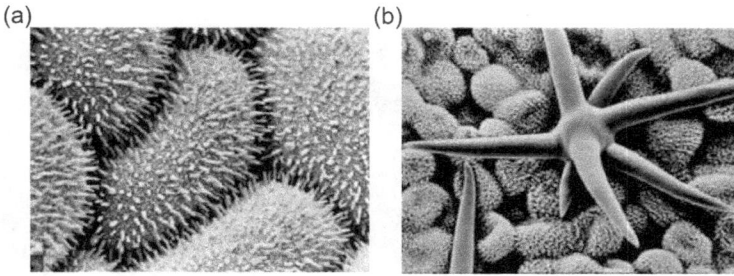

Abb. 25.67. Hierarchisch strukturierte Pflanzenoberflächen mit unbekannter chemischer Zusammensetzung der Wachsstrukturen und/oder der Topologie der Strukturen. (a) Samenoberfläche von Sceletium tortuosum mit drei hierarchischen Ebenen [25.96]. (b) Blattoberfläche von Virola surinamensis mit vier hierarchischen Ebenen und Trichom [25.97].

Oberflächen weisen mindestens zwei hierarchische Ebenen auf, beispielsweise die erste und zweite. Eine derartige Kombination von Nano- und Mikrostrukturen reicht aus, um die Oberfläche superhydrophob zu machen, wie wir im vorangegangenen Abschnitt gesehen haben.

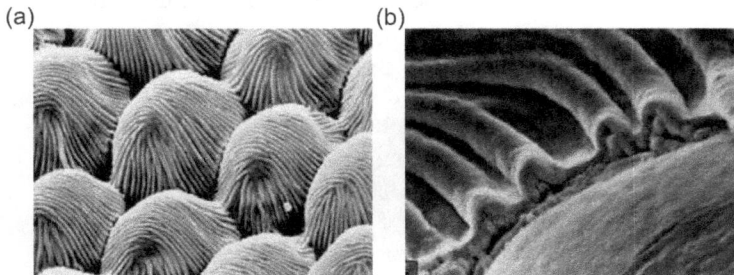

Abb. 25.68. Kutikulare Faltungen an Pflanzenoberflächen [25.98]. Die Muster kommen durch Überproduktion von Kutin zustande. Bei diesem handelt es sich um ein Heteropolymer mit Esterbindungen zwischen den Monomeren, die entweder auf C_{16}- oder C_{18}-Hydroxyfettsäure-Gerüsten aufsetzen. (a) Anthemis. (b) Atztekium.

Biologische Oberflächen sind immer multifunktional. Sie kombinieren die mechanische Stabilisierung des Organismus mit dem Gasaustausch, der Abgabe oder Aufnahme von Wasser, der Farbgebung, einer großen oder kleinen Adhäsion oder mit der Bindung einer Luftschicht unter Wasser. Häufig findet man ähnliche Strukturen auf Pflanzen und Insekten, die dann ähnliche Funktionalitäten besitzen. Ein Beispiel zeigt Abb. 25.70. Insekten mit membranartigen Flügeln müssen eine Benetzung mit Wasser oder eine Ablagerung von Staub vermeiden, um ein hinreichend geringes Gewicht zu haben. Hier bieten sich die Mechanismen der Lotuspflanze an, also Superhydrophobie und Selbstreinigung. Auch die Luftschichten und Taschen, die wir bereits im Zusam-

(a) (b)

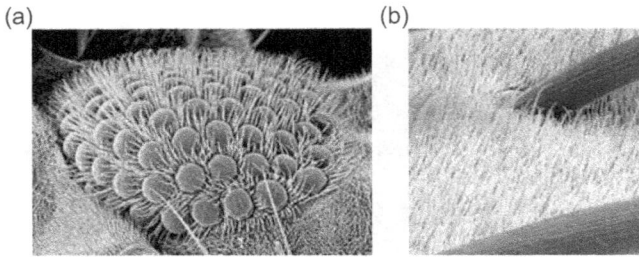

Abb. 25.69. Chitin-Mikrovilli und Borsten an der Oberfläche von Insekten [25.93]. (a) Auge der Zuckmücke Clunio marinus. (b) Vorderflügel des Rückenschwimmers Notonecta.

menhang mit dem Lotuseffekt diskutierten, findet man im Tierreich. Gebundene Luftschichten erfüllen dabei unterschiedliche Funktionen [25.93]. So reduziert ein dünner Luftfilm im Bereich des Vorderflügels von Notonecta, der in Abb. 25.69(b) abgebildet ist, Reibungseffekte unter Wasser, ermöglicht aber auch durch Kompression und Übertragung auf die Borsten die Detektion von Druckschwankungen. Der Luftfilm stellt damit eine Membran für die Mechanosensorik über die Borsten des Insekts dar. Gleichzeitig stabilisieren die Borsten den Luftfilm unter Wasser. Die hierarchisch strukturierte Oberfläche sowie der mechanosensorische Mechanismus sind in Abb. 25.71 dargestellt.

(a) (b)

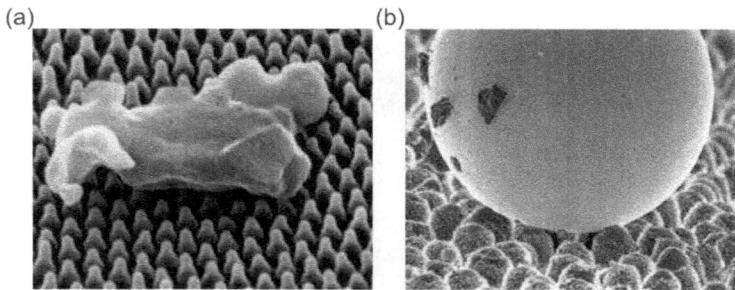

Abb. 25.70. Superhydrophobie und Selbstreinigung biologischer Oberflächen [25.99]. (a) Staubpartikel auf dem Flügel von Cicada orni. (b) Abrollender Wassertropfen mit Staubpartikeln auf einem Blatt der Lotuspflanze.

Die evolutionären Strategien, die zu Superhydrophobie und Selbstreinigung führen, sind auch geeignet, um weitere Funktionalitäten zu begünstigen. Dazu gehört insbesondere die Anti-Fouling-Funktionalität. Auf diese Funktionalität sind insbesondere Meeresbewohner angewiesen. Auch hier verhindern eine Minimierung der Kontaktfläche sowie die Bindung von Lufttaschen die Besiedlung der Oberfläche eines Organismus mit anderen Organismen. Ein weithin bekanntes Beispiel ist die Haut des Hais.

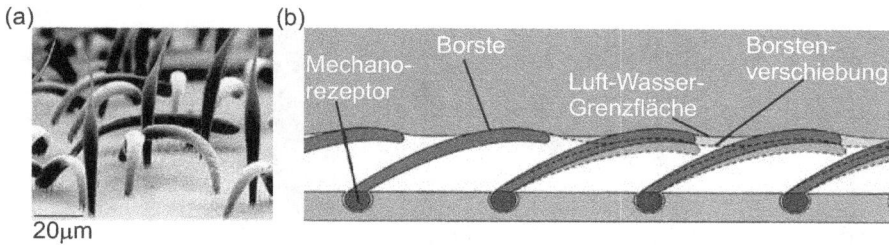

Abb. 25.71. Luftschicht an der Oberfläche des Vorderflügels von Notonecta aus Abb. 25.69(b) [25.100]. (a) Hierarchisch strukturierte Flügeloberfläche. (b) Reibungsminderung und Mechanosensorik durch eine gebundene Luftschicht an der Flügeloberfläche.

Die Biologie hat auch besonders harte und widerstandsfähige Oberflächen hervorgebracht wie beispielsweise diejenige von Zähnen. Auch hier trägt wiederum ein hierarchischer Aufbau der Oberfläche unter Beteiligung der Dentinröhrchen entscheidend zur Funktionalität bei. Relevante Längenskalen sind dabei wiederum der Nano- und Mikrometerbereich.

Auch thermische Regulation und photochemische Reaktion werden durch biologische Oberflächen ermöglicht. Die wohl wichtigste dieser Reaktionen ist die Photosynthese: $6 H_2O + 6 CO_2 \rightarrow C_6H_{12}O_6 + 6 O_2$. Solare Energie wird von Pflanzen und einigen Bakterien genutzt, um aus atmosphärischem Wasser und Kohlendioxid Sauerstoff und Kohlenhydrate zu gewinnen. Insbesondere durch Eröffnung von Diffusionspfaden durch die Oberflächen ermöglicht Licht die chemischen Wechselwirkungen auf molekularer Ebene.

Biologische Oberflächen können auch komplexe optische Funktionalitäten aufweisen. Farben werden durch Pigmentierung, aber auch durch strukturelle Effekte erzeugt. Ein bekanntes Beispiel für strukturbedingte, irisierende Farben sind Schmetterlingsflügel. Die Struktur unterschiedlicher Flügel zeigt exemplarisch Abb. 25.72. Auch hier spielen zur Erreichung multipler Funktionalitäten wieder hierarchische Oberflächen mit Nano- und Mikrostrukturen eine entscheidende Rolle. Auch Federn zeigen ähnliche Strukturen und Farbeffekte. Interessant ist, dass die Strukturen zum Teil wie die in Abschn. 5.2.7 diskutierten photonischen Kristalle wirken.

Die zuvor diskutierten Beispiele zeigen, dass biologische Oberflächen sich im Allgemeinen von technischen stark unterscheiden. Sie bestehen aus gänzlich anderen Materialien, wobei Wachse, Fettsäuren und Polymere im Generellen eine große Rolle spielen. Multifunktionalität wird durch hierarchische Strukturierung in zum Teil mehreren Ebenen erreicht. Die unterste Ebene basiert auf Nanostrukturen, die dann in der zweiten Ebene, mit Mikrostrukturen verbunden, bereits zahlreiche, zum Teil spektakuläre Funktionalitäten zur Folge haben. Im Kontext der Nanotechnologie ist zunächst einmal ein Verständnis der Struktur-Eigenschafts-Kausalität das Ziel. Darauf aufbauend bieten sich dann bionische Konstruktionsprinzipien für technische Oberflächen an, die im folgenden Abschnitt diskutiert werden sollen.

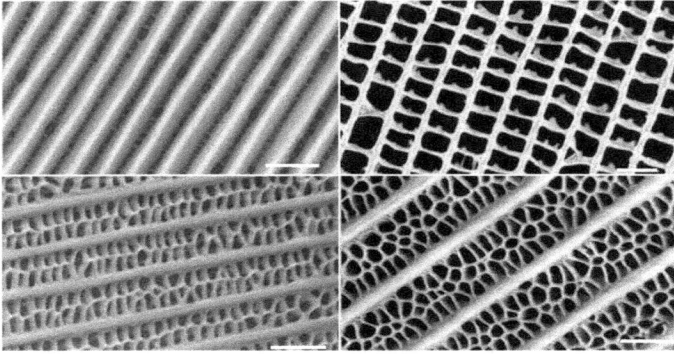

Abb. 25.72. Struktur der Flügel von vier unterschiedlichen Schmetterlingen mit ausgeprägten Farbeffekten. Die Länge des Balkens beträgt in allen Fällen 2 μm.

25.8 Bionische Oberflächen

Im vorliegenden Kontext soll der Begriff „bionisch" synonym zu „biomimetisch" Verwendung finden. Insofern haben die folgenden Ausführungen einen kontextuellen Bezug zur Diskussion in Abschn. 12.2. Die technologische Relevanz entsprechender bionischer Oberflächen entspringt dabei den zum Teil spektakulären und multifunktionellen Eigenschaften der unterschiedlichsten biologischen Oberflächen, die wir im vorherigen Abschnitt diskutierten. Gleichsam sollen besondere evolutionäre Erfolge innerhalb der Biologie zur Erreichung technischer Ziele konzeptionell genutzt werden. Die technischen Ziele können dabei durchaus wieder im Erreichen biologischer Ziele bestehen. Dies wäre etwa der Fall bei einer biokompatiblen Oberfläche, welche das Einwachsen einer Prothese forciert oder bei einer Oberfläche, die den Fouling-Prozess von Materialien in Kontakt mit Wasser minimiert. Allerdings geht es natürlich bei den am häufigsten angestrebten Funktionalitäten um Oberflächen, die keine biologische Relevanz haben.

Wohl am intensivsten wurden bionische Oberflächen untersucht, die ein ausgeprägtes Adhäsionsverhalten haben. Diese Untersuchungen umfassen keinesfalls nur Oberflächen niedriger Adhäsion, wie wir sie in Abschn. 25.6 behandelten, sondern auch Oberflächen mit gesteigerter Adhäsion, wie sie in Abschn. 12.2 im Kontext des Adhäsionsvermögens von Tieren – und namentlich von demjenigen des Geckos – diskutiert wurden. Abbildung 25.73 zeigt beispielhaft einige zum Teil hierarchische Oberflächenstrukturen im Sinne einer bionischen Nutzung des Aufbaus der Gecko-Füße. Die erhöhte Adhäsion kann mit weiteren Funktionalitäten kombiniert werden, die unter Umständen erheblich zur Wertschöpfung beitragen. Abbildung 25.74 zeigt die Nanostruktur eines Gecko-basierten Elastomers, welches auch für die Deposition von Medikamenten Verwendung finden kann und bioabbaubar ist [25.110].

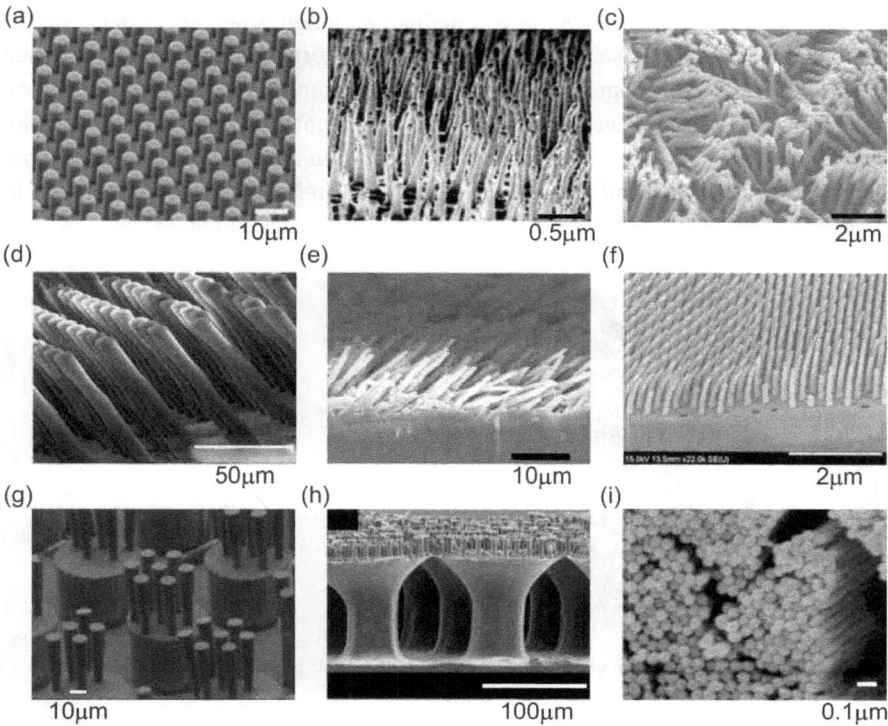

Abb. 25.73. Bionische Realisierungen des Gecko-Adäsionsmechanismus. (a) PDMS-Mikrofibrillen [25.101]. (b) PMMA-Nanofibrillen [25.102]. (c) Fibrillen, hergestellt durch Auffüllen der in Abschn. 5.2.7 diskutierten Porenkristalle [25.103]. (d) Lithographisch erzeugte Polymerfibrillen [25.104]. (e) Thermomechanisch erzeugte Polymerfibrillen [25.105]. (f) Fibrillen mit elektronenstrahlmodifizierter Steifigkeit [25.106]. (g) Hierarchische Struktur aus PDMS, hergestellt durch weiche Lithographie [25.107]. (h) Hierarchische Polymerstrukturen mit komplexer Geometrie [25.108]. (i) PMMA-Fibrillen, die sich aufspalten in Nanohärchen [25.109].

Auch die optischen Eigenschaften von Schmetterlingsflügeln waren Gegenstand vieler bionischer Analysen. Entsprechende Replikate zeigen ebenfalls eine photonische Bandlücke wie die Flügel von Morpho peliedis. Entsprechende Untersuchungen dienen einerseits dazu, die biologischen Funktionalitäten – in diesem Fall selektive Reflexionen im blau-violetten Bereich – zu verstehen und andererseits Anhaltspunkte für die Konzeption integrierter photonischer Schaltkreise zu liefern [25.111]. Insbesondere finden inverse dreidimensionale Opale Interesse als photonische Kristalle [25.112]. Abbildung 25.75 zeigt ein Beispiel auf Basis von Polysterolkugeln und SiO_2-Nanopartikeln.

Bionische Ansätze haben auch zu neuartigen Ansätzen im Bereich der Photovoltaik und im Bereich „Energy Harvesting" geführt. Bereits in Abschn. 19.5.3 haben wir die *Grätzel-Solarzelle (Dye-Sensitized Solar Cell)* beschrieben. Die beschriebene lichtgetriebene Reaktion ähnelt der Serie von Redoxreaktionen, die maßgeblich sind für die natürliche Photosynthese. Aus diesem Grund verkörpert die Grätzel-Zelle einen bionischen Ansatz. In diesem Kontext ist die Oberflächenfunktionalisierung mit entsprechenden *Photosensibilisierern* relevant, um die Photosynthese-affinen Reaktionen zu ermöglichen. In diesem Zusammenhang wurden auch Metalloporphyrine intensiv untersucht. Diese besitzen ein vergleichsweise breites Absorptionsregime. Abbildung 25.76 zeigt entsprechende molekular strukturierte Oberflächen.

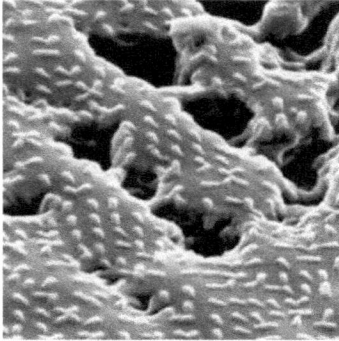

Abb. 25.74. Nanostruktur eines Gecko-basierten Elastomers [25.110].

Auch nanostrukturierte Oberflächen, die in Abhängigkeit von den Umgebungsbedingungen ihre Nanostruktur ändern können, wurden konzipiert. Derartige Oberflächen müssen gleichzeitig sensorische und aktorische Eigenschaften besitzen. Ein biologisches Vorbild könnten im weitesten Sinn etwa die makroskopischen Nastien der Mimose sein. Temperatursensible strukturelle Änderungen von Oberflächen lassen sich auf Nanometerskala mittels *Formgedächtnisverbindungen* realisieren. Dies zeigt schematisch Abb. 25.77 anhand eines Polyurethan-Netzwerks, welches oberhalb einer Ak-

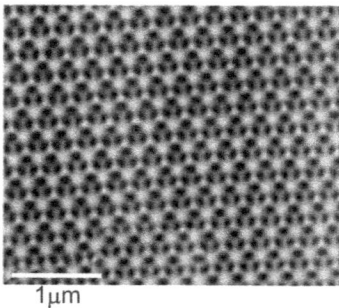

1μm

Abb. 25.75. Inverse Opalfilme [25.111].

tivierungsenergie durch molekulare Diffusion Nanoporen formt, die sich unterhalb der Aktivierungsenergie wieder schließen. Die Oberfläche zeigt also eine temperaturabhängige molekulare Permeabilität.

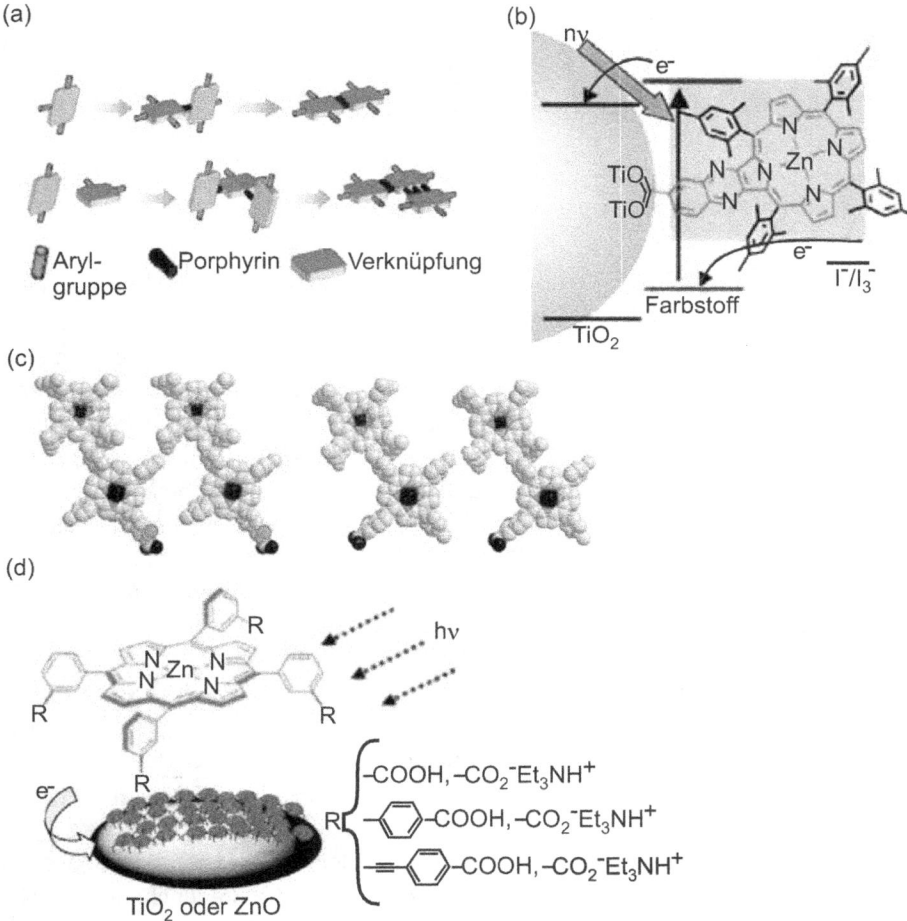

Abb. 25.76. Oberflächenfunktionalisierungen mit Photosensibilisierern für bionische Solarzellen. (a) Synthetische Wege zur Konstruktion von Porphyrin-Netzwerken [25.112]. (b) Zink-Phthalocyanin auf nanostrukturierter TiO₂-Oberfläche [25.113]. (c) Porphyrin-Dimere mit linearer und 90°-Verknüpfung als Bausteine für Oberflächennetzwerke [25.114]. (d) Zn(II)-Tetracarboxyphenyl-Porphyrin an nanostrukturierten Metalloxid-Oberflächen [25.115].

Ein insbesondere für die molekulare Analytik wichtiges Verfahren ist die Raman-Streuung, also die inelastische Streuung von Licht an Molekülen auf einem Substrat. Allerdings besitzt diese Streuung einen vergleichsweise kleinen Streuquerschnitt von

(a)　　　　　　　　　　　　　(b)

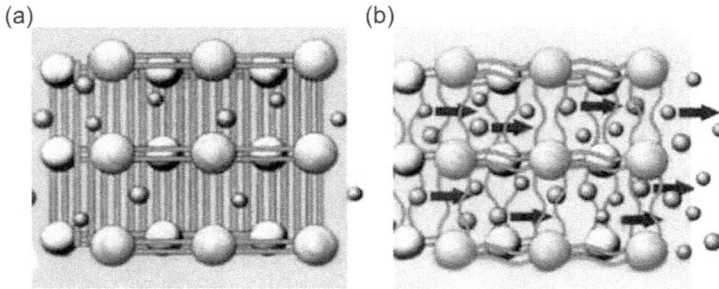

Abb. 25.77. Nanostrukturierte Oberfläche mit sensorischen und aktorischen Eigenschaften [25.116]. Formgedächtnis-Polymernetzerk (a) unterhalb und (b) oberhalb der Aktivierungstemperatur.

etwa 10^{-30} cm^2. Damit sind im Allgemeinen hohe molekulare Konzentrationen erforderlich, die Analyse einzelner Moleküle ist so nicht möglich. Bei der *Oberflächenverstärkten Raman-Streuung (Surface Enhanced Raman Scattering, SERS)* befinden sich die Moleküle nahe einer metallischen Oberfläche, was das Signal extrem verstärken kann. Dieser Effekt wurde 1974 erstmals beobachtet [25.117] und einige Jahre später erklärt [25.118]. Zwei Mechanismen können eine Rolle spielen. Bei einer Chemisorption des Moleküls bilden metallisches Substrat und Molekül einen Komplex mit der Möglichkeit eines temporären Ladungstransfers und angeregter Schwingungszustände des Moleküls. Dies kann zu Raman-Verstärkungen von bis zu 10^2 führen. Bei Anregung der in Abschn. 2.2.4 und 18.6.1 behandelten Plasmonen entstehen an Nanostrukturen der Oberfläche sehr hohe elektrische Felder. Diese Felder regen zusammen mit dem einfallenden Licht die Moleküle verstärkt an, was in Raman-Verstärkungen von bis zu 10^{10} resultiert. Dies macht Raman-Streuung an einzelnen Molekülen möglich.

Auf der Suche nach optimalen Raman-Substraten, die die Anregung von Oberflächenplasmonen begünstigen, wurden auch biologische Oberflächen von Pflanzen und Insekten verwendet [25.119]. Die im vorherigen Abschnitt diskutierten hierarchisch strukturierten Oberflächen können mit Edelmetallen beschichtet werden. Bei Plasmonenanregung resultieren aufgrund der natürlichen Struktur der biologischen Substrate lokal hohe Feldstärken. Zusätzlich begünstigen die Oberflächenstrukturen die Bindung und Konzentration der Analyten. Bevorzugt besteht die plasmonenaktive Beschichtung in einzelnen Nanopartikeln, die direkt auf den biologischen Oberflächen deponiert werden [25.119]. Ganz besonders bieten sich die natürlichen photonischen Architekturen – beispielsweise von Schmetterlingsflügeln – als SERS-Substrate an.

Um nicht auf biologische Oberflächen zurückgreifen zu müssen, bietet sich die Verwendung bionischer Substrate an, etwa in Form von Replikaten der Schmetterlings- oder Zikadenflügel an. Abbildung 25.78 zeigt beispielhaft bionische Oberflächen, die sich an den Nanostrukturen des Zikadenflügels orientieren.

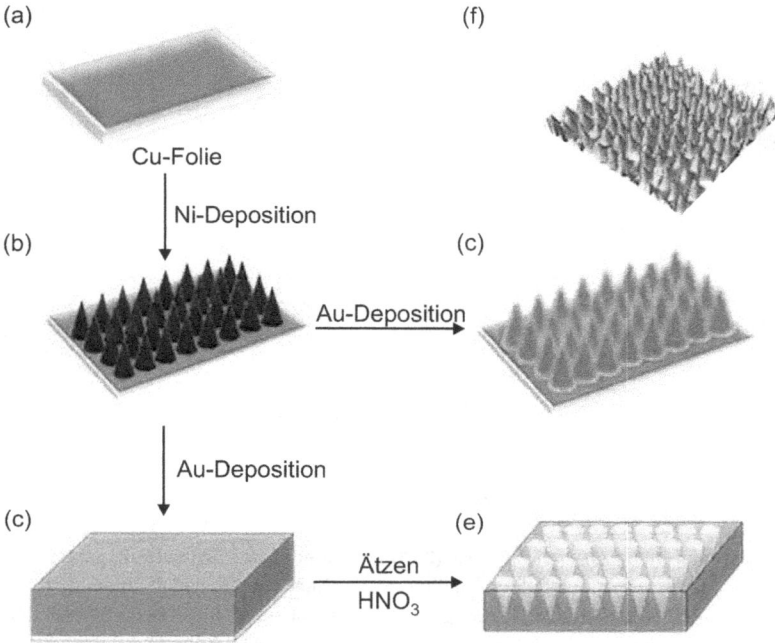

Abb. 25.78. Bionische Oberflächen, abgeleitet vom Zikadenflügel [25.120]. (a)–(c) Au-beschichtete Ni-Nanokone als SERS-Substrat. (a)–(e) Komplementäre Oberfläche mit großer Adhäsion, aber auch Hydrophobizität.

Im Hinblick auf die in Abschn. 25.5 diskutierten katalytischen Oberflächen erweist sich die Bindung katalytisch aktiver Nanopartikel an Substrate als eine wesentliche Herausforderung. Biologische Oberflächen wurden als Template verwendet zum einen für die Herstellung von katalytisch aktiven Nanopartikeln, zum anderen für die Herstellung von Substraten für die Aufnahme solcher Partikel [25.119]. Speziell für die Photokatalyse erweisen sich photonische Architekturen als effizient, die Schmetterlingsflügeln nachgebildet sind. Diese lassen sich mit plasmonischen Nanoantennen kombinieren. Auf diese Weise lässt sich der relevante Spektralbereich bis in den fernen Rot- und nahen Infrarotbereich ausdehnen. Eine entsprechende Anordnung zeigt schematisch Abb. 25.79.

Hierarchisch strukturierte Pflanzenoberflächen begünstigen die unterschiedlichsten Oberflächenreaktionen und einen effizienten Materietransport. Beides ist von besonderer Bedeutung für die in Abschn. 25.5 diskutierten katalytisch funktionalen Oberflächen. Aus diesem Grund sind solche Oberflächen auch im Rahmen bionischer Ansätze entwickelt worden [25.119]. Ein Beispiel zeigt Abb. 25.80. Die CoO$_x$-Heterostruktur beinhaltet aktive Co^{2+}-Bindungsstellen für die Sauerstoffgewinnung

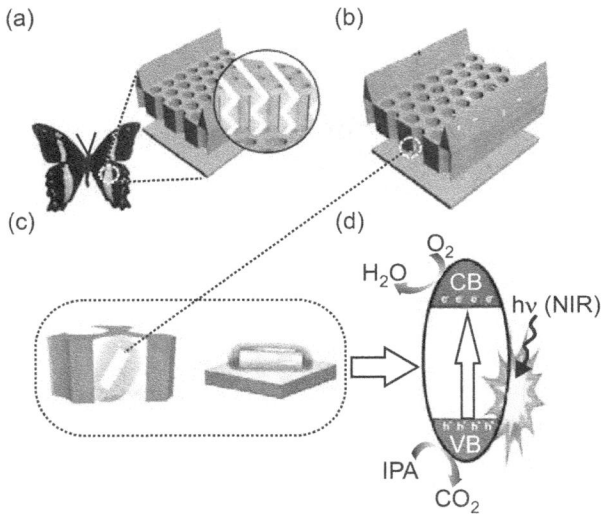

Abb. 25.79. Bionische Anordnung zur Photokatalyse [25.121]. (a) Modell des Schmetterlingsflügels von Papilio nireus mit photonischer Architektur. (b) Photonische Nanoantennen in der biomimetischen photonischen Einheit aus Wismutvanadat. (c) Erhöhung der lokalen Feldstärke im Bereich der Nanoantennen innerhalb der photonischen Struktur gegenüber den reinen Antennen. (d) Photokatalyse von Isopropylalkohol.

(OER), eine große Oberfläche für elektrochemische Reaktionen und begünstigt den Transport von Ladung und Elektrolyten über die hierarchische Nano-/Mikrostruktur.

Im Zusammenhang mit dem Lotuseffekt haben wir in Abschn. 25.6 ausführlich die Entfernung von Wassertropfen von Oberflächen diskutiert. Dazu müssen sich natürlich erst einmal Wassertropfen auf der Oberfläche befinden. Dies kann der Fall sein als Folge der Deposition von flüssigem Wasser beispielsweise während des Regnens. Tropfen können sich aber auch bilden als Folge einer heterogenen Nukleation aus Wasserdampf. Den Prozess hatten wir in Abschn. 5.2.1 diskutiert. Die Kondensation von Wasser auf Festkörperoberflächen spielt eine Schlüsselrolle bei vielen industriellen Prozessen, die phasenänderungsbedingte Wärmeaustauschprozesse beinhalten. Namentlich sind dies beispielsweise Energieerzeugungs-, thermische Management-, „Water Harvesting"- und Entsalzungsprozesse. Die heterogene Nukleation besitzt im Vergleich zur homogenen eine reduzierte Energiebarriere. Verbunden mit der Kondensation des Wasserdampfs wird latente Wärme in die Umgebung abgegeben. Die physikochemischen Eigenschaften der Festkörperoberfläche sind von großer Bedeutung für den Verlauf der heterogenen Nukleation von Wasser, was insbesondere für die Unterschiede zwischen hydrophilen und hydrophoben Oberflächen offensichtlich ist. Der Kondensationswärme-Transferkoeffizient ist um eine Vielfaches größer für die tropfenweise Kondensation als für die filmweise [25.123]. Die Maximierung dieses thermischen Koeffizienten ist von großer Bedeutung für das thermische Management von

(a)

(b)

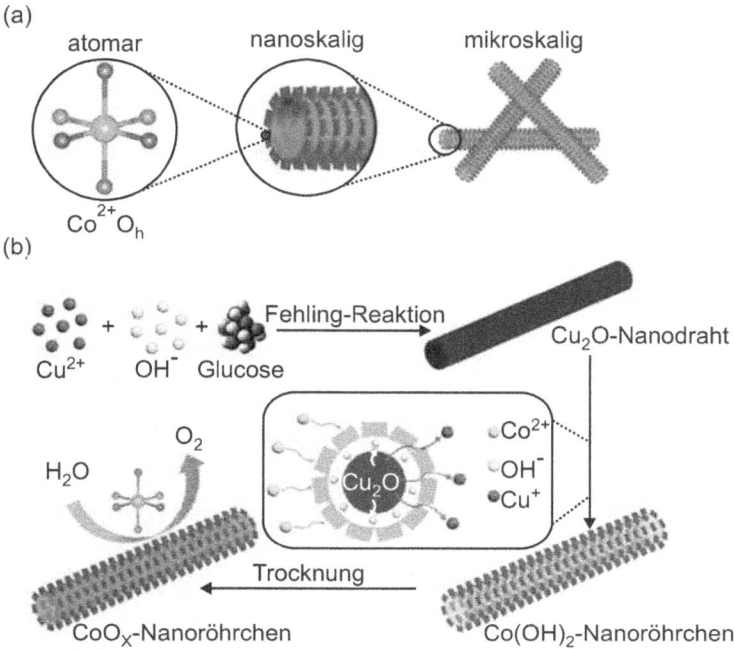

Abb. 25.80. Bionische Oberfläche aus CoO_x-Nanostrukturen, die sich hierarchisch zu röhrchenförmigen Mikrostrukturen organisieren [25.122]. (a) Hierarchischer Aufbau. (b) Synthesepfad.

elektronischen Bauelementen mit großem Wärmefluss sowie für industrielle, chemische und Verbrennungsprozesse. Aus diesem Grund ist die Entwicklung von Oberflächen mit optimierter tropfenweiser Kondensation von beachtlichem Anwendungsinteresse, und bionische Ansätze in diesem Bereich erweisen sich als durchaus erfolgreich [25.123].

Bereits seit mehr als 50 Jahren interessiert man sich für die tropfenweise Kondensation an Festkörperoberflächen [25.124]. Für den damit verbundenen Wärmetransfer sind die involvierten thermischen Widerstände von Bedeutung. Ein vorhandener Wassertropfen wirkt wie ein zusätzlicher thermischer Widerstand für den Phasenänderungs-Wärmetransfer zwischen Dampf und Oberfläche. Dieser thermische Widerstand wächst mit der Tropfendicke oder der Dicke eines Flüssigkeitsfilms auf der Oberfläche. Daher ist es für einen maximalen Wärmetransfer zwischen Oberfläche und Dampf wichtig, das Kondensat schnell von der Oberfläche zu beseitigen. Dazu sind wiederum die in Abschn. 25.6 im Zusammenhang mit dem Lotuseffekt diskutierten Mechanismen relevant, und damit sind es auch bionisch strukturierte Oberflächen.

Wenden wir die klassische Nukleationstheorie aus Abschn. 5.2.1 an, so ist die Energiebarriere für die Entstehung eines flüssigen Nukleus auf einer Festkörperoberfläche gegeben durch

$$\Delta G = \frac{\pi \sigma_{lv} r_{cr}^2}{3} / 2 - 3 \cos \Theta + \cos^3 \Theta) . \tag{25.1}$$

σ_{lv} ist die Flüssigkeits-Dampf-Grenzflächenspannung, r_{cr} der kritische Tröpfchenradius und Θ der Kontaktwinkel des Tröpfchens. Der kritische Radius folgt aus der klassischen Kelvin-Gleichung:

$$\ln \left(\frac{P}{P_\infty} \right) = \frac{2 \pi \sigma_{lv}}{n_l k_B T r_{cr}} . \tag{25.2}$$

P ist der Dampfdruck über einer Oberfläche mit Krümmungsradius r_{cr} und P_∞ derjenige für unendlichen Krümmungsradius des Kondensats. n_l ist die Anzahldichte der Wassermoleküle und T die Temperatur. Es resultiert eine Nukleationsrate von

$$J = J_0 \exp \left(-\frac{\Delta G}{k_B T} \right) , \tag{25.3}$$

wobei J_0 eine kinetische Konstante darstellt.

Aus den vorherigen Gleichungen wird deutlich, dass die Nukleationsrate für hydrophile Oberflächen höher ist als für hydrophobe. Der Dampf kann auf einer hydrophilen Oberfläche bei geringerer Unterkühlung oder geringerer Übersättigung besser

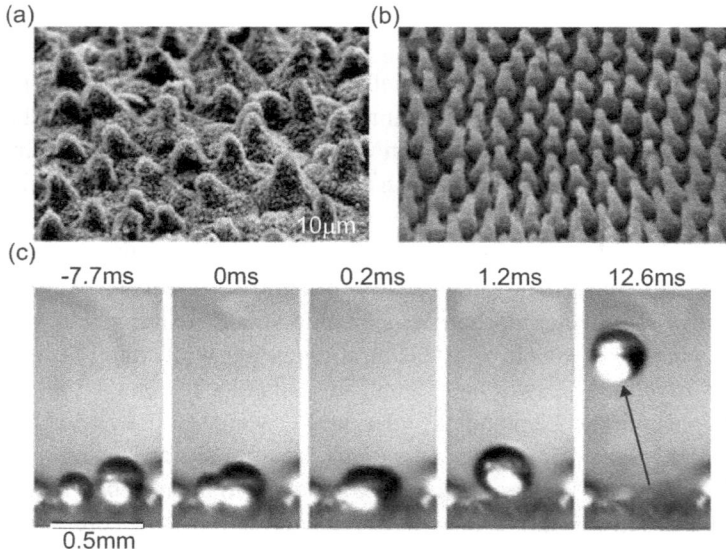

Abb. 25.81. Superdydrophobe biologische Oberflächen und dynamisches Verhalten kondensierter Wassertropfen. (a) Lotusblatt [25.125]. (b) Zikadenflügel [25.126]. (c) Zeitliche Sequenz der Verschmelzung kondensierter Wassertropfen und des resultierenden kinetischen Eigenantriebs [25.127].

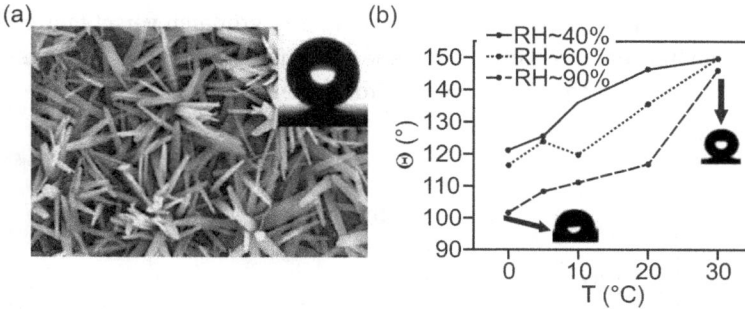

Abb. 25.82. Kondensationsverhalten auf superhydrophobem Kupferoxid [25.128]. (a) SEM-Aufnahme der nanostrukturierten Oberfläche. (b) Kontaktwinkel bei variierender Temperatur und relativer Luftfeuchte.

kondensieren als auf einer hydrohoben. Dem steht allerdings seine erhöhte Adhäsionskraft gegenüber, die bei hydropilen Oberflächen einem raschen Abgleiten des Tropfens oder Films entgegensteht, was wiederum den Wärmetransfer-Koeffizienten reduziert.

Wenn Wasser auf nicht benetzbaren Oberflächen der Flora und Fauna kondensiert, ist ein Phänomen zu beobachten, welches nicht unmittelbar aus dem in Abschn. 25.6 diskutierten Selbstreinigungsphänomen resultiert. Wenn kleine Tropfen auf su-

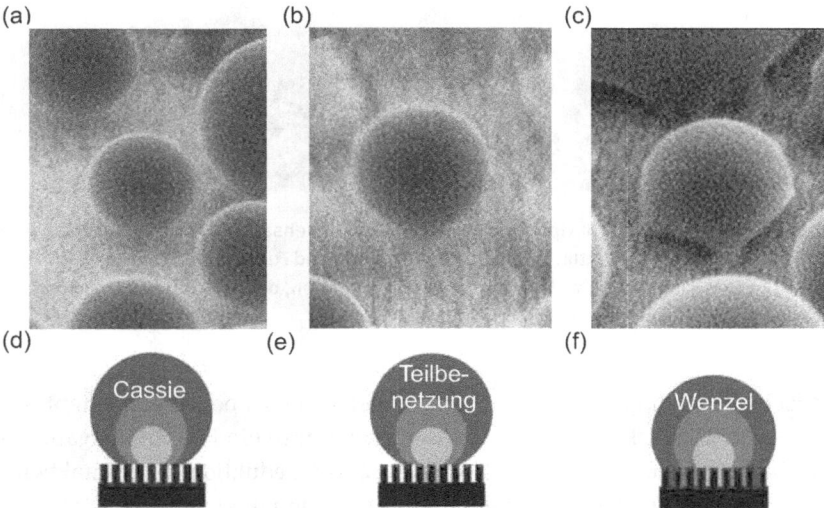

Abb. 25.83. Benetzung auf nanostrukturierten Oberflächen in ESEM-Aufnahmen (Environmental SEM) [25.122]. (a), (d) Cassie-Modus. (b), (e) Partielle Benetzung. (c), (f) Wenzel-Modus.

perdydrophoben hierarchisch strukturierten Oberflächen zu größeren verschmelzen, können sie durch die freiwerdende Oberflächenenergie kinetische Energie gewinnen und von der Oberfläche springen. Einen solchen Prozess zeigt Abb. 25.81.

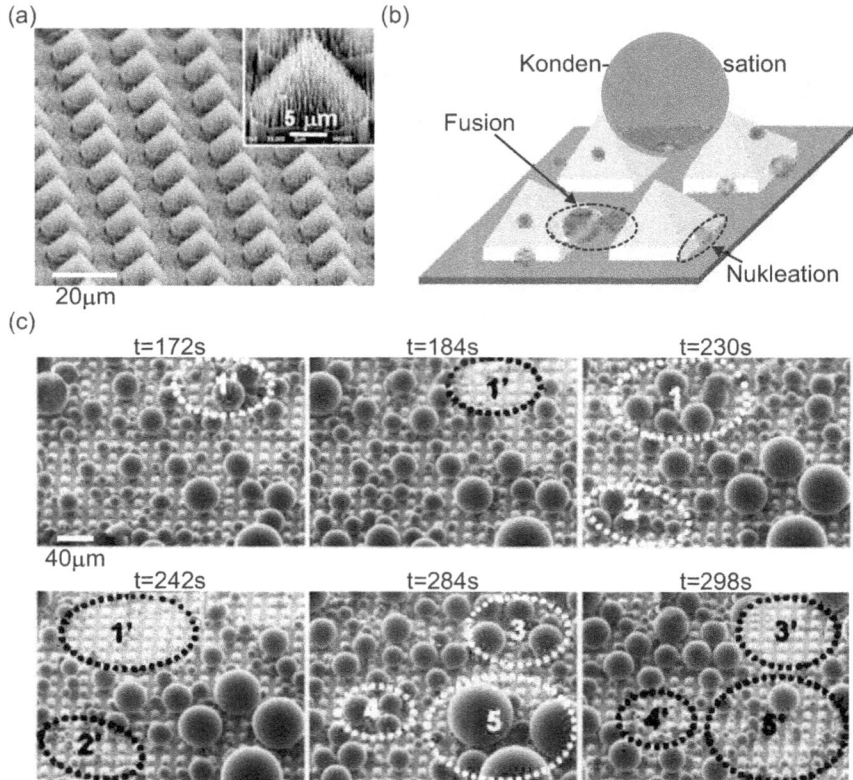

Abb. 25.84. Bionische Oberfläche zur Optimierung der Wasserkondensation und des Wärmetransfers [25.129]. (a) Hierarchische Struktur. (b) Nukleation, Position und Fusion des Kondensats. (c) Zeitaufgelöste ESEM-Aufnahmen, welche zunächst Tropfen zeigen, die nahe der Fusion sind und sodann aufgrund ihres Eigenantriebs die Oberfläche verlassen.

Die dynamische Benetzung nanostrukturierter Oberflächen ist bedeutend komplexer als die in Abschn. 25.6 diskutierte statische Benetzung, weil ein Phasenübergang involviert ist. Das zeigt nicht zuletzt auch Abb. 25.82. Die Reduktion des Kontaktwinkels mit abnehmender Temperatur resultiert aus der Fusion nukleierter festsitzender Tropfen mit nanoskaligen Tropfen im *Wenzel-Zustand* [25.128]. Dieses temperaturabhängige Verhalten setzt den mit der Kondensation verbundenen Phasenübergang voraus und würde nicht bei der einfachen Deposition von Wassertropfen – wie maßgeblich für den Lotuseffekt – auftreten. Die Dynamik des Kondensationsprozesses besteht

(a)

Unfunkti-
onalisiert

Wachstum

20μm

(b)

Unfunkti-
onalisiert

20μm

(c)

PVA-Spitzen

(d)

PVA-Spitzen

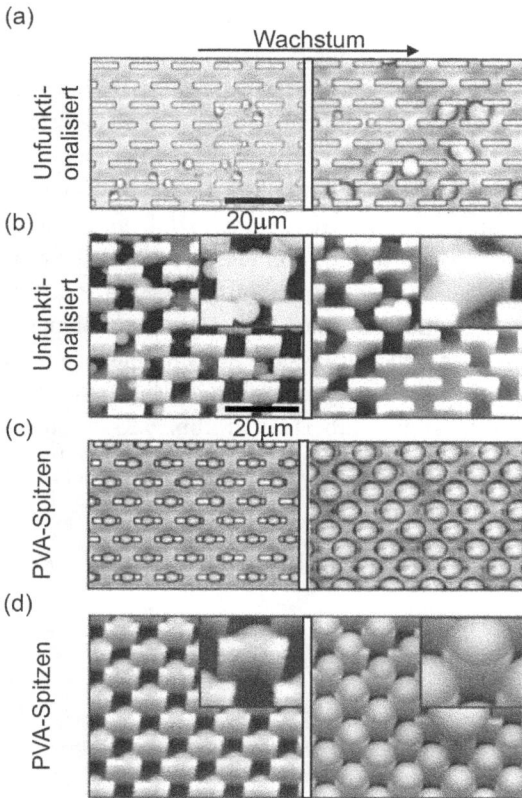

Abb. 25.85. Wasserkondensation auf strukturierter Oberfläche [25.131]. (a) Zufällige Nukleation auf hydrophober Oberfläche mit Flüssigkeitsbrücke in den Zwischenräumen. Optische Aufnahme. (b) ESEM-Aufnahme. (c), (d) Selektive Nukleation an den hydrophilen PVA-Spitzen der Strukturen.

darin, dass zunächst ein Nukleationskeim entsteht und danach ein Tropfenwachstum eintritt. Generell sind dabei auf nanostrukturierten Oberflächen die in Abb. 25.83 dargestellten Benetzungsmodi von Bedeutung. Je nach effektivem Kontaktwinkel, den wir ja in Abschn. 25.6 diskutierten, kann die Nukleation in den einzelnen Modi erfolgen und sich auch während des Wachstums von einem in einen anderen Modus hinein bewegen. Es ist offensichtlich, dass der Wenzel-Modus mit maximaler Adhäsion verbunden ist.

Für einen forcierten Wärmetransfer müssen Oberflächen entwickelt werden, die einerseits die Kondensation und andererseits das Abführen des Kondensats begünstigen. Bemerkenswerte Resultate wurden mit hierarchischen, superhydrophoben bionischen Oberflächen erzielt. Eine solche synthetische Oberfläche zeigt Abb. 25.84. Die Oberfläche ist mikrostrukturiert in Form von Pyramiden, deren Seitenwände ausgeprägte Nanostrukturen aufweisen. Experimentell zeigen derartige Strukturen eine große Nukleationsrate, ein schnelles Tropfenwachstum, eine große Tropfenfusionsrate und damit ein dynamisches Absprungverhalten der Tropfen.

Eine erstaunliche Fähigkeit zur Gewinnung von Wasser aus Nebel besitzt der Nebeltrinker-Käfer (Onymcris unguicularis) [25.130]. Eingangs wurde bereits erörtert, dass die Tropfennukleation von der intrinsischen Benetzbarkeit der Oberfläche abhängt. Der Käfer kombiniert daher hydrophobe und hydrophile Regionen. In einem bionischen Ansatz kann dies ebenfalls an artifiziellen Oberflächen erfolgen, wie Abb. 25.85 zeigt. Solche Oberflächen können in der Tat ein optimiertes Nukleationsverhalten mit einem effizienten Abtransport des Kondensats kombinieren. Eine derartige Struktur zeigt Abb. 25.86. Bei dieser Struktur, die gleichsam die superhydrophoben Lotusstrukturen mit den Hybridstrukturen des Nebeltrinker-Käfers kombiniert, kommt es selbst an den hydrophilen Kondensationsflächen zu einer tropfenweisen Kondensation, was den Abtransport des Kondensats gegenüber der in Abb.25.85 gezeigten Struktur weiter verbessert.

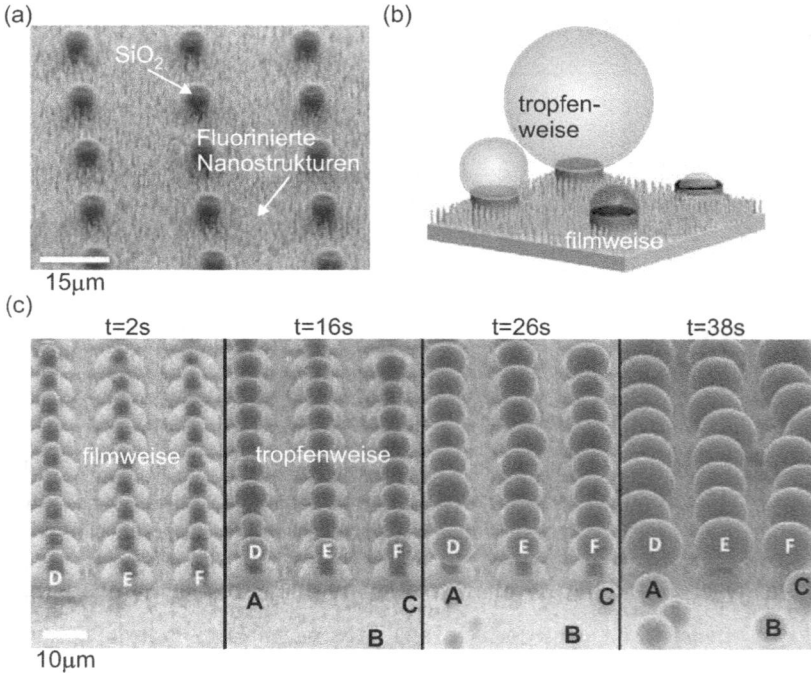

Abb. 25.86. Hierarchisch strukturierte Si-Oberfläche zur optimalen Kondensation bei gleichzeitig effizientem Abtransport des Kondensats [25.132]. (a) Struktur der Oberfläche. (b) Kondensationsmodi. (c) Sequenz der Kondensationsprozesse auf den Nanostrukturen (A,B,C) und auf den Mikrostrukturen (D,E,F.)

Insgesamt verdeutlichen die diskutierten Ergebnisse, dass bionische Ansätze beim Design von Oberflächen zu beachtlichen und innovativen Ergebnissen geführt haben. Dabei besteht die Strategie meist nicht darin, eine biologische Oberfläche möglichst naturgetreu nachzubilden, sondern vielmehr darin, die Struktur-Eigenschaft-Beziehungen biologischer Oberflächen zu verstehen, um sie in technische Lösungen zu übersetzen, deren Eigenschaften dann denen biologischer Oberflächen im Hinblick auf die jeweilige Funktionalität ähneln oder sie sogar übertreffen.

25.9 Biologisch funktionale technische Oberflächen

Im Gegensatz zu bionischen oder biomimetischen Oberflächen besitzen biologisch funktionale Oberflächen in jedem Fall einen direkten Kontakt zu Materie biologischen Ursprungs im Kontext von Kap. 9 des Lehrbuchs. Die angestrebte Funktionalität kann dabei darin bestehen, diesen Kontakt zu forcieren, zu minimieren oder darin, bestimmte biologische Effekte zu initiieren.

In jedem Fall biologisch funktional sind natürlich Oberflächen biologischen Ursprungs. Aber auch technische Oberflächen, die noch nicht einmal bionisch oder biomimetisch sind, können natürlich eine biologische Funktionalität besitzen und werden dies in den allermeisten Fällen auch tun.

Im folgenden Kontext sollen solche technischen Oberflächen betrachtet werden, die im Hinblick auf ein im Kontakt mit der Oberfläche befindliches Material biologischen Ursprungs oder im Hinblick auf ein biologisches System eine erwünschte Funktionalität besitzen. Diese erwünschte Funktionalität kann beispielsweise aus medizinisch-therapeutischen oder diagnostischen Gründen resultieren, aber auch aus Bedürfnissen der Forschung an biologischen Systemen oder aus rein technischen Gründen. Therapeutisch indiziert wäre etwa das beschleunigte Einwachsen einer Prothese durch forciertes Zellwachstum an der Oberfläche. Diagnostisch erstrebenswert könnte ein optimiertes selektives Anhaften von Markerpartikeln an Tumorzellen aufgrund einer geeigneten Oberflächenfunktionalisierung sein. Zellbiologisch interessant könnte hingegen ein selektives Zellwachstum auf funktionalisierten Elektroden für elektrophysiologische Messungen sein. Schließlich dienen photokatalytisch funktionalisierte Oberflächen dazu, Fouling-Prozessen, die aus technischen Gründen unerwünscht sind, entgegenzuwirken. Es ließen sich zahlreiche weitere relevante biologische Funktionalitäten technischer Oberflächen aufzählen. Eine Behandlung konkreter Entwicklungen und Anwendungen soll im Folgenden exemplarisch anhand einiger Ergebnisse aus der Nanostrukturforschung und Nanotechnologie erfolgen.

Speziell in der Zahnheilkunde gibt es Anwendungen, bei denen, wie eingangs allgemein ausgeführt, der Kontakt zwischen Oberfläche und Materie biologischen Ursprungs entweder forciert oder umgekehrt reduziert werden soll, oder bei denen ein bestimmtes Verhalten biologischer Zellen induziert werden soll. Häufig ist dabei die Biokompatibilität eine Minialforderung; manchmal werden aber auch Inkompatibilitäten in Kauf genommen. Die unerwünschteste Form von biologischen Inkompabilitäten ist sicherlich eine signifikante Toxizität. Diese hängt natürlich nicht nur davon ab, welche Zusammensetzung ein Material hat, welches mit biologischer Materie interagiert, sondern auch davon, welche Teile eines biologischen Systems wie lange exponiert sind. Geht es um die Oberflächen freier Nanopartikel in einem biologischen System, so ist neben der stofflichen Zusammensetzung auch die Größe und Geometrie der Nanopartikel relevant. Zudem umfassen relevante Oberflächeneigenschaften die Oberflächenenergie und -ladung [25.133]. So können beispielsweise kationische Nanopartikel leichter von Zellen aufgenommen werden durch eine attraktive Wechselwirkung mit der negativen Zellmembran [25.134]. Dies ist schematisch in Abb. 25.87 dargestellt. Allerdings rufen die Partikel im Vergleich zu anionischen oder neutralen auch eine gesteigerte Immunantwort hervor [25.135]. Anionische Partikel wiederum werden offenbar bevorzugt in Tumorgewebe akkumuliert [25.136]. Allein diese rudimentäre Diskussion zeigt schon, wie groß die Anzahl derjenigen Faktoren ist, die am Ende über Biokompatibilität oder Toxizität einer Oberfläche entscheiden.

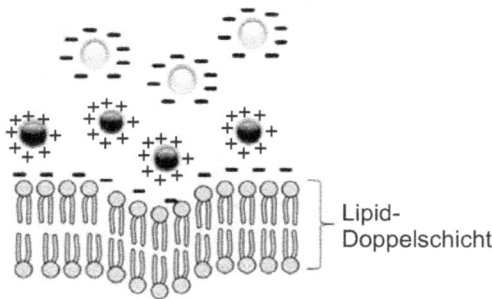

Abb. 25.87. Einfluss der Oberflächenladung auf Nanopartikel-Zell-Interaktionen.

Verursacht durch das flüssige Milieu in der Mundhöhle entsteht auf festen Substraten – und insbesondere auch auf der Oberfläche von Zähnen – eine proteinbasierte Schicht. Das resultierende tertiäre Schmelzoberhäutchen, die *Pellikel*, bestimmt die Oberflächenladungen und die exponierten chemischen Gruppen [25.137]. Auf der Pellikel bilden sich die unterschiedlichsten bakteriellen Kolonien und formen einen Biofilm, der auch als *Plaque* bezeichnet wird. Die Plaque-Entstehung lässt sich reduzieren durch Nanokomposit-Oberflächenschichten. Insbesondere Nanokomplexe aus Casein-Phosphopeptid und amorphen Calciumphosphaten (CPP-ACP-Komplexe) haben sich als wirkungsvoll erwiesen [25.137]. Abbildung 25.88 zeigt die Verhältnisse schematisch.

Komplexe Wechselwirkungen der adhärierten Bakterienkolonien, der Pellikel und des umgebenden Mileus führen zur Säureproduktion als metabolisches Nebenprodukt bestimmter Bakterienarten, insbesondere von *Streptokokken* und *Laktoba-*

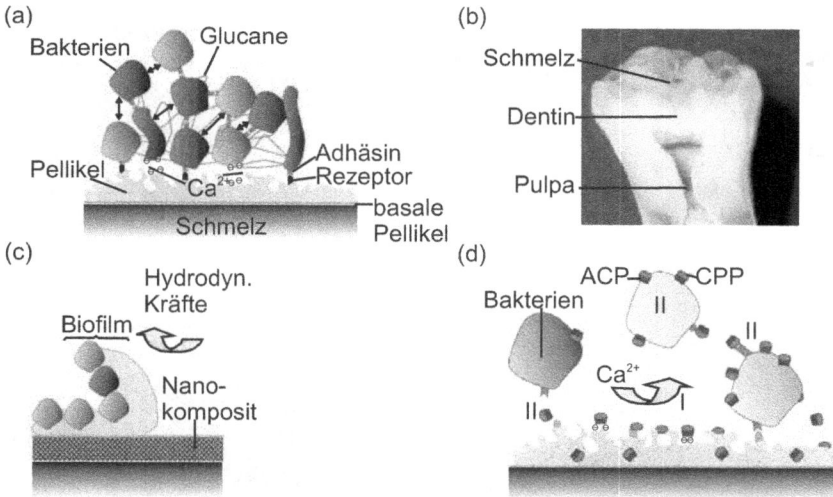

Abb. 25.88. Biofilmmanagement durch Oberflächenbeschichtung mittels Nanokompositen [25.137]. (a) Bioadhäsion in der Mundhöhle. (b) Querschnitt eines menschlichen Zahns. (c) „Easy-To-Clean"-Oberflächenbeschichtung aus Nanokompositen. (d) CPP-ACP-Komplexe zur Unterdrückung der Bioadhäsion.

zillen. Die Säureproduktion hat wiederum die Demineralisation der Zähne zur Folge, was in Karies resultieren kann. Deshalb sind die in Abb. 25.88 dargestellten nanostrukturierten Oberflächenschichten von großer Bedeutung für die Vermeidung von Karieserkrankungn der Zähne und Bestandteil diverser Produkte zur Oralhygiene.

Der Zahnschmelz ist unter den calcifizierten Säugetiergeweben besonders, weil er 80–90 % an Carbonathydroxylapatit beinhaltet. Andere calcifizierte Gewebe wie Dentin oder Knochen beinhalten weit weniger an anorganischen Mineralien. Wie die meisten anderen Gewebe, die durch die in Abschn. 12.1 diskutierte Biomineralisation entstanden sind, zeigen Zahnschmelz und Dentin einen komplexen hierarchischen Aufbau mit charakteristischen Strukturen im Mikro- und Nanometerbereich. Bei Zahnschmelz sind das auf Mikrometerskala die Zahnschmelzprismen und auf Nanometerskala röhrchenförmige Hydroxylapatitkristallite, welche weitestgehend parallel zueinander angeordnet sind. Die Strukturen sind in Abb. 25.89 dargestellt. Beim humanen Zahnschmelz sind sie senkrecht zur Längsrichtung < 100 nm weit und ihre Länge umfasst 0,1–1 μm. Beim Dentin handelt es sich um einen mineralischen Anteil von etwa 50 %. Der Rest besteht aus kollagenen und nichtkollagenen Proteinen und Flüssigkeiten. Die Hydroxylapatitkristallite sind nur etwa 20 nm groß [25.137].

Erosionen des Zahnschmelzes werden auch durch säurehaltige Nahrungsmittel oder durch Magensäure verursacht. Eine typische Erosion mit einer Abmessung im μm-Bereich ist in Abb. 25.90 schematisch dargestellt. CPP stabilisiert Calcium- und Phosphationen durch Formation amorpher Nanokomplexe mit einem Durchmesser

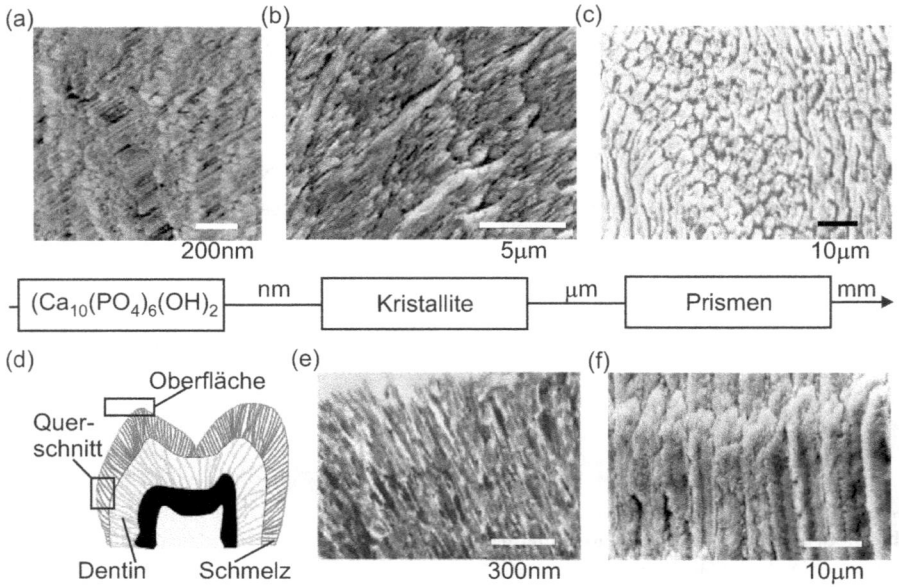

Abb. 25.89. Hierarchischer Aufbau von Zahnschmelz [25.137]. (a) AFM-Aufnahme der Oberfläche. (b), (c) SEM-Aufnahmen. (d) Aufbau von Zähnen. (e) TEM-Aufnahme des Querschnitts. (f) SEM-Aufnahme.

von ≈ 20 nm. Die stabilisierten Ionen stehen für Biomineralisationsprozesse zur Verfügung, die den Zahnschmelz auf natürliche Weise regenerieren.

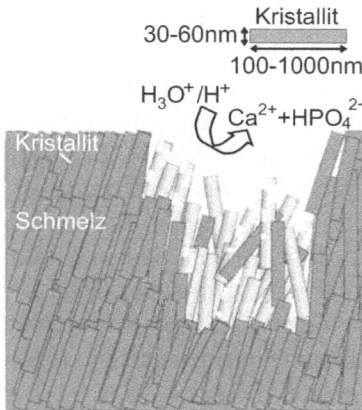

Abb. 25.90. Dentale Erosion als Folge niedriger pH-Werte [25.137]. Das Lösen der Schmelzkristalle führt zum Verlust von Ca^{2+}- und HPO_4^{2-}-Ionen und damit zur Demineralisation.

Schmelzerosionen mit Ausdehnungen im nm-Bereich lassen sich remineralisieren durch synthetische Hydroxylapatitpartikel ($Ca_{10}(PO_4)_6(OH)_2$). Die Partikel mit einem Durchmesser von ≈ 20 nm zeigen eine starke Adsorption an den erodierten Zahnschmelzdefekten und füllen die Nanodefekte wieder auf [25.138].

Einen großen Anwendungsbereich biologisch funktionaler technischer Oberflächen stellen Implantate dar. Dabei kommt Titan eine besondere Bedeutung zu, aber auch Nickel-Titan-Legierungen als Formgedächtnismaterialien [25.139]. Entsprechende Materialien müssen nicht nur biokompatibel sein, sondern auch mechanisch ausreichend belastbar. Der Nanostruktur der Materialien und insbesondere ihren Oberflächen kommt dabei eine besondere Bedeutung zu [25.139]. Nanostrukturierte Massivmaterialien besitzen die in Abschn. 5.2.5 und Abschn. 18.4 bereits diskutierten außergewöhnlichen mechanischen Eigenschaften. Nanostrukturierte Oberflächen dienen dem verbesserten Einwachsverhalten von Prothesen. Abbildung 25.91 zeigt die Kornstruktur von nanokristallinem Ti bei einer mittleren Korngröße von ≈ 150 nm. Das Material zeigt eine Streckgrenze von 1190 MPa und eine Zugfestigkeit von 1250 MPa [25.138]. Dies sind vergleichsweise große Werte für reines Titan.

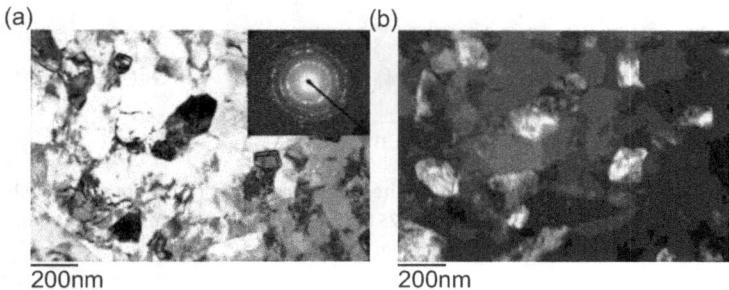

(a) (b)

200nm 200nm

Abb. 25.91. Kornstruktur von nanokristallinem Ti [25.139] (a) Hellfeld- und (b) Dunkelfeld TEM-Aufnahme.

Für bestimmte prothetische Anwendungen bieten sich Formgedächtnislegierungen an. Zu diesen gehören Ni-Ti-Legierungen (*Nitinol*). Auch hier verleiht eine Nanostrukturierung dem Material besondere mechanische Eigenschaften, die für prothetische Anwendungen äußerst erwünscht sind. Abbildung 25.92 zeigt die kristalline Struktur von Nitinol in Abhängigkeit unterschiedlicher thermomechanischer Behandlungen. Das Material weist amorphe Bereiche mit eingebetteten nanoskaligen Körnern auf.

Ein wichtiger Aspekt der Biokompatibilität ist die Korrosionsbeständigkeit. Bei reinem Ti trägt eine stabile TiO_2-Schicht an der Oberfläche erheblich zur Biokompatibilität bei. Wenn es sich aber um Ti-Legierungen handelt, muss sichergestellt sein, dass nicht Legierungsbestandteile gelöst werden und dass insbesondere nicht Metallionen in Lösung gehen. So werden Ni-Ti-Legierungen speziell im Hinblick auf die Diffusion von Ni-Atomen untersucht [25.140]. Dabei haben sich vor allem die

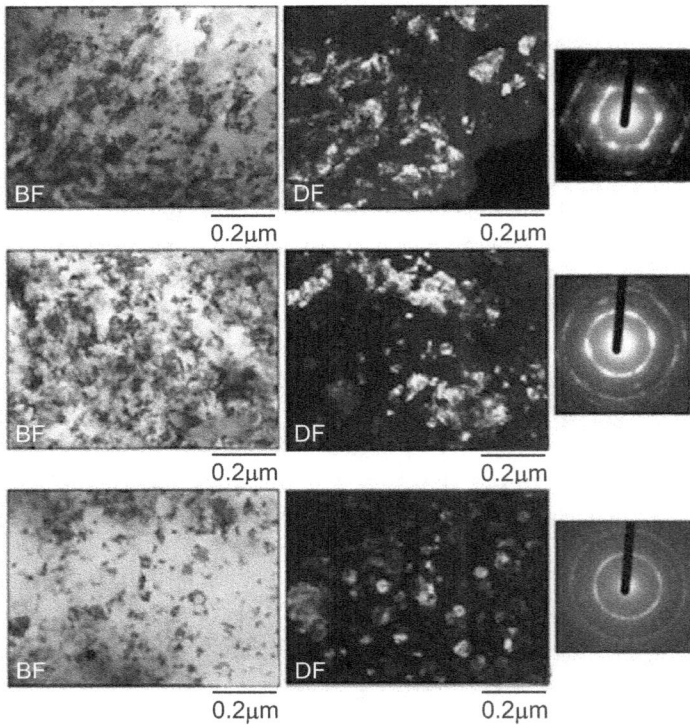

Abb. 25.92. Kornstruktur von Nitinol mit amorphen Bereichen und nanoskaligen Körnern sowie nach unterschiedlichen Thermomechanischen Behandlungen [25.139]. Gezeigt sind jeweils Hellfeld- und Dunkelfeld-TEM-Abbildungen und Röntgendiffraktogramme.

in Abschn. 21.5.5 behandelten Molekulardynamiksimulationen bewährt. Abbildung 25.93 zeigt exemplarisch Interdiffusionsprozesse an einer Ni-Ti-Grenzfläche bei erhöhter Temperatur. Speziell zur Diffusion von Ni-Atomen in den Außenraum von Ni-Ti-Legierungen unter physiologisch realistischeren Bedingungen wurden verschiedene

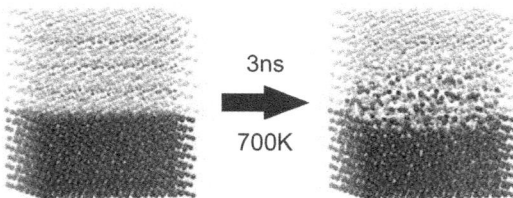

Abb. 25.93. Interdiffusion an einer Ni-Ti-Grenzfläche bei erhöhter Temperatur und nach wenigen ns [25.139]. Ti befindet sich oben.

Simulationen durchgeführt, welche die prothetische Nutzbarkeit der Legierungen unter Beweis stellten [25.139].

In verschiedenen prothetischen Kontexten zeigt nanostrukturiertes Ti einen zu starken Verschleiß der Oberfläche [25.139]. In diesem Fall bietet sich eine äußerst harte TiN-Schicht an der Oberfläche an. Diese kann durch oberflächliches Nitridieren hergestellt werden. Dabei bleiben, wie Abb. 25.94 zeigt, die Nanostrukturen an der Oberfläche des Ti erhalten. Eine derartige Nitridierung lässt sich auch für Nitrinol durchführen [25.139].

(a)   (b)

200nm   200nm

Abb. 25.94. Erhöhung der Härte nanostukturierter Ti-Oberflächen durch Nitridierung [25.139]. (a) Ti-Oberfläche. (b) TiN-Oberfläche.

Wie bereits bemerkt, haben nanostrukturierte Materialien und Oberflächen eine herausragende Bedeutung für prothetische Anwendungen. Aus diesem Grund ist man zunehmend um ein elementares Verständnis der Kausalität zwischen den mechanischen oder physiologischen Eigenschaften eines konkreten Materials und der vorliegenden Nanostruktur bemüht. Im Hinblick auf die mechanischen Eigenschaften eines Werkstoffs zeigt dies exemplarisch Abb. 25.95. Sollen in einer Simulation eines nanostrukturierten Materials möglichst realitätsnahe Resultate erzielt werden, so müssen die Kornstruktur und -orientierung, mögliche Texturen, die Korngrenzenbeschaffenheit und Versetzungsstrukturen berücksichtigt werden. Ausgereifte Finite-Elemente-Simulationen erlauben die Berücksichtigung der genannten Faktoren, wobei bei der Anzahl der Elemente und dem damit eng zusammenhängenden numerischen Aufwand, wie in Kap. 21 im Detail diskutiert, Kompromisse eingegangen werden müssen. Zwei der unterschiedlichen Herangehensweisen für eine Bestimmung der Spannungs-Dehnungs-Diagramme für nanostrukturiertes Ti zeigt Abb. 25.95.

Besonders bei in Knochen einwachsenden Implantaten aus Ti werden dramatische Abhängigkeiten des Einwachsverhaltens von der Mikro- und Nanostrukturierung der Implantatoberflächen verifiziert [25.141]. Speziell die Osteoblastendifferenzierung, die Formation der extrazellulären Matrix sowie die Mineralisation hängen stark von Nanostrukturen der Oberfläche ab. Damit beeinflussen diese Nanostrukturen letztendlich die Osseointegration und die mechanischen Eigenschaften des Implantat-

(a)   (b)   (c)

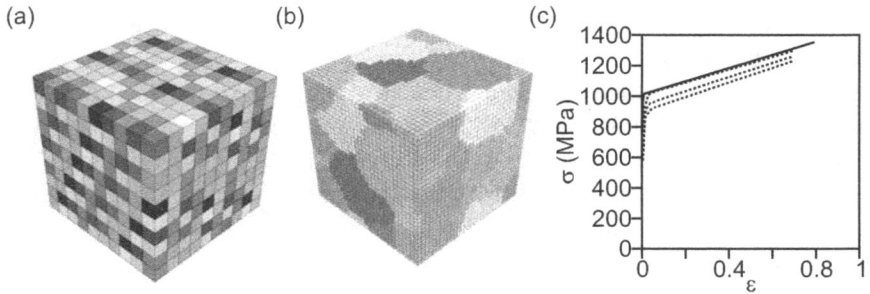

Abb. 25.95. Simulation der mechanischen Eigenschaften von nanostrukturiertem Ti [25.139]. (a) Voxel-Modell bei dem jedes der 1000 Elemente einen Kristallit repräsentiert. (b) 64000 finite Elemente repräsentieren 100 Kristallite. (c) Experimentelle und simulierte Spannungs-Dehnungs-Diagramme.

Knochen-Kontakts. Durch zusätzliche Deposition wachstumsfördernder Substanzen an der Implantatoberfläche – ein Beispiel wäre Calciumphosphat – kann die Knochenregenerationsdauer weiter verkürzt werden [25.142]. Als stark wachstumsfördernd haben sich beispielsweise TiO_2-Nanoröhrchen, wie in Abb. 25.96(a) abgebildet, erwiesen. Derartige anorganische Nanoröhrchen hatten wir bereits in Abschn. 19.5.3 ausführlich behandelt. Wie intensiv Osteoblasten mit Nanostrukturen interagieren und sich so mechanisch stabil verankern, zeigt eindrucksvoll Abb. 25.96(b).

(a)   (b)

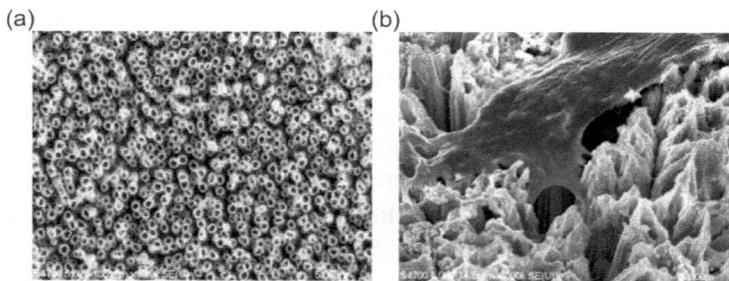

Abb. 25.96. Nanostrukturierte Ti-Oberflächen von Dentalimplantaten [25.141]. (a) TiO_2-Nanoröhrchen. (b) Osteoblast auf einer nanostrukturierten TiO_2-Oberfläche.

Eine fundamentale Frage ist, auf welche Weise die Nanostruktur von Oberflächen einen Einfluss auf die Proliferation von Zellen haben kann. Hinweise darauf ergeben sich aus der Beobachtung, dass die Nanostruktur einer Oberfläche offenbar einen Einfluss auf die zelluläre Proteinadsorption hat [25.141]. Je nach Architektur der Oberfläche können Zellteilung und -wachstum größer oder kleiner sein als für unstrukturierte, also natürlich raue Oberflächen [25.141]. Von Bedeutung ist offenbar die Proteinadsorption an der Implantatoberfläche. Die Adsorption von plasmatischem

Fibronektin ermöglicht die Verankerung und Proliferation von Zellen auf der Implantatoberfläche. Eine verstärkte Proteinadsorption an nanostukturierten Oberflächen aufgrund verstärkter Protein-Oberflächen-Wechselwirkungen wurde in der Tat beobachtet [25.39]. Insbesondere Osteoblasten zeigten als Folge dieser verstärkten Proteinadsorption eine verstärkte Besiedlung entsprechender Oberflächen [25.39]. Fibroblasten zeigten beispielsweise kein entsprechendes Verhalten [25.39]. Die Details des Zellverhaltens auf konventionellen und nanostrukturierten Oberflächen zeigt im Überblick Abb. 25.97.

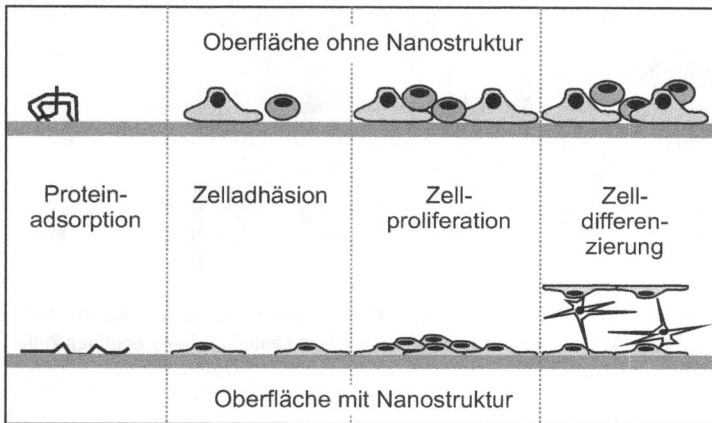

Abb. 25.97. Einflüsse der Nanostruktur einer Oberfläche auf die Besiedlung mit Zellen [25.141].

Aber auch unabhängig von der initialen Proteinadsorption interagieren Zellen in bemerkenswerter Weise mit oberflächlichen Nanostrukturen. Die Oberflächenstruktur beeinflusst die Adhäsion und die Mobilität von Zellen. Für beides sind insbesondere die Integrine relevant. Die Wechselwirkung dieser Transmembranproteine mit der Implanatatoberfläche ist abhängig von der Nanostruktur der Oberfläche. Bei der Interaktion mit nanostrukturierten Oberflächen bilden Zellen deutlich sichtbare Lamellipodien aus, wie Abb. 25.98 zeigt.

Im Gegensatz zu einer optimalen Besiedlung technischer Oberflächen mit Zellen gibt es auch Kontexte, in denen eine Besiedlung mit Zellen oder die Adsorption von Materie biologischen Ursprungs minimiert werden sollen. Ein Beispiel hierfür sind antibakterielle und antivirale Oberflächen. Auch in diesem Kontext hat sich die Bedeutung einer Nanostrukturierung von Oberflächen deutlich gezeigt [25.144]. Mittels entsprechender Nanostrukturen lassen sich Bakerien und Virenpopulationen auf Oberflächen signifikant reduzieren. Dabei sind nicht die in Abschn. 18.8.2 diskutierten biziden Eigenschaften relevant, sondern die Topographie der Oberfläche selbst. Besondere Bedeutung haben entsprechende nanotechnologische Entwicklungen erhal-

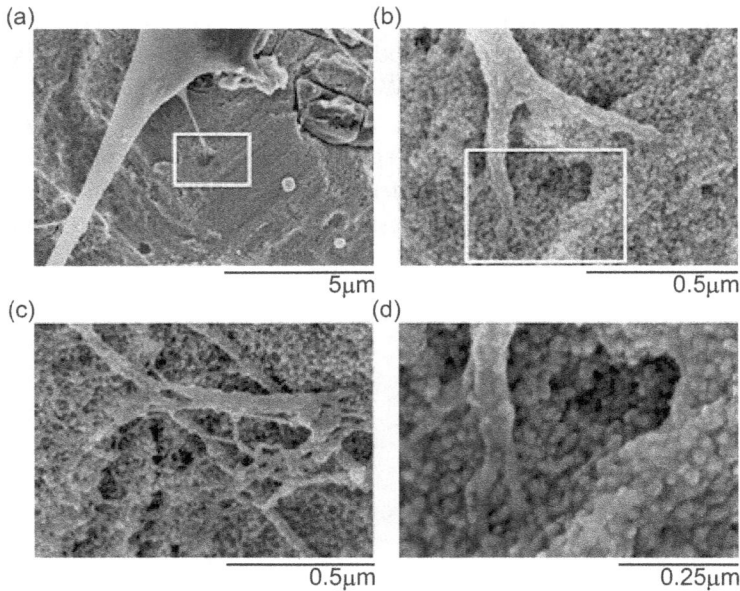

Abb. 25.98. Ausbildung von Lamellipodien auf nanostrukturierten Oberflächen. (a) Adhärente Zelle. (b) Ausschnittsvergrößerung des Lamellipodiums aus (a). (c) Weitere Lamellipodien derselben Zelle. (d) Vergrößerung des Ausschnitts aus (b).

ten durch das SARS-CoV2-Virus, welches erstmalig im Jahr 2019 nachgewiesen wurde [25.145].

Bakterien können sehr unterschiedliche Formen haben und besiedeln bedingt dadurch sehr unterschiedlich nanostrukturierte Oberflächen [25.141]. Im Extremfall kann die Oberflächenstruktur sogar ein Absterben der Bakterien zur Folge haben [25.141]. Dies zeigt in eindrucksvoller Weise Abb. 25.99. Pseudomonas aeruginosa-Bakterien wurden auf Al-Oberflächen mit unterschiedlich ausgeprägter Nanostruktur kultiviert. Al an sich zeigt keine ausgeprägten biozide Eigenschaften. Bei einer mittleren Rauigkeit von 0,6 nm bilden sich Bakterienkolonien mit einem großen Anteil lebender Bakterien. Nach Ätzen der Oberfläche und Erhöhung der Rauigkeit auf einen mittleren Wert von $\approx 1\,\mu m$ bilden sich keine intakten Kolonien mehr. Die zylindrischen gramnegativen Bakterien erscheinen deformiert und nicht lebensfähig. Für grampositive sphärische Bakterien vom Typ Staphylococcus aureus wurden ähnliche Resultate erzielt [25.141].

Nanostrukturierte Oberflächen haben sich ebenfalls als wirksam bei der Reduzierung von Virenlasten erwiesen [25.141]. Eine besonders große Effizienz der nanostrukturierten Al-Oberflächen wurde gegenüber dem behüllten Respiratorischen Sinzytial-Virus (RSV) nachgewiesen, eine geringere gegenüber unbehüllten Rhinoviren [25.141].

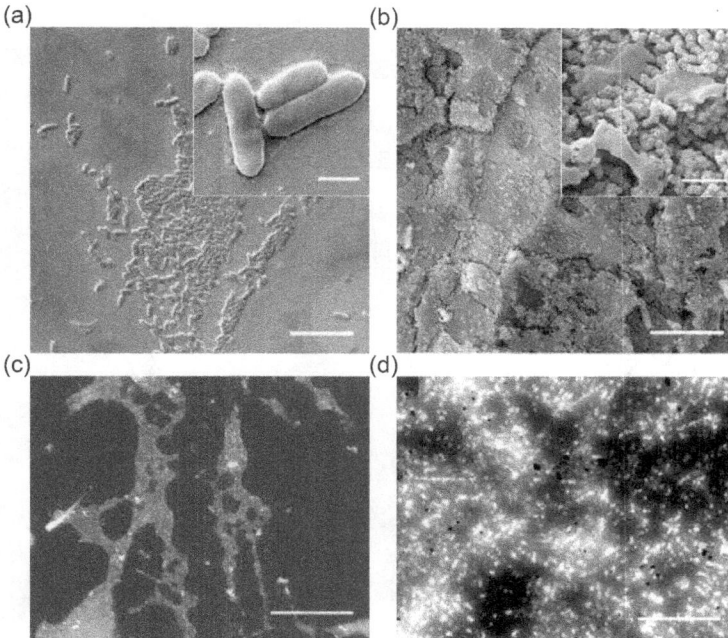

Abb. 25.99. Pseudomonas aeruginosa-Bakterien auf Al-Oberflächen unterschiedlicher Nanostruktur [25.141] (a) SEM-Aufnahme bei einer Rauigkeit von 0,6 nm. (b) SEM-Aufnahme bei einer Rauigkeit von ≈ 1 μm. (c), (d) Korrespondierende Fluoreszenzaufnahmen, welche in mittlerer Graustufe die lebensfähigen Bakterien markieren. Die Balkenlängen in den SEM-Abbildungen betragen jeweils 10 μm und 1 μm.

Eine besondere Kategorie biologisch funktionaler Oberflächen stellen Oberflächen mit Nanostrukturen hohen Aspektverhältnisses dar [25.146]. Insbesondere Abmessungen, die vergleichbar sind mit solchen subzellulärer Strukturen sind biologisch außerordentlich funktional, indem Zellen mit zum Teil stark modifiziertem Verhalten auf sie reagieren. Entsprechende Strukturen können aber auch dazu genutzt werden, Zellen zu sondieren und/oder Substanzen in die Zellen einzuschleusen. Manche derartigen Oberflächen fungieren sogar als „biologische Metamaterialien".

Gegenwärtig fokussiert sich die Forschung darauf, die induzierte Antwort von sowohl eukaryotischen wie auch prokaryotischen Zellen auf mechanistischer Ebene zu verstehen. Abbildung 25.100 zeigt schematisch im Überblick, wie Nanostrukturen mit großem Aspektverhältnis die extra- und intrazelluläre Umgebung sondieren und stimulieren zu können. Die biologische Antwort in Form einer Membran-Oberflächen-Wechselwirkung und darauf basierender intrazellulärer Signalketten hängt im Einzelnen entscheidend von der Architektur der Nanostrukturen ab [25.146].

Nanostrukturen mit Aspektverhältnissen von 10:1 oder mehr beeinflussen stark die zelluläre und intrazelluläre Mikroumgebung. Das Ausmaß dieses Einflusses hängt

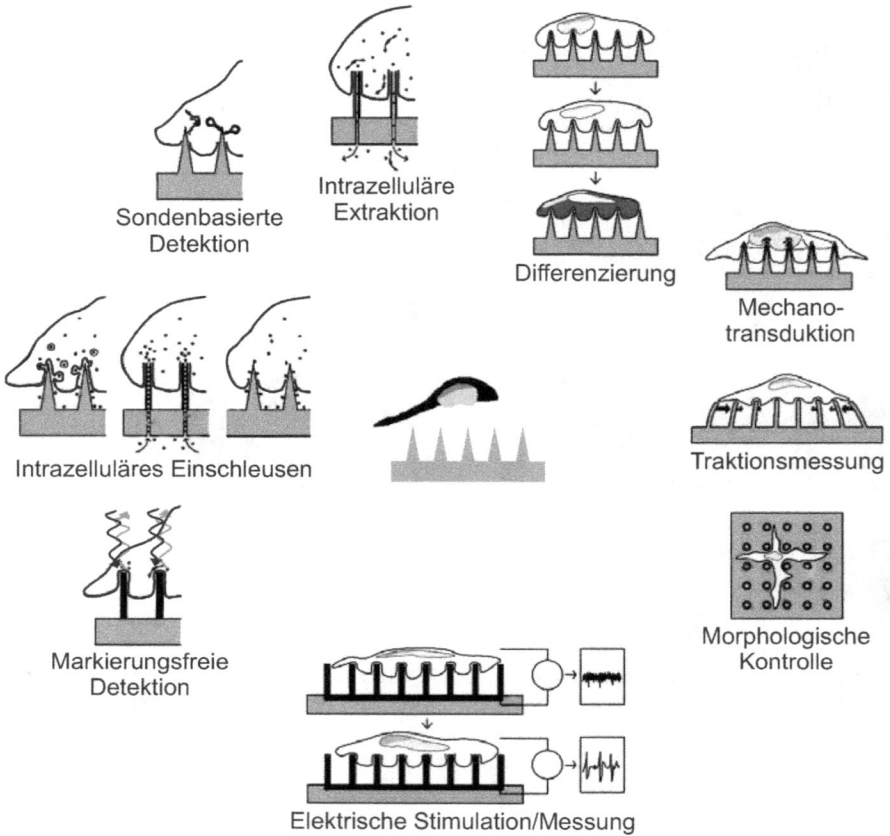

Abb. 25.100. Einsatz von Nanostrukturen mit großem Aspektverhältnis zum Stimulieren und Sondieren biochemischer, biomechanischer und bioelektrischer Phänomene.

stark von der Geometrie der jeweiligen Nanostrukturen ab. Dies wurde insbesondere für die in Abb. 25.101 schematisch dargestellten Strukturen verifiziert.

Es ist im Einzelnen noch nicht vollständig geklärt, auf welche Weise Nanostrukturen großen Aspektverhältnisses mit Zellen interagieren. Penetrieren oder Deformieren sie die Zellmembran? Beide Wechselwirkungsarten sind in der Literatur dokumentiert [25.146]. Unklar ist jedoch, was jeweils zu der einen oder der anderen Wechselwirkung führt. Häufig wird ein Überstülpen der Nanostrukturen beobachtet, seltener eine spontane Penetration der Zellmembran. Wie ausgeprägt das Überstülpen ausfallen kann, zeigt Abb. 25.102. Selbst bei Nanostrukturen mit extremem Aspektverhältnis sind hier keine Rupturen der Zellmembran sichtbar. Dabei muss berücksichtigt werden, dass die Zellmemban eine hochgradig dynamische Natur besitzt und Defekte schnell repariert werden. Bei der dynamischen Reorganisation wird die Zellmembran durch Rekrutierung von Zytoskelettproteinen, die ihrerseits ein Aktinnetzwerk, den plasmalemmalen Untergrund, entstehen lassen, umgeformt. Der plasmalemmale Untergrund unterstützt die Zellmembran dabei, eine gewisse Steifigkeit gegenüber äußeren Kräften aufzuweisen. Dies könnte auch erklären, warum Nanostrukturen im Allgemeinen nicht Anlass geben zu einer Penetration der Zellmembran.

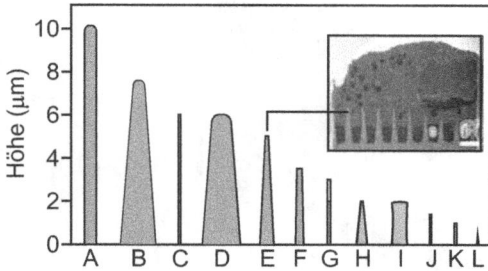

Abb. 25.101. Auswahl von Nanostrukturen hohen Aspektverhältnisses, deren Einfluss auf biologische Systeme untersucht wurde. A: Si-Säulen für die Zelltransfektion [25.147]. B: Diamantsäulen zur Einschleusung von Sonden und Antikrebsmedikamenten in Zellen [25.148]. C: Si-Nanodrähte für das Applizieren von Genen [25.159]. D: Plasmonische Säulen für zelluläre Traktionskraftmessungen [25.150]. E: Si-Nanonadeln für die in vivo-Applikation von Wachstumsfaktoren [25.151]. Die Abbildung oben rechts zeigt im Querschnitt eine Zelle auf diesen Strukturen. F: Si-Nanodrähte für die Zelltransfektion [25.152]. G: Nanodrahtelektroden zur Kontaktierung neuronaler Zellen [25.153]. H: Diamantnadeln für die intrazelluläre Anlieferung von Wirkstoffen [25.154]. I: Si-Säulen für die Analyse individuellen und kollektiven Zellverhaltens auf strukturierten Oberflächen [25.155]. J: Nanosäulen zur Untersuchung nuklearer Deformationen [25.156]. K: Nanoröhrchen für intrazelluläre Messungen [25.157]. L: CNT-Elektroden zur Sondierung der elektrochemischen intrazellulären Kommunikation [25.158].

Das Verhalten von Zellmembran und Aktinnetzwerk lässt sich insbesondere mittels röhrchenförmiger Nanostrukturen analysieren. Mit solchen Röhrchen lassen sich Wirkstoffe in das Innere von Zellen transportieren. Insbesondere können auch Stoffe appliziert werden, die zur Permeabilisierung der Zellmembran oder zu Depolimerisation des Aktinnetzwerks führen. Die Durchführung entsprechender Zellmanipulationen mittels Nanoröhrchen zeigt schematisch Abb. 25.103. Dimethylsulfoxid (DMSO, C_2H_6OS) führt zur Permeabilisierung der Zellmembran, aber nicht in einer solchen des Aktinunterbaus [25.162]. Latrunculin A ($C_{22}H_{31}NO_5S$) wiederum resultiert in einer Permeabilisierung des Aktinnetzwerks, aber nicht in einer solchen der Zellmembran [25.162]. Nur die sequentielle Applikation von DMSO und Latrunculin A führt zu einer Öffnung der Zelle für einen intrazellulären Transport.

Die Vielfalt der Wechselwirkung von Zellen und Nanostrukturen großen Aspektverhältnisses schließt sogar die Induktion von *Endozytose* ein. Die Zelle nimmt dabei aktiv Substanzen auf, ohne dass es zu einer Penetration der Zellmembran kommen muss. Eukaryotische Zellen verfügen über verschiedene Mechanismen zur aktiven Aufnahme von Molekülen aus der Zellumgebung. Zu ihnen zählen die *Pinozytose*

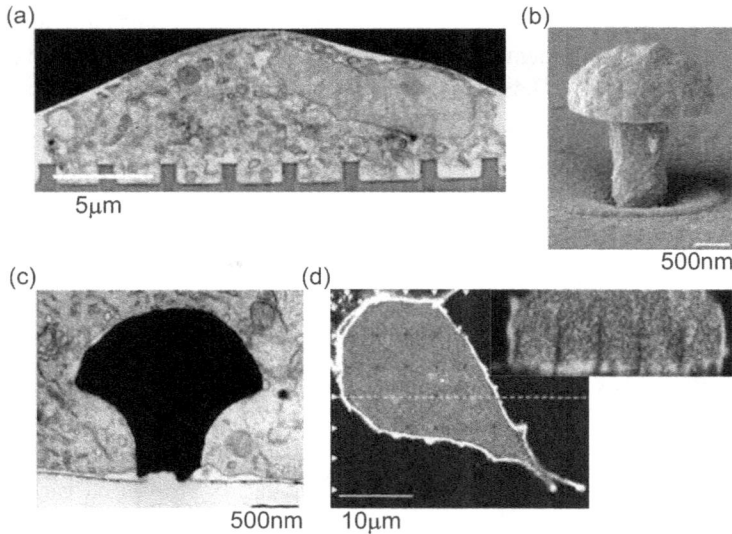

Abb. 25.102. Überstülpen von Nanostrukturen durch Zellen. (a) Neuronale Zelle über einem Feld von Nanosäulen [25.159]. (b) Pelzförmige Au-Elektrode [25.160]. (c) Neuroendokrine Zelle über der Elektrode aus (c). (d) Embryonale Nierenzelle über einem Feld von InAs-Nanodrähten [25.161].

und die *rezeptorvermittelte Endozytose*. Hierbei spielen krümmungsabhängige Membranproteine eine wichtige Rolle. Diese wiederum können in ihrem Auftreten durch nanostrukturierte Oberflächen beeinflusst werden. Dabei gibt es eine dezidierte Abhägigkeit zwischen der Rekrutierung von Membranproteinen und der Form und Größe der Nanostrukturen. Dies zeigt Abb. 25.104. Je nach Krümmung der Zellmembran kanzerogener Hautzellen entstehen Cluster von Membranproteinen wie Klathrin oder Dynamine. Dabei ist die Clusterbildung besondefrs ausgeprägt, wenn der Krümmungsradius der Nanostrukturen, welche die Zellmembran krümmen, vergleichsweise klein ist [25.163].

Selbst Details der durch Nanostrukturen hohen Aspektverhältnisses begünstigten Endozytosemechanismen konnten analysiert werden. Insbeondere sind in diesem Kontext Caveolae, 50 bis 100 nm große, sackförmige Einbuchtugen der der Plasmamembran von Zellen, von Interesse. Sie spielen eine wichtige Rolle bei der Mechanotransduktion. Caveolae könne sich abschnüren und dienen dann unter Umständen dem transendothelialen Stoffaustausch, der Transzytose von Plasmaproteinen. Die Rolle der Caveolae bei der Endozytose ist nicht gänzlich geklärt. Auf jeden Fall besitzen sie eine morphologische Ähnlichkeit zu Klathrinvesikeln. Diese haben ebenfalls einen Durchmesser von 50 bis 100 nm und sind von einem Klathrinskelett überzogen. Ein Zusammenspiel komplexer Faktoren uner Beteiligung von Klathrin führt zur Krümmung der Zellmembran und der Bildung von Vesikeln. Der daraus resultierende intrazelluläre Transportprozess wird deshalb auch als *Klathrin-vermittelte Endozyto-*

(a)   (b)   (c)

(d)   (e)   (f)

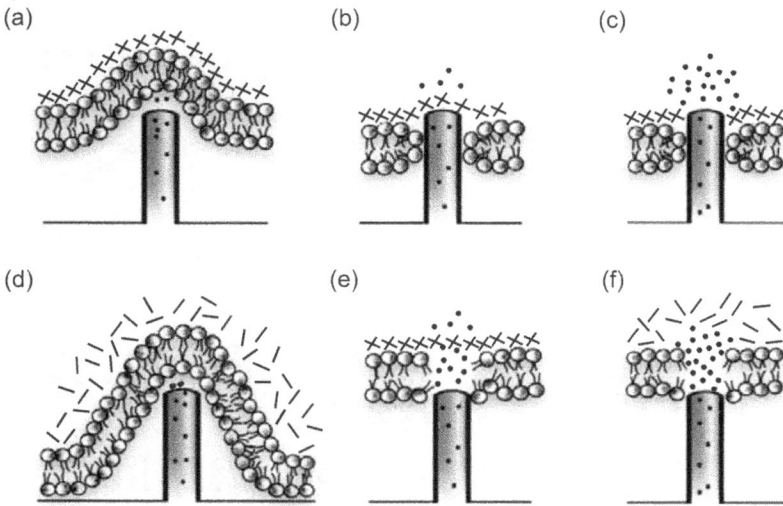

Abb. 25.103. Intrazellulärer Transport mittels Nanoröhrchen und darauf ausgesäter Zellen [25.162]. (a) Überstülpen der Zellen als Regelszenario. (b) Penetration der Zellmembran als seltenes Szenario. (c) Penetration von Zellmembran und Aktinnetzwerk als sehr seltenes Szenario. (d) Übergestülpte Zelle und Applikation von Latunculin A. (e) Permeabilisierung der Zellmembran nach Applikation von DMSO. (f) Permeabilisierung der Zellmembran und des Aktinnetzwerks nach sequentieller Applikation von DMSO und Latrunculin A.

se bezeichnet. Details dieses Prozesses und der Einfluss von Nanostrukturen großen Aspektverhältnisses konnten experimentell verifiziert werden, wie Abb. 25.105 zeigt. Dabei ließen sich sowohl Klathringrübchen als auch Caveolae in unmittelbarer Nähe der Nanostrukturen in der Basalmembran nachweisen, nicht jedoch in der apikalen Membran. Substanzen, die spzeiell über die Klathrin- und Caveolae-vermittelte Endozytose sowie durch Mikropinozytose aufgenommen werden, konnten verstärkt im Zellinnern nachgewiesen werden.

Verschiedene Modelle wurden entworfen, um das Verhalten von Zellen auf nanostrukturierten Oberflächen zu verstehen und vorherzusagen. Dabei hat sich herausgestellt, dass das Gleichgewicht der freien Energie der Zellmembran das Verhalten bestimmt und nicht die Gravitationskraft. Die Zell-Substrat-Wechselwirkung setzt sich dabei zusammen aus der Zell-Substrat-Adhäsion, der Änderung der Oberflächenspannung bei Vergrößerung der Zdelloberfläche und aus der Änderung der elastischen Energie aufgrund des Biegens der Zellmembran. Die Modelle ergeben zwei Grenzfälle der Zelladhäsion auf den nanostrukturierten Oberflächen. Wie Abb. 25.106 zeigt, können die Zellen oben auf den Strukturen lokalisiert sein und das eigentliche Substrat gar nicht berühren. Andererseits kann aber auch das bereits diskutierte Überstülpen auftreten. Im Einzelnen hängt dies von den Substrat- und Zelleigenschaften ab und in besonderer Weise von der Dichte der Nanostrukturen.

(a)

(b)

(c)

● Lipid-Doppellage   ■ CLTA-RFP   △ DNM2-GFP

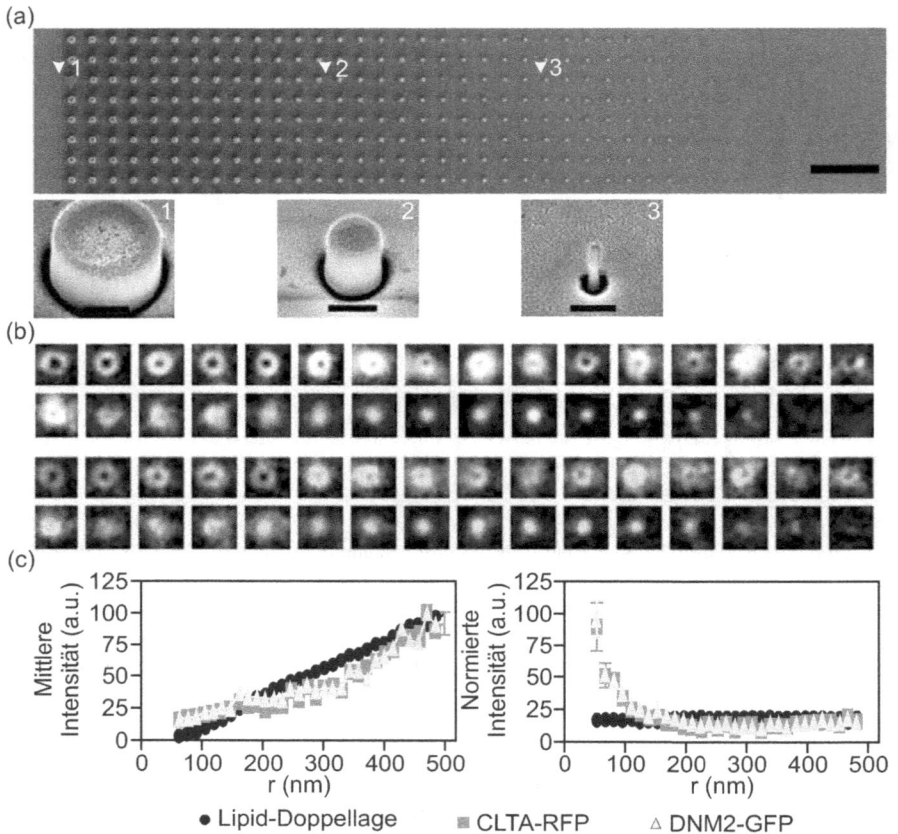

Abb. 25.104. Rekrutierung von Membranproteinen durch Nanostrukturen in darauf befindlichen kanzerogenen Hautzellen [25.163]. (a) Nanostrukturen variierender Größe. Die Balkenlänge oben beträgt 10 μm, diejenige unten 400 nm. (b) Fluoreszenzaufnahmen zur Klathrinverteilung (oben) und zur Dynamin-2-Verteilung (unten). (c) Immunofluoreszenzsignale für Klathrin (CLTA-REP) und Dynamin-2 (DNM2) sowie eine Kontrollprobe.

In einer Vielzahl von Arbeiten wurde untersucht, ob Nanostrukturen – abgesehen von den bislang geschilderten, eher subtilen Einflüssen – auch dramatischere Einflüssse auf Zellen ausüben können. Das schloss insbesondere auch Untersuchungen zum induzierten Zelltod ein. In den Mittelpunkt der Untersuchungen rückten insbesondere scharfe Kanten mit lokalen Krümmungsradien von typisch $\approx$ 10 nm. Molekulardynamikrechnungen, die wir im Detail in Abschn. 21.5.5 besprochen hatten, wurden zur Analyse des Wechselwpiels zwischen Membrankrümmung und Traktionskräften auf die Membran für modellhafte Bilagen durchgeführt [25.165]. Ergebnisse dazu sind in Abb. 25.107 dargestellt. Bei kritischen Werten von Membrankrümmung und Traktionskraft zeigen die hydrophilen Kopfgruppen der Membran so große relative Abstände

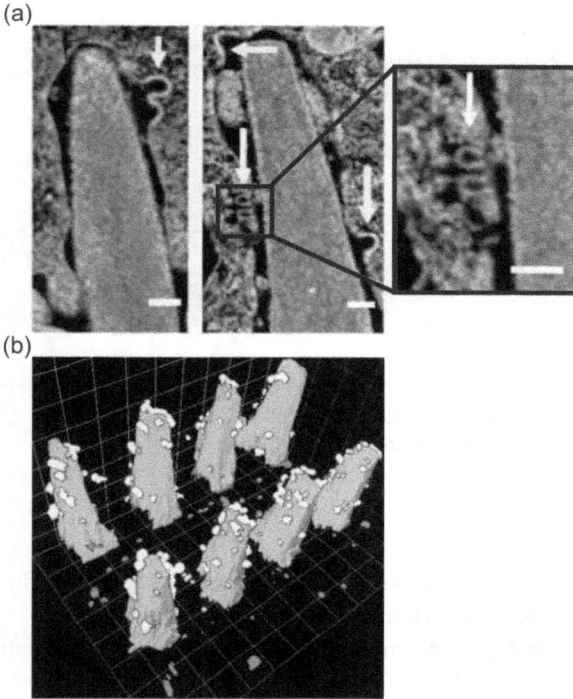

Abb. 25.105. Endozytose, stimuliert durch Nanostrukturen großen Aspektverhältnisses [25.164]. (a) Überstülpen der Zellmembran über poröse Si-Nanonadeln. Die Balkenlänge beträgt jeweils 100 nm. Die Pfeile markieren Klathringrübchen und in der Ausschnittsvergrößerung Caveolae. (b) Vesikuläre Strukturen auf den Nanonadeln und dazwischen.

voneinander, dass die Membran reißen kann. Experimentell konnte man entsprechende Resultate für Kanten mit unterschiedlichem Krümmungsradius verifizieren, indem das verstärkte Eindringen von Farbstoff in die Zellen für scharfkantige Nanostrukturen nachgewiesen werden konnte [25.166].

Mittels der in Kap. 24 beschriebenen Strukturierungsverfahren lassen sich heute eine Vielzahl von komplexen Nanostrukturen großflächig und reproduzierbar herstellen. Funktionalitäten beinhalten die elektrische Kontaktierung, die Messung von Kräften oder die Injektion von Wirkstoffen in die Zellen. Die verwendeten Materialien schließen die typischen Halbleiter, aber auch Polymere mit ein. Beispielhaft zeigt Abb. 25.108 nadelförmige Si/SiO_2-Strukturen mit Nanokanälen für den Wirkstofftransport.

Der Transport von Molekülen in Zellen hinein ermöglicht generell intrazelluläre Sondierungen sowie eine Kontrolle des Zellverhaltens. Auch basieren innovative Therapieformen wie Gen-, Protein- oder Peptidtherapien auf einem derartigen Transport. Natürich besteht eine solche Therapie in der simultanen Transfektion einer Vielzahl von Zellen. Allerdings ist die Zellmembran eine sehr effektive Barriere für viele Mole-

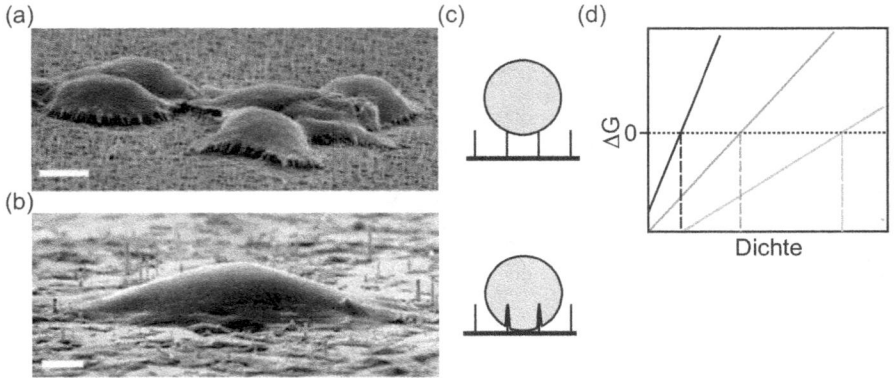

Abb. 25.106. Zellen auf nanostrukturierten Oberflächen [25.165]. (a) Lokalisierung oben auf den Strukturen und (b) Überstülpen der Nanostrukturen. (c) Modell für die beiden Grenzfälle. (d) Freie Energie für das Zell-Substrat-System als Funktion der Nanostrukturdichte für drei Zell-Substrat-Kombinationen.

küle, beispielsweise für Nukleinsäure. Nanostrukturen sind vielversprechend im Hinblick auf die Entwicklung universeller Transfektionsstrategien.

Organische oder auch anorganische Nanoröhrchen oder hohle Nanokegel, die mit einem mikrofluidischen Reservoir verbunden sind, eignen sich für den molekularen

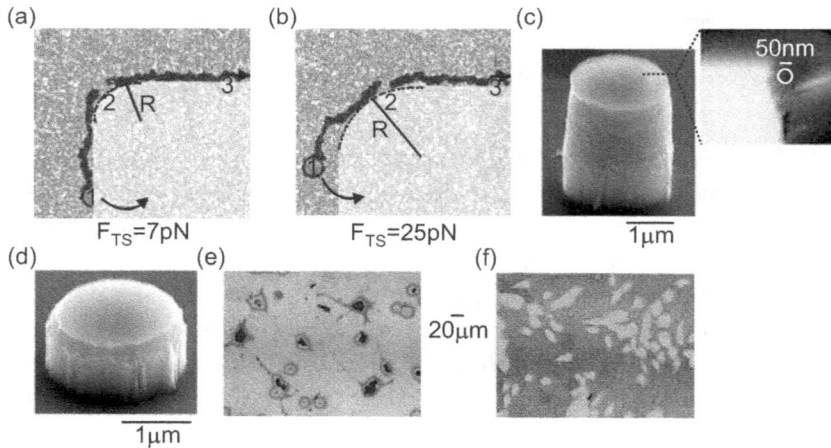

Abb. 25.107. Membranrupturen aufgrund scharfkantiger Nanostrukturen [25.166]. (a) Nanostruktur mit kleinem Krümmungsradius R und Membranruptur bei kleiner Traktionskraft T_{TS}. (b) Ein größerer Krümmungsradius führt zu einer größeren kritischen Traktionskraft. (c) Scharfkantige Nanostruktur. (d) Nanostruktur mit abgerundeten Kanten. (e) Zellen auf den Strukturen aus (c) bei Penetration einer erhöhten Menge an Fluoreszenzfarbstoff. (f) Zellen auf den Strukturen aus (d) ohne Penetration von Farbstoff.

Transport von Wirkstoffen in Zellen. Insbesondere kann gleichzeitig eine Elektropora-
tion durchgeführt werden, was die Permeabilität der Zellmembran deutlich erhöhen
kann.

100μm 20μm 10μm
40μm 4μm 1μm

Abb. 25.108. SEM-Aufnahmen von Nanoinjektoren aus Si/SiO$_2$ [25.167].

Im Extremfall lassen sich sogar anorganische Entitäten in Zellen einschleusen. Dies
können beispielsweise funktionalisierte Quantenpunkte, wir hatten diese in Abschn. 16.6.2 diskutiert, sein. Ein Beispiel für einen derartigen Transport zeigt Abb.
25.109.

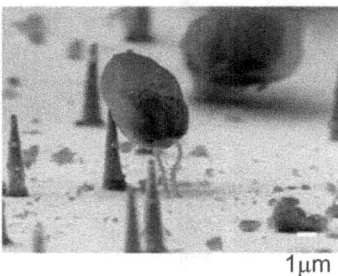

1μm

Abb. 25.109. SEM-Aufnahmen einer Mikroalge in Interaktion mit einem hohlen Nanokegel, aus dem
funktionalisierte Quantenpunkte in den Einzeller transportiert werden [25.168].

Wie komplex die Zell-Substrat-Wechselwirkung ist, zeigt schon die Tatsache, dass
verschiedene Zelltypen sich sehr unterschdlich der Nanostruktur der Oberfläche an-
passen. Das derzeitige Wissen über die entsprechende Mechanorezeption ist sehr be-

grenzt. Innerhalb der Zellen transferiert das Zytoskelett Kräfte von der Zellmembran zum Zellkern. Dies wiederum beeinflusst die Genexpression über komplexe biochemische Signalwege. Insgesamt bezeichnet man die entsprechende Wechselwirkungsform als *Mechanotransduktion*. Diese beeinflusst das morphologische, differentielle, apoptotische und proliferative Zellverhalten. Damit steht die Mechanotransduktion in direktem Zusammenhang zu einer Reihe von Erkrankungen. Nanostrukturierte Oberflächen sind ideal für die mechanische Stimulation einer biochemische Antwort von Zellen geeignet, weil der Stimulus über lange Zeiten fortbestehen kann. Die physikalische Stimulation hat außerdem den Vorteil, dass potentiell schädigende Chemikalien in vivo vermieden werden können. Dementsprechend werden Nanostrukturen untersucht im Hinblick auf eine bessere Zellintegration in der Gewebezucht (Tissue Engineering).

Speziell an Neuronen konnte gezeigt werden, dass das Zellwachstum durch Nanostrukturen massiv beeinflusst werden kann [25.169]. Insbesondere die Neuronenpolarisation und das Wachstum der Neuriten hängen von Form und Aspektverhältnis der Nanostrukturen ab. Auch passen sich Neuronen in signifikanter Weise mikroskaligen Mustern der Nanostrukturen an Oberflächen an, wie Abb. 25.110 zeigt.

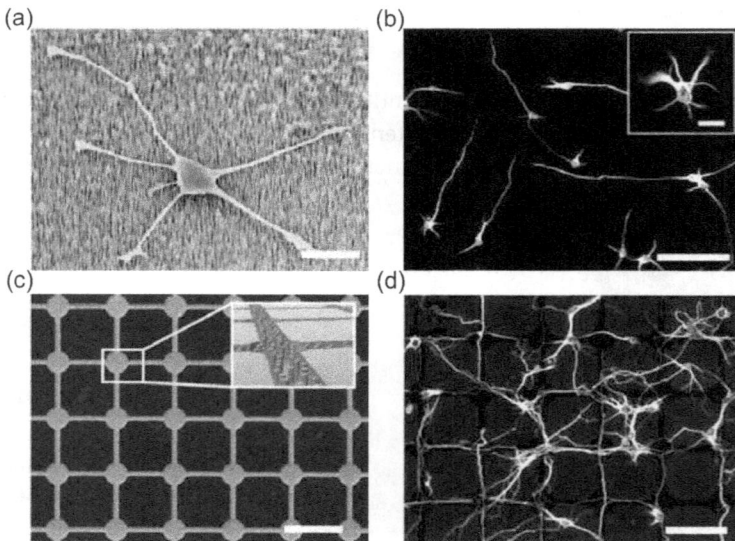

Abb. 25.110. Neuronen auf mikro-/nanostrukturierten Obeflächen [25.169]. (a) Nanostrukturierte Oberfläche. Die Balkenlänge beträgt 10 μm. (b) Immunofluoreszenzaufnahme von Neuronen auf einer nanostrukturierten Oberfläche. Die Balkenlänge beträgt 100 μm. Die Teilabbildung zeigt zum Vergleich ein undifferenziertes Neuron auf einer glatten Si-Oberfläche. Die Balkenlänge beträgt 20 μm. (c) Überstruktur einer nanostrukturierten Oberfläche. Die Balkenlänge beträgt 100 μm. (d) Neuronen auf der Überstruktur aus (c). Die Balkenlänge beträgt 100 μm.

Eine äußerst interessante Frage ist, welche Kräfte Zellen auf ihre unmittelbare Umgebung ausüben. Nanostrukturen großen Aspektverhältnisses können benutzt werden, um biomechanische Kräfte dreidimensional und in vitro zu messen. Dazu müssen zellinduzierte Oberflächendeformationen lokal gemessen werden und es müssen die mechanischen Eigenschaften der Nanostrukturen bekannt sein. Entsprechende Nanostrukturen verhalten sich in gewisser Weise wie die in Abschn. 22.3.1 diskutierten Cantilever [25.170]. Dies ermöglicht die Messung von Kräften bis herunter

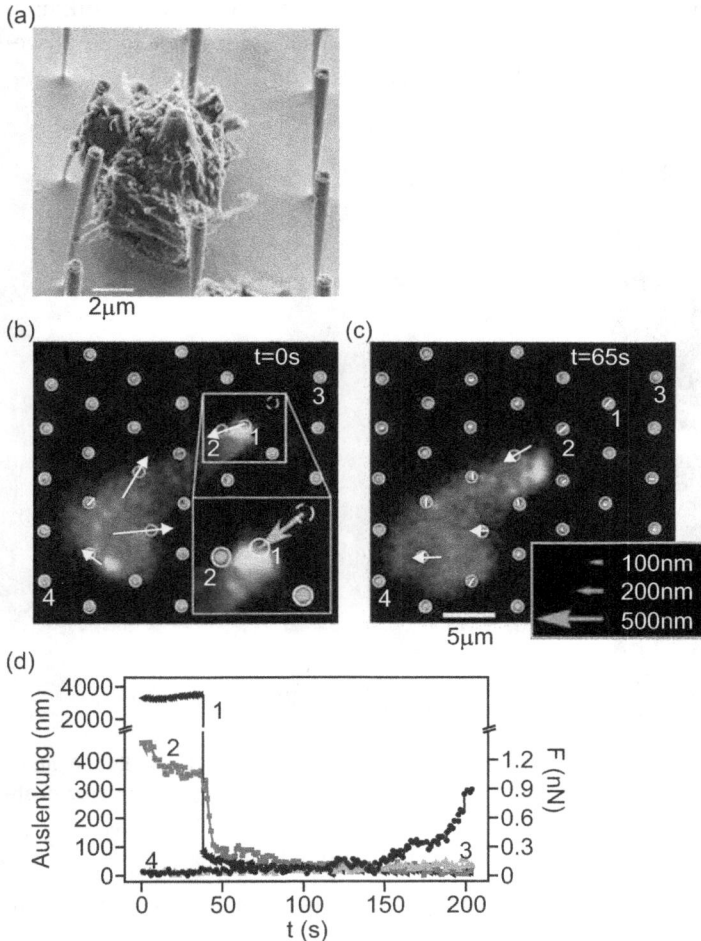

Abb. 25.111. GaAs-Nanodrähte in Wechselwirkung mit einer Amöbe (Dictyostelium discoideum) [25.171]. (a) SEM-Aufnahme. (b) Fluoreszenzaufnahme von Amöben und Nanodrähten. Die Pfeile zeigen die Größe und Richtung der lokalen Deformation an. (c) Fluoreszenzaufnahme des Bildausschnitts aus (a) nach 65 Sekunden. (d) Auslenkung der in (b) und (c) markierten Nanodrähte als Funktion der Zeit.

in den pN-Bereich. Dazu wird die Deformation der Nanostrukturen zusammmen mit den Zellen beispielsweise fluoreszenzmikroskopisch beobachtet. Dies lässt sich sogar dynamisch gestalten. Entsprechende Befunde zeigt Abb. 25.111

Die starke Abhängigkeit des Zellverhaltens von der detaillierten Struktur nanostrukturierter Oberflächen wird sowohl für Eukarioten als auch für Prokarioten beobachtet. Beispielhaft zeigt Abb. 25.112, dass Bakterien sich bevorzugt an Nanodrähten parallel zur Längsachse anhaften, obwohl sie zwischen den Drähten ausreichend Platz hätten. Auch wenn die Ursachen eines derartigen Zellverhaltens unbekannt sind, können entsprechende Untersuchungen an individuellen Nanostrukturen großen Aspektverhältnisses dazu dienen, die Mechanismen der Entstehung ausgedehnter Biofilme aus einem Einzelzellursprung zu verstehen.

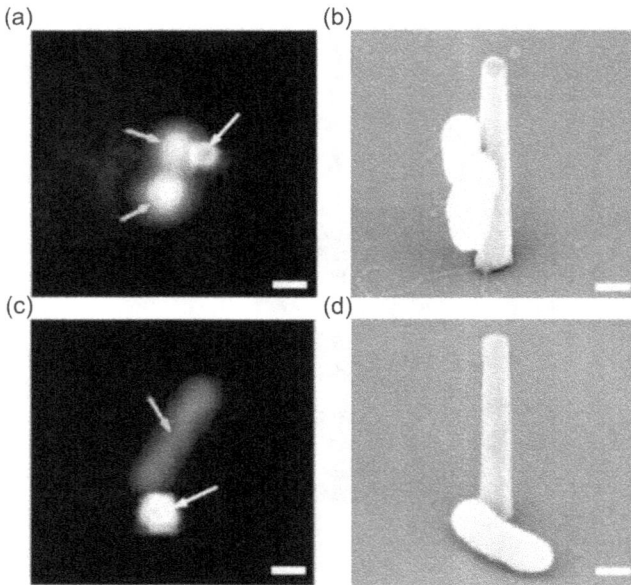

Abb. 25.112. Bakterienzellen an Si-Nanodrähten [25.172]. Die Balkenlänge beträgt jeweils 500 μm. (a) Fluoreszenzaufnahme und (b) SEM-Aufnahme des bevorzugten Anheftens. (c) Fluoreszenzaufnahme und (d) SEM-Aufnahme einer seltenen Anheftorientierung.

Gegenwärtig ist die Erforschung biofunktionaler nanostrukturierter Oberflächen ein dynamisches Feld. Die größte Herausforderung in diesem Feld ist die Dekonvolution der Einflüsse von Geometrie, Materialeigenschaften, Oberflächenchemie und davon abweichender biologischer Einflüsse. Die Entwicklung funktionaler Oberflächen wiederum schließt bioabbaubare oder resorbierbare mit entsprechenden Nanostrukturen ein. Technologisch interessant ist die Integration nanostrukturierter funktionaler Oberflächen in mikrofluidischen Chips.

Der wohl sensibelste Bereich in diesem Feld ist der Einsatz von nanostrukturierten Oberflächen unter in vivo-Bedingungen. Hier müssen dezidiert Aspekte der Nanotoxizität berücksichtigt werden. Andererseits sind eine Reihe völlig neuer Therapieformen auf Basis derartiger Oberflächen vorstellbar.

In jedem Fall rechtfertigen die bislang schon erzielten Erfolge im Hinblick auf konkrete Anwendungen nanostrukturierter biofunktionaler Oberflächen eine weitere intensive Beforschung des Gesamtbereichs. Exemplarisch für derartige Erfolge seien hier noch einmal der Dentalbereich, bestimmte sonstige Implantate sowie biozide Oberflächen genannt.

Literatur

[25.1]   A.A. Tseng and J.S. Park, J. Microlith. Microfab. Microsyst. **5**, 043013 (2006).

[25.2]   Z. Diao, M. Kraus, R. Brunner, J.-H. Dirks and J.P. Spatz, Nano Lett. **16**, 6610 (2016).

[25.3]   H. Jun, X. Wang, W.P. Bricker and M. Bathe, Nature Commun. **10**, 5419 (2019).

[25.4]   M. Prutton, *Introduction to Surface Physics* (Oxford Univ. Press, Oxford, 1994).

[25.5]   J. Robertson, Mat. Sci. Eng. Rep. **37**, 129 (2002).

[25.6]   M.A. Caro, V.L. Deringer, J. Koskinen, T. Laurila and G. Csányi, Phys. Rev. Lett. **120**, 1666101 (2018).

[25.7]   https://eu.wikipedia.org/wiki/Diamondlike_carbon#/media/File:Ta_C_structure.jpg.

[25.8]   H. Czichos, T. Saito and L. Smith (Eds), *Handbook of Materials Measurement Methods*, ch. 7 (Springer, Heidelberg, 2006).

[25.9]   A.C. Fischer-Cripps, *Nanoindentation* (Springer, New York, 2013).

[25.10] H. Czichos, T. Saito and L. Smith (Eds), *Handbook of Materials Measurement Methods*, ch. 13 (Springer, Heidelberg, 2006).

[25.11] C. Zhai, Y. Gan, D. Hanaor, G. Proust and D. Retraint, Exp. Mech. **56**, 359 (2016).

[25.12] D. Hanaor, Y. Gan and I. Einav, Trib. Int. **93**, 229 (2016).

[25.13] A. Den Outer, J.F. Kaashoek and H.R.G.K. Hack, Int. J. Rock Mech. Min. Sci. Geomech. Abstr. **32**, 3 (1995).

[25.14] C. Zhai, D. Hanaor, G. Proust and Y. Gan, J. Eng. Mech. **143**, B4015001 (2017).

[25.15] S.N. Ramakrishna, L.Y. Clasholm, A. Rao and N.D. Spencer, Langmuir **27**, 9972 (2011).

[25.16] A. Leyland and A. Matthews, *Optimization of Nanostructured Tribological Coatings*, in: A. Carvaleiro and J.Th.M. De Hosson, *Nanostructured Coatings* (Springer, New York, 2006).

[25.17] J.F. Archard, J. Appl. Phys. **24**, 981 (1953).

[25.18] K. Holmberg and A. Matthews, Thin Solid Film **253**, 173 (1994), K. Holmberg, A. Matthews and H. Ronkainen, Tribol. Int. **31**, 107 (1998); A. Matthews, A. Leyland, K. Holmberg and H.Ronkainen, Surf. Coat. Technol. **100-101**, 1 (1998).

[25.19] S.H. Kim, D.B. Asay and M.T. Dugger, Nano Today **2**, 22 (2007).

[25.20] K.L. Johnson, K. Kendall and A.D. Roberts, Proc. R. Soc. London A **324**, 301 (1971).

[25.21] B.V. Derjaguin, V.M. Muller and Y.P. Toporov, J. Coll. Interface Sci. **53**, 314 (1975).

[25.22] D.J. Tabor, J. Coll. Interface Sci. **58**, 2 (1977); D.S. Grierson, E.E. Flate and R.W. Carpick, J. Adhesion Sci. Technol. **19**, 291 (2005).

[25.23] S.H. Kim, M.T. Dugger and. K.L. Mittal (Eds), *Adhesion Aspects in MEMS/NEMS* (CRC Press, Boston, 2010).

[25.24] P.H. Kasai, Tribol. Lett. **13**, 155 (2002).

[25.25]   J. J. Nainaparampil, B. S. Phillips, K. C. Eapen, and J. S. Zabinski, Nanotechnology **16**, 2474 (2005).

[25.26]   R.S. Santhapuram and A.K. Nair, Comp. Mat. Scien. **136**, 253 (2017).

[25.27]   R.T. Tong, G. Liu and T.X. Liu, J. Tribol. – Trans. ASME **133**, 041401 (2011).

[25.28]   S. Plimpton, J. Comput. Phys. **117**, 1 (1995).

[25.29]   J.P. Ewen, C. Gattinoni, F. Thakkor, N. Morgan, H.A. Spikes and D. Dini, Tribol. Lett. **63**, 38 (2016).

[25.30]   R. Komanduri, N. Chandrasekaran and L. Raft, Wear **240**, 113 (2000).

[25.31]   M. Ternes, C.P. Lutz, C.F. Hirjibehedin, F.J. Giessibl and A.J. Heinrich, Science **319**, 1066 (2008).

[25.32]   Y. Mo, K.T. Turner and I. Szlufarska, Nature **457**, 1116 (2009); Z. Deng, A. Smolyanitsky, Q. Li, X.Q. Feng and R.J. Cannara, Nature Mat. **11**, 1032 (2012).

[25.33]   A. Stukowski, Modell Simul. Mat. Sci. Eng. **18**, 015012 (2009).

[25.34]   H.-J. Kim, K.-J. Seo, K.H. Kang and D.-E. Kim, Int. J. Prec. Eng. Manu. **17**, 829 (2016).

[25.35]   B. Shen, A.J. Shih and S.C. Tung, Trib. Trans. **51**, 730 (2008).

[25.36]   D.B. Asay, M.T. Dugger and S.H. Kim, Tribol. Lett. **29**, 67 (2008).

[25.37]   A.J. Gellmann, Tribol. Lett. **17**, 455 (2004).

[25.38]   I. Muhammad, S.M.S. Ullah and T.J. Ko, Int. J. Precis. Eng. Manuf. Gr. Technol. **2**, 307 (2015).

[25.39]   A.L. Barnette, D.B. Asay, D. Kim, B.D. Guyer, H. Lim, M.J. Janik and S.H. Kim, Langmuir **25**, 13052 (2009); D.B. Asay, M.T. Dugger, J.A. Olhausen and S.H. Kim, Langmuir **24**, 155 (2008).

[25.40]   L.-Y. Guo and Y.-P. Zhao, J. Adh. Sci. Technol. **20**, 1281 (2006).

[25.41]   D. Berman, A. Erdemir and A.V. Sumant, Mat. Tod. **17**, 31 (2014).

[25.42]   G.H. Lee, R.C. Cooper, S.J. An, S. Lee, A. van der Zande, N. Petrone, A.G. Hammerberg, C. Lee, B. Crawford, W. Oliver and J.W. Kysar, J. Hone, Science **30**, 1073 (2013).

[25.43]   J.S. Bunch, S.S. Verbridge, J.S. Alden, A.M. van der Zande, J.M. Parpia, H.G. Craighead and P.L. McEuen, Nano Lett. **8**, 2458 (2008).

[25.44]   E. Singh, A.V. Thomas, R. Mukherjee, X. Mi, F. Houshmand, Y. Peles, Y. Shi and N. Koratkar, ACS Nano **7**, 3512 (2013).

[25.45]   P. Liu and Y.W. Zhang, Carbon **49**, 3687 (2011).

[25.46]   A. Smolyanitsky, J.P. Killgore and V.K. Tewary, Phys. Rev. B. **85**, 035412 (2012).

[25.47]   Q. Li, Ch. Lee, R.W. Carpick and J. Hone, Phys. Stat. Sol. B **247**, 2909 (2010).

[25.48]   H. Lee, N. Lee, Y. Seo, J. Eom and S.W. Lee, Nanotechnology **20**, 325701 (2009).

[25.49]   C. Lee, O. Li, W. Kalb, X.-Z. Liu, H. Berger, R.W. Carpick and J. Hone, Science **328**, 76 (2010).

[25.50]   L.-F. Wang, T.-B. Ma, Y.-Z. Hu and H. Wang, Phys. Rev. B **86**, 125436 (2012); J. Wang, F. Wang, J. Li, S. Wang, Y. Song, Q. Sun and Y. Jia, Tribol. Lett. **48**, 255 (2012).

[25.51]   J.-H. Ko, S. Kwon, I.-S. Byun, J.S. Choi, B.H. Park, Y.-H. Kim and. J.Y. Park, Tribol. Lett. **50**, 137 (2013).

[25.52]   D.H. Buckley and W.A. Brainar, Carbon **13**, 501 (1975); A.J. Ruan, J. Appl. Phys. **76**, 8117 (1994).

[25.53]   P.J. Bryant, P.L. Gutshall and L.H. Taylor, Wear **7**, 118 (1964).

[25.54]   D. Berman, A. Erdemir and A.V. Sumant, Carbon **54**, 454 (2013); **59**, 167 (2013).

[25.55]   S.B. Ay and N.K. Perkgoz, J. Nanomat. 257547 (2015).

[25.56]   Z. Zhang, X. Fan, X. Quan, S. Chen and H. Yu, Env. Sci. Technol. **45**, 5731 (2011).

[25.57]   Q. Xiang, J. Yu and M. Jaroniec, J. Am. Chem. Soc. **134**, 6575 (2012).

[25.58]   J. Di, J. Xia, S. Yin, H. Xu, M. He, H. Li, L. Xu and Y. Jiang, RSC Adv. **3**, 19624 (2013).

[25.59] D. Dvoraová, V. Brezová, M. Mazúr and M.A. Malati, Appl. Catalysis B: Environm. **37**, 91 (2002); A.-W. Xu, Y. Gao and H.-Q. Liu, J. Catalysis **207**, 151 (2002).

[25.60] H. Li, Z. Bian, J. Zhu, Y. Huo, H. Li and Y. Lu, J. Am. Chem. Soc. **129**, 4538 (2007); Q. Xu, X. Wang, X. Dong, C. Ma, X. Zhang and H. Ma, J. Nanomat. 157383 (2015).

[25.61] G. Liu, L. Wang, H.G. Yang, H.-M. Cheng and G.Q. Lu, J. Mat. Chem. **20**, 831 (2010).

[25.62] K. Awazu, M. Fujimaki, C. Rockstuhl, J. Tominaga, H. Murakami, Y. Ohki, N. Yoshida and T. Watanabe, J. Am. Chem. Soc. **130**, 1676 (2008); P. Wang, B. Huang, Z. Lou, X. Zhang, X. Qin, Y. Dai, Z. Zheng and X. Wang, Chem. Eur. **16**, 538 (2010).

[25.63] X. Zhang, Y.L. Chen, R.-S. Liu and D.P. Tsai, Rep. Prog. Phys. **76**, 046401 (2013).

[25.64] W. Xu, Y. Bai and Y. Yin, Adv. Mat. **30**, 180209 (2013).

[25.65] Y. Liu, A. Tang, Q. Zhang and Y. Yin, J. Am. Chem. Soc. **137**, 11327 (2015).

[25.66] T. Araki, F. Serra and H. Tanaka, Soft Matter **9**, 8107 (2013).

[25.67] L. Tao, C.-Y. Liu, S. Dou, S. Feng, D. Chen, D. Liu, J. Huo, Z. Xia and S. Wang, Nano En. **41**, 417 (2017).

[25.68] J. Xie, J. Zhang, S. Li, F. Grote, X. Zhang, H. Zhang, R. Wang, Y. Lei, B. Pan and Y. Xie, J. Am. Chem. Soc. **135**, 17881 (2013); L. Zhuang, L. Ge, Y. Yang, M. Li, Y. Jia, X. Yao and Z. Zhu, Adv. Mat. **29**, 1606793 (2017); W. Wang, Y. Ye, J. Feng, M. Chi, J. Guo and Y. Yiu, Angew. Chem. Int. Ed. **54**, 1321 (2015).

[25.69] T. Li, O. Kasian, S. Cherevko, S. Zhang, S. Geiger, Ch. Scheu, P. Felfer, D. Raabe, B. Gault and K. Mayrhofer, Nature Catal. **1**, 300 (2018).

[25.70] D. Han, B. Jiang, J. Feng, Y. Yin and W. Wang, Angew. Chem. Int. Ed. **56**, 7792 (2017).

[25.71] W. Xu, F. Lyn, Y. Bai, A. Gao, J. Feng, Z. Cai and Y. Yin, Nano En. **43**, 110 (2018).

[25.72] J. B. Joo, A. Vu, Q. Zhang, M. Dahl, M. Gu, F. Zaera and Y. Yin, ChemSusChem. **6**, 2001 (2013).

[25.73] S. Mubeen, J. Lee, N. Singh, S. Krämer, G.D. Stucky and M. Moskovits, Nature Nanotechnol. **8**, 247 (2013); S.Linic, P. Christopher and D.B. Ingram, Nature Mat. **10**, 911 (2011).

[25.74] D. Ding, K. Liu, S. He, C. Gao and Y. Yin, Nano Lett. **14**, 673 (2014).

[25.75] Z. Wang, G. Yang, Z. Zhang, M. Jin and Y. Jin, ACS Nano **10**, 4559 (2016).

[25.76] F. Yang, D. Deng, X. Pan, Q. Fu and X. Bao, Natl. Sci. Rev. **2**, 183 (2015).

[25.77] M. Valden, X. Lai and D.W. Goodman, Science **281**, 1647 (1998); X. Ma, P. Jiang, Y. Qi, J. Jia, Y. Yang, W. Duan, W.-X. Li, X. Bao, S.B. Zhang and Q.-K. Xue, Proc. Natl. Acad. Sci. USA **104**, 9204 (2007); M. Haruta and M. Daté, Catalysis A **222**, 427 (2001).

[25.78] X. Xie, Y. Li, Z.-Q. Liu, M. Haruta and W. Shen, Nature **458**, 746 (2009).

[25.79] X.-F. Yang, A. Wang, B. Qiao, J. Li, J. Liu and T. Zhang, Acc. Chem. Res. **46**, 1740 (2013).

[25.80] J. Xiao, X. Pan, S. Guo, P. Ren and X. Bao, J. Am. Chem. Soc. **137**, 477 (2015).

[25.81] T.Bligaard, J.K. Nørskov, S. Dahl, J.Matthiesen, C.H. Christensen and J. Sehested, J. Catal. **224**, 206 (2004).

[25.82] Q. Fu, W.-X. Li, Y. Yao, H. Liu, H.-Y. Su, D. Ma, X.-K. Gu, L. Chen, Z. Wang, H. Zhang, B. Wang and X. Bao, Science **328**, 1141 (2010).

[25.83] Y. Yao, Q. Fu, Z. Wang, D. Tan and X. Bao, J. Phys. Chem. C **114**, 17069 (2010).

[25.84] J. Deng, P. Ren, D. Deng and X. Bao, Angew. Chem. Int. Ed. **54**, 2100 (2015).

[25.85] B. Bhushan, Y.C. Jung and K. Koch, Phil. Trans. R. Soc. A **367**, 1631 (2009).

[25.86] W. Barthlott and C. Neinhuis, Planta **202**, 1 (1997).

[25.87] R. N. Wenzel, Indust. Eng. Chem. **28**, 988 (1936).

[25.88] A. Cassie and S. Baxter, Trans. Faraday Soc. **40**, 546 (1944).

[25.89] M. Nosonovsky and B. Bhushan, Microelectron. Eng. **84**, 382 (2007).

[25.90] Y.C. Jung and B. Bhushan, Nanotechnology **17**, 4970 (2006); Scr. Mat. **57**, 1057 (2007); M. Nosonovsky and B. Bhushan, Ultramicroscopy **107**, 959 (2007).

[25.91]   M. Nosonovsky and B. Bhushan, *Multiscale Dissipative Mechanisms and Hierarchical Surfaces: Friction, Superhydrophobicity and Biomimetics* (Springer, Heidelberg, 2008); J. Phys.: Condens. Matter **20**, 225009 (2008); Adv. Fund. Mat. **18**, 843 (2008); B. Bhushan and Y.C. Jung, J. Phys. **20**, 225010 (2008).

[25.92]   Z. Burton and B. Bushan, NanoLett. **5**, 1607 (2005).

[25.93]   W. Barthlott, M. Mail and C. Neinhuis, Phil. Trans. R. Soc. A **374**, 20160191 (2016).

[25.94]   W. Barthlott, D. Rafiqpoor and W. Erdelen, *Bionics and Biodiversity – Bio-Inspired Technical Innovations for a Sustainable Future*, in: J. Knippers, K. Nickel and T. Speck, *Biologically Inspired Systems and Integrative Structures*, (Springer, Berlin 2016).

[25.95]   D. Fröhlich and W. Barthlott, Trop. Subtrop. Pflanzenwelt **97**, 1 (1988).

[25.96]   N. Ehler and W. Barthlott, Bot. Jahrb. Syst. **99**, 329 (1978).

[25.97]   W. Barthlott, C. Neinhuis, D. Cutler, F. Ditsch, I. Meusel, I. Theisen and H. Wilhelmi, Bot. J. Linn. Soc. **126**, 237 (2008).

[25.98]   W. Barthlott, Nordic J. Bot. **1**, 345 (1981).

[25.99]   W. Barthlott and C. Neinhuis, Planta **202**, 1 (1997).

[25.100] M. Amabili, A. Giacomello, S. Meloni and C.M. Casciola, Adv. Mat. Interfaces **2**, 1500248 (2015).

[25.101] C. Greiner, A. del Campo and E. Arzt, Langmuir **23**, 3495 (2007).

[25.102] H.E. Jeong, S.H. Lee, P. Kim and K.Y. Suh, Nano Lett. **6**, 1508 (2006).

[25.103] D.S. Kim, H. Lee, J. Lee, S. Kim, K.-H. Lee, W. Moon and T. Kwon, Microsys. Techn. **13**, 601 (2007).

[25.104] B. Aksak, M.P. Murphy and M. Sitti, Langmuir **23**, 3322 (2007).

[25.105] J. Lee, R.S. Fearing and K. Komvopoulos, Appl. Phys. Lett. **93**, 191910 (2008).

[25.106] T.-I. Kim, H.E. Jeong, K.Y. Suh and H.H. Lee, Adv. Mat. **21**, 2276 (2009).

[25.107] A. del Campo and C. Greiner, J. Micromech. Microeng. **17**, R 81 (2007).

[25.108] M.P. Murphy, S. Kim and M. Sitti, ACS Appl. Mat. Interf. **1**, 849 (2009).

[25.109] T.S. Kustandi, V.D.S. Ng, W.S. Chong and A.S.H. Gao, Micromech. Microeng. 17, N 75 (2007).

[25.110] A. Malshe, K. Rajurkar, A. Samant, H.N. Hanen, S. Bapat and W. Jiang, Man. Technol. **62**, 607 (2013).

[25.111] M.R. Weatherspoon, Y. Cai, M. Crue, M. Srivanasarao and K.H. Sandhage, Angew. Chem. Int. Ed. **47**, 7921 (2008).

[25.112] N. Aratani, D. Kim and A. Osuka, Acc. Chem. Res. **42**, 1922 (2009).

[25.113] H. Imahori, T. Umeyama and S. Ito, Acc. Chem. Res. **42**, 1809 (2009).

[25.114] A.J. Mozer, M.J. Griffith, G. Tsekouras, P. Wagner, G.G. Wallace, S. Mori, K. Sunahara, M. Miyashita, J.C. Earles, K.C. Gordon, L. Du, R. Katoh, A. Furube and D.L. Officer, J. Am. Chem. Soc. **131**, 15621 (2009).

[25.115] J. Rochford, D. Chu, A. Hagfeldt and E. Galoppini, J. Am. Chem. Soc. **129**, 4655 (2007).

[25.116] D. De Rossi, F. Carpi and E.P. Scilingo, Adv. Coll. Interf. Sci. **116**, 165 (2005).

[25.117] M.Fleischmann, P.J.Hendra and A.J.McQuillan, Chem. Phys. Lett. **26**, 163 (1974).

[25.118] D.L. Jeanmaire and R.P. Van Duyne, J. Electroanal. Chem. **84**, 1 (1977); M.G. Albrecht and J. A. Creighton, J. Am. Chem. Soc. **99**, 5215 (1977).

[25.119] V. Sharma, S. Kumar, K. Lingeshwar, R.A. Bahuguna and V. Krishnan, J. Mol. Eng. Mat. **4**, 1640006 (2016).

[25.120] X. Mo, Y. Wu, J. Zhang, T. Hang and M. Li, Langmuir **31**, 10850 (2015).

[25.121] R. Yan, M. Chen, H. Zhou, T. Liu, X. Tang, K. Zhang, H. Zhu, J. Ye, D. Zhang and T. Fan, Sci. Rep. **6**, 200001 (2016).

[25.122] Y. Wang, K. Jiang, H. Zhang, T. Zhou, J. Wang, W. Wei, Z. Yang, X. Sun, W.-B. Cai and G. Zheng, Adv. Sci. **2**, 1500003 (2015).

[25.123] Y. Hou, Z. Wang and S. Yao, *Biomimetic Surfaces for Enhanced Dropwise Condensation Heat Transfer: Mimic Nature and Transcend Nature*, in: E.Y.K. Ng and Y. Luo, *Bio-Inspired Surfaces and Applications* (World Scientific, Singapore, 2016).

[25.124] J. Rose and L. Glicksman, Int. J. Heat Mass Transf. **16**, 411 (1973).

[25.125] B. Bushan, Phil. Trans. R. Soc. A **367**, 1445 (2009).

[25.126] G. Zhang, J. Zhang, G. Xie, Z. Liu and H. Shao, Small **2**, 1440 (2006).

[25.127] J.B. Boreyko and C.H. Chen, Phys. Rev. Lett. **103**, 184501 (2009).

[25.128] J. Feng, Z. Qin and S. Yao, Langmuir **28**, 6067 (2012).

[25.129] X. Chen, J. Wu, R. Ma, M. Hua, N. Koratkar, S. Yao and Z. Wang, Adv. Funct. Mat. **21**, 4617 (2011).

[25.130] W.J. Hamilton and M.K. Seely, Nature **262**, 284 (1976).

[25.131] L. Mishchenko, M. Khan, J. Aizenberg and B.D. Hatton, Adv. Funct. Mat. **23**, 4577 (2013).

[25.132] Y. Hou, M. Yu, X. Chen, Z. Wang and S. Yao, ACS Nano **9**, 71 (2015).

[25.133] M. Adabi, M. Naghibzadeh, M. Adabi, M.A. Zarrinfard, S.S. Esnaashari, A.M. Seifalian, R. Faridi-Majidi, H. Tanimowo and H. Ghanbari, Art. Cells, Nanomed., Biotechn. **45**, 833 (2017).

[25.134] L. Chen, J.M McCrate, J.C. Lee and H. Li, Nanotechnology **22**, 105708 (2011).

[25.135] R. Kedmi, N. Ben-Arie and D. Peer, Biomat. **31**, 6867 (2010); B.S. Zolnik, A. González-Fernández, N. Sadrieh and M.A. Dobrovolskaia Endocrin. **151**, 458 (2010).

[25.136] C. He, Y. Hu, L. Yin, C. Tang and C. Yin, Biomat. **31**, 3657 (2010).

[25.137] M. Hannig and Ch. Hannig, Nature Nanotechnol. **5**, 565 (2010).

[25.138] L. Li, H. Pan, J. Tao, X.R. Xu, C.Y. Mao, X.H. Gu and R. Tang, J. Mat. Chem. **18**, 4079 (2008).

[25.139] L. Mishnaevsky, E. Levashoh, R.Z. Valiev, J. Segurado, I. Sabirov, N. Enikeev. S. Prokoshkin, A.V. Solov'yov, A. Korotitskiy, E. Gutmanas, I. Gotman, E. Rabkin, S. Psakh'e, L.Dluhoš, M. Seefeldt and A. Smolin, Mat. Sci. Engin. R **81**, 1 (2014).

[25.140] A.V. Yakubovich, G.B. Sushko, S. Schramm and A.V. Solov'yov, J. Phys. Chem. A **118**, 6685 (2014).

[25.141] G.K. Thakral, R. Thakral, N. Sharma, J. Seth and P. Vashisht, J. Clin. Diagn. Res. **8**, 7 (2014).

[25.142] J. Goene, T. Testori and P. Trisi, Int. J. Perio. Restorative Dent. **27**, 211 (2007).

[25.143] D.M. Brunette, Int. J. Oral Maxillofac. Impl. **3**, 231 (1988).

[25.144] J. Hasan, Y. Xu, T. Yarlagadda, M. Schütz, K. Spann and P. Yarlagadda, ACS Biomat. Sci. Eng. 6, 3608 (2020).

[25.145] V.J. Munster, M. Koopmans, N. van Doremalen, D. van Riel and E.A. de Wit, N. Engl. J. Med. **382**, 692 (2020).

[25.146] S.G. Higgins, M. Becce, A. Bellssiots-Richards, H. Seong, J.E. Sero and M.M. Stevens, Adv. Mat. **32**, 1903862 (2020).

[25.147] F.J. Harding, S. Surdo, B. Delalat, C. Cozzi, R. Elnathan, S. Gonthos, H.H. Voelcker and G. Barillaro, ACS Appl. Mat. Interf. **8**, 29197 (2016).

[25.148] X. Chen, G. Zhu, Y. Yang, B. Wang, L. Yan, K.Y. Zhang, K.K.W. Lo and W. Zhang, Adv. Healthcare Mat. **2**, 1103 (2013).

[25.149] W. Kim, J.K. Ng, M.E. Kunitake, B.R. Conklin and P. Yang, J. Am. Chem. Soc. **129**, 7228 (2007).

[25.150] F. Xiao, X. Wen and P.-Y. Chion, *Plasmonic Micropillars for Massively Parallel Precision Cell Force Measurement*, in: E. Meng and C.T.-C. Nguyen (Eds.), *Proc. MEMS 2017 Conf.* (IEEE, Piscataway, 2017).

[25.151] C. Chiappini, E. De Rosa, J.O. Martinez, X. Liu, J. Steele, M.M. Stevens and E. Tesciotti, Nature Mat. **14**, 532 (2015).

[25.152]   R. Elnathan, B. Delalat, D. Brodoceanu, H. Alhmoud , F.J. Harding, K. Bühler, A. Nelson, L. Isa, T. Kraus and N.H. Völcker, Adv. Funct. Mat. **25**, 7215 (2015).

[25.153]   J.T. Robinson, M. Jorgolli, A.K. Shalek, M.-H. Yoon, R.S. Gertner and H. Park, Nature Nanotechnol. **7**, 180 (2012).

[25.154]   X. Zhu, M.F. Yen, L. Yan, Z. Zhang, F. Ai, Y. Yang, P.K.N. Yu, G. Zhu, W. Zhang and X. Chen, Adv. Healthcare Mat. **5**, 1157 (2016).

[25.155]   Z. Jahed, R. Zareian, Y.Y. Chau, B.B. Seo, M. West, T.Y. Tsui, W. Wen and M.R.K. Mofrad, ACS Appl. Mat. Interf. **8**, 23604 (2016).

[25.156]   L. Hanson, W. Zhao, H.-Y. Lou, Z.C. Lin, S.W. Lee, P. Chowdary, Y. Cui and B. Cui, Nature Nanotechnol. **10**, 554 (2015).

[25.157]   Y. Cao, M. Hjort, H. Chen, F. Birey, S.A. Leal-Ortiz, C.M. Han, J.G. Santiago, S.P. Pasca, J.C. Wu and N.A. Melosh, Proc. Natl. Acad. Sci. USA **114**, E 1866 (2017).

[25.158]   F.J. Rawson, M.T. Cole, J.M. Hicks, J.W. Aylott, W.I. Milne, C.M. Collins, S.K. Jackson, N.J. Silman and P.M. Mendes, Sci. Rep. **6**, 37672 (2016).

[25.159]   F. Santoro, W. Zhao, L.-M. Joubert, L. Duan, J. Schnitker, Y. van de Burgt, H.-Y. Lou, B. Liu, A. Salleo, L. Cui and B. Cui, ACS Nano **11**, 8320 (2017).

[25.160]   M.E. Spira, N. Shmoel, S.-H.M. Huang and H. Erez, Front. Neurosc. **12**, 212 (2018).

[25.161]   T. Berthing, S. Bonde, K.R. Rostgaard, M.H. Madsen, C.B. Sørensen, J. Nygård and K.L. Martinez, Nanotechnology **23**, 415102 (2012).

[25.162]   A. Aalipour, S. Leal-Ortiz, A.H. Mekhdjian, X. Xie, A.R. Dunn, C.C. Garner and N.A. Melosh, Nature Commun. **5**, 8 (2014).

[25.163]   W. Zhao, L. Hanson, H.-Y. Lou, M. Akamatsu, P.D. Chowdary, F. Santoro, J.R. Marks, A. Grassart, D.G. Drubin, Y. Cui and B. Cui, Nature Nanotechnol. **12**, 750 (2017).

[25.164]   S. Gopal, C. Chiappini, J. Penders, V. Leonardo, H. Seong, S. Rothery, Y. Korchev, A. Shevchuk and M.M. Stevens, Adv. Mat. **31**, 1806788 (2019).

[25.165]   N. Buch-Månson, S. Bonde, J. Bolinsson, T. Berthing, J. Nygård and K.L. Martinez, Adv. Funct. Mat. **25**, 3246 (2015).

[25.166]   R. Cappozza, V. Caprettini, C.A. Conano, A. Bosca, F. Moia, F. Santoro and F. De Angelis, ACS Appl. Mat. Interfaces **10**, 29107 (2018).

[25.167]   M. Nagai, T. Miyamoto, T. Hizawa and T. Shibata, Precis. Eng. **55**, 439 (2019).

[25.168]   A. R. Durney, L.C. Frenette, E.C. Hodvedt, T.D. Krauss and H. Mukaibo, ACS Appl. Mat. Interfaces **8**, 34198 (2016).

[25.169]   S.-M. Kim, S. Lee, D. Kim, D.-H. Kang, K. Yang, S.-W. Cho, J.S. Lee, I.S. Choi, K. Kang and M.-H. Yoon, Nano Res. **11**, 2532 (2018).

[25.170]   M. Lard, H. Linke and C.N. Prinz, Nanotechnology **30**, 214003 (2019).

[25.171]   P. Paulitschke, F. Keber, A. Lebedev, J. Stephan, H. Lorenz, S. Hasselmann, D. Heinrich and E.M. Weig, Nano Lett. **19**, 2207 (2019).

[25.172]   H.E. Jeong, I. Kim, P. Karam, H.-J. Choi and P. Yang, Nano Lett. **13**, 2864 (2013).

26 Gebundene Nanopartikel

In Kap. 18 hatten wir umfassend die Eigenschaften von Nanopartikeln vorgestellt. Der Schwerpunkt lag dabei bei den Eigenschaften einzelner Partikel, die geprägt sind durch eine in drei Dimensionen vergleichsweise geringe Ausdehnung. In einzelnen Fällen, beispielsweise für Ferrofluide, hatten wir auch die Eigenschaften des Teilchenensembles diskutiert. In der Anwendung sind allerdings praktisch nie einzelne Teilchen oder große Teilchenensemble, etwa in Form eines Nanopulvers, relevant, sondern so gut wie immer gebundene Nanopartikel. Gebunden bedeutet im hier vorliegenden Kontext, dass sich die Partikel in einer flüssigen oder festen Matrix befinden. Wir betrachten also Suspensionen und Nanokomposite. Die einzelnen Partikel müssen dabei nicht zwingend eine annähernde Kugelform besitzen, sondern es kann sich beispielsweise auch um stäbchenförmige oder sogar flockenförmige Strukturen handeln. Gebenüber dem restriktiven Partikelbegriff im Zusammenhang mit Kap. 18 ist also im Folgenden der Begriff Nanopartikel unspezifischer, orientiert sich dafür aber mehr an demjenigen, was im Kontext mit den Anwendungen gebundener Nanopartikel terminologisch vorherrschend ist.

26.1 Nanofluide

26.1.1 Allgemeines

Suspensionen von Nanopartikeln in einer flüssigen Matrix werden auch als *Nanofluide* bezeichnet [26.1]. Für eine Anwendung kann eine derartige Suspension die finale Konfiguration sein oder nur eine vorübergehende Konfiguration, während die eigentliche Anwendung eine feste Phase vorsieht. Ein Beispiel für die zuletzt genannte Konstellation wären etwa Pigmente in einer Farbe, die nach Verdampfen des Lösungsmittels eine feste Oberflächenschicht bilden, wie sie beispielsweise Abb. 25.31 zeigt. In jedem Fall bestehen Nanofluide aus nanskaligen Partikeln, Fasern, Röhrchen, Drähten, Stäben oder Plättchen, die in einer Trägerflüssigkeit dispergiert werden. Damit gehören sie im Sinne der Diskussion in Kap. 8 zu den zweiphasigen Systemen. Aufgrund ihrer spezifischen Eigenschaften, die sich zum Teil signifikant von denen der Trägerflüssigkeit unterscheiden, besitzen Nanofluide ein großes Anwendungspotential.

Eine Voraussetzung für alle Anwendungen ist eine hinreichende Stabilität des Nanofluids. Abgesehen von geeigneten Kombinationen von Trägerflüssigkeit und dispergierter Phase sind diesbezüglich die Herstellungsverfahren von großer Bedeutung. Gerade Innovationen bei der Herstellung der Fluide haben in den letzten Jahren zu zahlreichen neuen Applikationstrends für Nanofluide geführt [26.1].

https://doi.org/10.1515/9783486855449-004

26.1.2 Herstellung und Stabilität von Nanofluiden

Unerwünscht ist die Agglomeration der Nanopartikel in der Trägerflüssigkeit. Stabilität bedeutet damit im Wesentlichen Abwesenheit von Agglomeration [26.2]. In der Regel werden zunächst die Nanopartikel produziert. Entsprechende Verfahren haben wir in Abschn. 18.2 diskutiert. Zur Herstellung des eigentlichen Nanofluids wird das Nanopulver in der Trägerflüssigkeit dispergiert. Dazu stehen unterstützende Verfahren wie die Nutzung magnetfeldinuzierter Kräfte, von Ultraschall und von Scherkräften zur Homogenisierung zur Verfügung. Alle Verfahren sind tauglich für die Massenproduktion. Da Nanopartikel in vielen Fällen aufgrund der großen Oberflächenenergie ein gesteigertes Agglomeraionsverhalten zeigen, bedient man sich häufig grenzflächenaktiver Substanzen (*Surfactants*).

Geringer ist die Agglomerationsneigung, wenn das Nanofluid in einem Schritt entsteht. Das ist beispielsweise bei einer chemischen Fällungsreaktion der Fall. Zahlreiche spezifische Reaktionen wurden verifiziert [26.1]. Allerdings sind die entsprechenden chemischen Synthesewege in der Regel für die Massenproduktin weniger geeignet als die Dispersion von Nanopulver.

Die Stabilität von Nanofluiden wird in Form von Sedimentations- und Zentrifugationsexperimenten quantifiziert. Die Teilchendichte und Inhomogenitäten können mittels spektraler Absorptionsanalyse charakterisiert werden [26.1]. Surfactants bestehen in der Regel aus langkettigen Kohlenwasserstoffmolekülen mit hydrophobem Schwanz und hydrophiler, polarer Kopfgruppe. Die Surfactants lagern sich von allein an der Grenzfläche zwischen Partikeln und Trägerflüssigkeit an und induzieren gleichsam einen gewissen Grad an Kontinuität über die Grenzfläche hinweg. Sie lassen sich in vier Kategorien unterteilen. Nichtionische Surfactants umfassen langkettige Fettsäuren, Sulfosuccinate, Alkylsulfate, Phosphate und Sulfonate. Kationische Surfactants sind protonierte, langkettige Amine und langkettige quaternäre Ammoniumverbindungen. Amphoterische Surfactants besitzen zwitterionische Kopfgruppen und umfassen Betaine und bestimmte Lecithine.

In Abschn. 6.5 hatten wir bereits die DLVO-Theorie eingeführt, welche es letztlich gestattet, die Stabilität von Kolloiden zu berechnen, wenn die Wechselwirkungen zwischen den Nanopartikeln bekannt sind. Im vorliegenden Fall sind insbesondere attraktive van der Waals-Kräfte und repulsive, elektrostatische Doppelschichtkräfte relevant. Stabilität des Nanofluids setzt voraus, dass die Repulsion überwiegt. Wie in Abb. 26.1 schematisch gezeigt, kann neben der elektrostatischen Repulsion auch eine sterische Repulsion genutzt werden, wenn die Partikeloberfläche entsprechend funktionalisiert wird. Dafür eignet sich beispielsweise Polymethylmethacrylat (PMMA) oder Polyvinylpyrrolidon (PVP). Eine elektrostatische Stabilisierung des Nanofluids erreicht man durch die präferentielle Adsorption von Ionen an der Partikeloberfläche, durch Dissoziation von Adsorbaten, durch eine isomorphe ionische Substitution, durch Akkumulation oder Verarmung von Elektronen an der Partikeloberfläche und durch Physisorption geladener Spezies.

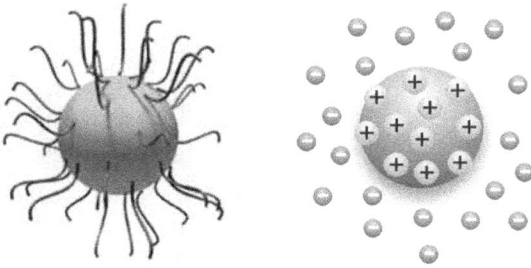

Abb. 26.1. Sterische und elektrostatische Stabilisierung von Nanofluiden.

Selbst eine unfunktionalisierte Partikeloberfläche hat einen dezidierten Einfluss auf die umgebende Flüssigkeit. Das hatten wir im Detail in Abschn. 6.5 diskutiert und im Konkreten in Abb. 6.10 dargestellt. Die induzierte Ordnung der Moleküle der Trägerflüssigkeit ersreckt sich typisch über 1–3 nm, wobei die an ebenen Oberflächen verifizierten Resultate nicht unbedingt auf die stark gekrümmte Oberfläche von Nanopartikeln übertragbar sind [26.3]. Schematisch ist der Einfluss der Partikel auf die Trägerflüssigkeit in Abb. 26.2 dargestellt. Nimmt man an, dass die Ausdehnung der strukturell durch die Partikel modifizierten Flüssigkeit die Reichweite δ_0 besitzt, so lässt sich der Anteil der strukturell modifizierten Trägerflüssigkeit als Funktion des Partikeldurchmessers für einen gegebenen Volumenanteil der Partikel berechnen. Aus dem in Abb. 26.3 dargestellten Ergebnis wird sehr deutlich, dass Nanofluide gegenüber den reinen Trägerflüssigkeiten stark modifizerte Eigenschaften besitzen.

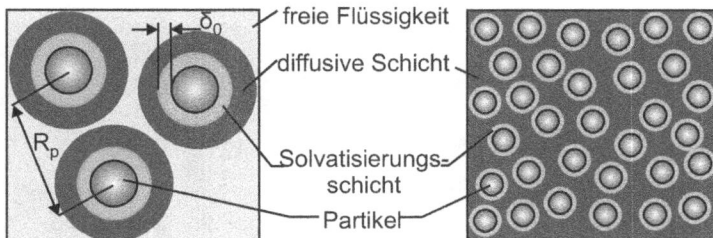

Abb. 26.2. Einfluss der Partikel eines Nanofluids auf die strukturelle Ordnung der Trägerflüssigkeit.

Doppelschichtkräfte und die DLVO-Theorie hatten wir im Kontext der Kolloide in Abschn. 6.5 und im Kontext der Rasterkraftmikroskopie in Abschn. 22.3.2 diskutiert. Abbildung 6.7 zeigt, wie diese Kräfte eine kolloidale Suspension stabilisieren können. Allerdings können Doppelschichtkräfte a priori auch attraktiv sein, wie Abb. 22.102 zeigt. Dies ist insbesondere relevant, weil die Ausdehnung der Doppelschicht, die in Abschn. 2.2.2 und 5.5 eingeführte Debye-Länge , größer ist als diejenige der in Abb. 26.2 dargestellten Solvatationsschicht. Eine Kompression der Doppelschicht führt in

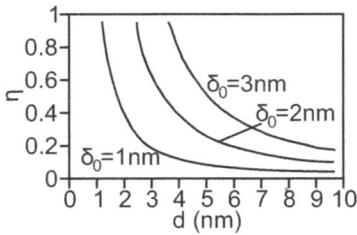

Abb. 26.3. Volumenanteil η der strukturell modifizierten Trägerflüssigkeit als Funktion des Partikeldurchmessers für verschiedene Reichweiten δ_0 der strukturellen Veränderung bei einer Partikelkonzentration von 5 Vol.-% [26.3]

der Regel zu einer raschen Aggregation der Nanopartikel [26.4]. Bereits bei moderater Partikelkonzentration überlagern sich die partikelumhüllenden Doppelschichten.

Abbildung 26.4 zeigt den Einfluss des Partikeldurchmessers auf die mittlere Distanz zwischen den Partikeln für drei unterschiedliche Volumenkonzentrationen. Darüber hinaus ist der Partikelabstand eingezeichnet, bei dem die Doppelschichten einen beginnenden Überlapp aufweisen. Aus den jeweiligen Schittpunkten der beiden Geradenkategorien lässt sich ablesen, unterhalb welchen Partikeldurchmessers die Suspension keinerlei freie Trägerflüssigkeit mehr aufweist, sondern nur noch eine partikelinduzierte modifizierte. Damit stellt sich in der Tat die Frage, ob Nanoflüssigkeiten nicht eine völlig neuartige Phase repräsentieren [26.5].

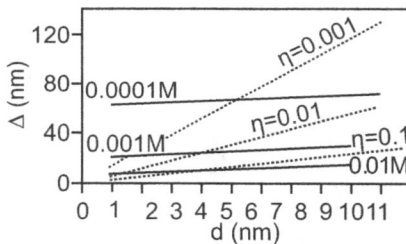

Abb. 26.4. Mittlere Distanz zwischen den Zentren benachbarter Partikel als Funktion des Partikeldurchmessers für drei unterschiedliche Volumenkonzentrationen der Partikel (gestrichelt). Zusätzlich dargestellt ist der kritische Partikelabstand, unterhalb dessen die Doppelschichten der benachbarten Partikel überlappen (durchgezogen). Der kritische Abstand für drei unterschiedliche Konzentrationen monovalenter Ionen ist vergleichsweise schwach vom Partikeldurchmesser abhängig.

26.1.3 Nanofluide Grenzflächen

Grenzflächen zwischen zwei nichtmischbaren Flüssigkeiten haben spezielle Eigenschaften, die natürlich durch beide Flüssigkeiten bestimmt sind. Diese Grenzflächen können gezielt zur Synthese von Nanopartikeln genutzt werden und/oder durch die Anwesenheit von Nanopartikeln in ihren Eigenschaften modifiziert werden [26.6].

Generell bildet die flüssige Grenzfläche zwischen zwei nicht mischbaren Trägerflüssigkeiten eine Zone aus, in der sich strukturelle, dielektrische, dynamische und thermodynamische Eigenschaften von denen beider involvierter Flüssigkeiten unterscheiden. Der Massentransport über derartige Grenzflächen hinweg spielt besonders in der Biologie eine gewichtige Rolle, da Zellmembranen solche Grenzflächen darstellen. Prozesse wie die Biokatalyse, Elektronentransport, Ionenpumpen, Membranfusion und die Photosynthese finden hier statt. Grenzflächen zwischen Flüssigkeiten mit typischen Ausdehnungen im nm-Bereich sind auch für technische Prozesse interessant [26.6]. Im Kontext der Nanotechnologie stellen sie eine stark anisotrope Umgebung dar, in der entsprechend chemische und Selbstorganisationsprozesse modifiziert ablaufen.

Für die chemische Synthese von metallischen Nanopartikeln an der Grenzfläche werden häufig Öl und Wasser verwendet. Während die Präkursoren in der einen Flüssigkeit gelöst sind, befinden sich die reduzierenden Substanzen in der anderen. Die Nanopartikel werden über Redoxreaktionen synthetisiert. Nanostrukturierte Polymere lassen sich an flüssigen Grenzflächen ähnlich synthetisieren. Dabei sind Monomere in der organischen Phase gelöst und oxidierende Substanzen in der wässrigen. Abbildung 26.5 zeigt exemplarisch den Ablauf zweier simultaner Redoxreaktionen an einer flüssigen Grenzfläche, der zur Ausbildung einer nanofluiden Grenzfläche führt.

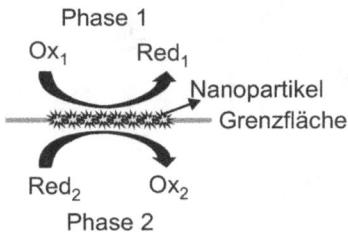

Abb. 26.5. Entstehung einer nanofluiden Grenzfläche durch Ablauf zweier simultaner Redoxreaktionen.

Die Entstehung einer nanofluiden Grenzfläche mit Ag-Nanoplättchen illustriert Abb. 26.6 exemplarisch. Verwendet wird eine Wasser-Toluol-Grenzfläche. Als Präkursor dient $AgNO_3$, gelöst in der wässrigen Phase. Das Reduktionsmittel besteht in Ferrocen ($C_{10}H_{10}Fe$), gelöst in der organischen Phase. In Schritt A erfolgt die Reduktion an der Grenzfläche. Die Grenzfäche begünstigt aufgrund ihrer speziellen Eigenschaften

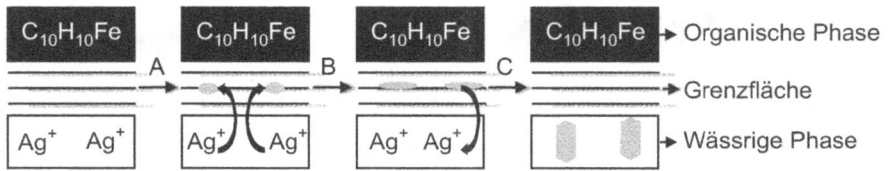

Abb. 26.6. Nanofluide Wasser-Toluol-Grenzfläche mit Ag-Nanopartikeln [26.7].

die Entstehung von Nanoplättchen in Schritt B. Durch mechanisches Rühren lassen sich optional die Nanopartikel in die wässrige Phase in einem Schritt C überführen.

Auch Metall-Polymer-Komplexe lassen sich an Grenzflächen zweier Flüssigkeiten synthetisieren. Dies zeigt Abb. 26.7 exemplarisch an einem Au-Polymidol-Komposit. Hier erkennt man eine deutliche Abhängigkeit der Nanostrukturierung von der genauen Position an der flüssigen Grenzfläche. Die Synthese zahlreicher weiterer Komposite wurde vorgestellt [26.6].

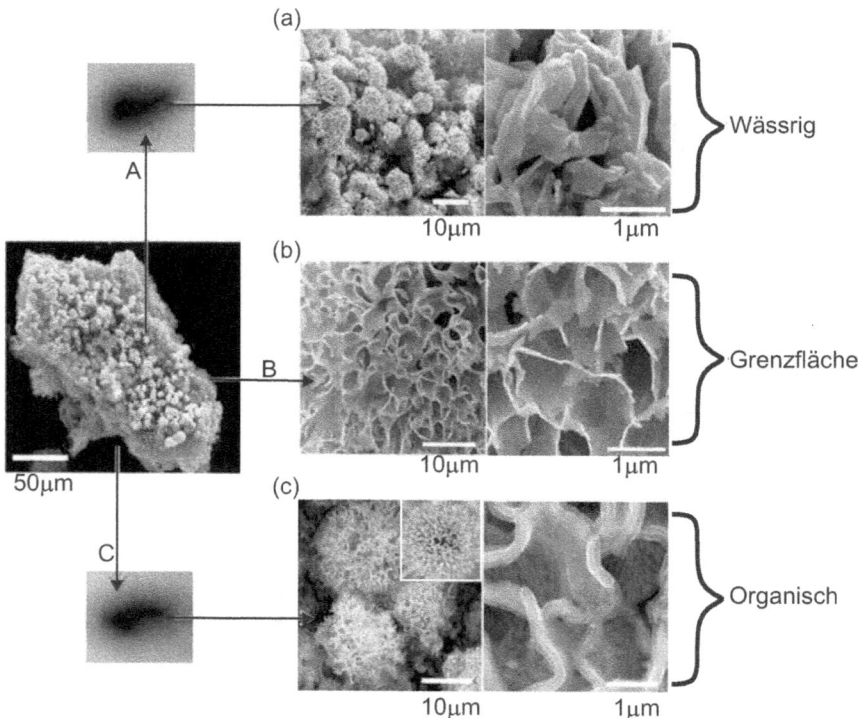

Abb. 26.7. Au-Polymidol-Komposit an einer Wasser-Dichlormethan-Grenzfläche [26.6]. Dargestellt sind SEM- sowie lichtmikroskopische Abbildungen. (a) Die der wässrigen Phase zugewandte Seite. (b) Im Zentrum der Grenzfläche. (c) Die der organischen Phase zugewandte Seite. Die Teilabbildung zeigt zum Vergleich die Morphologie einer perennisierenden Pflanze.

26.1.4 Anwendungen für Nanofluide

Für Nanofluide gibt es zahlreiche und diverse Anwendungen [26.1]. Eine der größeren Anwendungskategorien basiert auf den besonderen thermophysikalischen Eigenschaften, die Nanofluide besitzen können [26.8]. Nanofluide können insbesondere eine gegenüber einfachen Flüssigkeiten deutlich gesteigerte Wärmeleitfähigkeit bei niedriger Viskosität besitzen. Bereits einige Volumenprozent Metalloxidpartikel wie Al_2O_3, MgO, TiO_2 oder ZnO – aber auch SiO_2-Nanopartikel – in Trägerflüssigkeiten wie destilliertem Wasser oder Ethylenglykol verbessern die Wärmetransfereigenschaften der Flüssigkeiten erheblich [26.8; 26.9]. Der Einsatz solcher Flüssigkeiten bietet sich insbesondere im Zusammenhang mit Wärmeleitröhren (*Heat Pipes*) beispielsweise zur Kühlung höchstintegrierter elektronischer Schaltkreise an. Neben oxidischen Nanopartikeln kommen auch metallische aus Au, Ag, Cu sowie Diamantpartikel zum Einsatz [26.1].

Der erhöhte Siedepunkt von Nanofluiden legt wiederum ihren Einsatz zur Kühlung von Verbrennungsmotoren nahe [26.10]. Weitere Anwendungen umfassen die Klimatechnik generell und im Hinblick auf effiziente und umweltfreundliche Kühlmittel [26.1]. Für die US-amerikanische Industrie wird das Einsparpotential an Energie bei Ersetzen von Kühl- und Warmwasser auf mindestens 10^{12} BTU geschätzt [26.11]. Bei der Stromerzeugung könnten geschlossene Kühlkreisläufe mit Nanofluiden mehr als 10^{13} BTU pro Jahr an energetischem Einsparpotential erbringen. Dies führte zu erheblich verringerten CO_2-, NO_x- und SO_2-Emissionen [26.1]. Insbesondere wird der Einsatz von Nanofluiden im Bereich der nuklearen Energiegewinnung diskutiert [26.12]. Hier könnten sich potentiell sowohl Effizienz- als auch Sicherheitsvorteile ergeben.

Von Bedeutung könnten Nanofluide auch als Arbeitsmedien in Solarkollektoren sein, weil sie gegenüber konventionellen Flüssigkeiten eine höhere solare Absorption aufweisen können [26.13]. Modellrechnungen legen eine enorme Steigerung der direkten solaren Absorption für optimal konfigurierte Nanofluide im Vergleich zu beispielsweise reinem Wasser nahe [26.14]. Hieraus resultieren dann entsprechend positive Implikationen für Wirtschaftlichkeit und Nachhaltigkeit [26.15].

Durch Bedeckung mit Nanofluiden erhalten Oberflächen zum Teil auch die in Kap. 25 und insbesondere die in Abschn. 25.3 diskutierten Eigenschaften, da Nanopartikel die Oberflächen entsprechend strukturieren. Dies kann beispielsweise zu signifikanten Verminderungen der Reibung besonders im Vergleich zu konventionellen flüssigen Lubrikanten führen [26.16].

Selbstverständlich gehören entsprechend der gewählten Kategorisierung auch die in Abschn. 18.7.5 diskutierten Ferrofluide zu den Nanofluiden. Die Möglichkeit, über Magnetfelder einen Einfluss auf globale und lokale Eigenschaften einer Flüssigkeit ausüben zu können, eröffnet eine Vielzahl spezifischer Anwendungspotentiale für die Ferrofluide [26.17], was sie heute zu einer individuell sehr bedeutsamen Unterkategorie der Nanofluide macht.

Natürlich besitzen gebundene Nanopartikel auch Eigenschaften der isolierten Partikel, wie wir sie ausführlich in Kap. 18 diskutiert hatten. Damit sind auch einige der dort diskutierten Anwendungen für die Verwendung von Nanofluiden relevant. Dazu gehören insbesondere auch biomedizinische Anwendungen in Diagnostik und Therapie. Bereits die in Abschn. 18.8.2 und 18.8.4 angesprochenen Anwendungen umfassen etwa die Nutzung der bioziden Eigenschaften von Nanopartikeln, die kontrollierte Freisetzung von Medikamenten durch sie sowie ihre Nutzung als Kontrastmittel. Speziell in diesem Kontext sind auch Flüssigmetallnanopartikel von besonderem Interesse [26.18].

Galliumbasierte flüssige Metalllegierungen sind bei Raumtemperatur flüssige metallische Fluide mit typischen Flüssigkeitseigenschaften und gleichzeitig mit typischen Eigenschaften von Metallen [26.19]. Insbesondere zeigen sie eine große Dichte, große elektrische und thermische Leitfähigkeiten und eine Beeinflussbarkeit durch elektrische und magnetische Felder. Typische Vertreter entsprechender Ga-basierter Legierungen sind eutektisches GaIn und GaInSn. Die Verwendung in Form von Nanofluiden – in diesem Kontext flüssige Metallnanopartikel in einer flüssigen Matrix – eröffnet gerade für die explizit genannten Ga-basierten Eutektika zahlreiche biomedizinische Anwendungen. Dies hat seine Ursache in verschiedenen Spezifika der flüssigen Nanopartikel. Unter Umgebungsbedingungen formt sich eine dünne Oxidschicht. Diese ist vorteilhaft bei der Herstellung der Partikel und reduziert insbesondere Wechselwirkungen zwischen den Partikeln [26.19].

Die Oxidschicht stellt quasi eine universelle Plattform zur chemischen Funktionalisierung der Partikel dar, was die Partikel zu universell einsetzbaren Trägersubstanzen beispielsweise für Wirkstoffe macht. Ein Beispiel für eine solche Funktionalisierung zeigt schematisch Abb. 26.8. Verwendetete Makromoleküle umfassen Tiole, Catechol (Brenzcatechin), Phosphorsäure, Thiocarbonate, Carbonsäure, Silane und Amine [26.18]. .

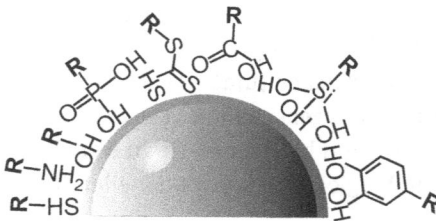

Abb. 26.8. Funktionalisierung von oxidierten Flüssigmetallnanopartikeln mit unterschiedlichen Makromolekülen.

Die genannten Nanofluide zeigen weitere spezifische Eigenschaften. So beträgt die photochemische Konversionseffizienz mehr als 50 % bei einem ausgedehnten Absorptionsbereich im nahen Infrarotbereich (650–1500 nm) [26.20]. Dies sind Eigenschaften, die für photochemische Therapien von Vorteil sind. Besonders interessant ist, dass die Nanopartikel aufgrund elektromagnetischer, elektrischer oder akustischer Stimulation chemische und in der Folge auch morphologische Veränderungen erfahren können [26.21]. Schließlich ist Ga in elementarer Form sowie in Form von Verbindungen auch von theragnostischer Relevanz [26.22].

Gerade die Fähigkeit, mittels Licht im nahen Infrarotbereich lokal Wärme freisetzen zu können, macht Flüssigmetallnanopartikel vielversprechend für photothermische Therapieansätze, insbesondere in der Krebstherapie. Speziell designte Partikel können sogar mehrere therapeutische Effekte gleichzeitig entfalten [26.23]. So können beispielsweise über eine maßgeschneiderte Oberflächenchemie die Partikel mit Biomolekülen weiter funktionalisiert werden. Spezielle Beispiele zeigt Abb. 26.9. Allen derartigen Verfahren ist gemeinsam, dass die Flüssigmetallpartikel Tumorzellen infiltrieren und an Ort und Stelle eine photothermische Energiekonversion erlauben, deren antikanzerogene Wirkung ähnlich derjenigen der in Abschn. 18.7.6 diskutierten mangetischen Hyperthermie ist.

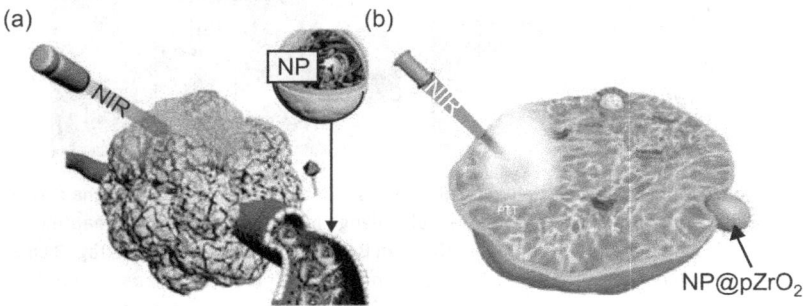

Abb. 26.9. Einsatz von Flüssigmetallnanopartikeln in Krebstherapien. (a) Photothermische Krebstherapie mittels Tetraethylorthosilicat-gekapselter Partikel [26.23]. (b) Variante unter Verwendung von Polyethylenglykol-modifizierten mit ZrO_2 beschichteten Flüssigmetallnanopartikeln [26.24].

Die externe Stimulierbarkeit oder äußere Manipulierbarkeit wird auch eingesetzt bei der Verwendung von Flüssigmetallnanopartikeln als Kontrastmittel. In vivo eingesetzte Partikel besitzen zwar ein ungeeignetes Kontrast-Konzentrations-Profil, allerdings aggregieren die Partikel durch Bestrahlung mit geeigneten Lasern [26.20]. Dies führt zu einem stark erhöhten Röntgenkonstrast, wie Abb. 26.10 zeigt.

Eng verbunden mit der photothermischen Konversion ist die photoakustische Bildgebung. Die photothermische Anregung resultiert in einer Expansion der Partikel, die wiederum zu Ausbreitung akustischer Wellen insbesondere im Ultraschallbereich führen kann. Flüssigmetallnanopartikel sind diesbezüglich ideal [?], wie Abb. 26.10 eindrucksvoll belegt.

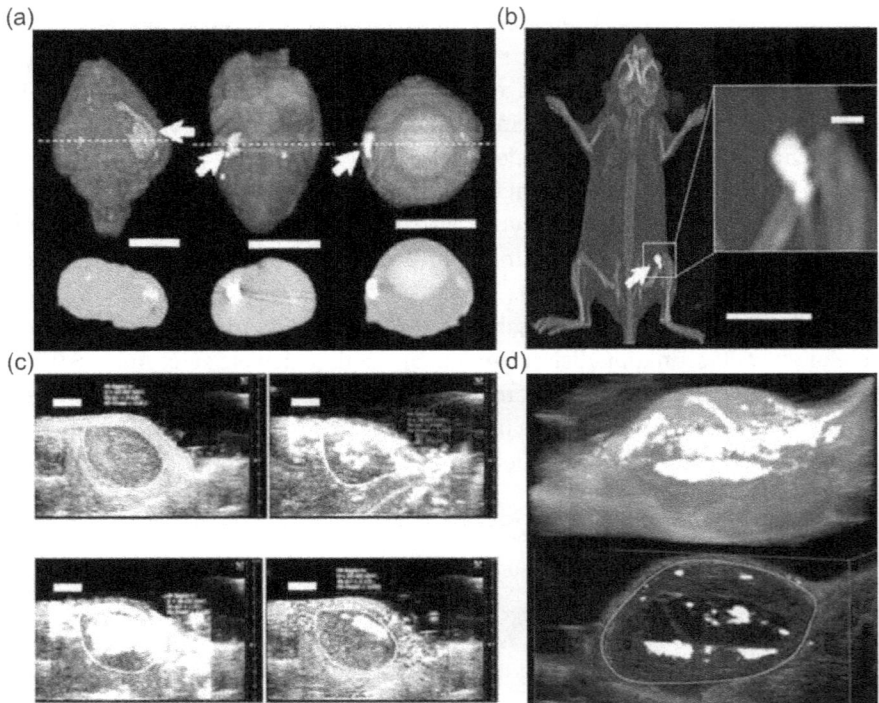

Abb. 26.10. Verwendung von Flüssigmetallnanopartikeln für die Bildgebung [?]. (a) Röntgenaufnahmen vom Kaninchenherzen, -hirn und -augapfel. Die Balkenlänge beträgt 1 cm. (b) Röntgenaufnahme einer lebenden Maus mit markiertem röntgenaktivierten Bereich. Die Balkenlänge beträgt 3 cm. (c) Ultraschall- und photoakustische Abbildungen eines Tumors in einer lebenden Maus. Oben: Ultraschallaufnahme und photoakustische Aufnahme vor Partikelinjektion. Unten: Photoakustische Aufnahme und Differenzbild nach Partikelinjektion. Die Balkenlänge beträgt 3 cm. (d) Dreidimensionale Detailaufnahme der Tumorregion aus (b).

Wie in Abschn. 25.4 ausgeführt, haben Nanopartikel eine große Bedeutung für die Funktionalisierung von Oberflächen in vielen technischen Kontexten. Dabei kommt Farben und Lacken eine besondere Bedeutung im Hinblick auf die Anmutung und Versiegelung von Oberflächen zu [26.25]. Während die enstehenden Schichten im finalen Zustand nanostrukturiert und fest sind, handelt es sich bei den zu deponierenden Substanzen häufig um Nanofluide im zuvor definierten Sinne. Deren Eigenschaften wiederum sind maßgeblich für die Funktionalität der späteren Oberflächenbeschichtungen.

Von sehr großer Bedeutung in den unterschiedlichsten Kontexten ist die Beschichtung von Metallen [26.26]. Korrosionsschutz ist dabei nur ein Ziel unter vielen. Beschichtungsprozesse umfassen einfache Anstriche, aber auch Badbehandlungen und galvanische Verfahren. Von wachsender Bedeutung sind heute Nanofluide, die anorganische Nanopartikel in einer Lösungsmittelmatrix beinhalten [26.26]. Relevante Materialien umfassen TiO_2, SiO_2, Al_2O_3, ZrO_2, SiC, ZnO, CeO_2, MoS_2 sowie Diamant und Graphit. Die Nanofluide sind gleichsam die entscheidende Vorstufe der festen Nanokompositbeschichtungen, die zur eigentlichen Funktionalisierung der Oberfläche dienen.

Das *autokatalytische Plattieren (Electroless Plating)* erlaubt die Reduktion metallischer Ionen und die Formation einer Oberflächenbeschichtung über die Oxidation reduzierender Substanzen in einem Bad [26.27]. Deponiert werden Metalle wie Ni, Cu, Au, Ag, Pd und Co. Nanopartikel der genannten Zusammensetzungen können die Eigenschaften der metallische Oberflächenbeschichtungen im Hinblick auf Härte, Reibung und Verschleiß sowie auf Korrosionsbeständigkeit massiv verbessern [26.27]. Die Verwendung entsprechender Nanofluide führt nicht nur dazu, dass auch Nanopartikel auf der Oberfläche deponiert werden, sondern sie beeinflusst stark die gesamte Struktur der späteren Nanokomosite. Dies zeigt Abb. 26.11 anhand einer autokatalytisch deponierten Ni-P-Schicht, der optional SiC-Nanopartikel durch Verwendung eines entsprechenden Nanofluids im Beschichtungsbad hinzugefügt wurden.

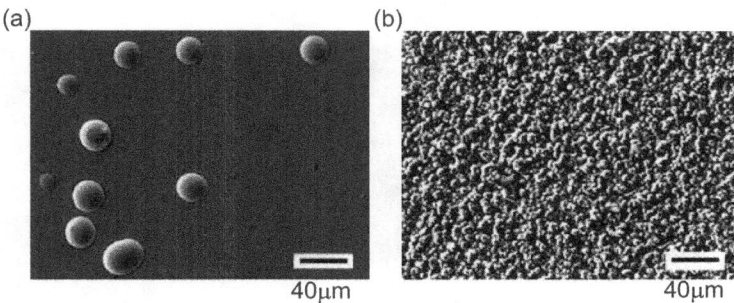

Abb. 26.11. Autokatalytisch deponiertes Ni-P auf einer Stahloberfläche [26.28]. (a) Konventionelle Beschichtung. (b) Verwendung eines Nanofluids auf der Basis von SiC-Partikeln.

Ein weiterer verbreiteter industrieller Beschichtungsprozess ist das *Elektroplattieren (Electroplating)*. Auch hier modifiziert die Verwendung von Nanofluiden in den galvanischen Bädern die Eigenschaften der deponierten Schichten stark [26.29]. Diesbezüglich zeigt Abb. 26.12 ein entsprechendes Beispiel. Hier führt die Verwendung eines TiO_2-basierten Nanofluids im galvanischen Bad dazu, dass die Oberflächenrauigkeit der plattierten Schicht deutlich abnimmt.

Von großer technischer Bedeutung sind auch chemische Konversionsbeschichtungen [26.31]. Eine besondere Bedeuung kommt dabei dem Element Mo als Korrosionsinhibitor zu. Bildet sich an der Oberfläche von Stahl, Mg, Zn oder Al eine Schicht aus Molybdaten, so kann die Korrosionsneigung dieser Metalle drastisch reduziert werden [26.32]. Allerdings weisen konventionell hergestellte Schichten häufig Poren und Risse auf, wie Abb. 26.13(a) zeigt. Werden allerdings in der Konversionsbeschich-

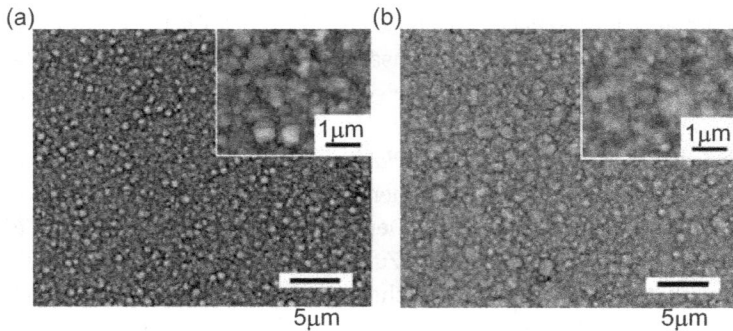

Abb. 26.12. Elektroplattierte Ni-Schichten [26.30]. (a) Konventionell. (b) Verwendung eines TiO$_2$-basierten Nanofluids im galvanischen Bad.

tung SiO$_2$-basierte Nanofluide eingesetzt, kann dieser unerwünschte Effekt drastisch reduziert werden, wie Abb. 26.13(b) zeigt.

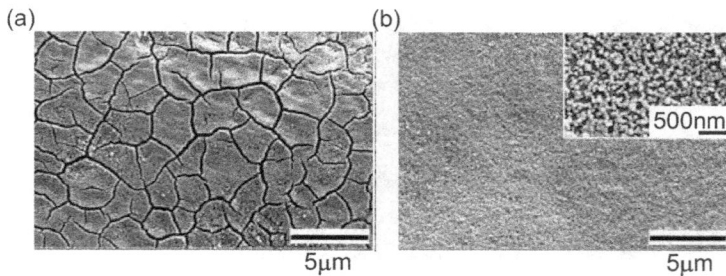

Abb. 26.13. Konversionsbeschichtungen aus (a) Molybdat und (b) Molybdat-SiO$_2$ [26.33].

Der Phosphatkonversionsbeschichtung kommt die besondere Bedeutung zu, dass sie an der Oberfläche von Metallen zu einer elektrisch isolierenden Schicht führt [26.34]. Poren zwischen den Phosphatkristallen, wie sie Abb. 26.14(a) zeigt, reduzieren die Funktionalität der Schichten deutlich. Auch diesbezüglich hat sich gezeigt, dass die Verwendung von SiO$_2$-basierten Nanofluiden zu deutlich dichteren Phosphatschichten führt, wie Abb. 26.14(b) zeigt. Entsprechend kann auch die Korrosionsbeständigkeit verbessert werden.

Inhomogenitäten innerhalb der Nanofluide oder gar eine Agglomeration von Partikeln innerhalb des Bades führen zu suboptimalen Eigenschaften der späteren Beschichtungen. In der Regel wird dem durch mechanisches Rühren, Ultraschallbehandlung oder durch Zusatz oberflächenaktiver Substanzen entgegengewirkt. Interessanterweise kann auch die Applikation eines statischen externen Magnetfelds einen positiven Einfluss auf die Dispergierbakeit der Nanopartikel haben. Ursache

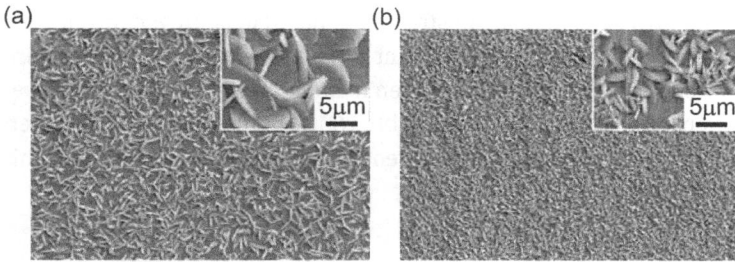

Abb. 26.14. Phosphatkonversionsbeschichtungen [26.35]. (a) Konventionell und (b) unter Verwendung SiO_2-basierter Nanofluide.

ist in diesem Fall der magnetohydrodynamische Effekt, der auftritt, wenn elektrisch leitfähige Fluide von einem Magneteld durchdrungen werden [26.36]. Die Applikation eines Magnetfelds während der Konversionsbeschichtung mit einem Nanofluid kann einen signifikanten Einfluss auf die Struktur der Beschichtung haben, wie exemplarisch Abb. 26.15 zeigt.

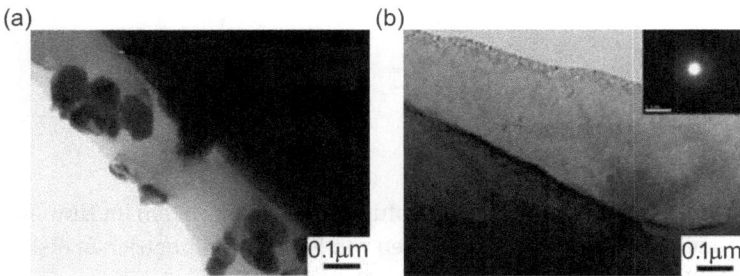

Abb. 26.15. Phosphat-Al_2O_3-Konversionsbeschichtung einer Magnesiumlegierung [26.37]. (a) Nanopartikel innerhalb der Phosphatschicht bei Applikation eines Magnetfelds von 0,3 T während der Beschichtung. (b) Abwesenheit von Nanopartikeln in der Beschichtung (oben) bei Abwesenheit eines Magnetfelds trotz Verwendung eines identischen Nanofluids wie in (a).

Offensichtlich stellt sich im Hinblick auf alle Nanokompositbeschichtungen die Frage, über welchen Mechanismus die Verwendung von Nanofluiden zu optimierteren Ergebnissen führt als die Verwendung konventioneller galvanischer Bäder. Abbildung 26.16 zeigt schematisch die Prozesse bei der Deposition eines Nanokomposits in einem nanofluidischen Galvanikbad. Zunächst bilden sich im Nanofluid Ionenwolken um die Nanopartikel herum, dargestellt in Abb. 26.16(a). Aufgrund der relativ großen Oberfläche und Oberflächenenergie werden die Nanopartikel verstärkt an der Substratoberfläche adsorbiert. Dies zeigt Abb. 26.16(b). Die adsorbierten Nanopartikel senken wiederum die Aktivierungsenergie für die Deposition einer initialen Phase der Beschichtung, beispielsweise aus unlöslichen Salzen. Aufgrund von Reduktionsreaktionen werden die Ionenwolken auf dem Substrat zunehmend in ladungsneutrale Spezies umgewandelt, und es entsteht ein Metallfilm mit eingebetteten Nanopartikeln. Dies zeigt Abb. 26.16(c). Die Nanopartikel verleihen nicht nur dem Nanokomposit spezifische Eigenschaften, sondern tragen gemäß Abb. 26.16 auch zu einem verbeserten Schichtwachstum bei, was die Vorteile der Verwendung von Nanofluiden in galvanischen Bändern erklärt.

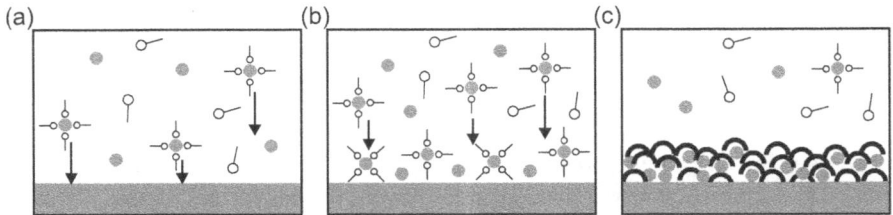

Abb. 26.16. Entstehung von Nanokompositfilmen bei der galvanischen Beschichtung. (a) Nanofluid mit Nanopartikeln (graue Kreise) und umgebenden Wolken aus Metallionen. (b) Adsorption der Partikel-Ionen-Komplexe durch das Substrat. (c) Entladung der Metallionenwolken und Wachstum einer Schicht mit eingebetteten Nanopartikeln.

26.1.5 Toxikologische Aspekte

In Abschn. 25.4 und 25.5 wurde bereits die Bedeutung von Nanopartikeln im Hinblick auf optische, aber auch katalytische Eigenschaften von Farben und Anstrichen diskutiert. Die Vorteile der Verwendung entsprechender Nanofluide sind evident. Eine entscheidende Frage ist allerdings, welche Nachteile diesen Vorteilen gegenüberstehen. Ein gravierender Nachteil für viele Beschichtungen und Anstriche wäre eine inakzeptable Toxizität oder sonstige Umweltschädlichkeit. Dabei stellt sich die Frage nach einer potentiellen Schädlichkeit für die Nanofluide und die späteren Kompositbeschichtungen gleichermaßen [26.25]. Sicherlich noch unvollständige in vitro-Studien zeigen, dass die biozide Wirkung von Nanopartikeln stark vom Partikelmaterial abhängt. So ergeben sich beispielsweise signifikante Unterschiede für Nanopartikel aus Ag, TiO_2 und SiO_2 [26.38]. Dabei ist der nanofluide Zustand der relevante, weil Zellen in vitro und natürlich auch in vivo einem flüssigen Milieu, in dem sich Nanopartikel gegebener Zusammensetzung, Konzentration und Größe befinden können, ausgesetzt sind.

Abbildung 26.17 zeigt den recht dramatischen Einfluss, den speziell silberhaltige Nanofluide auf Zellen haben können. Neben den genannten Einflussgrößen ist natürlich auch die Expositionsdauer von Bedeutung [26.25]. Die Wirkung der Nanofluide spiegelt genau jene Eigenschaften wider, die etwa für ein resultierendes Nanokomposit erwünscht sind wie beispielsweise photokatalytische oder biozide Eigenschaften.

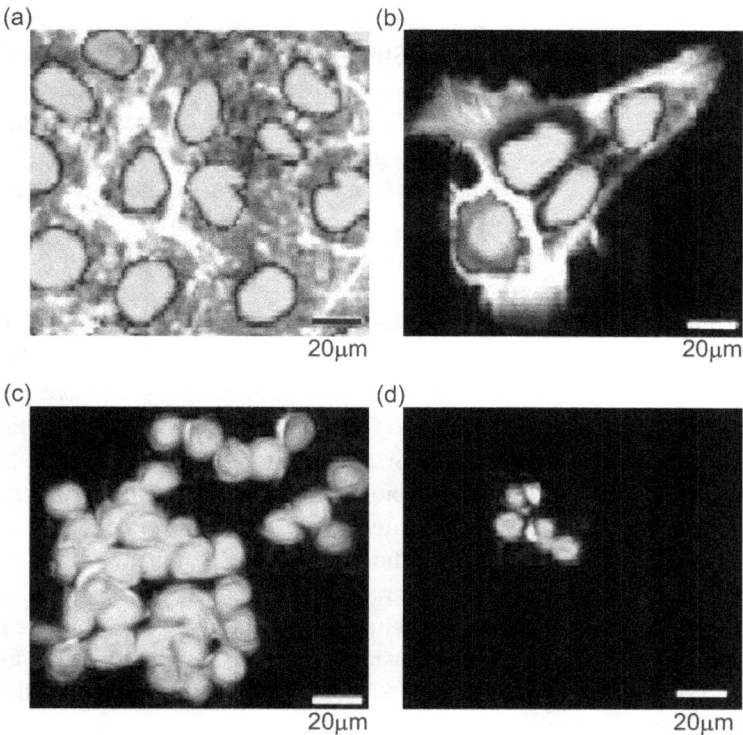

Abb. 26.17. Einfluss von silberhaltigen Nanofluiden auf Zellen [26.25]. Dargestellt sind jeweils lichtmikroskopische Fluoreszenzaufnahmen. (a) CaCo-2-Zellen in konventioneller Nährlösung. (b) CaCo-2-Zellen nach Exposition gegenüber einem Ag-Nanofluid. (c) Jurkat-Zellen in konventioneller Nährlösung. (d) Jurkat-Zellen nach Exposition gegenüber einem Ag-Nanofluid.

Gerade die Zelltoxizität ist ein sehr gewichtiger Aspekt, der im Zweifel über die Gesamtfunktionalität eines Nanofluids oder einer Nanokompositbeschichtung entscheidet. In diesem Kontext müssen entsprechende Studien insbesondere im Hinblick auf umwelttoxikologische Aspekte auch Lanzeitmechanismen berücksichtigen. Ein solcher Lanzeitmechanismus bestünde beispielsweise darin, dass Fassadenfarben über Jahre ausgewaschen werden könnten und dass TiO_2-Partikel damit etwa in das Ab- oder Grundwasser gelangen könnten.

26.2 Nanokomposite

26.2.1 Begriffsbestimmung und Generelles

Nanokomposite sind multiphasige feste Materialien, in denen mindestens eine Phase in mindestens einer Dimension eine kritische Dimension im Sinn von Abschn. 2.2 unterschreitet. Am häufigsten handelt es sich um Nanostrukturen – Nanopartikel, wie in Kap. 18 diskutiert oder niedrigdimensionale Strukturen gemäß Kap. 19 –, die sich gleichmäßig verteilt in einer Matrix befinden. Bei der Matrix kann es sich beispielsweise um ein Polymer handeln. Nanokomposite stellen damit nanostrukturierte Materialien dar, die Eigenschaften der Matrix und dienigen der nanoskaligen Phase vereinen und somit qualitativ und quantitativ neuartige Eigenschaften im Vergleich zu konventionellen mono- oder polykristallinen Materialien aufweisen können. Technisch relevante Charakteristika sind in diesem Kontext beispielsweise die elektrische oder thermische Leitfähigkeit, optische und dielektrische Eigenschaften, thermische Stabilität oder auch Steifigkeit, Stabilität und Verschleißfestigkeit. Der Massenanteil der nanoskaligen Phase kann schon bei niedrigen Werten – typisch 0,5–5 % – einen erheblichen Einfluss auf die Eigenschaften des Komposits ausüben, insbesondere bei großem Aspektverhältnis der naoskaligen Phase und daraus resultierender niederiger Perkolationsgrenze. Entsprechendes hatten wir in Abschn. 18.5 diskutiert.

Nanokomposite besitzen bereits heute eine hohe industrielle Bedeutung [26.38]. Dies gilt insbesondere für Polymernanokomposite. Neben diesen sind noch von Bedeutung keramische Nanokomposite und Metallmatrix-basierte Nanokomposite. Bei gegebenem Matrixmaterial kommt natürlich der nanoskaligen Phase eine essentielle Bedeutung zu. So kann beispielsweise die Einbettung von Kohlenstoffnanoröhrchen jenseits der Perkolationsschwelle ein polymerbasiertes Material gut elektrisch leitfähig machen. Ebenso kann die Dispergierung von SiO_2-Nanopartikeln eine verschleißanfällige Matrix deutlich resistenter machen.

26.2.2 Polymernanokomposite

Diese Nanokomposite sind im Hinblick auf die industrielle Bedeutung bei weitem vorherrschend. Dies ist im Wesentlichen auf die industrielle Bedeutung der Polymermaterialien zurückzuführen [26.38]. Mineralnanopartikel und Kohlenstoffnanoröhrchen sind gegenwärtig die bedeutendsten verwendeten nanostrukturierten Phasen. Erste industrielle Einsatzbereiche wurden bereits Ende der 1980er Jahre erschlossen [26.39], wobei wesentlich für diese Einsatzbereiche nicht nur verbesserte Materialeigenschaften, sondern auch die Herstellungskosten sind [26.39]. Maßgeblich dafür sind wiederum die Herstellungskosten für die Nanopartikel oder Nanostrukturen, welche ihrerseits von technischen Fortschritten und der Nachfrage abhängig sein dürften. Allerdings gibt es in diesem Kontext natürlich auch fundamentale Probleme, die primär von Bedeutung im vorliegenden Kontext sein sollten [26.39].

Ein fundamentales Problem bei der Herstellung von Nanokompositen ist die thermodynamisch getriebene Phasenreparation. Insbesondere die Aggregation der nanoskaligen Phase ist unerwünscht. Daher sind ausgereifte Dispergierungsverfahren von besonderer Bedeutung [26.39]. Dies macht Oberflächenfunktionalisierungen zu einem zentralen Entwicklungsfeld. Primär angewandt werden kovalente Funktionalisierungen mittels Amino- (NH_2^-) oder Carbroxyl- ($COOH^-$) Gruppen über die p-konjugierten Skelette von niedrigdimensionalen Kohlenstoffallotropen. Generell sind auch nicht-kovalente Wechselwirkungen zwischen nanostrukturierter Phase und Matrix von Bedeutung, wobei eine hinreichende Größe dieser Wechselwirkungen essentiell für die Materialeigenschaften des Komposits ist.

Um thermodynamisch stabile Dispersionen von Nanopartikeln in einer Polymermatrix zu erhalten, sind repulsive Wechselwirkungen zwischen den Partikeln erforderlich um Aggregation zu vermeiden. Entropische und energetische Wechselwirkungen begünstigen sonst die Bildung von Partikelaggregaten. Eine aus den Kolloidtechnologien übernommene Methode [26.40] besteht im Verankern von Polymerbürsten an der Oberfläche der Nanopartikel [26.41].

Dabei müssen allerdings sowohl Aspekte der Wechselwirkung der Polymerbürsten mit den Partikeloberflächen sowie mit der Polymermatrix als auch der Wechselwirkung der polymerbeschichteten Partikel untereinander berücksichtigt werden. Für die zuletzt genannten Wechselwirkungen wiederum ist der gyroskopische Radius, der Trägheitsradius, von besonderer Bedeutung. Im Rahmen der Diskussion fundamentaler Eigenschaften von Polymeren hatten wir diesen in Abschn. 7.1 eingeführt. Konkrete Simulationen zum Verhalten polymerbeschichteter Nanopartikel in Polymerschmelzen [26.42] und in Polymermatrices [26.43] wurden insbesondere mittels selbstkonsistenter Effektivfeldansätze im Rahmen der allgemein in Abschn. 21.4 diskutierten Strategien durchgeführt. Abbildung 26.18 zeigt Momentaufnahmen zweier polymerumhüllter Nanopartikel in zwei Polymermatrices mit unterschiedlicher Kettenlänge.

(a)

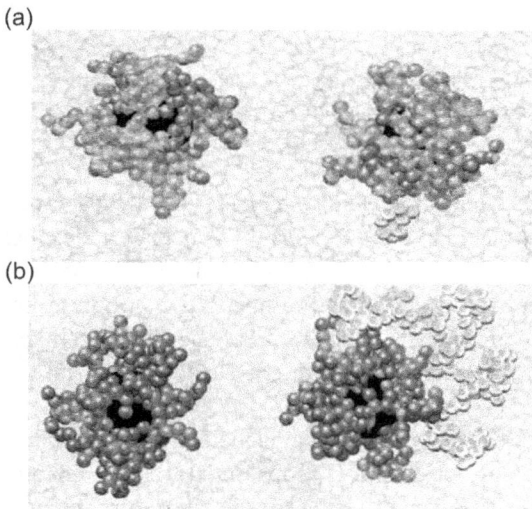

(b)

Abb. 26.18. Momentaufnahmen der Simulation zweier Nanopartikel mit Polymerhülle in Polymermatrices. Von den Matrices ist nur jeweils ein Molekül (helle Kugeln) in realistischer Größe dargestellt [26.44]. (a) Länge der Matrixmoleküle N=10. (b) N=140.

Neben dem richtigen Verhältnis der Kettenlängen der an den Partikeln verankerten Polymerbürsten und der Matrices spielt auch die Dicke der Polymerbürsten eine wichtige Rolle. Das wurde in Modellexperimenten für PMMA-umhüllte Ferritnanopartikel [26.45] in einer PMMA-Matrix gezeigt [26.46]. Wenn, wie in Abb. 26.19 gezeigt, die Dichte an Polymerketten an der Oberfläche der Nanopartikel zu gering ist – im vorliegenden Fall 0,4 Ketten pro nm^2 –, dann kommt es durch Kontakt der Polymermatrix mit den Partikeloberflächen zu einem scheinbar autophoben Verhalten: Die Partikel aggregieren bevorzugt und lassen sich nicht in der Matrix dispergieren. Ist hingegen die Kettendichte der Polymerbürste hinreichend groß – im vorliegenden Fall 0,4–0,8 Ketten pro nm^2 –, dann lassen sich die Partikel perfekt dispergieren.

Ein sehr innovatives Verfahren zur Herstellung von Nanopartikeln für Polymernanokomposite ist der nicht thermische mikrowelleninduzierte Plasmaprozess. Dieser eröffnet die Möglichkeit, Nanopartikel mit einem Durchmesser unterhalb von 10 nm direkt in Flüssigkeiten zu deponieren [26.47]. Auch lassen sich Kern-Hülle-Hybridpartikel herstellen [26.48]. Die Hülle kann dabei aus Polymerbürsten bestehen.

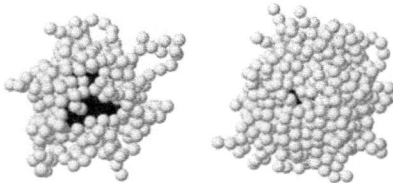

Abb. 26.19. Momentaufnahme zweier PMMA-beschichteter Ferritpartikel in einer PMMA-Matrix (nicht explizit gezeigt) bei unterschiedlicher Dichte der Polymerbürsten [26.44]

Abbildung 26.20 zeigt schematisch die Anordnung für ein Niederdruck-Plasmaverfahren zur Produktion von Nanopartikeln aus einer Vielzahl von Materialien bei schmaler Größenverteilung. Neben der direkten Flüssigkeitsdeposition besteht auch die Möglichkeit zur Anreicherung in einem Nanopulver mittels Thermophorese. Im vorliegenden Kontext können für die Flüssigkeitsdeposition Polymerschmelzen verwendet werden. Die Polymerisation wird in der Regel durch Zugabe eines Härters induziert.

Generell kann es sich bei den in die Polymermatrix eingebetteten Nanostrukturen um mono- oder polydisperse, um isotrope oder anisotrope und um solche mit den unterschiedlichsten Geometrien handeln. Beispielhafte Strukturen zeigt Abb. 26.21. Je nach Beschaffenheit des nanoskaligen Füllmaterials bieten sich unterschiedliche Herstellungsverfahren für die Komposite an [26.50]. Beispiele sind Interkalationsmethoden oder auch die Templatsynthese auf Basis des in Abschn. 8.2 behandelten Sol-Gel-

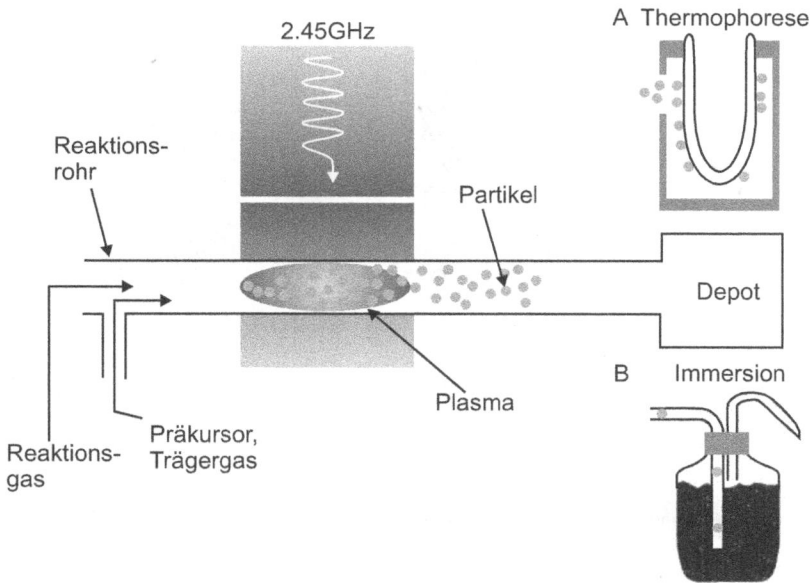

Abb. 26.20. Synthese von Nanopartikeln mittels eines Mikrowellenplasmas [26.49].

Prozesses. Das Beispiel der Schichtsilikate als zweidimensionale Nanofüllmaterialien verdeutlicht, wie die Beschaffenheit der Nanaostruktur das Herstellungsverfahren für ein Komposit determiniert. Bei den Silikaten handelt es sich um die *2:1-Phyllosilikate*. Dazu gehören *Montmorillonit, Hektorit* und *Saponit*. Ihre generelle Struktur ist in Abb. 26.22 dargestellt. Die Lagen sind ≈ 1 nm dick bei Lateralabmessungen vom nm- bis in den μm-Bereich. Stapel der Schichten beinhalten van der Waals-Lücken. Es ist offensichtlich, dass die Eigenschaften des Silikat-Polymer-Nanokomposits massiv davon abhängen, ob die geschichteten Silikate eine dispergierte Phase bilden oder die separierten einzelnen Schichten. Für die zuletzt genannte Konfiguration ist es aber er-

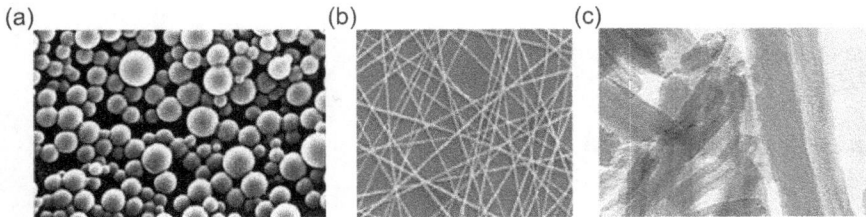

Abb. 26.21. Exemplarische Auswahl von Nanostrukturen in Polymer-Nanokompositen [26.50].
(a) Nanopartikel. (b) Nanofasern. (c) Nanotone (Schichtsilikate).

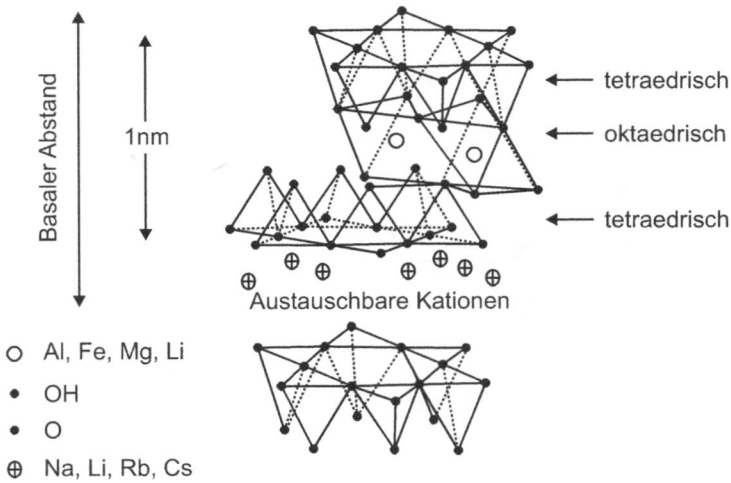

Abb. 26.22. Struktur und Zusammensetzung der Phyllosilikate.

forderlich, dass die Schichten durch eine Interkalation des aufnehmenden Polymers separiert werden [26.51].

Alkylammonium- oder Alkylphosphatkationen in Organosilikaten reduzieren die Oberflächenenergie und verbessern die Benetzungseigenschaften von Polymermatrices. Dadurch expandieren sie den Interlagenabstand der Schichtsilikate. Außerdem offerieren die Kationen funktionelle Gruppen, die mit den Polymermatrices ragieren können. Abbildung 26.23 zeigt, wie sich die organischen Ketten zwischen den Silikatschichten anordnen.

In Abhängigkeit vom Schichtsilikat, vom Polymer und von den organischen Kationen kann es drei verschiedene Kategorien für das Nanokomposit geben: Wenn keine

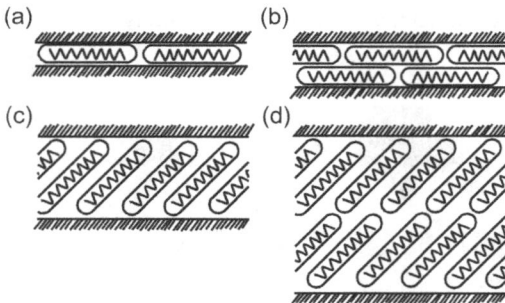

Abb. 26.23. Struktur von Organosilikaten [26.52]. (a) Laterale Monolage. (b) Laterale Doppellage. (c) Paraffinartige Monolage. (d) Paraffinartige Doppellage.

Interkalation des Polymers erfolgt, resultiert ein phasensepariertes Komposit. Bei Interkalation befindet sich eine ausgedehnte Polymerkette zwischen den Silikatschichten. Die resultierende Struktur weist damit periodisch alternierende Polymerschichten und anorganische Schichten Auf. Bei Exfoliation schießlich sind die Silikatschichten gleichmäßig in der Polyimidmatrix dispergiert. Die drei Kategorien des Komposits sind schematisch in Abb. 26.24 dargestellt.

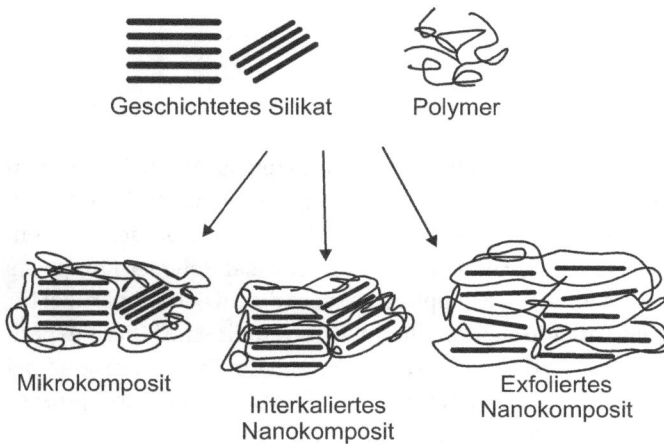

Abb. 26.24. Drei Kategorien von Polymer-Silikat-Kompositen [26.53].

Viele spezielle Eigenschaften verdanken Nanokomposite einem großen Aspektverhältnis der eingebetteten Nanostrukturen. Dies ist a priori für die Schichtsilikate gegeben, ebenfalls aber auch für eindimensionale Nanostrukturen wie die in Abschn. 16.3 behandelten Kohlenstoffnanoröhrchen. Auch für die Röhrchen beeinflusst das Herstellungsverfahren in signifikanter Weise die Eigenschaften des Komposits. So können die Nanoröhrchen zunächst zu Kohlenstofffasern gesponnen werden, was zu einer bevorzugten Ausrichtung entlang der Faserlängsachse führt [26.54]. Durch Einbettung der Kohlenstofffilamente in eine Polymermatrix lässt sich die Anisotropie der Röhrchen auf das Komposit übertragen. Andere Präparationsmethoden haben wiederum ein ungeordnetes Geflecht von Kohlenstoffnanoröhrchen zur Folge, welches sich durch Infiltration eines Polymers zu einem Nanokomposit verarbeiten lässt. So entsteht beispielsweise das in Abb. 26.25 gezeigte „Papier" aus Kohlenstoffnanoröhrchen.

Für die Charakterisierung von Polymernanokompositen haben sich verschiedene Standardverfahren als wichtig erwiesen: TEM, SEM, AFM, Weitwinkel-Röntgenbeugung (*Wide Angle X-Ray Diffraction, WAXD*), Kleinwinkel-Röntgenbeugung (*Small Angle X-Ray Diffraction, SAXD*), *thermisch gravimetrische Analyse (TGA)* sowie Festkörper-Kernspinresonanz (*Nuclear Magnetic Resonance, NMR*). Von Bedeutung sind zum

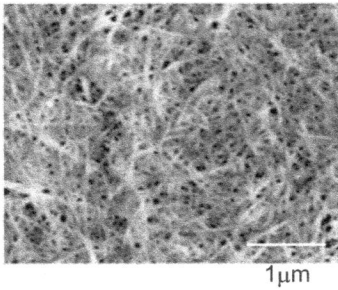

Abb. 26.25. Oberfläche eines Komposits aus Kohlenstoffnanoröhrchen [26.55].

einen die Nanostrukturierung der Komposite und zum anderen natürlich die physikalisch-technischen Eigenschaften. Für die Charakterisierung dieser Eigenschaften müssen weitere mehr oder weniger spezialisierte Messverfahren herangezogen werden. Ein Beispiel für eine Analyse der Struktur eines Nanopartikel-Polymer-Komposits zeigt Abb. 26.26. Die Aufnahmen zeigen exemplarisch, dass die SiO_2-Nanopartikel für alle Konzentrationen gleichmäßig in der Polyimidmatrix verteilt sind. Diese experimentell gewonnene Information ist deshalb bedeutsam, weil der Dispersionsgrad bei gegebenen Komponenten des Komposits immer noch stark vom Herstellungsprozess und von der gewählten Konzentration der Nanopartikel abhängt.

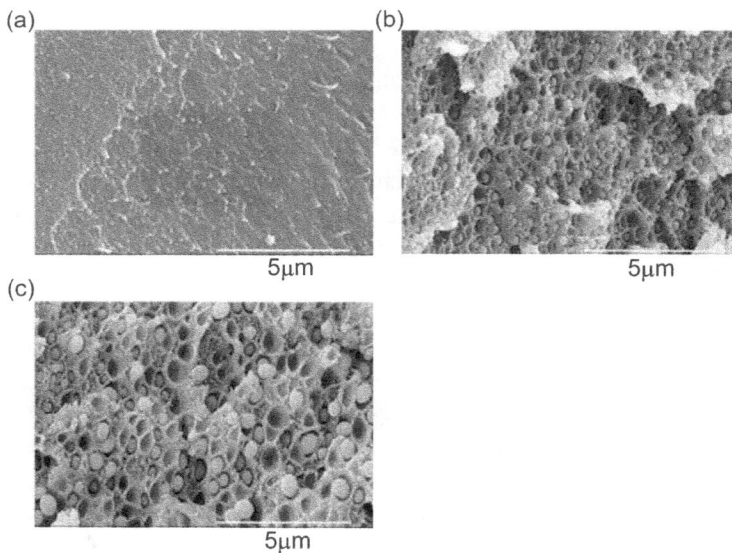

Abb. 26.26. SEM-Aufnahme von Nanokompositen aus Polyimid und (a) 3 Gew.-%, (b) 8 Gew.-% sowie (c) 15 Gew.-% SiO_2-Nanopartikeln [26.56].

Für viele potentielle Anwendungen und Einsatzgebiete von Polymeren sind die mechanischen Eigenschaften von Bedeutung. Im Hinblick auf die Standardkenngrößen für die mechanische Belastbarkeit und Verschleißfestigkeit sind Polymere in der Regel suboptimale Werkstoffe. Aus diesem Grund werden häufig anorganische Fasern, Whisker, Röhrchen, Plättchen oder Partikel zugesetzt. Traditionell sind dies Entitäten mit μm-Abmessungen. Viele Arbeiten der vergangenen Jahre haben gezeigt, dass nanoskalige Entitäten, wie sie zum Teil in Abschn. 16.3, 16.4 und Kap. 18 sowie in Abschn. 19.5.3 und 19.5.4 beschrieben sind, selbst in geringsten Konzentrationen die technischen Eigenschaften von Polymerwerkstoffen stark optimieren können. Insbesondere gilt dies für mechanische Eigenschaften, die thermische Stabilität, die Feuerfestigkeit, die Gasdurchlässigkeit sowie gegegebenenfalls für die ionische Leitfähigkeit. Es wurde gezeigt [26.57], dass bereits eine Zugabe der in Abschn. 16.3 ausführlich diskutierten Kohlenstoffnanoröhrchen zu Polysterol im Umfang von 1 Gew.-% (0,5 Vol.-%) zu einer Steigerung der Zugfestigkeit des Materials von 25 % führt. Die elastische Steifigkeit steigt um circa 40 %. Das Bruchverhalten des Komposits wird stark durch dasjenige der Nanoröhrchen beeinflusst [26.57]. Abbildung 26.27 zeigt Details des Bruchverhaltens einzelner Kohlenstoffnanoröhrchen.

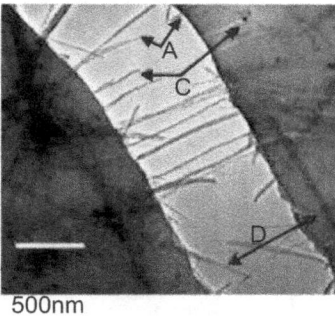

500nm

Abb. 26.27. TEM-Aufnahme eines Komposits aus Kohlenstoffnanoröhrchen und Polysterol [26.57]. Bei den Positionen A, C und D sind Röhrchen unter mechanischer Belastung des Materials gebrochen.

Nicht nur den Kohlenstoffnanoröhrchen kommt im Kontext von Nanokompositen eine besondere Bedeutung zu, sondern auch dem in Abschn. 16.2 behandelten Graphen. Dieses lässt sich bekanntlich durch Exfoliation von Graphit gewinnen. Strukturen, die an die zuvor diskutierten Schichtsilikate erinnern, jedoch aus streng periodisch aufeinanderfolgenden Graphenlagen bestehen, lassen sich durch Graphitinterkalation erzeugen. Dies ist schematisch in Abb. 26.28 gezeigt. Das „expandierte Graphit" lässt sich vergleichsweise einfach durch Interkalation und eine Wärmebehandlung herstellen [26.58]. In einer Polymermatrix exponiert es eine relative Ober- oder Grenzfläche von 2630 m^2/g [26.59].

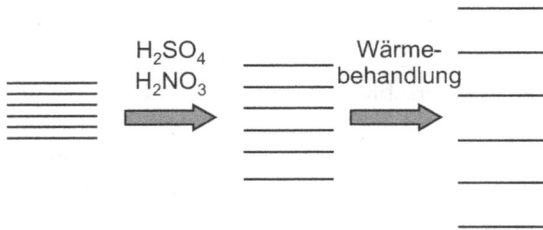

Abb. 26.28. Erzeugung von „expandiertem Graphit" durch Interkalation und Wärmebehandlung [26.58].

Die Strategien zur Polymerinterkalation und Einbettung der expandierten Graphitflocken in die Polymermatrix sind ähnlich denjenigen zur Einbettung der Schichtsilikate [26.60]. Eine derartige Strategie zeigt Abb. 26.29 am Beispiel eines Systems aus Montmorillonit und Nylon, wobei das Komposit durch in situ-Interkalation realisiert wird [26.60]. Dazu wird die Oberfläche der gestapelten Schichten gezielt zur Anbindung der Polymerketten funktionalisiert.

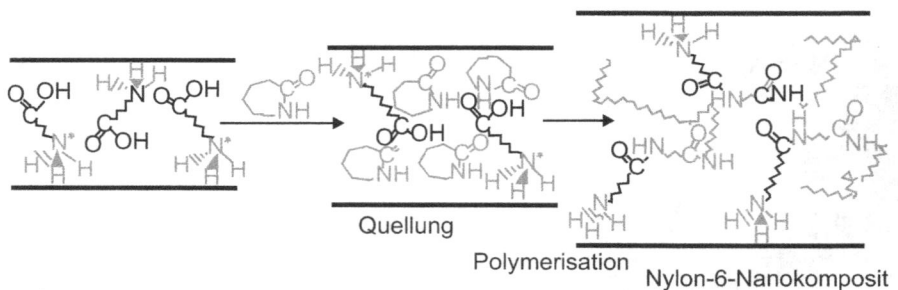

Abb. 26.29. Nylon-6-Montmorillonit-Komposit mit einer Schichtfunktionalisierung auf Basis von 12-Aminododekalasäure [26.60].

Wie bereits diskutiert ist die komplette Exfoliation von Schichtstrukturen durchaus interessant für die Herstellung optimierter Nanokomposite. Dies gilt für Schichtsilikate wie auch für expandierenden Graphit. Exfoliation oder ausschließliche Interkalation sind Folgen der auf die Schichten wirkenden Kräfte. Dies zeigt Abb. 26.30 exemplarisch für Schichtsilikate und bestimmte Polymere.

In Abschn. 21.5.5 hatten wir das Konzept von Moleculardynamiksimulationen diskutiert. Derartige Simulationen sind von großer Bedeutung für die Entwicklung optimal funktionaler Nanokomposite. Insbesondere die Dispersion der Nanostrukturen in der Polymermatrix, die für die in Abb. 26.30 dargestellten Schichtstrukturen eine bloße Interkalation oder aber auch eine Exfoliation beinhalten kann, sind Gegenstand der Simulationen, um die entsprechenden Prozesse auf molekularer oder sogar ato-

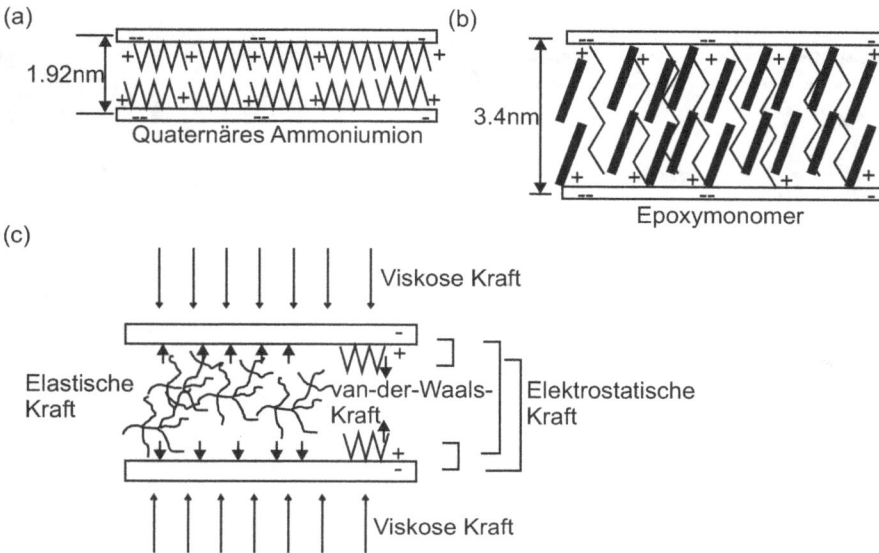

Abb. 26.30. Prozess der Interkalation und Exfoliation am Beispiel organisch modifizierter Nanotone [26.61]. (a) Organisch modifiziertes Schichtsilikat. (b) Epoxy-interkalierter Zustand. (c) Wirkende Kräfte.

marer Ebene zu verstehen [26.62]. Abbildung 26.31 zeigt exemplarisch, dass Molekulardynamiksimulationen im Detail das Arrangement der Polymermoleküle und der Kationen zur Oberflächenfunktionalisierung im Interkalationsfall liefern.

Die Realitätsnähe der Molekulardynamiksimulationen steht und fällt mit dem gewählten Detaillierungsgrad der atomaren und molekularen Konfiguratin. In Abb. 26.31 sind die atomaren anordnungen für das Schichtsilikat, die Oberflächenfunktionalisierung und das Polymermolekül enthalten. Allerdings beschränkt sich die Simulation auf die Anordnung nur eines Polymermoleküls. Dieser vereinfachende Ansatz erlaubt insbesondere eine Aussage über die zu erwartenden Bindungskräfte zwischen Schichtsilikat und Polymermatrix. Für das Design des Komposits wird eine Maximierung dieser Bindungkräfte angestrebt. Simulationen für unterschiedliche Polymere zeigen, dass große Bindungskräfte insbesondere für kurzkettige Polymere zu erwarten sind [26.62]. Andererseits zeigen die Rechnungen ebenfalls, dass langkettige Polymere effektiver für den eigentlichen Interkalations- oder Exfoliationsprozess sind, weil sie den basalen Abstand des Schichtkristalls vergrößeren [26.62].

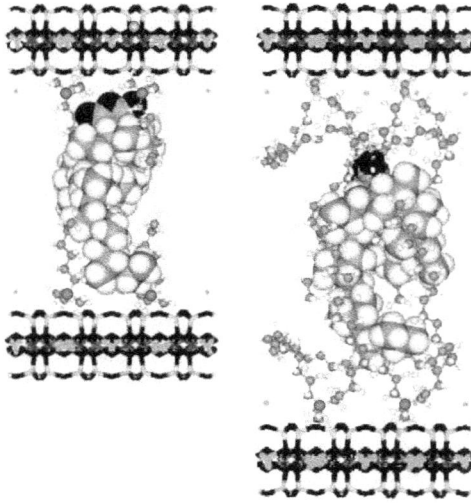

Abb. 26.31. Interkalation eines Montmorillonit-Schichtsilikats durch Polypropylen und bei Kationenfunktionalisierung [26.62]. Dargestellt ist jeweils ein Molekül maleierten Polypropylens mit vier Trimethylammonium-Molekülkationen (links) und einem Dimethylstearylammonium-Molekülkation (rechts).

26.2.3 Elektrisch leitfähige Polymernanokomposite

Eine spezielle Funktionalität, die ein Polymernanokomposit besitzen kann, ist elektrische Leitfähigkeit. Dabei ist zunächst zu unterscheiden zwischen intrinsisch und extrinsisch leitfähigen Polymeren. Bei den intrinsisch leitenden handelt es sich um solche, die ohne Füllstoffe über konjugierte Doppelbindungen leiten [26.63]. Derartige Polymere wie beispielsweise Polypyrol oder Polythiophen sind von Bedeutung für die *organische Elektronik* oder auch *Polymerelektronik*. Die Forschung an entsprechenden Ladungstransferkomplexen geht zurück bis in die 1950er Jahre [26.64] und erreichte einen Höhepunkt in den 1970er Jahren [26.65]. Bei extrinsisch leitfähigen Polymeren wird die Leitfähigkeit durch Füllstoffe wie beispielsweise Aluminiumflocken oder Ruß erreicht. Auch die leitfähigen Polymernanokomposite gehören zu den extrinsisch leitfähigen Polymeren. Prominente nanoskalige Füllmaterialien sind Kohlenstoffnanoröhrchen, Graphen und metallische Nanoentitäten [26.66]. Häufig verwendete Polymere zeigt Abb. 26.32. Es ist offensichtlich, dass es zahlreiche Anwendungen und potentielle Einsatzgebiete für leitfähige Polymernanokomposite gibt. Diese umfassen LED, weitere optoelektronische Bauelemente, elektrochrome Systeme, biegsame Elektronik, elektrochemische Energiespeichersysteme und elektrochemische Biosenoren [26.67].

(a) (b) (c) (d)

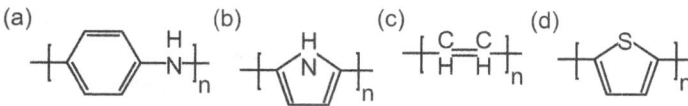

Abb. 26.32. Chemische Struktur von (a) Polyanilin, (b) Polypyrrol, (c) Polyacetylen und (d) Polythiophen.

Organische Leuchtdioden (*Organic Light Emitting Diodes, OLED*) sind Bauelemente, durch die Licht mittels eines organischen Materials als Folge eines elektrischen Stroms emittiert wird. Der elektrolumineszente Film besteht also in einem organischen Material. Die Anwendung von OLED besteht gegenwärtig hauptsächlich in der Bildschirm- und Beleuchtungstechnologie [26.67]. Grundsätzlich sind zwei Kategorien von OLED zu unterscheiden: Kleine organische Moleküle und Polymere als emittierende Schichten. Der Aufbau [26.68] von OLED aus Substrat, Anode, Kathode und lichtemittierender Schicht folgt im Wesentlichen einem einheitlichen Konstruktionsprinzip [26.69]. Die emittierende Wellenlänge hängt dabei von der Zusammensetzung des verwendeten Polymernanokomposits ab [26.70]. Polymerkomposite können für jede OLED-Komponente zum Einsatz kommen, was insbesondere von Vorteil für die Herstellung flexibler Lichtquellen und Bildschirme ist. Als nanoskaliges Füllmaterial werden in besonderem Maße Nanodrähte und Nanopartikel verwendet [26.66].

Organische photovoltaische Bauelemente konvertieren sichtbares und ultraviolettes Licht in elektrische Energie. Die Photoströme werden dabei in einem photoaktiven organischen Material generiert. Im Vergleich zu anorganischen photovoltaischen Zellen sind die organischen bei Nutzung von Polymernanokompositen leichter, flexibler, dünner und konstengünstiger [26.71]. Polymerkomposite können wiederum für alle Schichten einer organischen Solarzelle verwendet werden. Nanopartikel, beispielsweise aus TiO_x oder ZnO, können bei Einsatz als Füllmaterial die Ladungsträgerextraktionseffizienz erhöhen [26.66]. Unter Verwendung von Au- oder Ag-Nanopartikeln lassen sich auch plasmonische Effekte nutzen. Andere Nanopartikel als Füllmaterial erlauben wiederum die Nutzung von Hochkonversionsphänomenen. $NaYF_4$:Yb^{3+}, Er^{3+}-Nanopartikel mit 8–16 nm Durchmesser emittieren intensiv grünes Licht, wenn sie mit infrarotem Licht angeregt werden [26.72]. Damit wird es möglich, langwelligere Anteile des solaren Spektrums, die nicht direkt zur optoelektronischen Konversion beitragen, ebenfalls zu nutzen.

Elektrochrome Materialien besitzen die Fähigkeit, ihre optischen Eigenschaften als Funktion einer anliegenden Spannung zu ändern. Ein Umschalten von einem farblosen in einen farbigen Zustand erreicht man durch zwei Redoxpaare. Wenn eine Spezies oxidiert wird, so wird die andere reduziert, was für eine spannungsmodulierte Veränderung der optischen Eigenschaften genutzt werden kann [26.66]. Polymernanokomposite als spezielle anorganisch-organische Hybridmaterialien wurden im Hinblick auf ihre elektrochromen Eigenschaften intensiv untersucht [26.73]. Zur Optimierung der elektrochromen Eigenschaften wie optische Dichte, Kolorationseffizienz und Kontrastverhältnis wurden Kohlenstoffnanoröhrchen, Graphen, TiO_2, NiO, WO_3, IrO_2, Ag und Au als nanoskalige Füllmaterialien verwendet [26.66]. Auch die in Abschn. 18.6.2 eingehender diskutierten CdSe-Nanopartikel wurden als Halbleiter-Quantum Dots in konjugierten Polymeren verwendet. Generell nehmen nanoskalige Füllmaterialien einen Einfluss auf die Bildung von Ladungstransferkomplexen in den konjugierten Polymeren. Da diese eine zentrale Rolle für die Redoxreaktionen spielen, lässt sich durch eine verbesserte Leitfähigkeit und damit durch einen reduzierten Ladungstransferwiderstand die Kolorationseffizienz der elektrochromen Polymere steigern. Zudem führen reduzierte Diffusionslängen bei abnehmendem Ordnungsgrad des Komposits, der durch die nanoskaligen Füllmaterialien bedingt ist, zu kürzeren Schaltzeiten [26.66].

Biegsame elektronische Bauelemente und Schaltungen besitzen offensichtlich zahlreiche Anwendungen. Eine spezielle Anwendung stellen Dehungssensoren dar. Im Hinblick auf diese Anwendung konnten die hervorragenden piezoresistiven Eigenschaften von Polymernanokompositen auf Basis von Silbernanodrähten [26.74] und auf Basis von Kohlenstoffnanoröhrchen [26.75] als Füllmaterialien demonstriert werden. In den vergangenen Jahren haben Ansätze zur Realisierung künstlicher Haut großes wissenschaftliches Interesse geweckt. In den entsprechenden experimentellen Arbeiten wurden insbesondere Polymernanokomposite verwendet zur Herstellung von Systemen, die Druck wahrnehmen, selbstheilend, elastisch und biokompatibel sind [26.76].

Unter den zahlreichen elektrochemischen Energiespeichern nehmen Lithium-Ionen-Batterien und Superkondensatoren eine besondere Stellung ein. Die Batterien besitzen eine besonders große Energiedichte, die Kondensatoren eine besonders große Leistungsdichte. Polymernanokomposite finden zunehmend Anwendung als Elektrodenmaterialien mit gegenüber konventionellen Materialien zum Teil überlegenen Eigenschaften [26.77].

Leitfähige Polymere mit konjugierten π-Bindungen haben elektrochemische Eigenschaften wie ein niedriges Ionisationspotential, eine große Leitfähigkeit und eine große Elektronenaffinität, die geeignet für die Herstellung enzymatischer Biosensoren sind [26.77]. Dabei kommen in der Regel Polymernanokomposite zum Einsatz [26.78].

Bei den nanoskaligen Füllmaterialien kommt dem in Abschn. 16.2 ausführlich behandelten Graphen eine besondere Bedeutung zu. Durch Zusatz von Graphenflocken lassen sich selbst isolierende Polymere zu leitfähigen Nanokompositen machen [26.79]. Graphenoxid wiederum wird erfolgreich eingesetzt, um eine stärkere Verankerung von Nanodrähten [26.80] oder Metalloxidclustern [26.81] in einer Polymermatrix zu realisieren.

26.2.4 Einsatzbereiche von Polymernanokompositen

Polymerbasierte Materialien sind die am umfangreichsten eingesetzten Nanokomposite überhaupt [26.38]. Dabei sind Kohlenstoffnanoröhrchen und Mineralien die am häufigsten eingesetzten nanoskaligen Füllstoffe. Der erste Einsatz von Polymernanokompositen – im Konkreten Montmorillonit in Nylon-6 – in der Automobilindustrie erfolgte bereits in den späten 1980er Jahren. Aufgrund des geringen Gewichts der Polymernanokomposite und aufgrund ihrer mechanischen uns sonstigen Eigenschaften ist ihre Verwendung im Automobilbau heute ein Standard [26.38]. Die vielfältigen, zum Teil maßgeschneiderten und mit konventionellen Werkstoffen nicht erreichbaren Eigenschaften [26.82] haben in den letzten Jahren aber zahlreiche weitere Einsatzbereiche eröffnet. Spezifisch sind dabei sowohl die Füllmaterialien als auch die Polymermatrices. Allerdings ist allen eingesetzten Polymernanokompositen gemeinsam, dass der Anteil der Füllmaterialien nur wenige Gew.-% beträgt. Dennoch prägt der geringe Anteil an Füllmaterialien die Werkstoffeigenschaften signifikant.

Während zunächst Polymere mit plättchenförmigen Füllmaterialien nur sehr punktuell in der Automobilindustrie eingesetzt wurden [26.83], so bestehen heute in vielen Fällen zahlreiche Karosserieteile, Teile des Motorraums sowie Teile im Innenbereich der Fahrzeuge aus solchen Nanokompositen [26.60]. Dabei finden wie bei der ersten diesbezüglichen kommerziellen Anwendung vielfach immer noch Schichtsilikate in Nylon Verwendung. Aber auch Expoxide, Polyurethane und Venylesterharze werden häufig als Polymere eingesetzt.

Ein weiterer Einsatzbereich für entsprechende Nanokomposite ist die Luftfahrtindustrie [26.60]. Auch hier sind natürlich Gewichtsreduktion und Robustheit maßgebliche Kriterien für die Verwendung alternativer Werkstoffe. Im Kontext von Turbinenkomponenten und Raketenantrieben sowie im Hinblick auf schwere Entflammbarkeit werden Nanokomposite aus Schichtsilikaten und geeigneten Polymeren eingesetzt, die auch Temperaturen von $\geq 3000°C$ widerstehen [26.84]. Auch durchsichtige Polymernanokomposite auf Basis von Schichtsilikaten für zahlreiche Anwendungen in der Luftfahrtindustrie und sogar für die Raumfahrt wurden entwickelt [26.85]. Insbesondere sind bei derartigen Anwendungsbereichen auch Komposite mit einem geeigneten thermischen Expansions- und Kontraktionsverhalten von Bedeutung [26.86].

Ein völlig anderer Einsatzbereich für Polymernanokomposite auf Basis von plättchenartigen Nanostrukturen sind Lebensmittelverpackungen. Die entsprechenden Nanokomposite zeigen im Vergleich zu reinen Polymeren stark verbesserte Barriereneigenschaften [26.87]. Diese reduzieren insbesondere die Diffusion von Gasen und Flüssgkeiten durch die Verpackung [26.88]. Komposite auf Basis von Polyethylenterephthalat (PET) [26.83] und auch Nylon-6 werden in Getränkeverpackungen und Flaschen eingesetzt [26.83].

Auch Kohlenstoffnanoröhrchen mit ihren in Abschn. 16.3 im Detail beschriebenen besonderen Eigenschaften sind ein häufig verwendeter Füllstoff. Auch für die entsprechenden Nanokomposite gibt es zahlreiche Anwendungen in der Automobilindustrie sowie in der Luft- und Raumfahrtindustrie [26.38]. Darüber hinaus gibt es allerdings auch zahlreiche Sportgeräte und Alltagsgegenstände, die Komponente aus Kohlenstoffnanoröhrchen-verstärkten Polymeren besitzen. Die Polymere sind im Wesentlichen die gleichen, die auch Verwendung bei den Kompositen mit plättchenförmigen Nanostrukturen finden. Interessant und spezifisch sind Anwendungen, die aus der großen thermischen und elektrischen Leitfähigkeit der Kohlenstoffnanoröhrchen resultieren. Dazu gehören sowohl Wärmetauscher als auch Anwendugnen in der Mikroelektronik [26.38].

Weitere Nanokomposite beinhalten solche auf Basis von Nanopartikeln oder sonstigen in Abschn. 19.5 diskutierten eindimensionalen Füllstoffen. Im Vergleich zu den zuvor genannten Anwendungsfeldern gibt es für diese Polymernanokomposite bislang keine größeren etablierten Anwendungsbereiche [26.60; 26.38].

26.2.5 Sonstige Nanokomposite

Auch Keramiken und Metalle bieten sich als Matrices für die Aufnahme von zwei-, ein- oder nulldimenisionalen Nanostrukturen an [26.89]. Keramiken sind verschleißfest und thermisch sowie chemisch stabil. Sie besitzen damit ein weites Anwendungsspektrum. Nachteilig ist dabei vielfach die vergleichsweise große Sprödigkeit. Dieser kann in Form von keramischen Nanokompositen begegnet werden. Die Einbettung von Fasern, Röhrchen, Plättchen oder Partikeln als nanoskalige Füllstoffe führt zu einer Energiedissipation außerhalb der reinen Keramikmatrix. Dies reduziert die Sprödigkeit und erhöht die Bruchfestigkeit [26.90]. Weit verbreitete Keramiken beinhalten Al_2O_3, SiC sowie SiN. Verwendete nanoskalige Füllstoffe umfassen SiO_2, TiO_2, Schichtsilikate und auch metallische Nanopartikel [26.89]. Insbesondere die geschichteten mineralischen Nanotone werden aus Gründen verwendet, die in Abschn. 26.2.4 genauer diskutiert wurden [26.91]. Zur Herstellung keramischer Nanokomposite wurden zahlreiche Syntheserouten entwickelt [26.92]. Neuere Ansätze umfassen Einzelpräkursorverfahren auf Basis des Schmelzspinnens von Hybridpräkursoren und des Pyrolisierens von Fasern. Klassische Methoden umfassen Pulvertechniken [26.93], Polymerpräkursorrouten [26.94], die Spraypyrolyse [26.93] sowie Dünnschichtdepositionstechniken (CVD und PVD)) [26.95]. Chemische Verfahren involvieren Sol-Gel-Prozesse, Fällungsreaktionen und templatgestützte Synthesen [26.87].

Keramische Nanokomposite sind von zunehmendem Interesse für Anwendungen in der Luftfahrt, im Automobilbau, in der Elektronikindustrie sowie für militärische Zwecke [26.87]. Spezielle Funktionalitäten können ferromagnetische [26.96] oder photoelektrische [26.97] Eigenschaften umfassen. Als sehr wichtiges Anwendungsfeld hat sich die Biomedizin erwiesen. Keramische Nanokomposite sind von Bedeutung als prothetische Materialien [26.98] sowie als Therapeutika [26.99].

Metallische Nanokomposite besitzen eine Matrix aus einem elementaren Metall oder einer metallischen Legierung. In vielen Fälle besteht die Matrix aus Al, Mg, Pb,

Sn, W oder Fe. Als nanoskalige Füllstoffe verwendet man im Wesentlichen die gleichen wie für Polymer- und keramische Nanokomposite. Herstellungsverfahren umfassen die Spraypyrolyse [26.100], die Flüssigmetallinfiltration [26.101], das Abschrecken aus der Schmelze [26.102], PVD und CVD [26.103], die elektrochemische Deposition [26.101] und chemische Verfahren, die wiederum kolloidchemische [26.102] und Sol-Gel-Prozesse [26.103] umfassen.

Industrielle Applikationen von Metallmatrixnanokompositen sind sehr umfangreich und involvieren die Automobil- und Flugzeugindustrie. Von Bedeutung sind dabei generell die mechanischen und thermischen Eigenschaften der Nanokomposite sowie teilweise auch spezifische Oberflächeneigenschaften [26.104]. Weitere Anwendungen umfassen den Werkzeugmaschinenbau, Katalysatormaterialien, Hochtemperaturprozesse, aber auch die Mikroelektronik [26.104].

26.2.6 Nanokomposite auf Basis biologisch erneuerbarer Ressourcen

Generell gehören Komposite zu den wichtigsten industriell verwendeten Materialien. Neben Makro- und Mikrokompositen spielen Nanokomposite im Hinblick auf ihre Einsatzbreite eine zunehmend bedeutende Rolle. Bei den Polymernanokompositen kommt dem Graphen als nanoskaliges Füllmaterial eine herausgehobene Bedeutung zu [26.105]. Strategien, die zur optimalen Dispersion von Graphen in Polymermatrices entwickelt wurden, lassen sich auf die Herstellung von Nanokompositen auf Basis biologisch erneuerbarer Ressourcen übertragen. Um dies zu verdeutlichen, sollen zunächst strategische Routen zur Herstellung konventioneller Graphen-Polymer-Nanokomposite im Detail beleuchtet werden.

Ein wichtiges industriell angewandtes Verfahren ist das Schmelzmischen, das insbesondere attraktiv ist, weil es ohne organische Lösungsmittel auskommt und vergleichsweise umweltfreundlich ist. Graphen wird in diesem Fall direkt mit der Polymerschmelze vermischt. Klassische Polymere sind Polyurethan, Polypropylen, Polypropylenterephthalat, Polyetherketon und Styrol-Ethylen/Butilen-Ethylen-Triblockcopolymere [26.106]. Abbildung 26.33 zeigt schematisch die Entstehung chemischer Bindungen zwischen Polycarbonaten und thermisch reduziertem Graphen, wobei eine Reaktion zwischen Carboxylgruppen des reduzierten Graphens und den Carbonatgruppen der Matrix über eine Umesterung den maßgeblichen Mechanismus darstellt.

Bei der ebenfalls relevanten in situ-Polymerisation wird das Mono- oder Polymer mit Graphen gemischt, beispielsweise in einem geeigneten Lösungsmittel, und dann wird die Polymerisation initiiert. Dazu wird Graphenoxid verwendet, das chemisch oder thermisch reduziert wurde. Man verwendet funktionale Gruppen, die direkt an das Polymer binden [26.107]. Der Vorteil dieser Route besteht in einer besonders starken Wechselwirkung zwischen Polymer und Graphen. Abbildung 26.34 zeigt exemplarisch die Präparation am Beispiel von Polyvenylalkohol-basierter Wechselwirkung mit Gra-

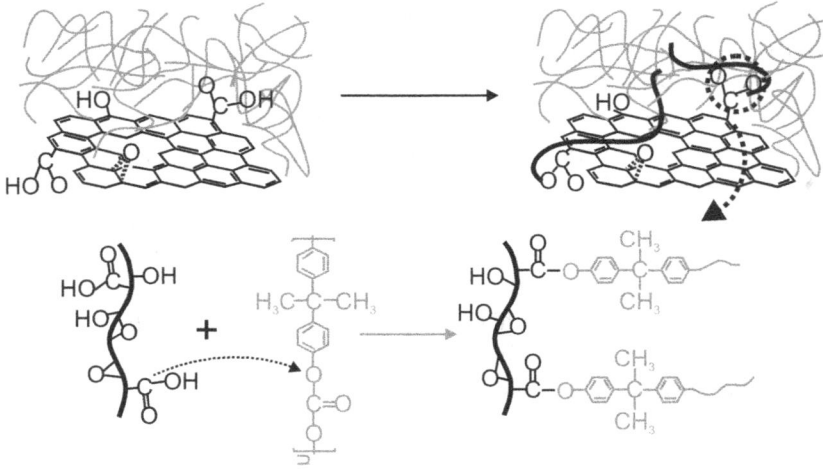

Abb. 26.33. Chemische Bindung von thermisch reduziertem Graphen an eine Polymermatrix durch Umesterung zwischen Carbonatgruppen der Polycarbonate und Carboxylgruppen des Graphens bei hohen Temperaturen während der Schmelzmischung [26.105].

phenoxid. Verwendete Polymere schließen Polyurethan [26.107], Polystyrol [26.108], Polymethylmethacrylat [26.109], polylaktische Säure [26.110] und Polyvenylalkohol [26.111] ein.

Die PVA-Ketten in Abb. 26.34 koppeln nicht nur die Polymermatrix an das oxidierte Graphen, sondern bilden auch eine flexible Grenzfläche, welche die Art der Übertragung von Kräften zwischen Polymermatrix und Graphen bestimmt. Dies verdeutlicht Abbildung 26.35. Im Sinn der mechanischen Belastbarkeit des Komposits in industriellen Anwendungen ist eine möglichst effektive Lastübertragung über die Interphase wünschenswert.

Die einleitend am Beispiel graphenbasierter Polymerkomposite exemplarisch erläuterten Dispersions- und Verankerungsstrategien lassen sich auf weitere Polymernanokomposite übertragen, darunter auch auf unkonventionelle aus biologisch erneuerbaren Ressourcen. Wie am Beispiel der graphenbasierten Komposite erläutert, ist dabei ein zentraler Aspekt die Nutzung geeigneter oberflächenchemischer und -physikalischer Prozessrouten zur Einbettung und Verankerung des nanoskaligen Füllstoffs.

Bioerneuerbare Komponenten haben den großen Vorteil, dass sie in aller Regel unbedenklich im Hinblick auf eine Umweltverschmutzung sind, was für konventionelle Nanokomposite nicht gilt [26.112]. Geeignete bioerneuerbare Ressourcen sind Pflanzenöle, Cellulose, Stärke, Lignine, Chitin, natürlicher Gummi und Proteine. Entsprechende Komposite können bioerneuerbare nanoskalige Füllstoffe, eine bioerneuerbare Basis oder beides beinhalten [26.112]. Typische Eigenschaften von Nanokomositen aus bioerneuerbaren Ressource umfassen Biokompatibilität, Bioabbaubarkeit,

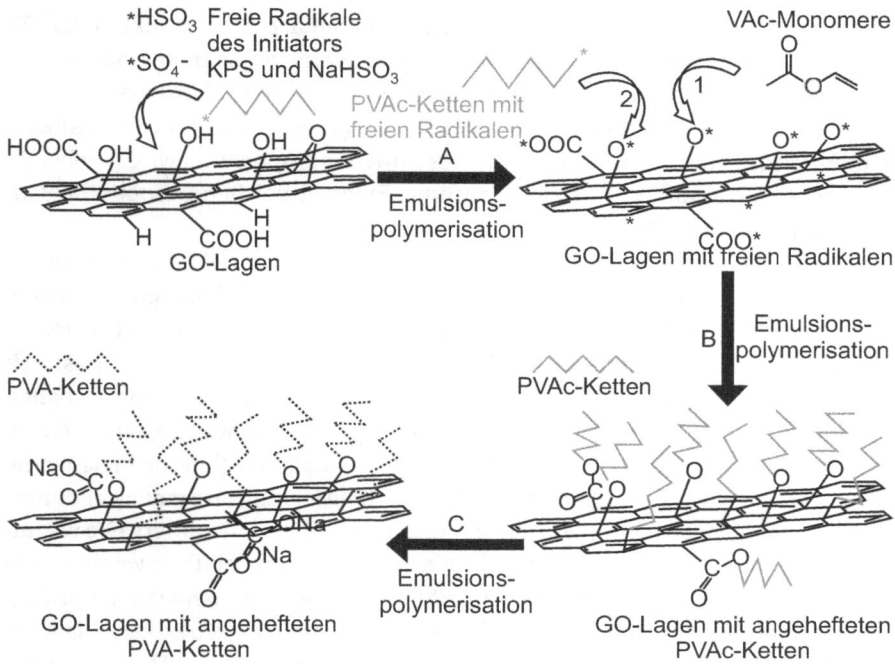

Abb. 26.34. In situ-Polymerisation von Graphenoxid (GO) auf Basis der Alkoholyse [26.105]. KPS: Kaliumperoxodisulfat. (P)VA: (Poly-)Venylalkohol.

eine vergleichsweise einfache Herstelbarkeit, niedrige Dichte, einfache Modifizierbarkeit und niedrige Herstellungskosten [26.113]. Typisch sind auch eine niedrige thermische Leitfähigkeit, eine hohe mechanische Flexibilität und eine niedrige Permittivität [26.114]. Die industrielle Anwendbarkeit wird außerdem durch eine vergleichsweise

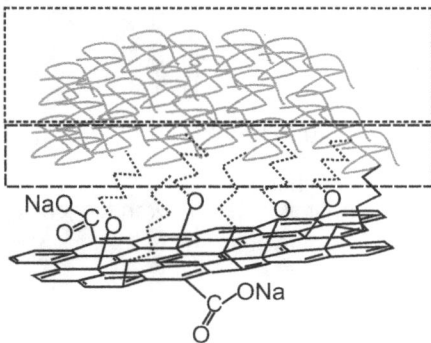

Abb. 26.35. Flexible Interphase zwischen Polymermatrix und Graphenoxid [26.105]. Die Polymermatrix ist durch das obere und die Interphase durch das untere Rechteck markiert.

niedrige mechanische, thermische und chemische Stabilität eingeschränkt [26.112]. Es ist offensichtlich, dass Nanokomposite aus biologisch erneuerbaren Ressourcen umweltverträglicher sind als solche auf Basis von Erdöl. Industrielle Einsatzbereiche umfassen die Nahrungsmittelindustrie, die Verpackungsindustrie sowie die biomedizinische Industrie [26.112]. Ein großes zukünftiges Anwendungspotential wird gesehen in den Bereichen Membrantechnologien, Sensoren, Einergiespeicherung, optische Bauelemente und Automobilbau [26.112].

Die wesentliche Motivation zur Entwicklung bioerneuerbarer Polymere besteht in den zahlreichen Umweltproblemen, die mit konventionellen Polymeren und insbesondere mit den darauf basierenden Nanokompositen verbunden sind [26.115]. Insbesondere das Recycling konventioneller Nanokomposite auf Polymerbasis erweist sich als problematisch [26.116]. Nanokomposite auf Basis natürlicher Ressourcen bieten hingegen wesentliche Vorteile, insbesondere in Bezug auf ihre Abbaubarkeit [26.117]. Selbst eingeschränkte physikalisch-chemische Eigenschaften rechtfertigen daher die derzeit erheblichen Forschungsanstrengungen zur Entwicklung massenanwendungstauglicher „*Nanobiopolymere*" [26.118]. Stärke und Zellulose sind mittlerweile wichtige nanoskalige Füllmaterialien. Gerade die Eigenschaften von Cellulose werden technisch vielfach geschätzt. Gleichzeitig ist Cellulose die wohl verbreitetste natürliche Polymerstruktur auf der Erde [26.119]. Chitosan wiederum ist aus den verschiedensten natürlichen Quellen verfügbar und ist ebenfalls etabliert in der Herstellung erneuerbarer Nanobiokomposite [26.120]. Es ist insbesondere ungiftig, physiologisch in-

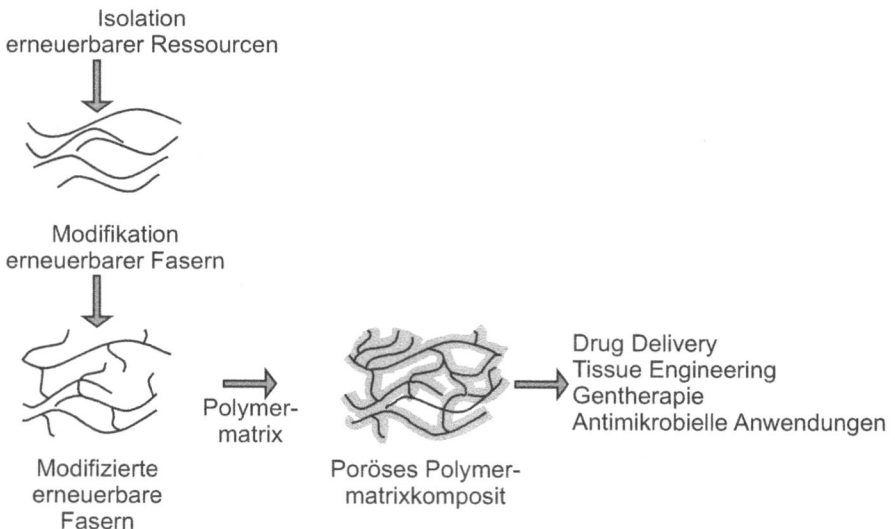

Abb. 26.36. Präparationsschritte zur Herstellung von Nanokompositen aus bioerneuerbaren Ressourcen für biomedizinische Anwendungen [26.112].

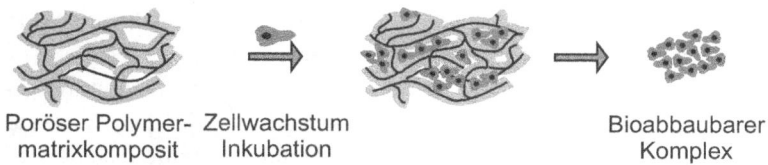

Poröser Polymer- Zellwachstum   Bioabbaubarer
matrixkomposit   Inkubation   Komplex

Abb. 26.37. Tissue Engineering auf Basis bioerneuerbarer Nanokomposite [26.112].

ert, bioabbaubar und mechanisch belastbar [26.121]. Sehr verbreitet ist ebenfalls die Nutzung von Pflanzenölen [26.122] entlang von zwei Prozessrouten: Zum einen können Polymere und Nanokomposite aus ungesättigten Ölen direkt synthetisiert werden. Zum anderen lassen sich Polymere und Komposite aus zuvor erhaltenen Fettsäuren herstellen. Für beide Prozessrouten ist wesentlich, dass die Fette ungesättigt sind. Die Polymersynthese basiert dann auf der Ausbildung von Doppelbindungen in den Ölen oder auf Modifikationen wie Epoxidierung oder Acrylierung. Heute sind Polyester, Polyurethan, Polyolefinpolymere oder auch polymerische Harze aus Pflanzenölen und darauf basierende Nanokomposite bereits etabliert.

Die Prozessrouten zur Herstellung bioerneuerbarer Nanokomposite unterscheiden sich nicht grundsätzlich von den zuvor diskutierten zur Herstellung konventioneller Polymernanokomposite. Etabliert sind Schmelzmischen, in situ-Polymerisation, Lösungsmischung, Interkalation in der Schmelze, Ausfällung, Extrusionsverfahren,

(a)   (b)

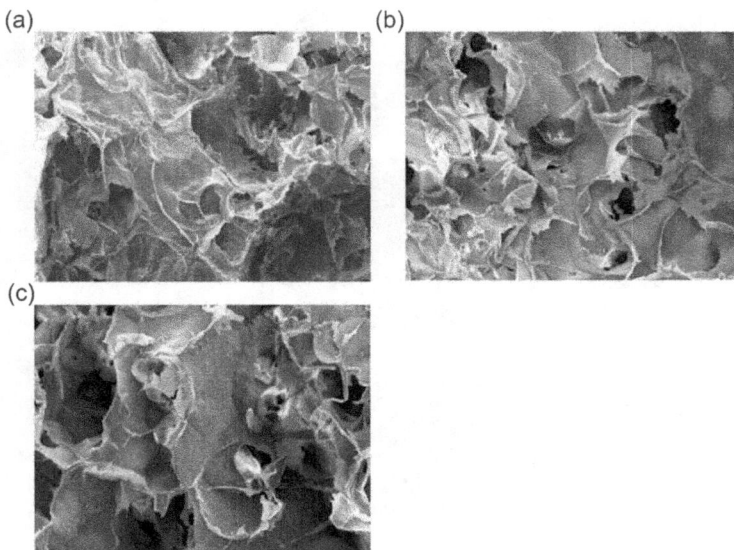

(c)

Abb. 26.38. Komposit-Nanogerüst für das Tissue Engineering [26.125]. (a) Chitin. (b) Chitin mit Polybutylensuccinat. (c) Chitin, Polybutylensuccinat und Chondroitinsulfat-Nanopartikel.

Sol-Gel-Prozesse und Spraymischen. Weniger etabliert, aber durchaus genutzt sind Elektrospinnen und die direkte Dispersion von Nanofasern.

Insbesondere haben Nanobiopolymere in den letzten Jahren an Bedeutung gewonnen im Bereich biomedizinischer und klinischer Anwendungen [26.123]. Hier sind sowohl die Biokompatibilität als auch die biologische Abbaubarkeit durch bakterieninduzierte oder hydrolytische Prozesse zu nennen. Abbildung 26.36 fasst schematisch die Herstellungsschritte und die wichtigsten klinischen Anwendungen bioerneuerbarer Polymere zusammen [26.124].

Ziel des *Tissue Engineering* sind Gewebekonstruktion und -züchtung durch gerichtete Kultivierung von Zellen. In diesem Kontext hat sich herausgestellt, dass Nanokomposite aus biologisch erneuerbaren Ressourcen besonders gut geeignet sind, um die Morphologie der extrazellulären Matrix zu imitieren. Dies ist in Abb. 26.37 schematisch dargestellt. Die Komposite spiegeln dabei drei spezifische Charakteristika der extrazellulären Matrix wider [26.124]. Die extrazelluläre Matrix besteht aus einer Kombination makroskaliger Moleküle, beispielsweise Proteine und Polysaccharide. Die Makromoleküle organisieren sich zu faserartigen Verbünden mit Aspektverhältnissen der Nanofasern > 100. Der Durchmesser der Fasern beträgt dabei < 500 nm. Speziell für die angestrebte Besiedlung mit Zellen müssen die Polymergerüste biokompatibel, bioabbaubar und hinreichend porös für einen Gas- und Nährstoffaustausch sein. Die-

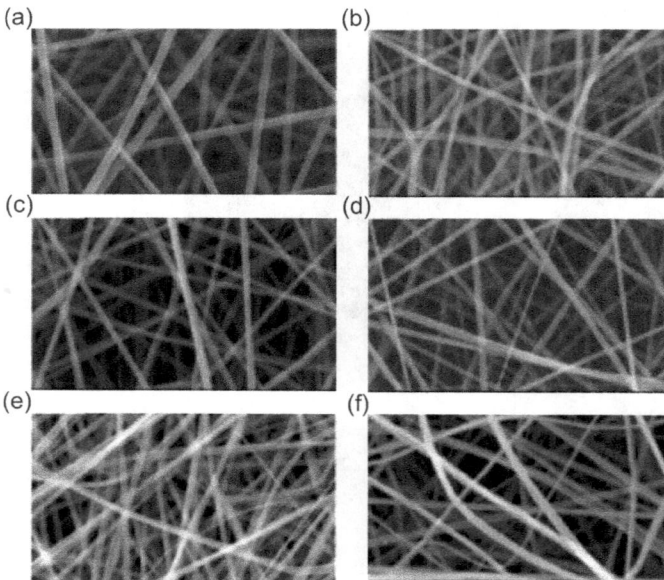

Abb. 26.39. Lignin-Polylactid-Kompositnanofasern [26.126]. (a) 0 %, (b) 10 %, (c) 20 %, (d) 30 %, (e) 40 % und (f) 50 % Lignin.

se Eigenschaften zeigen exemplarisch die in Abb. 26.38 dargestellten Nanokomposite aus Chitin, Polybutylensuccinat und Chondroitinsulfat-Nanopartikeln.

Für die Herstellung artifizieller extrazellulärer Matrices bietet sich die Erzeugung von Nanofasernetzwerken mittels des Elektrospinningverfahrens an. Dabei kommt Fasern aus Ligninen eine besondere Bedeutung zu [26.126]. Abbildung 26.39 zeigt typische Resultate solcher artifiziellen extrazellulären Matrices.

Nanobiokomposite haben ein großes Anwendungspotential im Bereich der Gentherapie. Hier ist eine wesentliche Herausforderung ein sicherer und effizienter Vektor für die Übertragung von Genen. Onkogenitätsrisiken, Zytotoxizitätsaspekte und die immunogene Aktivität viraler Vektoren müssen dabei berücksichtigt werden.

Lipidbasierte Strukturen ordnen sich aufgrund supramolekularer Wechselwirkungen in Form größerer Aggregate an. Dies ist schematisch in Abb. 26.40 dargestellt. Die Aggregate können mit DNA Nanobiokomposite bilden, die sich offenbar besonders gut für die Deposition der DNA eignen [26.127].

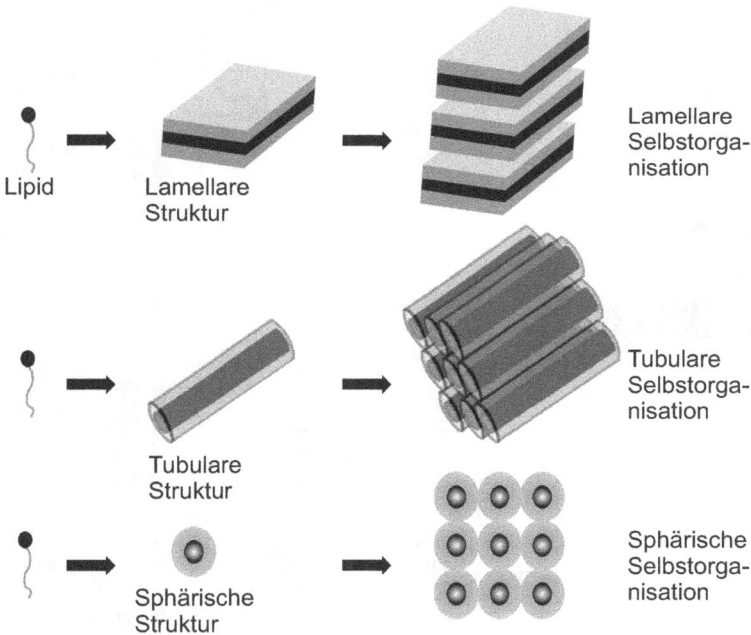

Abb. 26.40. Supramolekulare Selbstorganisation lipidbasierter Strukturen.

Antimikrobielle Oberflächen sind in weiten Anwendungsfeldern von Bedeutung. In Abschn. 18.8.2 hatten wir die bioziden Eigenschaften von Ag-Nanopartikeln diskutiert und in Abschn. 18.8.3 die photokatalytischen von TiO_2. Antimikrobielle Oberflächen lassen sich designen, wenn derartige Partikel mit biologischen Polymeren zu entsprechenden Kompositen kombinert werden. Die Nanobiokomposite lassen sich dann beispielsweise für Lebensmittelverpackungen einsetzen. Verwendung finden Polysaccharide und Proteine. Konkret kommen insbesondere Casein, Collagen, Gelatine, Sojaprotein und Weizengluten zum Einsatz. Das Polyaminosaccharid Chitosan ist seinerseits bereits antimikrobiell [26.128], antiviral [26.129] und antitumoral [26.130]. Zur Optimierung der mechanischen Eigenschaften und weiteren Steigerung der antibakteriellen Eigenschaften lässt sich das Polysaccharid mit Metall- oder Metalloxidnano-

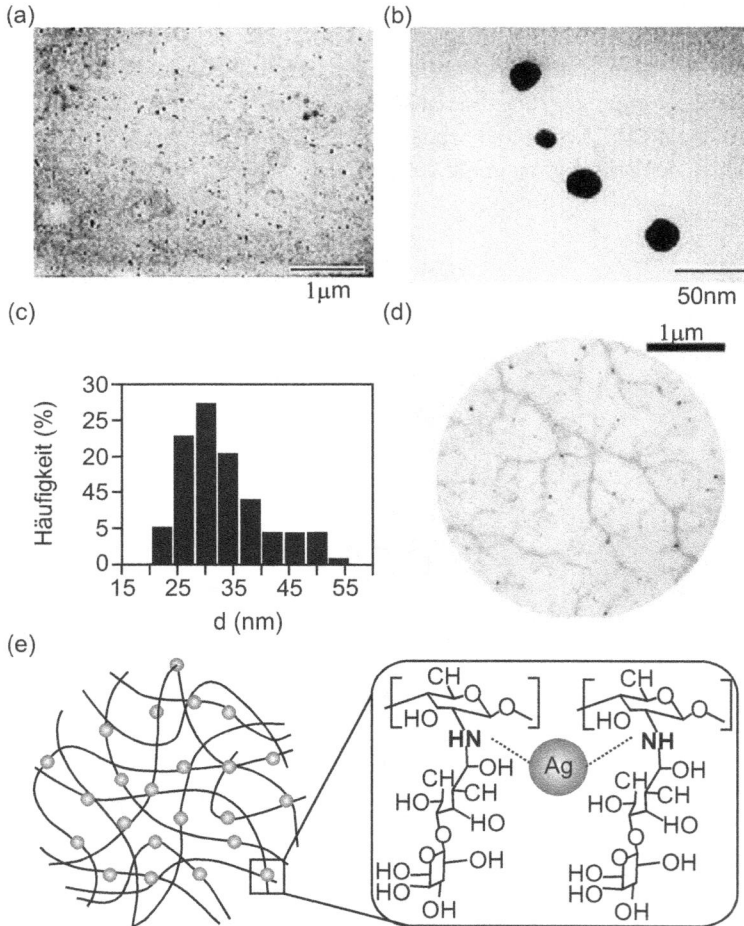

Abb. 26.41. Nanobiokomposit aus lactitolmodifiziertem Chitosan und Ag-Nanopartikeln [26.131]. (a), (b) TEM-Aufnahmen der Nanopartikel. (c) Größenverteilung der Partikel. (d) TEM-Aufnahme der Ag-Partikel. (d) TEM-Aufnahme der Ag-Partikel und der angefärbten Polymerketten. (e) Aufbau des Komposits sowie Koordinierung und Stabilisierung der Ag-Partikel mit Hilfe von Stickstoffatomen.

partikeln zu einem Komposit kombinieren. Ein exemparisches Beispiel zeigt Abb. 26.41. In diesem Fall wurde lactitolmodifiziertes Chitosan mit Ag-Nanopartikeln ver- knüpft.

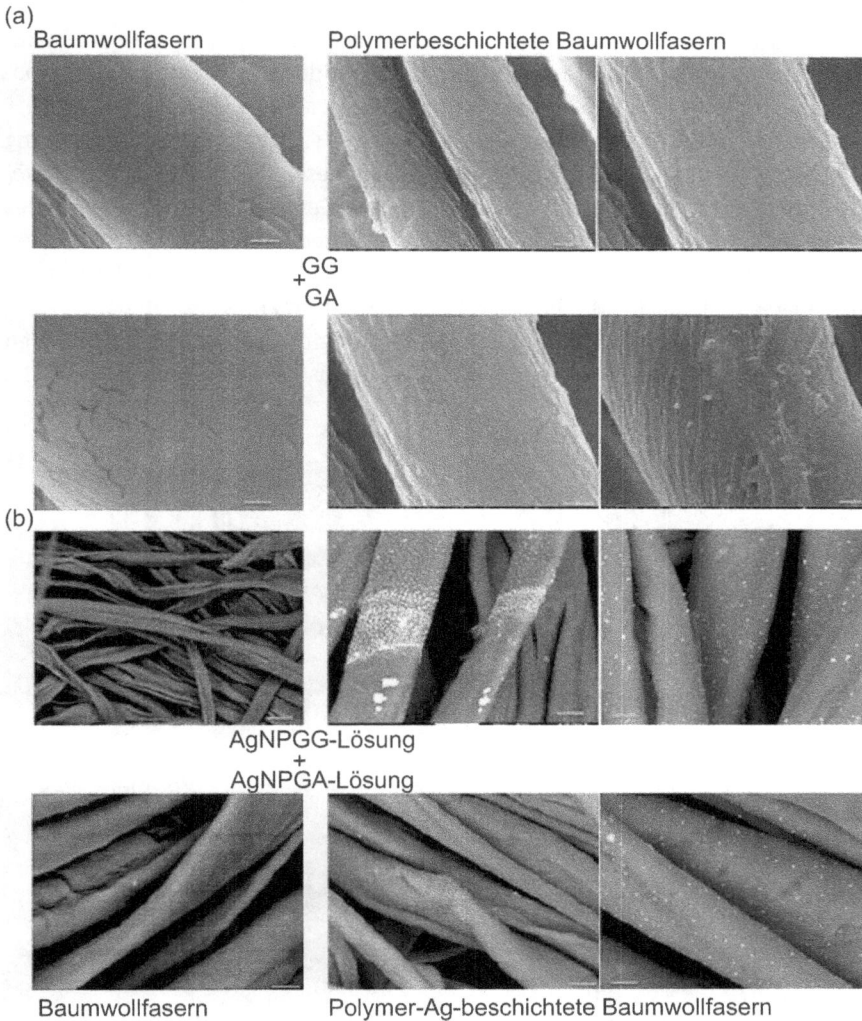

Abb. 26.42. Cellulose-basierte Baumwoll-Silber-Nanokompositfasern zur Herstellung von Funktions- textilien [26.132]. (a) Ursprungsfasern und polymerbeschichtete Fasern sowie Fasern nach Behand- lung mit Guaran (GG, oben) oder Gummi arabicum (GA, unten). (b) Fasern vor und nach der Behand- lung mit Guaran/AgNO$_3$ (oben) und Gummi arabicum/AgNO$_3$ (unten). Die Fasern haben Durchmes- ser von 1–100 nm.

Zellulose gehört zu den am häufigsten verwendeten Kohlenhydraten für die Herstellung von Nanobiokompositen. Ein Beispiel mit offensichtlich enormem Anwendungspotential sind Baumwoll-Silber-Nanokompositfasern, die ideale antimikrobielle Eigenschaften aufweisen [26.132]. Umweltfreundliche Herstellungsprozesse basieren auf der Verwendung von *Gummi arabicum* und *Guaran* für die Reduktion von $AgNO_3$ [26.132]. Derartige Fasern eignen sich für die Herstellung von Textilien zur Wundversorgung und auch des täglichen Bedarfs. Abbildung 26.42 zeigt Nanokompositfasern, die mittels des beschriebenen Prozesses hergestellt wurden.

Völlig andere Anwendungen von Nanobiokompositen gibt es im Zusammenhang mit Membrantechnologien. Membranen werden eingesetzt für Reinigungszwecke, für die Anreicherung bestimmter Bestandteile von Gemischen, in Bereichen des Recyclings industrieller Nebenprodukte und bei der Reduzierung der Toxizität von Abfällen. Von Bedeutung für alle diese Anwendungen ist eine präzise Festlegung und Vorgabemöglichkeit für die Porengröße der Membranen. Neben der Reinigung von Wasser, die offensichtlich von umfassender und globaler Bedeutung ist, spielt die Reinigung und Anreicherung von Farbstoffen industriell eine sehr große Rolle.

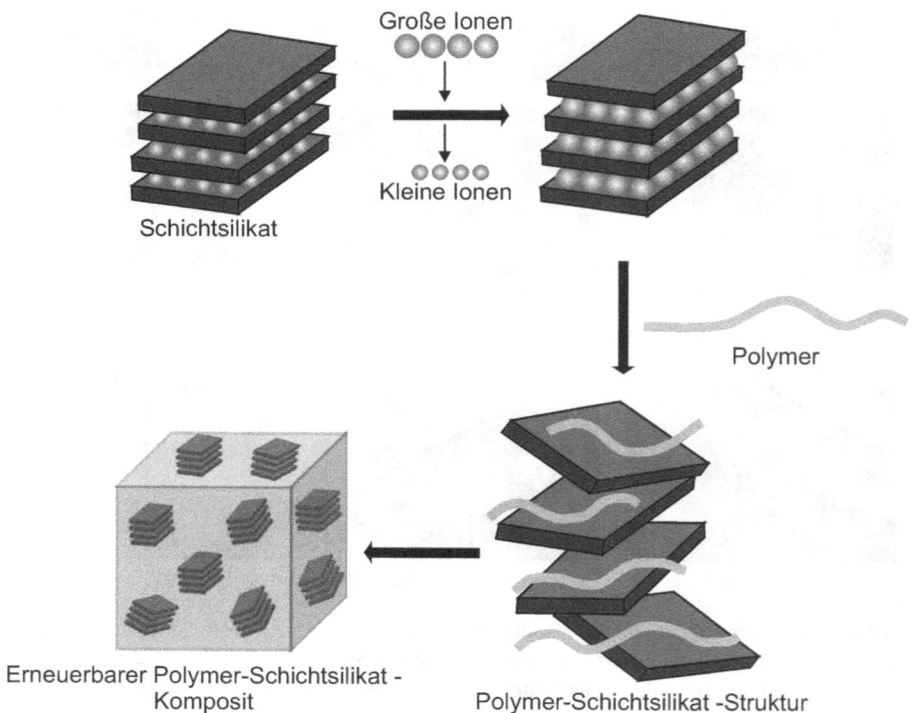

Abb. 26.43. Herstellung von Nanobiokompositen auf Basis von Schichtsilikaten und Chitosan zur Verwendung in Membrantechnologien.

Konventionelle Methoden involvieren häufig eine hohe Umweltbelastung [26.133]. Als ausgesprochen umweltfreundlich und effizient haben sich Nanokompositmembranen aus Chitosan und dem Schichtsilikat Montmorillonit erwiesen [26.134]. Schichtsilikat-Nanopolymere, die wir bereits zuvor diskutierten, lassen sich statt auf Basis synthetischer Polymere auch auf Basis bioerneuerbarer Polymere herstellen. Abbildung 26.43 zeigt schematisch die diesbezüglichen Herstellungsprozesse.

Weitere Anwendungsbereiche für nanostrukturierte Membranen umfassen die Entfernung phenolbasierter Verbindungen und die Reinigung von Alkoholen in der chemischen Industrie sowie den Einsatz in Brennstoffzellen. Auch in diesen Anwendungsbereichen sind zunehmend Nanobiopolymerkomposite von Bedeutung. Der Zusatz von Nanopartikeln zu Biopolymeren erlaubt es in diesem Kontext, den resultierenden Nanokompositen ganz spezielle funktionale Eigenschaften zu verleihen. Ein diesbezügliches Beispiel sind Komposite aus Bakterienzellulose und Quantum Dots aus CdSe. Die Photolumineszenz von CdSe-Nanopartikeln hatten wir bereits in Abschn. 18.6.2 diskutiert. Membranen aus dem entsprechenden Komposit zeigen eine Photolumineszenz, Biokompatibilität und hohe mechanische Stabilität, was die

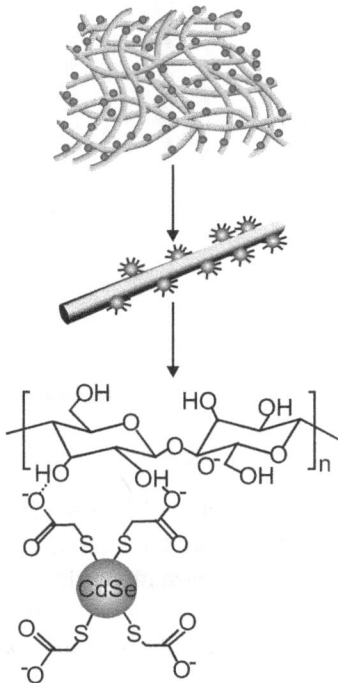

Abb. 26.44. Struktur von Nanobiokompositen aus Bakterienzellulose und CdSe-Nanopartikeln [26.135].

Grundlage für vielfältige Einsatzmöglichkeiten im Kontext der genannten Anwendungen ist [26.135]. Den strukturellen Aufbau der Komposite aus Bakterienzellulose und CdSe-Nanopartikeln zeigt schematisch Abb. 26.44.

Insbesondere wünschenswert ist auch die Verwendung bioerneuerbarer Nanokomposite in der Elektronikindustrie. Hier ist das Recycling immer knapper werdender Elemente und Rohstoffe heute ein großes Problem. Bauelemente aus bioerneuerbaren Materialien oder auch Teilkomponenten wären diesbezüglich ein großer Fortschritt. Speziell in der intelligenten Sensorik hat der Einsatz bioerneuerbarer Materialien bereits begonnen. Adjustierbare Porosität, hohe thermische und chemische Stabilität und vor allem hohe Selektivität lassen biologisch erneuerbare Nanokomposite als ideale Materialien im Bereich der Sensortechnologien erscheinen [26.136]. Im Besonderen werden Chitin, Chitosan, Cyclodextrin, Alginate und Guaran verwendet. Abbildung 26.45 zeigt sehr allgemein, aber schematisch, wie bioerneuerbare Nanokomposite in diesem Kontext eingesetzt werden können.

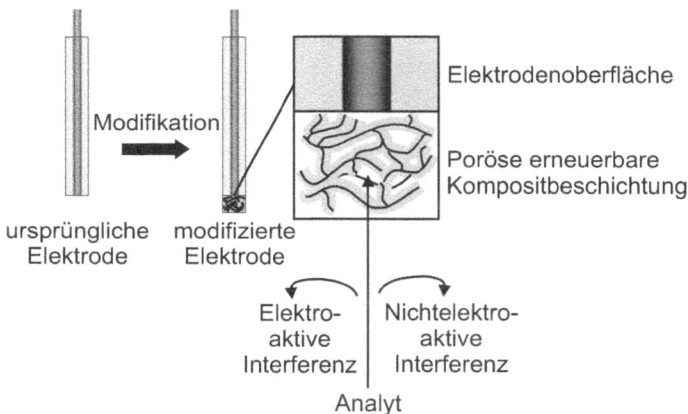

Abb. 26.45. Schematische Darstellung des Aufbaus eines Sensors aus bioerneuerbaren Nanokompositen.

Als konkrete diesbezügliche Anwendung wurde ein bioerneuerbarer Sensor zum Nachweis von Quecksilber vorgeschlagen [26.137]. Ein solcher Sensor hat eine erhebliche umwelttoxikologische Bedeutung. Abbildung 26.46 zeigt Silbernanopartikel in einer Chitosanmatrix. Das chemische Zusammenspiel zwischen Chitosan und Silber ist Grundlage einer engen Kopplung zwischen Nanopartikeln und Polymermatrix [26.137].

Wie ein kalorimetrischer Sensor zum Nachweis von Hg^{2+}-Ionen in Wasser aufgebaut sein kann, zeigt Abb. 26.47 am Beispiel eines bioerneuerbaren Nanokomposits aus Chitosan und Goldnanopartikeln. Der Nachweis basiert auf einem plasmonischen *ELISA (Enzyme Linked Immunosorbent Assay)-Verfahren* [26.138]. Dabei wird die Plas-

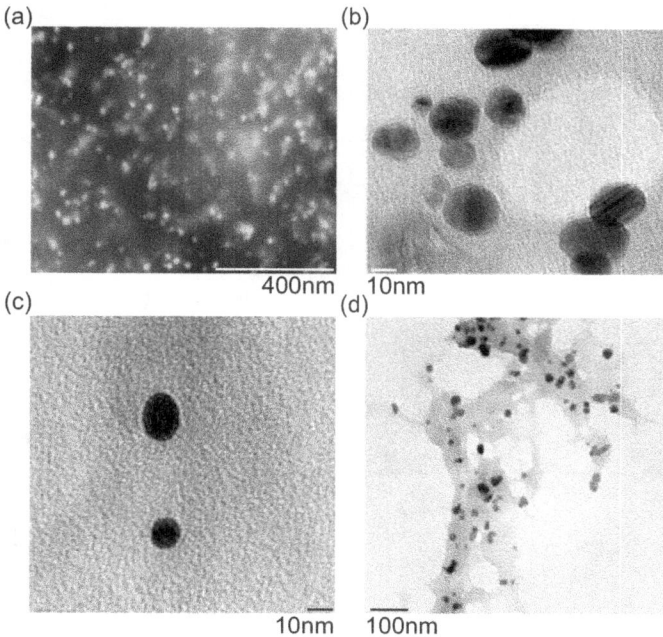

Abb. 26.46. Ag-Nanopartikel in einer Chitosanmatrix. Das Nanokomposit findet Vewendung in einem Hg-Sensor [26.137]. (a) SEM-Abbildung. (b)–(d) HRTM-Abbildungen

monresonanz, die wir bereits in Abschn. 2.2.4 einführten, letztendlich durch die Gegenwart oder Abwesenheit des Analyts modifiziert [26.139]. Eine hohe Empfindlichkeit – mit der Anordnung in Abb. 26.47 wurde 0,1 ppb erreicht – setzt insbesondere voraus, dass die Nanopartikel nicht aggregieren. Das wurde interessanterweise im vorliegenden Fall durch *bovines Serumalbumin (BSA)* als Aggregationsblocker realisiert.

Die Messung des Glukosespiegels ist im Rahmen unterschiedlichster Kontexte von Bedeutung. Diesbezüglich wurde ein innovativer biomimetischer Sensor vorgestellt, bei dem der Glukosespiegel nicht enzymatisch, sondern rein elektrochemisch über die Oxidation der Glukose detektiert wird [26.140]. Eine mittels eines Chitosan-Kupferoxid-Nanokomposits modifizierte Elektrode repräsentiert die erforderlichen elektrokatalytischen Eigenschaften. Der Sensor basiert damit auf einem einfach zu implementierenden Messverfahren, verfügt über bioerneuerbare und biokompatible Komponenten und ist sehr empfindlich [26.140]. Aufbau und Messergebnisse sind in Abb. 26.48 dargestellt.

Ein ebenfalls im Kontext elektrochemischer Sensoren verwendetes bioerneuerbares Komposit ist β-Cyclodextrin. Dieses besteht aus sieben Glucoseeinheiten und gehört zu den Oligosacchariden. Während der äußere Teil hydrophil ist, ist der innere hydrophob [26.141]. Durch Kombination mit geeigneten Nanopartikeln lassen sich dem resultierenden Nanokomposit spezielle Funktionalitäten verleihen. Magne-

(a)

Strom-versorgung

XY-Positionierer

LED
Linse

Spektrometer

Faser

(b)

NH₂ NH₂ NH₂ NH₂

APTES

Glutar-aldehyd

(c)

BSA-Immobi-lisierung

Immo-bilisierung
Chitosan-ge-koppelter
Gold-Nano-partikel

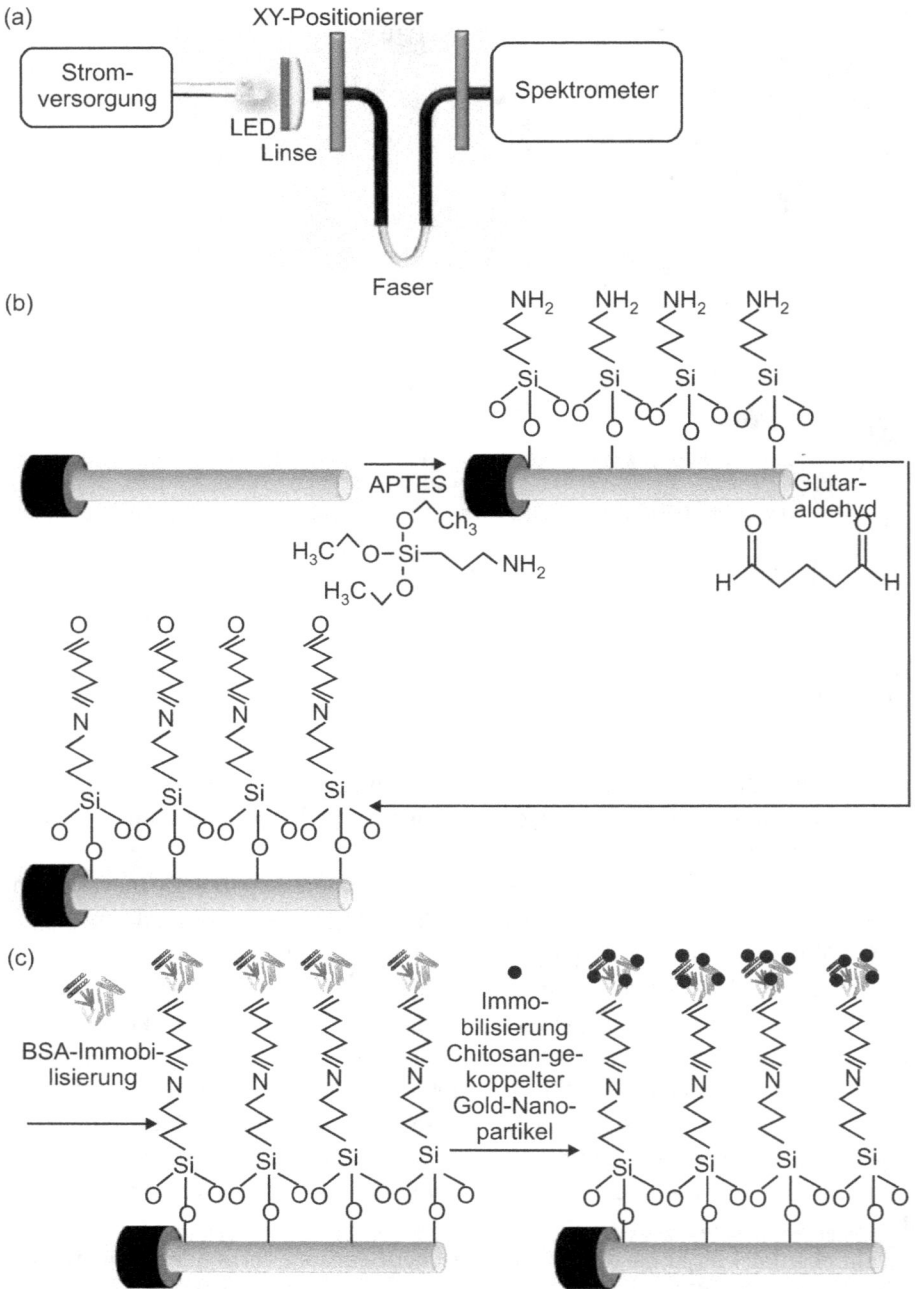

Abb. 26.47. Optischer Sensor unter Verwendung bioerneuerbarer Nanokomposite zum emp-findlichen Nachweis von Quecksilber in unterschiedlichsten Proben [26.139]. (a) Gesamtauf-bau des mobilen Messgeräts. (b) Präparation der Sensoreinheit durch Funktionalisierung mit 3-Aminopropyltriethoxysilan (APTES), Glutaraldehyd und bovinem Serumalbumin (BSA).

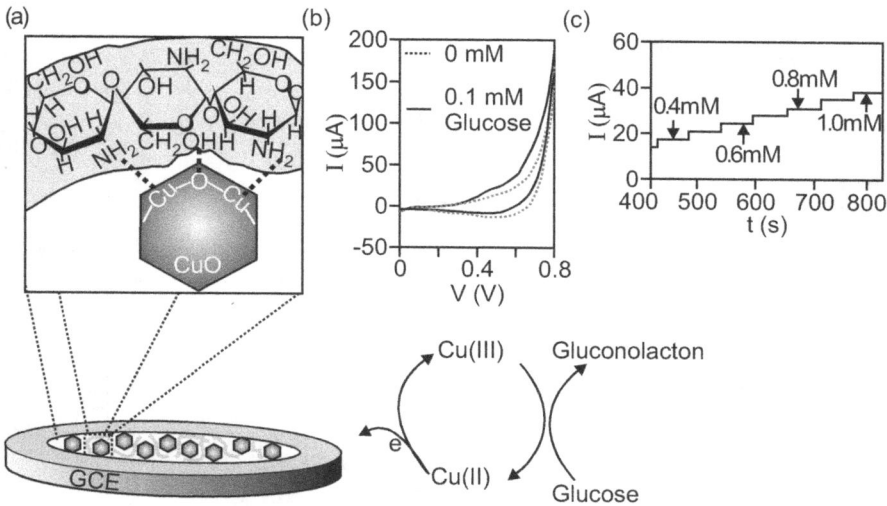

Abb. 26.48. Glukosesensor auf Basis eines CuO-Nanopartikel-Chitosan-Komposits [26.140]. (a) Aufbau der Messelektrode und Messprinzip. (b) Elektrochemische Messung bei variierendem Glukosespiegel. (c) Veränderung des elektrochemischen Signals bei konstanter Spannung und Veränderung des Glukosespiegels als Funktion der Zeit.

titnanopartikel besitzen beispielsweise magnetische Eigenschaften, die sich dann in Funktionalitäten eines Cyclodextrin-Fe_3O_4-Nanokomposits widerspiegeln. Eben dieses Nanokomposit besitzt aber auch elektrochemische Eigenschaften, die es für einen Sensor zum Nachweis von Tryptophan qualifizieren [26.142]. Im Bereich der medizinischen Diagnostik ist der schnelle und kostengünstige Nachweis der nicht essentiellen Aminosäuren von einer gewissen Relevanz [26.143]. Die Biokompatibilität ist neben den spezifischen elektrochemischen Eigenschaften der Cyclodextrin-Fe_3O_4-Nanokomposite vorteilhaft für die diagnostische Bestimmung des Tryptophanspiegels über elektrochemische Impedanzspektroskopie und Voltammetrie [26.142]. Abbildung 26.49 zeigt schematisch Herstellung und Aufbau dieses bioerneuerbaren Nanokomposits.

Graphen, welches wir ausführlich in Abschn. 16.2 vorstellten, wurde selbstverständlich wegen siner zahlreichen außergewöhnlichen Eigenschaften ebenfalls im Kontext der Herstellung funktioneller Nanokomposite intensiv untersucht, auch im Hinblick auf neuartige bioerneuerbare Nanokomposite. Besonders auch hinsichtlich empfindlicher elektrochemischer Biosensoren ist Graphen vielversprechend wegen seiner elektronische Eigenschaften und der großen spezifischen Oberfläche. Eine Elektrode auf Basis eines Cyclodextrin-Graphen-Nanokomposits erlaubt den empfindlichen Nachweis von Quercetin. Dieses Pentahydroxyflavon und sein selektiver Nachweis sind von gewisser Bedeutung für die Nahrungsmittelindustrie [26.144]. Der Aufbau der Elektrode und das Messprinzip sind schematisch in Abb. 26.50 dargestellt.

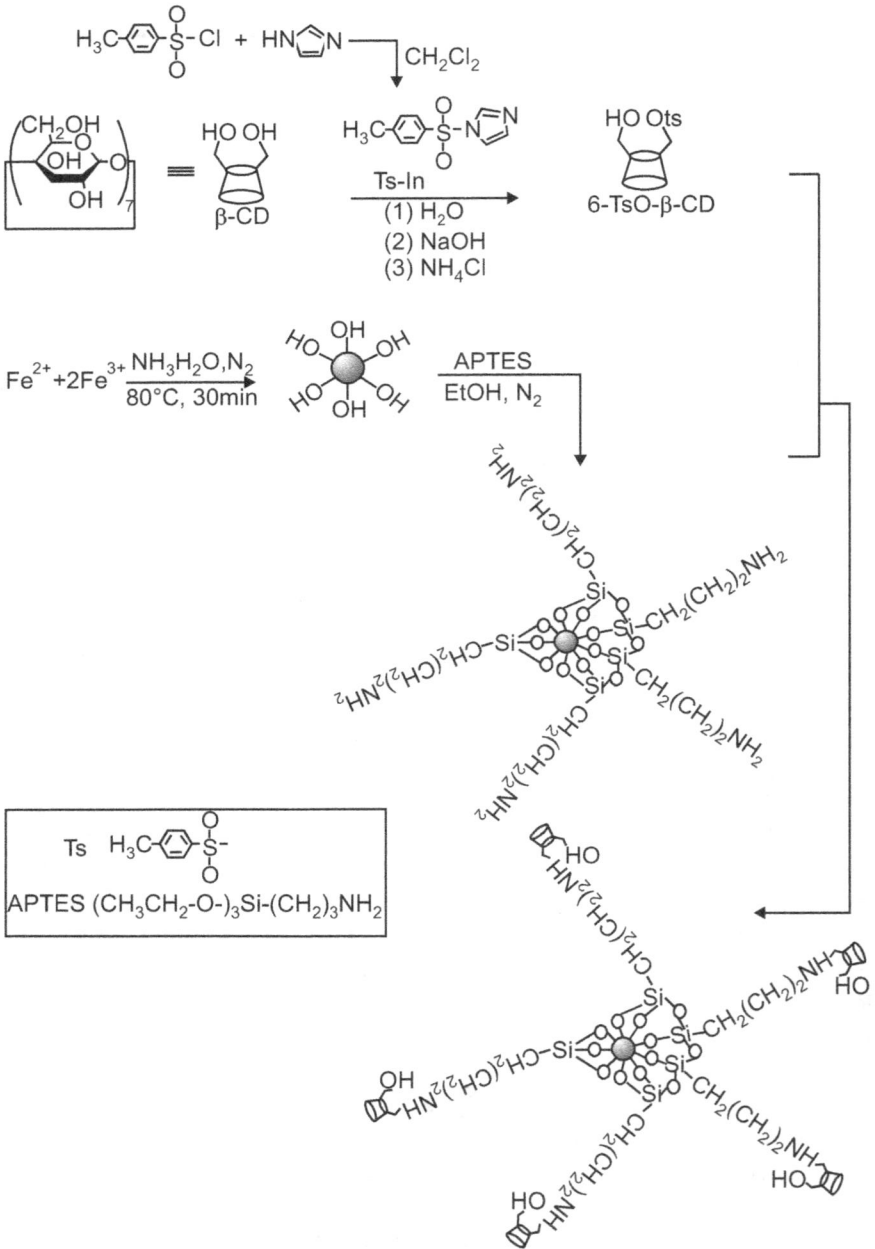

Abb. 26.49. Herstellung und Struktur des Cyclodextrin-Fe$_3$O$_4$-Nanokomposits [26.142].

Im Konkreten wird Mercapto-β-Cyclodextrin zur Funktionalisierung von reduziertem Graphenoxid verwendet. Dieses wird nichtkovalent mit Butylpyren und Goldnanopartikeln dekoriert. Das resultierende Nanokomposit verleiht dem Sensor eine hohe Empfindlichkeit und Stabilität sowie eine hohe Selektivität, was für entsprechende Anwendungen essentiell ist.

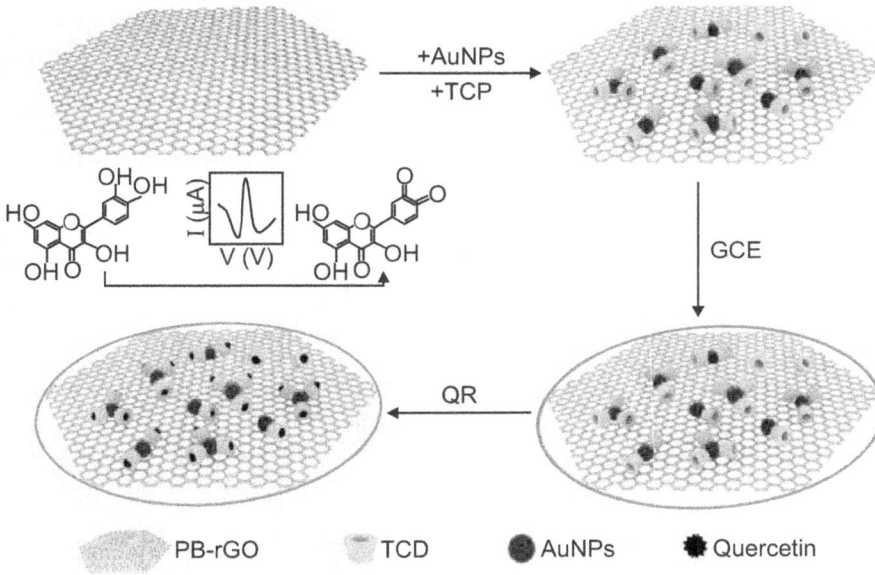

Abb. 26.50. Aufbau einer Elektrode zum elektrochemischen Nachweis von Quercetin [26.144]. Bestandteile sind Graphenoxid (GO), Cyclodextrin (CD) und Goldnanopartikel (AuNP).

Graphen als Elektrodenmaterial in elektrochemischen Sensoren bietet gleich mehrere Vorteile, die in dieser Form und Kombination konventionelle Elektrodenmaterialien nicht bieten. Es ist elektrochemisch zumeist inert. Es exponiert eine maximale elektrochemisch wirksame Oberfläche. Und schließlich etabliert Graphen, beschichtet mit einem isolierenden Nanokomposit, einen elektrisch leitfähigen Kanal, der sich für elektrochemische und insbesondere auch elektrokatalytische Prozesse nutzen lässt. Insbesondere werden die bereits zuvor erwähnten Nanokomposite auf Basis von β-Cyclodextrin eingesetzt. Cyclodextrin wiederum erlaubt die Verankerung von Nanopartikeln an der Graphenoberfläche. Eine Graphen/β-Cyclodextrin/Ag-Nanopartikel-Kompositelektrode erlaubt beispielsweise den simultanen Nachweis von Adenin und Guanin über einen elektrokatalytischen Effekt und die differentielle Pulsvoltammetrie [26.145]. Da die genannten Nukleinketten wesentliche Bestandteile von RNA und DNA sind, ist der sensitive Nachweis in zahlreichen Kontexten von großer Relevanz. Erreichte Empfindlchkeiten liegen teilweise unterhalb von 1 μM.

Eines der toxischsten Elemente ist Quecksilber. Entsprechend groß ist das Interesse an einem einfachen, selektiven und quantitativen Nachweis. Graphenbasierte Kompositelektroden vom zuvor beschriebenen Typus eignen sich hervorragend auch für den Nachweis von Hg [26.146]. Wiederum kommt die differentielle Pulsvoltammetrie zum Einsatz. Die Elektrode besteht in diesem Fall aus Graphen mit β-Cyclodextrin, welches mit Polypyrrol versetzt wird. Das Polypyrrol ist via Wasserstoffbrücken an das Cyclodextrin gebunden und erlaubt einen effizienten Transfer von Elektronen hin zur und weg von der Graphenoberfläche. Hg bindet über die zwei lose gebundenen Valenzelektronen an die N-Atome. Abbildung 26.51 zeigt schematisch den elektrochemischen Detektionsmechanismus.

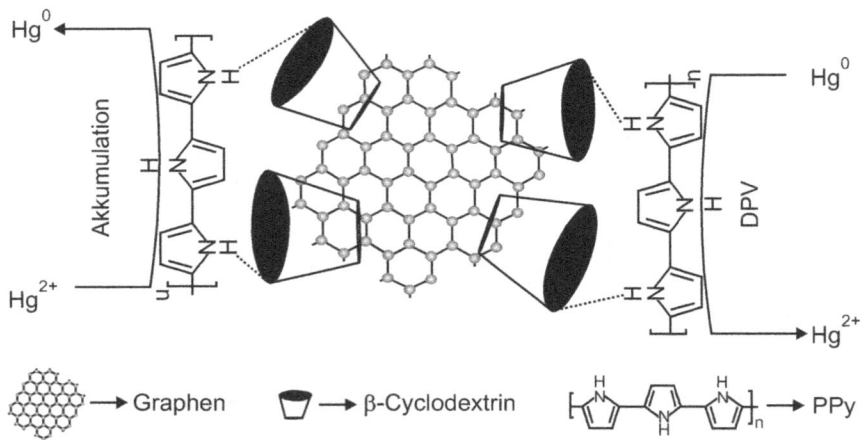

Abb. 26.51. Elektrochemischer Nachweis von Quecksilber mittels einer Nanobiokomposit-Elektrode [26.146]. DPV: Differentielle Pulsvoltammetrie, PPy: Polypyrrol.

Die in Abb. 26.50 und 26.51 dargestellten Elektroden und elektrochemischen Detektionsmechanismen stehen stellvertretend für eine ganze Familie von Sensoren, die auf Elektroden aus Graphen mit deponierten Nanobiokomponenten basieren. Derartige Sensoren zeichnen sich durch hohe Empfindlichkeit, hohe Selektivität und hohe Stabilität aus. Darüber hinaus sind sie zumeist biokompatibel. Da die Elektroden gleichsam nach einem Baukastenprinzip aufgebaut sind, bei dem Graphen und β-Cyclodextrin die stets verwendeten Bausteine sind, lassen sich in Form des dritten Bausteins – Nanopartikel oder ein weiteres Polymer – sehr flexibel und einfach neue elektrochemische Funktionalitäten realisieren. Verwendet man beispielsweise Kupferoxidnanopartikel, so lässt sich Metronidazol detektieren. Dieses Antibiotikum ist eines der wichtigsten, die bei Infektionen mit anaeroben Keimen eingesetzt werden. Der quantitative empfindliche Nachweis von Metronidazol ist sowohl von diagnostischem und therapeutischem Interesse als auch relevant für die Qualitätssicherung bei der Produktion des Wirkstoffs [26.147]. Abbildung 26.52 zeigt den Aufbau der Sensorelektrode und das Detektionsprinzip.

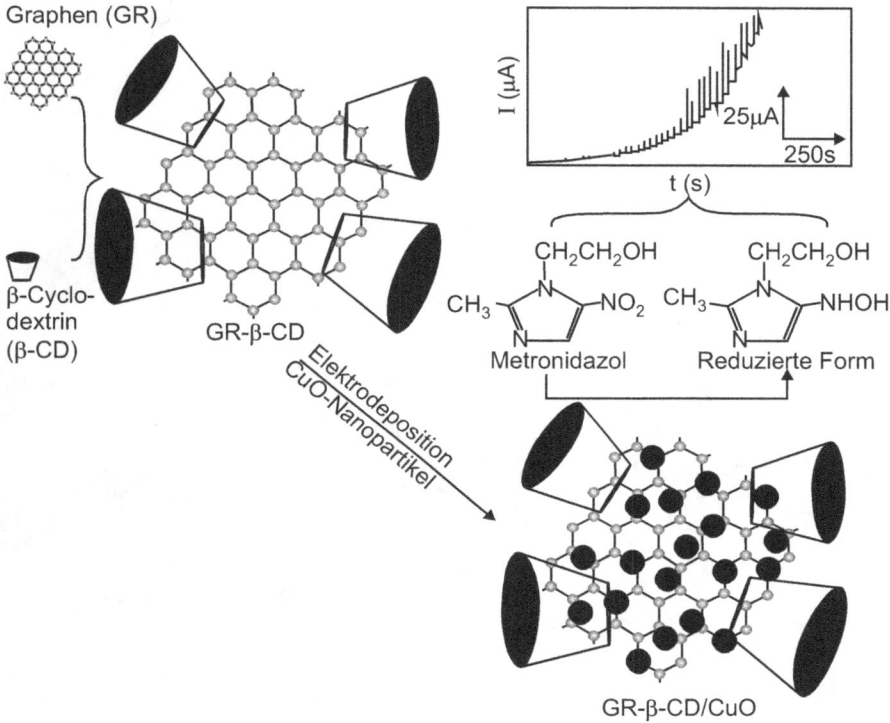

Abb. 26.52. Elektrochemischer Sensor zum quantitativen Nachweis des Antibiotikums Metronidazol [26.147]. Oben rechts sind amperometrische Daten bei sukzessiver Erhöhung der Metronidazolkonzentration dargestellt.

Neben den bisher dargestellten Einsatzbereichen für bioerneuerbare, polymerbasierte Nanokomposite gibt es weitere wichtige. Dazu gehört beispielsweise die Speicherung elektrischer Energie. Diesbezüglich kommt elektrochemischen Kondensatoren eine besondere Bedeutung zu. *Superkondensatoren* sind eine Weiterentwicklung der Doppelschichtkondensatoren. Im Vergleich zu Akkumulatoren weisen sie zwar nur etwa 10 % der Energiedichte auf. Die Leistungsdichte ist aber etwa 10 bis 100 mal größer als bei Akkumulatoren. Auch im Hinblick auf die Maximalzahl von Ladezyklen besitzen sie spezifische Vorteile. Ihre Einsatzgebiete reichen von der Bereitstellung kleinster Leistungen zum Datenerhalt in statischen Speichern bis hin zur Leistungselektronik, beispielsweise im Bereich der Nutzbremsung von Bussen und Bahnen. In den letzten Jahren hat sich gezeigt, dass Nanobiopolymere für den Aufbau von elektrochemischen Kondensatoren sehr positive Eigenschaften mit sich bringen.

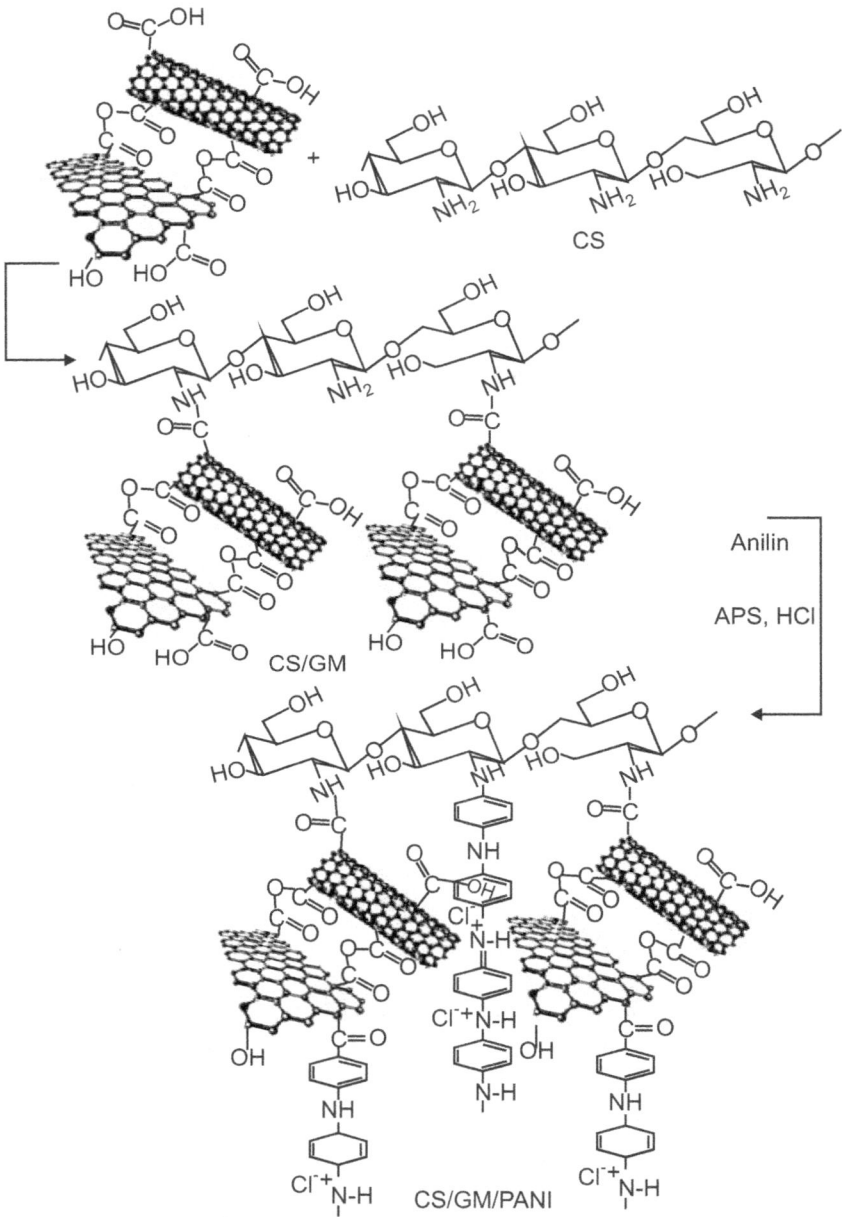

Abb. 26.53. Ternäres Nanokomposit für Superkondensatoren mit hoher spezifischer Kapazität [26.149]. CS: Chitosan, GM: Graphenoxid mit mehrwändigen Kohlenstoffnanoröhrchen, PANI: Polyanilin.

Eine der wichtigsten Eigenschaften ist die spezifische Kapazität. Wegen seiner spezifischen elektrochemischen Eigenschaften bietet sich das Polysaccharid Chitosan in besonderer Weise an. So zeigen organisch-anorganische Hybridnanokomposite aus Chitosan und MnO_2 eine spezfische Kapazität von nahezu 500 F/g bei einem hohen Maß an Umweltfreundlichkeit. Die Nanokomposite zeigen hervorragende morphologische Eigenschaften und eine gute elektronische sowie ionische Leitfähigkeit [26.148]. Um möglichst große spezifische Kapazitäten und kurze Lade-/Entladezeiten zu erreichen, wurden auch komplexe Nanokomposite entwickelt. Abbildung 26.53 zeigt ein ternäres aus Graphenoxid mit Kohlenstoffnanoröhrchen, Chitosan und Polyanilin. Werte von > 600 F/g wurden damit erreicht [26.149].

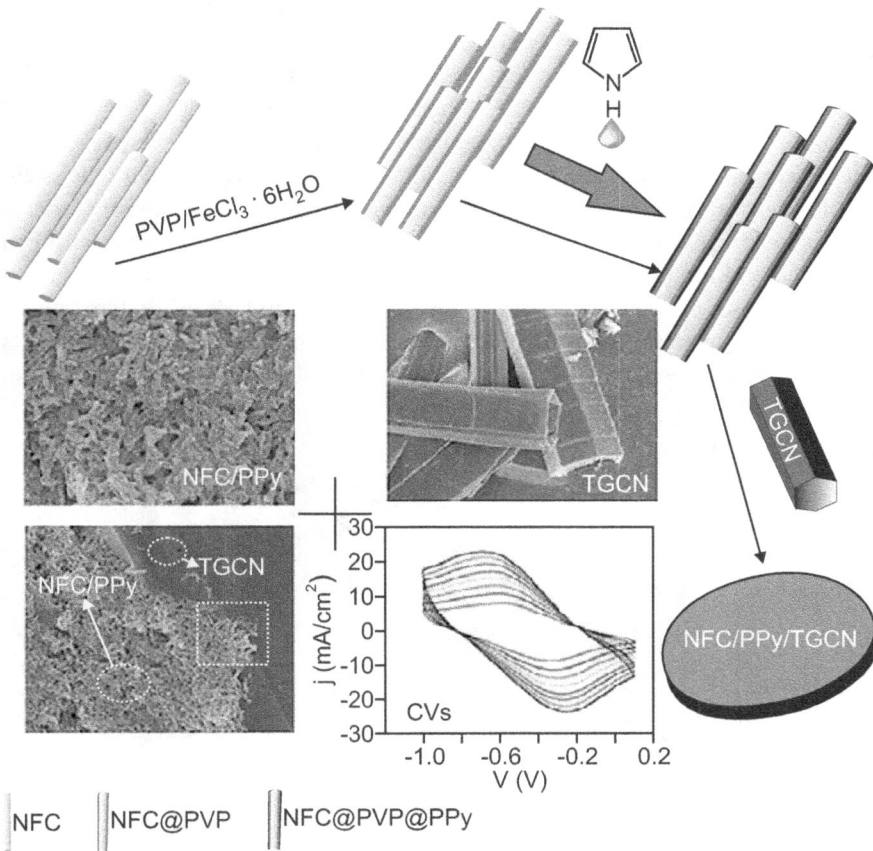

Abb. 26.54. Herstellung von Nanobiokompositelektroden aus fibrillierten Zellulose/Polypyrrol/Kohlenstoffnitrid-Strukturen [26.154]. Dargestellt sind neben den Herstellungsschritten und Fasern auch Ergebnisse der Zyklovoltammetrie (CVs). NFC: Zellulosenanofasern, PPY: Polypyrrolmantel, TGCN: Kohlenstoffnitridmantel.

Wie bereits erwähnt, ist Zellulose ein Biopolymer mit einem enormen Anwendungspotential in vielen Bereichen [26.150]. Diese umfassen insbesondere funktionelle Beschichtungen, Laminate, optische Filme, pharmazeutische Formulierungen, Lebensmittelverpackungen und Textilien aller Art [26.151]. Mechanische Flexibilität, geringes Gewicht, hohe thermische Stabilität, eine große Absorptionskapazität, die Variabilität der optischen Anmutung und niedrige Kosten zeichnen diesen bioerneuerbaren Rohstoff aus [26.152]. Auf Zellulose basierende Nanokomposite wurden auch als Elektrodematerial für Superkondensatoren entwickelt [26.153]. Eine hinreichende elektrische Leitfähigkeit wird durch Zusatz des leitfähigen Kunststoffs Polypyrrol erreicht. Abbildung 26.54 zeigt schematisch die Herstellungsschritte für eine Elektrode, die aus einem Netzwerk fibrillierter Kern-Hülle-Strukturen aus Zellulose, Polypyrrol und graphitischen Kohlenstoffnitriden besteht. Mit diesem Elektrodenmaterial wurden spezifische Kapazitäten von > 150 F/g erreicht.

Enorme Mengen an Polymeren und Kompositen werden für Verpackungen aller Art benötigt. Eine Alternative zu Plastik, hergestellt auf der Basis von Erdöl, sind bioerneuerbare Polymere und Nanobiokomposite zur Verwendung in Verpackungen. Die spezifischen Anforderungen werden durchaus erüllt durch einige der bereits zuvor diskutierten Nanokomposite. Anwendungsrelevant sind aber auch kostengünstige Herstellungsverfahren, Recyclebarkeit und Bioabbaubarkeit. Diesen Anforderungen entsprechende Nanobiokomposite und Herstellungsverfahren wurden in den letzten Jahren zunehmend entwickelt. Abbildung 26.55 zeigt exemplarisch die Herstellung eines Verpackungsmaterials aus dem Polysaccarit Xyloglucan und dem zuvor bereits mehrfach erwähnten Schichtsilikat Montmorillonit. Bei diesem Nanobiokomposit

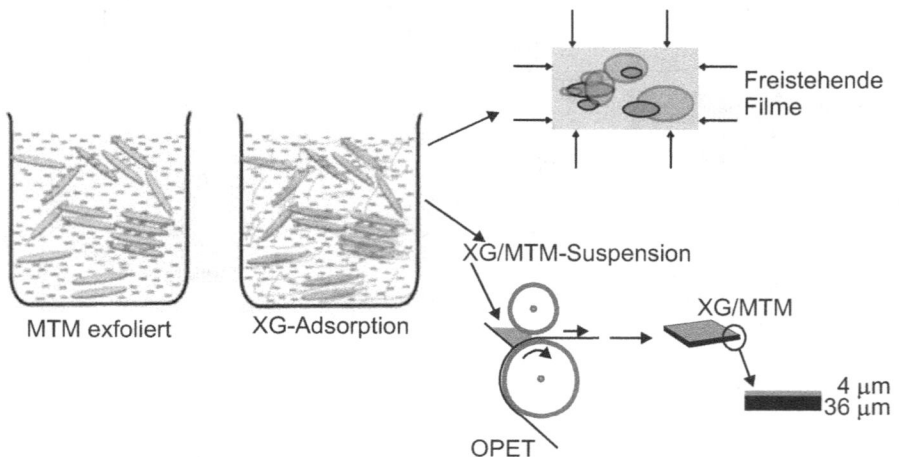

Abb. 26.55. Herstellung eines Nanobiokomposits aus Xyloglucan und Montmorillonit [26.155]. MTM: Montmorillonit, XG: Xyloglucan.

sind besonders die Barriereneigenschaften im Hinblick auf Gasdiffusion hervorzuheben [26.155].

Zusammenfassend kann festgestellt werden, dass bioerneuerbare Nanokomposite im Sinn einer umfassenden ökologisch sinnvollen Recyclingwirtschaft ein enormes Anwendungspotential besitzen, was derzeit erst in Anfängen erschlossen ist. Neben der kaum zu unterschätzenden Bedeutung für den Schutz der Umwelt besitzen Nanobiokomposite spezifische Funktionalitäten, die sie in vielen Anwendungsbereichen überlegen machen.

26.2.7 Gesundheits- und umweltbezogene Implikationen

Es gibt zahlreiche Untersuchungen zur Toxizität von Nanopartikeln und niedrigdimensionalen Nanostrukturen. Der Stand unseres diesbezüglichen Wissens wird in Kap. 33 genauer diskutiert. Im vorliegenden Kontext stellt sich speziell die Frage, wie gesundheitliche und umweltbezogene Einflüsse von gebundenen Nanopartikeln – speziell, aber nicht ausschließlich von solchen in Polymermatrices – zu bewerten sind. Dies erfordert offensichtlich eine differenzierte Betrachtung. So gibt es Keramiknanokomposite, die sich als exzellente Materialien für Endoprothesen erweisen und damit hervorragend biokompatibel sind. Andererseits bewahren Silber-Polymer-Nanokomposite durchaus die in Abschn. 18.8.2 diskutierten bioziden Eigenschaften der Ag-Nanopartikel. Schließlich müssen aus Sicht eines umfassenden ökologisch sinnvollen Produktzyklus sowohl die Rohstoffbeschaffung und Produktherstellung als auch die Recyclebarkeit und der Recyclingprozess bewertet werden.

In aller Regel werden gebundene Nanopartikel aus einem intakten Nanokomposit nicht freigesetzt. Freie Partikel können im Zusammenhang mit der Herstellung und dem Recycling der Nanokomposite vorliegen. Dann sind toxikologische und umweltbezogene Sachverhalte zu berücksichtigen, die im Detail in Kap. 33 diskutiert werden. Nanopartikel und nanostrukturierte Materie können aber auch spezifische Eigenschaften in gebundenem Zustand erhalten. So geben Ag-Nanopartikel, die in eine Polymermatrix eingebunden sind, durchaus weiter Ag^+-Ionen ab, welche wiederum toxisch auf Bakterien wirken. TiO-Nanopartikel sind auch an der Oberfläche eines Nanokomposits photokatalytisch aktiv und können damit biozid wirken. Die spezifischen Eigenschaften der nanostrukturierten Materie sind in der Regel erwünscht, was ja gerade den Einbau in eine Matrix motiviert. Damit ist im Hinblick auf ein gegebenes Nanokomposit zu diskutieren, inwieweit Eigenschaften freier Nanopartikel auch für die gebundenen Strukturen manifest sind. Eine Manifestation unerwünschter Begleiteigenschaften würde sich also gegebenenfalls auch für das Komposit ergeben. Die Begleiteigenschaften könnten im Besonderen in gesundheitsgefährdendem und/oder umweltschädlichem Verhalten bestehen.

In jedem Fall machen nanostrukturierte Bestandteile von Kompositen gegenüber beispielsweise reinen Polymeren ein Recycling in Form der Rückgewinnung der Einzelkomponenten komplizierter. Dieser potentielle Nachteil ist allerdings aufzurechnen gegen verbesserte oder völlig neuartige Funktionalitäten von Nanokompositen, die sich durchaus als gesundheitsfördernd oder umweltentlastend erweisen können. In der Gesamtbetrachtung muss zunehmend auch die CO_2-Bilanz sowohl für die Herstellung als auch für das Recycling der jeweiligen Materialien mit einbezogen werden. Durch Verwendung von neuartigen Nanokompositen anstelle konventioneller Materialien können sich in der Gesamtbilanz sehr große Vorteile ergeben, die beispielsweise aus einem reduzierten Gewicht oder einer größeren Lebensdauer resultieren. Gerade was umweltbezogene Vorteile und insbesondere einen reduzierten Co_2-Ausstoß betrifft sind Nanobiokomposite mit ihrem bislang nur in Anfängen erschlossenen Potential äußerst vielversprechend.

Literatur

[26.1]   W. Yu and H. Xie, J. Nanomat. 435873 (2012).

[26.2]   F. Müller, W. Peukert, R. Polke and F. Stenger, Int. J. Miner. Process. **74S**, 31 (2004).

[26.3]   J. Drelich, J. Nanomat. Mol. Nanotechnol. **2**, 1 (2013).

[26.4]   Y. Zhang, Y. Chen, P. Westerhoff, K. Hristovski and J.C. Crittenden, Water Res. **42**, 2204 (2008).

[26.5]   M. Heuberger, M. Zach and N.D. Spencer, Science **292**, 905 (2001).

[26.6]   V. Dirya and M.V. Sangaranarayanan, J. Nanosci. Nanotechnol. **15**, 6863 (2015).

[26.7]   M.S. Jin, Q. Kuang, X.G. Han, S.F. Xie, Z.X. Xie and L.S. Zheng, J. Solid State Chem. **183**, 1354 (2010).

[26.8]   H. Xie, W. Yu and W. Chen, J. Exp. Nanosci. **5**, 463 (2010).

[26.9]   S.P. Jang and S.V.S Choi, Appl. Therm. Eng. **26**, 2457 (2006).

[26.10] W. Yu, D.M. France, S.V.S. Choi and J.L. Routbort, Arg. Natl. Lab. Tech. Rep. **78** (2007).

[26.11] K.V. Wong and O. de Leon, Adv. Mech. Eng. 519659 (2009).

[26.12] J. Bungiorno, L.W. Hu, S.J. Kim, R. Hannink, B. Truong and E. Forrest, Nucl. Technol. **162**, 80 (2008).

[26.13] T.P. Otanicar, P.E. Phelan, R.S. Prasher, G. Rosengarten and R.A. Taylor, J. Ren. Sust. Energy **2**, 033102 (2010).

[26.14] H. Tyagi, P. Phelan and R. Prasher, J. Sol. Energy Eng. **131**, 0410041 (2009).

[26.15] T.P Otanicar and J.S. Golden, Env. Sci. Technol. **43**, 6082 (2009).

[26.16] J. Zhou, Z. Wu, Z. Zhang, W. Liu and Q. Xue, Tribol. Lett. **8**, 213 (2000); B. Shen, A.J. Shih and S.C. Tung, Tribol. Trans. **51**, 730 (2008); H.L. Yu, Y. Xu, P.J. Shi, B.S. Xu, X.L. Wang and Q. Liu, Trans. Nanoferrous Metals Soc. Chin. **18**, 636 (2008).

[26.17] L. Vékás, D. Bica and M.V.Avdeev, Chin. Particuology **5**, 43 (2007); R.E. Rosensweig, Ann. Rev. Fluid Mechanics **19**, 437 (1987).

[26.18] H. Li, R. Qiaro, T.P. Davis and S.-Y. Tang, Biosensors **10**, 196 (2020).

[26.19] M.D. Dickey, ACS Appl. Mat. Interf. **6**, 18369 (2014).

[26.20] S.A. Chechetka, Y. Yu, X. Zhen, M. Pramanik, K. Pu and E. Miyako, Nature Commun. **8**, 15432 (2017).

[26.21] Y. Yu and E. Miyako, iScience **3**, 134 (2018); D. Wang, C. Gao, W. Wang, M. Sun, B. Guo, W. Rao and J. Liu, Nanoscale **11**, 2655 (2019); Y. Lu, Y. Lin, Z. Chen, Q. Hu, Y. Liu, S. Yu, W. Gao, M.D. Dickey and Z. Gu, Nano Lett. **17**, 2138 (2017).

[26.22] C.R. Chitambar, Future Med. Chem. **4**, 1257 (2012); P. Collery, B. Keppler, C. Madoulet and B. Desoize, Crit. Rev. Oncol./Hematol. **42**, 283 (2002).

[26.23] P. Zhu, S. Gao, H. Lin, X. Lu, B. Yang, L. Zhang, Y. Chen and J. Shi, Nano Lett. **19**, 2128 (2919).

[26.24] N. Xia, N. Li, W. Rao, J. Yu, Q. Wu, L. Tan, H. Li, L. Guo, P. Liang and L. Li, Nanoscale **11**, 10183 (2019).

[26.25] J.P. Kaiser, L. Diener and P. Wick, J. Phys.: Conf. Ser. **429**, 012036 (2013).

[26.26] C. Jiang, Y. Cao, G. Xiao, R. Zhu and Y. Lu, RSC Adv. **7**, 7531 (2017).

[26.27] J. Sudagar, J. Lian, W. Sha, J. All. Compd. **571**, 183 (2013); H. Ashassi and M. Es'haghi, Corros. Sci. **77**, 185 (2013).

[26.28] A. Farzaneh, M. Mohammadi, M. Ehteshamzadeh and F. Mohammadi, Appl. Surf. Sci. **276**, 697 (2013).

[26.29] I. Tudela, Y. Zhang, M. Pal, I. Kerr and A.J. Cobley, Surf. Coat. Technol. **259**, 363 (2014); F. Hou, W. Wang, H. Guo, Appl. Surf. Sci. **252**, 3812 (2006); M.A. Juneghani, M. Farzam and H. Zohdirad, Trans. Nanoferrous Met. Soc. China **23**, 1993 (2013).

[26.30] W. Chen and W. Gao, Electrochim. Acta **55**, 6865 (2010).

[26.31] S. Narayanan, Rev. Adv. Mat. Sci. **9**, 130 (2005); J.E. Gray and B. Luan, J. All. Compd. **336**, 88 (2002); B. Liu, X. Zhang, G.-Y. Xiao and Y.-P. Lu, Mat. Sci. Eng. C **47**, 97 (2015).

[26.32] A.A.O. Magalhães, I.C.P. Margarit and O.R.J. Mattos, Electroanal. Chem. **572**, 433 (2004); D.E. Walker and G.D. Wilcox, Trans. IMF **86**, 251 (2008); A.S. Hamdy, A.M. Beccaria and P. Traverso, J. Appl. Electrochem. **35**, 467 (2005).

[26.33] Y.W.A. Yao, Y. Zhou, C.M. Zhao, X.Y. Han and C.X. Zhao, J. Electrochem. Soc. **160**, C185 (2013).

[26.34] N.V. Phuong, K. Lee, D. Chang, M. Kim, S. Lee and S. Moon, Met. Mat. Int. **19**, 273 (2013); H.-Y. Su and C.-S. Liu, Corros. Sci **83**, 137 (2014).

[26.35] C. Jiang, R. Zhu, G. Xiao, Y. Zheng, L. Wang and Y. Lu, J. Electrochem. Soc. **163**, C571 (2016).

[26.36] P.A. Davidson, *Principles of Magnetohydrodynamics* (Cambridge Univ. Press, Cambridge, 2004).

[26.37] M. Zhao, X.Y. Han and C.X. Zhao, J. Electrochem. Soc. **160**, C553 (2013).

[26.38] R. Bogne, Ass. Aut. **31**, 106 (2011).

[26.39] E. Manias, Nature Mat. **6**, 76 (2007).

[26.40] S.T. Milner, Science **251**, 905 (1991); I. Borukhov and L. Leibler, Macaromolecules **35**, 5171 (2002).

[26.41] X. Wang, V. Foltz, M. Backaitis and G.G.A. Böhm, Polymer **49**, 5683 (2008).

[26.42] J. Xu, F. Qiu, H. Zhang and Y. Yang, J. Polym. Sci. B: Polym. Phys. **44**, 2811 (2006).

[26.43] S.E. Harton and S.K. Kumar, J. Polym. Sci. B: Polym. Phys. **46**, 351 (2008).

[26.44] G.D. Smith and D. Bedrov, Langmuir Lett. **25**, 11239 (2009).

[26.45] K. Ohno, T. Morinaya, K. Koh, Y. Tsujii and T. Fukuda, Macromolecules **38**, 2137 (2005).

[26.46] C. Xu, K. Ohnvo, V. Ladmiral and R.J. Composto, Polymer **49**, 3568 (2008).

[26.47] D. Vollath and D.V. Szabó, J. Nanopart. Res. **8**, 417 (2006).

[26.48] D. Vollath, D.V. Szabó and J. Fuchs, Nanostruct. Mat. **12**, 433 (1999).

[26.49] S. Schlabach, R. Ochs, Th. Hanemann and D.V. Szabó, Microsyst. Technol. **17**, 183 (2011).

[26.50] E.O. Mikličanin, A. Badnjević, A. Kazlagić and M. Hajlovac, Health Technol. **10**, 51, (2020).

[26.51] S. Fu, Z. Sun, P. Huang, Y. Li and N. Hu, Nano Mat. Sci. **1**, 2 (2019).

[26.52] G. Lagaly, Solid State Ionics **22**, 43 (1986).

[26.53] M. Alexandre and P. Dubois, Mat. Sci. Eng. R **28**, 1 (2000).

[26.54] B. Vigolo, A. Pénicaud, C. Coulon, C. Sauder, R. Pailles, C. Journet, P. Bernier and P. Poulin, Science **290**, 1331 (2000).

[26.55]   Z. Wang, Z. Liang, B. Wang, C. Zhang and L. Kramer, Composites A **35**, 1225 (2004).

[26.56]   Y. Li, S.Y. Fu, D.J. Liu, Y.H. Zhang and Q.Y. Pan, Acta Mater. Compos. Sin **22**, 11 (2005).

[26.57]   D. Qian, E.C. Dickey, R. Andrews and T. Rantell, Appl. Phys. Lett. **76**, 2868 (2000).

[26.58]   Y.X. Pan, Z. Yu, Y. Ou and G. Hu, J. Polym. Sci. B: Polym. Phys. **38**, 1626 (2000).

[26.59]   A. Yasmin, J. Luo and I.M. Daniel, Comp. Sci. Technol. **66**, 1182 (2006).

[26.60]   F. Hussain, M. Hojjati, M. Okamoto and R.E. Gorga, J. Compos. Mat. **40**, 1511 (2006).

[26.61]   J.H. Park and S.C. Jana , Macromolecules **36**, 2758 (2003).

[26.62]   R. Totha, A. Coslanicha, M. Ferronea, M. Fermeglia, S. Priel, S. Miertus and E. Chiellini, Polymer **45**, 8075 (2004).

[26.63]   G. Inzelt, *Conducting Polymers* (Springer, Berlin 2008).

[26.64]   A. Hideo, H. Inokuchi and Y. Matsunaga, Nature **173**, 168 (1954).

[26.65]   H. Shirakawa, E.J. Louis, A.G. MacDiamid, C.K. Chiang and A.J. Heeger, J. Chem. Soc., Chem. Commun. **16**, 578 (1977).

[26.66]   C. Zhan, G. Yu, Y. Lu, C. Wang, E. Wujcik and S. Wei, J. Mat. Chem. C **5**, 1569 (2017).

[26.67]   N. Gupta, R. Grover, D.S. Mehta and K. Saxena, Displays **39**, 104 (2015); C. Song, Z. Zhang, Z. Hu, J. Wang, L. Wang, L. Ying, J. Wang and Y. Cao, Org. Electron. **28**, 252 (2016).

[26.68]   J. Bailey, E.N. Wright, X. Wang, A.B. Walker, D.D.C. Bradley and J.-S. Kim, J. Appl. Phys. **115**, 204508 (2014).

[26.69]   X. Zhu, D.-H. Lee, H. Chae and S.M. Cho, Kor. J. Chem. Eng. **27**, 683 (2010); L. Duan, B.D. Chin, N.C. Yang, M.-H. Kim, H.D. Kim, S.T. Lee and H.K. Chung, Synth. Met. **157**, 343 (2007); R. Trattnig, L. Pevzner, M. Jäger, R. Schlesinger, M.V. Nardi, G. Ligorio, C. Christodoulou, N. Koch, M. Baumgarten, K. Müllen and E.J.W. List, Adv. Funct. Mat. **23**, 4897 (2013).

[26.70]   E. Polikarpov and M.E. Thompson, Mat. Matters **2**, 21 (2007); S. Hameed, P. Predeep and M.R. Baiju, Rev. Adv. Mat. Sci. **26**, 30 (2010).

[26.71]   A.M. Bagher, Int. J. Renew. Su. Energy **3**, 53 (2014); Z. Yin, Q. Zheng, S.-C. Chen, D. Li, D. Cai, Y. Ma and J. Wei, Nano Res. **8**, 456 (2016); D. Lee and D.-J. Jang, Polymer **55**, 5469 (2014); R. Sharma, F. Alam, A.K. Sharma, V. Dutta and S.K. Dhawan, J. Mat. Chem. C **2**, 8142 (2014); M.K. Chuang and F.C. Chen, ACS Appl. Mat. Interfaces **7**, 7397 (2015).

[26.72]   W. Guo, K. Zheng, W. Xie, L. Sun, L. Shen, C. Liu, Y. He and Z. Zhang, Sol. Energy Mat. Sol. Cells **124**, 126 (2014).

[26.73]   P.M.S. Monk, R.J. Mortimer and D.R. Rosseinsky, *Electrochronism and Electrochromic Devices* (Cambridge Univ. Press, Cambridge, 2007); J. Zhu, S. Wei, M.J. Alexander, T.D. Dang, T.C. Ho and Z. Guo, Adv. Funkt. Mat. **20**, 3076 (2010); A.C. Sonavane, A.I. Inamdar, D.S. Dalavi, H.P. Deshmukh and P.S. Patil, Electrochim. Acta **55**, 2344 (2010); A.C. Sonavane, A.I. Inamdar, H.P. Deshmukh and P.S. Patil, J. Phys. D: Appl. Phys. **43**, 315102 (2010).

[26.74]   M. Amjadi, A. Pichitpajongkit, S. Lee, S. Ryu and I. Park, ACS Nano **8**, 5154 (2014).

[26.75]   M. Amjadi, Y. Yoon and I. Park, Nanotechnology **26**, 375501 (2015).

[26.76]   S.J. Benight, C. Wang, J.B.H. Tok and Z. Bao, Prog. Polym. Sci. **38**,1961 (2013); B.C Tee, C. Wang, R. Allen and Z. Bao, Nature Nanotechnol. **7**, 825 (2012).

[26.77]   A.V. Murugan, T. Muraliganth and A. Manthiram, Chem. Mat. **21**, 5004 (2009).

[26.78]   Y. Miao, X. Wu, J. Chen, J. Liu and J. Qin, Gold Bull. **41**, 336 (2008); C. Shan, H. Yang, J. Song, D. Han, A. Ivaska and L. Niu, Anal. Chem. **81**, 2378 (2009).

[26.79]   Y. Li, J. Zhu, S. Wei, J. Ryu, Q. Wang, L. Sun and Z. Guo, Macromol. Chem. Phys. **212**, 2429 (2011).

[26.80]   J. Liang, L. Li, K.Tong, Z. Ren, W. Hu, X. Niu, Y. Chen and Q. Pei, ACS Nano **8**, 1590 (2014).

[26.81]   T. Hu, L. Chen, K. Yan and Y. Chen, Chemistry **20**, 17178 (2014).

[26.82]   J. Parameswaranpillai, N. Hameed, T. Kurian and Y. Yu (Eds), *Nanocomposite Materials: Synthesis, Properties and Applications* (CRC Press, Boca Raton, 2017).

[26.83] F. Gao, Mat. Today **7**, 50 (2004).

[26.84] J. Koo and L. Pilato, SAMPE J. **41**, 7 (2005).

[26.85] E.J. Siochi and J.S. Harrison, MRS Bull. **40**, 829 (2015).

[26.86] J. Timmermann, B. Hayes and J. Seferis, Compos. Sci. Technol. **62**, 1249 (2002).

[26.87] P.H.C. Camargo, K.G. Satyanarayana and F. Wypych, Mat. Res. **12**, 1 (2009).

[26.88] O.O. Christopher and M. Lerner, *Nanocomposites and Intercalation Compounds*, in: R. Meyers (Ed.), *Encyclopedia of Physical Science and Technology* (Academic Press, San Diego, 2001).

[26.89] E. Omanović-Mikličanin, A. Badnević, A. Kazlagić and M. Hajlovac, Health Technol. **10**, 51 (2020).

[26.90] F.F. Lange, J. Am. Ceram. Soc. **56**, 445 (1973); P.F. Becker, J. Am. Ceram. Soc. **74**, 255 (1991); M. Harmer, H.M. Chan and G.A. Miller, J. Am. Ceram. Soc. **75**, 1715 (1992).

[26.91] W. Fernando and K.G. Satyanarayana, J. Coll. Interf. Sci. **285**, 532 (2005); M. Alexander and P. Dubois, Mat. Sci. Eng. **28**, 1 (2000); B.K.G. Theng, *The Chemistry of Clay-Organic Reactions* (Wiley, New York, 1974); M. Ogawa and K. Kuroda, Bull, Chem. Soc. Jpn. **70**, 2593 (1997).

[26.92] Z. Yu, Y. Pei, S. Lai, S. Li, Y. Feng and X. Liu, Ceram. Int. **43**, 5949 (2017); X. Lang, C. Shao, H. Wang and J. Wang, Ceram. Int. **52**, 19206 (2016); N. Sun, L.P.H. Juergens, Z. Burghardt and J. Bile, Ceram. Int. **43**, 2297 (2017).

[26.93] E. Ghasali, R. Yzdaini-rad, K. Asadian and T. Ebadzadeh, J. All. Comp. **690**, 512, (2017).

[26.94] X. Yan, M. Sahimi and T. Sotsis, Micr. Mes. Mat. **241**, 338 (2017); J. He, Y. Gao, Y. Wang and Y. Fang, Ceram. Int. **43**, 1602 (2017)

[26.95] R. Brooke, M. Fabretto, P. Murphy, D. Evans, P. Cottis and P. Talemi, Progr. Mat. Sci. **86**, 127 (2017).

[26.96] Z. Yu, S. Li, P. Zhang, Y. Feng and X. Liu, Ceram. Int. **43**, 4520 (2017).

[26.97] R.F. Dezfuly, R. Yousef and F. Jamali-Sheini, Ceram. Int. **42**, 7455 (2016).

[26.98] N. Garmendia, B. Olalde, I. Obieta, *Biomedical Applications of Ceramic Nanocomposites*, in: R. Banerjee and I. Manna (Eds) *Ceramic Nanocomposites* (Woodhead, Oxford, 2013).

[26.99] A.M. Gamal-Eldeen, S.A.M. Abdel-Hameed, S.M. El-Dalya and M.M. Swellamb, Biomed. Pharmacother. **88**, 689 (2017).

[26.100] K.B. Darmenci, B. Genc, B. Ebin, T. Olmez-Hanci and S. Gürmen, J. All. Compd. **586**, 267 (2014).

[26.101] L. Kashinath, K. Namratha, K. Byrappa, J. All. Compd. **695**, 799 (2017).

[26.102] Q. Ren, H. Su, J. Zhang, Y. Ma, B. Yao, L. Liu and H. Fu, Scr. Mater. **125**, 39 (2016).

[26.103] H.N. Abdelhamid, A. Talib and H.F. Wu, Talanta **166**, 357 (2017).

[26.104] H. Presting and U. König, Mat. Sci. Eng. C **23**, 737 (2003).

[26.105] W. Chen, H. Weimin, D. Li, S. Chen and Z. Dai, Sci. Eng. Compos. Mat. **25**, 1059 (2018).

[26.106] H. Kim, Y. Miura and C.W. Macosko, Chem. Mat. **22**, 3441 (2010); K. Wakabayashi, C. Pierre, D.A. Dikin, R.S. Ruoff, T. Ramanathan, L.C. Brinson and J.M. Torkelson, Macromolecules **41**, 1905 (2008); H.B. Zhang, W.G. Zheng, Y. Yang, J.-W. Wang, Z. Lu, G.-Y. Ji and Z.Z. Yu, Polymer **51**, 1191 (2010); M. Alsaleh, J. Electron. Mat. **7**, 3532 (2016); T. Arya, H. Justin Z.Z. Dong, M. Taghona and T. Stephen, Mat. Sci. Eng. B **216** 41, (2017); F. You, Polym. Int. **1**, 93 (2014).

[26.107] X. Wang, Y. Hu, L. Song, H. Yanga, W. Xing and H. Lu, J. Mat. Chem. **21**, 4222 (2011); L. Alessandra, R. Martina, B. Andrea, C. Boaretti and M. Modesti, Polym. Adv. Technol. **3**, 903 (2016), S. Jiang, Q.F. Li, J.W. Wang, Z.L. He, Y.H. Zhao and M.Q. Kang, Compos. A: Appl. Sci. Manuf. **87**, 1 (2016); P. Pashupati, P. Bishweshwar, P. Kshitiz, H.R. Pant, J.-G. Lim, D.S. Lee, H.-Y. Kim and S. Choi, Compos. B: Eng. **78**, 192 (2015).

[26.108] A.S.Patole, S.P. Patole, H. Kang, J.-B. Yoo, T.-H. Kim and J.-H. Ahn, J. Coll. Interf. Sci. **350**, 530 (2010); A. N. Ionov, J. Low Temp. Phys. **5**, 515 (2016).

[26.109] J.R. Potts, S.H. Lee, T.M.Alam, J. An, M.D. Stoller, R.D. Piner and R.S. Ruoff, Carbon **49**, 2615 (2011); C.Y. Zhang and Y.F. Zhang, J. Appl. Polym. Sci. **133**, 43423 (2016).

[26.110] W.X. Li, Z.W. Xu, L. Chen, M. Shan, X. Tian, C. Yang, H. Lv and X. Qian, Chem. Eng. J. **237**, 291 (2014).

[26.111] S.C. Zhang, P.Q. Liu, X.S. Zhao and J. Xu, Appl. Surf. Sci. **396**, 1098 (2017).

[26.112] B. Ates, S. Koytepe, A. Ulu, C. Gurses and V.K. Thakur, Chem. Rev. **120**, 9304 (2020).

[26.113] A. Ulu, S. A.A. Noma, C. Gurses, S. Koytepe and B. Ates, Starch **70**, 1700303 (2018).

[26.114] P.J. Jandas, S. Mohanty and S.K. Nayuk, *Green Nanocomposites from Renewable Resource-Based Biodegradable Polymers and Environmentally Friendly Blends*, in: S. Mohanty, S.K. Nayak, B.S. Kaith and S. Kalia (Eds), *Polymer Nanocomposites based on Inorganic and Organic Nanomaterials* (Wiley, Hoboken, 2015).

[26.115] V.K. Thakur and A.S. Singha, Int. J. Polym. Anal. Charcact. **16**, 153 (2011); V.K Thakur, M. Thunga, S.A. Madbouly and M.R. Kessler, RSC Adv. **4**, 18240 (2014); V.K Thakur and M.R. Kessler, ACS Sust. Chem. Eng. **2**, 2454 (2014).

[26.116] M. Hestin, T. Faninger and L. Milios, *Increased EU Plastics Recycling Targets: Environmental, Economic and Social Impact Assessment* (Deloitte, London, 2015).

[26.117] J. Wróblewska-Krepsztul, T. Rydzkowski, G. Borowski, M. Szczypínski, T. Klepka and V.K. Thakur, Int. J. Polym. Anal. Charact. **23**, 383 (2018); V.K. Thakur and A.S. Singha, Int. J. Polym. Anal. Charact. **16**, 390 (2011).

[26.118] T. Narancic, S. Verstichel, S. Reddy Chaganti, L. Mosales-Gomez, S.T. Kenny, B. De Wilde, R. Babu Padamati and K.E. O'Connor, Environ. Sci. Technol. **52**, 10441 (2018).

[26.119] D. Klemm, D. Schumann, F. Kramer, N. Heßler, D. Koth and B. Sultanova, Macromol. Symp. **280**, 60 (2009).

[26.120] A. Ulu, E. Birhanli, F. Boran, S. Köytepe, O. Yesilada and B. Ates, RSC Adv. **8**, 36063 (2018); Int. J. Biol. Macromol. **150**, 871 (2020).

[26.121] V.K. Thakur and M.K. Thakur, ACS Sust. Chem. Eng. **2** 2637 (2014).

[26.122] V.K. Thakur, M.K. Thakur and A.S. Singha, Int. J. Polym. Anal. Charact. **18**, 430 (2013).

[26.123] S. Thakur, R.V.Saini, P. Singh, P. Raizada, V.K.Thakur and A.K. Saini, Mat. Tod. Chem. **17**, 100295 (2020).

[26.124] S.D. McCullen, S. Ramaswamy, L.L. Clarke and R.E. Gorga, Interdiscip. Rev. Nanomedicine Nanobiotechnology **1**, 369 (2009).

[26.125] S. Deepthi, C. Viha, C. Thitirat, T. Furuite, H. Tamura and R. Jayakumar, Polymers **6**, 2974 (2014).

[26.126] D. Kai, W. Ren, L. Tian, P.L. Chee, Y. Liu, S. Ramakrishna and X. Loh, ACS Sust. Chem. Eng. **4**, 2568 (2016); Z. Ma, M. Kotaki, R. Inai and S. Ramakrishna, Tissue Eng. **11**, 101 (2005).

[26.127] P.L. Felgner, T.R. Gudek, M. Holm, R. Roman, H.W. Chan, M. Wenz, J.P. Northrop, G.M. Ringold and M, Danielsen, Proc. Natl. Acad. Sci. USA **84**, 7413 (1987); S. May and A. Ben-Shaul, Biophys. J. **73**, 2427 (1997); N. Dan, Biochim. Biophys. Acta Biomembr. **1369**, 34 (1998); R. Bruinsma, Eur. Phys. J. B **4**, 75 (1998); D.- Harris, S. May, W.M. Gelbart and A. Ben-Shaul, Biophys. J. **75**, 159 (1998); C. Tros de Ilarduya, Y. Sun and N. Düzgünes, Eur. J. Pharm. Sci, **40**, 159 (2010).

[26.128] D. de Britto, Thermochim. Acta **465**, 73 (2007).

[26.129] S.N. Chirkov, Appl. Biochem. Microbiol. **38**, 1 (2002).

[26.130] R.C. Chien, M.T. Yen and J.L. Mau, Carbohydr. Polym. **138**, 259 (2016); C. Qi and Z. Xu, Biorog. Med. Chem. Lett. **16**, 4243 (2006).

[26.131] A. Travan, C. Pelillo, I. Donati, E. Marsich, M. Benincasa, T. Scarpa, S. Semeraso, G. Turco, R. Gennaro and S. Paoletti, Biomacromolecules **10**, 1429 (2009).

[26.132]   G.M. Raghavendra, T. Jayaramudu, K. Varaprasad, R. Sadiku, S.S. Ray and K. Mohana Raju, Carbohydr. Polym. **93**, 553 (2013).

[26.133]   S. Yu, G. Gao, H. Su and M. Lu, Desaliation **140**, 97 (2001); L. Wang, S. Ji, N. Wang, R. Zhang, G. Zhang and J.-R. Li, J. Membr. Sci. **452**, 143 (2014); E. Forgacs, T. Sceráti and G. Gros, Environ. In. **30**, 953 (2004).

[26.134]   J. Zhu, M. Tian, Y. Zhang, H. Zhang and J. Liu, Chem. Eng. J. **265**, 184 (2015).

[26.135]   Z. Yang, S. Chen, W. Hu, N. Yin, W. Zhang, C. Xiang and H. Wang, Carbohydr. Polym. **88**, 173 (2012).

[26.136]   A. Ulu, B. Ates and M. Mishra, *Sensors: Natural Polymeric Composites* in M. Mishra (Ed.), *Encyclopedia of Polymer Applications* (CRC Press, Boca Raton, 2018).

[26.137]   E.A.K. Nivethaa, V. Narayanan and A. Stephen, Spectrochim. Acta A **143**, 242 (2015).

[26.138]   J. Satija, N. Punjabi, D. Mishra and S. Mukherji, RSC Adv. **88**, 85440 (2016).

[26.139]   K. Sadani, P. Nay and S. Mukherji, Biosen. Bioelectron. **134**, 90 (2019).

[26.140]   M. Figiela, M. Wysokowski, M. Galinski, T. Jesionowski and I. Stepniak, Sens. Actu. B **272**, 296 (2018).

[26.141]   Z. Zhang, S. Gu, Y. Ding, M. Shen and L. Jiang, Bioelectron. **57**, 239 (2014); J.T. Han, K.J. Huang, J. Li and Y. Liu and M. Yu, Colloids Surf. B **98**, 58 (2012).

[26.142]   H. Wang, Y. Zhou, Y. Guo, W. Liu, C. Dong, Y. Wu, S. Li and S. Shuang, Sens. Actuators B **163**, 171 (2012).

[26.143]   J.B. Raoof, R. Ojani and H. Karimi-Maleh, Electroanalysis **20**, 1259 (2008).

[26.144]   Z. Zhou, C. Gu, C. Chen, P. Zhao, Y. Xie and J. Fei, Sens. Actuators B **288**, 88 (2019).

[26.145]   Y. Hui, X. Ma, X. Hou, F. Chen and J. Yu, Ionics **21**, 1751 (2015).

[26.146]   S. Palanisamy, K. Thangavelu,S.-M. Chen, V. Velusamy, M.-H. Chang, T.-W. Chen, F.M.A. Al-Hemaid. M.A. Ali and S.K. Ramaraj, Sens. Actuators B **243**, 888 (2017).

[26.147]   V. Velusami, S. Palanisami, T. Kokulnathan, S.-W. Chen, T. Yang, C.E. Banks and S.K. Pramanik, J. Colloid Interface Sci. **530**, 37 (2018).

[26.148]   S. Hassan, M. Suzuki and A.A. El-Moneim, J. Power Sources **246**, 68 (2014)

[26.149]   M.G. Hosseini and E.A. Shahryari, J. Colloid Sci. **496**, 371 (2017).

[26.150]   J. Kim, S. Yún and Z. Ounais, Macromolecules **39**, 4202 (2006).

[26.151]   Y. Zhang, Y. Liu, X. Wang, Z. Sun, J. Wa, T. Wu, F. Xing and J. Gao, Carbohydr. Polym. **101**, 392 (2014); M.U.M. Patel, N.D. Luong, J. Seppälä, E. Tchernychova and R. Dominko, J. Power Sources **254**, 55 (2014); K. K. Sadasivuni, D. Ponnamma,B. Kumar, M. Strankowski, R. Cardinaels, P. Moldenaers, S. Thomas and Y. Grohens, Compos. Sci. Technol. **104**, 18 (2014).

[26.152]   P. Lian, X. Zhu, S. Liang, Z. Li, W. Yang and H. Wang, Electrochem. Acta **55**, 3909 (2010).

[26.153]   J. Xu, L. Zhu, Z. Bai, G. Liang, L. Liu, D. Fang and W. Xu, Org. Electron. **14**, 3331 (2013).

[26.154]   F. Li, Y. Dong, Q. Dai, T.T. Nguyen and M. Guo, Vacuum **161**, 283 (2019).

[26.155]   M. Nemati, H. Khademieslam, L. Talaeipur, L. Ghasemi and B. Bazyar, J. Basic. Appl. Sci. Res. **3**, 688 (2013).

27 Nanostrukturierte Massivmaterialien

Als Massivmaterialien werden im vorliegenden Kontext Materialien bezeichnet, die in drei räumlichen Dimensionen Ausdehnungen besitzen, die jenseit des Nanobereichs sind. Da die in Abschn. 2.2 diskutierten kritischen Dimensionen deutlich überschritten werden, sind grundlegende Materialeigenschaften nicht abhängig von den vorliegenden Abmessungen des Materials, die sich aufgrund der Berandung ergeben. Nanostrukturiert bedeutet aber, dass materialintern eine mikroskopische Strukturierung vorliegt, deren charakteristische Längenskala einige Nanometer – typisch sind 1–10 nm – beträgt. Im Besonderen sollen polykristalline Festkörper betrachtet werden, bei denen die entsprechend kleinen Kristallite variierende Orientierungen und/oder chemische Zusammensetzungen besitzen. Solche nanostrukturierten Massivmaterialien befinden sich fernab vom thermodynamischen Gleichgewicht. Ihre Eigenschaften differieren von denjenigen von Einkristallen und gröber kristallinen Materialien ebenso wie von denjenigen von Gläsern trotz identischer globaler chemischer Zusammensetzung. Die Eigenschaften solcher nanokristalliner Materialien werden stark geprägt durch die reduzierte Größe und/oder Dimensionalität der nanometergroßen Kritallite sowie durch den großen Volumenanteil von Korn- oder Phasengrenzen.

Nanostrukturierte Massivmaterialien finden bereits zahlreiche Anwendungen und besitzen darüber hinaus ein stetig wachsendes Anwendungspotential. Seit etwa 30 Jahren werden diese Materialien intensiv erforscht, und es wurden und werden effiziente Herstellungs- und Bearbeitungsverfahren entwickelt. Aus Sicht der Grundlagenforschung, aber auch aus Sicht der Anwendung sind besonders mechanische Eigenschaften von Interesse. Aber auch speziellere Eigenschaften wie etwa diejenigen der in Abschn. 5.2.5 diskutierten ferromagnetischen Materialien wurden intensiv untersucht und haben zu besonderen Anwendungsfeldern geführt.

27.1 Aufbau nanostrukturierter Massivmaterialien

Die einleitend beschriebenen Materialien bestehen aus nanoskaligen Bausteinen – meistens Kristalliten, die in ihrer atomaren Anordnung, ihrer kristallographischen Orientierung und/oder ihrer chemischen Zusammensetzung variieren. Dieser Aufbau ist schematisch in Abb. 27.1 dargestellt. Die Phasen- oder Korngrenzen bestehen in inkohärenten oder kohärenten Grenzflächen. Im Gegensatz zu Gläsern oder Gelen sind die nanokristallinen Massivmaterialien intrinsisch heterogen und gerade diese Heterogenität ist maßgeblich eigenschaftsbestimmend

Allgemein tragen drei mit der Heterogenität der Materialien eng verbundene Ursachen zu den Eigenschaften der nanostrukturierten Materialien bei: Größeneffekte, die daraus resultieren, dass die Nanokrostallite oder Nanostrukturen die in Kap. 2 diskutierten Skalierungsverhalten der physikalischen Eigenschaften bewirken oder dass

https://doi.org/10.1515/9783486855449-005

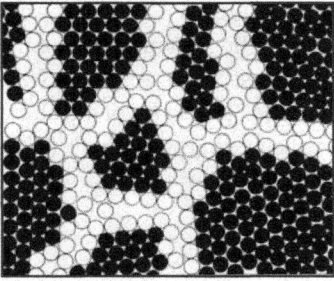

Abb. 27.1. Schnitt durch ein nanokrostallines Massivmaterial. Die Kristallite sind schwarz dargestellt, die Phasen- oder Korngrenzen weiß.

kritische Dimensionen unterschritten werden. Zudem könnten die Kristallite eine reduzierte Dimensionalität aufweisen und dadurch bedingt Eigenschaften resultieren, wie wir sie in Kap. 19 diskutiert haben. Schließlich führen die inkohärenten Grenzflächen zwischen den Körnern oder Nanostrukturen selbst bei einer im Vergleich zu den Körnern identischen chemischen Zusammensetzung zu einer geänderten atomaren Anordnung, die mit spezifischen Eigenschaften verbunden ist. Besteht ein nanostrukturiertes Massivmaterial aus zwei oder mehr chemischen Elementen, so können unterschiedliche Szenarien eintreten, die im Folgenden noch genauer diskutiert werden. Eines dieser Seznarien, welches einen direkten Bezug zu Abb. 27.1 hat, ist in Abb. 27.2 dargestellt. Legiert man eine atomare Spezies mit einer zweiten, die in der festen und/oder flüssigen Phase nicht mischbar ist, so kommt es zur Segregation. Diese kann darin bestehen, dass die eine atomare Spezies die Nanokristallite in durchaus variierender atomarer Orientierung und/oder Struktur bildet, während die zweite nicht mischbare Spezies in den Korn- oder Phasengrenzen eingebaut wird, da hier stellenweise ein größeres freies lokales Volumen zur Verfügung steht. Diese Form der Segregation beim Zulegieren wird bespielsweise für nanostrukturiertes Cu-Bi oder W-Ga beobachtet [27.1].

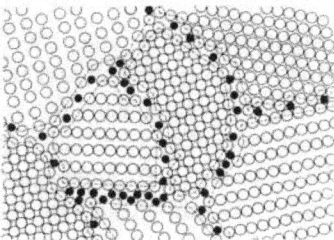

Abb. 27.2. Schematische Darstellung nanokristalliner Cu-Bi- und W-Ga-Legierungen [27.1]. Die offenen Kreise repräsentieren die Cu- oder W-Atome, die ausgefüllten die Bi- oder Ga-Atome.

Die zweite Form der Segregation nanostrukturierter Legierungen besteht darin, dass die einzelnen Nanokrostallite eine variierende chemische Zusammensetzung aufweisen. Dieser Fall ist in Abb. 27.3 dargestellt. In den Phasengrenzen treten feste Lösungen beider atomarer Spezies auf, selbst dann, wenn die Spezies nicht mischbar sind [27.2]. Ein Beispiel für eine derartige nanokristalline Legierung wäre Ag-Fe [27.1].

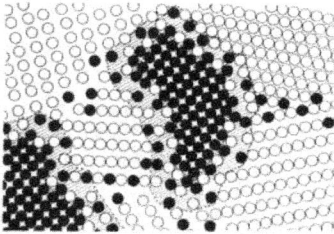

Abb. 27.3. Nanokristllline Legierung mit variierender Zusammensetzung der Kristallite [27.1]. In den Pasengrenzen treten feste Lösungen beider atomarer Spezies auf. Ein Bespiel wäre Ag-Fe.

Allgemein betrachtet unterscheiden sich nanostrukturierte Nichtgleichgewichtsmaterialien in den charakteristischen Eigenschaften der Bausteine, aus denen sie zusammengesetzt sind. In vielen Fällen bestehen diese Bausteine in Nanokristalliten variierender oder gleicher chemischer Zusammensetzung, variierender oder gleicher atomarer Struktur und variierender oder gleicher Form und/oder Größe. Aber auch die Beschaffenheit der Phasen- oder Korngrenzen kann sich unterscheiden. Die chemische Zusammensetzung, atomare Struktur und Ausdehnung ist in erheblichem Umfang verantwortlich für die Eigenschaften des Nichtgleichgewichtsmaterials.

Wie bei allen Nichtgleichgewichtssystemen hängt die Mikrostruktur der nanokristallinen Massivmaterialien vom Präparationsmodus ab. Dies eröffnet die technologisch sehr interessante Perspektive, die Eigenschaften der Materialien über die Art der Produktion maßzuschneidern. Das wiederum erfordert natürlich eine genaue Kenntnis der Struktur-Eigenschafts-Korrelation sowie der Korrelation zwischen Präparationsmethode und der resultierenden Mikrostruktur des Materials.

Eine Klassifikation der unterschiedlichsten nanostrukturierten Massivmaterialien erfolgt zweckmäßerweise gemäß der Matrix in Abb. 27.4. Die Matrix beinhaltet drei Kategorien und vier Familien nanostrukturierter Materialien. In der ersten Familie weisen alle Körner und die Korngrenzen eine identische chemische Zusammensetzung auf. Die zweite Familie weist Kristallite unterschiedlicher chemischer Zusammensetzung auf. Hier tritt in den Phasengrenzen ein starker chemischer Gradient auf. Bei der dritten Familie bestehen chemische Unterschiede hauptsächlich zwischen Korngrenzen und Körnern. Hier sind chemische und strukturelle Variationen eng gekoppelt. Bei der vierten Familie befinden sich Nanokristallite einheitlicher chemischer Zusammensetzung in einer kristallinen Matrix anderer chemischer Zusammensetzung. Zu dieser Familie gehören beispielsweise ausscheidungsgehärtete Legierungen.

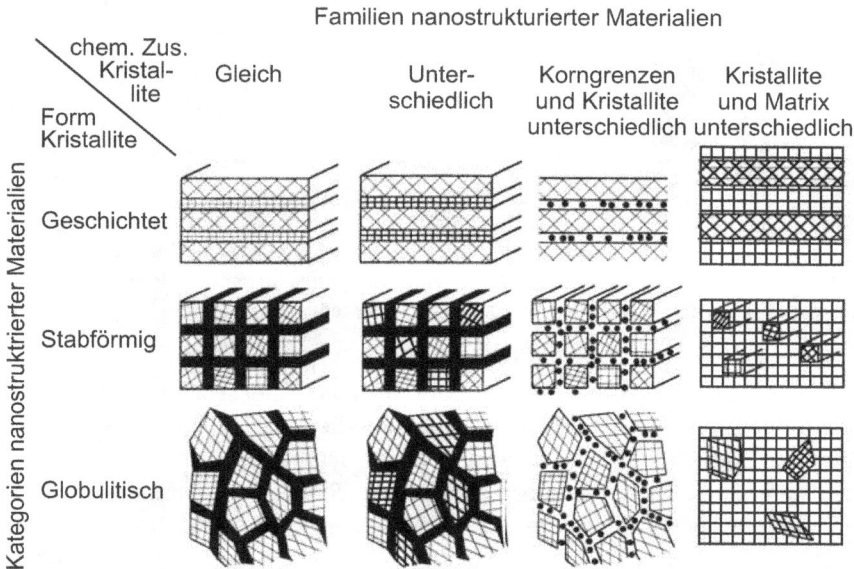

Abb. 27.4. Klassifikation nanostrukturierter Massivmaterialien anhand der chmischen Zusammensetzung und Form der Kristallite [27.3].

27.2 Struktur-Eigenschafts-Korrelationen

An den zuvor genannten ausscheidungsgehärteten Legierungen gemäß der dritten Kategorie der vierten Familie aus Abb. 27.4 lassen sich Größeneffekte untersuchen. Abbildung 27.5 zeigt entsprechende Resultate für Ni_3Al-Kristallite in einer Matrix, die durch eine feste NiAl-Lösung gebildet wird. Bei gleichbleibendem Volumenanteil hat die Größe der Ni_3Al-Ausscheidungen einen signifikanten Einfluss auf die Eigenschaften des Nanokomposits. So zeigt beispielsweise die Fließspannung ein Maximum für eine durchschnittliche Kristallitgröße von $d \approx 12$ nm.

Auch nanokristallines ZnO entsprechend der dritten Kategorie der ersten Familie aus Abb. 27.4 zeigt ausgeprägte Korngrößeneffekte, die sich in diesem Fall in einer Blauverschiebung des Lumineszenzspektrums mit abnehmender Korngröße manifestieren, wie in Abb. 27.5(b) dargestellt ist. Die Ursachen bestehen, ähnlich wie im Zusammenhang mit Halbleiternanopartikeln in Abschn. 18.6.2 diskutiert, in einem Quantum Size-Effekt.

(a) (b)

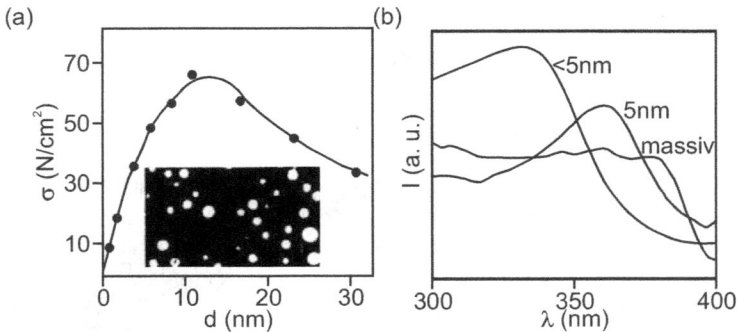

Abb. 27.5. Korngrößeneffekte nanostrukturierter Massivmaterialien [27.3]. (a) Fließspannung als Funktion des Durchmessers von Ni_3Al-Kristalliten in einer NiAl-Matrix. (b) Photolumineszenzspektren für nanokristallines ZnO in Abhängigkeit von der Kristallitgröße.

Eine sehr interessante Frage ist, ob die Struktur und Zusammensetzung der Grenzflächen oder der Korngrenzen einem Größeneffekt unterliegt, also abhängig ist von der Kristallitgröße. So ist beispielsweise bekannt, dass sich bei nanostrukturierten metallischen Materialien der Relaxationsmechanismus (*Ridig Body Translation*), der zu einer Minimierung der Grenzflächenenergie führt, unterscheidet [27.1]. Die Relaxation über translatorische Relativbewegungen der Kristallite ist bei nanokristallinen Materialien nur eingeschränkt möglich [27.1]. Im Allgemeinen ist aber bislang vergleichsweise wenig über die Abhängigkeit von Phasengrenzen – von ihrer chemische Zusammensetzung, Orientierung und atomaren Struktur – von der Größe der benachbarten Nanokristallite bekannt.

Ein weiterer bedeutsamer Größeneffekt besteht darin, dass für Kristallite mit Abmessungen von wenigen Nanometern die phononische Zustandsdichte gegenüber größeren Kristallliten identischer chemischer Zusammensetzung modifiziert ist. Es treten zusätzliche Hoch- und Niederfrequenzmoden auf [27.1]. Mit den Niederfrequenzmoden ist ein Peak in der spezifischen Wärme verbunden. Berechnungen der freien Energie für nanokristalline Kompaktmaterialien einerseits und Gläser identischer Zusammensetzung andererseits legen nahe [27.1], dass es unterhalb einer kritischen mittleren Korngröße zu einem Phasenübergang vom nanokristallinen in den Gaszustand kommen sollte [27.4]. Die kritische Korngröße beträgt beispielsweise für nanokristllines Cu 1,4 nm. Experimentell wurde ein derartiger struktureller Phasenübergang tatsächlich erstmals für Si gefunden. Die kritische Korngröße beträgt hier ebenfalls einige nm [27.5; 27.6].

Auch die reduzierte atomare Dichte in inkohärenten Grenzflächen zwischen den einzelnen Nanokristalliten lässt sich experimentell verifizieren [27.7]. Geeignete Verfahren sind TEM [27.8], Mössbauer-Spektroskopie [27.9] oder Röntgendiffraktometrie. Abbildung 27.6 zeigt exemplarisch die experimentell bestimmte atomare Koordinationszahl in Korngrenzen von nanokristallinem Pd als Funktion des interatomaren Abstands in den Korngrenzen. Die abnehmende Koordinationszahl ist mit einer erhöhten Kompressibilität verbunden. Entsprechende Resultate wurden auch für andere Materialien gefunden [27.10].

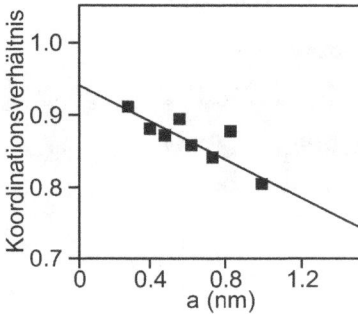

Abb. 27.6. Mittels Röntgendiffraktometrie gemessene atomare Koordinationszahl relativ zu einem Einkristall für nanokrostallines Pd als Funktion des mittleren interatomaren Abstands [27.1].

Die atomare Struktur der Grenzflächen hängt a priori von der Natur der interatomaren Bindungskräfte ab. Bei Materialien mit direktionalen Bindungen hängt die Struktur der Grenzflächen von der Balance zwischen lokaler Unordnung einerseits und lokaler Variation der Hybridisierung der Bindungen andererseits ab [27.11]. Betrachten wir als Beispiele Si und C. Si ist ein rein sp^3-gebundenes Material. C als Diamant zeigt einerseits eine größere Bindungssteifigkeit, aber andererseits die Fähigkeit, in ungeordneter Umgebung lokal eine sp^2-Hybridisierung aufzuweisen. In Anbetracht dieser Unterschiede verhalten sich Si und Diamant bei Vorliegen struktureller Unordnung unterschiedlich. Abbildung 27.7 zeigt das im Detail. Für beide Materialien ist die (111)-Grenzfläche geordneter als die (100)-orientierte Grenzfläche. Der energetische Unterschied beträgt 47 % für Si und 80 % für Diamant [27.1]. Die mittlere atomare Koordinationszahl beträgt 4,02 für die (100)-Grenzfläche und 4,06 für die (111)-Grenzfläche von Si. Für Diamant betragen die Werte hingegen 3,16 und 3,51. Damit ist für Diamant ein Großteil der Atome nur dreifach koordiniert, also sp^2-hybrisiert [27.12]. Für Si ist die Koordination im Vergleich deutlich tetraedrischer geprägt. Nur einige der Atome zeigen eine drei- oder fünffache Koordination. Diese Verhältnisse spiegeln sich auch in der Verteilung der Bindungswinkel wider, wie Abb. 27.7(c) zeigt. Die vergleichsweise geordnete Struktur der (111)-Grenze in Diamant führt zu zwei Peaks bei 109,47° und 120°, die der sp^2- und der sp^3-Hybridisierung entsprechen. Bei Si ist der sp^2-Peak nicht vorhanden. Für (100)-Grenzflächen ähneln die Bindungswinkelverteilungen für Si und Diamant jenen des amorphen Massivmaterials, wobei der Peak für Si der bevorzugten sp^3- und der für Diamant der bevorzugten sp^2-Hybridisierung entspricht. Die Breite der Verteilung reflektiert ein gesteigertes Maß an struktureller Unordnung.

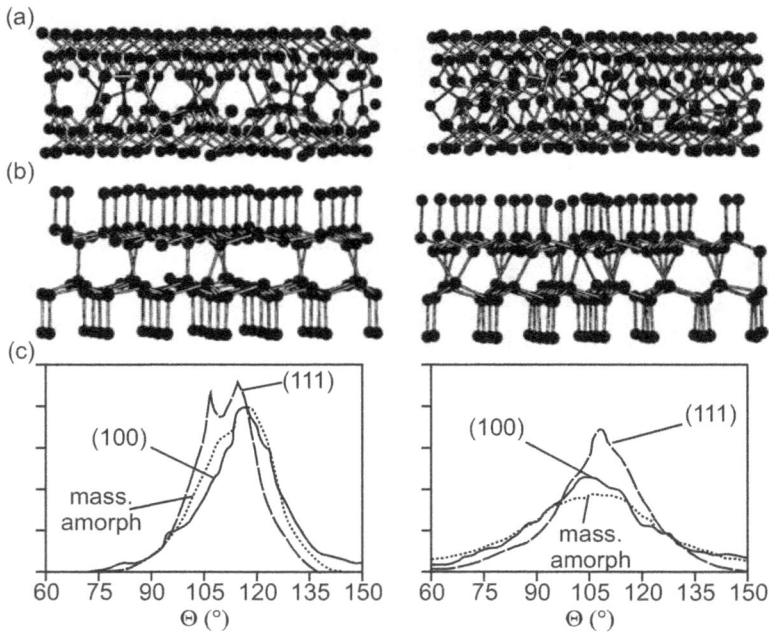

Abb. 27.7. Berechnete Struktur von (100)-Σ29- und (111)-Σ30-Phasengrenzen in Diamant und Si [27.12]. (a) (100)-Korngrenze. (b) (111)-Korngrenze. (c) Bindungswinkelverteilung mit den amorphen Materialien als Referenz [27.11].

Die genannten Sachverhalte zeigen also, dass für Si die Struktur der Grenzflächen hauptsächlich dadurch gekennzeichnet ist, die sp^3-Koordination der Atome zu erhalten, selbst auf Kosten erheblicher struktureller Unordnung. Diamant hingegen hat nur eine geringe Tendenz zu Ausbildung struktureller Unordnung bei gleichzeitig ausgeprägter Bindungsunordnung.

Neben den Simulationsresultaten zur Struktur von Grenzflächen und insbesondere Korngrenzen sind natürlich auch experimentelle Analysen von enormer Bedeutung [27.13]. Die diskutierten Eigenschaften der Modellsysteme Si und Diamant konnten aber auch mittels der in Abschn. 21.5.5 vorgestellten Molekulardynamiksimulationen deutlich genauer beleuchtet werden [27.14; 27.15]. Dabei orientiert man sich methodisch möglichst nahe an der realen Herstellung der nanokristallinen Massivmaterialien [27.15]. Gemäß Abb. 27.8(a) werden unterschiedlich orientierte Saatkristalle in eine Schmelze des Materials gebracht. Sodann wird molekulardynamisch der Erstarrungsvorgang simuliert. Ein typisches Ergebnis zeigt Abb. 27.8(b). Es resultiert ein kompaktes nanokristallines Material mit einem Netzwerk von Korngrenzen. Eine genauere Analyse zeigt [27.15], dass diese Korngrenzen im Hinblick auf radiale und angulare Verteilungsfunktionen struktureller Komponenten der amorphen Phase des Materials ähneln. Man hat es quasi mit einem zweiphasigen System zu tun: Eine geordnete kristalline Phase ist über eine amorphe intergranulare Phase verbunden.

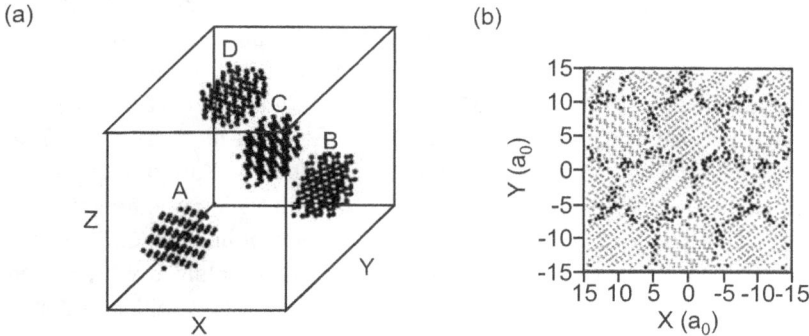

Abb. 27.8. Molekulardynamiksimulationen zur Entstehung von kompaktem nanokristallinem Silizium [27.15]. (a) Saatkristalle in der Schmelze. (b) Struktur des Materials nach der Erstarrung.

Eine fundamentale Frage bezieht sich auf die Langzeitstabilität nanostrukturierter Kompaktmaterialien. Würde sich mit der Zeit die Struktur, die beispielsweise in Abb. 27.8(b) dargestellt ist, verändern, so würden sich über die Struktur-Eigenschafts-Beziehungen auch wesentliche Materialeigenschaften ändern. Bei hinreichend hohen Temperaturen treten strukturelle Veränderungen auf durch Kornwachstum und Variation der atomaren Anordnung [27.1].

Das Kornwachstum wird getrieben durch die in den Körnern und den Korngrenzen gespeicherte Exzessenergie. Wie Zellen von Seifenschäumen bewegen sich die Korngrenzen in Richtung der Krümmungszentren, wobei das Ausmaß der Bewegung vom Grad der Krümmung abhängt. Erste Theorien zur Kinetik des Kornwachstums gingen von einem linearen Zusammenhang zwischen Wachstumsrate und inverser Korngröße aus [27.16]. Die inverse Korngröße wiederum ist proportional zum Krümmungsradius der Korngrenzen. Für das Kornwachstum $d(t)$ ergibt sich

$$d^2 - d_0^2 = ct , \tag{27.1}$$

wobei d_0 der Korndurchmesser zum Ausgangszeitpunkt und d derjenige nach einer Zeit t ist. $c = c(T)$ ist eine temperaturabhängige Konstante. Der „ideale" Verlauf nach Gl. (27.1) wird allerdings in der Praxis nur in Ausnahmefällen beobachtet. Deshalb wählt man meistens den empririschen Ansatz

$$d^{1/n} - d_0^{1/n} = ct \tag{27.2a}$$

mit dem empirischen Exponenten $n \le 0,5$ und der Ratenkonstante c, welche über eine Arrhenius-Gleichung gegeben ist:

$$c = c_0 \, \exp\left(-\frac{Q}{RT}\right) . \tag{27.2b}$$

Q ist hierbei die Aktivierungsenthalpie für das isotherme Kornwachstum, R die Gaskonstante und c_0 eine Konstante, die unabhängig von der Temperatur T ist.

Kornwachstum in nanokristallinen Materialien ist natürlich ein Prozess, der auf dem kollektiven Transport von Atomen basiert. Die Atome werden dabei über die Korngrenzen und in der Regel auch entlang dieser transportiert. Die diesbezügliche Aktivierungsenergie wird häufig mit derjenigen für die Diffusion von Korngrenzen verglichen, und es zeigt sich in der Tat, dass beide Energien für viele Systeme gut übereinstimmen [27.17]. Experimente zeigen, dass der Exponent n aus Gl. (27.2a) in der Regel nicht dem Idealwert von 1/2 entspricht, der aus Gl. (27.1) folgen würde. Werte von $n < 1/2$ resultieren vermutlich daraus, dass neben der eigentlichen Zener-Wechselwirkung [27.18] noch das Pinning von Korngrenzen an Poren, gelösten Atomen und Einschlüssen eine Rolle spielt. So lässt sich das Kornwachstum durch Verunreinigungsdotierung stark reduzieren [27.20].

Interessanterweise kann sich n während des Wachstumsprozesses ändern und gegen den Wert von $n = 1/2$ konvergieren, der sonst in der Regel nur für hochreine Metalle und hohe Temperaturen gefunden wird. Zuweilen wird auch ein anomales Kornwachstum beobachtet, welches bei Raumtemperatur oder leicht erhöhten Temperaturen auftritt [27.20]. Ursachen können in einer Korngrößenverteilung liegen. Größere Körner wirken bevorzugt als Nukleationskeime. Auch eine Segregation von Verunreinigungen kann zu anomalem Kornwachstum führen. Eine lokal niedrige Verunreinigungsdichte führt zu verstärktem Kornwachtum.

Temperaturvariationen können nicht nur Einfluss auf das Kornwachstum haben, sondern auch auf die Struktur der Korngrenzen. So zeigt sich an nanokristallinem Si, dass hinreichend hohe Temperaturen dazu führen, dass die amorphen Korngrenzen einen reversiblen und dynamischen Übergang zur Struktur einer Flüssigkeit aufweisen [27.21]. Diese strukturelle Transformation startet bei der Glasübergangstemperatur T_g und endet beim Schmelzpunkt T_m des Si. Im Gegensatz zum Glasübergang des Massivmaterials ist der Übergang der Korngrenzen kontinuierlich, vollkommen reversibel und thermisch aktiviert. Dies zeigen die Ergebnisse von Molekulardynamiksimulationen in Abb. 27.9. Die Temperatur wurde hier zwischen 900 K und 1600 K variiert, was zu einer reversiblen Variation zwischen dem amorphen und dem geschmolzenen Zustand des Si führt.

Die besondere Bedeutung gerade der Korn- oder Phasengrenzen für die Eigenschaften nanostrukturierter Kompaktmaterialien wird anschaulich, wenn man sich im Rahmen eines einfachen Modells verdeutlicht, welcher Anteil aller Atome eines gegebenen Materials sich in dem Netzwerk aus Grenzflächen befindet. Dazu nehmen wir an, dass das Volumen der einzelnen Kristallite kubisch mit einer charakteristischen Länge skaliert und dass sich das Korngrenzenvolumen auf das Volumen zwischen den

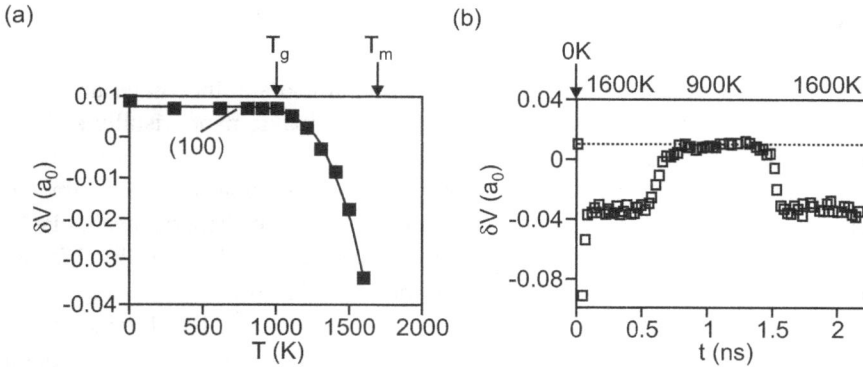

Abb. 27.9. Variation der Korngrenzenstruktur in nanokristallinem Silizium als Funktion der Temperatur [27.21]. Aufgetragen ist jeweils die Volumenexpansion pro Einheitsfläche der Korngrenze in Einheiten der Gitterkonstante für $T = 0$. (a) Hochenergie-(100)Σ=29-Korngrenze. T_g ist die Gasübergangstemperatur und T_m der Schmelzpunkt. (b) Zyklische Variation der Temperatur und reversible Transformation der Korngrenze über die Zeit.

Körnern erstreckt. Es wird weiter eine charakteristische Korngrenzendicke angenommen. Das Ergebnis dieser Betrachtung zeigt Abb. 27.10 für Korngrößen im Bereich von 1–100 nm. Für ein kompakts nanokristallines Material mit einer mittleren Korngröße von 5 nm beträgt der Anteil der Korngrenzenatome je nach Dicke der Korngrenzen zwischen 27 % und 49 %. Bei einer Korngröße von 10 nm reduziert sich dieser Anteil auf 14–27 %. Für 100 nm Korngröße beträgt er nur noch 1–3 %.

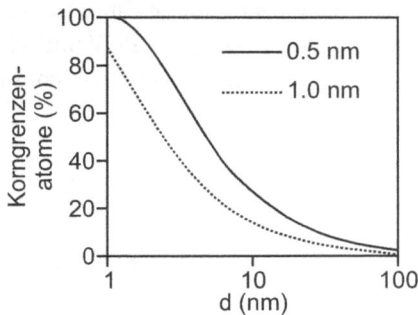

Abb. 27.10. Anteil der Korngrenzenatome als Funktion der Korngröße für zwei unterschiedliche Korngrenzendicken [27.22].

27.3 Mechanische Eigenschaften

Korrelationen zwischen Struktur und Eigenschaften nanokristalliner Materialien lassen es insbesondere naheliegend erscheinen, dass kompakte nanokristalline Materialien gegenüber konventionellen polykristallinen modifizierte mechanische Eigenschaften aufweisen [27.23]. Dies wiederum impliziert unmittelbar neuartige Anwendungspotentiale in den unterschiedlichsten industriellen Bereichen, da mechanische Eigenschaften technisch relevante Parameter wie Elastizität, Steifigkeit, Bruchfestigkeit oder Härte mit einschließen [27.24]. Insbesondere die im vorherigen Abschnitt diskutierten Strukturmerkmale sind dabei eigenschaftsbestimmend. Damit müssen mechanische Eigenschaften und daraus resultierende technisch relevante Kenngrößen insbesondere im Kontext der Korngröße und Korngrenzenbeschaffenheit der nanostrukturierten Materialien diskutiert werden. Systematische Untersuchungen zur Korrelation zwischen Struktur und mechanischen Eigenschaften haben in den vergangenen Jahren zumindest zur Identifikation einiger klarer Tendenzen geführt [27.23], die im Folgenden zusammengefasst werden sollen.

Um gerade auch dem Einsatz technisch relevanter Materialien gerecht zu werden, sollte die Diskussion nicht auf nanokristalline Materialien eines Elements oder einer Verbindung reduziert werden. Insbesondere nanoskalige Ausscheidungen in polykristallinen Materialien oder Nanopartikel in einer lokal homogenen Matrix können die Eigenschaften von mehrphasigen Materialien stark prägen [27.25]. In nanokristalliner Form lassen sich auch nichtstöchiometrische Verbindungen herstellen, die einen variierenden Grad an atomarer Unordnung aufweisen [27.26]. Zu solchen Materialien zählen Übergangsmetallcarbide. Diese Keramiken weisen besondere mechanische Eigenschaften – insbesondere eine große Härte – auf. Abhängig vom Grad der Unordnung zeigen die Verbindungen auf Basis von Übergangsmetallen der Gruppen IV, V und VI komplexe Überstrukturen [27.27]. Abbildung 27.11 zeigt exemplarisch das nichtstöchiometrische Vanadiumcarbid $VC_{0,875}$.

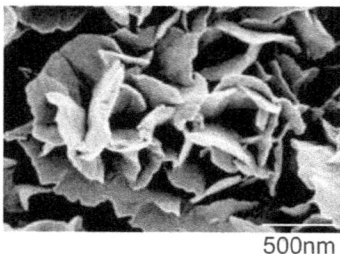

500nm

Abb. 27.11. Pulver von $VC_{0,875}$ mit charakteristischer Geometrie der einzelne zweidimensionalen Partikel [27.28].

Eine besondere Form nanostrukturierter Kompaktmaterialien stellen solche dar, bei denen der Zusatz von Nanopartikeln während der ansonsten konventionellen Herstellung einen besonderen Einfluss auf die Nanostruktur des resultierenden Materials nimmt. Die Nanopartikel können bei der Konsolidierung des Nanokomposits sowohl einen Einfluss auf die Beschaffenheit der Körner als auch auf diejenige der Konrgrenzen haben [27.24]. Das Ausmaß dieser Einflüsse hängt dabei im Einzelnen sowohl vom Matrixnanokomposit als auch von der Art der zugesetzten Nanopartikel ab. Exemplarisch zeigt Abb. 27.12 den Einfluss des Zusatzes von Nanopartikeln auf die Struktur eines kompakten Nanokomposits am Beispiel eines *Cermets*.

Cermets (Ceramic and Metal) sind Verbundwerkstoffe, die sich durch eine besondere Härte auszeichnen. Gängig sind als Bestandteile TiC, TiN und Al_2O_3. Zwischen den Hartstoffkörnern befindet sich die metallische Bindephase, typischerweise aus Nb, Mo, Ti, Co, Zr oder Cr. Im Beispiel aus Abb. 27.12 nimmt der mittlere Korndurchmesser mit einem abnehmenden Anteil an Nanopartikeln ebenfalls ab, weil offenbar das Kornwachstum zunehmend unterbunden wird. Dies führt entsprechend der in Abschn. 5.2.5 behandelten Hall-Patch-Relation zu einer erhöhten Streckgrenze.

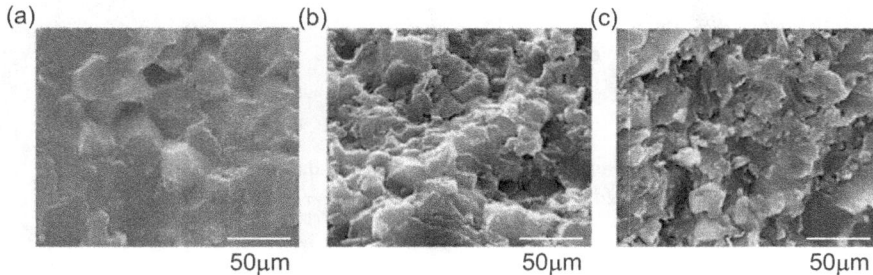

Abb. 27.12. Bruchkanten von Cermets mit unterschiedlichem Anteil von Al_2O_3-Nanopartikeln [27.30]: (a) 80 Gew.-%, (b) 70 Gew.-% und (c) 60 Gew.-%.

Es muss nicht betont werden, dass Zement von größter globaler Bedeutung ist. Bei diesem Bindemittel handelt es sich um einen anorganischen, nichtmetallischen Baustoff. Wichtige mineralische Bestandteile sind $3CaO \cdot SiO_2$, $2CaO \cdot SiO_2$, $3CaO \cdot Al_2O_3$, $4CaO \cdot Al_2O_3 \cdot Fe_2O_3$ sowie $2CaO \cdot Al_2O_3 \cdot Fe_2O_3$. Bei der Hydratation – also dem Aushärten mit Wasser – wachsen $3CaO \cdot 2SiO_3 \cdot 3H_2O$-Fasern und es bildet sich $Ca(OH)_2$. Diese Strukturbildung verleiht dem Zement seine spezifischen Eigenschaften, von denen besonders die Härte relevant ist.

Es wurden zahlreiche empirische Studien zur Optimierung der Eigenschaften von Kompositzement durchgeführt. Durch Zusatz von nanoskaligen Füllmaterialien wird dabei versucht, den komplexen Aufbau der Zementmatrix auf der Nanometerskala so zu beeinflussen, dass die Belastbarkeit des Material gegenüber der konventionellen Form zunimmt. Dabei ist insbesondere auch Graphenoxid in den Mittelpunkt des Interesses gerückt [27.31]. Es zeigte sich, dass Zusätze mit vergleichsweise kleinem Gewichtsanteil die Hydratation beschleunigen, die Mikrostruktur positiv beeinflussen und die Porengröße reduzieren [27.32]. Dabei verbessern sich mechanische Kenngrößen teilweise um 30–40 % [27.33]. Die Beeinflussung der Struktur der Zementmatrix durch das nanoskalige Graphenoxid ist in Abb. 27.13 erkennbar.

Abb. 27.13. Kompositzement mit nanoskaligem Graphenoxid [27.31]. (a) kein Zusatz, (b) 0,01 Gew.-%, (c) 0,02 Gew.-%, (d) 0,03 Gew.-%, (e) 0,04 Gew.-% und (f) 0,05 Gew.-%

Im Hinblick auf keramische Materialien hat sich gezeigt, dass nanoskalige Korngrößen – also eine Unterdrückung des Kornwachstums – zu einer verbesserten Bruchfestigkeit führen [27.34]. Eine Unterdrückung des Kornwachstums lässt sich unter bestimmten Umständen durch Zusatz von Nanopartikeln erreichen. So fand man heraus, dass der Zusatz von Nano-NbC zu einer Al_2O_3-Matrix das Kornwachstum unterdrückt und damit die mechanische Belastbarkeit des Materials erhöht [27.35]. Kritisch ist dabei allerdings die Größe der NbC-Partikel. Sind diese zu groß, so stellen sie eher Defekte des kompakten nanostrukturierten Marterials dar und reduzieren die mechanische Belastbarkeit. Diesen Fall zeigt Abb. 27.14

Grundsätzlich ist der Zusatz von Nanopartikeln zu einem nanostrukturierten Kompaktmaterial differenziert zu betrachten. Neben den bereits genannten Einflüssen können Nanopartikel effektiv Poren der Matrix verschließen, also die Porosität senken. Auch die Formation von Zwillingskorngrenzen scheint forciert zu werden. Besonders eindrucksvoll wurde für eine Keramik auf Basis von TiC, CaF_2 und MgO demonstriert, welchen Einfluss der Zusatz von 40 nm-Al_2O_3-Nanopartikeln auf das Gefüge hat. Visualisiert ist dies in Abb. 27.15.

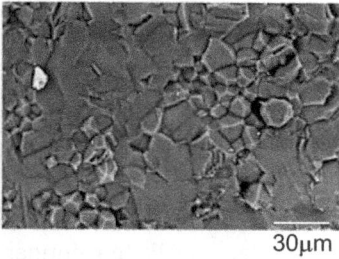

Abb. 27.14. Bruchkante von Al_2O_3 unter Zusatz von NbC [27.35]. NbC führt hier nicht zur Unterdrückung des Kornwachstums und nicht zur Erhöhung der mechanischen Belastbarkeit.

Wie bereits mehrfach betont, sind der Anteil und die Struktur der Korngrenzen nanostrukturierter Kompaktmaterialien von größter Bedeutung für ihre mechanischen Eigenschaften [27.37]. Dementsprechend nehmen auch Präparationsprozesse, welche die Korngrenzenstrukur beeinflussen, indirekt Einfluss auf die mechanischen Eigenschaften des Nanomaterials. Dies wurde zunächst insbesondere bei Polymerkomposi-

Abb. 27.15. Bruchkante eines Mikro-Nano-Komposits auf Basis von TiC, CaF_2 und MgO in Abhängigkeit vom Gehalt von Al_2O_3-Nanopartikeln bei der Sinterung [27.36]. (a) Kein Al_2O_3. (b) 4 Vol.-%, (c) 20 Vol.-%, (d) 40 Vol.-%.

ten gezeigt, die wir bereits in Abschn. 26.2 behandelten. Hier entsprechen die Grenzflächen zwischen Nanopartikeln und Matrix den Korngrenzen kompakter nanostrukturierter Materialien. Untersucht wurden beispielsweise die mechanischen Eigenschaften von Kompositen aus Polylactiden und nanoskaligem Hydroxylapatit. Die besonderen Eigenschaften des zuletzt genannten Materials hatten wir in Abschn. 25.9 diskutiert. Abbildung 27.16 zeigt, dass die Gestalt der Bruchkanten des Komposits in signifikanter Weise vom Anteil an Hydroxylapatitnanopartikeln abhängt. Eine maximale Zähigkeit des Komposits wurde für 20 % Volumenanteil an Nanopartikeln gefunden [27.38].

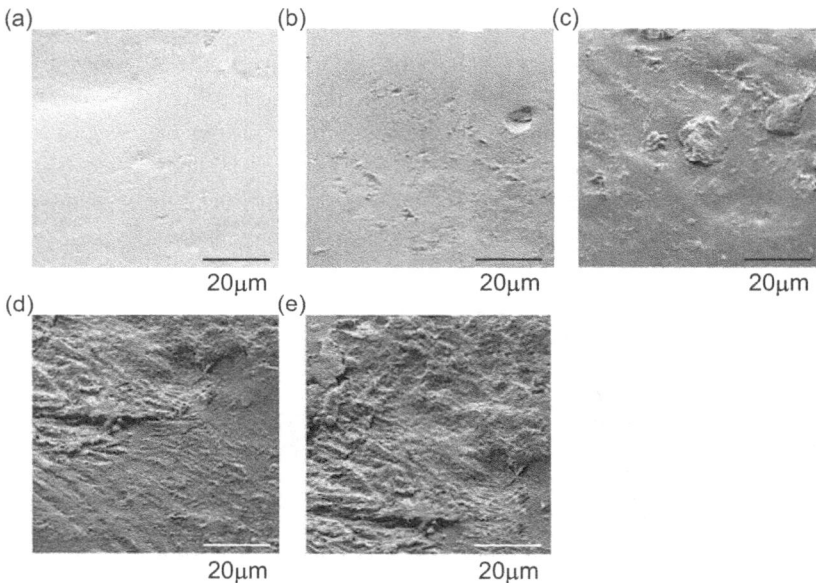

Abb. 27.16. Bruchkanten eines Komposits aus Polylactiden und Hydroxilapatitnanopartikeln [27.38]. (a) Keine Partikel. (b) Partikelanteil von 10 %, (c) 20 %, (d) 30 % und (e) 40 %.

Während im genannten Fall des Nanokomposits die Grenzflächen durch die Kombination der gewählten Materialien und durch Größe und Form der Nanopartikel geprägt sind, besteht der Freiheitsgrad der Materialauswahl bei kompakten nanostrukturierten Materialien in der Regel nicht. Hier kann aber die Beschaffenheit der Korngrenzen durch Herstellungs- oder Nachbehandlungsprozesse beeinflusst werden. Ein solcher Prozess ist beispielsweise das Sintern. Hierbei kann über die Temperatur ein starker Einfluss auf die Korn- und Korngrenzenstruktur genommen werden. Dies zeigt Abb. 27.17 am Beispiel des Sinterns oder Frittens von Emaille. Die in situ-Aufnahmen zeigen, wie sehr die Struktur der Eimaille von der Temperatur abhängt. Dabei spielen nicht nur sukzessive einsetzende Schmelzprozesse eine Rolle, sondern auch eine Vielzahl ablaufender chemischer Reaktionen und Diffusionsprozesse [27.39]. Der Schmelzvorgang setzt bei 700°C ein, und bei 900°C ist das Material vollständig geschmolzen.

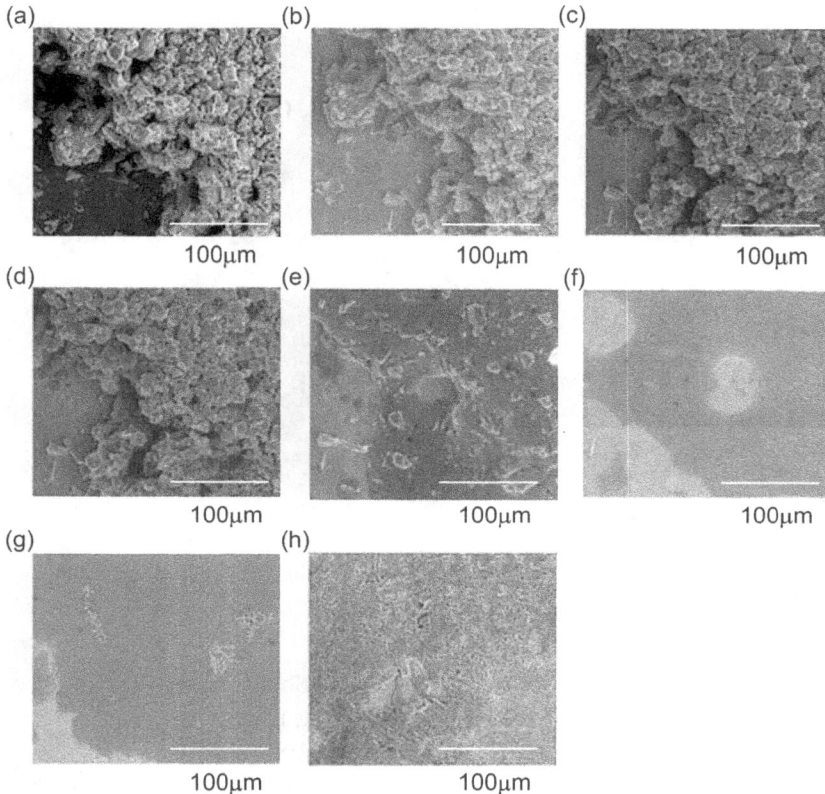

Abb. 27.17. In situ-ESEM-Aufnahmen der Bildung einer Emailleschicht während des Sinterns [27.39]. (a) T=57°C, (b) T=499°C, (c) T=565°C, (d) T=608°C, (e) T=709°C, (f) T=791°C, (g) T=899°C, (h) T=900°C,

Zu den weiteren Behandlungsmethoden für kompakte Nanomaterialien zur Optimierung der Korn- und Korngrenzenstruktur zählt auch thermisches Zyklieren, welches sich insbesondere zur Optimierung intermetallischer Grenzflächen eignet [27.40]. Bei kompakten Polymerkompositen wurde zudem erfolgreich Photopolymerisation eingesetzt, um Grenzflächen zwischen verschiedenen Polymerspezies zu optimieren. Abbildung 27.18 zeigt dies am Beispiel von PMMA-PAN-Fasern (Polymethylmethacrylat-Polyacrylonitril-Fasern) in dem dentalen Methacrylat Bis-GMA/TEGDMA (Bisphenol-A-Glycidylmethacrylat/Triethylenglycoldimethacrylat).

Bei der Herstellung von nanokristallinen Verbindungen mit optimierten mechanischen Eigenschaften hat sich besonders die *Mechanosynthese* bewährt [27.24]. Da-

(a)

(b)

10µm

2µm

(c)

(d)

10µm

2µm

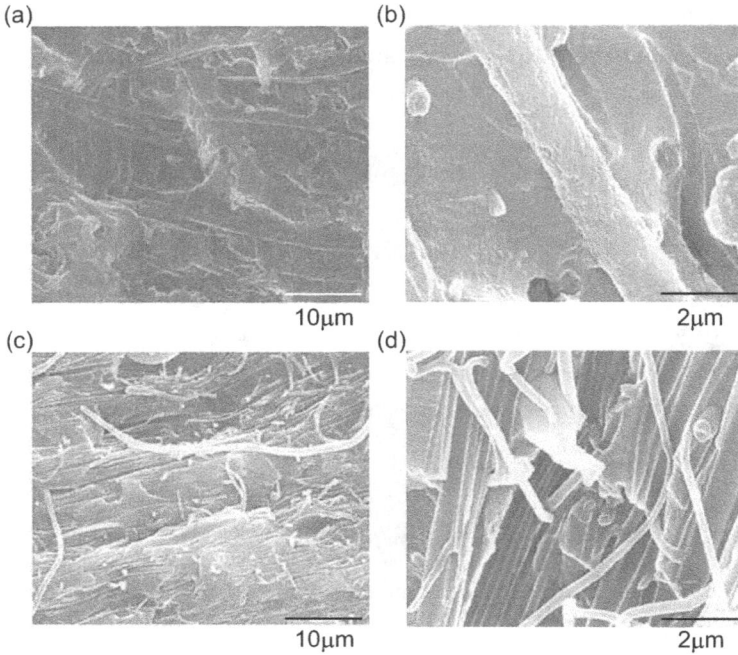

Abb. 27.18. Bruchkanten eines Polymernanokomposits [27.41]. (a), (b) PMMA-PAN-Fasern in Bis-GMA/TEGDMA. (c), (d) PAN-Fasern in Bis-GMA/TEGDMA.

bei werden chemische Reaktionen zwischen festen Reaktionspartnern durch mechanische Einwirkung, etwa in Form des Mahlens, stimuliert. Beispielsweise lassen sich so nanokristalline Carbide herstellen [27.42]. Reaktionspartner sind dabei Metall- und Kohlenstoffpartikel. Abbildung 27.19 zeigt, wie der mittlere Korndurchmesser über

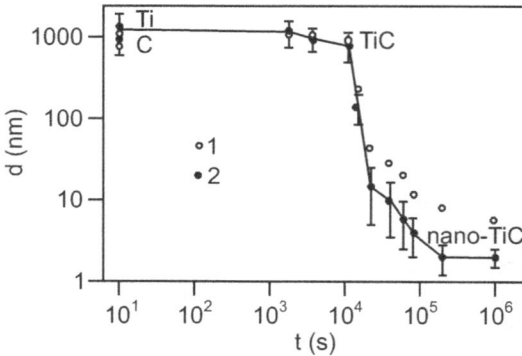

Abb. 27.19. Mechanosynthese von nanokristallinem TiC mit einem von der Mahldauer abhängigen mittleren Korndurchmesser [27.43].

mehr als drei Größenordnungen von der Mahldauer abhängt. Carbide entstehen dabei durchaus bereits beim Vorliegen von Mikropartikeln.

Während die Mechanosynthese ein Top-Down-Verfahren ist, werden zur Herstellung mancher nanostrukturierten Verbindungen mit optimierten mechanischen Eigenschaften Bottom-up-Verfahren benötigt, zu denen Gasphasen-Abscheidungsverfahren zu zählen sind wie etwa CVS (*Chemical Vapor Synthesis*) [27.44]. Den Aufbau eines typischen CVS-Reaktors zeigt Abb. 27.20. Der Aufbau besteht aus einem Heißwandreaktor, einem thermophoretischen Kollektor sowie einigen Pump- und Steuerungskomponenten. Entsprechende Reaktoren lassen sich bis hin zu industriellen Massenfertigungen hochskalieren [27.44].

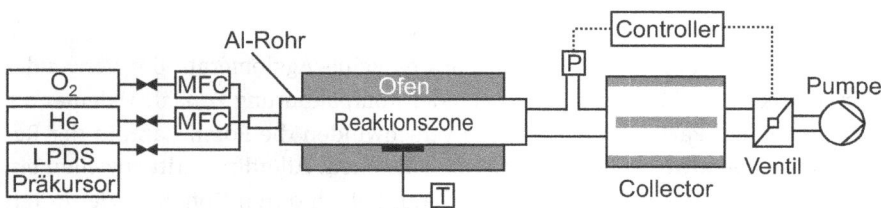

Abb. 27.20. CVS-Reaktor zur Herstellung nanostrukturierter Kompaktmaterialien [27.44].

Um den Zusammenhang zwischen Synthesebedingungen und letzendlich resultierenden mechanischen Eigenschaften nanostrukturierter Kompaktmaterialien möglichst genau zu kennen, bedarf es eines profunden Verständnisses sowohl der Entstehung der Nanopartikel als auch des Charakters des Sinterprozesses, über den aus den Partikeln die kompakten Materialien entstehen. In diesem Kontext haben sich neben experimentell-analytischen Verfahren auch Simulationen als sehr hilfreich erwiesen [27.45]. Besonders die in Abschn. 21.5.5 behandelten Molekulardynamiksimulationen haben maßgeblich zum Erkenntnisgewinn bezüglich der einzelnen Syntheseschritte beigetragen. Abbildung 27.21 zeigt exemplarisch die Entstehung und das Sintern von Ge-Nanopartikeln in einer Ar-Inertgasatmosphäre. Die mechanischen Eigenschaften eines durch Sintern entsprechender Nanopartikel hergestellten nanokristallinen Materials lassen sich bereits auf der Ebene der in Abb. 27.21 dargestellten Partikelentstehung rational beeinflussen. Insbesondere wurde dies für Keramiken gezeigt. Dass Größe und Struktur der einzelnen Nanopartikel, aber auch die durch den Sinterprozess definierten Verbindungen zwischen den Partikeln und die Beschaffenheit vorhandener Poren einen großen Einfluss auf die mechanischen Eigenschaften des Massivmaterials haben, unterstreicht beispielhaft Abb. 27.22.

Nanokeramiken mit Korngrößen von 10–100 nm werden typischerweise durch Konsolidierung entsprechender Nanopartikel hergestellt. Die Konsolidierung besteht dabei in uniaxialer Kompaktierung durch kaltes isostatisches Pressen und Sintern in Luft. Charakteristisch dabei ist die schmale Größenverteilung der verbleibenden

(a) (b) (c)

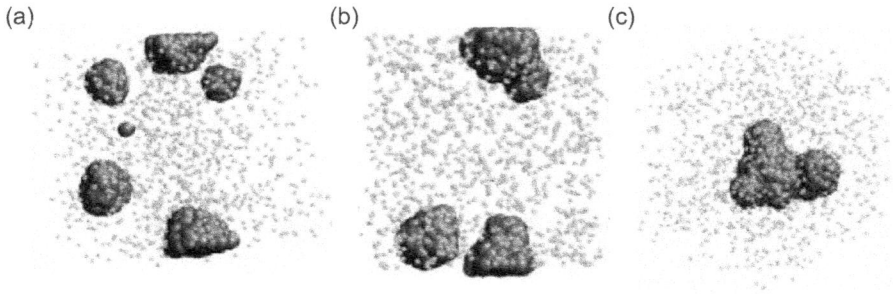

Abb. 27.21. Zeitliche aufgelöste Molekulardynamiksimulationen des Entstehens und Sinterns von Ge-Nanopartikeln in einer Ar-Atmosphäre [27.44].

Poren. Diese wiederum basiert darauf, dass es keine Agglomerate der verwendeten Nanopartikel gibt. Die Poren sind nach der Kompaktierung zunächst kleiner als die ursprünglichen Partikel. Beim Sintern verschwinden die Poren dann in der Regel, ohne dass irgendwo größere Hohlräume entstehen. Allerdings tritt zuweilen ein unerwünschtes Kornwachstum auf. Dieses kann jedoch durch Dotieren oder durch Verwendung von Kern-Hülle-Partikeln oder anderen Kompositstrukturen positiv beeinflusst werden [27.46]. Den Einfluss des Dotierens zeigt sehr eindrücklich Abb. 27.23. Hier wird zur Dotierung von ZrO_2 Al_2O_3 verwendet. Die Unterdrückung des Kornwachstums in Abhängigkeit von der Sintertemperatur ist evident.

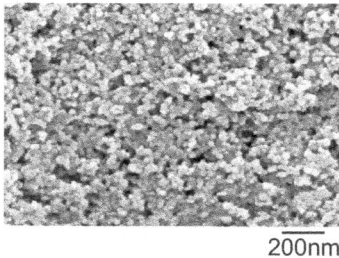

200nm

Abb. 27.22. SEM-Aufnahme der Oberfläche von nanostruktriertem TiO_2, welches gemäß der in Abb. 27.21 simulierten Prozesse und durch thermische Nachbehandlung hergestellt wurde [27.44].

Der Einfluss von Produktionsprozessen auf die ultimativen mechanischen Eigenschaften nanostrukturierter Kompaktmaterialien wurde in einer Vielzahl von Arbeiten untersucht [27.23]. Dabei standen immer wieder die Sinterprozesse im Fokus. Deren dezidierter Einfluss auf die Härte und Verschleißfestigkeit wurde unter anderem an Hydroxylapatit untersucht [27.47]. Dieses natürlich vorkommende Mineral ist von besonderem Interesse, weil es die Grundlage der Hartsubstanz aller Wirbeltiere ist.

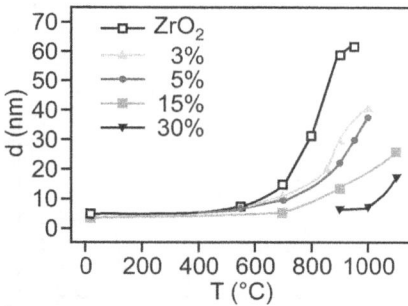

Abb. 27.23. Mittlere Korngröße von nanostrukturiertem ZrO_2 in Abhägigkeit von der Sintertemperatur und dem Grad der Dotierung mit Al_2O_3 [27.44]. Die Menge des zugesetzten Al_2O_3 ist in Mol-% angegeben.

Abbildung 27.24 zeigt, dass die Sintertemperatur einen signifikanten Einfluss auf Härte und Kratzfestigkeit von nanostrukturiertem Hydroxylapatit hat. Bei Temperaturerhöhung erhöhen sich zunächst die Werte, um dann bei weiterer Temperaturerhöhung deutlich abzunehmen. Es gibt also eine optimale Sintertemperatur. Wie bereits zuvor diskutiert, hat der Sinterprozess sowohl Einfluss auf die Kornstruktur als auch auf die Grenzflächen und die Porenverteilung.

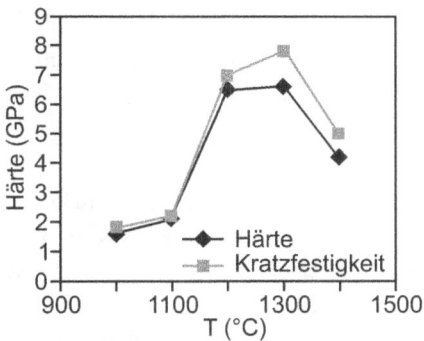

Abb. 27.24. Einfluss der Sintertemperatur auf die mechanischen Eigenschaften von nanostrukturiertem Hydroxylapatit [27.47].

In differenzierterer Form zeigt Abb. 27.25 die Zusammenhänge auch für eine nanostrukturierte Al_2O_3-TiC-Keramik. Mit steigender Sintertemperatur werden Poren reduziert und das Material wird entsprechend dichter. Zwar bleibt die Vickers-Härte weitgehend konstant, aber Biegesteifigkeit und Bruchfestigkeit wachsen an.

Nanostrukturierte Kompaktmaterialien haben – ähnlich wie Nanokomposite – spezielle mechanische Eigenschaften, die sich mehr oder weniger stark von denen konventioneller Materialkonfigurationen unterscheiden können. Da die Herstellungs-

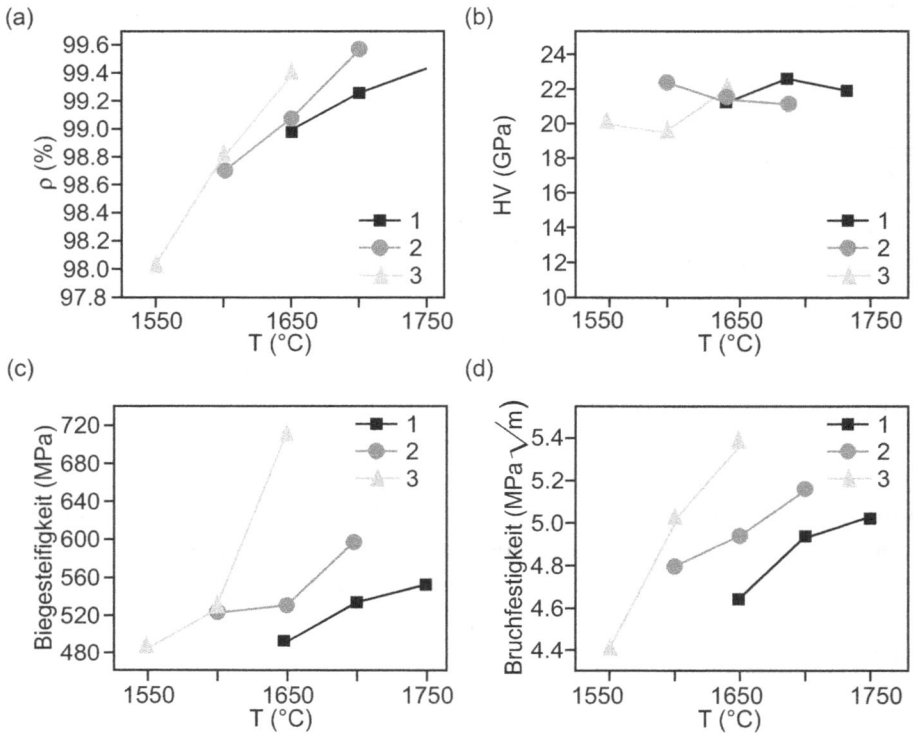

Abb. 27.25. Einfluss der Sintertemperatur auf die mechanischen Eigenschaften einer nanostrukturierten Al_2O_3-TiC-Keramik [27.48]. (a) Dichte, (b) Vickers-Härte, (c) Biegesteifigkeit und (d) Bruchfestigkeit.

prozesse einen nachhaltigen Einfluss auf die Korngröße und -geometrie sowie auf Korngrenzen und Porosität haben, hängen für eine gegebene Materialwahl die mechanischen Eigenschaften des nanostrukturierten Materials direkt vom jeweiligen Herstellungsprozess und von den Prozessparametern ab.

Nanostrukturierte Massivmaterialien besitzen zahlreiche Anwendungsmöglichkeiten. Außergewöhnliche mechanische Eigenschaften definieren einige der entsprechnden Anwendungsfelder. Von herausragender Bedeutung sind insbesondere nanostrukturierte Keramiken.

27.4 Energie- und Umwelttechnologien

Die Abwendung von fossilen Energien hat zu einer Intensivierung der Suche nach neuen Energiekonversionsverfahren mit hoher Effizienz und niedriger Emissionsrate geführt. Mit Wasserstoff oder kleinen organischen Molekülen betriebene Brennstoffzellen werden in diesem Kontext als geeignet betrachtet [27.49]. Für diese sind geeignete Katalysatoren essentiell. Eine herausragende Stellung besitzen dabei aufgrund ihrer Aktivität und Stabilität Platinverbindungen [27.50]. Nanostrukturierte platinbasierte Kompaktmaterialien zeichnen sich durch eine erhöhte katalytische Aktivität bei gegenüber konventionellen Konfigurationen reduzierten Mengen an Platin aus. Für die Herstellung haben sich insbesondere *Hydro-* und *Solvothermalsynthesen* bewährt [27.52]. Der Vorteil ist dabei, dass sich auf einfache und standardisierte Weise nicht nur nanostrukturiertes Pt, sondern auch binäre und ternäre Pt-basierte Verbindungen herstellen lassen. Ein entsprechendes Ergebnis zeigt Abb. 27.26. Die Porosität der Materialien ist in diesem Fall im Hinblick auf den Einsatz als Katalysator erwünscht.

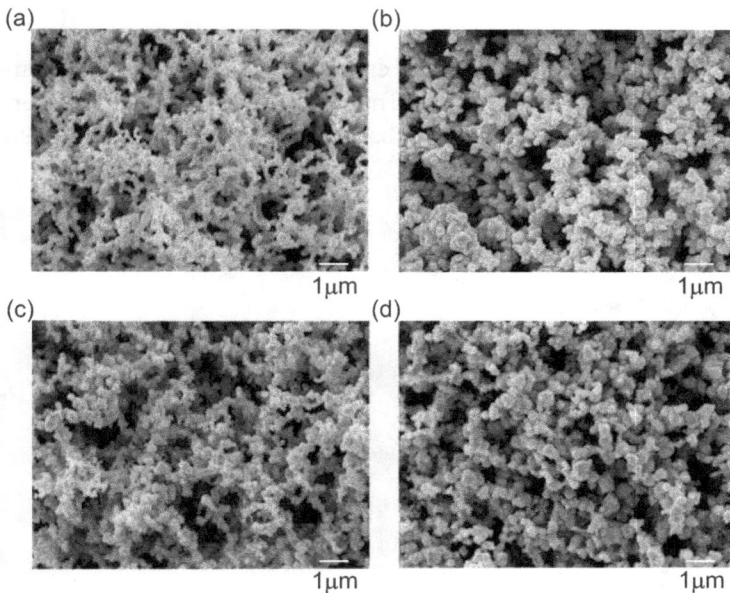

Abb. 27.26. SEM-Aufnahmen nanostrukturierter Katalysatormaterialien [27.53]. (a) PtPb, (b) PtIr, (c) PtPd und (d) PtRu.

Hydro- und Solvothermalsynthesen erlauben es, Einfluss auf die Struktur der Materalien zu nehmen. So wurden insbesondere auch dendritische Strukturen synthetisiert, die sich bei sehr großer innerer Oberfläche in besonderer Weise für katalytische Anwendungen eignen. Ein Beispiel zeigt Abb. 27.27

Die stromlose Metallabscheidung eignet sich in besonderer Weise, um kompakte nanostrukturierte Materialien auf Templatbasis herzustellen [27.52]. Als Templat bietet sich beispielsweise anodisch oxidiertes poröses Aluminium an. In den selbstorganisierten Poren lässt sich beispielsweise Platin abscheiden. Dadurch entsteht ein geordnetes Verbundmaterial mit großen inneren Grenzflächen zwischen Al_2O_3 und

Abb. 27.27. SEM-Aufnahme eines dendritischen PtAu-Katalysatormaterials [27.54].

Pt. Wird das Templat beispielsweise durch Ätzen entfernt, so können die verbleibenden Pt-Nanostäbe wiederum zu einem kompakten nanostrukturierten Material weiterverarbeitet werden. Abbildung 27.28 zeigt den Aufbau eines entsprechenden Al_2O_3-Pt-Verbundmaterials.

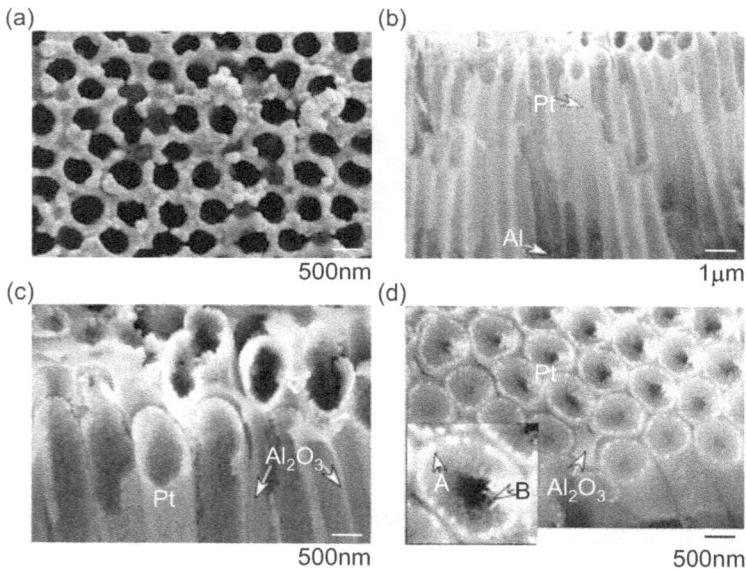

Abb. 27.28. Templatbasierte Synthese von Pt-Nanostäben in den Poren von Al_2O_3 [27.55]. (a) Aufsicht, (b), (c) Seitenansicht und (d) Rückseite.

Weitere templatbasierte Verfahren wurden im Zusammenhang mit nanostrukturierten Pt-Katalysatoren eingesetzt. Abbildung 27.29 zeigt die Oberfläche einer Schicht, welche durch Polystyrolkugeln auf einem Substrat strukturiert wurde. Das Reflexionspektrum bei senkrechter Inzidenz zeigt eine ausgeprägte Abhängigkeit von der Dicke der nanostrukturierten Schicht. Dies wiederum impliziert, dass die elektronischen Eigenschaften und damit wohl auch die katalytische Aktivität für sehr dünne Schichten von der Schichtdicke abhängig sind.

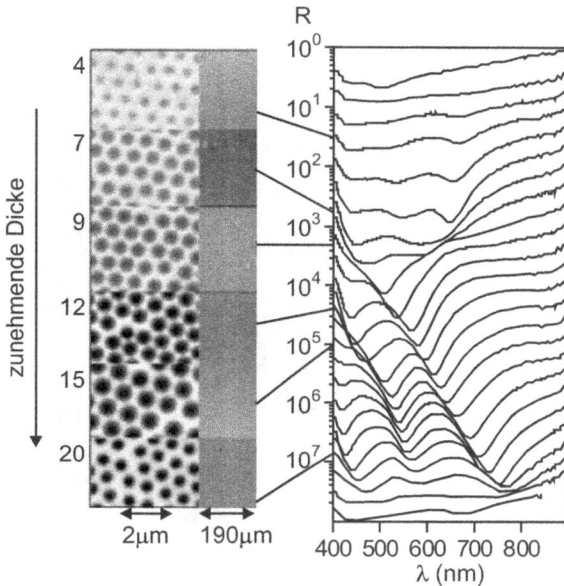

Abb. 27.29. Reflexionsspektren nanostrukturierter Pt-Schichten bei variabler Schichtdicke [27.56].

Ein sehr wichtiger Einsatzbereich nanostrukturierten Platins ist die Oxidation von Kohlenmonoxid. Diese ist von Bedeutung in Brennstoffzellen auf Basis von Wasserstoff oder kleinen organischen Molekülen. CO entsteht als Produkt oder Zwischenprodukt bei der Oxidation von Methanol, Ethanol und Ameisensäure sowie bei der Reformation von Kohlenwasserstoffen zur Synthese von Wasserstoff. Für den Betrieb von Brennstoffzellen ist es insofern relevant, als dass es stark an Pt und Pt-Verbindungen adsorbiert und somit katalytisch wirksame Oberflächen besetzt. Dies reduziert die Reaktionskinetik [27.57]. In Brennstoffzellen werden daher Katalysatoren mit großer Aktivität bei der Co-Oxidation benötigt. CO lässt sich insbesondere von den Oberflächen durch einen oxidativen Schritt entfernen, welcher OH-Spezies beinhaltet, die wiederum durch Aktivierung von Wasser entstehen. Die Aktivität verschiedener Pt-basierter Verbindungen im Hinblick auf die CO-Oxidation wurde systematisch untersucht. Dabei sind insbesondere *zyklische Voltammogramme* aussagekräftig. Solche sind in Abb. 27.30 dargestellt. Die Unterschiede zwischen den ersten und zweiten Zyklen sind jeweils auf die zwischenzeitliche Oxidation von CO an den nanostrukturierten Katalysatoren zurückzuführen. Nach dieser Oxidation zeigen die Voltammogramme im zweiten Zyklus dann jeweils die Adsorption von Wasserstoff an den jetzt frei gewordenen Bindungsstellen. Dies ist zu erkennen an den Peaks, die an den zuvor flachen Kurvenverläufen enstehen. Außerdem sind breite Oxidationspeaks im ersten Zyklus der Voltammogramme sichtbar. Die PtRu-Elektrode zeigt die größte Aktivität im Hinblick auf Start- und Peakpotentiale.

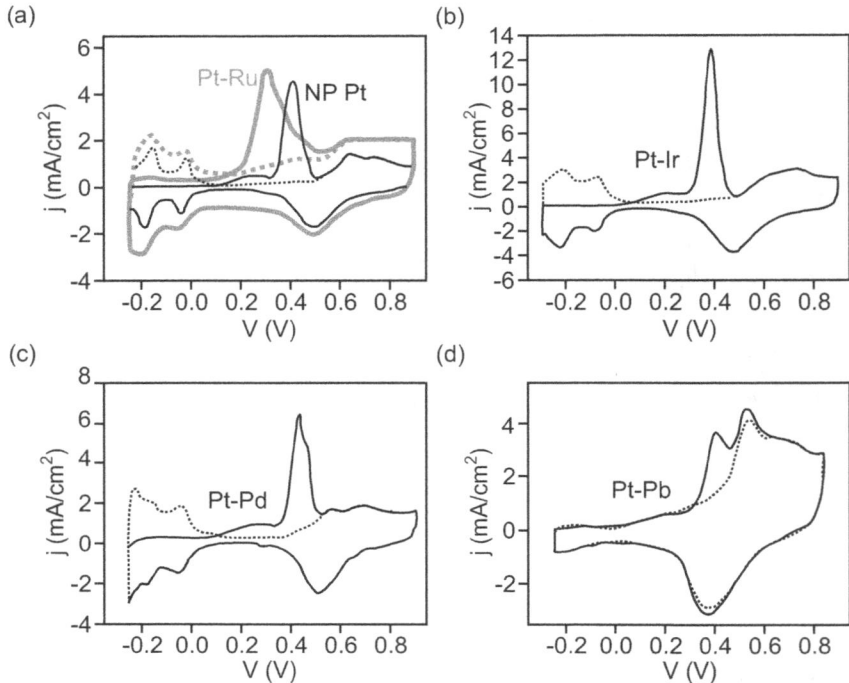

Abb. 27.30. Zyklische Voltammogramme für verschiedene nanostrukturierte Pt-Verbindungen [27.53]. Der erste Zyklus ist jeweils durch die durchgezogenen Linien dargestellt und der zweite durch die gepunkteten. NP-Pt entspricht dem reinen nanostrukturierten Platin.

In Brennstoffzellen mit *Protonenaustauschmembranen* besitzt Pt eine große Aktivität im Hinblick auf die Wasserstoffoxidation an der Anode. Allerdings ist es aus Kostengründen von Bedeutung, auf hochaktive Pt-Verbindungen zurückzugreifen. Bei diesen handelt es sich um nanostrukturierte Materialien mit möglichst großer spezifischer Oberfläche. Abbildung 27.31 zeigt Strom-Spannungs-Kurven von Brennstoffzellen mit Anoden aus verschiedenen binären, nanostrukturierten Pt-Verbindungen im Vergleich. Die größte Aktivität zeigt wiederum PtRu. Der Einfluss von CO auf die katalytische Aktivität der Anoden ist wiederum deutlich sichtbar.

Methanol bietet für den Betrieb von Brennstoffzellen zahlreiche Vorteile. Dazu gehören unter anderem eine vergleichsweise einfache Transportierbarkeit und Lagerbar-

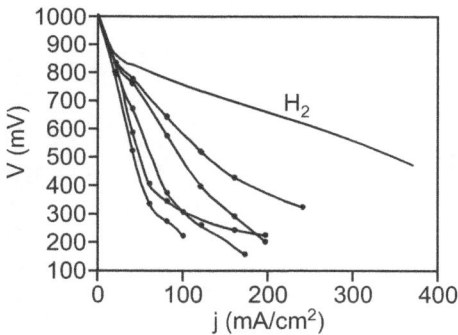

Abb. 27.31. Strom-Spannungs-Kurven von Brennstoffzellen mit Anoden aus PtRu, PtMo, PtW, PtSn und Pt (von oben nach unten), betrieben mit $H_2/150$ ppm CO [27.58]. Zum Vergleich ist die Kurve für den Betrieb in reinem H_2 gezeigt.

keit sowie eine theoretisch große Energiedichte. Die bei der Oxidation ablaufenden Reaktionen stellen sich wie folgt dar:

$$CH_3OH \quad \rightarrow \quad (CH_3OH)_{ads} \, , \tag{27.3a}$$

$$(CH_3OH)_{ads} \quad \rightarrow \quad (CO)_{ads} + 4H^+ + 4e^- \tag{27.3b}$$

und

$$(CO)_{ads} + H_2O \quad \rightarrow \quad CO_2 + 2H^+ + 2e^- \, . \tag{27.3c}$$

Im ersten Schritt erfolgt die Adsorption von Methanol. Im zweiten die Aktivierung der C-H-Bindung. Der dritte Schritt besteht dann in der Oxidation von CO wie zuvor diskutiert. Platin besitzt eine hohe Aktivität im Hinblick auf die dissoziative Adsorption von CH_3OH. Allerdings vergiftet die CO-Adsorption den Elektrokatalysator, weshalb wiederum die CO-Oxidation erforderlich ist. Zur Senkung des Oxidationspotentials verwendet man wiederum nanostrukturierte Pt-Verbindungen, welche die Entstehung von OH-Spezies bei geringerem Potential als es für Pt nötig ist, nämlich 0,5 V, zulassen.

Geeignete Elemente sind Co, Fe, Ir, Ni, Pb, Pd, Ru, V und Au. Neben binären werden auch ternäre Pt-Verbindungen untersucht. Abbildung 27.32 zeigt, dass in der Tat nanostrukturiertes PtRuMo mit 2200 W/m^2 im Vergleich zu 1950 W/m^2 für PtRu eine größere Leistungsflächendichte liefert. Die Effekte zeigen allerdings eine deutliche Temperaturabhängigkeit.

Elektrokatalysatoren lassen sich nicht nur nutzbringend für die Energieerzeugung beispielsweise in Brennstoffzellen einsetzen, sondern auch im Bereich der Sensorik. Diese wiederum ist offensichtlich von großer Bedeutung für Umwelt- und Energietech-

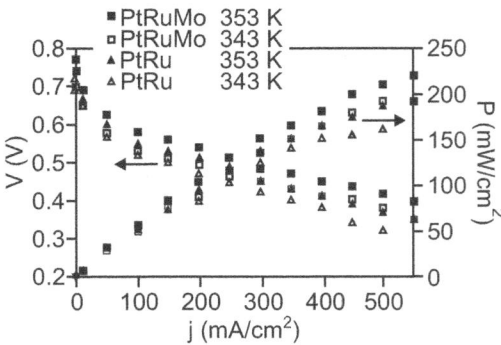

Abb. 27.32. Brennstoffzellencharakteristika für nanostrukturierte Anoden aus binären und ternären Pt-Verbindungen bei erhöhten Temperaturen [27.59]. Die Brennstoffzellen werden an der Anode mit CH_3OH/H_2SO_4 und an der Kathode mit O_2 betrieben.

nologien. Sensoren werden benötigt zur Erfassung unterschiedlichster Umgebungs- oder Prozessparameter. Insbesondere die quantitative Erfassung komplexer organischer oder anorganischer Verbindungen in flüssigen oder gasförmigen Medien stellen generell eine große Herausforderung dar. Ein empfindlicher und schneller Nachweis einer Substanz und ihrer Konzentration mittels elektrochemischer Verfahren, insbesondere mittels elektrochemisch induzierter Oxidation, setzt wiederum eine hohe Aktivität des Katalysators auf Basis von Platinverbindungen voraus. Die entsprechenden Elektroden bestehen aus kompakten nanostrukturierten Materialien. Abbildung 27.33 zeigt Empfindlichkeit und Selektivität einer entsprechenden elektrochemischen Detektion exemplarisch am Beispiel von Glukose. Diese Anwendung unterstreicht, dass entsprechende Sensoren nicht ausschließlich für Umwelt- und Energietechnologien relevant sind, sondern beispielsweise ebenfalls für die Medizintechnik.

Im Kontext der globalen Erderwärmung und der Endlichkeit fossiler Ressourcen sind neue Formen der Energiekonversion und -speicherung von fundamentaler Bedeutung. Kompakte nanostrukturierte Materialien haben diesbezüglich eine große Bedeutung als Elektrodenmaterialien in Akkumulatoren, Brennstoffzellen und Superkondensatoren. Ergänzt werden nanostrukturierte Elektroden zuweilen durch *Nanoelektrolyte* [27.61].

Lithium-Ionen-Akkumulatoren können bezüglich der Speicherung elektrischer Energie als einer der größten bisherigen Erfolge der Materialchemie betrachtet werden [27.62]. Ihr Aufbau wurde in Standardwerken im Detail beschrieben [27.63]. Die wichtigsten Komponenten sind eine negativ geladene Lithium-Ionen-Interkalationselektrode – im Allgemeinen aus Graphit –, eine positiv geladene Lithium-Ionen-Interkalationselektrode – im Allgemeinen ein Lithium-Metall-Oxid (z.B. $LiCoO_2$) – und ein Lithium-Ionen-leitfähiger Elektrolyt – beispielsweise $LiPF_6$ in Ethylencarbonat/ Diethylencarbonat.

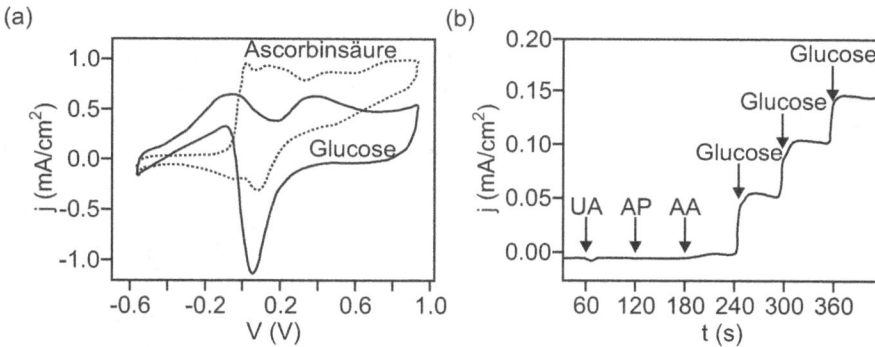

Abb. 27.33. Elektrochemischer Nachweis von Glukose unter Verwertung nanostrukturierter Pt-Verbindungen [27.60]. Im vorliegenden Fall handelt es sich um eine PtPb-Elektrode. (a) Zyklische Voltammogramme für 10 mM Glukose und 5 mM Ascorbsäure. Beide Substanzen sind sensorisch nicht einfach zu unterscheiden. (b) Amperometrische Detektion von 0,02 mM Harnsäure (UA), 0,1 mM 4-Acetamidophenol (AP), 0,1 mM Ascorbsäure und jeweils 1 mM Glukose.

Nanostrukturierte Kompaktmaterialien bieten einige dezidierte Vorteile als Elektrodenmaterialien. Sie erlauben eine bessere Aufnahme und Verteilung mechanischer Verspannungen, die mit der Aufnahme und Abgabe von Lithium verbunden sind. Dies wirkt sich insbesondere positv auf die Lebensdauer wiederaufladbarer Batterien aus. Nanostrukturierte Elektroden erlauben ferner bestimmte lithiumbasierte chemische Reaktionen, die mit konventionellen Elektrodenmaterialien nicht möglich sind. Die vergrößerte relative Oberfläche der Elektroden ermöglicht gesteigerte Lade- und Entladeraten. Kurze ionische Weglängen erlauben den Betrieb bei geringer Leitfähigkeit oder großer Leistung.

Bei den Anoden erlauben nanostrukturierte Oxide, beispielsweise CoO, CuO, NiO, Co_3O_4 und MnO, gegenüber Li eine vollständige elektrochemische Reduktion, die zwei oder mehr Elektronen pro 3d-Metallatom involviert. Diese führt zur Bildung eines Kompositmaterials aus metallischen Clustern in einer amorphen LiO_2-Matrix [27.64]. Diese *Konversionsreaktion* ist sehr reversibel und verläuft identisch für hunderte von Lade-/Entladezyklen. Neben Oxiden könen auch Sulfide, Nitride und Fluoride verwendet werden [27.65]. Ein ähnliches Verhalten wurde zudem für $InVO_3$, $FeVO_3$, $Na_{0,25}MoO_3$, $Li_{0,25}MoO_3$ und $Sn_{0,25}MoO_3$ beobachtet [27.66]. Eine besondere Herausforderung für die rationale Entwicklung von Lithium-Ionen-Akkumulatoren mit maximaler Leistungsfähigkeit ist das Verständnis der Kinetik der involvierten physikalischen und chemischen Prozesse. Das betrifft im Besonderen die Diffusion des Lithiums in den nanostrukturierten Festkörpern [27.67]. Den massiven Unterschied zwischen mikrostrukturiertem und nanostrukturiertem Anodenmaterial in Lithium-Ionen-Akkumulatoren zeigt für α-Fe_2O_3 Abb. 27.34. Während Hämatitkörner oder -partikel mit einem Durchmesser von 1–2 μm einen irreversiblen Phasenübergang bei Aufnahme von 0,05 Li-Atomen pro Fe_2O_3-Einheit durchlaufen, können Hämatitpar-

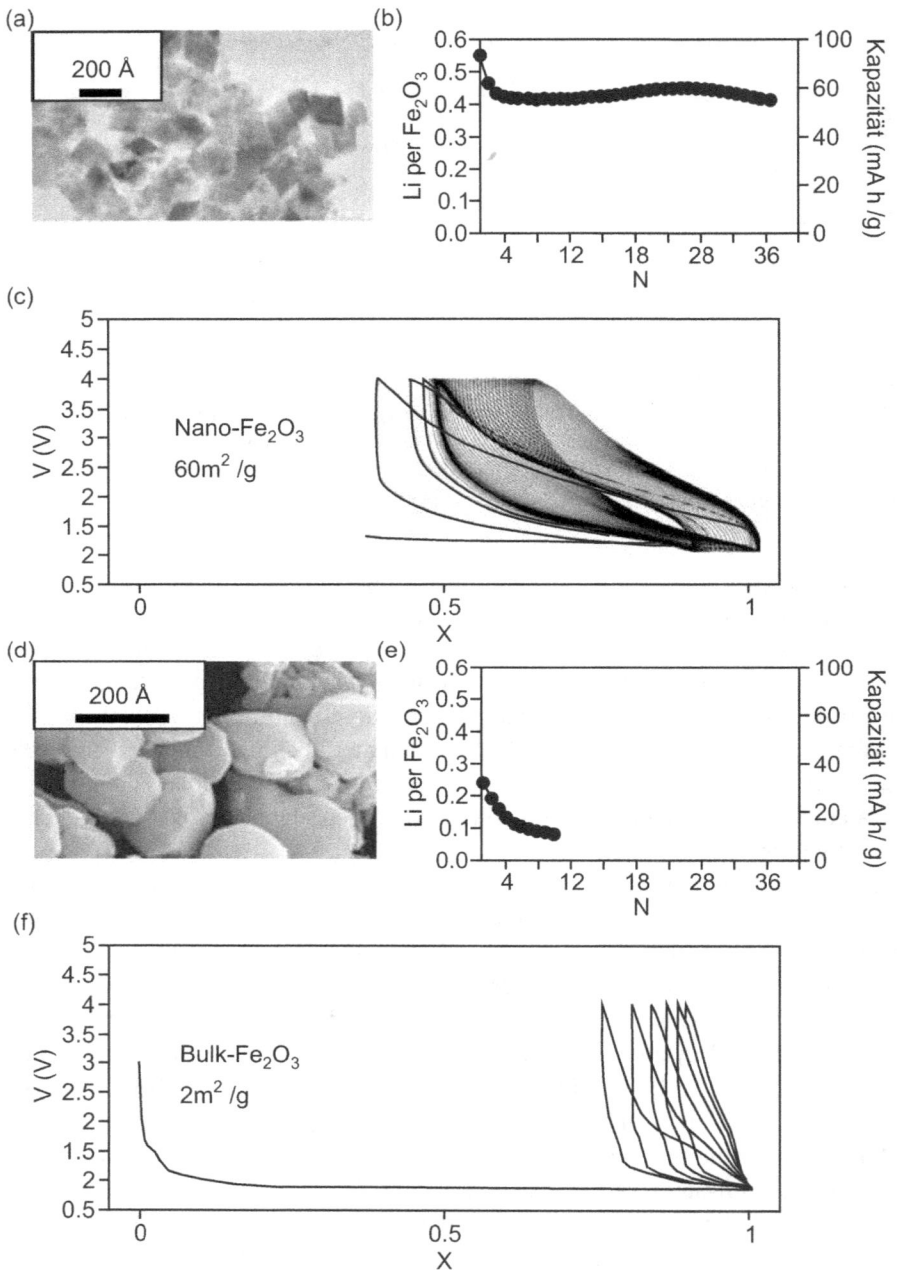

Abb. 27.34. Elektrochemisches Verhalten von nanostrukturierten α-Fe$_2$O$_3$-Elektroden und mikrostrukturiertem Massivmaterial [27.61]. (a) SEM-Aufnahme der nanostrukturierten Elektrode. (b) Eingelagerte Li-Atome pro Fe$_2$O$_3$-Einheit in Abhängigkeit der Lade-/Entladezyklen. (c) Anzahl der Li-Atome pro Fe$_2$O$_3$-Einheit für die ersten Zyklen. (d)-(f) Vergleichswerte für eine mikrostrukturierte Anode.

tikel oder -körner mit 20 nm Durchmesser 0,6 Li pro Fe_2O_3 über einen einphasigen Prozess aufnehmen.

Auch Massivmaterialien aus den in Abschn. 19.5.3 diskutierten anorganischen Nanoröhrchen eignen sich teilweise hervorragend als Anodenmaterial. Dies ist insbesondere der Fall, wenn die Interkalation von Li begünstigt wird. So wurde für Anoden aus TiO_2-Nanoröhrchen eine Aufnahme von bis zu 0,91 Li pro TiO_2-Einheit nachgewiesen [27.61]. Abbildung 27.35 zeigt Lade-/Entladekurven für verschiedene Anoden aus nanostrukturierten Massivmaterialien im Vergleich.

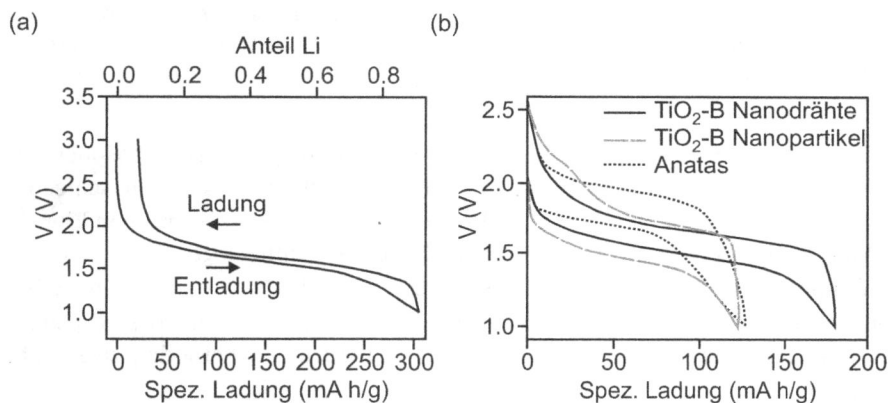

Abb. 27.35. Lade-/Entladekurven für nanostrukturierte Anodenmaterialien in Lithium-Ionen-Akkumulatoren [27.61]. (a) Li_xTiO_2-Nanoröhrchen bei einer Rate von 10 mA/g. (b) Vergleich des zyklischen Verhaltens für unterschiedlich strukturierte Anoden auf Basis von TiO_2.

Klassische Kathodenmaterialien umfassen $LiCoO_2$ und $LiNiO_2$ oder ihre festen Lösungen. Eine Nanostrukturierung der Kathoden erhöht die Gefahr unerwünschten Inlösunggehens von Kahodenbestandteilen. Dies wurde beispielsweise für Mn aus $LiMnO_2$ gezeigt [27.61]. Als ausgesprochen interessante Materialien haben sich Spinelle erwiesen, bei denen die Nanostrukturierung in Domänen unterschiedlicher kristallografischer Konfigurationen bestehen. Ein klassisches Beispiel ist die Interkalationskathode $Li_xMn_2O_4$ mit $0 < x < 2$. Für $x > 1$ tritt ein Phasenübergang von einer kubischen zu einer tetragonalen Gitterstruktur ein. Dieser Übergang ist mit einem beträchtlichen Kapazitätsverlust verbunden, da weniger Li aufgenommen und abgegeben werden kann als bei einem kubischen Gitter. Der Effekt lässt sich verhindern durch Ausbildung der in Abb. 27.36(b) und (c) gezeigten Struktur. Trotz des durch den *Jahn-Teller-Effekt* getriebenen Übergangs von der kubischen in die tetragonale Struktur bleibt die Kapazität der Zelle auch nach dem Zyklieren von Li erhalten, weil das nanostrukturierte Kathodenmaterial die mit Aufnahme und Abgabe von Li verbundenen mechanischen Spannungen besser aufnehmen kann, als ein rein tetragonal strukturiertes Material.

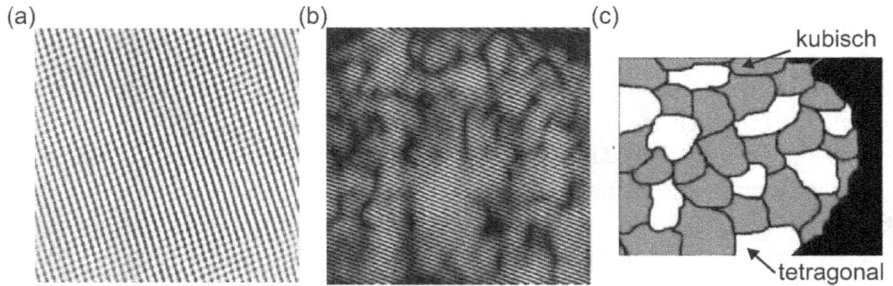

Abb. 27.36. Regulärer und nanostrukturierter Spinell als Kathodenmaterial [27.61]. (a) TEM-Aufnahme von $Li_xMn_{2-x}O_4$ in regulärer Konfiguration. (b) Nanostrukturierter Spinell. (c) Schematische Darstellung der nanostrukturierten Konfiguration.

Eine besonders große potentielle Kapazität von 170 mAh/g besitzen Phosphoolivine vom Typ $LiFePO_4$ als Kathodenmaterialien [27.68]. Allerdings stellt die schlechte elektrische Leitfähigkeit der Olivine ein Problem für den elektrochemischen Einsatz dar. Nanostrukturierte Elektroden, die von Kohlenstoff durchzogen sind, schaffen hier Abhilfe, indem sie eine deutlich bessere Leitfähigkeit als die reinen Olivine besitzen und gleichzeitig die Distanzen für den Li^+-Transport minimiert sind [27.69]. Lade-/Entladezyklen und Struktur dieser nanostrukturierten Kathoden zeigt Abb. 27.37.

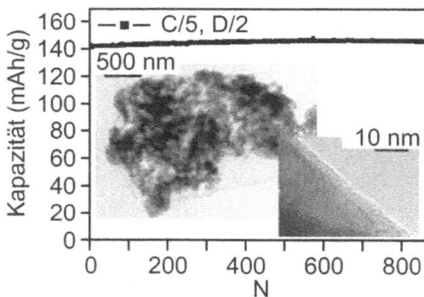

Abb. 27.37. Kapazität und Struktur von nanostrukturierten Kathoden aus kohlenstoffdurchzogenem Phosphoolivin [27.61]. Dargestellt ist die Kapazität als Funktion der Lade-/Entladezyklen N. Die TEM-Abbildung zeigt das aus $LiFePO_4$-Partikeln mit Kohlenstoffbeschichtung bestehende Elktrodenmaterial. Die Grenzfläche zwischen dem kristallinen $LiFePO_4$ und der amorphen C-Schicht ist gut in der rechten TEM-Abbildung erkennbar.

Für die Eigenschaften von Lithium-Ionen-Akkumulatoren sind natürlich im Besonderen die Eigenschaften der Elektrolyte wichtig. Hier bieten feste Polymerelektrolyte besondere Vorteile. Insbesondere können keine korrosiven oder explosiven Flüssigkeiten austreten. Derartige Elektrolyte lassen sich aus lösungsmittelfreien Membranen –

beispielsweise aus Polyethylenoxid – und Lithiumsalzen – beispielsweise $LiPF_6$ oder $LiCF_3SO_3$ – herstellen. Allerdings ist die ionische Leitfähigkeit derartiger Elektrolyte a priori gering. Hier können Komposite auf Basis nanoskaliger Füllmaterialien Abhilfe schaffen [27.70]. Die berächtliche Verbesserung der Leitfähigkeit der festen Polymerelektrolyte lässt sich mit Hilfe des heterogenen Dotierungsmodells erklären [27.71]. Danach spielt die Säure-Basen-Wechselwirkung im Kontext des Lewis-Modells [27.72] eine Rolle. Oberflächenzustände der keramischen nanoskaligen Füllmaterialien interagieren einerseits mit den Polymerketten und andererseits mit den Anionen der Lithiumsalze [27.73].

Bemerkenswert ist, dass man für mehr als 30 Jahre glaubte, dass nur amorphe Polymerelektrolyte – also solche oberhalb der Glasübergangstemperatur – eine ionische Leitfähigkeit bestitzen. Mittlerweile sind kristalline Komplexe bekannt [27.73], die ebenfalls leitfähig sind, wobei sich gezeigt hat, dass gerade eine Kontrolle der Struktur auf Nanometerskala von maßgeblicher Bedeutung ist [27.74]. Insbesamt unterliegen Lithium-Ionen-Akkumulatoren immer noch einer dynamischen Forschung. Diese konzentriert sich zum einen auf nanostrukturierte feste Polymerelektrolyte – insbesondere auch auf kristalline – und zum anderen auf die nanostrukturierten Elektrodenmaterialien. Dabei ist natürlich die elektrochemische Kompatibilität von Elektroden und Elektrolyten die wichtigste Voraussetzung für effiziente, sichere und langlebige Energiespeicher.

Super- oder Ultrakondensatoren sind elektrochemische Kondensatoren, die als Weiterentwicklung der Doppelschichtkondensatoren betrachtet werden können. Im Vergleich zu Akkumulatoren gleichen Gewichts beträgt ihre Energiedichte zwar nur etwa 10 %, allerdings ist die Leistungsdichte etwa zehn- bis hundertmal größer. Sie könnnen sehr viel schneller als Akkumulatoren geladen werden und sind robuster gegenüber Lade-/Entladezyklen. Ihr Einsatzgebiet reicht von der Bereitstellung elektrischer Energie zum Datenerhalt in statischen Speichern bis zur Speicherung von Nutzbremsenergie in Fahrzeugen [27.75]. In ihrem Aufbau ähneln die Superkondensatoren den zuvor diskutierten Batterien oder Akkumulatoren. Sie besitzen zwei Elektroden, einen Separator und einen Elektrolyten. Die Kapazität der Superkonsatoren ergibt sich aus der Summe der Kapazitäten zweier Speicheranteile: Die statische Speicherung elektrischer Energie in *Helmholtz-Doppelschichten*, deren Zustandekommen wir kurz in Abschn. 22.3.2 diskutiert hatten, und die elektrochemische Speicherung durch Faradayschen Ladungstausch auf Basis von Redoxreaktionen in einer *Pseudokapazität*.

Auch bei Superkondensatoren bieten Elektroden aus nanostrukturierten Materialien zahlreiche Vorzüge. Dies konnte insbesondere für nanostrukturierten Kohlenstoff in Form von Aerogelen [27.76], Nanoröhrchen [27.77] und Nanotemplaten [27.78] gezeigt werden. Auch bieten nanostrukturierte Elektrodenmaterialien die Möglichkeit zur Realisierung neuartiger Architekturen auf Basis von *Hybridkondensatoren* [27.79]. Abbildung 27.38 zeigt den Aufbau und das Lade-/Entladeverhalten der neuartigen asymmetrischen Hybridkondensatoren.

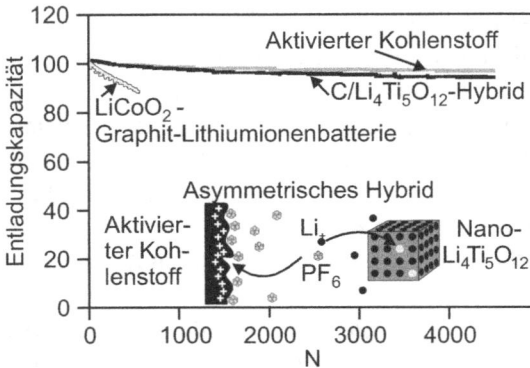

Abb. 27.38. Lade-/Entladeverhalten neuartiger Hybridsuperkondensatoren im Vergleich zu einem konventionellen Superkondensator und zu einem Lithium-Ionen-Akkumulator als Funktion der Zyklen [27.61]. Der untere Teil der Abbildung zeigt den Aufbau der asymmetrischen Elektroden auf Basis nanostrukturierter Materialien.

Insgesamt ist das Anwendungspotential kompakter nanostrukturierer Materialien im Bereich von Umwelt- und Energietechnologien als hoch einzuschätzen. Insbesondere Systeme zur Speicherung elektrischer Energie wie Batterien, Akkumulatoren und Superkondensatoren profitieren von neuartigen nanostrukturierten Elektrodenmaterialien im Hinblick auf ihre Speicherkapazität und ihre Lebensdauer. Brennstoffzellentechnologien wiederum profitieren hauptsächlich durch den Einsatz nanostrukturierter Materialien bei der Herstellung der Brennstoffe, beispielsweise durch den Einsatz neuartiger Katalysatoren.

27.5 Nanokristalline Ferromagnete

Zwei für die Anwendung ferromagnetischer Materialien wichtige Kenngrößen sind die Sättigungsinduktion B_S und die effektive Permeabilität μ_e für eine bestimmte Ummagnetisierungsfrequenz. Bereits 1976 wurde gezeigt, dass amorphe Phasen von Pd-Si-, Fe-P-C- und (Fe, Co, Ni)-Si-B-Systemen durch Kristallisation in nanokristalline Systeme transformiert werden können [27.80]. Diese besitzen interessante und für eine Vielzahl von Anwendungen vorteilhafte Eigenschaften [27.81]. Für weichmagnetische Materialien hatten wir das exemplarisch bereits kurz in Abschn. 5.2.5 diskutiert. Interessante hartmagnetische Eigenschaften erhält man beispielsweise für das nanokristalline Fe-Nd-B-System und namentlich für $Nd_2Fe_{14}B$ [27.82]. In den vergangenen Jahrzehnten hat man sich intensiv mit der Entwicklung und Erforschung nanokristalliner Ferromagnete befasst.

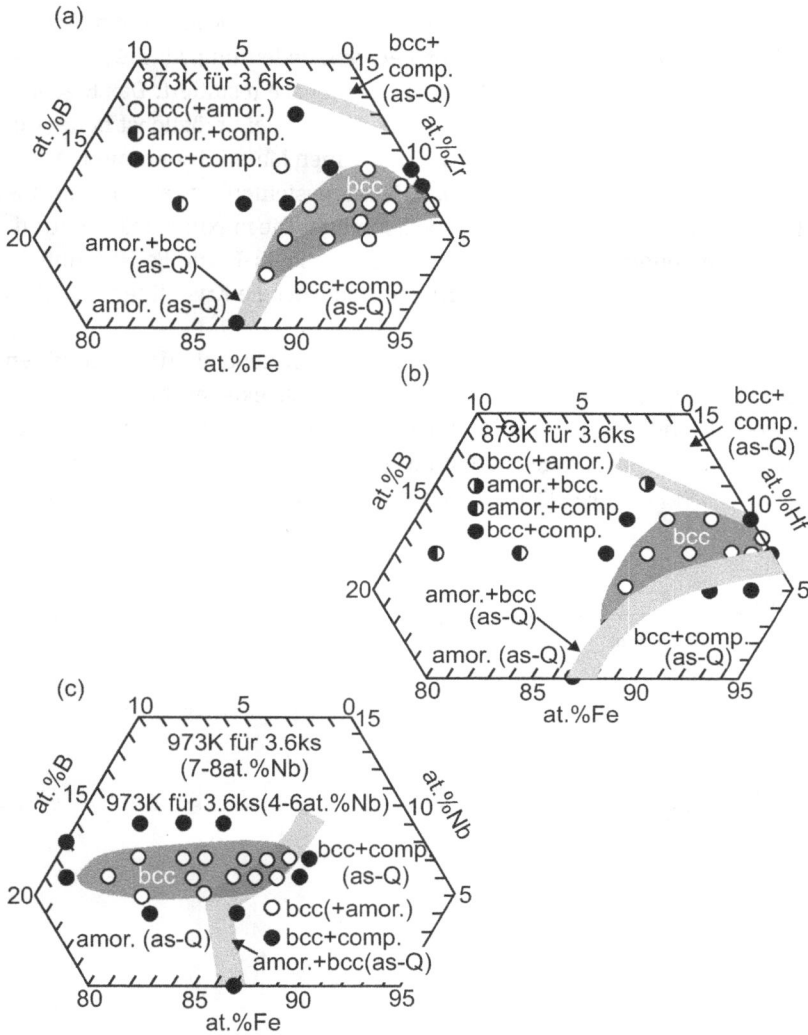

Abb. 27.39. Abhängigkeit der kristallographischen Konfiguration ternärer Systeme mit hohem Fe-Gehalt von der Zusammensetzung [27.81]. Dargestellt sind Konfigurationen direkt nach dem Abschrecken der Schmelzen sowie nach Wärmebehandlungen gegebener Temperatur und Dauer. (a) Fe-Zr-B. (b) Fe-Hf-B. (c) Fe-Nb-B.

Eine etablierte Methode zur Herstellung metallischer Gläser ist das Schmelzschleudern (*Melt Spinning*). Die mit diesem Verfahren hergestellten amorphen ferromagnetischen Legierungen eignen sich zur Herstellung nanokristalliner Ferromagnete durch Krisallisation. Ein sehr gut untersuchtes System ist Fe-(Zr, Hf, Nb)-B [27.81]. An diesem System wurde systematisch untersucht, wie die kristallographische Konfiguration der Proben nach dem Rascherstarrungsverfahren ($\gtrsim 10^6$ K/s) von der Zusammensetzung der Schmelzen abhing. Dies ist insofern von Bedeutung, als die Nanokristallinität durch Wärmebehandlung aus der amorphen Phase resultiert. Das Ergebnis zeigt Abb. 27.39. Der Eisengehalt betrug jeweils 80–95 %, da ein möglichst hoher Gehalt die magnetischen Eigenschaften des nanokristallinen Materials optimiert.

Grundsätzlich kommen in allen in Abb. 27.39 dargestellten Systemen amorphe Phasen und bcc-Fe-Kristallite vor, teilweise koexistierend. Die maximale Konzentration an Fe bei resultierender amorpher Phase ist 92 % für Fe-Zr-B und Fe-Hf-B und 86 % für Fe-Nb-B. Oberhalb von 86 % Fe formen sich zudem bcc-Fe-Kristallite für Fe-Zr-B und Fe-Hf-B in der amorphen Matrix.

Die resultierenden magnetischen Eigenschaften zweier der diskutierten ternären Systeme sind in Abb. 27.40 dargestellt. Eine amorphe Phase existiert bei bis zu 92 % Fe-Anteil für Fe-Zr-B und bei bis zu 84 % für Fe-Nb-B. Die wärmebehandelten Proben zeigen gute magnetische Eigenschaften mit $B_S > 1{,}6$ T und $\mu_e > 10^4$ bei 90 % Fe für Fe-Zr-B und 84 % Fe für Fe-Nb-B. Die besten weichmagnetischen Eigenschaften

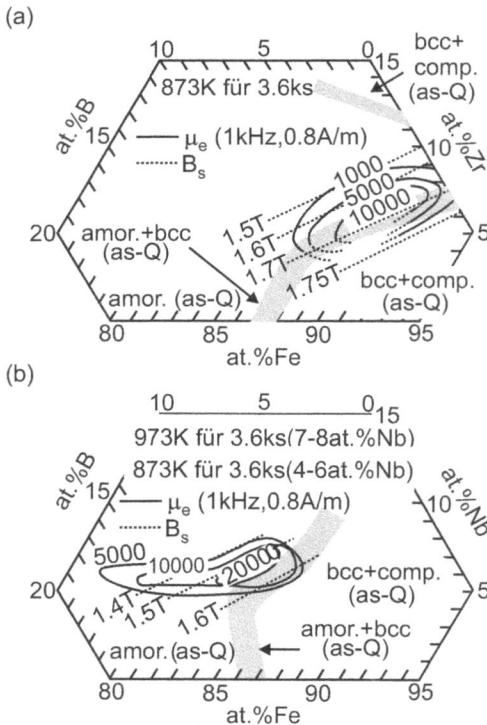

Abb. 27.40. Magnetische Kenngrößen B_S und μ_e für nanokristalline Systeme nach optimaler Wärmebehandlung und für den Erstarrungszustand (as-Q) [27.81]. (a) Fe-Zr-B. (b) Fe-Nb-B.

ergeben sich für maximale Fe-Konzentrationen, bei denen noch eine homogene amorphe Phase nach der Rascherstarrung vorliegt. Die Kausalität zwischen der kristallinen Konfiguration nach dem Schmelzschleudern und den magnetischen Eigenschaften ergibt sich, weil die nanoskaligen bcc-Körner nur für die Fe-reiche homogene amorphe Phase resultieren.

Der recht komplexe Zusammenhang zwischen Zusammensetzung der Schmelze, kristalliner Struktur als Funktion dieser Zusammensetzung sowie der Wärmebehandlung und den letzlich resultierenden magnetischen Eigenschaften lässt sich praktisch nur durch systematische Messungen ermitteln. Der Einfluss der Temperatur bei der thermischen Nachbehandlung der amorphen Materialien geht für dezidierte Zusammensetzungen der zuvor diskutierten Systeme aus Abb. 27.41 hervor. Zusammenfassend wird deutlich, dass Maxima für B_S und μ_e erreicht werden, bevor die Korngröße d aufgrund der thermischen Behandlung rasant anwächst, also für kleine Körner mit $10\,\text{nm} < d < 20\,\text{nm}$.

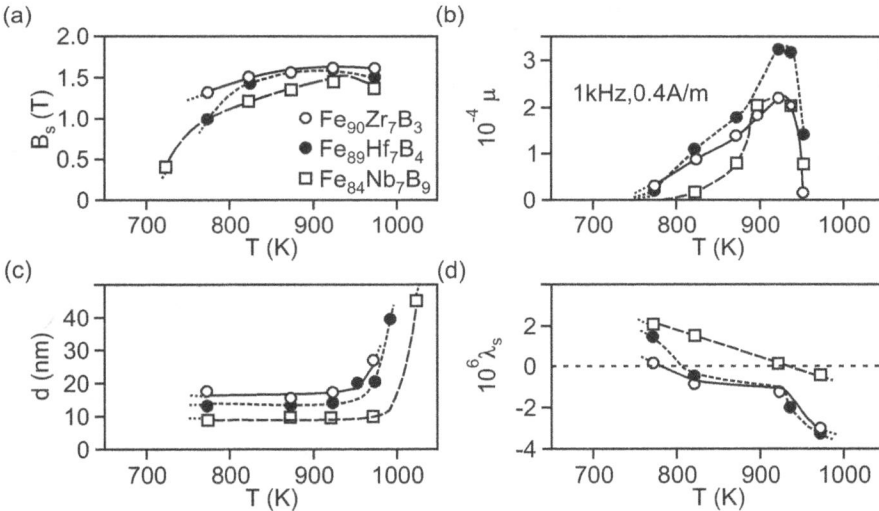

Abb. 27.41. Magnetische Kenngrößen als Funktion der Temperatur bei der thermischen Nachbehandlung ternärer amorpher Systeme [27.81]. (a) Sättigungsinduktion. (b) Effektive Permeabilität. (c) Mittlere Korngröße der bcc-Phase. (d) Sättigungsmagnetostriktion.

Die genauere Analyse zeigt, dass mit wachsender Temperatur der Nachbehandlung die amorphe Phase zunächst in eine hauptsächliche bcc-Fe-Phase transformiert wird. Diese dominiert den Temperaturbereich $750\,\text{K} < T < 930\,\text{K}$ in Abb. 27.41. Jenseits dieses Temperaturbereichs dominieren α-Fe plus Verbindungen wie Fe_2Zr oder Fe_2Hf. Das Vorliegen entsprechender Fe-Verbindungen ist in Abb. 27.39 und 27.40 ebenfalls markiert (comp.) Mit dem Vorliegen von α-Fe und Verbindungen wächst die Korngröße rapide. Die verschwindenden Werte für B_S und μ_e für $T < 750$ K sind auf den *Invareffekt* zurückzuführen.

Die besten weichmagnetischen Eigenschaften resultieren für eine Phase aus amorpher Matrix und bcc-Fe-Nanokristalliten. Abbildung 27.42 zeigt eine atomar aufgelöste Abbildung von $Fe_{88}Hf_{10}B_2$ nach einer Wärmebhandlung von 3600 s bei 873 K. Zusammen mit Ergebnissen der *energiedispersiven Röntgenmikroskopie (EDX)* lassen sich die Regionen 1 und 2 als bcc-Fe und als amorph identifizieren. In der amorphen-Phase ist der Hf-Gehalt erhöht.

Die Konzentration der einzelnen Elemente lässt sich ortsaufgelöst mittels der *Atomsonden-Feldionenmikroskopie* bestimmen [27.83]. Abbildung 27.43 zeigt exempla-

(a)

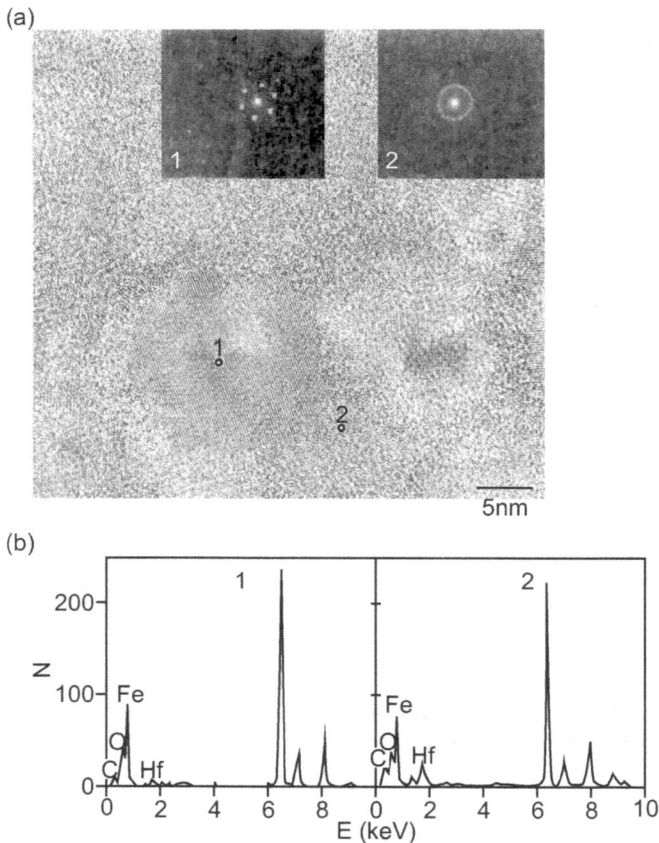

(b)

Abb. 27.42. Nanoskalige Analyse von schmelzgeschleudertem $Fe_{88}Hf_{10}B_2$ nach Wärmebehandlung [27.81]. Die Regionen 1 und 2 zeigen nanokristalline und amorphe Bereiche. (a) TEM-Aufnahme. (b) EDX-Spektren der beiden Regionen aus (a).

risch integrale Konzentrationsprofile an den Grenzflächen eines α-Fe-Nanopartikels und der amorphen Matrix für wärmebehandeltes $Fe_{90}Zr_7B_3$ [27.83]. Hier ist die Gesamtzahl detektierter Ionen einer Spezies aufgetragen als Funktion der Gesamtzahl aller detektierten Ionen der Verbindung. Damit entspricht die Steigung der jeweiligen Konzentration der Spezies. Das Ergebnis lässt sich gemäß der ebenfalls in Abb. 27.43 dargestellen schematischen Zeichnung zusammenfassen: In den bcc-Fe-Partikeln ist der Fe-Gehalt größer als in der Matrix, Zr kommt gar nicht vor und B in geringer Konzentration. Interessanterweise ist der Zr-Anteil in der Grenzfläche selbst erhöht. Dieser Tatbestand sowie die Anreicherung von Zr und B in der amorphen Matrix sind wesentliche Hinweise auf jene Faktoren, welche das Wachstum der bcc-Fe-Kristallite begrenzen und damit die nanokrostalline Struktur stabilisieren [27.83].

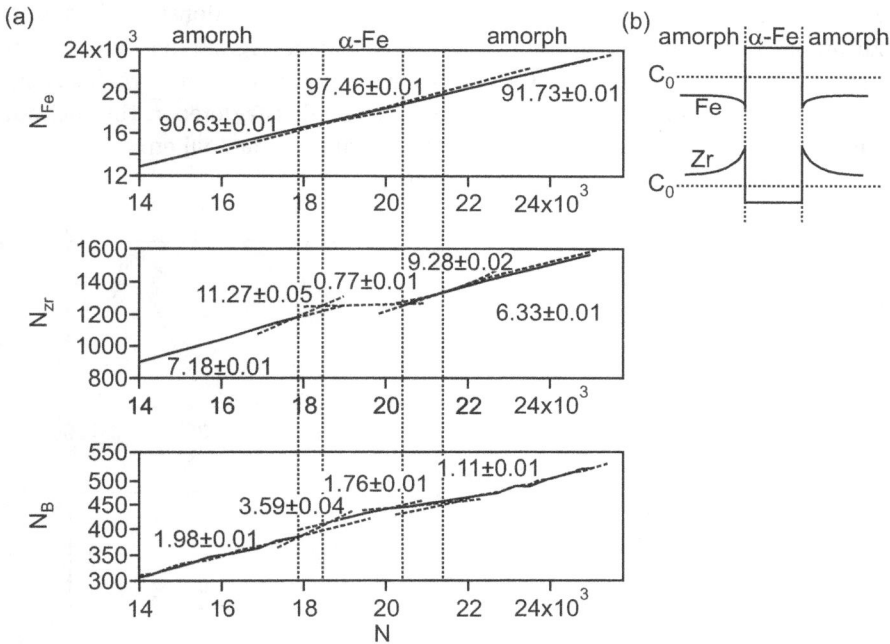

Abb. 27.43. Integrale Konzentrationsprofile für wärmebehandeltes $Fe_{90}Zr_7B_3$ [27.81]. (a) Detektierte Anzahl von Atomen einer Spezies als Funktion der Anzahl aller detektierten Atome. (b) Konzentration von Fe und Zr in der Nähe eines bcc-Fe-Kristallits.

Weitere systematische Untersuchungen und Überlegungen zur Optimierung der weichmagnetischen Eigenschaften der genannten ternären Materialsysteme haben zur Formulierung folgender simultan zu erfüllender Rahmenbedingungen geführt [27.84]: Kopplung der bcc-Fe-Kristallite über die ferromagnetische amorphe Matrix zum Erhalt maximaler B_S-Werte. Einfache Ummagnetisierbarkeit daduch, dass die nominelle Domänenwandweite größer ist als der mittlere Kristallitdurchmesser. Stabile nanokristalline Phase, die durch die amorphe Matrix thermisch stabilisiert wird. Ein mimimaler λ_S-Wert durch Übergang von Elementen aus der bcc-Fe-Phase in die amorphe, umgebende Matrix.

Wenn die genannten vier Rahmenbedingungen korrekt wären, müssten die folgenden vier Maßnahmen zur Verbesserung der weichmagnetischen Eigenschaften führen: Erhöhung der Curie-Temperatur der amorphen Matrix. Verkleinerung der mittleren bcc-Fe-Kristallitgröße. Erhöhung der thermischen Stabilität der amorphen Matrix. Ein Wert von $\lambda_s \approx 0$.

Die genannten Maßnahmen lassen sich realisieren durch einen Zusatz weiterer gelöster Elemente in geringer Konzentration [27.81]. Insbesondere Co hat sich als wirksam erwiesen. Abbildung 27.44 zeigt die erhaltenen Werte für $(Fe_{0,985}Co_{0,015})_{90}Zr_7B_3$ im Vergleich zu denen für $Fe_{90}Zr_7B_3$. Bei identischem Kristallisationsverhalten führt der Zusatz von Co zu erhöhten B_S- und μ_e-Werten bei einem vergrößerten Temperaturbereich für die Wärmebehandlung. Die Curie-Temperatur der amorphen Matrix steigt ebenfalls. Diese Ergebnisse bestätigen die genannten Einflussfaktoren im Hinblick auf die weichmagnetischen Eigenschaften der nanokristallinen Materialien.

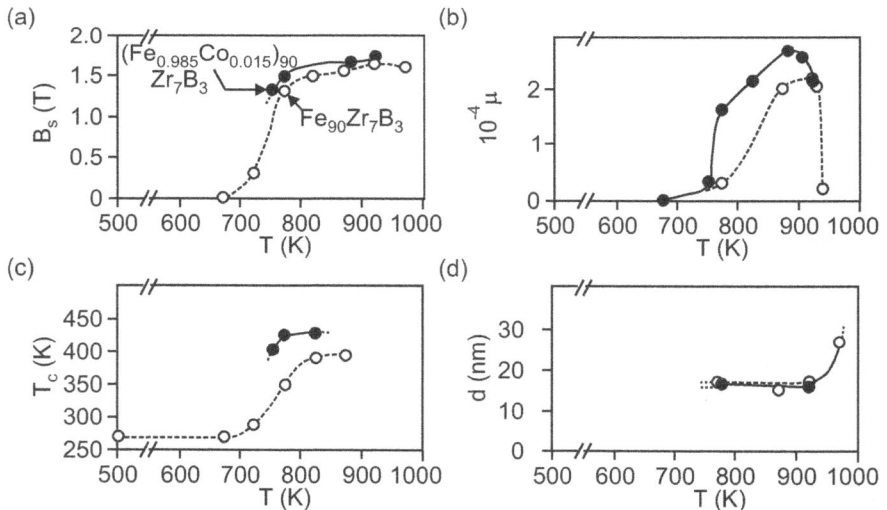

Abb. 27.44. Einfluss des Zusatzes geringer Mengen an Co für schmelzgeschleudertes und wärmebehandeltes $Fe_{90}Zr_7B_3$, aufgetragen als Funktion der Temperatur der Wärmebehandlung [27.81]. (a) Sättigungsinduktion. (b) Effektive Permeabilität. (c) Curie-Temperatur. (d) Mittlere Kristallitgröße.

Von großer Bedeutung aus Sicht der Nanostrukturforschung ist natürlich die Frage, inwieweit die Korngröße innerhalb des Nanometerbereichs einen Einfluss auf die magnetischen Eigenschaften des Materials hat. Interessanterweise lässt sich die Größe der bcc-Nanokristallite relativ gut über die Erwärmungsrate α bei der Wärmebehandlung steuern [27.81]. Abbildung 27.45 zeigt Ergebnisse für $Fe_{90}Zr_7B_3$, $Fe_{89}Hf_7B_4$ und $Fe_{84}Nb_7B_9$ jeweils für 10^{-3} K/s $< \alpha < 10$ K/s. Gemessen wurden der mittlere Kristallitdurchmesser, die effektive Permeabilität bei 1 kHz und die Koerzitivfeldstärke. Eindeutig ist zu erkennen, dass optimale weichmagnetische Eigenschaften für die kleinste erreichte Größe der bcc-Fe-Nanokristallite erzielt werden.

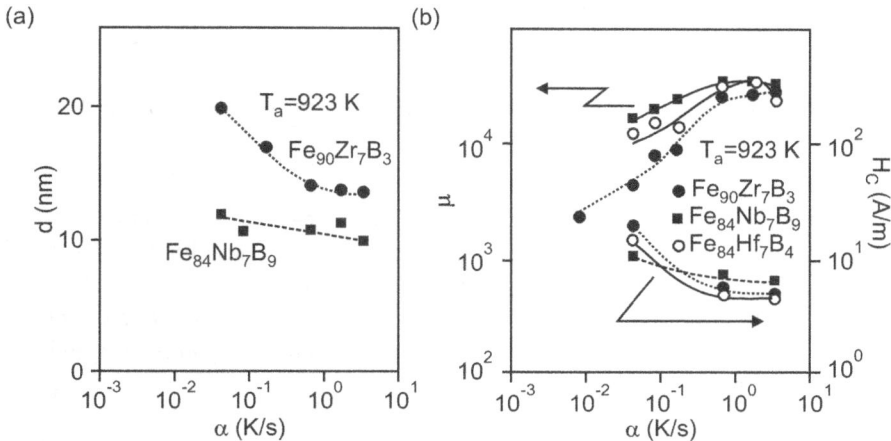

Abb. 27.45. Einfluss der Erwärmungsrate α auf die Eigenschaften ternärer Systeme [27.81]. (a) Mittlere Kristallitgröße. (b) Effektive Permeabilität und Koerzitivfeldstärke.

Dieser Befund wird auch für nanokristalline Legierungen vom Typ Fe-Nb-P-Cu bestätigt [27.85]. Dieser Materialtyp besitzt den applikationsbezogenen Vorteil, das er sich mittels Schmelzschleuderns und thermischer Nachbehandlung sogar an Luft herstellen lässt anstatt im Vakuum oder unter Schutzgasatmosphäre. Abbildung 27.46 zeigt die erreichte effektive Permeabilität als Funktion der mittleren Korngröße.

TEM-Aufnahmen sind essentiell wichtig, um eine Relation zwischen mittlerer Korngröße oder morphologischer Phase und den magnetischen Eigenschaften des nanokristallinen Materials herzustellen. Abbildung 27.47 zeigt im Vergleich die amorphe Phase (as quenched) und die nanokristalline Phase des Systems $Fe_{85}Nb_6B_9$ [27.85; 27.86]. Bereits direkt nach der Herstellung mittels Schmelzschleuderns liegt eine gemischte amorphe und nanokristalline Phase vor, wie Abb. 27.47(a) zeigt. Der Durchmesser der α-Fe-Körner beträgt 10–25 nm. Die thermische Nachbehandlung, deren Einfluss auf die gemischte Phase Abb. 27.47(b) zeigt, führt dazu, dass die Körner nunmehr im Mittel einen Durchmesser von 40 nm haben.

Den Einfluss der Korngröße auf die weichmagnetischen Eigenschaften der gemischten Phase versteht man gut über das Modell der zufälligen Anisotropieverteilung (*Random Anisotropy Model, RAM*) [27.87]. Dabei wird angenommen, dass der

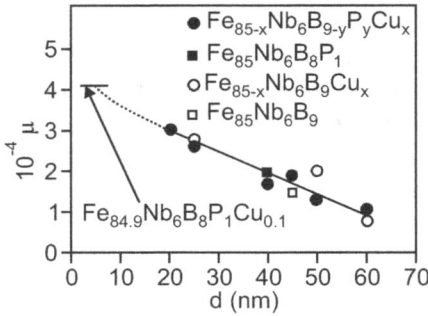

Abb. 27.46. Effektive Permeabilität als Funktion der mittleren Korngröße für das Materialsystem Fe-Nb-P-Cu [27.81].

Korndurchmesser d kleiner als die Austauschlänge l_{ex} ist. Außerdem muss berücksichtigt werden, dass neben der nanokristallinen Phase ein erheblicher Volumenanteil an amorpher Phase vorliegt [27.88]. Bei einer Korngrößenverteilung $f(d)$ ist der fluktuierende Anteil der magnetokristallinen Anisotropie – also der ausschließlich durch die heterogene Struktur des zweiphasigen Materials bedingte Anteil der magnetokristallinen Anisotropie – gegeben durch [27.86]

$$\langle K \rangle = (1 - \eta)^2 \frac{K}{l_0^6} \left(\int_0^{d_{max}} d^3 f(d) dd \right)^2 . \tag{27.4}$$

η ist der Volumenanteil der amorphen Phase, K die intrinsische magnetokristalline Anisotropiekonstante und d_{max} der maximale Korndurchmesser. Die intrinsische Austauschlänge l_0 ergibt sich aus den konkurrierenden Anteilen der Austauschkopplung und der intrinsischen magnetokristallinen Anisotropie:

$$l_0 = \varphi \sqrt{\frac{A}{K}} . \tag{27.5a}$$

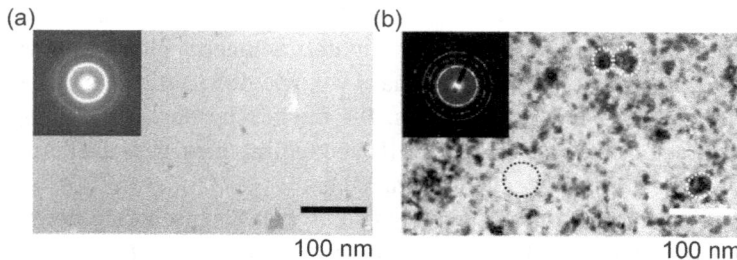

Abb. 27.47. TEM-Abbildungen von (a) amorphem und (b) nanokristallinem $Fe_{85}Nb_6B_9$ [27.81].

Demgegenüber ist die effektive Austauschlänge gegeben durch

$$l_{ex} = \varphi \sqrt{\frac{A}{\langle K \rangle}} \; . \tag{27.5b}$$

φ ist ein Parameter, der sowohl Symmetrien von K bzw. $\langle K \rangle$ widerspiegelt als auch den totalen Spinrotationswinkel über die gesamte Austauschlänge [27.89].

Mit der Größenverteilung

$$f(\delta) = \frac{1}{2\pi\sigma_d\delta} \exp\left(\frac{\ln^2 \delta}{2\sigma_d^2}\right) \tag{27.6}$$

erhält man aus Gl. (27.4)

$$\langle K \rangle = (1 - \eta)^2 K \left(\frac{\langle d \rangle}{l_0}\right)^6 \exp(6\sigma_d^2) \; . \tag{27.7a}$$

Dabei gilt $\delta = d/d_0$ mit dem Median d_0 der obigen Verteilung. σ_d bezeichnet die Standardabweichung. Für $f(d) \to 0$ für $d \gg d_{max}$ kann ferner $d_{max} \to \infty$ in Gl. (27.4) angenommen werden. Damit erhält man

$$l_{ex} = \frac{l_0^4}{(1 - \eta)\langle d \rangle^3 \exp(3\sigma_d^2)} \tag{27.7b}$$

und

$$\langle d \rangle = d_0 \exp\left(\frac{\sigma_d^2}{2}\right) \; . \tag{27.7c}$$

Gemäß Gl. (27.7a) wächst $\langle K \rangle$ mit wachsendem σ_d. Es ist also zu erwarten, dass die weichmagnetischen Eigenschaften mit wachsender Korngrößenverteilung zunehmend verloren gehen, selbst wenn $\langle d \rangle$ konstant ist.

Korngrößenverteilungen $f(d)$ lassen sich durch Vermessen und Zählen von α-Fe-Körnern in TEM-Abbildungen erhalten [27.86]. Wie Abb. 27.48 zeigt, beschreibt die in Gl. (27.6) angenommene Verteilungsfunktion recht gut die Realität.

Für viele Anwendungen weichmagnetischer Materialien ist die Kombination einer großen Sättigungsflussdichte B mit einer großen effektiven Permeabilität μ wünschenswert [27.81]. Abbildung 27.49 zeigt, wie gut gerade die nanokristallinen Fe-basierten weichmagnetischen Systeme diese Anforderung erfüllen und wie überlegen sie zum Teil konventionellen kristallinen Materialien sind.

Die Anwendungen extrem weichmagnetischer Materialien sind sehr umfangreich [27.81] und umfassen Transformator- und Übertragerkerne, Vorrichtungen zur Steigerung der elektromagnetischen Verträglichkeit (EMV), magnetische Schreib-/Leseköpfe, Magnetfeldsensoren und die Abschirmung von Magnetfeldern. Dabei spielen im Allgemeinen die Sättigungsinduktion B, die remanente Induktion B_r, die Permeabilität μ, die Magnetostriktion λ und die spezifischen elektromagnetischen Verluste W

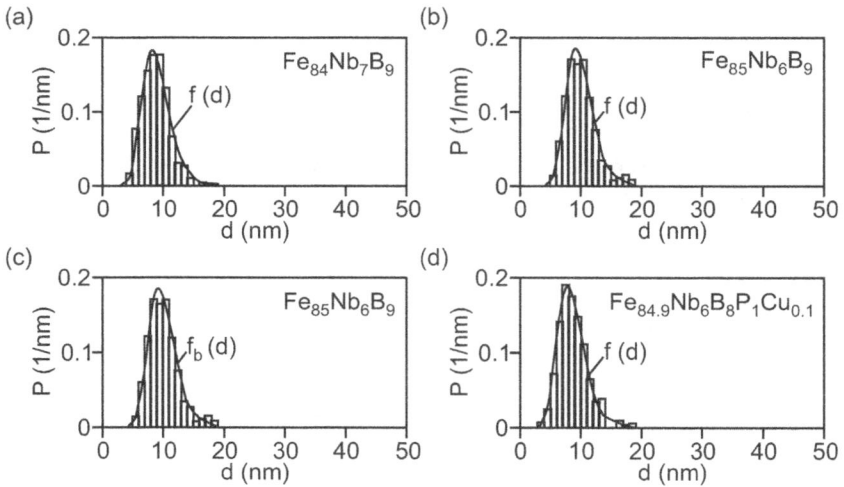

Abb. 27.48. Korngrößenverteilungen für nanokristalline Fe-Nb-B-(-P-Cu)-Verbindungen [27.81].
(a) $d_0 = 8,9$ nm, $\langle d \rangle = 9,1$ nm und $\sigma_d = 0,26$. (b) $d_0 = 10,5$ nm, $\langle d \rangle = 10,0$ nm und $\sigma_d = 0,23$.
(c) Bimodale Verteilung. (d) $d_0 = 8,6$ nm, $\langle d \rangle = 8,7$ nm und $\sigma_d = 0,26$.

eine Rolle. Die Verluste sollten bei allen Induktionswerten möglichst gering sein, was in Anbetracht der zunehmenden Anzahl betriebener elektrischer und elektronischer Komponenten von globalem und fundamentalem Interesse ist.

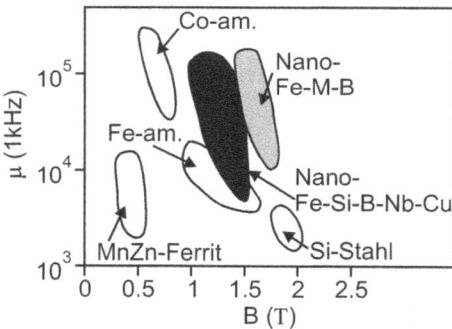

Abb. 27.49. Zusammenhang zwischen effektiver Permeabilität μ und Sättigungsflussdichte B für nanokristalline Fe-basierte Systeme im Vergleich zu amorphen und konventionellen kristallinen [27.81].

Abbildung 27.50 zeigt, welche diesbezüglich bemerkenswerten Eigenschaften die nanokristallinen magnetischen Materialien aufweisen. Dies spiegelt sich letztlich direkt im Anteil der übertragenen Leistung von Übertragern und Transformatoren wider. Ein mehr oder weniger großer Anteil der Eingangsleistung entfällt stets auf die Verlustleis-

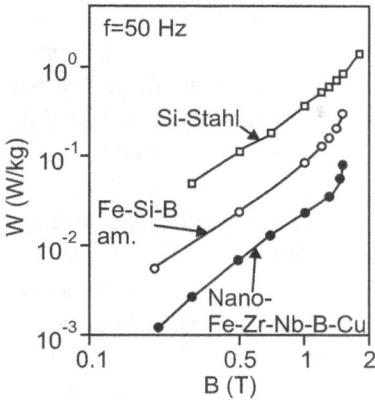

Abb. 27.50. Spezifische elektromagnetische Verluste verschiedener weichmagnetischer Materialien als Funktion der maximalen Induktion [27.81].

tung. Abbildung 27.51 zeigt für einen gegebenen Transformatorkern die erzielte Effizienz für konventionell kristalline, amorphe und nanokristalline Systeme.

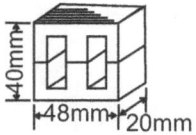

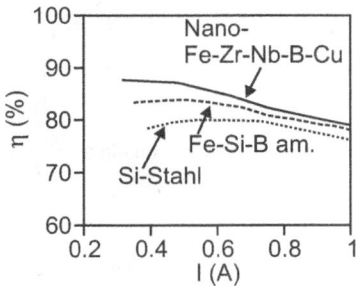

Abb. 27.51. Effizienz eines Transformators mit einer Primärspule von 1020 Windungen bei einer Primärspannung von 100 V und einer Sekundärspule von 103 Wicklungen bei 8 V und variierendem Strom [27.81].

Für Drosselspulen und auch magnetische Abschirmmaterialien ist wiederum die Unterdrückung von Störsignalen übergroßer Frequenzbereiche von Bedeutung. Abbildung 27.52 verdeutlicht, dass auch in dieser Hinsicht das nanokristalline Fe-Zr-Nb-B-Cu-System konventionellen Werkstoffen überlegen ist. Nicht nur extrem weichmagnetische Materialien sind von Bedeutung für zahlreiche Anwendungen, sondern auch stark permanent-magnetische, d.h. extrem hartmagnetische. Bezüglich neuartiger Verfahren zur Speicherung elektrischer und zur Erzeugung erneuerbarer Energie setzt man große Hoffnungen in nanokristalline permanentmagnetische Materialien [27.90]. Die Herstellung solcher Massivmaterialien ist eine Herausforderung, da konventionelle Kompaktierungs und Sinterverfahren nicht nutzbar sind [27.90].

Wichtige Kenngrößen für Permanentmagnete sind die Energiedichte und die Koerzitivfeldstärke. Beide sollten tendenziell möglichst groß sein. Ein Meilenstein war die Entdeckung von $Nd_2Fe_{14}B$ in den frühen 1980ern. Im Hinblick auf neue Materialien gab es danach keine Schlüsselinnovationen mehr. Allerdings konzentrierten sich die Anstrengungen in den vergangenen Jahren zunehmend auf die Herstellung nanokristalliner Materialien auf Basis der etablierten Verbindungen, aber gut definierter Korngrößen. Die Optimierung der Größenverteilung eindomäniger Körner ermöglicht den Erhalt von Maximalwerten der Koerzitivfeldstärke [27.91].

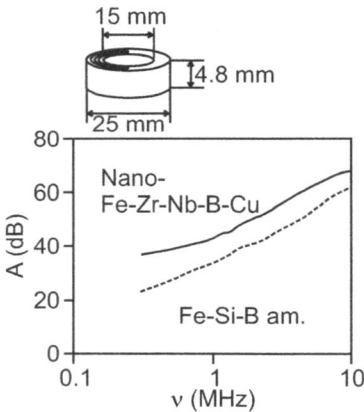

Abb. 27.52. Dämpfung von Störsignalen durch eine Drosselspule mit 30 Windungen für ein amorphes und ein nanokristallines Materialsystem [27.81].

Eine weitere Innovation sind austauschgekoppelte Nanokompositmagnete, die aus einer magnetisch harten in einer weichen Phase bestehen. 1989 wurde das System $Nd_2Fe_{14}B$ realisiert [27.92]. Dieses wies immerhin $B_r/B_S=0{,}8$ und $H_C=318{,}4$ kA/m auf. Von großem praktischen Vorteil ist, dass die austauschgekoppelten zweiphasigen Systeme mittels Schmelzschleuderns [27.93], mittels Kugelmahlens [27.94] und mittels Dünnschichtdeposition [27.95] hergestellt werden können.

Im Hinblick auf eine möglichst gute Kontrolle der späteren Korngröße der hartmagnetischen Phase des zweiphasigen Kompositmaterials sind chemische Methoden zur Herstellung hartmagnetischer Nanopartikel als Vorstufe äußerst interessant. Dies wurde insbesondere für monodisperse FePt-Partikel gezeigt [27.96]. Die Partikel benö-

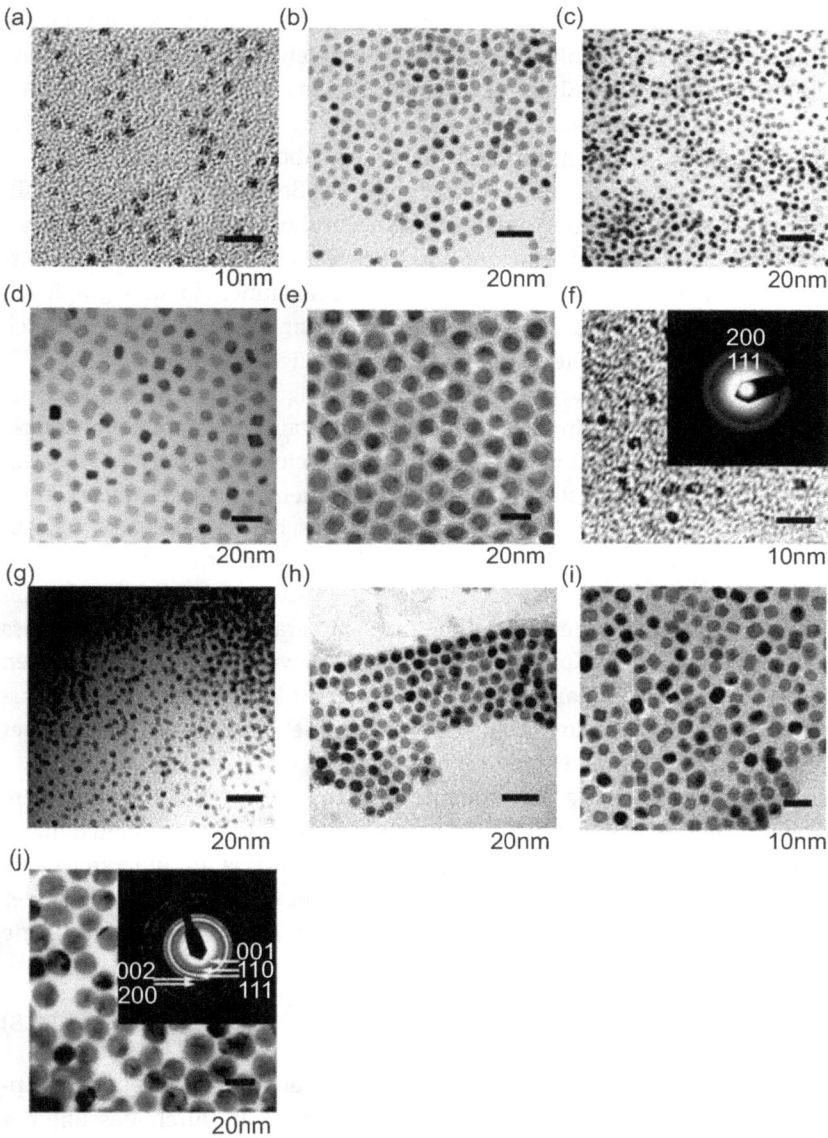

Abb. 27.53. TEM-Abbildungen von FePt-Nanopartikeln [27.97]. Partikel direkt nach der Synthese mit Größen von (a) 2 nm, (b) 4 nm, (c) 6 nm, (d) 8 nm und (e) 15 nm. Die thermisch mit Hilfe einer Salzmatrix nachbehandelten Partikel haben Größen von (f) 2 nm, (g) 4 nm, (h) 6 nm, (i) 8 nm und (j) 15 nm.

tigen allerdings nach der Synthese eine thermische Nachbehandlung zur Erzeugung einer optimalen kirstallinen Struktur. Die damit verbundene Agglomerationstendenz lässt sich reduzieren durch die Einbettung der Partikel in eine Salzmatrix [27.97]. Als Vorstufe kompakter Nanokomposite lassen sich damit monodisperse und kristallographisch optimierte FePt-Nanopartikel herstellen, wie Abb. 27.53 zeigt.

Eine besondere Herausforderung ist die Synthese von Seltenerd-Übergangsmetall-Nanopartikeln. Diese haben eine komplexe Kristallstruktur und sind chemisch an Luft instabil. Hier hat sich eine Surfactant-unterstützte[7] Kugelmahlmethode bewährt [27.98]. Diese liefert flockenartige Nanopartikel, die in ihrem Innern kristallographisch und magnetisch ausgerichtete Körner aufweisen. Abbildung 27.54 gibt einen Überblick über die Morphologie und die relevanten magnetischen Eigenschaften.

Bei den zweiphasigen nanokristallinen Permanentmagnetkompositen spielen bei der Konsolidierung sowohl die applizierte Temperatur als auch die Applikationsdauer eine entscheidende Rolle. Dabei ist die Korngröße der weichmagnetischen Phase im Hinblick auf eine maximale Austauschkopplung zwischen den weich- und hartmagnetischen Körnern entscheidend für die globalen Eigenschaften der Komposite. Abbildung 27.55 zeigt exemplarisch für amorphes NdFeCoDyB das Kornwachstum für das weichmagnetische α-Fe während des Konsolidierungsprozesses als Funktion der Applikationsdauer t für verschiedene Konsolidierungstemperaturen. Man erkennt, dass die α-Fe-Körner zu Beginn des Konsolidierungsprozesses wachsen bis zum Erreichen einer temperaturabhängigen Maximalgröße. Danach tritt kein weiteres Kornwachstum auf. Damit ist die mittlere Korngröße der weichmagnetischen Phase präzise über die Konsolidierungsdauer und -temperatur einstellbar.

Speziell bei der Herstellung der nanokristallinen Kompositpermanentmagnete sind Nukleations- und Diffusionsprozesse für die Eigenschaften des späteren Gefüges maßgeblich. Eine Charakterisierung erfordert eine Betrachtung auf atomarer Skala [27.101]. Eine *Arrhenius-Relation* liefert den Zusammenhang der Nukleations- oder Wachtumsrate $1/t_E$ einer bestimmten Phase und der relevanten Aktivierungsenergie E:

$$\frac{1}{t_E} \sim \exp\left(-\frac{E}{k_B T}\right) . \tag{27.8}$$

Neben der Konsolidierungsdauer und -temperatur ist auch ein gegebenenfalls applizierter Druck relevant. Dies zeigt Abb. 27.56 für NdPrFeCoB. Durch Messung der Druckabhängigkeit der Nukleationsraten lassen sich Aktivierungvolumina ΔV_g^* ermitteln. Die gemessenen Volumina für die α-(Fe,Co)- sowie (Nd,Pr)$_2$Fe$_{14}$B-Phasen liefert ebenfalls Abb. 27.56. Aus diesen Volumina kann wiederum auf die Art der relevanten atomaren Diffusionsprozesse geschlossen werden [27.101].

Um von durch Schmelzschleudern hergestellten Bändern oder Pulvern als nanokristallinen Vorstufen zu dichten massiven Permanentmagneten (Bulk-Materialien)

---

[7] Surface Active Agent

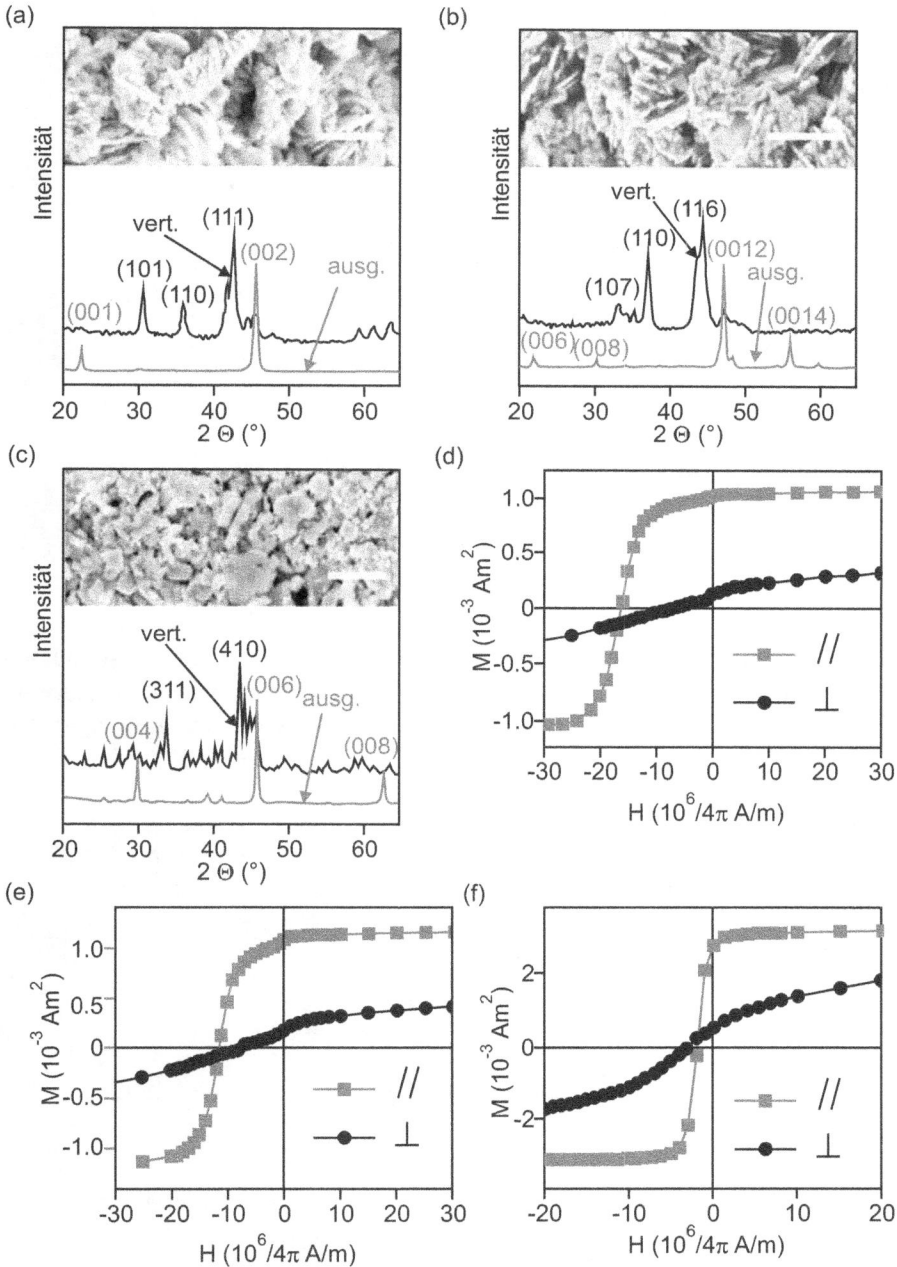

Abb. 27.54. Struktur, XRD-Spekten und Magnetisierungskurven von Nanoflocken als Vorstufe nano-strukturierter Permanentmagnete [27.98]. (a) $SmCo_5$. (b) Sm_2Co_7. (c) $Nd_2Fe_{14}B$. Der Balken in den SEM-Abbildungen entspricht jeweils 5 μm. (d)–(e) Magnetisierungskurven parallel und senkrecht zur leichten magnetischen Achse.

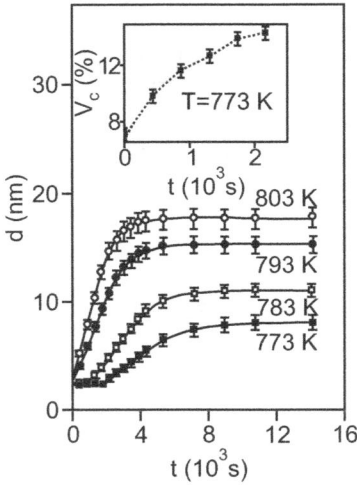

Abb. 27.55. Mittlere Korngröße des α-Fe als Funktion der Konsolidierungsdauer bei gegebener Temperatur [27.100]. Zusätzlich dargestellt ist der Volumenanteil als Funktion der Konsolidierungsdauer für eine bestimmte Temperatur.

zu kommen, bedarf es geeigneter Konsolidierungsverfahren [27.102]. Diese müssen insbesondere sicherstellen, dass es nicht zu einem unerwünschten Kornwachstum kommt oder zu unerwünschten atomaren Diffusionen. Speziell bei zweiphasigen Per-

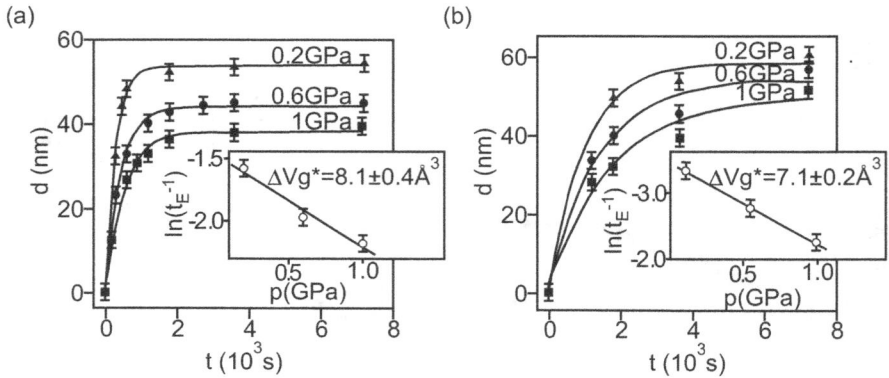

Abb. 27.56. Mittlere Korngröße als Funktion der Konsolidierungsdauer für NdPrFeCoB [27.101]. (a) α-(Fe)-Körner. (b) $(Nd,Pr)_2Fe_{14}B$-Körner. Die Temperatur beträgt 823 K. Dargestellt sind ebenfalls die Druckabhängikeiten der Aktivierungsvolumina.

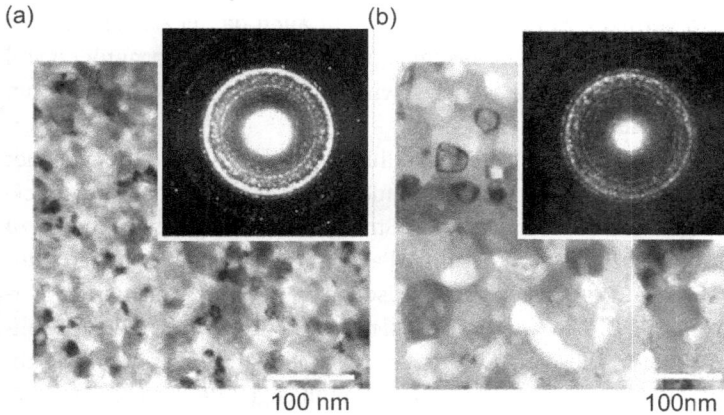

Abb. 27.57. TEM-Abbildungen und Elektronenbeugungsmuster für $Nd_9Fe_{85}B_6$ [27.103]. (a) Nach Hochdrucktorsionsdeformation und Wärmebehandlung. (b) Nach ausschließlicher Wärmebehandlung.

manentmagneten ist die Kontrolle der Nanokristallinität und des Volumenanteils der weichmagnetischen Phase der Schlüssel zu optimalen Eigenschaften des Permanentmagneten. Optimierte Konsolidierungsverfahren wie beispielsweise die *Hochdrucktorsionsdeformation* erlauben eine derartige Kontrolle [27.103]. Für das ternäre System $Nd_9Fe_{85}B_6$ konnte etwa gezeigt werden, dass die optimale Konsolidierung zu kleinen α-Fe-Körnern mit einem großen Volumenanteil von 45 % und auch zu kleinen $Nd_2Fe_{14}B$-Körnern führt [27.103]. Eine thermische Nachbehandlung ohne Hochdrucktorsionsdeformation führt zu weniger optimalem Resultat mit einem um 30 % geringeren $(BH)_{max}$-Wert und einer signifikant geringeren Koerzititvfeldstärke [27.103]. Die Kristallinität beider nanokristallinen Gefüge zeigt Abb. 27.57. Aufgrund der niedrigen

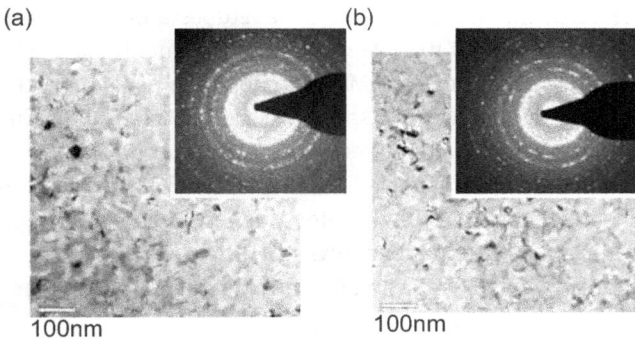

Abb. 27.58. TEM-Abbildungen von $Nd_8Fe_{86}B_6$ [27.104]. (a) Nach dem Schmelzschleudern. (b) Nach Konsolidierung durch Plasmasintern.

Sintertemperatur und geringen Sinterdauer ermöglicht auch das *Plasmasintern* die Konsolidierung von $Nd_2Fe_{14}B/\alpha$-Fe-Austauschmagneten [27.104] mit Korngrößen von nur wenigen Nanometern. Wie Abb. 27.58 zeigt, wird unerwünschtes Kornwachstum nahezu vollständig unterbunden.

Industriell von Bedeutung ist auch die Herstellung von Pulvern hartmagnetischer Materialien per Kugelmahlen und die anschließende Konsolidierung über *Hochdruck-Wärme-Kompaktierung*. Unter Verwendung von $SmCo_5/\alpha$-Fe führt dieser Prozess zu einem hohen Anteil von sehr kleinen (<15 nm) α-Fe-Körnern in den Kompositen. Dies wiederum hat eine starke Austauschkopplung zwischen magnetisch weicher und harter Phase zur Folge [27.105]. Die Korngröße lässt sich relativ präzise über die Konsolidierungstemperatur steuern. Diese hat dadurch einen direkten Einfluss auf die Dichte und das Energieprodukt der nanostrukturierten zweiphasigen Permanentmagnete, wie Abb. 27.59 verdeutlicht.

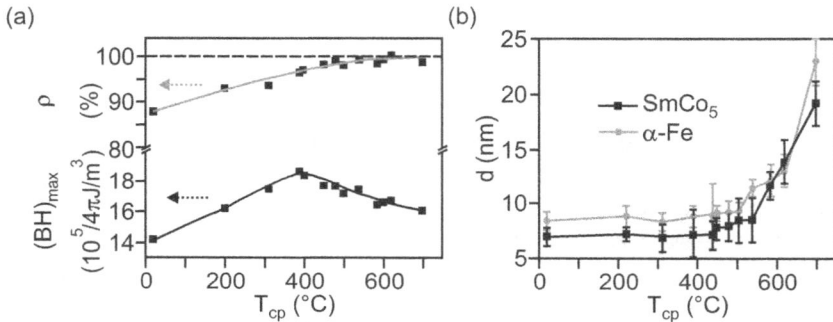

Abb. 27.59. Einfluss der Konsolidierungstemperatur auf die Eigenschaften nanostrukturierter $SmCo_5/\alpha$-Fe-Magnete [27.104]. (a) Energieprodukt und Materialdichte. (b) Mittlere Korngrößen.

Kompakte nanostrukturierte Permanentmagnete ohne Seltenerdbestandteile lassen sich als $FePt/Fe_3Pt$-Komposite herstellen [27.107]. Wiederum mit Hilfe der Hochdruck-Wärme-Kompaktierung lassen sich sehr kompakte Massivmaterialien herstellen, deren Dichte fast dem theoretischen Maximalwert entspricht. Derartige Materialien, die bei zwei unterschiedlichen Temperaturen kompaktiert wurden, zeigt Abb. 27.60.

In der Regel führt die Kompaktierung nanoskaliger Pulver zur Formung isotroper Hartmagnete. Eine identische Ausrichtung der leichten Magnetisierungsachse der hartmagnetischen Phase würde aber die Remanenz sowie $(BH)_{max}$ beträchtlich erhöhen. Die Ausbildung einer induzierten magnetischen Anisotropie ist also wünschenswert.

Eine derartige Anisotropie lässt sich insbesondere durch plastische Deformation des Materials induzieren [27.108]. Im Mittelpunkt zahlreicher Untersuchungen standen die hartmagnetischen Phasen $Nd_2Fe_{14}B$ und $SmCo_5$ von Nanokomposithartmagneten. Für das Komposit $Nd_2Fe_{14}B/\alpha$-Fe konnte gezeigt werden, dass der Grad der

(a) (b)

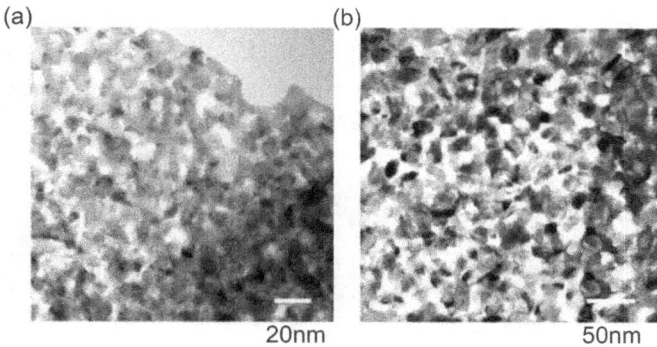

20nm 50nm

Abb. 27.60. TEM-Abbildungen von nanostrukturierten FePt-Permanentmagneten [27.107]. (a) Kompaktierung bei 20°C. (b) Kompaktierung bei 400°C

Ausbildung einer c-Achsen-Textur nicht nur von den thermisch-mechanischen Deformationsbedingungen abhängt, sondern in dem Fall auch von der Konzentration der weichmagnetischen Phase [27.108]. Abbildung 27.61 zeigt die Ausbildung der Textur für zwei unterschiedliche Anteile von α-Fe. Es zeigt sich, dass die α-Fe-Nanokörner einen eher negativen Einfluss auf die Ausbildung einer c-Achsen-Kristallstruktur der $Nd_2Fe_{14}B$-Körner hat.

(a) (b)

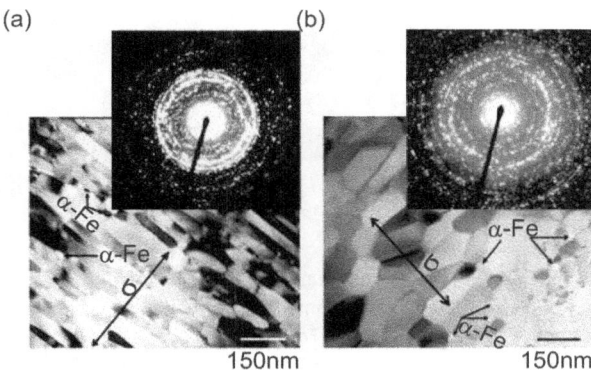

150nm 150nm

Abb. 27.61. TEM-Aufnahmen von nanostrukturierten $Nd_2Fe_{14}B/\alpha$-Fe-Kompositen nach plastischer Deformation entlang der Spannungsachsen σ. Die Teilabbildungen zeigen Elektronenbeugungsmuster an ausgewählten Bildbereichen. (a) 2 Vol-% α-Fe. (b) 5 Vol-% α-Fe.

Ein wiederum anderes Verhalten wurde für $Nd_2Fe_{14}B$-Nanokomposite gefunden, die aus Nd-armem $Nd_9Fe_{85}B_6$ durch Konsolidierung und thermisch unterstützte plastische Deformation erhalten wurden. Die plastische Deformation induziert eine (00l)-Textur parallel zur Achse der Zugspannung. Ohne diese Deformation sind dagegen die $Nd_2Fe_{14}B$-Körner kristallographisch statistisch verteilt. Die ungewöhnliche

Textur der $Nd_2Fe_{14}B$-Kristallite des plastisch deformierten Materials wird offenbar verursacht durch die bevorzugte Bildung plättchenförmiger Kristallite in der amorphen $Nd_9Fe_{85}B_6$-Matrix bei Applikation mechanischer Spannungen in der Größe von 300 MPa [27.109]. Details der (00l)-Textur zeigt Abb. 27.62.

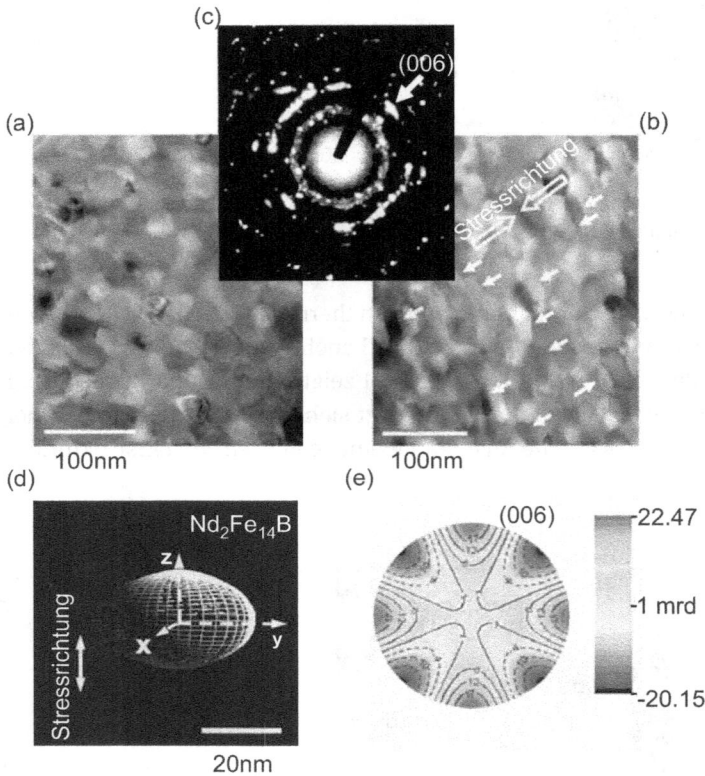

Abb. 27.62. TEM-Aufnahmen und strukturelle Details von amorphem $Nd_9Fe_{85}B_6$ nach Heißverformung bei 700°C und 310 MPa für 2 min [27.109]. (a) Hellfeldaufnahme senkrecht und (b) parallel zur applizierten Spannung. (c) Elektronenbeugungsabbildung. (d) Form und (e) (006)-Polfigur der $Nd_2Fe_{14}B$-Nanokristalle, die mittels der Rietveld-Methode aus XRD-Daten gewonnen wurden.

Modellrechnungen und Simulationen haben nicht unwesentlich zu einem besseren Verständnis und zur Optimierung gerade nanostrukturierter hartmagnetischer Komposite geführt. Simulationen wurden insbesondere für $Nd_2Fe_{14}B/\alpha$-Fe durchgeführt [27.110]. Insbesondere gibt es zahlreiche Arbeiten, die auf eine Abschätzung des maximalen Energieprodukts $(BH)_{max}$ abzielen [27.111]. Allerdings wurden experimentell $(BH)_{max}$-Werte für hartmagnetische Nanokomposite ermittelt, die zum Teil deutlich unter den theoretisch vorhergesagten Werten lagen [27.112].

Bei der Simulation der Nanokomposite wird wie folgt vorgegangen: Gemäß Abb. 27.63 betrachtet man eine Verteilung weichmagnetischer α-Fe-Nanokörner in der hartmagnetischen $Nd_2Fe_{14}B$-Marix. Der Kompaktierungsprozess führt dann dazu, dass diese weichmagnetischen Körner durch die Austauschwechselwirkung mit der hartmagnetischen Matrix hartmagnetische Eigenschaften akquirieren [27.110]. Nur wenige weichmagnetische Körner mit subkritischer Distanz bleiben über. Diese werden durch größere weichmagnetische Körner entsprechenden Gesamtvolumens beschrieben [27.110]. Magnetische Eigenschaften des Komposits werden dann berechnet, indem die Eigenschaften der drei genannten Phasen entsprechend ihrer Volumenteile superponiert werden. So lassen sich beispielsweise komplette Hysteresekurven und ihre Charakteristika für die Komposite in Abhängigkeit der relativen Volumenanteile der Phasen berechnen [27.110].

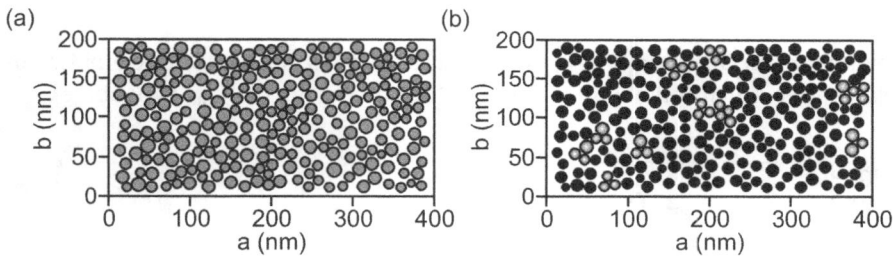

Abb. 27.63. Modell für die Simulation hartmagnetischer Nanokomposite [27.110]. (a) Weichmagnetische Nanokörner in hartmagnetischer Matrix. (b) Verbleibende Nanokörner (Hellgrau), die zu größeren Körnern koppeln und aufgrund der Austauschwechselwirkung magnetisch gehärtete Nanokörner.

Derartige Simulationen zeigen eindeutig, dass die Einbettung austauschgekoppelter weichmagnetischer Körner die Eigenschaften des Komposits gegenüber denen einer homogenen $Nd_2Fe_{14}B$-Phase im hartmagnetischen Sinne deutlich verbessert. Das betrifft insbesondere das Energieprodukt $(BH)_{max}$. Diesen Effekt zeigt deutlich Abb. 27.64

Essentiell für die globalen hartmagnetischen Eigenschaften der Komposite ist natürlich ihre Abhängigkeit von dem Volumenanteil η der weichmagnetischen Phase. Dabei ist zu berücksichtigen, dass zu gegebenem η je nach mittlerer Größe der weichmagnetischen Körner eine variierende Anzahl von Körnern beitragen kann. Damit lässt sich das *Kneller-Hawig-Kriterium* [27.113] in Form mehrerer Optionen ansetzen. Dies wiederum führt für einen gegebenen Wert von η zu einer Verteilung der magnetischen Eigenschaften und insbesondere zu einer solchen von $(BH)_{max}$. Die in Abb. 27.65 dargestellten Resultate lassen sich wie folgt zusammenfassen: Eine größere Verteilung der $(BH)_{max}$-Werte ist für $\eta > 20\%$ zu verzeichnen. Diese Verteilung entspricht der zu erwartenden Verteilung für Proben, die in unterschiedlichen Prozessen kom-

(a)

(b)

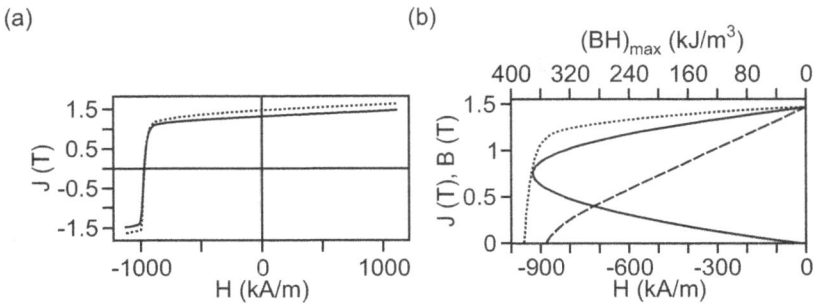

Abb. 27.64. Simulierte Eigenschaften von $Nd_2Fe_{14}B/\alpha$-Fe-Nanokompositen [27.110]. (a) Ast der Hysteresekurve $J(H)=\mu_0 M(H)$ für das Komposit sowie die homogenere $Nd_2Fe_{14}B$-Phase (durchgezogene Linie). (b) Entmagnetisierungskurven $J(H)$ (gepunktet), $B(H)$ (gestrichelt) und $(BH)_{max}$ (H) für das Komposit.

paktiert wurden. Optimale $(BH)_{max}$-Werte für das System $Nd_2Fe_{14}B/\alpha$-Fe erhält man für einen α-Fe-Anteil von $\eta = 50\%$. Für $\eta > 50\%$ nimmt der $(BH)_{max}$-Wert ab.

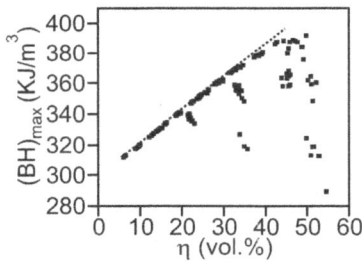

Abb. 27.65. Berechnete $(BH)_{max}$-Werte für das System $Nd_2Fe_{14}B/\alpha$-Fe in Abhängigkeit von der Volumenkonzentration von α-Fe. [27.110]. Die gestrichelte Linie markiert die Maximalwerte.

In der Verteilung der $(BH)_{max}$-Werte in Abb. 27.65 spiegelt sich die Abhängigkeit von der mittleren Korngröße der weichmagnetischen Phase wider. Diese wiederum lässt sich für einen gegebenen Volumenanteil simulieren. Abbildung 27.66 zeigt das Resultat. Bis zu etwa 8 nm Korndurchmesser sind die Koerzitivfeldstärke, die Remanenz und das Energieprodukt weitestgehend unabhängig vom Korndurchmesser. Für größere Korndurchmesser nehmen die genannten Kenngrößen mit wachsendem Korndurchmesser linear ab. Die in Abb. 27.63(b) dargestellte Bildung größerer weichmagnetischer Körner als Folge der Clusterung und Kopplung benachbarter Nanokörner ist nachteilig für die globalen Eigenschaften der Nanokomposite, weil der Volumenanteil austauschgehärteter α-Fe-Körner reduziert wird [27.110]. Die Kopplung von α-Fe-Körnern lässt sich verhindern, wenn sich das α-Fe innerhalb einer Hülle aus $Nd_2Fe_{14}B$ befindet. Derartige Konfigurationen lassen sich mittels des magnetfeldun-

(a)

(b)

(c)

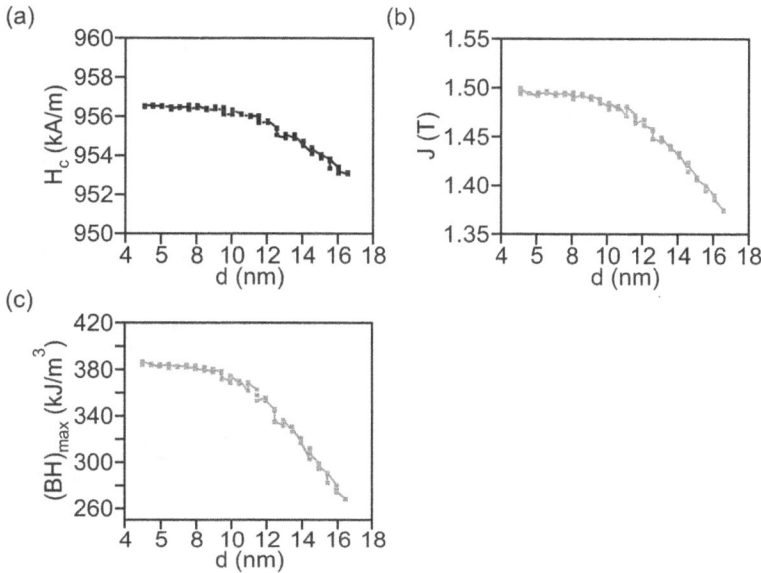

Abb. 27.66. Kenngrößen des Kompositsystems $Nd_2Fe_{14}B/\alpha$-Fe als Funktion der mittleren Fe-Korngröße [27.110]. (a) Anfangskoerzitivfeldstärke. (b) Remanenz. (c) Energieprodukt.

terstützten Schmelzschleuderns realisieren [27.114]. Mittels dieses Verfahrens wurden Komposite des Systems $Nd_{16}Fe_{76}B_8$ + 40 Gew.-% $Fe_{65}Co_{35}$ hergestellt. Die Kern/Hülle-Konfiguration ließ sich verifizieren durch Variation der Walzengeschwindigkeit beim Schmelzschleudern. Abbildung 27.67 zeigt die Resultate. Ergänzende Simulationen erlauben es in Kombination mit den vorliegenden experimentellen Daten sogar, auf eine Korrelation von Herstellungsparametern – wie etwa der Walzengeschwindigkeit – und den geometrischen und magnetischen Eigenschaften der Kern/Hülle-Komplexe zu schließen [27.110].

Die vorangegangene Diskussion hat gezeigt, dass gerade für kompakte nanostrukturierte Hartmagnete Zweiphasensysteme, wie schematisch in Abb. 27.68 dargestellt, von großer Bedeutung sind. Derartige Systeme involvieren eine charakteristische Art heterogener Unordnung, die in der Koexistenz der Nanokristallite niedriger Energie und der hochenergetischen Grenz- und Oberflächen bestehen. Im Vergleich zur homogenen Unordnung der Gläser ist entsprechend der regional variierende Grad an Unordnung treffend als heterogen zu bezeichnen. Die magnetischen Eigenschaften solcher Systeme beruhen auf Kopplungen zwischen Kristalliten und amorpher Matrix. Derartige Kopplungen können sich über mehrere Kistallite erstrecken [27.116]. Intensität und Reichweite der Kopplungen hängen dabei kritisch von den Eigenschaften der amorphen Phase ab.

Die Magnetisierung des nanostrukturierten Kompaktmaterials ändert sich durch Überschreiten charakteristischer Aktivierungsenergien. Mechanismen, die diese Ak-

(a)

(b)

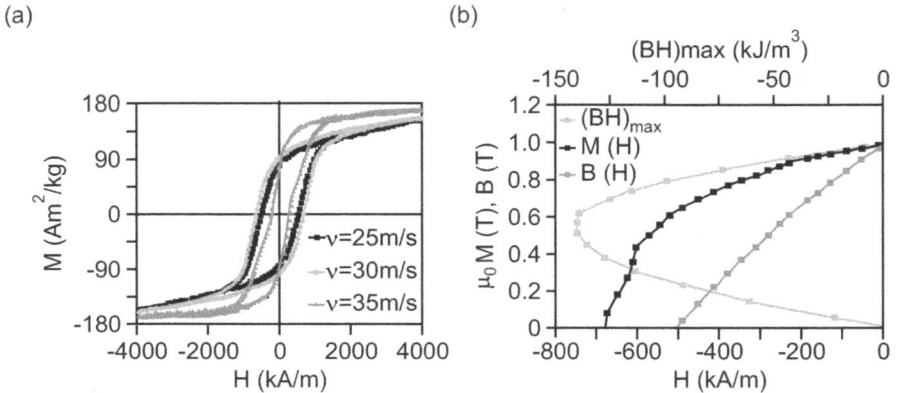

Abb. 27.67. Hysteresekurven und magnetische Kenngrößen für das Ausgangssystem $Nd_{16}Fe_{76}B_8/Fe_{65}Co_{35}$. (a) Hysteresekurven für unterschiedliche Walzengeschwindigkeiten im Schmelzschleuderprozess. (b) Magnetisierung M, Induktion B und Energie-Produkt $(BH)_{max}$ für die optimale Walzengeschwindigkeit von v= 30 m/s.

tivierungsenergien zur Folge haben, besitzen wiederum charakteristische Längenskalen [27.117]. Von besonderer Bedeutung sind die magnetokristalline Anisotropielänge $l_K = \sqrt{A/K}$, die feldinduzierte Länge $l_H = \sqrt{A/(\mu_0 H M_s)}$ und die magnetostatische Länge $l_M = \sqrt{A/(\mu_0 M_s^2)}$. Dabei ist A die Austauschkonstante für die Nanokristallite und K die Anisotropiekonstante, die durch kristalline Anteile, aber auch durch die Geometrie der Körner geprägt ist. M_s und H bezeichnen die Sättigungsmagnetisierung und ein von außen appliziertes Feld. Sind mehrere Aktivierungsenergien für die Ummagnetisierung maßgeblich, so dominiert diejenige mit der kleinsten charakteristischen Länge. Für die meisten relevanten Materialien liegen die charakteristischen Längenskalen im Bereich 1 nm $\leq l \leq$ 100 nm.

(a)　　　　　　　　　　　　(b)

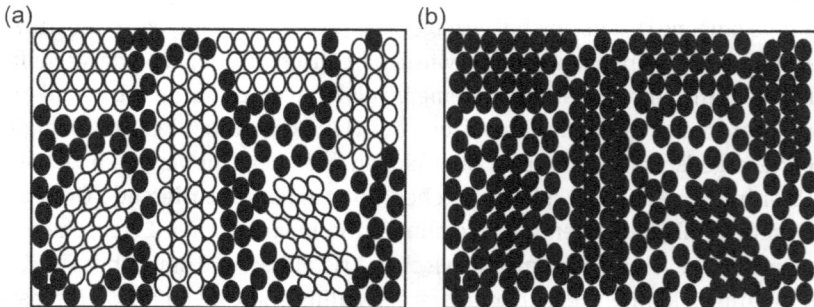

Abb. 27.68. Aufbau nanostrukturierter Kompaktmaterialien [27.115]. (a) Nanokristallite in einer amorphen Phase anderer Zusammensetzung. (b) Nanokristallite in einer amorphen Phase identischer Zusammensetzung.

Gerade für nanostrukturierte Permanentmagnete sind eine Kenntnis und gegebenenfalls ein Maßschneidern der globalen magnetokristallinen Anisotropie von großer Bedeutung. Um zu verstehen, wie diese globale Anisotropie aus der magnetokristallinen Anisotropie einzelner Kristallite resultiert, ist es zunächst einmal sinnvoll, die Kopplung der Kristallite über eine amorphe Phase zu vernachlässigen und stattdessen direkt gekoppelte Nanokristallite zu betrachten. Entsprechende Anordnungen sind in Abb. 27.69 dargestellt. Zunächst werden die als uniaxial anisotrop angenommenen Kristallite eine statistische Verteilung ihrer Anisotropieachsen aufweisen. Damit bietet es sich an, entsprechende Zufallsanisotropiemodelle heranzuziehen [27.118]. Dies geschieht durch Annahme eines zufälligen Anisotropiefelds $H_r = 2K_r/(\mu_0 M_s)$. Das Austauschfeld ist dann gegeben durch $H_A = 2A/(\mu_0 M_s l_K^2)$. Dabei ist l_K wiederum die Längenskala, auf der die Zufallsanisotropie K_r korreliert ist. Im vorliegenden Fall entspricht dies der mittleren Kristallitgröße. Die relative Bedeutung der genannten Felder ist dann gegeben durch $\lambda_r = H_r/H_A$. Für $\lambda_r > 1$ ist die Korrelationslänge ausschließlich durch l_K gegeben. Dies entspricht eben gerade dem Kristallitdurchmesser. Wird jetzt die Kopplung zwischen benachbarten Kristalliten vergrößert, so entspricht dies einer Verkleinerung der intrapartikulären Anisotropie. Die Folge ist die Ausbildung eines „Superspinglases", in dem die Magnetisierungsrichtung benachbarter Kristallite nahezu parallel ausgerichtet ist, in dem aber leichte Abweichungen von der perfekt parallelen Ausrichtung zu leichten Variationen der Magnetisierung über größere Län-

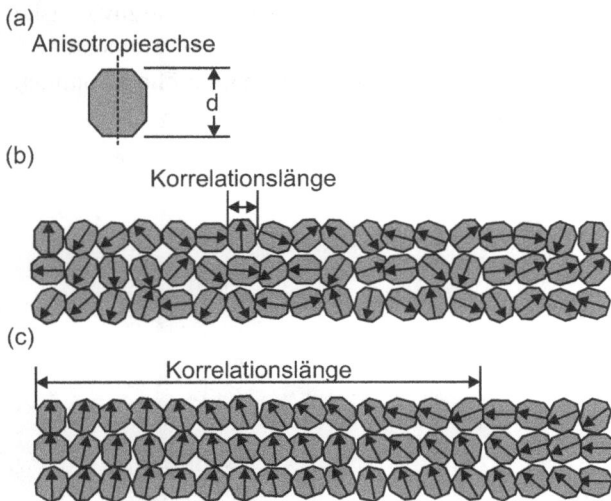

Abb. 27.69. Schematische Darstellung eines nanokristllinen Kompaktmaterials mit variierender magnetischer Kopplung der Kristallite [27.115]. (a) Einzelner Kristallit mit Form- und/oder kristalliner Anisotropie. (b) Korrelationslänge von der Größenordnung der Kristallitgröße d für $\lambda_r \geq 1$. (c) Korrelationslänge von $\approx d/\lambda_r^2$ für $\lambda_r < 1$.

genskalen führen. Die Korrelationslänge l_K ist dabei um einen Faktor $1/\lambda_r^2$ größer als der Kristallitdurchmesser. Diese Situation ist ebenfalls in Abb. 27.69 dargestellt.

Durch Variation der in das Modell einfließenden Kenngrößen lassen sich unterschiedliche Szenarien modellieren. Dies schließt das Vorhandensein einer amorphen ferromagnetischen Phase zwischen den Nanokristalliten ein. Dieser Phase muss je nach Kopplungseigenschaften durch Variation der Kopplungslängen l Rechnung getragen werden.

Eine fundamentalere Analyse der Eigenschaften gekoppelter magnetischer Nanokristallite zeigt, dass auch die Temperatur einen Einfluss auf das Ausmaß der Krönung hat, was unmittelbar im Kontext der Aktivierungsenergie nachvollziehbar ist. Dieser Sachverhalt wurde experimentell genauer verifiziert anhand eines Systems gekoppelter Fe-Kristallite in einer nichtferromagnetischen Matrix und mit variierendem Volumenanteil η der Kristallite. Der mittlere Durchmesser betrug immer $d = 3$ nm. Abbildung 27.70 zeigt die Art der Kopplung zwischen den Kristalliten als Funktion von Volumenanteil und Temperatur. Perfekten Superparamagnetismus als Folge einer nicht vorhandenen Kopplung zwischen den Kristalliten findet man nur für sehr kleine Volumenanteile. Für ein größeres Regime mittlerer Volumenanteile erhält man Wechselwirkungen zwischen den Kristalliten aufgrund von magnetostatischer Kopplung über Dipolkräfte. Dieses Verhalten könnte man als „gekoppelten Superparamagnetismus" bezeichnen [27.119]. Bei großen Volumenanteilen verhält sich das System wie ein korreliertes Superspinglas. Das ist eben jener Bereich, der auch für technisch eingesetzte kompakte nanokristalline Materialien besonders von Bedeutung ist, wie zuvor diskutiert. Bei niedrigen Temperaturen wiederum zeigt sich für niedrige Volumenanteile geblockter Superparamagnetismus entkoppelter Kristallite und für größere Volumenanteile ein spinglasartiges Verhalten [27.120].

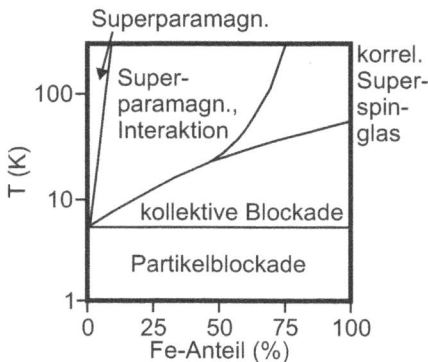

Abb. 27.70. Verhalten eines nanokristallinen Kompaktkomposits aus Fe-Kristalliten in einer nichtferromagnetischen Matrix bei Volumenanteil η der Fe-Kristallite mit einem Durchmesser von $d = 3$ nm und variierender Temperatur [27.115].

Zusammenfassend kann festgestellt werden, dass nanokristalline Kompaktmaterialien unter Beteiligung ferromagnetischer Elemente oder Verbindungen zum Teil Eigenschaften aufweisen, die konventionelle polykristalline Materialien nicht zeigen. Die nanokristallinen Komposite bestehen aus ferromagnetischen Kristalliten in einer amorphen oder kristallinen Matrix aus zwei oder mehr Phasen. Besondere Eigenschaften entstehen durch die Kopplung zwischen den Kristalliten über nicht ferromagnetische oder ferrromagnetische Matrices. Für die globalen magnetischen Eigenschaften dieser Materialien sind die Materialzusammensetzung, die Größe, Form und der Volumenanteil der Kristallite relevant sowie insbesondere die Eigenschaften der Grenzflächen. Bei Kenntnis der Korrelation von Struktur und magnetischen Eigenschaften lassen sich Materialien in gewissem Umfang rational maßschneidern.

Literatur

[27.1]   H. Gleiter, Acta Mater. **48**, 1 (2000).

[27.2]   U. Herr, J. Jung, U. Gonser and H. Gleiter, Solid State Commun. **76**, 192 (1990).

[27.3]   H. Gleiter, Nanostruct. Mat. **6**, 3 (1995).

[27.4]   J. Wang, D. Wolf, S.R. Phillpot and H. Gleiter, Phil. Mag. A **73**, 517 (1996).

[27.5]   Z. Iqbal, A.P. Webb and S. Veprek, Appl. Phys. Lett. **36**, 163 (1980).

[27.6]   S. Veprek, Z. Igbal, H. R. Oswald and A.P. Webb, J. Phys. C **14**, 295 (1981).

[27.7]   J. Löffler, J. Weissmüller and H. Gleiter, Nanostruct. Mat. **6**, 567 (1994).

[27.8]   K.L. Merkle, J.F. Reddy, C.L. Wiley and D.J. Smith, Phys. Rev. Lett. **59**, 2887 (1989).

[27.9]   S. Trapp, C. T. Limbach, U. Gonser, C.S. Campbell and H. Gleiter, Phys. Rev. Lett. **59**, 2887 (1995).

[27.10] S. Ramasamy, J. Jiang, H. Gleiter, R. Birringer and U. Gonser, Solid State Commun. **74**, 851 (1990)

[27.11] P. Keblinski, D. Wolf, F. Cleri, S.R. Phillpot and H. Gleiter, MRS Bull. **36** (1998).

[27.12] P. Keblinski, D. Wolf, S.R. Phillpot and H. Gleiter, J. Mat. Res. **13**, 2077 (1998).

[27.13] A. Erdemir, C. Bindal, G.R. Fenske, C. Zuiker, A.R. Krauss and D.M. Gruen, Diamond Rel. Mat. **5**, 923 (1996)

[27.14] P. Keblinski, S.R. Phillpot, D. Wolf and H. Gleiter, Phys. Lett. A **226**, 205 (1997).

[27.15] P. Keblinski, S.R. Phillpot, D. Wolf and H. Gleiter, Acta Mater. **45**, 987 (1997).

[27.16] P.A. Beck, L. Kremer, L. J. Demer and M. L. Holzworth, Trans. Am. Inst. Min. Eng. **175**, 372 (1948); J.E. Burke, Trans. Am. Inst. Min. Eng. **180**, 73 (1949); H.V. Atkinson, Acat. Metall. **36**, 469 (1988).

[27.17] W. Sprengel, *Diffusion in Nanocrystalline Materials*, in: C.C. Koch (Ed.), *Nanostructured Materials* (William Andrew, Norwich, 2007).

[27.18] C.S. Smith, Trans. Am. Inst. Min. Eng. **175**, 15 (1948).

[27.19] H.A. Höfler and R.S. Averback, Scripta Metall. Mater. **24**, 2401 (1990); H. Hahn, J. Logas and R.S. Averback, J. Mat. Res. **5**, 609 (1990); R.S. Averback, H.J. Höfler and R. Tao, Mat. Sci. Eng. A **166**, 169 (1993).

[27.20] A. Kumpmann, b. Günther and H.-D. Kunze, Mat. Sci. Eng. A **168**, 165 (1993). J.Z. Jian, Nanostruct. Mat. **9**, 245 (1997); V.Y. Gertsmann and R. Birringer, Scripta Metall. Mater. **30**, 577 (1994)

[27.21] P. Keblinski, D. Wolf, S.R. Phillpot and H. Gleiter, Phil. Mag. Lett. **76**, 143 (1997).

[27.22]   R.W. Siegel, Ann. Rev. Mat. Sci. **21**, 559 (1991).

[27.23]   Q. Wu, W. Miao, H. Gao and D. Hui, Nanotechnol. Rev. **9**, 259 (2020).

[27.24]   A.A. Rempel, Russ. Chem. Rev. **76**, 435 (2007).

[27.25]   A.A. Ghabban, A.B.A. Zubaidi, M. Jafar and Z. Fakhri, Mat. Sci. Eng, **454**, 1 (2018).

[27.26]   A.I. Gusev, A.A. Rempel and A.J. Magerl, *Disorder and Order in Strongly Nonstoichiometric Compounds: Transition Metal Carbides, Nitrides and Oxides* (Springer, Berlin, 2010).

[27.27]   T. Athanassiadis, N. Lorenzelli and C.H. de Novion, Ann. Chim, **12**, 129 (1987).

[27.28]   A.A. Rempel and A.I. Gusev, Pis'ma Zh. Eksp. Teor. Fiz. **69**, 436 (1999).

[27.29]   B. Zou, C.Z. Huang, J. Wang and B.Q. Liu, Key Eng. Mat. **315–316**, 154 (2006); X.H. Wang, C.H. Xi, M.D. Yi and H.F. Zhang, Adv. Mat. Res. **154–155**, 1319 (2011); J.L. Wang and L.J. Meng, Appl. Mech. Mat. **535**, 785 (2014).

[27.30]   X. Li, B. Fang, X.G. Xu and C.H. Xu, Adv. Mat. Res. **335–336**, 736 (2011).

[27.31]   M.M.Mokhtar, S.A. Abo-El-Enein, M.Y.Hassaan, M.S. Morsy and M.H. Khalil, Constr. Build, Mat. **138**, 333 (2017).

[27.32]   S.H. Lv, J.J. Liu, T. Sun, Y.J. Ma and Q.F. Zhu, Constr. Build, Mat. **64**, 231 (2014).

[27.33]   Z. Pan, L. He, L. Qiu, A.H. Korayem, G. Li, J.W. Zhu, F. Collins, D. Li, W.H. Duan and M.C. Wang, Cem. Concr. Compos. **58**, 140 (2015).

[27.34]   V. Tombini, K.P.S. Tonello, T. Santos, J.C. Bressiani and A.H.D.A. Bressiani, Mat. Sci. Forum **727/728**, 597 (2012)

[27.35]   W. Acchar, C.A.A. Cairo and P. Chiberior, Compos. Struct. **225**, 1 (2019).

[27.36]   M.D. Yi, C.H. Xu, Z.Q. Chen and G.Y. Wu, Mat. Sci. Forum **770**, 308 (2014).

[27.37]   F.M. Zhao and N. Takeda, Composite Pt. A 31, 1215 (2000); A. Kessler and A. Bledzki, Comp. Sci, Technol. **60**, 125 (2000); S. Debnath, R. Ranade, S.L. Wunder, J. McCool, K. Boberick and G. Baran, Dent. Mat. **20**, 677 (2004).

[27.38]   W.M. Zhu, J.H. Huang, W. Lu, Q.F. Sun, L.Q. Peng and W.Z. Fen, Art. Cell. Nanomed. Biotechnol. **42**, 331 (2014).

[27.39]   A. Zucchelli, M. Dignatici, M. Montorsi, R. Carlotti and C. Siligardi, J. Eur. Ceram. Soc. **32**, 2243 (2012).

[27.40]   L. Q. Zhang, P. Yang, C. Li, X.N. Wang, X.L. Li and Y.F. Zhao, Curr. Nanosci, **8**, 715 (2012).

[27.41]   S. Lin, Q. Cai, Y.I. Ji, G. Sui, Y.H. Yu and X.P. Yang, Compos. Sci. Technol. **68**, 3322 (2008).

[27.42]   A. Tersiak and H. Kubsch, Nanostruct. Mat. **6**, 671 (1995).

[27.43]   M.S. El-Eskandarany, M. Omori, T. Kamiyama, T.J. Konno, K. Sumiyama, T. Hirai and K. Suzuki, Sci. Rep. Res. Inst. Tohoku Univ. A **43**, 181 (1997).

[27.44]   H. Hahn, Adv. Eng. Mat. **5**, 277 (2003).

[27.45]   M. Winterer, *Nanocrystalline Ceramics: Synthesis and Structure* (Springer, Berlin, 2002).

[27.46]   V.V. Srdic, M. Winterer and H. Hahn, J. Am. Ceram. Soc. **83**, 1853 (2000); V.V. Srdic, M. Winterer, A. Möller, G. Miehe and H. Hahn, J. Am. Ceram. Soc. **84**, 2771 (2001).

[27.47]   A. Karimzadeh, M.R. Ayatollahi, A.R. Bushroa and M.K. Herliansyah, Ceram. Int. **40**, 9159 (2014).

[27.48]   N. Liu, M. Shi, Y.D. Xu, X.Q. You, P.P. Ren and J.P. Feng, Int. J. Refract. Met. Hard Mat. **22**, 265 (2004).

[27.49]   Y. Shao, J. Liu, Y. Wang and Y. Lin, J. Mat. Chem. **19**, 46 (2009); H. Liu, C. Song, L. Zhang, H. Wang and P.J. Wilkinson, J. Power Sources **155**, 95 (2006); N. Tian, Z.-Y. Zhou and S.-G. Sun, J. Phys. Chem. C **112**, 19801 (2008).

[27.50]   N.R. Shiu and V.V. Guliants, Appl. Catal. A **356**, 1 (2009); M. Subhramannia and V.K. Pillai, J. Mat. Chem. **18**, 5858 (2008); S. Liao, K. Holmes, H. Tsaprailis and V.I. Birss, J. Am. Chem. Soc. **128**, 3504 (2006); M.A. Rigsby, W.P. Zhou, A. Lewera, H.T. Duong, P.S. Bagus, W. Jagermann, R. Hunger and A. Wieckowski, J. Phys. Chem. C. **112**, 15595 (2008).

[27.51]   Z.M. Peng and H. Yang, Nano Today **4**, 143 (2009); A. Mantiram, A.V. Murugan, A. Sarka and T. Muraliganth, Energy Environ. Sci. **1**, 621 (2008); T.S. Ahmadi, Z.L. Wang, T.C. Green, A. Henglein and M.A. El-Sayed, Science **272**, 1924 (1996); C. Burda, X. Chen, R. Narayanan and M.A El-Sayed, Chem. Rev. **105**, 1025 (2005); R. Narayanan and M.A El-Sayed, J. Phys. Chem. B **109**, 12663 (2005); H.G. Liao, Y.X. Jiang, Z.Y. Zhou, S.P. Chen and S.G. Sun, Angew. Chem. Int. Ed. **47**, 9100 (2008); Z.Y. Zhou, N. Tian, Z.Z. Huang, D.J. Chen and S.G. Sun, Faraday Discuss. **140**, 81 (2008).

[27.52]   A. Chen and P. Holt-Hindle, Chem. Rev. **110**, 3767 (2010).

[27.53]   J. Wang, P. Holt-Hindle, D. Macdonald, D.F. Thomas and A. Chen, Electrochim. Acta **53**, 6944 (2008).

[27.54]   J. Wang, D.F. Thomas and A. Chen, Chem. Commun. **40**, 5010 (2008).

[27.55]   S.Z. Chu, H. Kawamura and M.J. Mori, J. Electrochem. Soc. **155**, D 414 (2008).

[27.56]   P.N. Bartlett, J.J. Baumberg, S. Coyle and M.E. Abdelsalam, Faraday Discuss. **125**, 117 (2004).

[27.57]   M. Arenz, K.J.J. Mayrhofer, V. Stamenkovic, B.B. Blizanac, T. Tomoyuki, P.N. Ross and N.M. Markovic, J. Am. Chem. Soc. **127**, 6819 (2005); A. Chen, D. La Russa and B. Miller, Langmuir **20**, 9695 (2004).

[27.58]   M. Götz and H. Wendt, Electrochim. Acta **43**, 3637 (1998).

[27.59]   A. Bauer, E.L. Gyenge and C.W. Oloman, J. Power Sources **167**, 281 (2007).

[27.60]   J. Wang, D.F. Thomas and A. Chen, Anal. Chem. **80**, 997 (2008).

[27.61]   A.S. Aricò, P. Bruce, B. Scrosati, J.-M. Tarascon and W. van Schalwijk, Nature Mat. **4**, 366 (2005).

[27.62]   B. Scrosati, Nature **373**, 557 (1995).

[27.63]   J.-M. Tarascon and M. Armand, Nature **414**, 559 (2001) W. Waikihara ann O. Yamamoto (Eds), *Lithium Ion Batteries – Fundamentals and Performance* (Kodansha-Wiley-VCH, Weinheim, 1998); W. van Schalkwijk and B. Scrosati (Eds), *Advances in Lithium Ion Batteries* (Kluwer/Plenum, New York, 2002).

[27.64]   P. Poizot, S. Laruelle, S. Grugeon, I. Dupont and J.M. Tarascon, Nature **407**, 496 (2000).

[27.65]   J.-M. Tarascon, S. Grugeon, S. Laruelle, D. Larcher and P. Poizot, *The Key Role of Nanoparticles in Reactivity of 3d Metal Oxides Towards Lithium*, in: G.A. Nazri and G. Pistoia, *Lithium Batteries: Science and Technology* (Kluwer/Plenum, Boston, 2004).

[27.66]   S. Denis, E. Baudrin, M. Touboul and J-M. Tarascon, J. Electrochem. Soc. **144**, 4099 (1997); F. Leroux, G.R. Coward, W.P. Power and L.F. Nazar, Electrochem. Solid State Lett. **1**, 255 (1998).

[27.67]   P. Balaya, H. Li, L. Kienle and J. Maier, Adv. Funct. Mat. **13**, 621 (2003); F. Badway, F. Cousandey, N. Peraira and G.G. Amatucci, J. Electrochem. Soc. **150**, A 1318 (2003); H. Li, G. Ritcher and J. Maier, Adv. Mat. **15**, 736 (2003).

[27.68]   A.K. Padhi, K.S. Nanjundaswamy, C. Masquelier, S. Okada and J.B. Goodenough, J. Electrochem. Soc. **144**, 1609 (1997).

[27.69]   N. Ravet, Y. Chouinard, J.F. Magnan, S. Besner, M. Gauthier and M. Armand, J. Power Sources **97-98**, 503 (2001): H. Huang, S. Yin and L.F. Nazar, Electrochem. Solid State Lett. **4**, A 170 (2001).

[27.70]   F. Croce, G.B. Appetecchi, L. Persi and B. Scrosati, Nature **394**, 456 (1998); D.R. MacFarlane, P.J. Newman, K.M. Nairn and M.Forsyth, Electrochim. Acta **43**, 1333 (1998); B. Kumar, S. Rodrigues, and L. G. Scanlon, J. Electrochem. Soc. **148**, A 1191 (2001).

[27.71]   J. Maier, Progr. Solid State Chem. **23**, 171 (1995).

[27.72]   G.B. Appetecchi, F. Croce, L. Persi, F. Ronci and B. Scrosati, Electrochim. Acta **45**, 1481 (2000).

[27.73]   G. MacGlashan, Y.G. Andreev and P.G. Bruce, Nature **398**, 792 (1999); Z. Gadjourova, Y.G. Andreev, D.P. Tunstall and P.G. Bruce, Nature **412**, 520 (2001).

[27.74]   Z. Stoeva, I. Martin-Litas, E. Staunton, Y.G. Andreev and P.G. Bruce, J. Am. Chem. Soc. **125**, 4619 (2003).

[27.75]   B.E. Conway, *Electrochemical Supercapacitors* (Kluwer/Plenum, New York, 1999), M. Mastragostino, F. Soavi and C. Arbizzani, *Electrochemical Supercapacitors*, in: W.A. Schalkwijk and B. Scrosati (Eds), *Advances in Lithium-Ion Batteries* (Kluwer/Plenum, New York, 2002); C. Arbizzani, M. Mastragostino and F. Soavi, J. Power Sources **100**, 164 (2001).

[27.76]   J. Wang, S.O. Zhang, Y. Guo, J. Shen, S.M. Attia, B. Zhou, G. Zheng and Y. Gui, J. Electrochem. Soc. **148**, D 75-77 (2001).

[27.77]   C. Niu, E.K. Sichjel, R. Hoch, D. Hoi and H. Tennent, Appl. Phys. Lett. **70**, 1480 (1997).

[27.78]   P.A. Nelson and J.R. Owen, J. Electrochem. Soc. **150**, A 1313 (2003).

[27.79]   G.G. Amatucci, F. Badway, A. Du Pasquier and T. Zheng, J. Electrochem. Soc. **148**, A 930 (2001).

[27.80]   T. Masumoto, H.M. Kimura, A. Inoue and Y. Waseda, J. Mat. Sci. Eng. **23**, 141 (1976).

[27.81]   A. Inoue, A. Makino and T. Bitoh, *Magnetic Properties of Nanocrystalline Materials*, in: C.C. Koch, *Nanostructured Materials: Processing, Properties and Applications* (William Andrew, Norwich, 2007).

[27.82]   J.J. Croat, J.F. Herbst, R. W. Lee, and F.E. Pinkerton, J. Appl. Phys. **55**, 2078 (1984).

[27.83]   Y. Zhang, K. Hono, A. Inoue, A. Makino and T. Sakurai, Acta Mater. **44**, 1497 (1996).

[27.84]   C.S. Pande, R.A. Masumura and R.W. Armstrong, Nanostruct. Mat. **2**, 323 (1993); J. Li, Trans. Metall. Soc. AIME **227**, 239 (1963); J. Li and Y.T Chou, Metall. Trans. **1**, 1145 (1970); M.A. Meyers and E. Ashworth, Phil. Mag. A **46**, 737 (1970).

[27.85]   A. Makino, T. Bitoh, A. Inoue, and T. Masumoto, Scr. Mater. **48**, 869 (2003).

[27.86]   T. Bitoh, A. Makino, A. Inoue and T. Masumoto, Mat. Trans. **44**, 2011 (2003).

[27.87]   R. Alben, J.J. Becker and M.C. Chi, J. Appl. Phys. **49**, 1653 (1978).

[27.88]   G. Herzer, Scr. Metall. Mater. **33**, 1741 (1995); A. Hernando, M. Vázquez, T. Kulil and C. Prados, Phys. Rev. B **51**, 3581 (1995).

[27.89]   K. Suzuki and J. M. Cadogan, Phys. Rev. B **58**, 2730 (1998).

[27.90]   M. Yue, X. Zhang and J.P. Liu, Nanoscale **9**, 3674 (2017).

[27.91]   C. Kittel, Phys. Rev. **70**, 965 (1946).

[27.92]   R. Coehoorn, D.B. De Mooij and C.D. de Waard, J. Magn. Magn. Mat. **80**, 101 (1989).

[27.93]   N.C. Koon and B.N. Das, Appl. Phys. Lett. **39**, 840 (1981).

[27.94]   J. Ding, P.G. McCormick and R. Street, J. Alloys. Compd. **191**, 197 (1993).

[27.95]   W. Liu, Z.D. Zhang, J.P. Liu, L.J. Chen, L.L. He, Y. Liu, X.K. Sun and D.J. Sellmyer, Adv. Mat. **14**, 1832 (2002).

[27.96]   K.E. Elkins, T.S. Vedantum, J.P. Liu, H. Zheng, S.H. Sun, Y. Ding and Z.I. Wang, Nano Lett. **3**, 1647 (2003).

[27.97]   C.B. Rong, D. Li, V. Nandwana, N. Poudyal, Y. Ding, Z. L. Wang, H. Zeng and P. Liu, Adv. Mat. **18**, 2984 (2006).

[27.98]   V.M. Chakka, B. Altuncevahir, Z.Q. Jin, Y. Li and J.P. Liu, J. Appl. Phys. **99**, 68E912 (2006); Y.P. Wang, Y. Li, Y.B. Rong and J.P. Liu, Nanotechnology **18**, 465701 (2007).

[27.99]   N. Poudyal, C.B. Rong and J.P. Liu, J.Phys. D.: Appl. Phys. **44**, 335002 (2011).

[27.100] W. Li, X.H. Li, H.Y. Sun, J.W. Zhang and X.Y. Zhang, Appl. Phys. Lett. **86**, 092501 (2005).

[27.101] L. Xu, D.E. Guo, X.H. Li, L.P. Zhou, F.Q. Wang and X.Y. Zhang, J. Phys. D: Appl. Phys. **44**, 145001 (2011).

[27.102] M. Tokita, J. Soc. Powder Technol. **30**, 790 (1993); D. Lee, J.S. Hilton, S. Liu, Y. Zhang, G.C. Hadjipanayis and C.H. Chen, IEEE Trans. Magn. **39**, 2947 (2003); Q. Zeng, Y. Zhang, M.J. Bonder, G.C. Hadjipanayis and R. Randhakrishnan, IEEE Trans. Magn. **39**, 2947 (2003);

N.N. Thadhani, J. Appl. Phys. **76**, 2129 (1994); M. Sachan and S.A. Majetich, IEEE Trans. Magn. **41**, 3874 (2005); C.B. Rong, V. Nandwana, N. Poudyal, J.P. Liu, M.E. Kozlov, R.H. Baughman, Y. Ding and Z.L. Wang, J. Appl. Phys. **102**, 023908 (2007).

[27.103] W. Li, L.L. Li, Y. Nan, X.H. Li, X.Y. Zhang, D.V. Gunderov, V.V. Stolyarov and A.G. Popov, Appl. Phys. Lett. **91**, 62509 (2007).

[27.104] M. Yue, J.X. Zhang, M. Tian and C.N. Liu, J. Appl. Phys. **99**, 08B502 (2006).

[27.105] C.B. Rong, Y. Zhang, N. Poudyal, I. Szlufarska, R.J. Herbert, M.J. Kramer and J.P. Liu, J. Mater. Sci. **46**, 6065 (2011).

[27.106] C.B. Rong, Y. Zhang, N. Poudyal, X. Xiong, M.J. Kramer and J.P. Liu, Appl. Phys. Lett. **96**, 102513 (2010).

[27.107] C.B. Rong, V. Nandwana, N. Poudyal, J.P. Liu, M.E. Kozlov, R.H. Baughman, Y. Ding and Z.L. Wang, J. Appl. Phys. **102**, 023908 (2007).

[27.108] M. Yue, P.L. Niu, Y.L. Li, D.T. Zhang, W.Q. Liu, J.X. Zhang, C.H. Chen, S. Liu, D. Lee and A. Higgins, J. Appl. Phys. **103**, 07E101 (2008).

[27.109] Y.G. Liu, L. Xu, Q.F. Wang, W. Li and X.Y. Zhang, Appl. Phys. Lett. **94**, 172502 (2009).

[27.110] N.X. Truong, N.T. Milu, V.H. Ky and N.V. Vuong, J. Nanomat. 759750 (2012).

[27.111] R. Somsky and J.M.D. Coey, Phys. Rev. B. **48**, 15812 (1993); T. Schrefl and J. Fiedler, J. Magn. Mag. Mat. **177**, 970 (1998); H. Fukida and H. Nakamura, IEEE 'Tran. Magn. **36**, 3285 (2000); J. Fidler, T. Schrefl, W. Scholz, D. Suess, R. Dittrich and M. Kirschner, J. Magn. Magn. Mat. **272**, 641 (2004).

[27.112] X.R. Zeng, H.C. Sheng, J.Z. Zhou and S.H. Xie, Mat. Sci. Forum **654**, 1170 (2010); Z.W. Lin and H.A. Davies, J. Magn. Mag. Mat. **313**, 337 (2007); D. Sultana, M. Marinescu, Y. Zhang and G.C. Hadjipanayis, Physica B **384**, 306 (2006); Z.Q. Jin, H. Okumura, Y. Zhang, H.L. Wang, J.S. Munoz and G.C. Hadjipanayis, J. Magn. Mag. Mat. **248**, 216 (2002).

[27.113] E.F. Kneller and R. Hawig, IEEE trans. Magn. **27**, 3560 (1991).

[27.114] V. Vuong, C. Rong, Y. Ding and J. Ping Liu, J. Appl. Phys. **111**, 07A731-1 (2012).

[27.115] D.L. Leslie-Pelecky and R.D. Rieke, Chem. Mat. **8**, 1170 (1996).

[27.116] W. Wagner, H. van Swygenhoven, H.J. Höfler and A. Wiedemann, Nanostruct. Mat. **6**, 929 (1994).

[27.117] H. Kronmüller, *Magnetisierungskurve der Ferromagnetika*, in: A. Seeger (Ed.), *Moderne Probleme der Metallphysik II* (Springer, Heidelberg, 1966).

[27.118] E.M. Chudnovsky, J. Magn. Magn. Mat. **40**, 21 (1983); E.M. Chudnovsky, W.M. Saslow and R.A. Serota, Phys. Rev. B **33**, 251 (1986); W.M. Suslow, Phys. Rev. B **35**, 3454 (1987); E.M. Chudnovsky, J. Appl. Phys. **64**, 5770 (1988); E.M. Chudnovsky, *Random Anisotropy in Amorphous Alloys*, in: J.A. Fernandez-Baca and W.-Y. Ching, *The Magnetism of Amorphous Metals and Alloys* (World Scientific, Singapore, 1995).

[27.119] P. Allia, M. Coisson, P. Tiberto, F. Vinai, M. Knobel, M.A. Novak and W.C. Nunes, Phys. Rev. B **64**, 144420 (2001).

[27.120] C. Binns, M.J. Maher, Q.A. Pankhurst, D. Kechrakos and K.N. Trohidou, Phys. Rev. B **66**, 184413 (2002).

28 Nano- und Molekularelektronik

Die Entwicklung der Mikroelektronik ist zu wesentlichen Teilen einer fortschreitenden Miniaturisierung und Erhöhung der Bauelementeintegrationsdichte geschuldet. Häufig wird der zeitliche Verlauf im Kontext des Mooreschen Gesetzes diskutiert. Da gegenwärtig die kleinsten charakteristischen Strukturgrößen in Richtung weniger Nanometer – und damit in Richtung nur noch einer vergleichsweise geringen Anzahl von Atomen – konvergieren, stellt sich die Frage, wie sich die Mikroelektronik in Form einer Nanoelektronik weiterentwickelt.

Die bisherigen Miniaturisierungsstrategien lassen sich offensichtlich nicht mehr in der bisherigen Form fortschreiben. Grund dafür sind technologische, ökonomische und vor allen Dingen physikalische Limits. Verschiedene Strategien zur Steigerung der Leistungsfähigkeit elektronischer Schaltkreise – insbesondere solcher für Computer – werden erwogen. Leistungsfähigkeit macht sich dabei häufig fest an Rechenleistung und Speicherkapazität, aber zunehmend auch an Energiedissipation. Andere Anwendungen – auch solche im rein analogen Bereich – streben nach maximaler Frequenzbandbreite oder höchster Empfindlichkeit.

Für eine zukünftige Entwicklung der Nanoelektronik betrachtete Strategien beinhalten einerseits den Einsatz reiner Quanteneffekte wie etwa der Quantisierung von Energieniveaus, des Einzelelektronentunnelns oder sogar der Verschränkung. Andererseits werden unkonventionelle Materialien wie etwa Graphen oder Kohlenstoffnanoröhrchen intensiv diskutiert. Und auch Strategien zur dreidimensionalen Packung nanoskaliger elektronischer Bauelemente werden konsequent weiterentwickelt.

Die Molekularelektronik, bei der die funktionalen Eigenschaften einzelner Moleküle oder Molekülverbände zur Erzeugung elektronischer oder optoelektronischer Funktionalität eingesetzt werden, bietet ebenfalls weiteres Miniaturisierungspotential, verkörpert aber auch eine maximale Disruption gegenüber konventionellen Dünnschichtverfahren der Halbleiterindustrie.

Da die physikalischen Grundlagen und technologischen Aspekte aller genannten Konzepte zur weiteren Miniaturisierung in den jeweiligen Kontexten in den einzelnen Bänden dieser Buchreihe ausführlich diskutiert wurden, geht es im Folgenden darum, eine prospektive Bewertung der einzelnen Strategien vorzunehmen.

28.1 Das Mooresche Gesetz

Das Mooresche Gesetz wurde in seiner ursprünglichen Form von G. Moore im Jahr 1965 formuliert [28.1]. Bereits im Kontext von Abschn. 1.4 und 24.1 wurde es explizit angesprochen. Die empirische Gesetzmäßigkeit besagt, dass sich die Komplexität integrierter Halbleiterschaltkreise bei minimalen Komponentenkosten in festen Zeiträumen verdoppelt. Unter Komplexität wird dabei die Anzahl von Schaltkreiskomponen-

https://doi.org/10.1515/9783486855449-006

ten verstanden, etwa diejenige von Transistoren oder Gattern. Etabliert sind heute alternative oder verwandte Quantifizierungsweisen wie die Integrationsdichte, also die Anzahl von Schaltkreiskomponenten pro Flächeneinheit. Damt verwandt sind charakteristische Schaltkreis- oder Transistorabmessungen und ihre zeitabhängige Entwicklung.

Über die Jahrzehnte seit der Formulierung der empririschen Gesetzmäßigkeit hat das Mooresche Gesetz teilweise den Charakter einer selbsterfüllenden Prophezeiung angenommen. Verschiedene Industriezweige, die an der Entwicklung der integrierten Schaltkreise beteiligt sind – die Hersteller selbst, aber auch beispielsweise die Hersteller der Lithographiesysteme – müssen sich wegen hoher Investitionskosten auf langfristige Meilensteine festlegen, um ökonomischen Zwängen gerecht zu werden.

Ein zentraler Gesichtspunkt der ursprünglich formulierten Gesetzmäßigkeit war das Kostenminimum pro Schaltkreiskomponente [28.1]. Die Kosten pro Komponente steigen sowohl bei sinkender wie auch steigender Integrationsdichte oder Bauelementegröße an, wie Abb. 28.1 zeigt. Bei niedriger Komponentenzahl wird die Chipsfläche nicht optimal im Sinn einer maximalen Komplexität genutzt, bei hoher wird die lithographische Strukturierung zunehmend aufwendiger, wie in Kap. 24 ausführlich diskutiert.

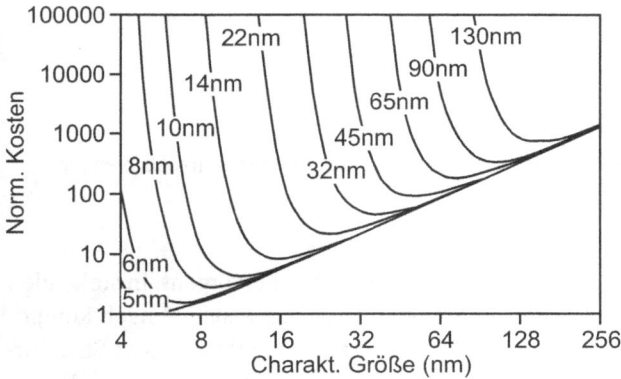

Abb. 28.1. Mooresches Gesetz in Anlehnung an seine ursprüngliche Formulierung für charakteristische Komponentenabmessungen der Nanoelektronik bei Berücksichtigung der Kosten pro Komponente und der jeweils kostengünstigsten Herstellungstechnologien.

Das Mooresche Gesetz postuliert einen exponentiellen Anstieg der Komplexität K mit der Zeit t:

$$K(t) = K_0 \exp(\lambda t) \,. \tag{28.1a}$$

Die Wachstumsrate λ ist durch die Komplexitätsverdopplungszeit τ gegeben: $\lambda = \ln 2/\tau$. Damit kann das Mooresche Gesetz alternativ formuliert werden:

$$K(t) = 2^{t/\tau}K_0 .$$ (28.1b)

Je nach Schaltkreis beträgt die Verdopplungszeit beispielsweise zwei Jahre und damit die Rate $\lambda = 0,35$ pro Jahr.

Höhere Komplexität bedeutete in Moores Sinn eine höhere Integrationsdichte. Diese lässt sich beispielsweise für einen gegebenen Schaltkreis – etwa einen Mikroprozessor – durch die Anzahl prägender Bauelemente – im Besonderen Transistoren – pro Gesamtschaltkreis oder Chip messen. Dies ist natürlich nur dann sinnvoll, wenn die Chipfläche nicht sonderlich variiert. Eine entsprechende Darstellung für Mikroprozessoren zeigt Abb. 28.2. Daraus wird deutlich, dass gegenwärtig die maximale Integrationsdichte zwischen 10^{10} und 10^{11} Transistoren pro Mikroprozessor liegt. Eine

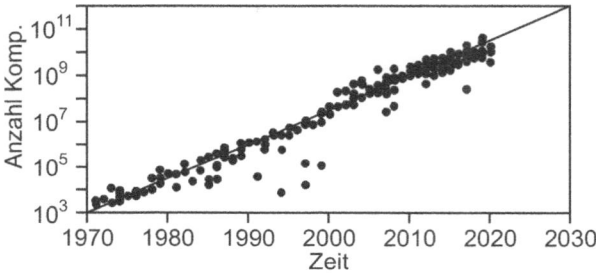

Abb. 28.2. Darstellungsform des Mooreschen Gesetzes in Form der Anzahl von Transistoren pro Mikroprozessor als Funktion des Einführungsjahrs.

höhere Integrationsdichte resultiert, wie auch aus Abb. 28.1 hervorgeht, in sinkenden charakteristischen Abmessungen. Solche Abmessungen lassen sich je nach Komponente natürlich unterschiedlich definieren. Wird also eine charakteristische Strukturgröße als Funktion der Zeit des Erreichens aufgetragen, so resultieren variierende Darstellungen des Mooreschen Gesetzes, weil die charakteristischen Abmessungen variierend gewählt werden. So findet man etwa lithographiebezogene Größen oder auch bestimmte reale Strukturabmessungen.

Im Kontext der Nanotechnologie ist es relevant, die tatsächlich erreichten minimalen Strukturabmessungen innerhalb eines komplexen Schaltkreises zu betrachten. Dies gibt Aufschluss über das technologisch Erreichbare, lässt aber natürlich nur indirekt einen Schluss auf die Integrationsdichte gemäß Abb. 28.2 zu. Abbildung 28.3 zeigt, dass auch hier der für das Mooresche Gesetz gemäß Gl. (28.1) charakteristische exponentielle Verlauf zu verzeichnen ist. Dabei wurden Minimalabmessungen von nur noch wenigen Nanometern bereits in der Serienfertigung erreicht. Dies entspricht

(a)

(b)

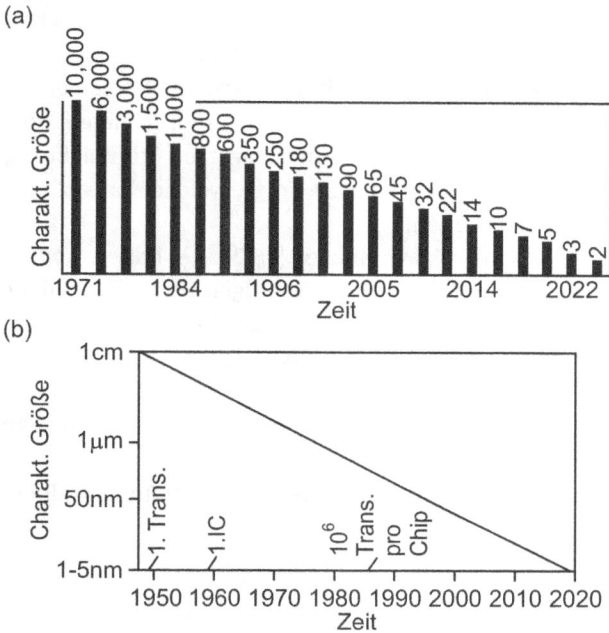

Abb. 28.3. Skalierung von MOSFET. (a) Charakteristische strukturelle Abmessungen und (b) Verlauf des Mooreschen Gesetzes.

einer Anzahl von nur noch vergleichsweise wenigen Atomen. Der Meilenstein von 1 nm scheint in greifbarer Nähe zu liegen.

Technologieknoten (Technology Nodes) sind Meilensteine für die Definition der Herstellungsprozessgeneration. Sie werden im Wesentlichen anhand der kleinsten photolithographisch herstellbaren Strukturgröße definiert. Heute werden sie durch die *International Technology Roadmap for Semiconductors (ITRS)* definiert und prognostiziert [28.2]. Da die ursprüngliche Definition des Technologieknotens nur die halbe Abstandsweite von dichten Linien- bzw. Grabenstrukturen angab, können spezifische Angaben wie die Länge des Gates kleinster Feldeffekttransistoren (MOSFET) größer oder kleiner sein. Für besonders kleine Strukturen unterhalb der 16 nm-Technologie sind Angaben insbesondere als vergleichsweise diffus zu betrachten. Im Sinne einer selbsterfüllenden Prophezeiung des Mooreschen Gesetzes wurde ein Skalierungsziel zwischen den Technologieknoten von $1/\sqrt{2} \approx 0{,}70$ angestrebt. Dies führte zu der in Abb. 28.3 dargestellten Entwicklung, die jeweils die Dichte von Transistoren pro Chip in festen Zeiträumen verdoppeln ließ. Derzeit werden Technologieknoten im Bereich 1–2 nm für die nächste Zukunft prognostiziert [28.3]. In den letzten Jahren konnte eine Verlangsamung beim Herunterskalieren von Transistoren registriert werden, was sich in einem Anstieg der Komplexitätsverdopplungszeit τ von zwei Jahren auf heute etwa zweieinhalb Jahre zeigt. Neben einer wachsenden Prozesskomplexität ist hierfür vor allem verantwortlich, dass die physikalisch definierten Grenzen der Transistorskalierung nunmehr fast erreicht sind. Dies manifestiert sich beispielsweise bei MOSFET in intolerablen Source-Drain-Leckagen, in Problemen bei der Konfiguration metallischer Gates und fehlenden Optionen für Kanalmaterialien. Auch treten im Bereich von 1 nm-Strukturen quantenmechanische Tunneleffekte, wie in Abschn. 3.3.3 diskutiert, auf. Damit stellt sich die Frage, welche Konzepte die zukünftige Nanoelektronik dominieren werden.

Im Jahr 2016 wurde die letzte ITRS-Roadmap publiziert [28.2]. Dies hatte unmittelbar eine erneute Initiative zur Folge, die breiter angelegte, verallgemeinerte Roadmaps zum Gegenstand hat. Die entsprechende Initiative trägt die Bezeichnung *International Roadmaps for Devices and Systems (RDS)* [28.4]. Sie wurde 2013 durch die *Task Force on Rebooting Computing* angeregt [28.5]. Danach werden zukünftige Entwicklungsstrategien sich nicht mehr am Mooreschen Gesetz orientieren, sondern an einer „More than Moore-Strategie". Es werden Entwicklungen stärker am Anwendungsbedarf orientiert als am einfachen Herunterskalieren der kritischen Abmessungen bestimmter Halbleiterstrukturen.

28.2 Grenzen siliziumbasierter Technologie

Wie kein anderes Bauelement ist der *Metall-Oxid-Halbleiter-Feldeffekttransistor (Metal Oxide Semiconductor Field Effect Transistor, MOSFET)* zu einem Gradmesser der Miniaturisierung geworden [28.6]. Seit dem Jahr 2012 wurden im Rahmen der 22 nm-Technologie dreidimensional strukturierte MOSFET mit einer „Finnenstruktur" (*FinFET)* eingeführt, die heute als Standard angesehen werden können [28.6]. Die FinFET-Technologie wird voraussichtlich bis zum 5 nm-Technologieknoten fortgeschrieben [28.7]. Allerdings ist dies im Detail mit enormen technologischen Herausforderungen verbunden [28.6]. Dennoch wird auch das Erreichen des 3 nm-Knotens diskutiert [28.6].

Wie in Kap. 24 und namentlich in Abschn. 24.2 diskutiert, werden entscheidende Rahmenbedingungen des Produktionsprozesses durch die Photolithographie konstituiert. Für die 20 nm- und 14 nm-Knoten ist die 193 nm-ArF-Immersionslithographie bei multipler Strukturierung ein Standard [28.6]. Auch der 7 nm-Knoten wäre damit erreichbar. Natürlich ist in diesem Kontext die großtechnische Einführung der EUV-Lithographie – wie in Abschn. 24.2 diskutiert – äußerst interessant. Gegenwärtig gibt es allerding noch die bereits diskutierten Probleme mit Photoresists und Maskentechnologien.

Trotz Überwindung zahlreicher technologischer Herausforderungen im Zusammenhang mit der Photolithographie, den Depositions- und Strukturierungsschritten bleiben letztlich fundamentale Einschränkungen im Verhalten maximal miniaturisierter Bauelemente – im vorliegenden Kontext MOSFET – bestehen. Diese haben ihre Ursache letztlich im Skalierungsverhalten wichtiger Kenngrößen, wie wir es exemplarisch in Abschn. 2.2.2 diskutiert hatten. Ein konkretes Problem im Hinblick auf MOSFET ist das Skalierungsverhalten des Kanalwiderstands und der Kanalkapazität im Vergleich zu demjenigen parasitärer Widerstände und Kapazitäten. Abbildung 28.4 verdeutlicht, dass für bereits heute erreichte Technologieknoten parasitäre und intrinsische Kenngrößen vergleichbar sind und bei weiterer Miniaturisierung in Form einfachen Skalierens zwangsläufig eine Dominanz parasitärer Effekte resultiert.

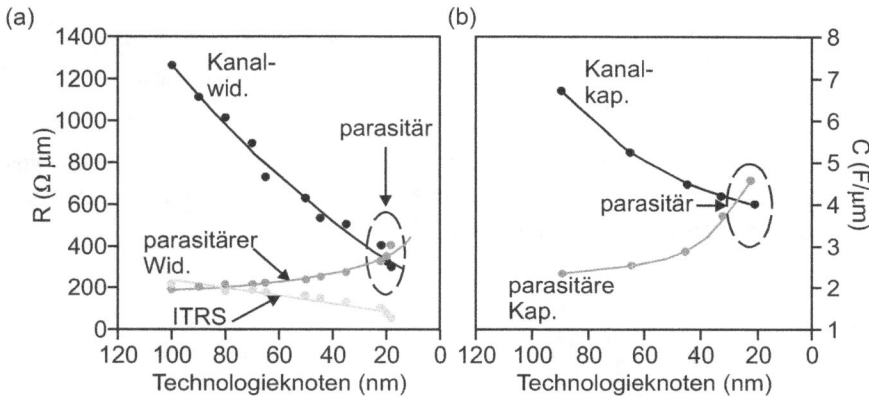

Abb. 28.4. Intrisnische und parasitäre Kenngrößen von MOSFET in Abhängigkeit vom Miniaturisierungsgrad [28.8]. (a) Kanalwiderstand und parasitärer Widerstand. (b) Kanalkapazität und parasitäre Kapazität.

Von besonderer Bedeutung ist natürlich die Skalierung primärer Kenngrößen wie applizierbarer Spannungen und resultierender Ströme und Schaltzeiten. Bei variierender Architektur und Materialzusammensetzung der MOSFET ergibt sich kein einfaches Skalierungsverhalten gemäß der Diskussion in Abschn. 2.1.2 mehr. Beispielsweise werden auch Kontakteigenschaften oder die Gatelänge im Kontext relativer oder absoluter Widerstands- und Kapazitätswerte relevant. Abbildung 28.5 zeigt exemplarisch eine kritische Abmessung für Kontakte in Abhängigkeit von den Technologieknoten für den Endbereich des Mooreschen Gesetzes gemäß Abb. 28.3. Durch Optimierung dieser kritischen Abmessungen lassen sich parasitäre Werte reduzieren.

Materialkonfigurationen beinhalten heute auch die lokale Induktion von mechanischen Spannungen beispielsweise im Bereich der Source-Drain-Region. Durch diese Maßnahme werden uniaxiale Spannungen in der Kanalregion etabliert. Seit Erreichen des 90 nm-Knotens wird zu diesem Zweck SiGe eingesetzt [28.6]. Die induzierte uniaxiale Spannung erhöht die Ladungsträgermobilität im Kanal. Bei Verkleinerung kritischer Abmessungen – beispielsweise derjenigen der Kontakte – wird es erforderlich, den Ge-Anteil sukzessive zu erhöhen, um ausreichende Spannungswerte zu induzieren. Abbildung 28.6 zeigt, welche Ge-Konzentrationen für welche Technologieknoten im Source-Drain-Bereich von FinFET gewählt wurden. Dabei ist das Wachstum von

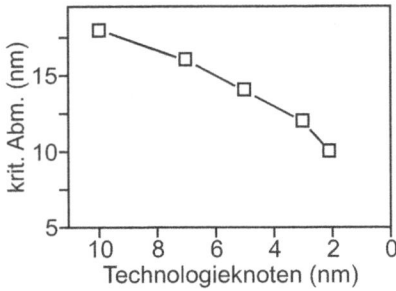

Abb. 28.5. Kritische Kontaktabmessung als Funktion des jeweiligen Technologieknotens [28.6].

SiGe in einer Si-Umgebung durchaus mit einer Vielzahl von Problemen behaftet. Dies wiederum kann zu einer inhomogenen Spannungsverteilung und damit zu einer Verschlechterung primärer Kenngrößen führen [28.6].

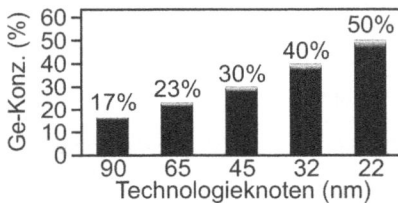

Abb. 28.6. Ge-Konzentration im Source-Drain-Bereich von FinFET für die jeweiligen Technologieknoten [28.6].

Zur besseren Kontrolle unerwünschter Effekte aufgrund reduzierter Kanallänge *(Short Channel Effects)* werden auch radikalere Designveränderungen postuliert – beispielsweise SiGe oder Ge als Kanalmaterialien mit hoher Ladungsträgermobilität. Unterhalb des 10 nm-Knotens werden Nanodrähte, wie in Abschn. 19.5.4 behandelt, diskutiert [28.9]. Geeignete Systeme mit planarer Geometrie lassen sich auf Basis von SiGe/Si-Multilagensystemen herstellen, wobei SiGe oder Si mittels Ätzens selektiv entfernt werden kann. So entstehen geeignete Nanodrähte innerhalb der FinFET-Architektur. Abbildung 28.7 zeigt exemplarisch eine entsprechende Multilagenanordnung.

Im Rahmen der detailreichen und vielfältigen inkrementellen Optimierungsschritte, die zum Erreichen der Grenzen des Mooreschen Gesetzes notwendig sind, kommt auch innovativen Dotierungsprozessen eine besondere Bedeutung zu. Zu solchen Prozessen gehört die *Monolagendotierung*. Diese bietet sich besonders bei minimalen Strukturabmessungen an. Sie besteht in einer oberflächenchemischen Reaktion zwischen Halbleiter und deponierten organischen Molekülen, welche die Dotierspezies enthalten [28.11]. Im Vergleich zur konventionellen Implantation entstehen durch Monolagendotierung weniger Defekte im Halbleitergitter 12[28.12].

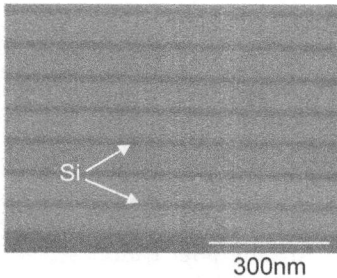

300nm

Abb. 28.7. SiGe/Si-Multilagensystem zur Formung von Nanodrähten in FinFET[28.10].

Typischerweise wird das native Oxid des Halbleiters zunächst mittels HF oder NH_4F entfernt und die Oberfläche H-terminiert. Die Dotierungsspezies sind in der Regel in Alkanen oder Alkinen gelöst [28.13]. Die oberflächenchemische Reaktion wird dann durch eine *Hydrosilysierung* stimuliert [28.14]. Die Beschichtung mit einem dünnen SiO_2-Film und anschließendes Pulserhitzen führen dazu, dass die Dotieratome in das Halbleitergitter diffundieren. Die Prozessschritte sind in Abb. 28.8 dargestellt.

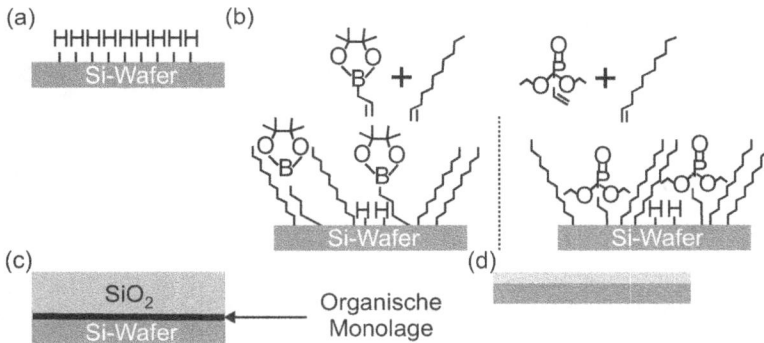

Abb. 28.8. Schematische Darstellung der Monolagendotierung [28.14]. (a) Funktionalisierung der Si-Oberfläche mittels z. B. HF. (b) Deposition organischer Moleküle. (c) Deposition eines SiO_2-Films. (d) Pulstempern und Entfernung der SiO_2-Schicht.

Von grundlegender Bedeutung für die Funktionsweise integrierter Schaltkreise sind die Eigenschaften metallischer Verbindungen (*Interconnects*). Bei sehr kleinen kritischen Dimensionen, die gegen Ende des Gültigkeitsbereichs des Mooreschen Gesetzes erreicht werden, lassen sich Interconnects bezüglich ihrer Eigenschaften nicht mehr einfach skalieren [28.15]. Beispielsweise treten für die gebräuchlichen Cu-Interconnects durch dominante Streuung von Elektronen an der Oberfläche sowie an Korngrenzen drastische Leitfähigkeitsreduktionen auf [28.16]. Auch ein Skalieren des Abscheideprozesses für Cu ist wegen variierender Diffusionsbarrieren nicht mehr ohne Weiteres möglich [28.17]. Schließlich verschlechtern sich auch Elektromigrations- und dielektrische Eigenschaften. Cu-Interconnects werden mittels des *Damascene*- oder *Dual-Damascene-Prozesses* hergestellt [28.18]. Neben horizontalen Leiterbahnen sind dabei auch vertikale Verbindungen (*Vertical Interconnect Access, VIA*) von Bedeutung [28.18]. Dies wird beispielsweise in Abb. 1.6 in Abschnitt 1.4 deutlich. Das heute übliche Kupfer wird aus den bereits genannten Gründen bei zunehmender Miniaturisierung ungeeignet. Streuprozesse werden insbesondere kritisch, weil die makroskopisch gute Leitfähigkeit nicht auf eine große Anzahl freier Ladungsträger zurückzuführen ist, sondern auf eine große freie Weglänge, wie in Abschn. 2.2.2 diskutiert. Insbesondere bei Erreichen von Technologieknoten von nur noch wenigen Nanometern erweisen sich Metalle wie Rh, Ir, Ru, Co, Ni oder Al als geeigneter. Dies gilt insbesondere für VIA. Abbildung 28.9 verdeutlicht, dass beispielsweise die Verwendung von Co statt Cu die Lebensdauer der Strukturen zumindest für hinreichend kleine Feldstärken signifikant vergrößern.

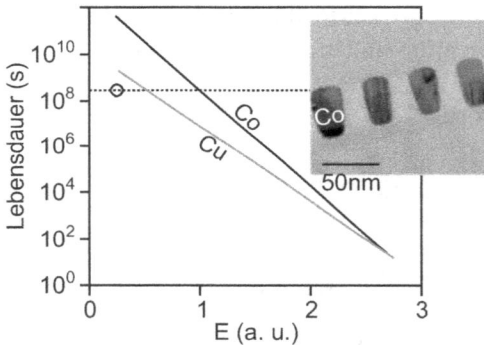

Abb. 28.9. Vergleich der Lebensdauer von Co- und Cu-Strukturen bei variierender elektrischer Feldstärke [28.6]. Die horizontale Linie markiert eine Zeitspanne von zehn Jahren.

Zur Erhöhung der Flächendichte von MOSFET werden auch gänzlich neuartige Designs der Transistoren verfolgt. Dabei steht die zunehmend dreidimensionale Integration durch Aufeinanderstapeln von Nanoschichten (Nanosheets) im Zentrum der Konzepte. Je nach Hersteller werden die Bauelemente als *Nanosheet-, Nanoribbon-, Nanowire-* oder *Gate-All-Around-Transistoren* bezeichnet. Abbildung 28.10(a) zeigt schematisch die Designkonzepte.

Bei ultrahoher MOSFET-Integrationsdichte kann die Eigenerwärmung der Schaltkreise zu einem signifikanten Problem werden [28.18]. Dies wurde bereits in Abschn. 2.1.3 thematisiert. Diesbezüglich erweist sich die Nanosheet-Architektur als offensichtlich vorteilhaft [28.6]. Nanosheet-Transistoren haben sich in Simulationen gegenüber FinFET als resilienter erwiesen. Dabei ist die Weite der Nanoschicht der Schlüsselfaktor für ein Erreichen des besten Kompromisses zwischen elektrischen Kenngrößen

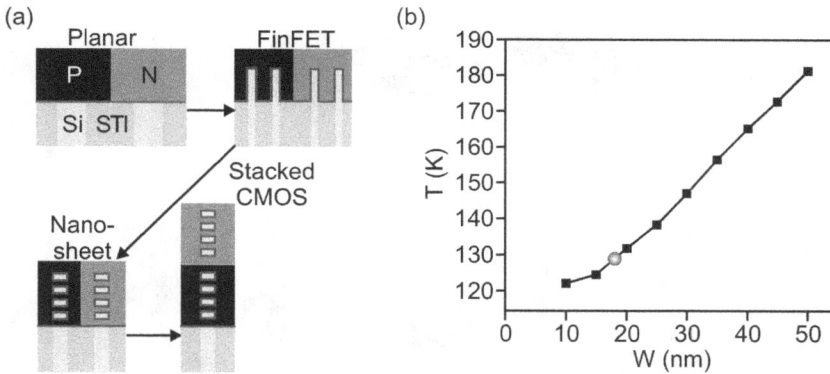

Abb. 28.10. (a) Evolution von planaren MOSFET über FinFET bis hin zu Nanosheet-Transistoren. (b) Eigenerwärmung von Nanosheet-Transistoren als Funktion der Weite der Nanoschicht [28.6].

und thermischen Eigenschaften. Abbildung 28.10(b) zeigt exemplarisch, wie Eigenerwärmung von der Weite der Nanoschicht abhängt.

Das Mooresche Gesetz postuliert im engeren Sinne weitere Schritte beim Herunterskalieren Si-basierter Bauelemente. Im Bereich der 2–5 nm-Technologieknoten wird eine weitere Miniaturisierung trotz der beschriebenen, zahlreichen technologischen Maßnahmen aus fundamentalen Gründen nicht mehr möglich sein. Um dennoch Fortschritte sowohl im Hinblick auf die relevanten Eigenschaften elektronischer Bauelemente als auch im Hinblick auf ihre ihre Packungsdichte zu erzielen, werden neben Si und SiGe auch andere Halbleitermaterialien – namentlich III-V-Halbleiter – in Erwägung gezogen. Im Hinblick auf MOSFET und FinFET bezieht sich das insbesondere auf das Kanalmaterial. Die Integration von III-V-Materialien auf Si-Substraten ist allerdings sowohl bezüglich der Epitaxie als auch bezüglich der Ätzprozesse nicht unproblematisch. Dies trifft besonders für ternäre Verbindungen wie InGaAs zu [28.18]. Dennoch konnten erste III-V-FinFET und Gate-All-Around-FET auf Si-Substraten demonstriert werden [28.19]. Abbildung 28.11 zeigt Details.

Eine weitere wichtige Kenngröße für Transistoren ist die Tansitfrequenz. Das ist diejenige Frequenz, bei der die Stromverstärkung den Wert eins annimmt. Die Miniaturisierung von Transistoren in einem elektronischen Schaltkreis aus beispielsweise 10^{10} oder mehr Transistoren reduziert die parasitäre Gesamtkapazität der Bauelemente. Dies wiederum hat tendenziell eine wachsende Transitfrequenz der Transistoren zur Folge. Abbildung 28.12 zeigt, dass dies bis zum Erreichen des 45 nm-Knotens auch tatsächlich der Fall war. Der weitere Kurvenverlauf zeigt allerdings, dass auch im Hinblick auf die Transistorgrenzfrequenzen Schwierigkeiten bezüglich einer einfachen Skalierung bestehen. Eine Ursache hierfür sind intrinsische Eigenschaften der Materialien auf Transistorebene [28.20].

Ein weiterer Grund besteht allerdings auch in einem Abwägen weiterer Prioritäten: Welche dissipative Leistung kann bei vertretbarem Kostenaufwand abgeführt wer-

(a)

100nm

(b)   (c)   (d)

4nm
HfO₂
9.5nm
3.5nm
TiN
32nm
25nm
7nm
S   Lg=36nm   D

20nm

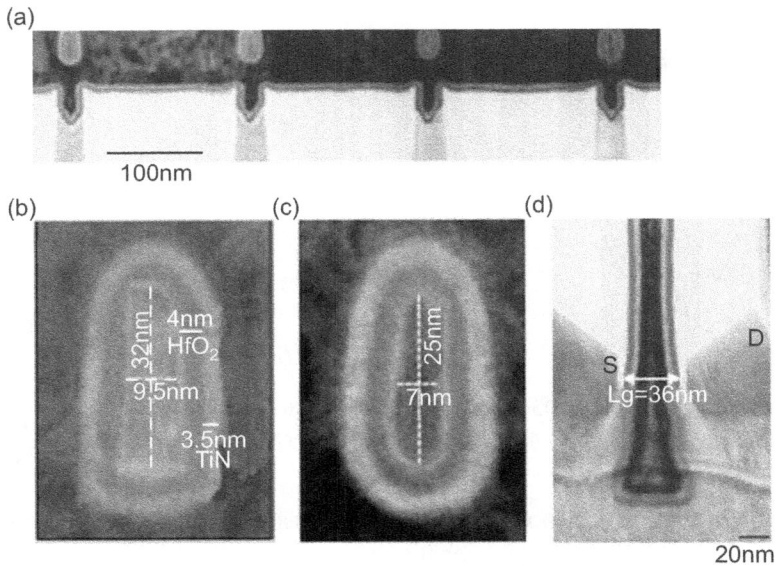

Abb. 28.11. Gate-All-Around-FET auf Basis von InGaAs auf Si-Substrat [28.19]. (a) Gate-Anordnung. (b) 9,5 mm Kanalweite, die durch nasschemisches, HCl-basiertes Atomlagenätzen erreicht wurde. (c) Reduktion der Kanalweite nach weiteren Ätzzyklen. (d) Details der Gate-Abmessungen.

den? Wie kann ein Betrieb der Schaltkreise bei möglichst geringer Leistungsaufnahme im Rahmen mobiler Anwendungen realisiert werden? Gerade mobile Anwendungen wurden in den letzten Jahren zunehmend zu einem dominanten Entwicklungs- und Innovationsfaktor [28.20].

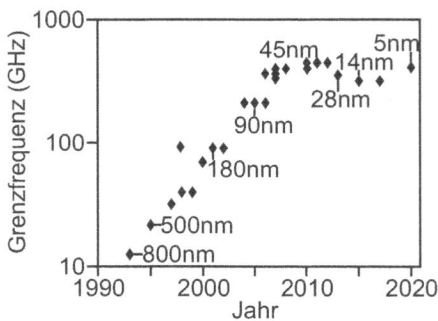

Abb. 28.12. Transitfrequenz für MOSFET für Technologieknoten und Kommerzialisierungsjahr [28.20].

28.3 Siliziumbasierte Quantenelektronik

28.3.1 Allgemeines

Quantenelektronik nutzt explizit die quantenmechanischen Eigenschaften von Ladungen und Spins. Damit unterscheiden sich entsprechende Bauelemente sowohl in fundamentaler als auch technologischer Hinsicht von denjenigen, deren Miniaturisierung und zunehmende Packungsdichte über so viele Jahrzehnte zuverlässig durch das Mooresche Gesetz prognostiziert wurden. Da im Kontext der Quantenelektronik Miniaturisierung größtenteils auf anderen Paradigmen basiert als bei konventionellen siliziumbasierten Bauelementen, ist das Mooresche Gesetz für zukünftige Entwicklungen in diesem Bereich kein geeignetes Prognoseelement.

Anwendungen der Si-Quantenelektronik reichen von der in Abschn 3.4 diskutierten Quanteninformationstechnologie bis zu der in Abschn. 3.6.5 behandelten Spintronik [28.21]. Gerade für spinbasierte Anwendungen ist Si ein ideales Material, weil einerseits im Rahmen konventioneller Si-Mikroelektronik singuläre Fabrikationstechnologien entwickelt wurden und andererseits eine schwache Spin-Bahn-Wechselwirkung besteht sowie Isotope mit verschwindendem Kernspin existieren. Halbleiterbasierte Qbits haben gegenüber anderen Realisierungsformen den enormen Vorteil, dass sie quasi kompatibel zur konventionellen Mikroelektronik sind. Neben Quantum Dots aus Si sind auch solche auf GaAs/AlGaAs-Basis von großem Interesse [28.22]. Allerdings existieren in derartigen Heterostrukturen immer Kernspinmomente, was zu vergleichsweise kurzen Spinrelaxations- und -kohärenzzeiten führt. Neben Quantum Dots, wie wir sie in Abschn. 3.4.3 diskutiert haben, eignen sich auch einzelne Donatoratome zur Isolation einzelner Elektronen.

Die bedeutendsten Errungenschaften insbesondere der CMOS-Technologie können nicht direkt auf eine Si-basierte Quantentechnologie übertragen werden. Dies wird unmittelbar deutlich, wenn man einerseits die Mechanismen betrachtet, welche die Spinkohärenz begrenzen und andererseits beispielsweise diejenigen, die zu unerwünschten Streueffekten in konventionellen CMOS-Transistoren führen. Andererseits können durchaus viele Fabrikationsschritte aus der konventionellen Mikroelektronik für die Herstellung von Si-Quantenbauelementen übernommen werden [28.22].

28.3.2 Confinement und Transport

Gebundene Zustände, wie in Abschn. 3.3 sowie 19.6.2 diskutiert, werden durch elektronisches Confinement realisiert. Dies wiederum ist Grundlage der Quantenelektronik. Größe und Form einer Halbleiterstruktur erlauben Confinement-Effekte in einer, zwei oder drei Dimensionen, wie in Kap. 19 ausführlich diskutiert. Zusätzlich lassen sich elektrostatische Potentiale einsetzen. Das geometrische und elektrostatisch applizierte Confinement bestimmen dann gemeinsam das Confinement-Potential eines quantenelektronischen Halbleiterbauelements. Abbildung 28.13 zeigt dies am Beispiel von Einzelelektronen-Tunnelbauelementen.

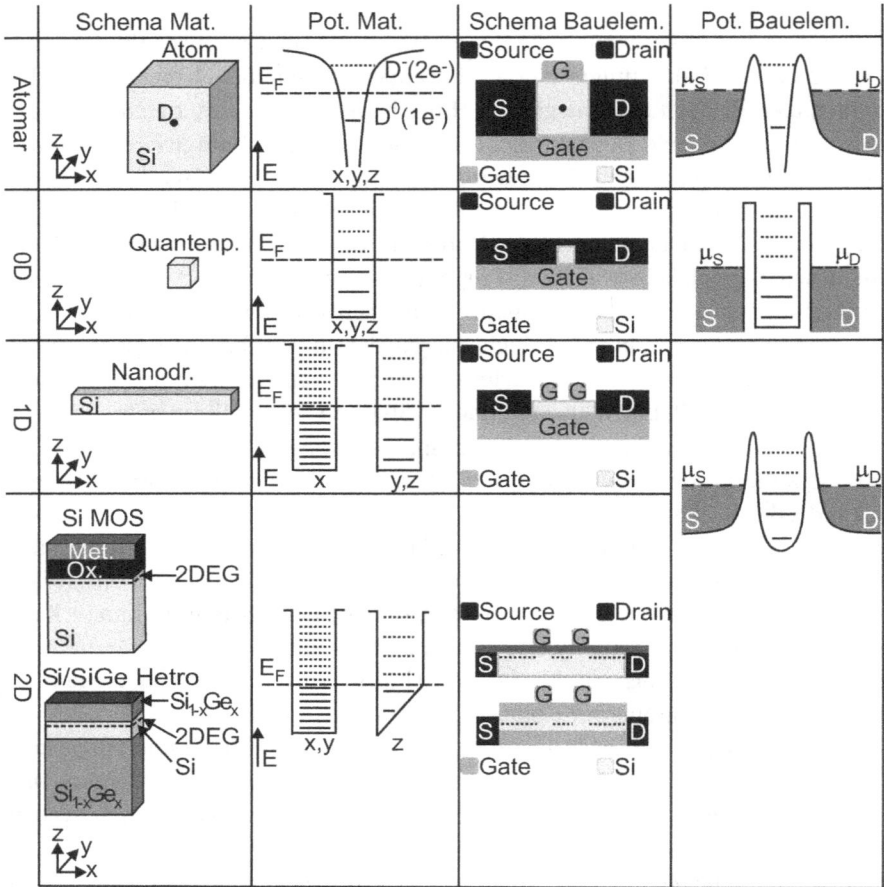

Abb. 28.13. Einzelelektronentransistoren mit Strukturen unterschiedlicher Dimensionalität [28.21]. Die maßgeblichen Tunnelbarrieren sind jeweils in der rechten Spalte dargestellt. E_F bezeichnet die Fermi-Energie. S, G. und D bezeichnen Source, Gate und Drain. μ bezeichnet das chemische Potential.

Der Transport durch Confinement-dominierte Strukturen ist Grundlage der Einzelelektronen-Transistoren (Single Electron Transistor, SET), die wir bereits in Abschn. 3.2.3 und 3.4.3 kurz erwähnten. Das Confinement-Potential ist – wie in Abb. 28.13 gezeigt – an elektronische Reservoire in Source und Drain sowie an das Gate gekoppelt. Mittels des Gates lässt sich das elektrostatische Potential des Potentialtopfs manipulieren. Dies ist schematisch in Abb. 28.14 dargestellt.

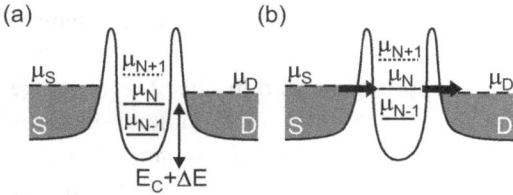

Abb. 28.14. Transportregime des SET [28.21]. (a) Coulomb-Blockade. (b) Einzelelektronentunneln. μ_S und μ_D sind Source- und Drain-Potentiale. N gibt die Anzahl der Elektronen innerhalb des Potential-topfs mit diskreten Energieniveaus an.

Bei hinreichend tiefen Temperaturen erfordert die Energieerhaltung, dass die Energie μ_N für das Hinzufügen des Nten Elektrons zum Potentialtopf gerade in das Potential-alfenster $\mu_S \geq \mu_N \geq \mu_D$ fällt. Ansonsten tritt die Coulomb-Blockade ein. Das Gate-Potential verschiebt die Zustandsleiter des Potentialtopfs nach oben oder unten und ermöglicht so ein Umschalten zwischen Coulomb-Blockade und Einzelelektronen-Tunneln. Variiert man also die Gate-Spannung V_G bei fester Source-Drain-Spannung V_{SD}, so erhält man den in Abb. 28.15(a) dargestellen Verlauf der Leitfähigkeit G. Misst man G als Funktion von V_G und V_{SD}, so ergibt sich eine Darstellung gemäß Abb. 28.15(b). In den rautenförmigen Regionen – den *Coulomb-Rauten* – besteht eine Coulomb-Blockade und N ist konstant. Ist eine Kante der Coulomb-Raute erreicht, so wird das Einzelelektronen-Tunneln möglich.

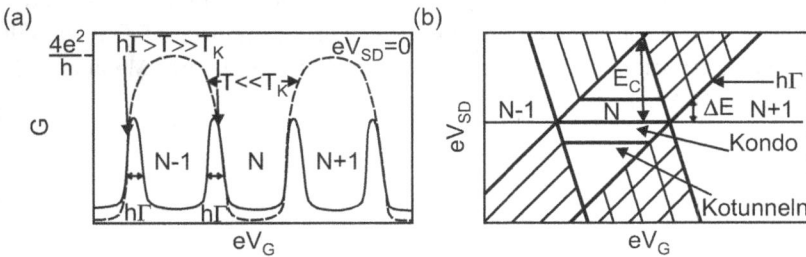

Abb. 28.15. Spektroskopische Kenndaten von SET [28.21]. (a) Leitfähigkeit als Funktion der Gate-Spannung für T ≫ T_K und T ≪ T_K. (b) Stabilitätsdiagramm mit Coulomb-Rauten für T = 0. Die rele-vanten intrinsischen Energien sind vermerkt.

Beim Transport von Elektronen durch lokalisierte Zustände sind unterschiedliche Transportregime zu unterscheiden [28.21]. Maßgeblich für den Transport ist die elektronische Kohärenz während der Tunnelprozesse. Diese hängt einerseits von den extrinsischen Energien eV_{SD} und $k_B T$ und andererseits von den intrinsischen für die Ladungsenergie $E_C = e^2/(2C)$, für den Abstand der diskreten Niveaus ΔE, für die Verbreiterung der Energieniveaus h/T und für die Kondo-Energie $k_B T_K$ ab.

$\Gamma = \Gamma_S + \Gamma_D$ sind die Tunnelraten. In der Regel gilt $k_B T_K \ll h\Gamma \ll \Delta E$, seltener $k_B T_K \ll \Delta E < h\Gamma \ll E_C$.

Die sich ergebenden individuellen Transportregime sind in Abb. 28.16(a) dargestellt. Das Multi-Elektronen-Regime mit $E_C \ll k_B T, e V_{SD}$ ohne Coulomb-Blockade ist irrelevant für Quantenbauelemente. Für das Multi-Niveau-System mit $\Delta E \ll k_B T$, $e V_{SD} \ll E_C$ können Elektronen in Abhängigkeit von V_{SD} in mehrere diskrete Niveaus tunneln. Der Strom hängt von den Tunnelraten Γ in die Zustände hinein und aus dem Grundzustand heraus ab. Ist ein Zustand besetzt, so tritt eine Coulomb-Blockade ein. Orbitale Relaxationszeiten im Bereich von 1 ps bis zu etwa 10 ns führen dazu, dass die Transportprozesse nicht kohärent sind. Das Ein-Niveau-Regime mit $h\Gamma \ll k_B T$ und $e V_{SD} \ll \Delta E$ beinhaltet nur einen besetzbaren Zustand im Energiefenster. Das Transportregime bildet den Übergang vom inkohärenten Transport zwischen Source und Drain und einem phasenkohärenten. Der Tunnelstrom hängt stark von $k_B T$ ab. Auch das in Abb. 28.15(b) dargestellte Kotunneln im Blockadebereich kann durch Tunnelprozesse höherer Ordnung hervorgerufen werden. Im kohärenten Regime mit $k_B T_K \ll k_B T$ und $e V_{SD} \ll h\Gamma \ll \Delta E$ wird die Leitfähigkeit durch den Quantenwert $e^2/\hbar$ und einen Faktor, welcher von der Symmetrie der Tunnelraten Γ_S und Γ_D abhängt, bestimmt. Im Kondo-Regime für $e V_{SD}, k_B T \ll k_B T_K$ spielen Ladungstransferprozesse zweiter Ordnung eine Rolle. Diese sind vom Kotunneln zu unterscheiden und bestehen darin, dass das Transportelektron aus dem Anfangszustand über einen virtuellen Zustand in den Endzustand übergeht. Je nachdem, ob sich eine gerade oder ungerade Anzahl N von Zuständen im Energiefenster befinden, gibt es einen ungepaarten Spin mit magnetischem Moment. Der resultierende Kondo-Effekt hat in der Regel einen Anstieg der Leitfähgikeit der Doppelbarrierenstruktur zur Folge, verhält sich also gegensätzlich zum Kondo-Effekt in magnetisch verunreinigten Metallen, wie wir ihn in Abschn. 3.6.5 behandelt haben.

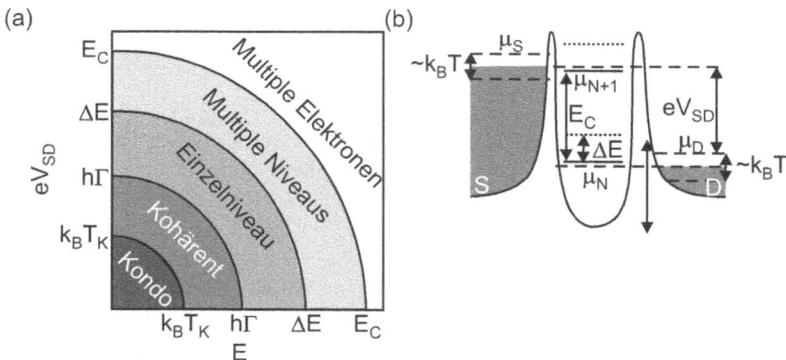

Abb. 28.16. Transport in SET [28.21]. (a) Individuelle Transportregime in Abhängigkeit von intrinsischen und extrinsischen Energieskalen. (b) Veranschaulichung der intrinsischen und extrinsischen Energien.

Vielversprechende Konzepte der Si-basierten Quantenelektronik wurden entwickelt ausgehend von einer Nutzung der beschriebenen Confinement-Konzepte und Transportregime. Zur Erzeugung des Confinements konzentrierten sich die Anstrengungen auf verschiedene Arten von Quantenpunkten, die mittels Bottom-Up- oder Top-Down-Verfahren hergestellt wurden. Dabei war nicht primäres Ziel eine weitere Miniaturisierung der Baulemente – in diesem Fall der SET-Transistoren – zur Fortschreibung des Mooreschen Gesetzes, sondern ein Paradigmenwechsel, der in einer expliziten Nutzung von Quanteneffekten besteht. Deren Fundament ist wiederum die Diskretisierung von Energieniveaus, die Kontrolle einzelner Ladungen und/oder Spins und der kohärente Transport. Herstellung und Eigenschaften von Quantenpunkten hatten wir en détail in Abschn. 19.6.2 behandelt. Aber auch die in Abschn. 19.3 diskutierten Eigenschaften zweidimensionaler Elektronengase sowie die in Abschn. 19.5 behandelten eindimensionalen Systeme sind von Bedeutung für die bisher erzielten Resultate.

Aufgrund der Funktionsweise von SET-Transistoren spielt implizit eine hinreichende Miniaturisierung eine große Rolle, wenngleich sie auch nicht explizites Ziel ist. Abmessungen der Quantenpunkte im Nanometerbereich sind erforderlich, um einerseits einen möglichst großen Abstand ΔE der Energieniveaus zu ereichen und andererseits eine möglichst kleine Kapazität C zur Maximierung der Coulomb-Blockade $e^2/(2C)$. Neben einer Vielzahl lithographisch strukturierter, elektrostatisch definierter und Bottom-Up-erzeugter Quantenpunkte wurden auch planare MOS-Strukturen genutzt. Das ist insofern äußerst relevant, als dass MOSFET das mit Abstand wichtigste Baulement der Informationsverarbeitung sind und ihre Herstellung über Jahrzehnte perfektioniert wurde. Insbesondere bezieht sich die Perfektionierung auf die nur 1 nm dicke SiO_2-Schicht, die das Gate vom Si-Kanal trennt. Trotz der Si/SiO$_2$-Gitterfehlanpassung werden hohe elektronische Mobilitäten von $4 \cdot 10^4$ cm^2/(Vs) oder mehr erreicht [28.23]. Durch Anordnung eines Gates lässt sich zunächst ein zweidimensionales Elektronengas (2DEG) über eine größere Fläche erzeugen. Dieses kann durch weitere Gates elektrostatisch zu einem Quantenpunkt verengt und über variable Tunnelbarrieren an Source und Drain gekoppelt werden. Einen der ersten so konzipierten SET-Transistoren zeigt schematisch Abb. 28.17.

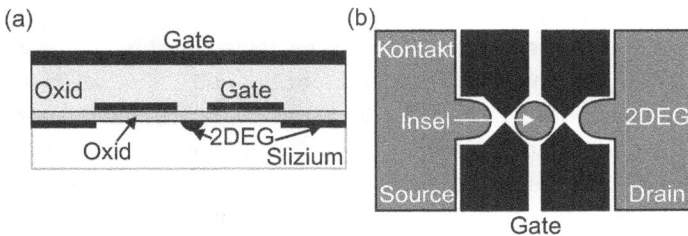

Abb. 28.17. MOS-basierter SET-Transistor [28.24]. (a) Querschnitt. (b) Aufsicht.

Im Lauf der Zeit wurde das Design MOS-basierter SET-Transistoren weiter optimiert, so dass sich die elektronischen Reservoire von Source, Drain und Quantenpunkt unabhängig regulieren lassen und dass der Quantenpunkt mit nur einem einzelnen zusätzlichen Elektron besetzt werden kann [28.25]. Außerdem besitzt er nur noch minimale Abmessungen. Abbildung 28.18 zeigt einen entsprechenden Transistor.

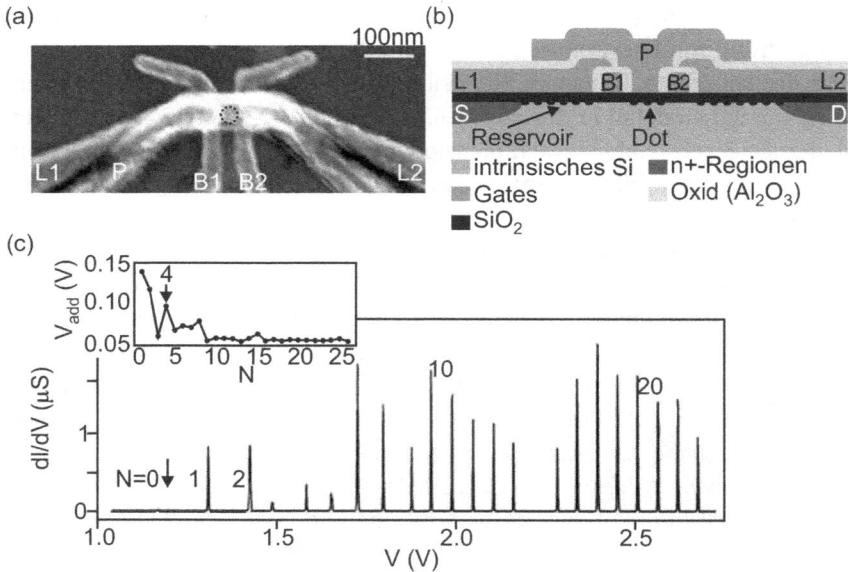

Abb. 28.18. MOS-basierter SET-Transistor [28.25]. (a) SEM-Aufnahme des Transistors. (b) Schema des Querschnitts. (c) Coulomb-Oszillationen der Leitfähigkeit für die sukzessive Besetzung des Quantenpunkts mit 23 Elektronen.

Auch Si-Nanodrähte eignen sich hervorragend zur elektrostatischen Etablierung von Quantenpunkten. Die mittels konventioneller Lithographie erzeugten Drähte stellen das Confinement in zwei Dimensionen sicher. In der dritten Dimension wird dies durch spezielle Gate-Elektroden erreicht, die beispielsweise aus Poly-Si hergestellt sein können. Der Herstellungsprozess des Bauelements ist vollständig CMOS-kompatibel. Ein Beispiel für eine entsprechende Struktur zeigt Abb. 28.19. Bei dieser Anordnung bilden die äußeren Gates (LGS, LGD) die Tunnelbarrieren, und das zentrale Gate (LGC) dient zur Kontrolle der Besetzung des Quantenpunkts. Bei einem hinreichend großen negativen Potential an diesem Gate wird zentral ebenfalls eine Tunnelbarriere etabliert, und es lässt sich ein Doppelquantenpunkt erzeugen.

FinFET-Strukturen erlauben es, mit nur einem Gate einen Quantenpunkt zu formen. Die Finne besteht in einem lithographisch strukturierten Nanodraht. Das umge-

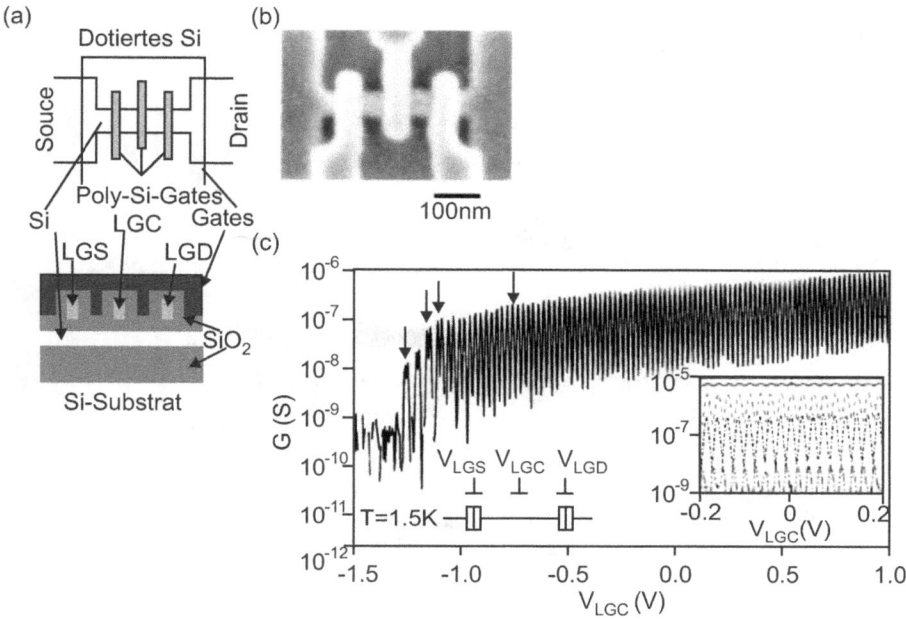

Abb. 28.19. Nanodrahtbasierter SET-Transistor [28.25]. (a) Schema der Anordnung. (b) SEM-Aufnahme. (c) Coulomb-Oszillationen der Leitfähigkeit.

bende Gate aus Poly-Si wird von einem Isolator eingekapselt, welcher aus SiO_2 oder Si_3N_4 besteht (*Spacer*). Ein positives Gate-Potential führt zur Akkumultion von Elektronen darunter, welche durch Barrieren, die aufgrund der Spacer-Regionen entstehen, von Source und Drain isoliert sind. Abbildung 28.20 zeigt die Anordnung. Das Stabilitätsdiagramm in Abb. 28.20(c) zeigt, dass der Quantenpunkt in einem weiteren Besetzungsregime bei Besetzung mit vielen Elektronen äußerst stabil ist.

Für den Einsatz von SET in der Quanteninformationsverarbeitung ist es notwendig, den Ladungszustand der Quantenpunkte schnell und präzise auszulesen. Dies kann mit Hilfe integrierter *Quantenpunktkontakte (Quantum Point Contact, QPC)* erfolgen [28.27]. QPC-Sensoren wurden sowohl in Si/SiGe- wie auch in Si-MOS-basierten Quantenpunktsystemen integriert.

SET selbst lassen sich auch als schnelle, extrem empfindliche Elektrometer konfigurieren. So wurden bei Frequenzen von $\nu > 100$ MHz Empfindlichkeiten von $\sim 10^{-6}$ $e/\sqrt{Hz}$ erreicht [28.29]. Damit eignen sich SET hervorragend zum Auslesen des Ladungszustands benachbarter SET. Abbildung 28.21 zeigt ein entsprechendes Paar von SET. Dabei handelt es sich um einen Si-SET und einen Si-MOS-Quantenpunkt [28.30].

Neben einer präzisen Kontrolle des Ladungszustands von Quantenpunkten lässt sich – besonders bei Besetzung mit nur wenigen Elektronen – auch das Auffüllen und Entleeren mit Spins sehr gut detektieren. Dies gilt sowohl für Grund- als auch für ange-

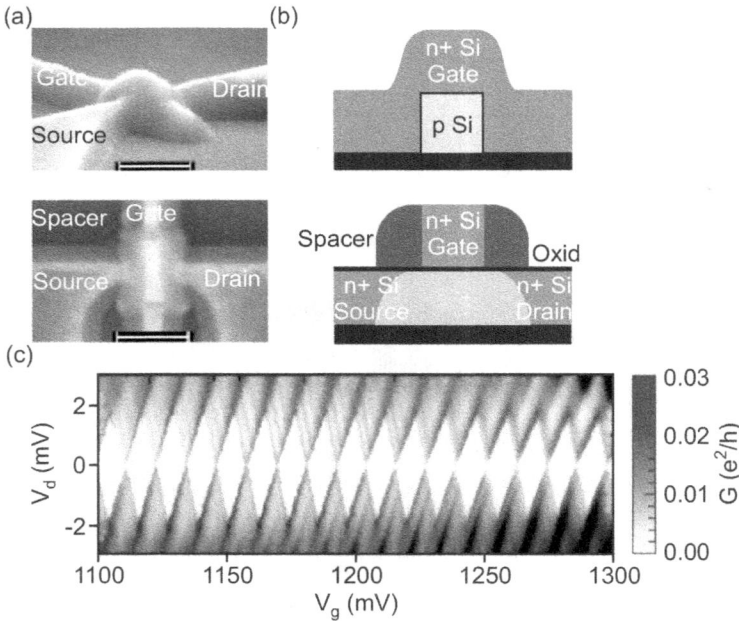

Abb. 28.20. Nanodrahtbasierter SET-Transistor in FinFET-Anordnung [28.26]. (a) SEM-Aufnahme. (b) Schematische Darstellung des Querschnitts senkrecht zum Nanodraht (oben). (c) Stabilitätsdiagramm mit Coulomb-Rauten gemäß Abb. 28.15.

regte Zustände [28.31; 28.32]. Aufgrund der Bandstrukturminima des Leitungsbands von Si ist das Auffüllen der Spinzustände nicht trivial. Täler der Bandstruktur wurden im Kontext niedrigdimensionaler Materialien bereits in Abschn. 19.1.5 diskutiert. Sowohl die Grundzustands-Magnetospektroskopie [28.33] als auch diejenige angeregter Zustände [28.34] identifizieren das Auffüllen der Spinzustände via Zeeman-Aufspal-

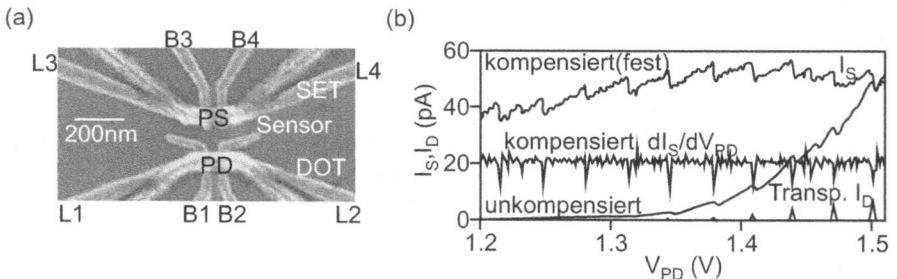

Abb. 28.21. Auslesen eines Si-MOS-Quantenpunkts mit einem Si-SET über eine kapazitive Kopplung [28.30]. (a) SEM-Aufnahme. (b) Strom I_D durch den Quantenpunkt, I_S durch den SET ohne und mit Kompensation sowie dI_S/dV_G jeweils als Funktion der Gate-Spannung V_G.

tung, also durch Applikation variabler Magnetfelder beträchtlicher Größe (typisch 1–10 T). Dies steht der Nutzung von Spinzuständen in Quantenpunkten im Rahmen einer Spintronik oder Quanteninformationsverarbeitung im Weg. A priori sind Elektronenspins in Quantenpunkten aber dennoch interessant für die Quantenelektronik. Wir hatten dies in Abschn. 3.4.3 näher ausgeführt.

Auch Doppelquantenpunkte sind im Kontext der Si-Quantenelektronik von Interesse [28.35]. Wählt man für einen Halbleiterquantenpunkt die durchaus adäquate Bezeichnung „künstliches Atom", so könnte man einen Doppelquantenpukt als „künstliches Molekül" bezeichen. Wie bei Einzelquantenpunkten lassen sich die Doppelquantenpunkte in verschiedenen Geometrien realisieren. Ein Beispiel für eine Nanodrahtgeometrie zeigt Abb. 28.22(a) [28.36]. Hier handelt es sich um eine Ge/Si-Kern-Hülle-Anordnung. Über Metall-Gates lässt sich die Kopplung zwischen den Quantenpunkten variieren. Dies spiegelt sich in Ladungsstabilitätsdiagrammen der Leitfähigkeit in Abb. 28.22(b) und (c) wider. Innerhalb eines Diagramms werden die Gate-Spannungen für den linken sowie rechten Quantenpunkt kontinuierlich variiert. Zwischen beiden Leitfähigkeitsdiagrammen wurde mittels der zentralen Gate-Elektrode in Abb. 28.22(a) das Verhalten von einem stark gekoppelten Einzelpunkt in einen Doppelpunkt getrimmt.

Eine planare Si/SiGe-Anordnung mit integriertem Quantenpunktkontakt zeigt Abb. 28.22(d) [28.37]. Die Kopplung der Quantenpunkte kann auch hier mittels der Gate-Elektroden variiert werden. Der Quantenpunktkontakt ermöglicht dann eine direkte Messung des Ladungstransports durch den Doppelquantenpunkt. Dies ist in Abb. 28.22 (e) und (f) gezeigt.

28.3.3 Einzelne Dotieratome

Seit den 1980er Jahren ist bekannt, dass der Transport durch MOSFET mit hinreichend kleinen Kanalabmessungen (Länge ≤ 100 nm) bei hinreichend tiefen Temperaturen ausgeprägte Fluktuationen in der Leitfähigkeit zeigt [28.38]. Abbildung 28.23(a) zeigt ein typisches Resultat. Diese Fluktuationen, die bei variierender Gate-Spannung auftreten, sind, wie wir heute wissen, auf lokalisierte Zustände innerhalb des Kanals zurückzuführen. Diese lokalisierten Zustände bestehen in natürlichen Defekten des Si-Gitters und/oder in einzelnen Dotieratomen. Wie in Abb. 28.23(b) dargestellt, tragen a priori drei Mechanismen zum Transport durch den Kanal bei: Thermisch aktiviertes Mott-Hopping, welchen gemäß $G \sim \exp(-\Delta E/[k_B T])$ mit abnehmender Temperatur an Bedeutung verliert. ΔE ist eine charakteristische Hopping-Energie. Der zweite mögliche Prozess ist direktes Tunneln, welches gemäß Abschn. 3.2.2 mit $G \sim \exp(-\sqrt{2m^* E_B L/h^2})$ skaliert. E_B ist die Barierenhöhe und L die Kanallänge. Dieser Beitrag ist für heutige Nanotransistoren von grundsätzlicher Bedeutung. Der dritte Beitrag, ebenfalls von grundsätzlicher Bedeutung, ist resonantes Tunneln durch einzelne Defekte. Dieses resonante Tunneln hatten wir in Abschn. 3.3.2 ausführlich

(a)

(b)

(c)

(d)

(e)

(f)

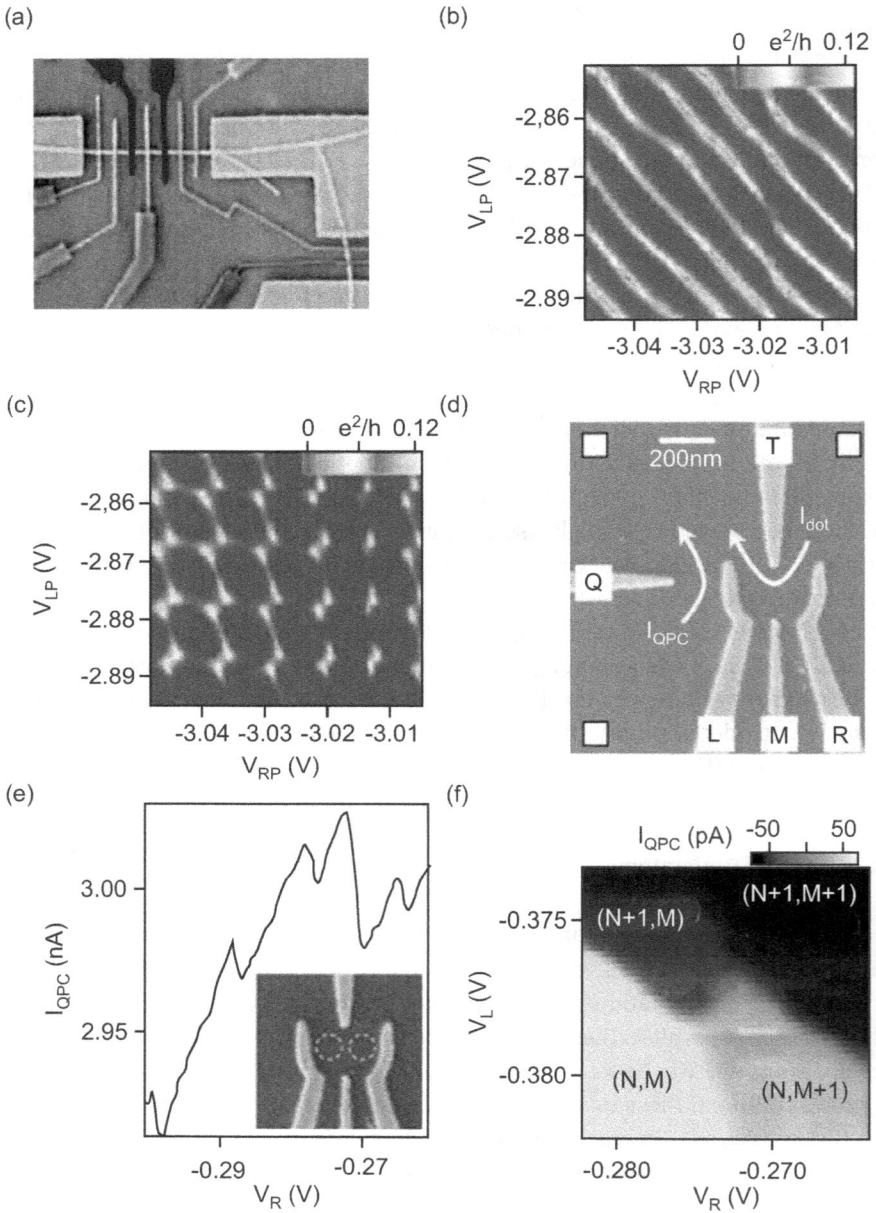

Abb. 28.22. Ladungstransport durch Doppelquantenpunkte. (a) Quantendrahtbasiertes Design [28.36]. Ladungsstabilitätsdiagramm der Leitfähigkeiten bei (b) starker und (c) schwacher Kopplung zwischen den Quantenpunkten. (d) Planares Design [28.37]. (e) Strom durch den integrierten Quantenpunktkontakt bei Variation der Gate-Spannung eines Quantenpunkts. (f) Zunahme der Anzahl der Elektronen auf beiden Punkten als Funktion der Gate-Spannungen.

behandelt. Verschiedene Kurzkanaleffekte lassen sich durch spektroskopische Messungen wie in Abb. 28.23(a) besonders für sehr kleine MOSFET bei tiefen Temperaturen unterscheiden [28.39].

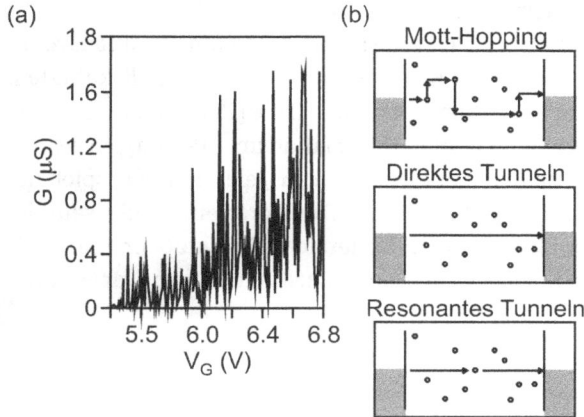

Abb. 28.23. Verhalten kleiner Si-MOSFET bei tiefen Temperaturen (hier 4,2 K) [28.38]. (a) Leitfähigkeitsfluktuationen bei variierender Gate-Spannung. (b) Transportmechanismen bei Vorhandensein lokalisierter Zustände.

Die Entwicklung von Si-MOSFET ist dadurch gekennzeichnet, dass die Güte der involvierten Materialien kontinuierlich gesteigert werden konnte und gleichzeitig die Bauelemente sukzessive weiter miniaturisiert wurden. Dies hatte zur Folge, dass im Transport die Signatur einzelner Defektatome sichtbar wurde [28.40]. So etwas gilt beispielsweise für Fluktuationen der Schwellspannung, die durch statistische Fluk-

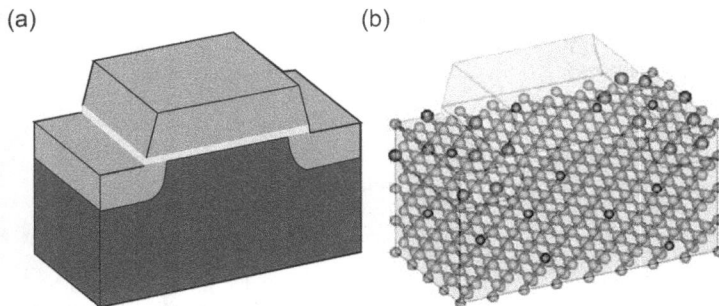

Abb. 28.24. Paradigmenwechsel in der Modellierung miniaturisierter MOSFET [28.41]. (a) Kontinuierliche Verteilung der Ladung ionisierter Dotieratome bei weichem Verlauf der Grenzflächen innerhalb des Transistors. (b) 4 nm-MOSFET mit weniger als 10 Si-Atomen entlang des Kanals bei Berücksichtigung der Atomarität der Materie.

tuation der Anzahl der Dotieratome im Kanal hervorgerufen wird. Als Folge muss bei der Modellierung der Nanotransistoren ein Paradigmenwechsel erfolgen, weg von der Annahme einer kontinuierlichen Ladungsverteilung der ionisierten Dotieratome und weicher Kanalgrenzen hin zu einer diskreten Granularität der Ladungsverteilung und Atomarität der Materie. Dies ist schematisch in Abb. 28.24 dargestellt.

Einzelne Dotieratome in Si sind auch im Kontext der Quanteninformationsverarbeitung von großer Bedeutung, wie wir im Einzelnen in Abschn. 3.4.3 diskutierten. Dies wird besonders deutlich anhand des Konzepts von B. Cane [28.42], das wir in Abb. 3.40 dargestellt hatten. Danach wird die Quanteninformation im ^{31}P-Kernspin gespeichert und via Hyperfeinwechselwirkung über Elektronen ausgelesen. Dabei spielt der Transport in Anwesenheit einzelner diskret verteilter P-Donatoren eine Schlüsselrolle. Die Kohärenzzeit des Elektronenspins eines ^{31}P-Dotieratoms in isotopenreinem ^{28}Si beträgt $T_2 > 60$ ms bei $T = 6,9$ K [28.42]. Die Donatorzustände liegen wenig unter-

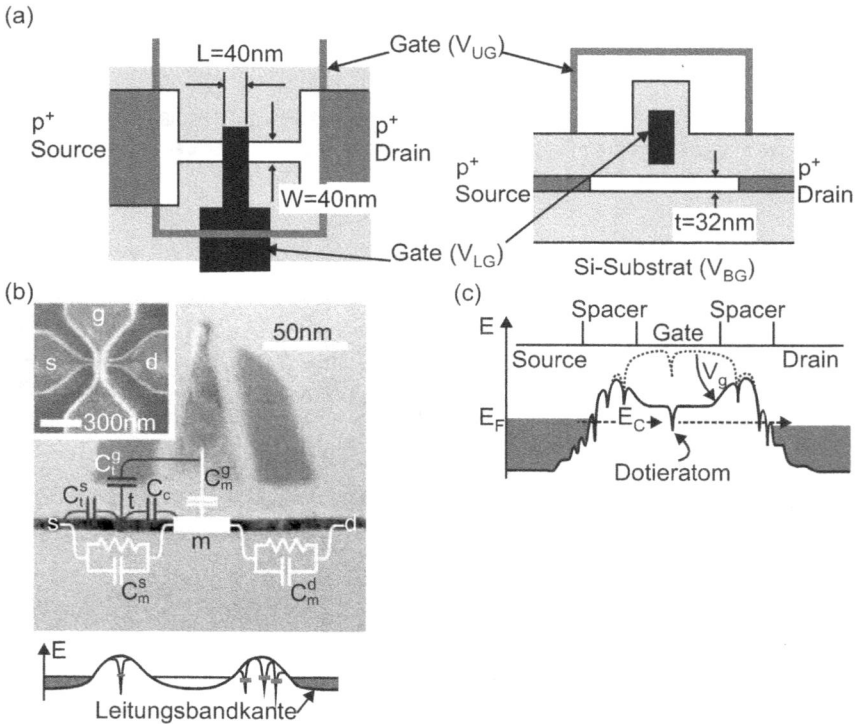

Abb. 28.25. Transport durch ein einzelnes Dotieratom in FET-Anordnung. (a) Kapazitive Kopplung mit Modulation des Kanalstroms über den Ladungszustand des Dotieratoms [28.45]. (b) Tunneln durch das Dotieratom und Transport durch den Kanal [28.46]. (c) Direktes Tunneln über das Dotieratom ohne konventionellen Transport durch den Kanal [28.26].

halb des Leitungsbands und sind auch bei tiefen Temperaturen nur schwach an das Donatoratom gekoppelt.

Die elektronischen Eigenschaften individueller Dotieratome lassen sich in FET-Anordnungen untersuchen. Dazu lässt sich ein einzelnes Dotieratom via Ionenimplantation in den Kanal einbringen [28.43]. Die Anzahl von Elektronen, die an das Dotieratom gebunden sind, lässt sich mittels der Gate-Elektrode variieren. Mittels entsprechender spektroskopischer Messungen erhält man Informationen über die Orbitalniveaus, die Ladungsenergie und die Bindungsenergie der Dotieratome [28.44].

Der Transport durch ein einzelnes Dotieratom kann in drei Regime unterteilt werden. Im ersten Regime wird der Strom durch den Kanal des FET durch ein neutrales oder ionisiertes Dotieratom modifiziert [28.45]. Im zweiten Regime findet ein Transport durch das Dotieratom statt [28.46]. Im dritten Regime findet ein Tunneln über das Dotieratom unterhalb der Transportschwelle statt [28.46]. Geeignete Anordnungen und die entsprechenden Regime illustriert Abb. 28.25.

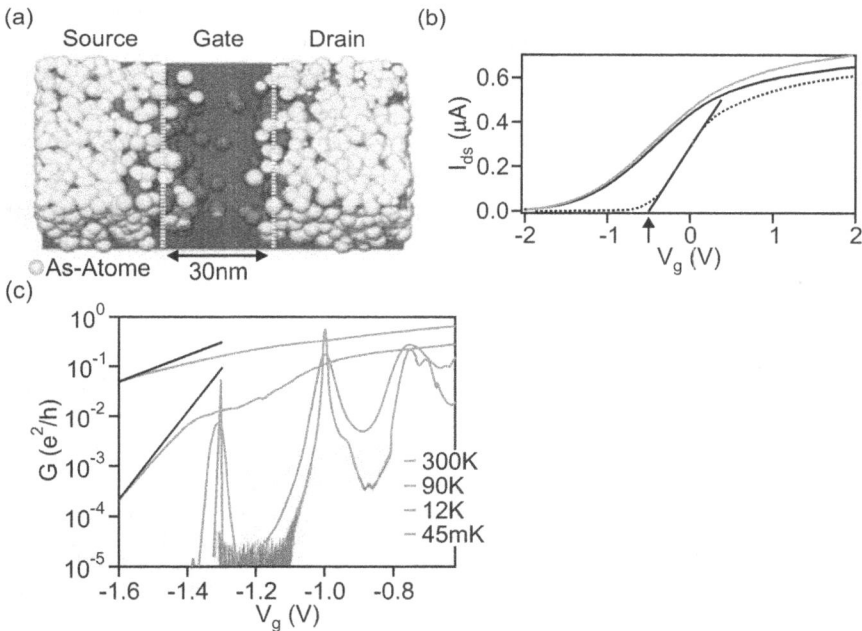

Abb. 28.26. Tunneln durch ein einzelnes Dotieratom [28.47]. (a) Monte-Carlo-Simulation des Diffusionsprofils der Dotieratome im Kanal mit einer Länge von etwa 20 nm. (b) Durchschnittliche Schwellspannung (Gerade) und verringerte Schwellspannung bei einzelnen Transistoren. (c) Temperaturabhängiger Kanalleitwert als Funkton der Gate-Spannung mit deutlichen Signaturen für resonantes Tunneln.

Zum Verständnis des Transports durch einzelne Dotieratome haben gerade auch statistische Analysen am nanoskaligen MOSFET beigetragen [28.47]. Ein Beispiel zeigt Abb. 28.26. Herangezogen werden Transistoren mit ultrakurzer Kanallänge < 20 nm. Das Diffusionsprofil der Dotieratome im Kanal begünstigt die Möglichkeit des Tunneltransports über ein einzelnes Atom. Transistoren mit besonders niedriger Schwellspannung zeigen bei tiefen Temperaturen resonanten Transport durch ein einzelnes Donatoratom. Der Vergleich mit dem Raumtemperaturverhalten dieser MOSFET liefert dann wichtige Hinweise für die Konzeptionierung zukünftiger Quantenbauelemente.

Einzelne Dotieratome in einer SET-Umgebung verhalten sich signifikant anders als Nanostrukturen [28.21]. Es ist daher wichtig, die Kopplung der Atome an ihre Umgebung und untereinander zu verstehen. So hat beispielsweise die nanostrukturelle Umgebung einen großen Einfluss auf die Orbitalstruktur von Dotieratomen [28.48].

Im Modell konstanter Wechselwirkung [28.49] ist die Ladungsenergie einer *Coulomb-Insel* unabhängig von der Anzahl der Elektronen N auf der Insel. Dies gilt, wenn das Confinement-Potential nicht von N abhängt. Dies ist jedoch nicht der Fall für isolierte Donatoren. Für flache Donatoren spielt beispielsweise nur der Ladungstransfer $N = 1 \rightarrow N = 2$ eine Rolle, da es nicht mögich ist, ein weiteres Elektron zu binden. Die Aufnahme eines Elektrons durch ein ionierte Donatoratom schirmt den Atomkern ab und verändert damit das Confinement-Potential für ein weiteres Elektron stark. Andererseits kann die Coulomb-Wechselwirkung zwischen einem Elektron auf dem Dotieratom und allen anderen Elektronen der Umgebung weiterhin durch eine einzige Kapazität C parametrisiert werden, die gleichwohl von N und der Beschaffenheit der Umgebung des Dotieratoms abhängt. Die Ladungsenergie des Dotieratoms ist damit weiterhin durch $e^2/(2C)$ gegeben [28.48].

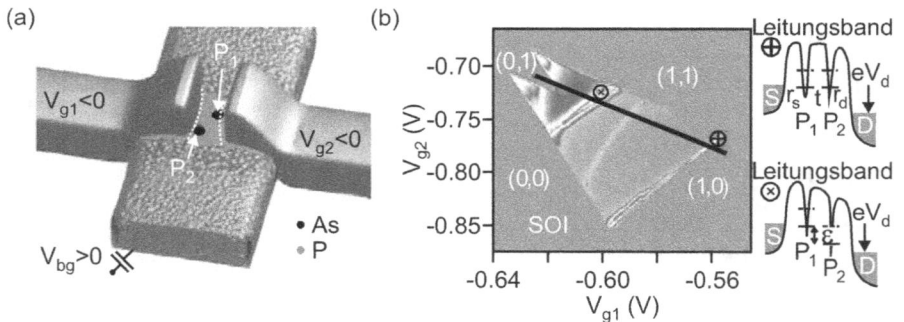

Abb. 28.27. Sequentieller Transport durch zwei gekoppelte Dotieratome [28.53]. (a) FinFET-Anordnung mit Split Gate. Die Hintergrunddotierung des Kanals beträgt 10^{18} P/cm^3. Die Gates erlauben die unabhängige Kontrolle von zwei P-Atomen. (b) Stabilitätsdiagramm mit angeregten Zuständen ähnlich denen von gekoppelten Nanostrukturen und Bandstruktur in Abhängigkeit vom chemischen Potential der Dotieratome.

Für bestimmte Anordnungen einzelner Dotieratome wurde jedoch ein abweichendes Verhalten gefunden, welches in Form einer konstanten Ladungsenergie eher demjenigen einer konventionellen Anordnung ähnelt [28.50].

Eine definierte Wechselwirkung zwischen einzelen Dotieratomen spielt besonders in der Quanteninformationstechnologie eine zentrale Rolle. Wie bereits im Kontext von Abb. 2.40 in Abschn. 3.4.3 diskutiert, besteht ein Ziel darin, eine variable Wechselwirkung zu erzielen, die eine kohärente Kopplung erlaubt [28.51]. Generell sind dabei kapazitive Kopplungen, kohärenter Transport und insbesondere Tunneleffekte zu berücksichtigen.

Sequentieller Transport durch gekoppelte Dotieratome konnte erstmalig mit einem stochastisch dotierten FinFET beobachtet werden [28.52]. Eine Split-Gate-Anordnung erlaubt es, die chemischen Potentiale zweier Dotieratome unabhängig voneinander einzustellen. Die angeregten Zustände der Dotieratome können über

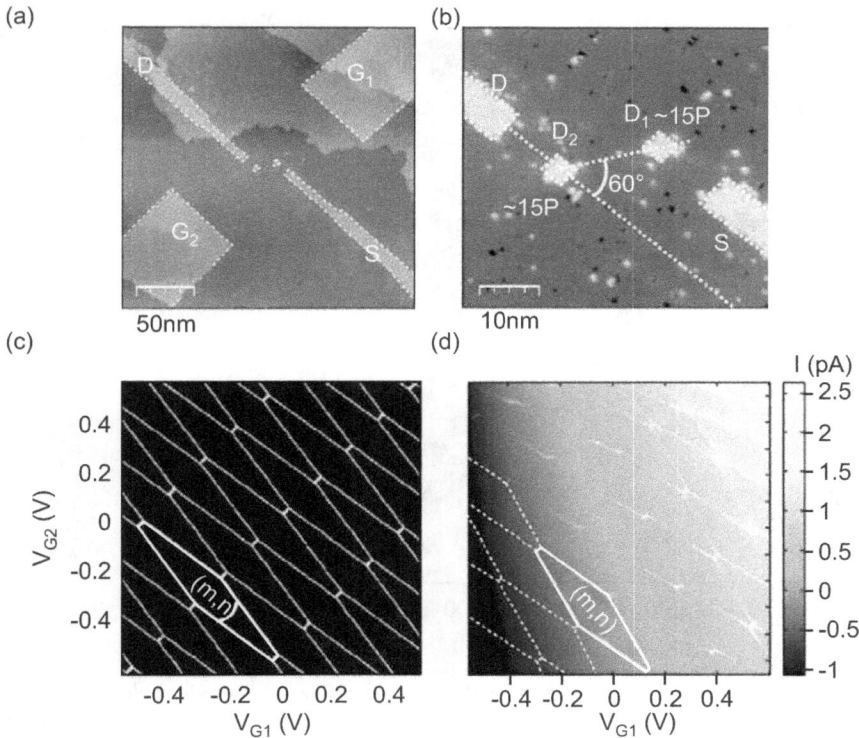

Abb. 28.28. Doppelquantenpunkte in SET-Anordnung [28.54]. (a) STM-Aufnahme der Anordnung. Die Dots sind über Tunnelbarrieren an Source (S) und Drain (D) gekoppelt. An die Gates (G) sind sie kapazitiv gekoppelt. (b) Vergrößerte Darstellung der speziellen Geometrie der Dots, die jeweils ≈ 15 P-Atome umfassen. (c) Modelliertes und (d) gemessenes Stabilitätsdiagramm.

Tunnelspektroskopie sondiert werden. Anordnung und Stabilitätsdiagramm sind in Abb. 28.27 dargestellt.

Unterschiede zwischen Anordnungen mit einzelnen Dotieratomen und mit nano-skaligen Inseln lassen sich experimentell analysieren mit Systemen, die ultrakleine Inseln oder Quantum Dots aufweisen. Eine solche Anordnung zeigt Abb. 28.28. Die Struktur wurde mittels STM-Strukturierung erzeugt [28.54]. Die Dots besitzen einen Durchmesser von ≈ 4 nm, einen Abstand von ≈ 10 nm und bestehen aus Donato-ren. Sowohl beim Design [28.54] als auch bei der Analyse der Transporteigenschaften

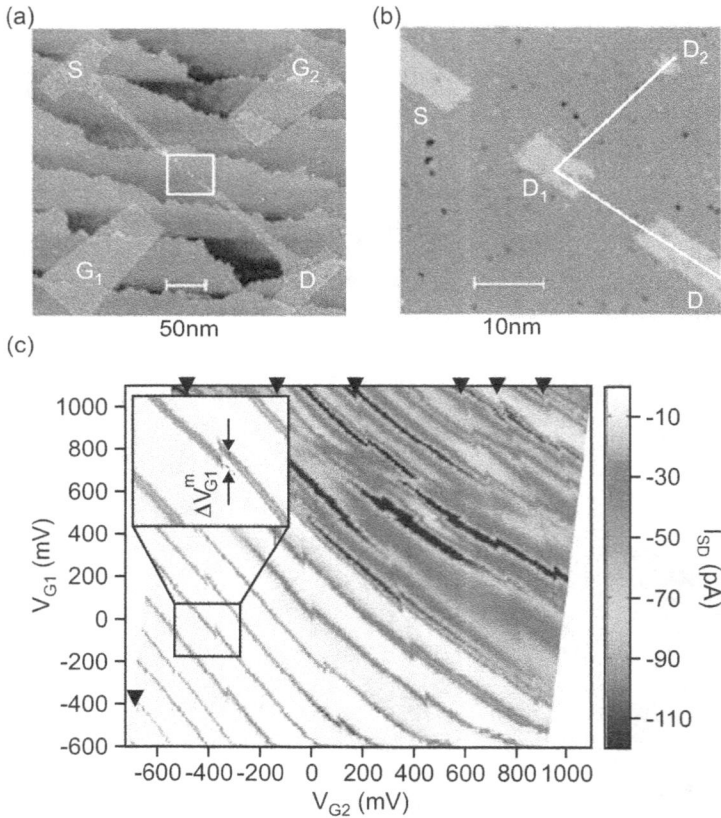

Abb. 28.29. Ladungsdetektion mittels eines donatorbasierten SET, welcher an einen ultrakleinen Quantenpunkt gekoppelt ist [28.57]. (a) STM-Aufnahme der Anordnung. (b) Ausschnittsvergrößerung des in (a) markierten Bereichs. (c) Ladungsstabilitätsdiagramm für $V_{SD} = -50\,\mu$V. Die Hochstrom-linien entsprechen Coulomb-Peaks des SET. Die Ausschnittsvergrößerung zeigt eine Diskontinuität, verursacht durch eine Ladungsänderung von D2.

[28.55] erwies sich eine Modellierung der zu erwartenden Resultate als äußerst nützlich.

Für praktisch alle diskutierten Ansätze der Si-basierten Quantenelektronik ist die Detektion kleinster Ladungen essentiell. Die vorherrschende basiert auf Quantenpunktkontakten [28.27]. Die Methode eignet sich sogar für die Detektion spinabhängigen Einzelelektronentunnelns [28.56]. Maximale Empfindlichkeit bei der Ladungsdetektion wird, wie beschrieben, mit SET-Anordnungen erreicht. Diese eignen sich in besonderer Weise auch zum Auslesen des Spins einzelner P-Donatoren in Si, etwa gemäß der Anordnung in Abb. 3.40. Abbildung 28.29 zeigt eine entsprechende integrierte Ausleseeinheit.

Wie in Abschn. 3.4.3 diskutiert, kommt im Hinblick auf die Quanteninformationsverarbeitung dem Spin des einzelnen Elektrons eine besondere Bedeutung zu. Der Elektronenspin repräsentiert ein Quanten-Bit. Dazu ist es notwendig, einzelne Elektronen zu lokalisieren und ihren Spinzustand zu detektieren. Weitere spinbasierte Anwendungen sind die in Abschn. 3.6.5 diskutierte Spintronik und der damit zusammenhängende Spintransport [28.58].

28.3.4 Spin-Ladungs-Konversion

Wie in Abschn. 3.4.3 diskutiert, erfordert der Nachweis des Spinzustands eines einzelnen Elektrons eine Ladungsdetektion mit der Empfindlichkeit einer Elektronenladung und den spinabhängigen Transport dieser Ladung. Benötigt wird also eine geeignete Spin-zu Ladung-Konversion. Einen diesbezüglichen Weg stellt grundsätzlich die elektronisch detektierte magnetische Resonanz dar.

In klassischer Weise liegt die Sensitivität einer Spinresonanzdetektion typisch bei $> 10^{15}$ Elektronenspins. In Halbleitern ist es allerdings möglich, lokalisierte Spins und mobile Elektronen zu kombinieren. Dies ist die Grundlage der elektronisch detektierten magnetischen Resonanz (*EDMR*). Dabei wird die in Abschn. 2.2.3 diskutierte Streuung freier Ladungsträger an lokalisierten Spins genutzt. Es werden in einer geeigneten Nanostruktur Änderungen eines Transportstroms detektiert, die dadurch hervorgerufen werden, dass ein abgestimmtes Magnetfeld die Gleichgewichtsmagnetisierung lokalisierter Spins ändert, an denen die freien Ladungsträger gestreut werden [28.59]. In dieser Weise wurde EDMR erfolgreich demonstriert bei der Detektion der Spinresonanz und kohärenten Kontrolle von ^{31}P-Donatorenspins in Si [28.60; 28.61]. Freie Ladungsträger können insbesondere durch Beleuchtung bei geeigneter Wellenlänge generiert werden. Abbildung 28.30 zeigt eine entsprechende Anordnung und das Messprinzip.

Eine Spin-Ladungs-Konversion kombiniert mit der Detektion einer einzelnen Ladung kann unter Einfluss eines magnetischen Felds mittels eines Nanotransistors realisiert werden [28.62]. In einem hinreichend großen Magnetfeld kann ein Ladungszentrum – das muss nicht unbedingt ein Donator sein – seinen Besetzungszustand

ändern, wenn der angeregte Spinzustand über dem Fermi-Niveau eines benachbarten Elektronenreservoirs liegt, während der Spin-Grundzustand darunter liegt. Das
Elektronenreservoir kann beispielsweise im Kanal eines Feldeffekttransistors bestehen. Der beschriebene Prozess repräsentiert eine energieabhängige Spin-Ladungs-
Konversion. Wird ein resonantes Magnetfeld appliziert, welches periodisch Übergänge zwischen den Spinzuständen treibt, so erwartet man periodische Signalverände-
rungen des Stroms durch den Transistor. Ein einzelner Zyklus des Systems besteht
in den Teilschritten Anregung eines Spinzustands, Ionisation und Aufnahme eines
Elektrons mit inversem Spin.

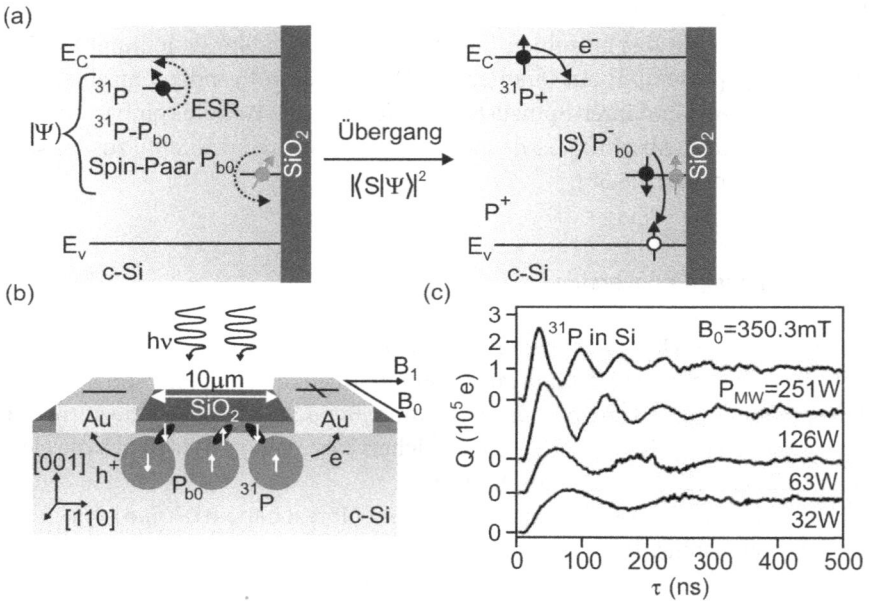

Abb. 28.30. Messung des Spinzustands einzelner ^{31}P-Donatoren in Si [28.60]. (a) Spinabhän-
giger Übergang eines Donatorelektrons in einen Grenzflächenzustand bei Generation freier Ladungsträger durch Beleuchtung. (b) Anordnung für die EDMR-Detektion. P-Donatoren nahe der
Si/SiO$_2$-Grenzfläche beeinflussen die spinabhänge Streuung der Elektronen, die zwischen den
Au-Elektroden den Transportstrom initiieren. Ein resonantes Mikrowellenfeld modifiziert die Polarisation der an die Donatoren gebundenen Elektronen. (c) Elektronisch detektierte Rabi-Oszillationen
der Donatorelektronen bei variierender Mikrowellenleistung.

28.3.5 Single-Shot Readout

Mit der dem geschilderten Experiment entsprechenden Anordnung in Abb. 28.31 gelang die Messung der Spinresonanz eines einzelnen Ladungsträgers [28.63]. Die Einzelspindetektion gelang auch mit GaAs-Quantenpunkten, welche an einen Quantenpunktkontakt gekoppelt waren [28.56]. In diesem Fall ist sogar die Detektion des Einzelereignisses (Single Shot) möglich, und eine Spinresonanz wird nicht benötigt.

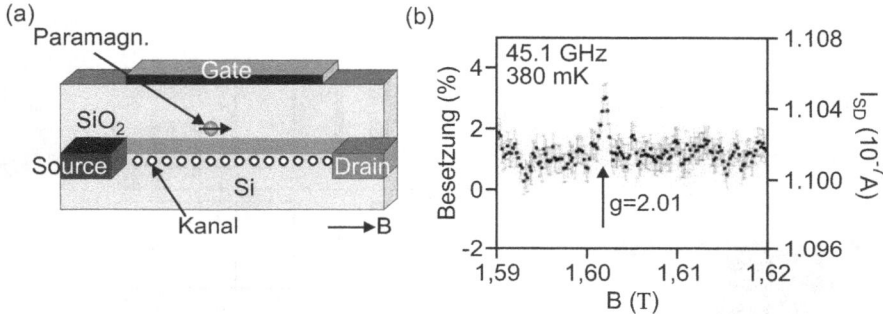

Abb. 28.31. Nachweis der Spinresonanz an einem einzelnen Ladungsträger [28.63]. (a) Si-FET mit an den Kanal gekoppelter Bindungsstelle für den Ladungsträger. (b) Strom durch den Kanal des Si-FET in einem Magnetfeld bei 45 GHz als Funktion der Feldstärke. Die Resonanz ist markiert.

Die erste Single Shot-Detektion eines einzelnen Donatorspins in Si gelang mit der in Abb. 28.32 dargestellten Anordnung [28.64]. Der ^{31}P-Donator ist über eine Tunnelbarriere an die Insel eines Si-SET gekoppelt. Donator und SET-Insel formen einen hybriden Doppelquantenpunkt. Bei Ladungstransfer vom Donator auf die Insel schaltet der SET zwischen kompletter Coulomb-Blockade ($I_{SET} = 0$) und einem Coulomb-Peak ($I_{SET} = 2nA$) hin und her. In den letzten Jahren konnte die Single Shot-Detektion einzelner Spinzustände an unterschiedlichen Si-basierten Bauelementen nachgewiesen werden [28.65].

Gemäß Abschn. 3.4 sind aus Sicht der Quanteninformationstechnologie Zwei-Elektronen-Systeme von besonderer Bedeutung. Die Quanteninformation kann in solchen Systemen in Form von Singulett- und Triplettzuständen austauschgekoppelter Elektronen kodiert werden [28.66]. Dies bietet gegenüber der Nutzung Zeeman-aufgespaltener Zustände eines einzelnen Elektrons dezidierte Vorteile. Die kohärente Kontrolle [28.67], Single-Shot Readout [28.68] und dynamische Entkopplungsmethoden [28.69] wurden zunächst für GaAs-basierte Doppelquantenpunkte demonstriert. Für Si bestehen demgegenüber die größten Unterschiede in der deutlich größeren effektiven Masse der Elektronen und in der kleineren Hyperfeinwechselwirkung [28.70].

(a)

(b)

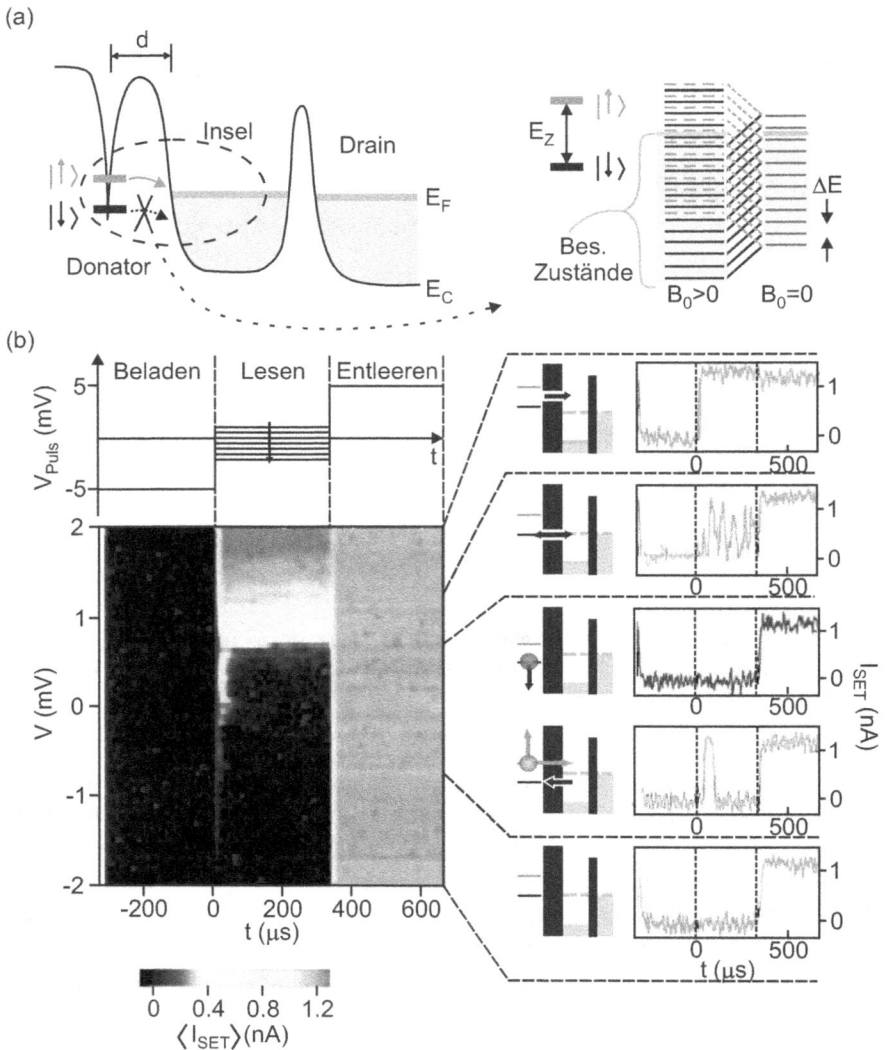

Abb. 28.32. Single Shot-Detektion eines Donatorspins [28.64]. (a) Hybrider Doppelquantenpunkt aus Donator und Insel mit magnetfeldabhängiger Besetzung. (b) Auslesesignal des SET für einen kompletten Spindetektionszyklus.

Der Single-Shot Readout von Singulett- und Triplettzuständen wurde, wie in Abb. 28.33 gezeigt, für Si/SiGe-Doppelquantenpunkte demonstriert [28.71].

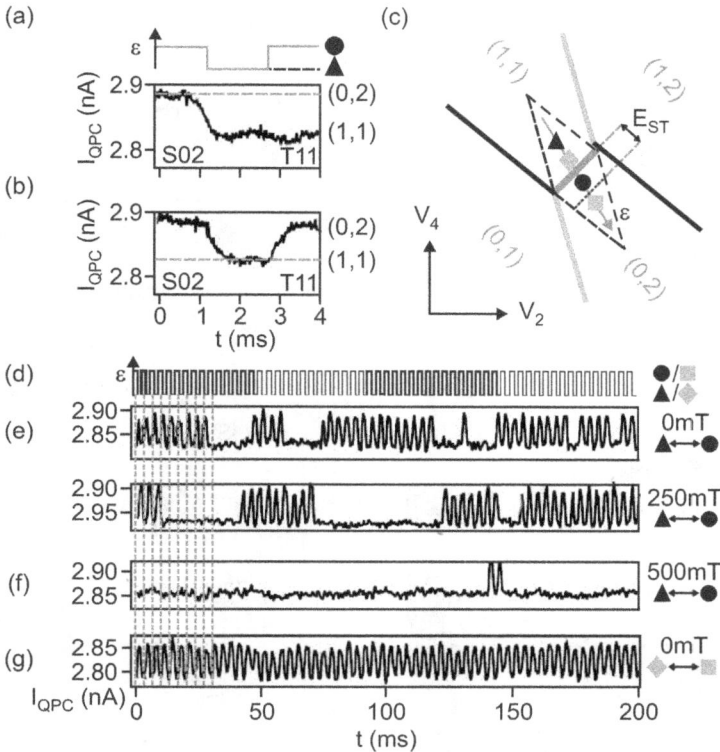

Abb. 28.33. Single-Shot Readout von Singulett- und Triplettzuständen in Si/SeGe-Doppelquantenpunkten [28.71]. (a), (b) Signal am Quantenpunktkontakt. (c) Ladungs-Stabilitäts-Diagramm und Pulsamplituden ε. (d)–(f) Strom- und Quantenpunktkontakt bei unterschiedlichen Magnetfeldern. (g) Kontrollsequenz.

Durch die Anregung ε lässt sich das System zwischen den Zuständen (1,1) und (0,2) hin- und herschalten, wenn ein Spin-Singulett-Zustand vorliegt. Das Umschalten zwischen (1,1) und (0,2) erzeugt eine Signaländerung am integrierten Quantenpunktkontakt. Die gemessenen Spinrelaxationszeiten sind durchaus bemerkenswert [28.71].

Die kohärente Manipulation von Singulett-Triplett-Zuständen in Si/SiGe-Doppelquantenpunkten konnte ebenfalls unter Beweis gestellt werden. Dies zeigt Abb. 28.34 [28.72]. Die Zustände (1,1) und (0,2) lassen sich gezielt präparieren und resultierende Rabi-Oszillationen eindeutig nachweisen.

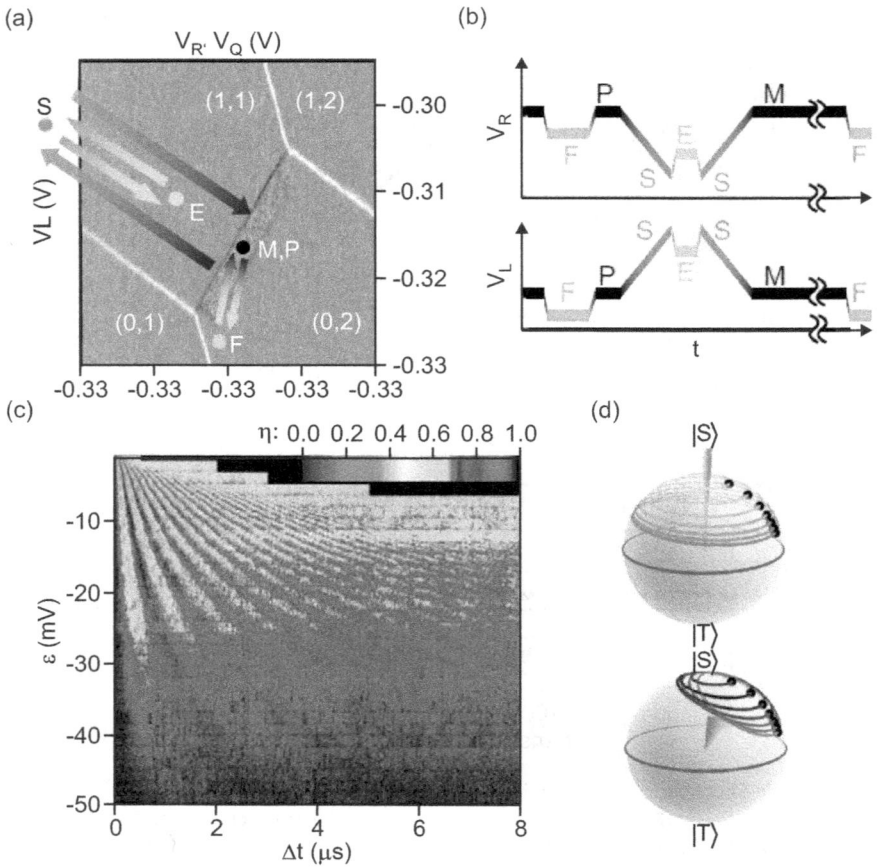

Abb. 28.34. Kohärente Manipulation von Singulett-Triplett-Zuständen in Si/SiGe-Doppel-quantenpunkten [28.72]. (a) Ladungs-Stabilitäts-Diagramm und Pulssequenz. (b) Präparation des (0,2)-Singulettzustands bei F. Adiabatische Bewegung nach S mit schwacher Austauschkopp-lung bringt das System zurück in den (1,1)-Singulettzustand. Anregung in Richtung E erzeugt eine Austauschkopplung und Oszillation zwischen (1,1) und (0,2). (c) Rabi-Oszillationen der Singulett-Wahrscheinlichkeit als Funktion der Pulsdauer bei E und Verstimmung ε. (d) Bloch-Kugel und Trajek-torien der Zustände für unterschiedliche Hyperfeinfelder.

Bereits in Abb. 3.40 in Abschn. 3.4.5 hatten wir die Möglichkeit der Realisierung von Spin-Qubits in ^{31}P-Atomen in einer Si-Matrix diskutiert. Derartige Systeme auf Ba-sis von Si-MOS wurden bereits realisiert [28.73]. Entsprechende Ergebnisse zeigt Abb. 28.35.

Zusammenfassend kann festgestellt werden, dass sich die Si-basierte Quanten-elektronik in den vergangenen Jahren rapide weiterentwickelt hat. Von großer Be-deutung sind die über Jahrzehnte entwickelten Si-Prozessierungstechniken und die

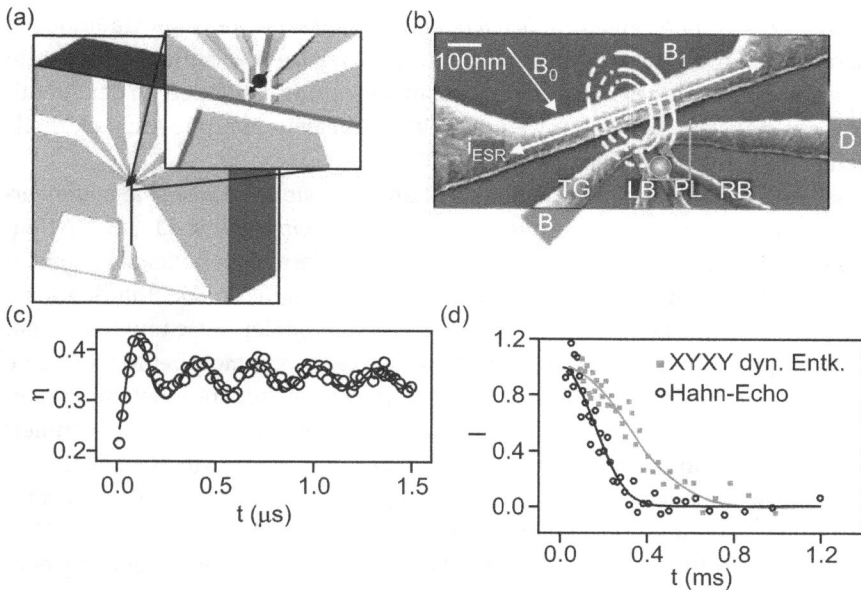

Abb. 28.35. Realisierung eines Spin-Qubits anhand eines implantierten ^{31}-p-Atoms in Si. (a) Anordnung mit Leitungsführung zur Erzeugung kohärenter Mikrowellenimpulse [28.74]. (b) SEM-Aufnahme der Anordnung [28.73]. (c) Rabi-Oszillationen und (d) Spinkohärenz [28.73].

Kompatibilität der Ansätze zur konventionellen Si-basierten Elektronik. Wenngleich Konzepte verifiziert und theoretische Grundlagen verbessert werden konnten, sind industrielle Umsetzungen natürlich von der Praktikabilität der jeweiligen Realisierung abhängig. Große benötigte Magnetfelder oder sehr tiefe Temperaturen sind in diesem Kontext Innovationshemmnisse.

28.4 Neuromorphe Hardware

28.4.1 Grundlagen

Das fundamentale Funktionsprinzip konventioneller Computer hat sich in den letzten Jahrzehnten nicht verändert. Die Leisuntsfähigkeit hat sich ausschließlich gemäß dem in Abschn. 28.1 diskutierten Mooreschen Gesetz durch Steigerung der Integrationsdichte weiterentwickelt. Ein gänzlich anderes Funktionsprinzip besitzen, wie in Abschn. 3.4.3 diskutiert, Quantencomputer. Offensichtlich stellt sich die Frage, ob weitere alternative Funktionsprinzipien und eine darauf beruhende dedizierte Hardware etabliert sind und bestimmte Algorithmen optimaler als konventionelle Architekturen umsetzen. Dies kann in Form der *neuromorphen Informationsverarbeitung* auf Basis *neuromorpher Hardware* eindeutig bejaht werden [28.75].

Für viele Algorithmen der *Künstlichen Intelligenz (KI)* erweist sich die traditionelle Rechnerarchitektur als nicht optimal effizient. An derartige Algorithmen angepasste neuromorphe Hardware gewinnt zunehmend an Bedeutung. Orientiert an der Funktionsweise des menschlichen Gehirns entwickelt sich die neuromorphe Architektur als Alternative zur konventionellen [28.76].

Angelehnt an neurobiologische Lernmechanismen stellen *künstliche neuromorphe Netze* einen fundamentalen Grundbaustein der *Neuroinformatik* dar [28.77]. Neuromorphe Netze sind keine spezifische Hardware, sondern stellen vielmehr universelle Funktionsapproximatoren dar. Fokus ist also eine Abstraktion der Informationsverarbeitung, weniger das Nachbilden biologischer neuronaler Netze und Neuronen. Bei neuromorpher Hardware hingegen wird das Konzept neuromorpher Netze in eine konkrete Computerarchitektur übertragen. Lern- und Rechenoperationen neuromorpher Netze müssen dann nicht mehr in Form klassischer Programmierung emuliert werden, sondern können effizienter durch neuromorphe Chips umgesetzt werden.

Schaltkreiskomponenten neuromorpher Chips werden gleichsam als elektronische Neuronen betrieben. Sie sind durch ein Verbindungsnetz, welches als ein Netz von Nervenbahnen fungiert, miteinander verbunden. Derzeit weisen entsprechende Chips bis zu 10^8 „Nervenbahnen" auf. Die Leistung neuromorpher Hardware wird dabei in erheblichem Maße durch die konkrete Architektur bestimmt.

Während in Von Neumann-Architekturen die Hardware vergleichsweise allgemein und die Software relativ speziell gehalten ist, zeichnen sich neuromorphe Chips durch eine hochspezialisierte und auf die Lösungsproblematik fokussierte Hardware aus. Dabei ist ein hervorstechendes Merkmal die hohe *Interkonnektivität*. Weitere Merkmale sind eine hohe Energieeffizienz und potentiell eine hohe Integrationsdichte. Dies eröffnet insbesondere auch medizinische und speziell prothetische Anwendungen [28.78].

Bereits seit den ersten Ansätzen zur Implementierung neuromorpher Hardware in den 1950er Jahren nutzt man analoge Schaltungen. Dabei werden für die Informationsverarbeitung die Signale innerhalb eines neuromorphen Netzes in Form reeller Werte physikalischer Größen abgebildet. Es kann sich hierbei etwa um Spannungen, Ladungen oder Stromstärken handeln. Berechnungen umfassen einfache Operationen wie Addition oder Multiplikation. Diese Operationen werden auf physikalische Gesetzmäßigkeiten wie beispielsweise die Kirchhoffschen Gesetze zurückgeführt. Die zahlreichen Koeffizienten, die für die entsprechenden Berechnungen innerhalb neuromorpher Netze schaltungstechnisch implementiert werden müssen, können über fest verdrahtete resistive Elemente abgebildet oder über im Netz verteilte Speicherelemente realisiert werden (*In Memory Computing*).

Analoge neuromorphe Netze sind aufgrund ihrer fixen Verdrahtung starr und damit immer für eine bestimmte Netzwerkarchitektur optimiert. Sie sind aber gleichzeitig extrem energieeffizient und im Falle des asynchronen In-Memory-Computings sehr schnell. Analoge Schaltungen finden Verwendung im Rahmen hochoptimierter Daten- und Signalverarbeitung insbesondere für echtzeitfähige Anwendungen. Beispiele sind in diesem Kontext die Verarbeitung niedrigdimensionaler Sensorsignale für Audio-, Healthcare- oder Condition-Monitoring-Anwendungen.

Insbesondere für *Deep-Learning-Anwendungen* werden statt generischer arithmetisch-logischer Rechenelemente dezidierte Logikschaltungen eingesetzt. Damit lassen sich dann optimiert diejenigen Logikoperationen ausführen, die für die Simulation tiefer neuronaler Netze nötig sind. Die erreichbare hohe Parallelität ist Voraussetzung für die signifikante Beschleunigung des maschinellen Lernens und der Inferenz. Hierbei sind insbesondere verteilte neuartige Speicherelemente von Bedeutung, welche die schnelle Verarbeitung großer Datenmengen ermöglichen. Eine Begrenzung durch den „Von Neumann-Flaschenhals" lässt sich so umgehen. Diagonale neuromorphe Netze zeigen ein hohes Maß an Flexibilität, Erweiter- und Skalierbarkeit sowie einfache Integrierbarkeit in digitale Plattformen. Sie werden für die Verarbeitung großer Mengen hochdimensionaler Daten eingesetzt. In diesem Kontext sind beispielsweise Bild-, Video- und allgemeinmedizinische Daten zu nennen.

In gewisser Weise kombinieren gepulste neuromorphe Netze die Vorteile analoger Berechnungen mit digitaler Kommunikation. Diese Netze werden auch als *Spiking Neural Networks* bezeichnet. In entsprechenden Schaltkreisen besteht der Informationsaustausch in binärer pulsbasierter Kommunikation. Potentiell erlaubt dieses Funktionsprinzip beträchtliche Verbesserungen im Hinblick auf Energieverbrauch und Latenz. Anwendungen umfassen insbesondere Sprach- und Videoanalysen.

Da es im vorliegenden Kontext um die Wechselbeziehungen zwischen neuromorphen Baulementen und Schaltkreisen einerseits und Nanotechnologie andererseits geht, soll im Folgenden diskutiert werden, welche nanoskaligen Bauelemente von Relevanz für neuromorphe Architekturen sind. In diesem Kontext ist zuallererst die Si-basierte Elektronik zu nennen, deren zukünftige Entwicklung ja in den vorherigen Abschnitten diskutiert wurde. Primär sind für die Realisierung leistungsstarker neuromorpher Netzwerkarchitekturen FinFET und Multi-Gate-MOSFET-Transistoren sowie spezielle *Neurotransistoren* relevant. Neuromorphe Netze haben einen erheblichen Speicherbedarf, bedingt durch die Speicherung der Netzwerktopologie und synaptischer Gewichte. Si-basierte Speichertechnologien, repräsentiert in Form von DRAM und SRAM, sind dabei Grundlagen gegenwärtiger Entwicklungen. Ziel ist dabei das In-Memory-Computing in massiv paralleler Weise. Auch alternative nichtflüchtige Speichertechnologien (*Embedded Non-Volatile Memory, eNVM*) sind zunehmend von Bedeutung. Nanoskaligkeit ist in diesem Kontext von sehr großer Wichtigkeit um eine hinreichende Integrationsdichte zur Implementierung größtmöglicher Netze zu erlauben.

28.4.2 Implementierung

Das „Neuromorphing" hat zum Ziel, die Funktionsweise von Neuronen möglichst naturgetreu nachzubilden. Dazu dienen spezielle Schaltkreise, die prinzipienbedingt möglichst schneller arbeiten als eine Emulation auf Basis konventioneller Rechner und ihrer Hard- und Software. Diesbezüglich ist nach heutigem Stand des Wissens die CMOS-Technik von besonderer Bedeutung. Allgemein und in Erweiterung der vorangegangenen Diskussion ist das Ziel des Neuromorphing die Simulation und Nachbildung biologisch-physiologischer Prozesse der Sinnesorgane und des Gehirns. Im Gegensatz zur bisherigen Diskussion, die sich nur auf neuromorphe Netze bezieht, ist also der Begriff „Neuromorphie" weiter zu fassen. Er beinhaltet gegenwärtig insbesondere auch die Implementierung von Cochlea- und Retinaimplantaten. Weitaus zentralster Aspekt neuromorpher Ansätze im Hardware-Bereich ist allerdings die hypothetische Implementierung des Neuronenmodells. Von besonderer Bedeutung dabei ist der *Neuristor*, ein einfaches elektronisches Bauteil, welches das Verhalten eines Neurons mehr oder weniger perfekt emulieren kann. Wichtiger Bestandteil sind *Memristoren*, welche die Synapsen repäsentieren sowie MOSFET. Typische Anordnungen für Neuristoren zeigt Abb. 28.36. Im einfachsten Fall besitzt ein Neuristor nur eine Memristor-Crossbar-Lage und einen MOSFET, wie in Abb. 28.36 (a) gezeigt. Eine dreidimensionale Struktur weisen hingegen Neuristoren mit mehreren Memristor-Crossbar-Lagen auf, wie in Abb. 28.36 (b) dargestellt. Die komplexere Architektur erlaubt eine Reduzierung der festen Verdrahtung in der CMOS-Lage durch dynamische Verbindungen der Memristorlagen. Dies führt zu einer deutlich besseren Vernetzung der einzelnen Memristoren. Damit gleicht dieser Aufbau eher den kortikalen Säulen der Säugetiergehirne, welche ebenfalls dreidimensional vernetzt sind. Die Anordnung der Memristoren gemäß dem Hodgkin-Huxley-Modell [28.79] zeigt Abb. 28.36 (c).

Das von A.L. Hodgkin (1914–1998) und A.F. Huxley (1917–2012, gemeinsam Nobelpreis für Medizin 1963) entwickelte Modell diente ursprünglich zur Beschreibung der Entstehung von Aktionspotentialen in Axonen. Das Modell simuliert Neuronen nahe an der biologischen Realität. So lassen sich beispielsweise Aktionspotentiale (Spikes) modellieren.

Die spannungsabhängigen Membranwiderstände des peripheren und zentralen Bereichs der Nervenzellmembran für die Ionenströme durch die Membran werden über Memristoren modelliert. Für die elektrische Membrankapazität wird der Wert C angenommen. Setzen sich die Ionenströme aus den Anteilen I_K und I_{Na} sowie einem Leckstrom I_L zusammen, so gilt für das Membranpotential

$$C\frac{dU}{dt} = I - I_K - I_{Na} - I_L \ . \tag{28.2}$$

Die Ströme ergeben sich aus den Leitfähigkeiten g und den Differenzen zwischen Membran- und jeweiliger Gleichgewichtsspannung:

$$I_K = g_K(U - U_K) \,, \tag{28.3a}$$

$$I_{Na} = g_{Na}(U - U_{Na}) \,, \tag{28.3b}$$

und

$$I_L = g_L(U - U_L) \,. \tag{28.3c}$$

g_K und g_{Na} sind zeitabhängig und für die Entstehung von Aktionspotentialen ursächlich.

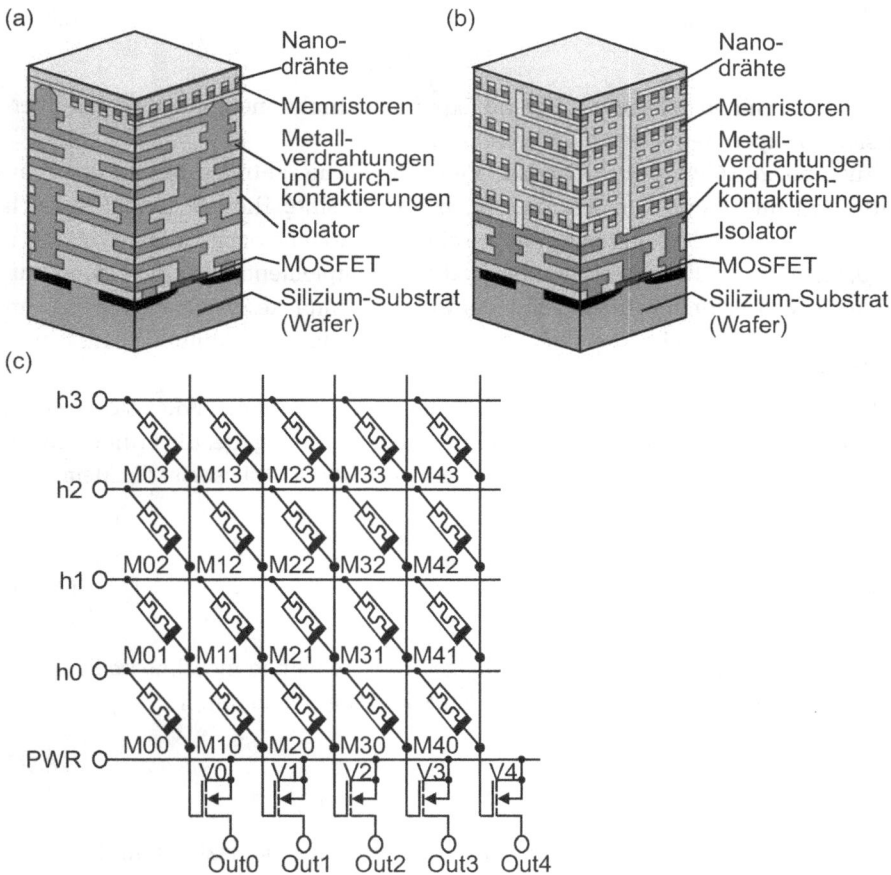

Abb. 28.36. Schematischer Aufbau von Neuristoren in CMOS-Technik. (a) Eine Memristorlage. (b) Dreidimensionale Vernetzung der Memristoren. (c) Anordnung der Memristoren nach dem Hodgkin-Huxley-Modell.

Zur Modellierung der probabilistischen Dynamiken der Ionenkanäle werden *Gating-Variablen* angenommen, welche den Anteil geöffneter Ionenkanäle charakterisieren. Für die drei Gating-Variablen n, m und h werden folgende Dynamiken zugrunde gelegt:

$$\frac{dn}{dt} = \alpha_n(U)\,(1 - n) - \beta_n(U)\,n \,, \tag{28.4a}$$

$$\frac{dm}{dt} = \alpha_m(U)\,(1 - m) - \beta_m(U)\,m \,, \tag{28.4b}$$

und

$$\frac{dh}{dt} = \alpha_h(U)\,(1 - h) - \beta_h(U)\,h \,. \tag{28.4c}$$

Die Gating-Variablen $\alpha(U)$ und $\beta(U)$ sind Exponentialfunktionen, deren genauer Verlauf sich an experimentellen Daten orientiert.

Aus Abb. 28.36 wird deutlich, dass Memristoren die zentralen Bestandteile von Neuristoren und damit von neuromorphen Netzen sind. Hierbei handelt es sich um elektrische Bauelemente mit zwei Anschlüssen, welche nach frühen Vorläufern [28.80] erstmalig 1971 postuliert wurden [28.81]. Zur Implementierung der Eigenschaften idealer Memristoren wurden mehr oder weniger komplexe Systeme herangezogen [28.82], wobei die Erreichbarkeit idealer Eigenschaften durchaus kontrovers diskutiert wird [28.83].

Der Memristor zeigt im Gegensatz zu linearen oder nichtlinearen Resistoren einen dynamischen Zusammenhang zwischen Strom und Spannung, der die Erinnerung an zurückliegende Strom-Spannungs-Verläufe mit einschließt. Präziser ist der Memristor dadurch definiert, dass der Fluss

$$\Phi = \Phi_0 + \int_0^t U(t)\,dt \tag{28.5a}$$

und die Ladung q über eine zeitunabhängige, im Allgemeinen nichtlineare Funktion $\Phi = f(q)$ gekoppelt sind. Die Memristanz-Funktion ist gegeben durch

$$M(q) = \frac{d\Phi}{dq} \,. \tag{28.5b}$$

Damit ergänzt M die fundamentalen Größen Widerstand R, Kapazität C und Induktivität L, wie Tab. 28.1 zeigt.

In jedem Augenblick verhält sich der Memristor wie ein konventioneller Widerstand. Allerdings hängt der momentane Widerstand von der Vergangenheit des Stroms ab.

$$U(t) = M(q(t))\,I(t) \,. \tag{28.6}$$

Tab. 28.1. Fundamentale Größen elektrischer Bauelemente.

	q	I
U	$\dfrac{1}{C} = \dfrac{d\,U}{d\,q} = \dfrac{d\,\dot{\Phi}}{d\,q}$	$R = \dfrac{dU}{dI} = \dfrac{d\,\dot{\Phi}}{d\,\dot{q}}$
Φ	$M = \dfrac{d\,\Phi}{d\,q}$	$L = \dfrac{d\,\Phi}{d\,I} = \dfrac{d\,\Phi}{d\,\dot{q}}$

Nur ein linearer Memristor mit konstantem M ist von einem Widerstand mit $R = M$ nicht zu unterscheiden.

Für den Strom ergibt sich entsprechend

$$I(t) = W(\Phi(t))\, U(t) \,, \tag{28.7a}$$

mit der inkrementellen Konduktanz

$$W(\Phi(t)) = M(q(t))^{-1} = \frac{dq}{d\Phi} \,. \tag{28.7b}$$

Die im Memristor gespeicherte Ladung ist gegeben durch

$$q(t) = \int_{-\infty}^{t} I(t)\, dt = q(t_0) + \int_{t_0}^{t} I(t)\, dt \,. \tag{28.8a}$$

Der im Memristor vorhandene Fluss beträgt

$$\Phi(t) = \int_{-\infty}^{t} U(t)\, dt = \Phi(t_0) + \int_{t_0}^{t} U(t)\, dt \,. \tag{28.8b}$$

Die umgesetzte Leistung beträgt

$$P(t) = U(t)\, I(t) = M(q(t))\, I^2(t) = \frac{U^2(t)}{M(q(t))} \,. \tag{28.8c}$$

Die Entwicklung von Memristoren ist eng verknüpft mit Konzepten zur Realisierung von *Resistive Random Access Memories* (*RRAM* oder *ReRAM*). Dabei handelt es sich um einen nichtflüchtigen RAM-Typus, dessen Funktionsprinzip in der getriggerten Veränderung des Widerstands eines dielektrischen Materials besteht. Ein potentiell großer Vorteil gegenüber anderen RAM-Konzepten besteht darin, dass die entsprechenden Bauelemente – in der Regel als Memristoren bezeichnet – bis hinunter zu 10 nm Strukturabmessungen oder weniger skaliert werden können. Die induzierte Widerstandsänderung kommt durch Sauerstofffehlstellen in einer Oxidschicht zustande. Diese Fehlstellen können unter dem Einfluss eines elektrischen Felds ihren Ladungszustand ändern und driften. Die Bewegung von Fehlstellen und Sauerstoffionen entspricht etwa derjenigen von Löchern und Elektronen in dotierten Halbleitern. Zahlreiche Oxide kommen per se in Frage. Als besonders vorteilhaft hat sich aber HfO_2 erwiesen, das als Material mit großer Dielektrizitätskonstante *(High-K Material)* populär ist [28.84].

Seit langem ist allerdings bekannt, dass ein Schalten des Widerstands auch für SiO_2 möglich ist [28.85]. Deshalb konzentrieren sich auch neuere Ansätze auf dieses Oxid, welches in besonderer Weise kompatibel zur Si-Mikroelektronik ist [28.86]. Darüber hinaus zeigen zahlreiche anorganische und organische Materialien ein thermisches oder ionisches Widerstandsschalten. Dazu zählen phasenwechselnde Chalcogenide wie $Ge_2Sb_2Te_5$ oder AgInSbTe, binäre Übergansmetalloxide wie NiO, Ta_2O_5 oder TiO_2, Perovskite wie $Sr(Zr)TiO_3$, feste Elektrolyte wie GeSe, GeS, SiO_x oder CuS, organische Ladungstransferkomplexe wie CuTCNQ, organische Donator-Akzeptor-Systeme wie Al-AlDCN oder auch zweidimensionale Isolatoren wie BN.

Die Grundlagen des Effekts bei den technisch besonders relevanten Oxiden besteht darin, dass in per se nicht leitfähigen Dielektrika durch eine Teilentladung mittels eines Hochspannungspulses schwach leitfähige Kanäle permanent induziert werden können [28.87]. Diese Kanäle können im Rahmen des Schreibvorgangs zwischen relativ hoher und relativ niedriger Leitfähigkeit umgeschaltet werden. Für den Lesevorgang wird die Leitfähigkeit bestimmt [28.88].

Wenngleich auch deutliche Bezüge zwischen Memristoren und ReRAM-Zellen bestehen, wird dennoch kontrovers diskutiert, ob diese Zellen als wesentliches Bauelement den zunächst ja bezüglich seiner Eigenschaften nur hypothetisch definierten Memristor beinhalten [28.89].

ReRAM-Architekturen können bis zu unterhalb 30 nm skaliert werden [28.90]. Die Entwicklung von potentiell kommerziell verfügbaren ReRAM-Chips war zweifellos der treibende Anreiz für die Entwicklung vieler Memristorkonzepte, unabhängig von den konzeptionellen Bezügen [28.89]. Diese Entwicklung setzte im Jahr 2007 ein [28.90]. Erste konzeptionelle Überlegungen dazu gab es bereits einige Jahre zuvor. Obwohl bislang ohne große kommerzielle Relevanz, werden bis heute weitere konzeptionelle Realisierungen verfolgt, wobei die wohl innovativsten auf Quantenpunkten basieren [28.91].

Da Memristoren oder memristorähnliche Elemente zentraler Bestandteil von ReRAM sind, sind ReRAM selbst explizit interessant für neuromorphe Implementierungen [28.92]. Deshalb werden ReRAM-Architekturen heute als vielversprechende Hardware-Basis für *KI*- und *Machine Learning-Applikationen* angesehen [28.93].

Entsprechend dem ursprünglichen Konzept haben Memristoren aber Eigenschaften, die generell über die in ReRAM-Zellen geforderten hinausgehen. Deshalb gibt es auch Implementierungen, die völlig unabhängig von ReRAM-Technologien sind

[28.94]. Die entscheidende Eigenschaft eines Memristors ist dabei, dass sein elektrischer Widerstand nicht konstant, sondern abhängig davon ist, wieviel Ladung in der Vergangenheit in welcher Richtung durch das Bauelement geflossen ist [28.95]. Bei Abschalten der Stromversorgung ist der letzte Ohmsche Widerstand im Memristor gleichsam gespeichert [28.96]. Aber genau in dieser Hinsicht gibt es Zweifel darüber, ob ein genuiner Memristor physikalisch manifest überhaupt existieren kann [28.97]. Fraglich ist insbesondere, ob es sich um ein rein passives Bauelement handeln kann[28.89].

Die Nützlichkeit von Memristoren mit mehr oder weniger idealen Eigenschaften – insbesondere für die neuromorphe Elektronik – steht indes außer Frage [28.98]. Umso relevanter ist es zu analysieren, welches konkrete physikalische System oder Bauelement den ursprünglich antizipierten Eigenschaften der Memristoren am nächsten kommt [28.161].

Das Verhalten in realiter wurde insbesonder für TiO$_2$-Memristoren untersucht [28.96]. Für zwei Widerstandswerte $R_1 \ll R_2$ ist die Memristanz-Funktion gegeben durch

$$M(q(t)) = R_2 \left[1 - \frac{\mu R_1}{d^2} q(t) \right] . \tag{28.9}$$

Dabei ist μ die Mobilität der Dotieratome im TiO$_2$-Film und d dessen Dicke [28.96]. Eine Änderung $R_1 \rightarrow R_2$ in der Zeit $\Delta T = T_2 - T_1$ bei konstanter angelegter Spannung V ist verbunden mit der Ladungsänderung $\Delta Q = Q_1 - Q_2$ und der Energiedissipation

$$E = U^2 \int_{T_2}^{T_1} \frac{dt}{M(q(t))} = U^2 \int_{Q_2}^{Q_1} \frac{dq}{I(q)M(q)} = U^2 \int_{Q_2}^{Q_1} \frac{dq}{U(q)} = U \, \Delta Q . \tag{28.10}$$

Im allgemeinen Kontext memristiver Systeme n-ter Ordnung sind die Bestimmungsgleichungen gegeben durch

$$y(t) = g(x, u, t) \, u(t) \tag{28.11a}$$

und

$$\frac{dx}{dt} = f(x, u, t) . \tag{28.11b}$$

$u(t)$ ist das Eingangs-, $y(t)$ das Ausgangssignal und x repräsentiert einen Satz von n Zustandsvariablen. g und f sind kontinuierliche Funktionen. Für einen stromgetriebenen Memristor gilt $u(t) \rightarrow I(t)$ und $y(t) \rightarrow V(t)$ und entsprechend für einen spannungsgetriebenen Memristor $u(t) \rightarrow U(t)$ und $y(t) \rightarrow I(t)$. Der einfache Memristor resultiert für den Spezialfall, dass x nur durch die Ladung gegeben ist: $x \rightarrow q$. Damit gilt gemäß Gl.(28.11b) $f(t) \sim I(t) = dq/dt$.

Eine der resultierenden Eigenschaften von Memristoren ist eine spezielle Hystereseform („*Pinched*" *Hysteresis*) im Strom-Spannungs-Verlauf [28.100].

Für die neuromorphe Informationsverarbeitung sind memristive Netzwerke entsprechend der Neuristoren in Abb. 28.36 grundlegend. In derartigen Netzwerken sind Lagen memristiver Bauelemente mit weiteren Lagen über gewichtete Verbindungen verbunden. Diese Gewichte werden während des Trainingsprozesses adjustiert. Dadurch adaptiert sich das Netzwerk an neue Eingabedaten. Die Hardware ist vergleichsweise simpel und kostengünstig. Außerdem sind die Memristoren sehr energieeffizient. Für den einfachsten Fall memristiver Elemente mit seriellen Spannungsquellen in Netztwerkanordnung wie in Abb. 28.36 beschreibt die *Caravelli-Traversa-Di Vetra-Gleichung* die Evolution der einzelnen Memristoreinheiten während eines Trainingsprozesses [28.101].

Es gibt zahlreiche Versuche, Memristoren zu realisieren. Die Abweichungen vom propagierten Idealverhalten variieren dabei. Alle Ansätze haben jedoch einen ausgeprägten nanotechnologischen Bezug. Das komplexe Widerstandsverhalten von TiO_2 wurde bereits in den 1990er Jahren diskutiert [28.102]. Im Jahr 2008 gab es dann ernstzunehmende Ansätze der Realisierung memristiver Bauelemente aus TiO_2 [28.103]. Die Elemente bestanden aus 50 nm dicken TiO_2-Filmen zwischen 5 nm dicken Elekroden aus Ti und Pt. Der TiO_2-Film beinhaltete einen Dickenbereich mit einer Verarmung an O-Atomen. Die dadurch entstehenden Leerstellen wirken als Ladungsträger, womit der O-verarmte Teil des TiO_2-Films einen geringeren Ohmschen Widerstand aufweist als der stöchiometrisch intakte Film. Unter dem Einfluss eines applizierten elektrischen Felds driften die Leerstellen, was wiederum die Beschaffenheit der Grenzfläche zwischen verarmtem und intaktem TiO_2 modifiziert. Der Gesamtwiderstand der Anordnung hängt damit davon ab, wieviel Ladung durch sie in welcher Richtung transportiert wird. Bei Umkehr der Transportrichtung, i.e. des Stroms, ist der Effekt reversibel. In diesem Kontext ist dieser Memristor als nanoionisches Bauelement zu bezeichnen [28.104].

Der heutige Stand der Entwicklung umfasst Schaltzeiten für Widerstandsänderungen $R_1 \rightarrow R_2$ von ≤ 1 ns und Miniaturisierungen der Memristoren mit charakteristischen Abmessungen von wenigen Nanometern.

Weitere Materialien wurden im Hinblick auf ihre memristiven Eigenschaften untersucht. SiO_2 wurde diesbezüglich ebenfalls in den 1960er Jahren in Betracht gezogen [28.105]. Der Bezug zur Memristanz wurde allerdings erst 2009 hergestellt [28.106]. Danach konnte dann auch der entsprechende ionische Mechanismus der Memristanz aufgeklärt werden [28.106].

Bestimmte Polymere eignen sich ebenfalls für die Verwendung in Memristoren [28.107]. Als besonders vielversprechend erwiesen sich in diesem Kontext auch aktive Bauelemente wie der *NOMFET (Nanoparticle Organic Memory Field Effect Transistor)* [28.108], die sich schaltungstechnisch wie Memristoren verhalten. Aufgrund ihrers synapsenähnlichen Verhaltens werden diese Bauelemente auch als *synaptische Transistoren* oder *Synapstoren* bezeichnet. Neuroinspirierte Schaltkreise unter Verwendung von Synapstoren werden insbesondere für *pawlowsche Konditionierexperimente* mit bemerkenswerten Erfolgen eingesetzt [28.109]. Weitere polymere Memristoren in neuromorphen Schaltkreisen dienten dazu, selbst die *Langzeitpotenzierung (Long Term Potentiation, LTP)* des Lernens sowie auch Prozesse des Vergessens zu demonstrieren [28.110].

In den letzten Jahren wurden Memristoren aus den verschiedensten weiteren Materialsystemen vorgestellt, wobei im vorliegenden Kontext natürlich insbesondere solche mit nanoskaligen Abmessungen von Bedeutung sind. So haben sich MoO_x/MoS_2-Heterostrukturen als vielversprechend erwiesen [28.111]. Sie lassen sich flexibel und optisch transparent herstellen. Als *Atomristoren* bezeichnet man Memristoren, die tatsächlich nicht nur aus dünnen, sondern aus atomar dünnen Schichten – im Allgemeinen aus Monolagen – bestehen. So wurde ein universaler memristiver Effekt für MX_2-Monolagen (M = Mo, W; X = S, Se) nachgewiesen [28.112]. Derartige Monolagen wurden im Hinblick auf ihre physikalischen Eigenschaften in Abschn. 19.1 im Detail diskutiert. Intensiv erforscht und im Hinblick auf viele Anwendungen diskutiert, gehört insbesondere auch h-BN zu dieser Kategorie von Materialkonfigurationen. Auch für Memristoren haben sich h-BN-Monolagen als vielversprechend erwiesen [28.113]. Interessanterweise gibt es für entsprechende Memristoren auch eher konventionelle Anwendungen [28.114]. Der memristive Mechanismus der Dichalcogenid- und BN-Schichten ist Gegenstand gegenwärtiger Forschung [28.115].

Ferroelektrische Memristoren bestehen in einer ferroelektrischen Barriere zwischen zwei Elektroden. Die Polarisation des Ferroelektrikums wird durch die Potentialdifferenz zwischen den Elektroden bestimmt und lässt sich somit extern manipulieren. Der Widerstand des Bauelements ist abhängig von dieser Polarisation, was als *Tunnel-Elektro-Widerstand* bezeichnet wird [28.116]. Widerstandsvariationen von zwei Größenordnungen lassen sich realisieren.

Auch an den in Abschn. 16.3 ausführlich diskutierten Kohlenstoffnanoröhrchen (CNT) wurden memristive Effekte beobachtet [28.117]. Diese stehen offenbar in Zusammenhang mit inhomogenen elastischen Verspannungen und piezoelektrischen Eigenschaften [28.118].

Auch Materie biologischen Ursprungs, wie in Kap. 9 ausführlich behandelt, eignet sich für die Implementierung von Memristoren und für den Einsatz in neuromorphen Systemen [28.119]. Unter anderem wurden Kollagen [28.120], Lignin [28.121] und Fibroin [28.122] in Memristoren getestet. Selbst spinabhängige Phänomene in Biomolekülen wurden in diesem Kontext untersucht [28.123]. Biologische Memristoren können insbesondere in Form hochsensitiver Biosensoren eingesetzt werden [28.124].

Besonders umfassend wurden memristive spintronische Systeme untersucht [28.125]. Memristives Verhalten basiert dabei auf unterschiedlichen Magnetowiderstandseffekten, aber auch auf dem *Spin-Torque-Effekt*. Dementsprechend sind insbesondere magnetische Tunnelkontakte (*Tunnel Magnetoresistance, TMR*), wie sie heute beispielsweise in Festplattenleseköpfen oder empfindlichen Magnetfeldsensoren Verwendung finden, zweckdienlich [28.126]. In manchen magnetischen Tunnelkontakten (*Magnetic Tunnel Junction, MTJ*) sind auch ladungsbasierte Efekte und der Transport von Ionen in der Barriere (z.B. MgO) von Bedeutung [28.127]. Insbesondere die Rolle von Sauerstoffleerstellen in komplexen Oxiden mit intrinsischer Ferroelektrizität oder Multiferroizität ist bis heute nicht gänzlich geklärt [28.128]. Neben den Standard-MTJ aus ferromagnetischen Metallen [28.129] zeigen auch Systeme der halbleitenden Spintronik memristive Effekte [28.130].

Zusätzlich zu den genannten Systemen gibt es weitere Ansätze zur Realisierung mehr oder weniger idealer Memristoren [28.131]. Generell ist aber zum jetzigen Zeitpunkt die Nichtverfügbarkeit standardisierter funktionaler Memristoren eine Limitierung für deren potentiell zahlreiche Einsatzgebiete und insbesondere für eine umfassende Realisierung neuromorpher Systeme und Ansätze. Dabei bieten auch heutige und visionäre technologische Entwicklungen wie die Quanteninformationsverarbeitung – diskutiert in Abschn. 3.4 – Anwendungspotentiale [28.132]. In neuromophen Systemen kommt den Memristoren die entscheidende Funktionalität eines resistiven Verhaltens mit Gedächtnis zu. Für eine derartige Funktionalität gibt es natürlich vielversprechende Einsatzbereiche auch im Kontext nichtflüchtiger hochdichter Informationsspeicherung. Weitere Ansätze umfassen beispielsweise programmierbare Logikbauelemente und Signalverarbeitung, hochauflösende Abbildungsverfahren [28.133] und verschiedene Ansätze zur Informationsverarbeitung [28.134].

Memristive Schaltkreise wurden auch verwendet, um das adaptive Verhalten von Einzellern im Experiment zu simulieren. Die Schaltkreise antizipieren nach einer Reihe periodischer Pulse zukünftige elektrische Stimulanzen [28.135]. In der Folge wurden neuromorphe Architekturen weiter hochskaliert, um komplexere Lernprozesse zu analysieren und simulieren. Eines der größten neuromorphen Systeme ist *MoNETA (Molecular Neural Exploring Traveling Agent)* [28.136]. Auch zur Implementierung der *Fuzzy Logik*[8] haben sich neuromorphe Architekturen auf Basis von Memristoren bewährt [28.137]. Gerade im Kontext der Informationsprozessierung, der Adaption und des Selbstlernens wurden zahlreiche weitere Memristor-basierte neuromorphe Schaltkreise untersucht [28.138].

28.4.3 Nanoskalige Materialien und Systeme

Zu Beginn der Entwicklung erster neuromorpher Komponenten insbesondere für die Informationsverarbeitung dominierten Top-down-Fabrikationen, basierend auf konventionellen Massivmaterialien, die Ansätze. In den vergangenen Jahren hat sich jedoch zunehmend gezeigt, dass nanostrukturierte Materialien und nanoskalige Strukturen sehr nützliche Funktionalitäten liefern können, die besonders Neuronen hinsichtlich ihrer komplexen Funktionalität ähnlicher sind. Namentlich die in

---

8 Bereich der Logik, der die semantische Interpretation von Aussagen ermöglicht, die nicht als eindeutig wahr oder falsch eingestuft werden können. In der Implementierung werden diskrete Wahrheitswerte durch einen kontinuierlichen Bereich (z.B. [0,1]) ersetzt. Für diesen Bereich werden aussagenlogische Operationen definiert.

Abschn. 19.6.2 behandelten Quantenpunkte, die in Kap. 18 behandelten Nanopartikel und die in Kap. 16, 17 und 19 behandelten niedrigdimensionalen Materialien sind Gegenstand gegenwärtig intensiver Forschung [28.76].

Gerade in den vergangenen wenigen Jahren wurden große Fortschritte in der Etablierung künstlicher neuronaler Netze erzielt. Diese sind im Wesentlichen zurückzuführen auf die generelle Zunahme verfügbarer Rechenkapazität, auf die Verfügbarkeit großer Datenmengen (*Big Data*) und auf Durchbrüche bei Trainingsmethoden [28.139]. Allerdings zeigt die kritische Analyse, dass diese Fortschritte erzielt wurden unter Nutzung konventioneller von Neumann-Architekturen bei bekanntem von Neumann-Flaschenhals und relativ hohem Leistungsbedarf. Alternative neuromorphe Architekturen versprechen hier, wie diskutiert, Abhilfe [28.140]. Insbesondere konzentrierten sich die Bemühungen auf das Ersetzen der flüchtigen Speicher (*Random Access Memory, RAM*) durch nichtflüchtige (*Non-Volatile Memory, NVM*). Diesbezüglich sind Memristoren aus den diskutierten Gründen besonders interessant [28.141].

Gerade das Maß an hoher Kontrolle über strukturelle Defekte, über die Stöchiometrie und über die Grenzflächeneigenschaften lassen nanostrukturierte und niedrigdimensionale Materialien und Systeme interessant für die Implementierung neuromorpher Strukturen erscheinen [28.142]. Sowohl 2D- [28.143] als auch 1D- und 0D-Materialien [28.144] eignen sich konkret für den spezifischen Einsatz in memristoraffinen Bauelementen und neuromorphen Systemen.

Als sehr vielversprechend haben sich auch Hybridsysteme aus Nanomaterialien unterschiedlicher Dimensionalität erwiesen [28.145]. Aufgrund ihrer mechanischen Flexibilität eignen sich die niedrigdimensionalen Materialien besonders auch für körpernahe neuromorphe Applikationen wie artifizielle afferente Neuronen und diverse Prothesen (*Smart Prothetics*) [28.146]. Dabei ist gegenwärtig nicht absehbar, ob niedrigdimensionale Nanomaterialien, anorganische [28.147] oder organische Materialien [28.148] das größte neurmorphe Potential haben [28.148]. Im Folgenden sollen insbesondere entsprechend dem vorliegenden Kontext die Nanomaterialien diskutiert werden.

Dabei ist es essentiell zu antizipieren, was die Anforderungen an möglichst leistungsfähige neurmorphe Hardware sind. Diese ergeben sich gemäß der Paradigmen aus folgenden drei Bestandteilen: 1. Individuelle Bauelemente zur Relisierung künstlicher Synapsen und Neuronen. 2. Netzwerke aus diesen individuellen Komponenten. 3. Lernregeln und Trainingsmethoden [28.139]. Frühe Ansätze haben sich insbesondere darauf fokussiert, die physikalischen Aspekte der neuronalen Signalverarbeitung zu verstehen [28.149]. Danach sammelt der Zellkörper von Neuronen alle Ladungen, die durch synaptische Verbindungen geliefert werden. Nach Erreichen eines Schwellenwerts „feuert" das Neuron einen Puls entlang des Axons [28.150]. Dieser Puls erreicht dadurch andere Neuronen und wird entweder verstärkt und transferiert oder unterdrückt, abhängig von der Gewichtung der Synapsen. Kontinuierliche Verfeinerungen der Modelle haben zu einem heute vorhandenen tieferen Verständnis des Lernens, der

Wahrnehmung und des Verhaltens neuronaler Netzwerke geführt. Dies hat letztlich zu den heute etablierten ANN-Architekturen – wie *Hopfield-Netzwerken* – und Lernregeln – wie der *Hebbschen Lernregel* – geführt [28.151].

Ein wesentlicher Grund für die Suche nach alternativer neuromorpher Hardware besteht in dem einerseits exponentiell wachsenden Bedürfnis nach Rechen- und Speicherkapazitäten und in dem andererseits immanent relativ hohen Energiebedarf CMOS-basierter Architekturen. Ein Wachstum entsprechend heutiger Raten würde dazu führen, dass die Summe binärer Operationen auf Basis von CMOS im Jahr 2040 $\approx 20^{27}$ J an Energiebedarf und damit den globalen Gesamtwert an produzierter Energie überschreiten würde [28.152]. Bei der Suche nach alternativer Hardware und alternativen Architekturen erscheinen synaptische Anordnungen im bionischen Sinn, wie in den Kapiteln 11 und 12 diskutiert, vielversprechend, wenn nicht alternativlos.

Transistorbasierte künstliche Synapsen wurden bereits vor etwa 30 Jahren demonstriert [28.153]. Abbildung 28.37 zeigt einen synaptischen Transistor, bei dem ein „Floating Gate" über die Injektion „heißer Elektronen" mit Ladung befüllt oder über einen Tunnelprozess ladungsentleert wird. Dies resultiert in einer Modulation der Schwellenspannung und der Leitfähigkeit des Transistors, was einer Variation des synaptischen Gewichts entspricht [28.153]. Aber – wie dargestellt in Abb. 28.37(c) – auch eine Hysterese des Gate-Potentials durch Ladungsfallen im Gate-Dielektrikum führt zu „Lernprozessen". Vorteile synaptischer Transistoren sind insbesondere die Robustheit des Designs und die Möglichkeit multipler Gate-Anschlüsse zur Realisierung detaillierter räumlich-zeitlicher Signalverläufe [28.154]. Aus Sicht der Nanotechnologie sind synaptische Transistoren allerdings nicht optimal für eine maximale Miniaturisierung und Integrationsdichte geeignet [28.155].

Aus nanotechnologischer Sicht sind vertikale Memristoren optimal für Miniaturisierungskonzepte und maximale Integration geeignet. Sie sind intrinsisch kleiner als synaptische Transistoren [28.156], verkörpern das Potential für eine 3D-Integration [28.157] und kombinieren ein „Induktionsprotokoll" und eine Speicherfunktion innerhalb eines Bauelements [28.152]. Die memristiven Mechanismen können dabei sehr unterschiedlich sein. Besonders intensiv untersuchte zeigt Abb. 28.37(b) in Form der Formation und Reduktion metallischer Nanofilamente und der Modulation von Schottky-Kontakten via Migration von Defekten oder ionischen Spezies. Phasenänderungsmaterialien bwz. -speicher wiederum zeigen einen Metall-Isolator-Übergang aufgrund lokaler Erwärmung oder Abkühlung [28.158]. Memristoren können die in Abb. 28.37(c) dargestellten Widerstandsverläufe zeigen. Diese lassen sich unterteilen in nichtflüchtige Zustände mit unterschiedlichen Widerständen bei verschwindendem Potential [28.159] sowie flüchtige Zustände mit einem Widerstandswert bei verschwindendem Potential, aber einer Hysterese bei größeren Potentialdifferenzen [28.160]. Zudem können zwei bipolare Memristoren so kommbiniert werden, dass sie komplementäres resistives Schalten zeigen [28.161].

Die Integration künstlicher Synapsen und Neuronen in Form künstlicher neuronaler Netze wurde in vielen unterschiedlichen Architekturen demonstriert. Dazu zäh-

(a)

Präsynaptisches Neuron

Elektrolyt

Postsynap-
tisches
D Neuron

Dielektrikum
Floating gate
Dielektrikum

G

Präsynaptisches Neuron

⊕ Ion
+ lok. Zustand
⊕ lok. Zustand
+/- freie
Ladung

(b)

Ein   Aus

Fila-
ment

Phase1 ⟷ Phase2

(c)

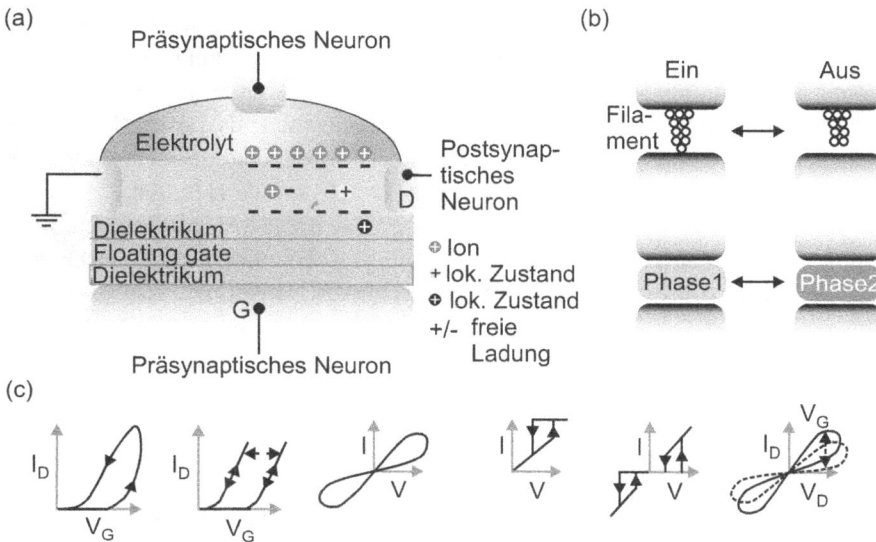

Abb. 28.37. Synaptische Transistoren und memristive Bauelemente [28.76]. (a) Künstliche Synapse basierend auf Ladungseinfang, einem Floating Gate und Dotier- oder Redoxmechanismen. Die
Gate-Elektroden sind mit präsynaptischen Neuronen für Schreib- und die Drain-/Source-Elektroden
mit postsynaptischen Neuronen für Leseprozesse verbunden. (b) Memristives Verhalten eines Fi-
laments (oben) und eines Phasenwechselmaterials (unten). (c) Strom-Spannungs-Verhalten von
synaptischen Transistoren und Memristoren. (i) Source-Drain-Strom eines synaptischen Transistors
als Funktion der Gate-Spannung. (ii) Schwellspannung eines Transistors wie in (a) für Ladungen des
Floating Gates oder unterschiedliche Redoxzustände. (iii) Typische Hysterese (Punched Hysteresis) eines Memristors. (iv) Unipolare Hysterese bei größeren Gate-Spannungen. (v) Komplementäre
Hysteresen zweier Memristoren. (vi) Durch das Gate-Potential variable Hysterese eines Memristors.

len etwa tiefe neuronale Netzwerke, gepulste neuronale Netze (SNN), wiederkehren-
de neuronale Netze und faltende neuronale Netze (Convolutional Neural Networks,
CNN) [28.146; 28.141]. Hybride CMOS-Memristor-Chips wurden für angeleitetes sowie
unangeleitetes Lernen und „On-Chip"-Trainingsmethoden konzipiert [28.146; 28.141;
28.140]. Fast alle bislang verwendeten Architekturen basieren auf sich kreuzenden
Balkenstrukturen. Bei diesen Strukturen besteht eine besondere Herausforderung in
der Adressierung der einzelnen synaptischen Knoten.

Nanotechnologische Ansätze und nanostrukturierte Materialien implizieren eine
Reihe von im Vergleich zu den eher konventionellen Architekturen völlig neuartigen
Strukturen zur Realisierung neuromorpher Hardware [28.162]. Dabei sind neben elektronischen auch photonische Systeme von Interesse. Aus Sicht der Nanotechnologie
erweisen sich besonders die in in Kap. 19 ausführlich behandelten niedrigdimensionalen Materialien und Systeme als interessant [28.76].

Nulldimensionale Systeme sind per se gut geeignet für eine neuromorphe Implementierung in photonischen Systemen. Diese haben den Vorteil des a priori hohen

Parallelisierungsgrads und der Hyperkonnektivität. Eine hohe Komplexität resultiert allerdings daraus, dass auch nichtlineare optische Medien zur Signalverstärkung implementiert werden müssen [28.77] und dass die Speicherkomponenten im Idealfall ausschließlich optische Signale verarbeiten. Derzeit basieren aus diesem Grund viele Ansätze auf hybriden optoelektronischen Systemen, bei denen die Speicherung elektronisch und die On-Chip-Kommunikation optisch realisiert wird [28.163].

In photonischer Hinsicht sind besonders die in Abschn. 19.6 diskutierten Halbleiter-Quantenpunkte und aufgrund ihrer größenabhängigen plasmonischen Eigenschaften die in Abschn. 18.6 diskutierten metallischen Nanopartikel von Interesse. Dies zeigt schematisch Abb. 28.38.

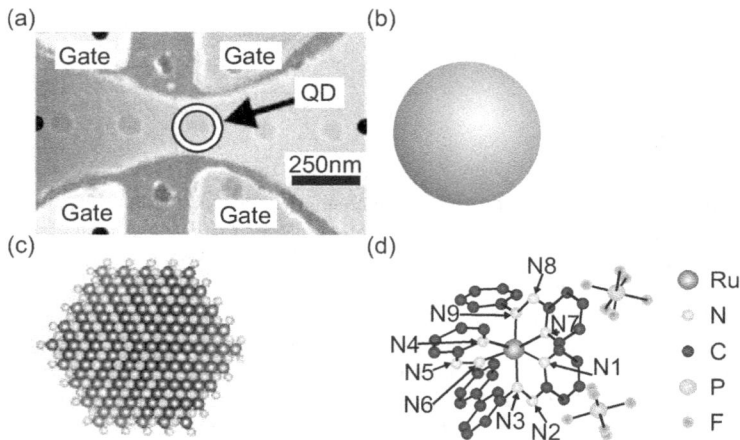

Abb. 28.38. Nulldimensionale Nanosysteme für elektronische und optoelektronische Synapsen [28.76]. (a) Quantum Dot (QD) durch Einschnürung eines Elektronengases in einer GaAs/AlGaAs-Heterostruktur (typische Größe 10–100 nm). (b) Metall-Nanopartikel (typische Größe 1–100 nm). (c) Halbleiter-Quantenpunkt (PbS, typische Größe 1–10 nm). (d) Organisches Molekül (Ru(L)$_3$(PF$_6$)$_2$-Komplex mit Azogruppen $N_i = N_j$, typische Größe 0,1–1 nm).

InAs/InGaAs-Quantenpunkte in Form modengekoppelter Laser können sowohl das exzitatorische wie auch das inhibitorische Verhalten von Synapsen emulieren [28.164]. GaAs/AlGaAs-Quantenpunkte wiederum werden für die Implementierung elektro-photo-sensitiver Memristoren verwendet [28.165].

Die unterschiedlichsten Nanopartikel wurden insbesondere genutzt, um durch Aufladungseffekte memristive Phänomene zu stimulieren [28.166]. Auch für bestimmte organische Moleküle, namentlich für Übergangsmetallkomplexe, wie in Abb. 28.38(d) dargestellt, wurde gezeigt, dass sie ein ausgeprägtes nulldimensionales Verhalten aufweisen, welches sich beispielsweise zur Realisierung von ReRAM nutzen lässt [28.167]. Besonders vorteilhaft sind dabei die lösungsbasierte Prozessierung, die chemische Abstimmbarkeit sowie das hervorragende Skalierungsverhalten.

Halbleitende QD werden in einer Vielzahl von Architekturen eingesetzt, um Quanten-Memristoren zu implementieren [28.100; 28.168]. Die einzelnen Memristoren konnten dabei auf $\leq 5\,nm$ herunterskaliert werden, was jenseits der in Abschn. 28.2 diskutierten Möglichkeiten herunterskalierter CMOS-Architekturen liegt [28.169]. Allerdings setzt ein neuronales Netz aus reinen Quanten-Memristoren neben den diskreten Energieniveaus der QD auch Quantenkohärenz innerhalb des Netzes voraus, was natürlich eine große technologische Herausforderung mit sich bringt.

Das frühe Interesse an 1D-Strukturen zur Realisierung neuromorpher Hardware ist in der topologischen Ähnlichkeit dieser Strukturen mit tubularen Axonen begründet. Die Axone sind essentiell für die Hyperkonnektivität in biologischen Systemen. Grundsätzlich sind viele der in Abschn. 19.5 diskutierten eindimensionalen Systeme a priori interessant. Besonders aber gilt dies für die in Abschn. 16.3 diskutierten Kohlenstoffnanoröhrchen (CNT) [28.170]. CNT-Dünnschichttransistoren wurden im Kontext zweier Kategorien untersucht: Als synaptische Transistoren und in Form von Transistorlogiken in Kombination mit „konventionellen" Memristoren. CNT-basierte Memristoren wurden bislang nur vereinzelt realisiert [28.315].

Synaptische Transistoren wurden auf Basis geordneter und ungeordneter CNT-Netzwerke demonstriert [28.172]. Ein intrinsischer Vorteil der Verwendung von CNT besteht in der großen Feldstärke, die aufgrund des kleinen Krümmungsradius in der unmittelbaren Umgebung entstehen kann. Feldeffekte wiederum können dazu genutzt werden, um Aktivierungsenergien für das Einfangen von Ladungen in Lagen eines Schaltkreises zu überwinden. Dies ist schematisch in Abb. 28.39(a) dargestellt. Aufgrund ihrer p- und n-Dotierbarkeit sind CNT-Netzwerke insbesondere für gepulste neuronale Netze geeignet. Dies wurde in Form von Architekturen, wie sie exemplarisch Abb. 28.39(b) zeigt, für nicht angeleitete Lernprozesse gepulster CNT-basierter synaptischer Netze genutzt [28.172].

CNT-Dünnschichttransistoren wurden sogar in 3D-Architekturen zusammen mit vertikalen Metalloxid-Memristoren zur Realisierung nichtflüchtiger Speicher angeordnet [28.315]. Dies zeigt schematisch 28.39(c).

Halbleiternanodrähte, diskutiert in Abschn. 19.5.4, wurden im Hinblick auf ihre Eignung für neuromorphe Strukturen ebenfalls bereits vor längerer Zeit untersucht [28.173]. So konnte beispielsweise für Ag-dekorierte ZnO-Nanodrähte flüchtiges und nichtflüchtiges Widerstandsverhalten nachgewiesen werden, welches auf die Diffusion von Ag-Atomen entlang der Drähte zurückzuführen ist. Ein entsprechendes System zeigt Abb. 28.39(d). Die insgesamt untersuchten 1D-Nanostrukturen umfassen TiO_2, CuO_x, Cu_2O, NiO, Co_3O_4, Zn_2SnO_4, Ga_2O_3 sowie metallische Ag- und Cu-Nanodrähte. Dabei haben sich die TiO_2-Nanodrähte aufgrund ihrer photoelektrischen Sensitivität als besonders interessant erwiesen [28.174].

Organische Nanodrähte können nicht nur die Morphologie biologischer Nervenfasern emulieren, sondern auch Lernmechanismen zeigen, die denjenigen biologischer Ionenkanäle ähneln [28.175]. Die einzelnen Pulse eines neuronalen Netzes können dabei einen extrem niedrigen Energieübertrag von $\approx 10\,fJ$ beinhalten [28.175]. Minimale

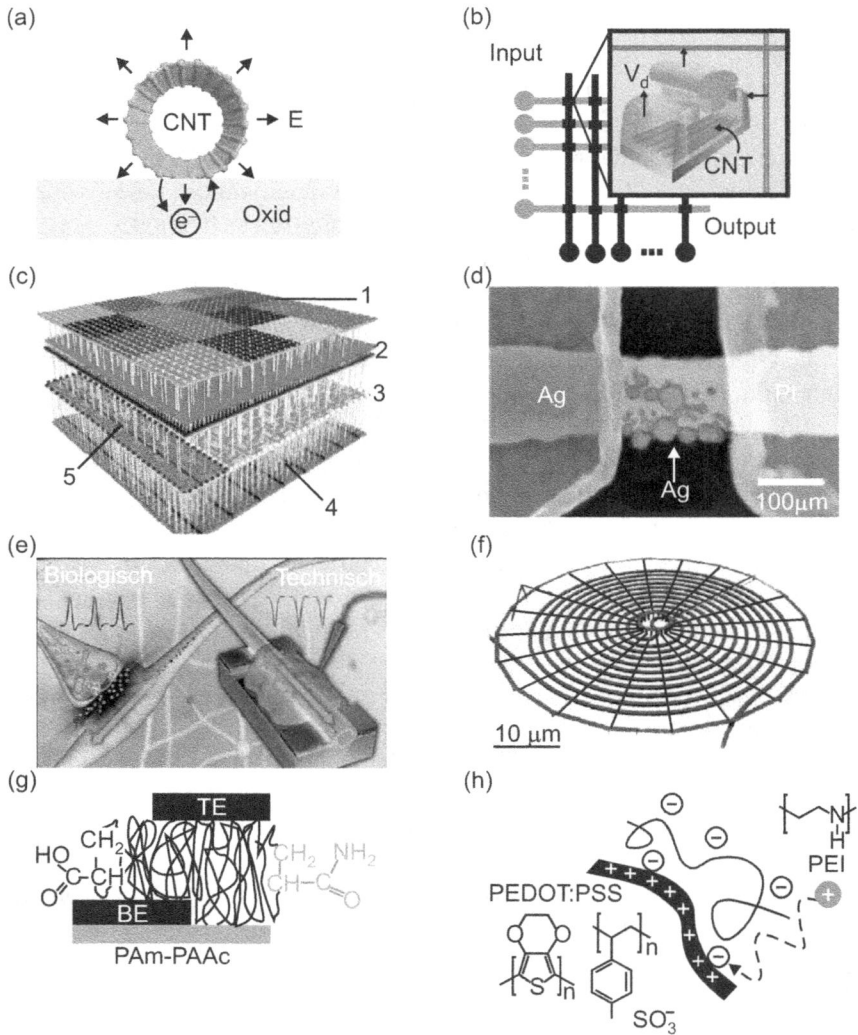

Abb. 28.39. Eindimensionale Nanostrukturen für neuromorphe Schaltkreise [28.76]. (a) Transfer eines Elektrons von einer CNT in das Gate-Dielenktrikum aufgrund von Feldeffekten. (b) Implementierung eines Lernprozesses in einem geordneten CNT-Netzwerk. (c) 3D-Si- und CNT-Netzwerke. (1) CNT-Sensoren, (2) ReRAM, (3) CNT-FET-Logik, (4) Si-Logik, (5) Vertikale Verbindungen (Interconnects). (d) SEM-Aufnahme eines ZnO-Nanodrahts in Verbindung mit elektrochemisch aktiven Ag-Elektroden. (e) Elektrolytisch kontrollierter organischer Nanodraht mit Merkmalen einer biologischen Synapse. (f) Spinnennetz-Neuron, basierend auf halb- und supraleitenden Nanodrähten. (g) Vertikaler synaptischer Schalter auf Basis von Blockcopolymeren (z.B. Polyacrylamid und Polyacrylsäure). (h) Schema der Redoxreaktion in einem organischen elektrochemischen Transistor, bei der ein freies Proton aus dem hydrophilen kationischen Polymer Polyethylenimin die Leitfähigkeit entlang des Poly-3,4-ethylendioxythiophen-Polystyrolphosphats modifiziert.

Leistungsaufnahmen von ≈ 1 mW/cm^2 sind auch das Ziel photonisch basierter neuronaler Netze auf Basis halb- und supraleitender Nanodrähte [28.176] und weiterer Konzeptstudien.

Natürlich sind a priori auch die in Kap. 7 im Detail behandelten Polymere aufgrund ihres intrinsisch eindimensionalen Verhaltens interessant. Auch sind sie mechanisch flexibel, chemisch sensitiv und gegebenenfalls biokompatibel. Polymere wurden daher im vorliegenden Kontext bereits vor Längerem untersucht [28.144; 28.177], wobei zunächst das ausgeprägt eindimensionale Verhalten eine untergeordnete Rolle spielte. Dagegen steht in heutigen Ansätzen explizit das 1D-Verhalten im Zentrum des Interesses. Dies zeigt exemplarisch Abb. 28.39(g). Memristoren aus Polyelektrolytbürsten der Polyacrylsäure, die kovalent an Au-Elektroden gebunden sind, zeigen abstimmbare Schaltspannungen aufgrund eines Kationenausgleichs mit NH_4^+-, $N(CH_3)_4^+$-, Ag^+ und Na^+-Ionen [28.178]. Organische elektrochemische Transistoren wurden als synaptische Transistoren eingesetzt, wobei 1D-Polymerketten den leitfähigen Kanal bildeten, dessen Widerstand durch Spannungspulse mit Hilfe der Gate-Elektrode moduliert wurde [28.179]. Dies zeigt schematisch Abb. 28.39(h).

Zwar lassen sich Polymerelektrolyte mit planaren Strukturen aus Si und selbst mit Li-Ionen-Materialien kombinieren, um synaptische Transistoren zu realisieren [28.179], dennoch bieten elektrochemische Transistoren einige dezidierte Vorteile. Die Elektrolytionen penetrieren tiefer in die Polymerfilme hinein, was zu größeren Kapazitätsänderungen in entsprechenden Anordnungen führt. Diese skalieren linear mit dem Volumen und damit vorteilhafter als planare Plattenkondensatoren. Elektrochemische organische Transistoren zeigen damit eine sehr vorteilhafte Energiebilanz von ≈ 10 pJ pro Schaltvorgang. Außerdem lassen sich ≥ 500 Leitfähigkeitswerte in einem Gate-Spannungsintervall von 1 V erzeugen [28.180]. Weitere Vorteile von Netzwerken auf Basis organischer elektrochemischer Transistoren beinhalten insbesondere eine verbesserte homöostatische Regulation der synaptischen Plastizität [28.181].

2D-Nanomaterialien, wie sie in Abschn. 16.1 und 19.1 im Detail behandelt wurden, bieten im vorliegenden Kontext ein großes Maß an Strukturierungsmöglichkeiten und gleichzeitig eine a priori gute Kombinierbarkeit mit etablierten planaren Wafertechnologien. Verwendet wurden beispielsweise Übergangsmetall-Dichalcogenide als Memristoren, die hohe Schaltfrequenzen (≥ 50 GHz) und große Widerstandsverhältnisse $\geq 10^4$ ermöglichen [28.114; 28.112].

Die Verwendung der 2D-Materialien etabliert dabei neuartie memristive Mechanismen, bei denen vermutlich Punktdefekte eine entscheidende Rolle spielen. Eine entsprechende Anordnung zeigt Abb. 28.40(a). Weitere 2D-Materialien haben sich als potentiell interessant für die Konzeption neuartiger ultrakleiner (≈ 1 nm) Memristoren erwiesen. Dazu gehören hBN [28.182], Graphen [28.183] und Graphenoxid [28.184]. Dabei werden ultrageringe Energieverbräuche (≤ 500 fJ und multiple Widerstandswerte (≥ 250) erreicht. [28.185]. In 3D-Architekturen wurden 2D-Materialien teilweise auch zur Verbindung und Kontaktierung der einzelnen Materialien verwendet, wie Abb. 28.40(b) zeigt.

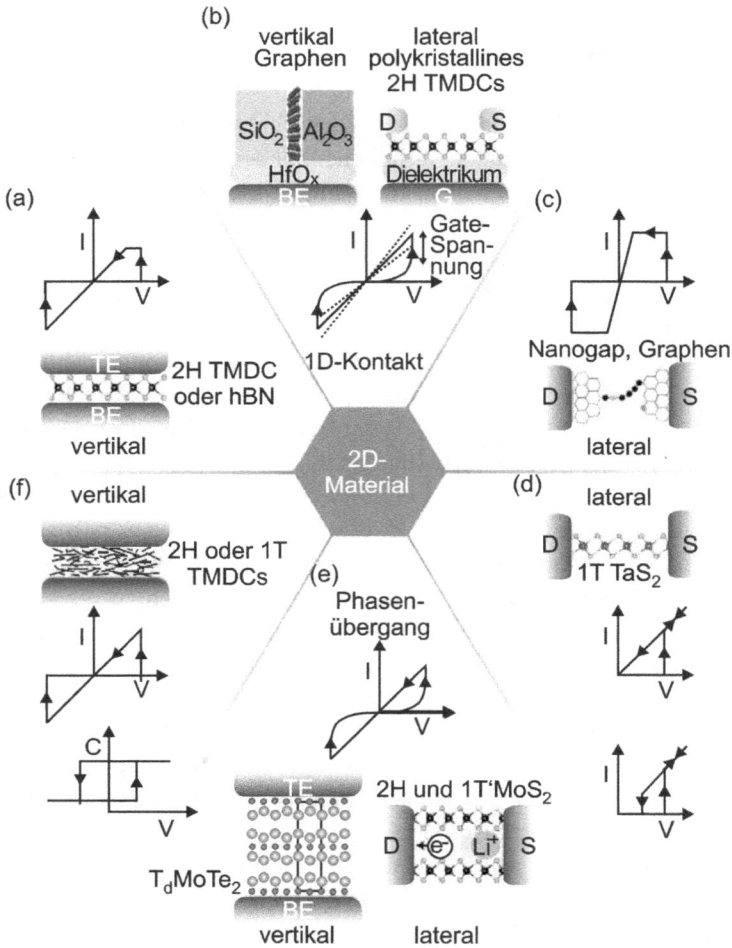

Abb. 28.40. Memristive Systeme auf Basis von 2D-Nanomaterialien [28.76]. (a) Memristoren auf Basis von Übergangsmetall-Dichalcogeniden (TMDC) oder hBN. (b) Vertikaler Memristor auf Basis von Graphen und lateraler mit Gate-abstimmbarer I(V)-Kurve. (c) Atomarer Schalter zwischen graphenbeschichteten Elektroden. (d) TaS$_2$-Phasenwechsel-Memristor mit hysteretischen I(V)- und I(T)-Kurven. (e) Laterale und vertikale Phasenwechsel-Memristoren. (f) Vertikaler Memristor auf Basis eines TMDC-Komposit-Films. Die C(V)-Kurve zeigt das Verhalten eines Memkondensators.

Spezifische Schalt- und Leitfähigkeitsmechanismen von 2D-Nanomaterialien, wie etwa die ionische Diffusion von interkaliertem Li$^+$, erlauben die wohl bislang niedrigsten Energieverbräuche von ≈ 30 fJ pro Ereignis [28.186]. Besonders interessant ist die Möglichkeit einer korrelierten Antwort auf multiple Stimuli wie beispielsweise elektronische, ionische und optische [28.187]. Dies wiederum erlaubt eine innovative Implementierung der Hebbschen Lernregel.[9]

Konzeptionell ist die Integration eines Transistors zusammen mit einem Memristor von Interesse [28.189]. In der Literatur wird ein solches Bauelement als *Memtransistor* bezeichnet. Solche durch ein Gate abstimmbaren Memristoren wurden, wie Abb. 28.40(b) ebenfalls zeigt, auf Basis von MoS_2-Schichten realisiert [28.189].

Weitere neuartige Schaltkonzepte unter Verwendung von 2D-Materialien beinhalten *atomare Schalter* und *Quantenphasenübergänge*. Ein Atomschalter lässt sich beispielsweise realisieren wie in Abb. 28.40(c) dargestellt. Aufgrund von Feldeffekten bildet sich eine Kohlenstoffkette zwischen zwei graphen-beschichteten Elektroden. Diese bricht wiederum durch Erwärmung unter Stromfluss [28.190]. Wenige Monolagen von $1T\text{-}TaS_2$, dargestellt in Abb. 28.40(a), zeigen einen temperaturinduzierten Quantenphasenübergang zwischen inkommensurablen und nahezu kommensurablen Ladungsdichtewellen. Dieser Übergang resultiert in einem memristiven Strom-Spannungs-Verhalten [28.191]. Nicht zuletzt lassen sich Quantenphasenübergänge und die Dynamik diffundierender Ionen – namentlich diejenige von interkalierten Li^+-Ionen – kombinieren. Dies zeigt Abb. 28.40(e) am Beispiel des 2H-1T-Phasenübergangs von wenigen MoS_2-Monolagen, der mit einer dynamisch variierenden Li^+-Ionen-Konzentration verbunden ist [28.192]. Vertikale Memristoren, wie ebenfalls in Abb. 28.40(e) gezeigt, wurden unter Ausnutzung von Quantenphasenübergängen in $MoTe_2$- und $Mo_{1-x}W_xTe_2$ realisiert [28.193]. Speziell in diesem Fall wurden bemerkenswerterweise recht kurze Schaltzeiten (≈ 10 ns) und große Widerstandsverhältnisse ($\approx 10^6$) erreicht, was für Phasenübergänge intuitiv überraschend sein mag.

In Lösung prozessierte großflächige 2D-Materialien wie 2H- und $1T\text{-}MoS_2$ wurden in Bezug auf die Realisierung flexibler und druckbarer neuromorpher Schaltkreise untersucht [28.194]. Schematisch sind entsprechende Anordnungen in Abb. 28.40(f) dargestellt.

Wirklich vielversprechende und zukunftsträchtige neuromorphe Hardware muss einen kleinen Energiebedarf pro logischer Operation sicherstellen, technisch verwertbare Kenngrößen besitzen sowie hochgradig miniaturisierbar und integrierbar sein. Dabei kommt Memristoren und Memtransistoren für die meisten Anwendungsbereiche eine Schlüsselbedeutung zu. Niedrigdimensionale Nanomaterialien haben, gemessen an den bisher erzielten Forschungsergebnissen die höchste Relevanz in Bezug auf eine kommerzielle Realisierung neuromorpher Hardware [28.76]. Abbildung 28.41(a) zeigt, dass sich in vertikalen Memristoren, die nur wenige Monolagen von

---

9 D.O. Hebb (1904–1985) formulierte die Regel für ein neuronales Netz [28.188]. Danach führt die wiederholte Erregung einer Nervenzelle durch eine damit verbundene benachbarte zu einer verstärkten Konnektivität und gegenseitigen Beeinflussung beider. Neurologische Phänomene wie neuronale Plastizität, Langzeitpotenzierung, Langzeitunterdrückung und Sensitivierung lassen sich durch das Hebbsche Prinzip erklären oder stehen zumindest mit ihm ihn Einklang.

hBN umfassen, bei gut handhabbaren Spannungsvariationen beachtliche hystereti-sche Stromvariationen erzielen lassen. Die offene Architektur von 2D-Materialien und namentlich 2D-Kanäle erlauben multiterminale Anordnungen, wie in Abb. 28.41(b) dargestellt. Diese sind eine wichtige Voraussetzung zur Emulation einer neuronalen und speziell synaptischen Plastizität.[10]

Kenngrößen nanostrukturierter neuromorpher Hardware und Bauelementeab-messungen hängen im Allgemeinen in komplexer Weise zusammen. Einfache Ska-lierungsrelationen, wie in Abschn. 2.1 disktuiert, liegen nicht vor. Dies zeigt Abb. 28.41(c) am Beispiel des Schaltverhältnisses als Funktion der Dicke von 2D-Memristo-ren. Entsprechendes gilt offensichtlich für Schaltzeiten und Betriebsspannungen synaptischer Transistoren, wie Abb. 28.41(d) zeigt. Es gibt keine einfache Korrelati-on zwischen Zeiten und Spannungen oder Spannungen und Memristordicken. Die Schaltzeiten sind zudem material- und architekturunabhängi $\gtrsim 1$ ms, was an den int-rinsisch langsamen Prozessen des Ladungseinfangs und der Ionendiffusion liegt. Of-fensichtlich sind die Bauelementemetriken neuromorpher Hardware komplex und in-volvieren einen Satz von teilweise noch unbekannten Parametern. Dies erschwert ge-genwärtig die Formulierung einfacher und universeller Designregeln [28.189]. Große Fortschritte wurden im Verständnis von Quanten-Phasenwechsel-Memristoren und von 0D-photonischen Synapsen erzielt. So zeigt Abb. 28.41(e) direkte Vorgänge in einem Phasenwechsel-Material.

Dedizierte experimentelle und numerische Verfahren erlauben ein tieferes Ver-ständnis der komplexen induzierten Vorgänge in neuromorphen und besonders in memristiven Bauelementen. Dazu gehören, wie Abb. 28.41(f) und 28.41(g) zeigen, spezielle hochauflösende mikroskopische Verfahren, die beispielsweise die zuvor diskutierten, in manchen memristiven Verfahren essentiellen Korngrenzen in 2D-Materialien sichtbar machen. Ab initio-Berechnungen wiederum gestatten tiefere Einblicke in die Dynamik bestimmter Defekte niedrigdimensionaler Nanomateria-lien. Aufgrund ihrer Komplexität erfordern diese Analysen allerdings insbesondere die in Abschn. 21.5.4 disktutierten molekulardynamischen Monte Carlo-Simulationen und die in Abschn. 21.5.5 diskutierten Molekulardynamiksimulationen.

Gerade im Sinn eines holistischen Verständnisses der Eigenschaften niedrigdi-mensionaler Nanomaterialien unter dem Gesichtspunkt der Eignung für die Reali-sierung neuromorpher Hardware sind standardisierte Material- und Bauelemente-Charakterisierungsprotokolle hilfreich [28.155]. Ergänzt werden müssen diese durch die Charakterisierung neuromorpher Chips auf Systemebene [28.195].

---

10 Die neuronale Plastizität bezeichnet generell den Umbau neuronaler Strukturen in Abhängigkeit von ihrer Aktivität. Sie kann einzelne Baulementeeinheiten oder ganze Areale betreffen. Die synapti-sche Plastizität bezieht sich auf lernbezogene Veränderung oder Anpassungen der Synapsen. Wichtige Grundlagen der synaptischen Plastizität sind die Langzeitpotenzierung und -depression, also Verstär-kung oder Verringerung synaptischer Übertragungen von Neuronen als Folge vermehrter oder redu-zierbarer Aktionspotentiale in Form von geeigneten Pulsen.

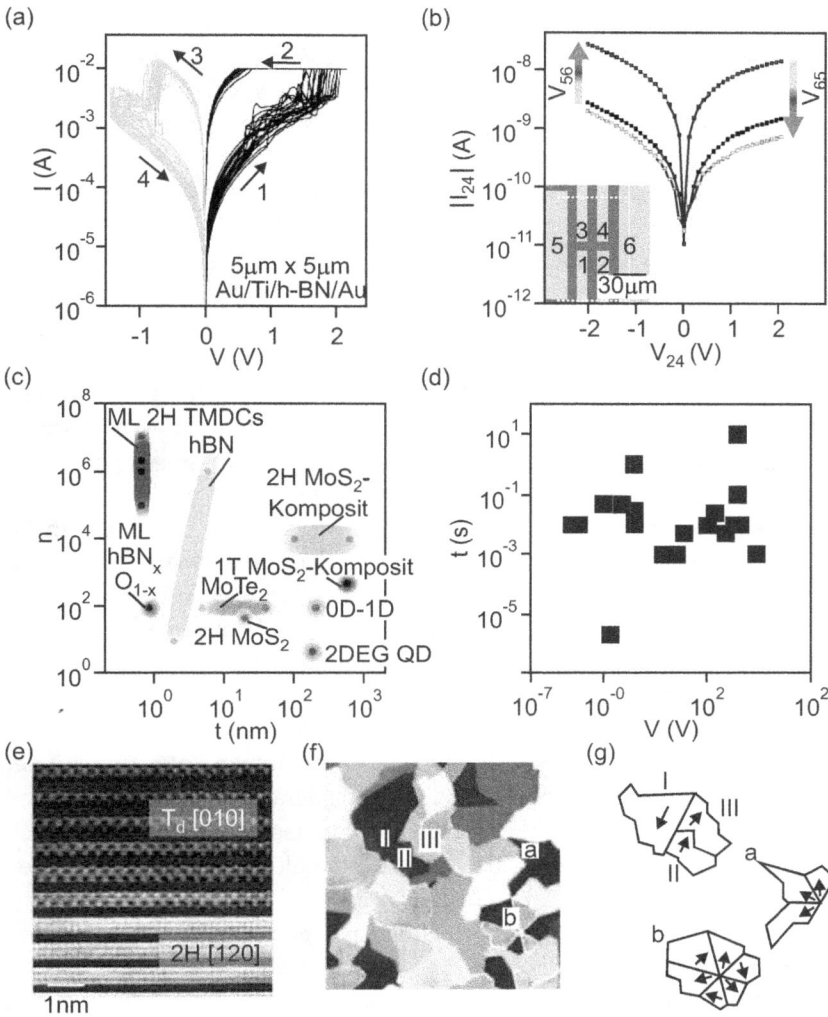

Abb. 28.41. Kenngrößen und Prozesse von neuromorphen Bauelementen [28.76]. (a) I(V)-Charakteristika eines hBN-Memristors. (b) I(V)-Charakteristik eines multilterminalen Memristors mit heterosynaptischer Plastizität. Die Leitfähigkeit zwischen den Kontakten 2 und 4 wird variiert durch Pulse zwischen den Elektroden 5 und 6. (c) Schaltverhältnis n als Funktion der Kanaldicke (-länge) für vertikale (laterale) Memristoren auf Basis von 0D-, 1D-, 2D- und hybriden Nanosystemen. (d) Schaltzeiten synaptischer Transistoren als Funktion der Betriebsspannung für 0D-, 1D- und 2D-Systeme. (e) TEM-Aufnahme von MoTe₂, die einen durch einen Schaltprozess bedingten Phasenwechsel des Memristors zeigt. (f) Kornstruktur innerhalb einer MoS₂-Monolage, sichtbar gemacht durch eine dedizierte mikroskopische Technik. (g) Aus (f) abgeleitete Kristallitorientierungen.

Beachtliche Fortschritte der Neurowissenschaften führen permanent zu einem besseren Verständnis der Physiologie des Gehirns. Diese Fortschritte haben wiederum durchaus einen stimulierenden Einfluss auf die Entwicklung neurartiger Konzepte für neuromorphe Informationsverarbeitung [28.76]. Beispielsweise ist von großer Bedeutung die Erkenntnis, dass höhere kognitive Fähigkeiten des Menschen in entscheidendem Maß sowohl auf der robusten Erhaltung von Information bestehen als auch auf der kurzzeitigen Aktualisierung durch dynamische *Gating-Prozesse*. Dies zeigt schematisch Abb. 28.42(a). Das fortgesetzte „Feuern" von „NoGo-Neuronen" erhält bei geschlossenem Gate eine fortlaufende Aktivität. Wenn hingegen „Go-Neuronen" bei offenem Gate „feuern", führt die Disinhibition der exzitatorischen Schleife durch Thalamus und vorderen Kortex zu einer raschen Aktualisierung des Informationsspeichers. Für die technische Emulation eines derartigen Verhaltens sind niedrigdimensionale Nanomaterialien von großer Bedeutung, weil sie die Abstimmung von Antwortsignalen derart erlauben, dass Hebbsches, nicht-Hebbsches, konkurrierendes und homöostatisches Lernen simuliert werden können [28.151; 28.139].

Entsprechende Nanomaterialien besitzen inhärent geeignete Formfaktoren für den Aufbau biomimetischer 3D-Schaltkreise mit synaptischer Hyperkonnektivität. Derartige Topologien könnten den gegenwärtigen 3D-Kreuzungsstrukturen aus 2D-Memristoren bei weitem überlegen sein [28.196]. Die Bemühungen konzentrieren sich gegenwärtig auf die Entwicklung effektiver Integrationsstrategien für Nanomaterialien. Diese umfassen insbesondere auch die Selbstassemblierung von 0D- und 1D-Materialien und die Selbstorganisation von 2D-van der Waals-Heterostrukturen [28.197]. Eine typische 3D-Kreuzungsstruktur mit abstimmbaren Gates und auf der Basis von 2D-Materialien zeigt Abb. 28.42(b). Mit Hilfe derartiger Anordnungen und insbesondere unter Verwendung von Graphenkontakten lassen sich barristorartige[11] vertikale Synapsen realisieren, welche die Skalierungsproblematik lateraler Synapsen umgehen [28.76]. Dies zeigt schematisch Abb. 28.42(c).

Nanostrukturierte Materialien unterschiedlicher Dimensionalität bieten weitere inhärente Vorteile für neuromorphe Strukturen in verschiedenen Einsatzbereichen. Die Materialien sind in der Regel chemisch hochsensitiv, mechanisch flexibel und biokompatibel. So wird an kompletten synthetischen afferenten Nerven in künstlicher Haut gearbeitet [28.198]. Eine entsprechende Realisierung zeigt schematisch Abb. 28.42(d).

Trotz vielversprechender erster Ergebnisse beim Einsatz nanostrukturierter Materialien und Systeme, insbesondere solcher, die wir in Kap. 19 ausführlich diskutiert haben, dürfen einige signifikante Herausforderungen nicht unterschätzt werden [28.76]. Diese sind durch die Forderungen nach geringem Energiebedarf, hoher Dichte und identischen Kenngrößen der einzelnen Bauelemente bedingt. Gegenwärtig ist

---

11 Barristoren stellen Festkörpertrioden mit abstimmbarer Barriere dar. Ein spezielles Beispiel sind dementsprechend Gate-abstimmbare Memristoren.

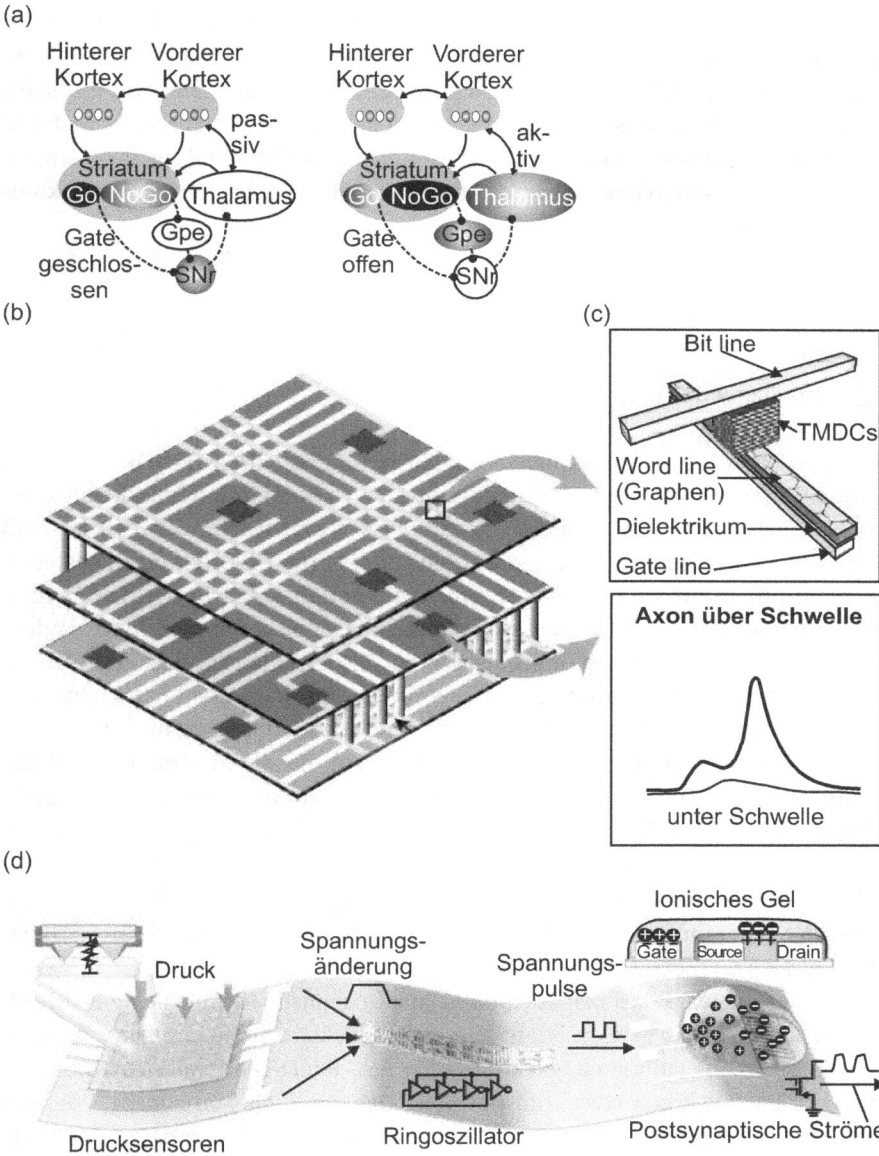

Abb. 28.42. Biomimetische und biokompatible neuromorphe Systeme [28.76]. (a) Die zwei essentiellen Mechanismen höherer Wahrnehmung: Robuster Erhalt von Information und schnelle Aktualisierung von Information durch dynamisches „Gating". Snr: Substantia nigra (Sommerring-Ganglion). Gpe: Globus pallidus (Pallidum). (b) 3D-Crossbar-Anordnung eines neuronalen Netzes. (c) Synapsen und Hodgkin-Huxley-Axone aus Gate-abstimmbaren Memristoren (oben) und flüchtigen Schaltern (unten). TMDCs: Übergangsmetall-Dichalkogenide. (d) Schema eines künstlichen Nervs mit Drucksensor, organischem Ringoszillator und synaptischem Transistor auf einem flexiblen Substrat.

nanostrukturbasierte Hardware konventioneller CMOS-basierter noch keineswegs in allen Belangen überlegen. Auch aus diesem Grund sind mittlere Integrationsdichten und Hybride aus nanostrukturierten und konventionellen Baulementen derzeit für viele Anwendungen interessant. Ein großtechnischer Einsatz von ausschließlich Nanostrukturen in neuromorphen Chips, insbesondere unter Verwendung von Memristoren mit Gate-Abstimmbarkeit, setzt vor allem Durchbrüche bei Prozessentwicklungen voraus [28.76].

28.5 Molekularelektronik

28.5.1 Grundlegendes

Im Rahmen einer Langzeitperspektive auf Basis fundamentaler Physik stellt sich unter dem Tenor der bisherigen Diskussion die Frage, wie weit sich funktionale elektronische Bauelemente jemals miniaturisieren lassen und bis zu welchem Ausmaß kleinstmögliche Baulemente integriert werden können. Herausforderungen bestehen dabei nicht nur in prozesstechnischer Hinsicht, sondern auch in der Erweiterung unseres gegenwärtigen Verständnisses von Materialeigenschaften und insbesondere auch von elektronischen Tansporteigenschaften [28.199]. Klar ist, dass nahe an ultimativen Miniaturisierungsgrenzen explizite quantenmechanische Phänomene und damit adäquate Beschreibungsweisen relevant und sogar dominant sind.

Für Ansätze der Quanteninformationstechnologie, wie sie in Abschn. 3.4 diskutiert wurden, spielen durchaus einzelne Atome oder sogar einzelne Spins eine Rolle zur Erzeugung und Verarbeitung von Qbits. Allerdings bedeutet dies keineswegs, dass ein komplettes Bauelement in nur einem Atom besteht oder dass gar ein ganzer Chip aus dicht gepackten einzelnen Atomen bestünde, was ja dann dem Aufbau eines Festkörpers gliche. Zumindest zur Adressierung der einzelnen Atome wäre eine größere, wenn nicht makroskopische Peripherie nötig.

In diesem Kontext ist es bemerkenswert, dass chemisch identische Moleküle einer Größe von ≈ 1 nm in großen Quantitäten synthetisiert werden können, gleichzeitig aber verschiedene Funktionen elektronischer Bau- oder Schaltkreiselemente erfüllen können. Dazu gehören etwa Transport über Distanzen, Gleichrichtung, Speicherung oder auch getriggertes Schalten [28.200]. Intuitiv drängt sich damit die Frage auf, ob nicht im Sinn einer ultimativen Miniaturisierung eine reine Molekularelektronik die heutige CMOS-Technologie sowie auch die diskutierten Ansätze für neuromorphe Hardware zukünftig ersetzen könnte [28.201]. Eine derartige Elektronik, die auf den funktionalen Eigenschaften einzelner Moleküle oder denen von molekularen Ensembln beruht, hätte zahlreiche Vorteile gegenüber heute verfolgten Ansätzen: Die charakteristische Größe geeigneter Moleküle von ≈ 1 nm ist nicht nur eine charakteristische Abmessung für die ultimative Miniaturisierung, sondern ist auch Grundlage für quantenmechanisch bedingte hohe Funktionalitäten, geringen Energieverbrauch und große Verarbeitungsgeschwindigkeiten [28.200]. Die Diversität von Molekülen und ihr rationales Design machen es möglich, physikalische Phänomene zu realisieren, die mittels konventioneller Festkörperlektronik nicht auftreten können. Die Möglickeit der rationalen Synthese einer außerordentlich großen Anzahl identischer Moleküle repräsentiert potentiell eine kostengünstige Herstellbarkeit elektronischer Hardware.

Terminologisch bezeichnet Molekularelektronik die Verwendung einzelner Moleküle oder nanoskaliger Ensemble von Molekülen als Komponenten eines elektrischen Schaltkreises [28.202]. Zur Realisierung einer derartigen Elektronik ist offensichtlich der erste Schritt das Verständnis des Strom-Spannungs-Verhaltens der relevanten molekularen Systeme [28.203]. Diesbezüglich und auch hinsichtlich des photonischen Verhaltens molekularer Systeme wurden in den letzten Jahren erstaunliche Fortschritte erzielt [28.202]–[28.204]. Die systematische Forschung reicht sogar zurück bis in die 1970er Jahre [28.205]. Insbesondere wurden zu dieser Zeit auch Verfahren entwickelt, die es erlauben, organische Moleküle kovalent an Festkörper oder Flächen zu binden [28.205]. Ebenfalls zu dieser Zeit begann eine systematische Erforschung der elektronisch-funktionalen Eigenschaften einzelner Moleküle [28.206].

Instrumentell hat die Entwicklung der in Kap. 22 im Detail diskutierten Rastersondenverfahren die Erforschung der Molekularelektronik sehr beschleunigt [28.200]. Mittels SPM-Verfahren wurde es möglich, den elektronischen Transport durch einzelne Moleküle direkt im Ortsraum zu messen [28.207]. Da aber auch SPM-Verfahren experimentelle Limitierungen involvieren, wurden in der Folge zahlreiche weitere experimentelle Verfahren zur Untersuchung des Transportverhaltens einzelner Moleküle entwickelt [28.208].

Es waren diese Verfahren zur Einzelmolekülanalyse, welche die Entdeckung einer größeren Anzahl von neuartigen molekularen Phänomenen möglich machten. Jenseits des elektronischen Transports sind diese den Bereichen der Elektromechanik, der Thermoelektrik, der Optoelektronik, der Quanteninterferenz und der Spintronik zuzuordnen [28.201; 28.209]. In vielen Experimenten hat sich gezeigt, dass verschiedene nichtmetallische Materialien wie beispielsweise leitfähige Polymere oder kohlenstoffbasierte Stoffe eine sehr gute Eignung zum Kontaktieren organischer Moleküle besitzen. Zusätzlich sind sie kompatibel zur heutigen Si-basierten Technologie und besitzen eine gute mechanische Flexibilität. Bei den Kohlenstoffallotropen haben sich insbesondere Graphen und Nanoröhrchen aufgrund ihrer reduzierten Dimensionalität und generellen Bedeutung für die Nanotechnologie bei nichtmetallischen Elektrodenkonfigurationen für die Molekularelektronik bewährt [28.210].

Die Theorie zur Beschreibung des Transportverhaltens einzelner Moleküle entwickelte sich systematisch seit den 1990er Jahren [28.211]. Zunächst wurde der Ladungstransport unter Annahme elastischer Streuprozesse und auf Basis eines Transmissionskoeffizienten beschrieben. Später kamen komplexere Ansätze wie die Formulierung von Nichtgleichgewichts-Greenschen Funktionen, der Breit-Wigner-Formalismus oder das Simmons-Modell hinzu [28.212]. Dabei hat sich besonders der Ansatz auf Basis Greenscher Funktionen auch im Hinblick auf die Kopplung der Moleküle an

Metallelektroden bewährt [28.213]. Heute konzentriert man sich auf Theorien, die möglichst der gesamten Komplexität realer molekularelektronischer Kontakte gerecht werden. Dies setzt im Allgemeinen voraus, dass reale Moleküle, die Elektroden, die Grenzflächen, Elektron-Phonon-Wechselwirkungen, Spin-Bahn-Wechselwirkungen und gegebenenfalls der Einfluss von Lösungsmitteln berücksichtigt werden.

Ein praktisches Problem im Hinblick auf den heutigen Stand der experimentellen Technik besteht darin, dass es keine Standardprozedur zur Herstellung molekularer Bauelemente gibt, die etwa vergleichbar wäre mit derjenigen zur Herstellung Si-basierter Bauelemente. Kleine Modifikationen des gewählten Herstellungsprozesses führen in der Regel zu großen Variationen der Eigenschaften molekularer Kontakte. Reproduzierbarkeit ist eine der großen Herausforderungen.

Eine weitere Herausforderung sind molekulare Alterungsprozesse und starke Einflüsse von Umgebungsfaktoren wie Temperatur, Luftfeuchte, Kontaminationen, Strahlung sowie mechanische Vibrationen. Trotz großer Schwierigkeiten auf dem Weg zur Etablierung einer kommerziellen Molekularelektronik wurden in der Grundlagenforschung und in der Herstellung molekularer Bauelemente im Labormaßstab beachtliche Erfolge erzielt [28.214].

Die wohl größte Herausforderung stellt allerdings die Entwicklung eines Massenfabrikationsprozesses für molekularelektronische Bauelemente dar [28.200]. Zwar können die Moleküle, die den Bauelementen ihre eigentliche Funktionalität verleihen, kostengünstig in Massen produziert werden. Nanofabrikationsprozesse zur Kontaktierung der Moleküle und Integrationsprozesse fehlen aber aus heutiger Sicht auf breiter Front. So sind alle im Folgenden vorgestellten Nanofabrikationsverfahren ausschließlich relevant für den Labormaßstab und für grundlegende Untersuchungen zu den vielfältigen Funktionalitäten organischer Moleküle. Grundlage solcher Nanofabrikationsverfahren sind im Allgemeinen molekulare Selbstorganisationsprozesse in Kombination mit aufwändigen Top-down-Strukturierungsprozessen [28.200].

28.5.2 Einsatz metallischer Elektroden

Schon zu Beginn der Entwicklungen im Bereich der Molekularelektronik wurden Metallelektroden zur Verbindung einzelner Moleküle mit Schaltkreisen verwendet [28.200]. Von besonderer Bedeutung sind derartige Einzelmolekülkontakte. Es ist offensichtlich, dass im Labormaßstab die Rastersondenverfahren, die wir ausführlich in Kap. 22 diskutierten, eine vielseitige, variable und experimentell einfach umzusetzende Plattform darstellen. Da es in der Hauptsache um elektronische Transportmessungen geht, empfiehlt sich hier insbesondere die in Abschn. 22.2 disktutierte Rastertunnelmikroskopie (STM) mit ihren vielfältigen Anwendungsvarianten. Verbreitet ist diesbezüglich insbesondere die *STM-Bruchkontakt-Technik* [28.215]. Wie Abb. 28.43 zeigt, wird die STM-Sonde an die auf der metallischen Substratelektrode adsorbierten Moleküle angenähert, so dass diese eine molekulare Brücke zwischen

(a)

(b)

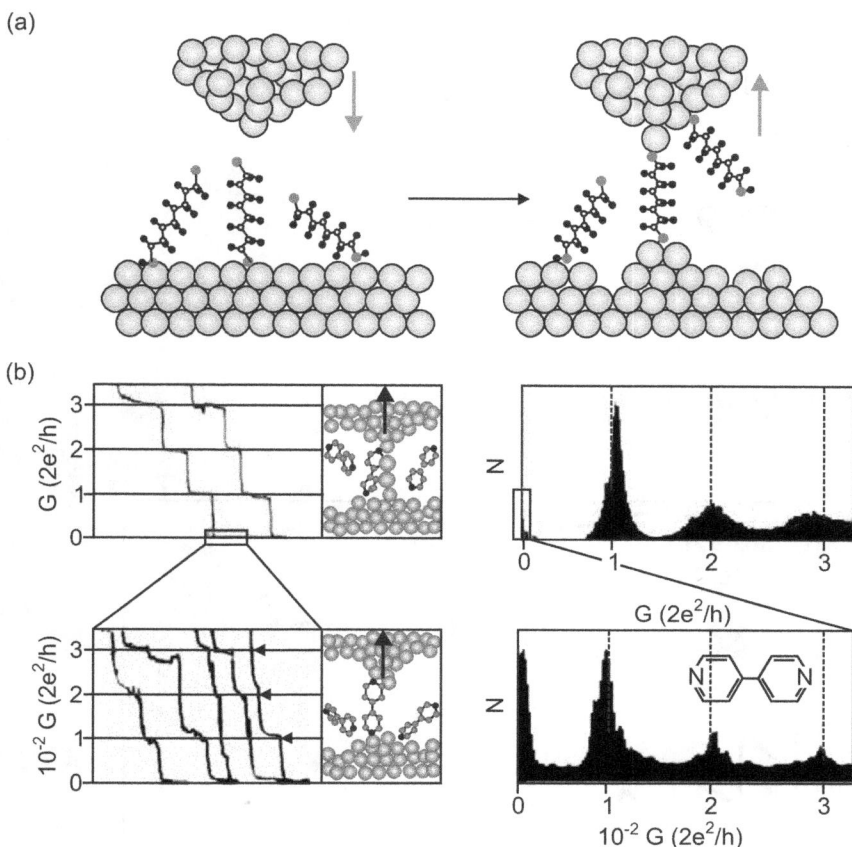

Abb. 28.43. STM-Bruchkontakt-Verfahren [28.200]. (a) Formation des Kontakts bei Annäherung und Entfernung. (b) Leitwertquantisierung für einen Metall-Metall-Kontakt und für einen molekularen Kontakt. Werte von 0,01, 0,02 und 0,03 G_0 entsprechen Parallelkontakten von 1 – 3 Molekülen.

Substrat und Sonde bilden. In der Regel haben Moleküle zwei an die Metalle bindende Endgruppen. Durch periodische Annäherung der STM-Sonde lassen sich in einer kurzen Zeitspanne sequentiell einge tausend Kontakte initiieren. Aus solchen Messungen lassen sich charakteristische Werte für einzelne Bindungstypen, beispielsweise für Au-C-Bindungen ableiten. Bei den metallorganischen Kontakten ist es allerdings von sehr großer Bedeutung, die Bindung zwischen Elektroden und Molekülen im Detail zu verstehen [28.217].

Der Einsatz der in Abschn. 22.9 beschriebenen Rasterkraftmikroskopie (AFM) erlaubt eine von der Leitfähigkeit unabhängige Sondenpositionierung und bei leitfähiger Sonde die simultane Messung von Intermolekular- und Oberflächenkräften und elektronischen Transporteigenschaften [28.218]. Das Arbeitsprinzip ist in Abb. 28.44 dargestellt.

(a)

(b)

(c)

0.2nm
d

0.2nm
d

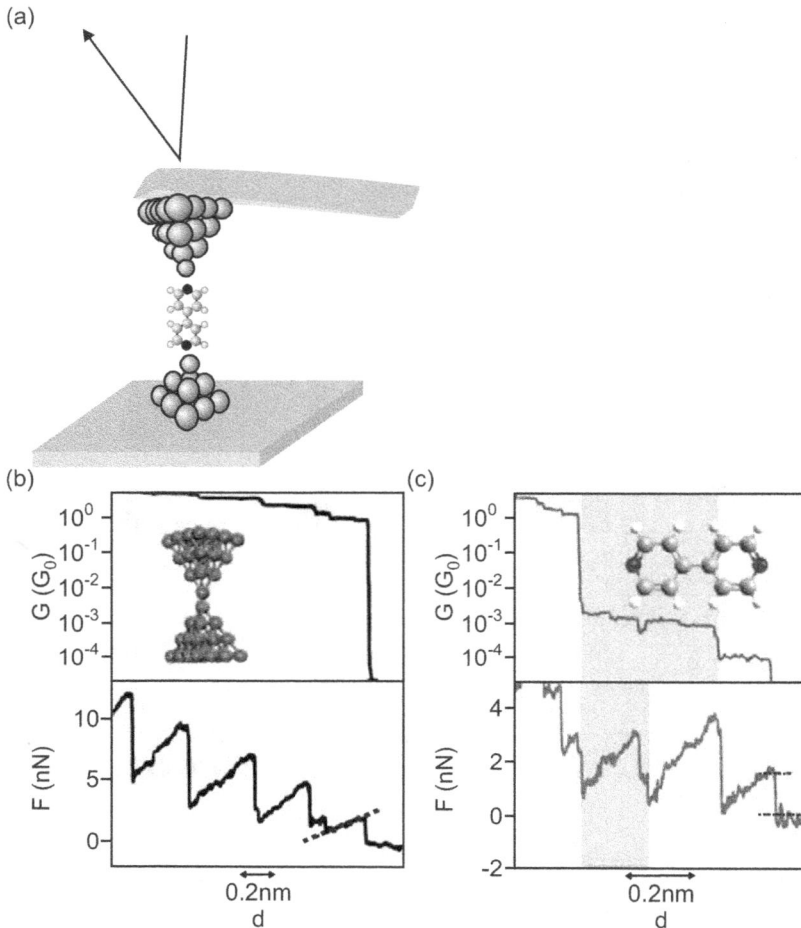

Abb. 28.44. AFM-Bruchkontakt-Messung [28.200]. (a) Arbeitsprinzip. (b) Leitfähigkeit und Kraft zwischen Au-beschichteter Sonde und Au-Film. (c) Leitfähigkeit und Kraft für einen molekularen Kontakt: $G_0 = 2e^2/h$.

Sowohl STM als auch AFM erlauben Transportmessungen unter sehr gut definierten Kontaktierungsbedingungen und molekularmechanischen Rahmenbedingungen [28.219]. Dies hat zu einer Fülle experimenteller Resultate geführt, die eine umfassende Charakterisierung der Transporteigenschaften einzelner Moleküle erlaubt. Zu den interessantesten und teilweise überraschendsten Resultaten zählen große Magnetowiderstandseffekte [28.220], spinaufgespaltene Molekülorbitale [28.221], Kondo-Resonanzen [28.222], große Coulomb-Blockaden [28.223], ein negativer differentieller Widerstand [28.224], mechanisch induzierte Bindungskonfigurationen [28.225] und Redoxschalten [28.226].

Bei tiefen Temperaturen werden die Leitfähigkeitsphänomene ind Festkörper-nanostrukturen deutlich durch Quanteneffekte dominiert. Eine der zentralen Fragen ist, inwieweit Quanteninterferenzeffekte auch innerhalb eines einzelnen Moleküls beim Transport durch die räumlich und energetisch separierten Orbitale auftreten können [28.227]. In der Tat werden elektronische Interferenzen dieser Art beobachtet, wie Abb. 28.45 zeigt.

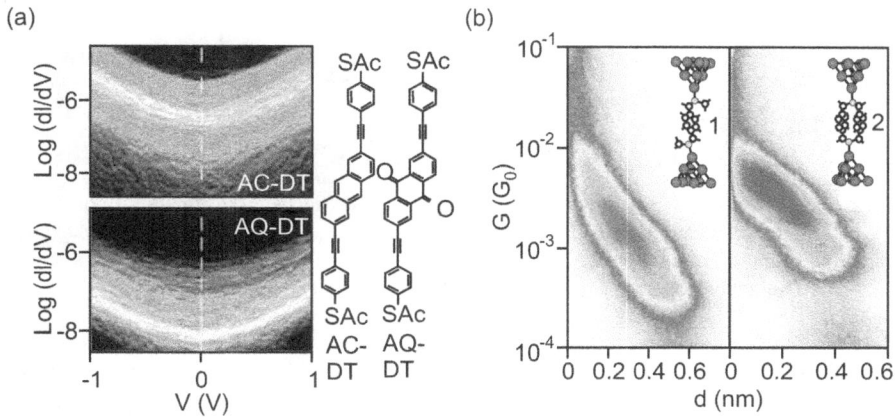

Abb. 28.45. Elektronischer Leitwert durch einzelne Moleküle [28.200]. (a) Transport durch ähnliche Moleküle, wobei aufgrund destruktiver Quanteninterferenz die Leitfähigkeit für AQ-DT um zwei Grö-ßenordnungen geringer ist als für AC-DT. (b) Leitwert-Ausdehnungs-Messungen für zwei verwandte Moleküe. d ist die Distanz zwischen Sonde und Probe. Für Molekül 2 führt die konstruktive Quanten-interferenz zu einer erheblichen Steigerung des Leitwerts.

Offensichtlich ist es beim Einsatz von Rastersondenverfahren (SPM) essentiell, genau definierte molekulare Bereiche zwischen Sonde und Probensubstrat zu etablieren. Hierzu wurden im Lauf der Zeit verschiedene Ansätze vorgestellt. Diese sind schema-tisch in Abb. 28.46 zusammengefasst.

Bei den elektrochemisch geformten Bruchkontakten wird in situ eine dünne Me-tallbrücke zwischen Sonde und Probe geformt. Als Metalle werden vorrangig Au, Cu, Pd und Fe verwendet. Diesbezüglich ist das Verfahren allerdings äußerst varia-bel. Elongation der Brücke erlaubt die Etablierung gut definierter Metall-Molekül-Kontakte, wie in Abb. 28.46(a) dargestellt.

Einige der in Abschn. 19.5 vorgestellten Nanoröhrchen zeigen metallische Eigen-schaften. In einer AFM-Anordnung – wie in Abb. 28.46(b) dargestellt – sind sie in be-sonderer Weise geeignet, einzelne an der Substratoberfläche adsorbierte Moleküle zu kontaktieren [28.228].

Ein sehr originelles Verfahren zeigt schematisch Abb. 28.46(c). Ein elektronisch zu charakterisierendes Molekül wird an zwei der in Abschn. 16.4 genauer beschriebenen

(a)

(b)

Nano-
röhrchen

(c)

(d)

(e)

(f)

Metall-
partikel

Au

Si n++

Au

Au

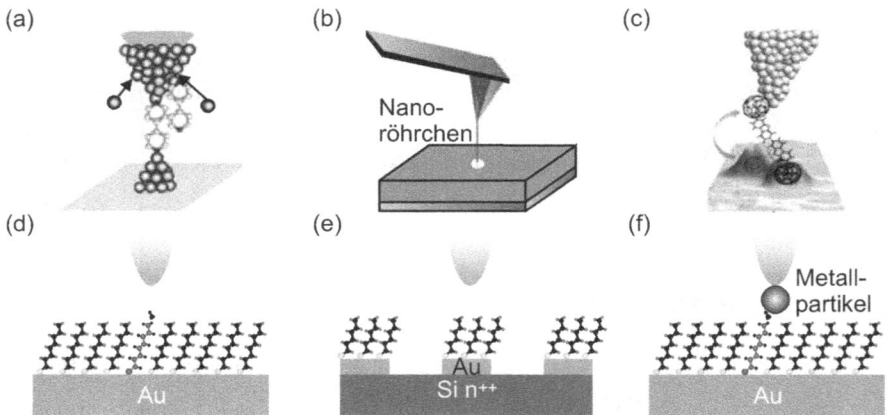

Abb. 28.46. SPM-initiierte molekulare Kontakte [28.200]. (a) Elektrochemisch etablierter Bruch-kontakt. (b) Verwendung metallischer Nanoröhrchen im AFM. (c) C_{60}-Kontaktierung eines Moleküls. (d) Targetmolekül in einer Matrix aus Referenzmolekülen. (e) Substratmodifizierte Adsorption von Molekülen. (f) Kontaktierung von Targetmolekülen über metallische Nanopartikel.

C_{60}-Moleküle gebunden. C_{60} dient dann als molekularer Marker im Rastersondenmikroskop und erlaubt eine definierte Kontaktierung des organischen Moleküls durch Sonde und Substrat [28.229].

Eine weitere Strategie zur Identifikation einzelner substratadsorbierter Moleküle mittels einer SPM-Methode besteht darin, die Targetmoleküle in eine Matrix aus Molekülen mit maximal anderen Eigenschaften einzubetten. Dies zeigt Abb. 28.46(d). Es könnte sich beispielsweise um leitfähige Moleküle in nichtleitfähiger molekularer Matrix handeln oder um größere Moleküle in einer Matrix aus kleineren [28.207].

Ein weiteres lithographiebasiertes Verfahren – Abb. 28.46(e) – sieht die Adsorption der Moleküle auf Nanostrukturen vor, welche die Anzahl lokal auf ≤ 100 reduzieren. Dies vereinfacht die Adressierung einzelner Moleküle mit der Sonde [28.230]. Auch Kombinationen einzelner Ansätze, wie der in Abb. 28.46(f) gezeigte, wurden vorgestellt. Nanopartikel erlauben dabei teilweise eine spezifischere Bindung an einzelne Moleküle als lithographisch hergestellte Sonden [28.231].

Bereits in Abschn. 3.6.3 stellten wir die mechanisch kontrollierbaren Bruchkontakte (MCBJ) vor. Diese Anordnung ist ebenfalls hervorragend für die Charakterisierung molekularer Kontakte geeignet [28.200]. Dazu wird eine metallische Nanobrücke definiert unterbrochen und zwischen die so entstehenden Elektroden im Abstand von ≤ 1 nm das zu charakterisierende Molekül oder mehrere Moleküle eingebracht und via geeignete Endgruppen an die Metallelektroden gebunden. Derartige molekulare Kontakte erweisen sich dann aufgrund der besonderen MCBJ-Charakteristika als mechanisch außerordentlich stabil.

MCBJ-Anordnungen, häufig als MCBJ-Chips bezeichnet, lassen sich auf unterschiedliche Weisen herstellen und besitzen zwei Transportkontakte mit einem seitlichen oder unterhalb des Bruchkontaks angebrachten Gate. Abbildung 28.47 zeigt zusätzliche Details. Aufgrund ihrer hohen mechanischen Stabilität und ihrer universalen Nutzbarkeit tragen MCBJ in erheblicher Weise zur weiteren Entwicklung der Molekularelektronik bei [28.232].

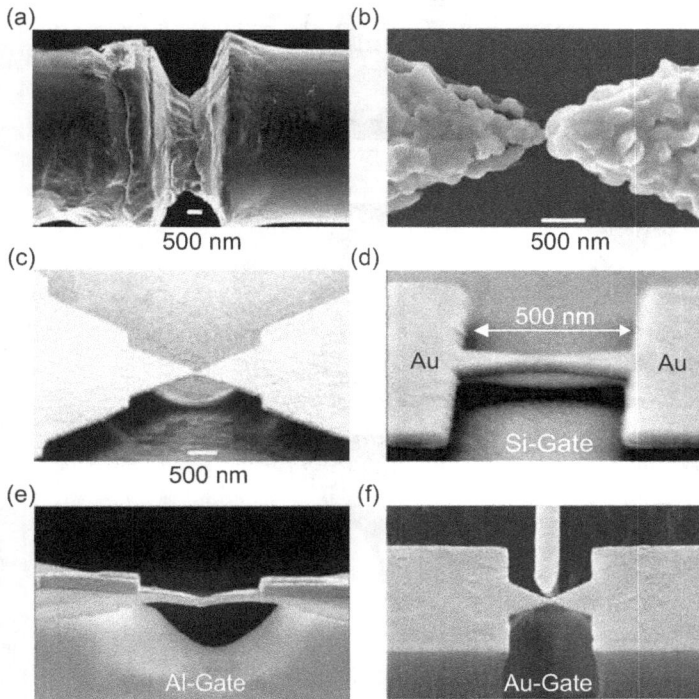

Abb. 28.47. Mechanisch kontrollierbare Bruchkontakte [28.200]. (a) Einkerbung eines metallischen Nanodrahts. (b) Elektrochemisch abgeschiedene Elektroden. (c) Lithographisch hergestellte Elektroden. (d) Si-Gate unterhalb des MCBJ. (e) Metallisches Gate unterhalb des MBCJ. (f) Lithographisch definiertes, seitliches, metallisches Gate.

Die MCBJ-Technik ist natürlich keineswegs geeignet zur Konzeption von Chips mit einer Vielzahl molekularer Kontakte. Dazu ist der Aufwand zur Erzeugung von Durchbiegungen der lithographisch definierten Kontaktanordnung viel zu groß. Geeigneter erscheinen da schon elektrochemische Verfahren zur Deposition oder Auflösung von Elektrodenanordnungen [28.233]. Im Idealfall lässt sich damit ein Nanogap zwischen zwei Metallelektroden sogar reversibel schließen und wieder öffnen. Essentiell ist dabei, dass die Gapweite über einen Rückkoppelmechanismus – etwa den Tunnelstrom oder ionische Ströme – in situ präzise kontrolliert wird. Eine typische elektrochemische Anordnung zeigt Abb. 28.48(a). Die Geometrie und Struktur der abgeschiedenen Metallfilme wird durch den Depositionsstrom, die Elektrodenpotentialdifferenz und die Konzentration der Elektrolyten definiert. Ein qualitatives Beispiel für die Abhängigkeit von der Depositionsstromdichte zeigt ebenfalls Abb. 28.48.

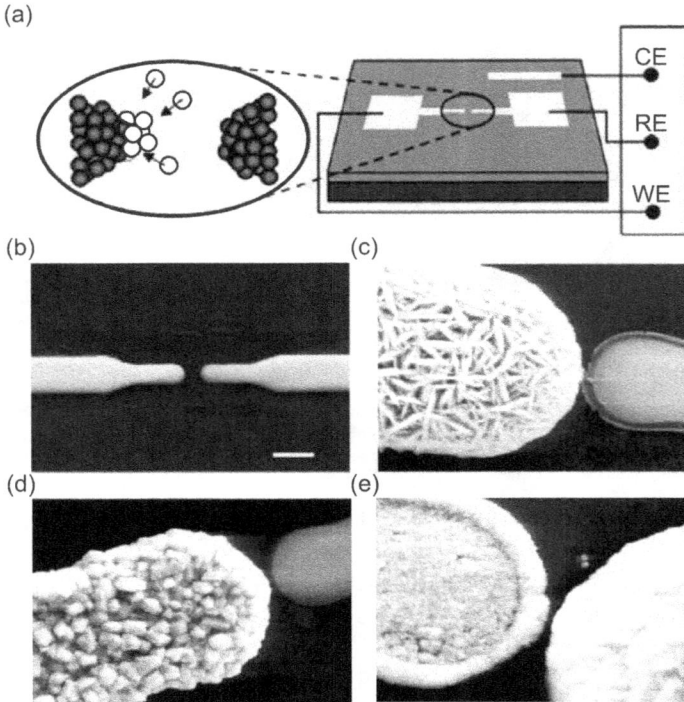

(a)

(b)   (c)

(d)   (e)

Abb. 28.48. Elektrochemisch kontrollierte Nanokontakte [28.200]. (a) Typische Anordnung mit Arbeitselektrode (WE), Referenzelektrode (RE) und Gegenelektrode (CE). (b) Lithographisch präparierte Au-Elektroden auf einem Si-Wafer mit einem Abstand von 2 μm. Lage-auf-Lage-Deposition mit (c) 1,0 mA/cm^2, (d) 0,4 mA/cm^2 und (e) 0,1 mA/cm^2 Depositionsstromdichte.

In vielen Fällen ist es notwendig, die organischen Moleküle, deren funktionale elektronische Eigenschaften im Kontakt genutzt werden sollen, nach ihrer Deposition über Metallelektroden zu kontaktieren, weil es möglich ist, die molekularen Schichten zwischen vorgefertigten Metallelektroden zu deponieren. Dabei muss verhindert werden, dass die beispielsweise durch Verdampfen deponierten Au-Atome die organischen Schichten kinetisch zerstören oder zumindest penetrieren. Dies gewährleistet die diffusionsbegünstigte Deposition der Kontakte, die in Abb. 28.49 schematisch dargestellt ist.

Nicht nur Kontakte auf Basis einzelner organischer Moleküle besitzen interessante Eigenschaften, sondern auch solche auf Basis ganzer Ensemble und insbesondere von Monolayern von entsprechenden Molekülen. Zur Herstellung solcher Kontakte

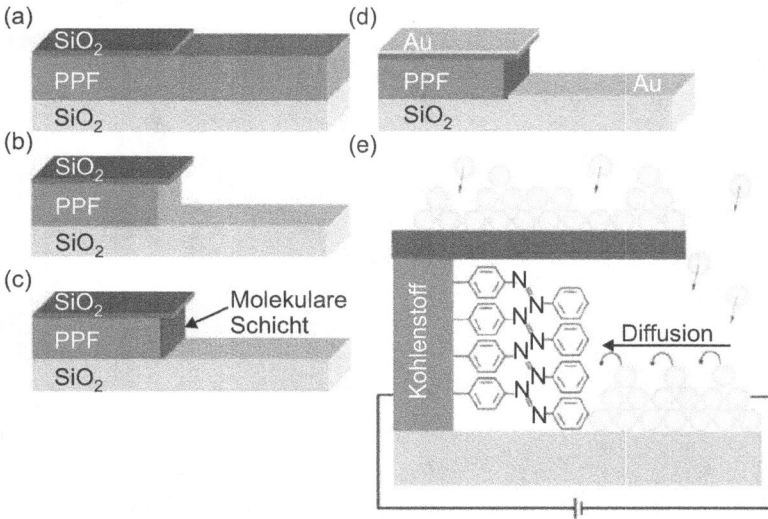

Abb. 28.49. Diffusionsbegünstigte Deposition von Metallelektroden [28.200]. (a) Deposition einer Ätzmaske auf einem pyrolysierten Photoresistfilm (PPF). (b) Formung eines Kontakttemplats durch reaktives Ionenätzen. (c) Deposition der Schicht organischer Moleküle. (d) Oberflächendiffusion deponierter Metallatome. (e) Schema der diffusionsbedingten Formation des Kontakts über die leitende Kohlenstoffschicht.

steht ebenfalls eine Reihe von Herstellungsverfahren zur Verfügung [28.200]. Stellvertretend ist eines dieser Verfahren schematisch in Abb. 28.50 dargestellt. Die Methode kombiniert die templatbasierte Synthese von Nanodrähten – in Abschn. 19.5 im Detail behandelt – mit der elektrochemischen Deposition, wie im vorliegenden Kontext diskutiert [28.234]. In einem prösen Al_2O_3-Substrat, beschrieben in Abschn. 5.2.7, werden Nanosäulen multipler Schichten aus mindestens zwei unterschiedlichen Metallen abgeschieden. Nach Entfernung des Templats liegen Nanodrähte unterschiedlicher Segmente vor. Auf diesen Nanodrähten wird ein SiO_2-Film deponiert. Durch Nassätzen werden sodann die Opferschichten entfernt, woduch Nanokontakte entstehen, deren Elektrodenabstand sich präzise durch die Dicke der Opferschichten vorbestimmen lässt. In den so determinierten Gaps lassen sich Ensemble organischer Moleküle über Selbstorganisationsprozesse, deren Grundlagen in Abschn. 4.4 diskutiert wurden, abscheiden. Abbildung 28.50 zeigt den entsprechenden Prozess exemplarisch.

In Bezug auf die Herstellung komplexer molekularelektronischer Schaltkreise und auf das Hochskalieren von entsprechenden nanoskaligen Bauelementen erscheint die *Nanotransfer-Imprint-Lithographie (NIL)* vielversprechend. Abbildung 28.51 zeigt das Verfahren in einer speziellen Variante [28.236]. In Abschn. 15.4 hatten wir bereits selbstorganisierende Monolagen (SAM) und ihre Bedeutung für die mo-

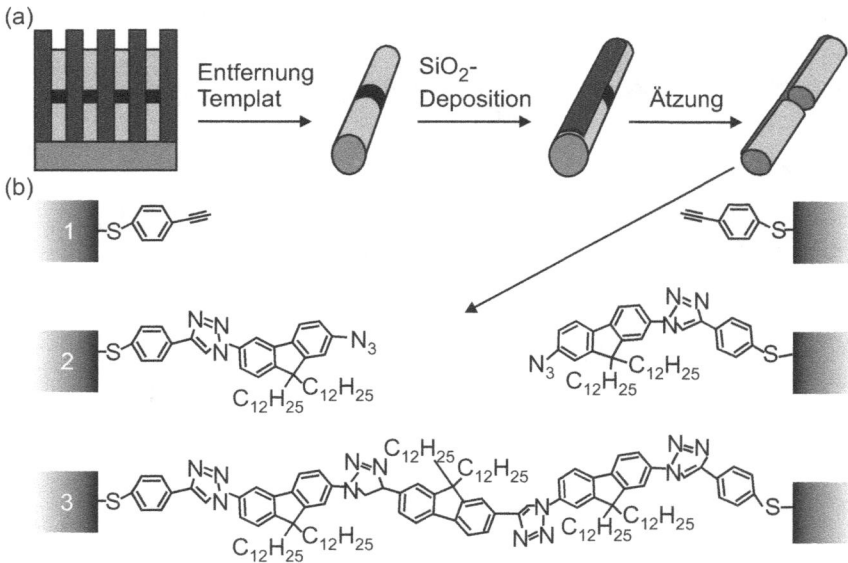

Abb. 28.50. Molekulare Kontakte auf Basis von Nanodrähten [28.200]. (a)Templatbasierte elektrochemische Abscheidung, Isolation und Kontaktherstellung. (b) Formung des molekularen Kontakts durch Bildung von Oligomeren auf Basis der *Click-Chemie* [28.235].

lekulare Nanotechnologie diskutiert. Ein solcher SAM-Film wird zunächst auf einem geeigneten Substrat deponiert. Sodann wird ein Au-beschichteter PDMS-Stempel auf den SAM-Film gedrückt, wobei sich Substrat-Molekül-Au-Kontakte bilden. Danach wird der Stempel entfernt. Aufgrund der Thiolbindungen zwischen SAM-Film und Au-Schichten auf dem Stempel werden die Au-Schichten in toto vom Stempel auf den SAM-Film übertragen. Damit wurde das lithographisch definierte Stempelmuster auf Substrat und SAM-Film übertragen.

Wie wir schon vielfach im Kontext dieses Kapitels von Nanostrukturforschung und Nanotechnologie diskutierten, ist die Kreuzungsstruktur – die Anordnung zweier um 90° zueinander orientierter Elektroden – von besonderer Bedeutung für Speicher und logische Bausteine der nächsten Generation. Insbesondere das Potential dieser Geometrie zur Hochskalierung bei geringen Kosten ist attraktiv [28.237]. Im Hinblick auf molekulare Kontakte zwischen den gekreuzten Elektroden gilt es in jedem Fall sowohl nanoskalige Kurzschlüsse als auch Defekte (*Pinholes*) in den molekularen Filmen zu vermeiden. Diesbezüglich gibt es unter Verwendung von deponierten Metallelektroden häufig Probleme [28.200]. Diese lassen sich gegebenenfalls durch die Verwendung von Nanodrähten, wie in Abb. 28.52(a) dargestellt, vermeiden [28.238].

Eine spezielle Realisierungsform dieser Kreuzkontaktanordnung besteht, wie in Abb. 28.52(b) dargestellt, in der selbstorganisierten Bildung eines Elektrodenröhrchens bei Entfernung einer Opferschicht unterhalb einer verspanten Metallmembran.

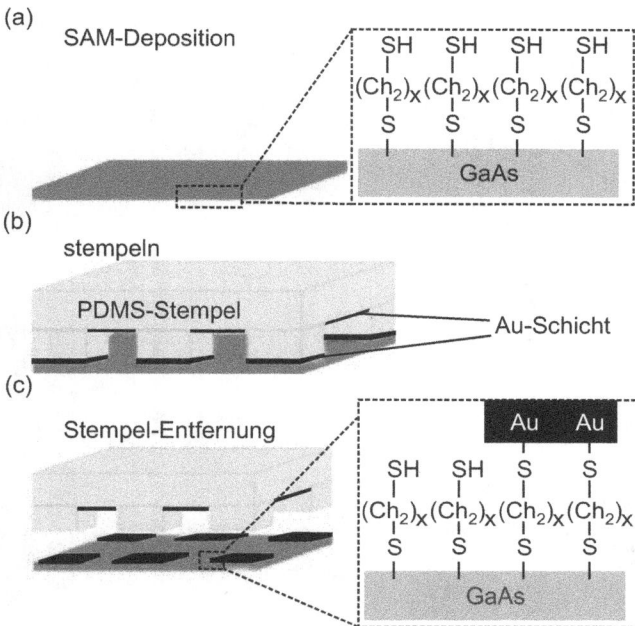

Abb. 28.51. Nanotransfer-Imprint-Lithographie [28.200]. (a) Deposition des SAM-Films auf geeignetem Substrat. (b) Aufdrücken des Stempels. (c) Übertragung des Au-Stempelmusters auf den SAM-Film.

Die Selbstorganisation führt letztendlich dazu, dass sich das Elektrodenröhrchen auf der drunter liegenden Fingerstruktur der Gegenelektrode positioniert. Gerade dieser Prozess zur Formung nanoskaliger Kreuzkontakte unterstreicht, dass im Kontext einer kommerziellen Entwicklung hochintegrierter Molekularelektronik Lithographie- und Integrationsmethoden disruptiv gedacht und entwickelt werden müssen.

Im Rahmen aller denkbaren neuen und disruptiven Ansätze für eine skalierungsfähige Nanolithographie kommt sicherlich einer selbstoptimierenden Technik im Sinn einer Synthese durch Fabrikation von molekularen Kontakten eine besondere Bedeutung zu.

Abbildung 28.53 zeigt erste Ansätze zur Realisierung einer sich selbst ausrichtenden oder sogar optimierenden Lithographie. Dazu wird ein dünner Film auf dem Substrat deponiert. Im vorliegenden Beispiel ist dies ZrO_2 auf Si via des in Abschn. 19.1.2 diskutierten ALD-Verfahrens. Das Layout der ersten Elektrode wird mittels Elektronenstrahllithographie (EBL) definiert. Ein überhängender Oxidfilm, im vorliegenden Fall Al_2O_3, dient als Ätzmaske für eine nanoskalige Kerbe. Diese trennt die zweite Metallelektrode – ebenfalls via EBL strukturiert – von der ersten. Das Verfahren ist geeignet zur Massenproduktion molekularer Kontake mit jeweils in den Kerben organisierten Molekülen [28.239].

(a)

(b)

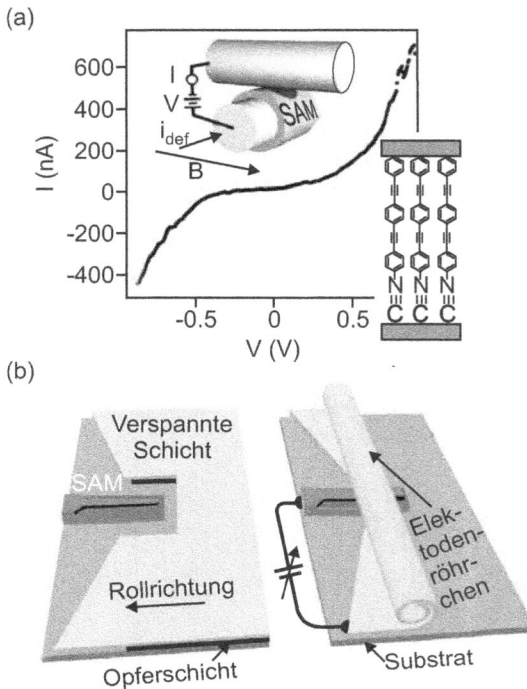

Abb. 28.52. Molekulare Kontakte für Kreuzungsstukturen [28.200]. (a) Molekularer Nanodraht-Kreuzkontakt und I(V)-Kurve dieses Kontakts. (b) Herstellung von molekularen Kreuzkontakten auf der Basis verspanter Nanomembranen durch Selbstorganisation.

Eine weitere selbstjustierende Lithographiemethode zur Fabrikation von Nanokerben zeigt Abb. 28.54. Ein Nanodraht dient als Schattenmaske bei der Verdampfung des Metalls zur Herstellung der Elektroden. Die aufgrund des durch den Draht geworfenen Schattens entstehende Kerbe zwischen den gegenüberliegenden Elektroden hängt in ihrer Breite vom Aufdampfwinkel ab [28.240].

Insbesondere wenn Kontakte nicht durch einzelne organische Moleküle gebildet werden sollen, sondern durch eine Vielzahl parallel angeordneter, so bieten sich auch die in Abb. 28.55 dargestellten, vergleichsweise einfach zu fabrizierenden Kantenkontakte an. Die als Kontakte dienenden Oberflächen werden durch Ätzprozesse freigelegt [28.241].

Wenn die Ausdehnung der Lücke zwischen den Metallektroden und die Molekül-länge nicht exakt übereinstimmen, und dies ist häufig der Fall, müssen die organischen Moleküle chemisch so modifiziert werden, dass sie möglichst präzise in die Lücke passen, optimal binden und dennoch die gewünschte elektronische Funktionalität besitzen. Natürlich steht für derartige molekulare Manipulationen die gesamte Bandbreite der rationalen synthetischen Möglichkeiten bereit.

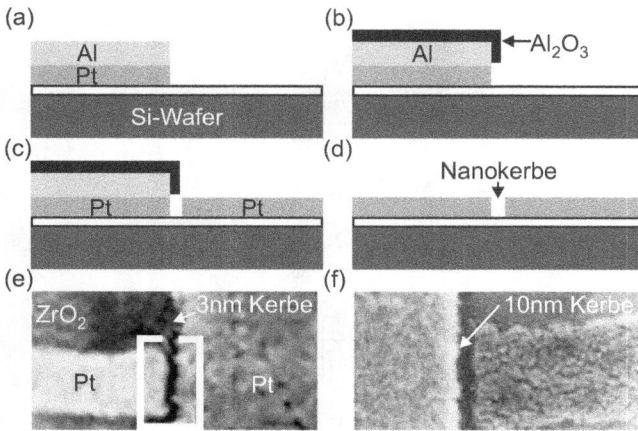

Abb. 28.53. Selbstanordnende Lithographie [28.200]. (a) EBL-Fabrikation einer metallischen Elektrode auf einem Substrat. (b) Formung einer überhängenden Oxidschicht. (c) EBL-Fabrikation der Gegenelektrode. (d) Entfernung der Oxidlage und der oberen Elektrodenschicht. (e) 3nm-Kerbe. (f) 10nm-Kerbe

Eine weitere wichtige Rahmenbedingung ist, dass Leckströme, also Ströme, die nicht durch die molekularen Kanäle bedingt sind, hinreichend gering gehalten werden. Dies lässt sich durch ein geeignetes Design der Elektroden und durch eine adäquate Materialauswahl innerhalb des Gesamtsystems realisieren. Insbesondere kommen drei Strategien zum Einsatz: (i) Schrumpfen der Kontaktfläche. (ii) Ultradünne Isolatoren hoher Perfektion mit geringer Leitfähigkeit. (iii) Atomar glatte Elektrodenoberflächen, die überhaupt erst die Realisation dünner Isolatorschichten hoher Perfektion ermöglichen. Unter Berücksichtigung dieser Strategien werden Leckströme von $\approx$ 0,04 pA bei Kontaktflächen von 200 x 200 nm^2 erreicht [28.200].

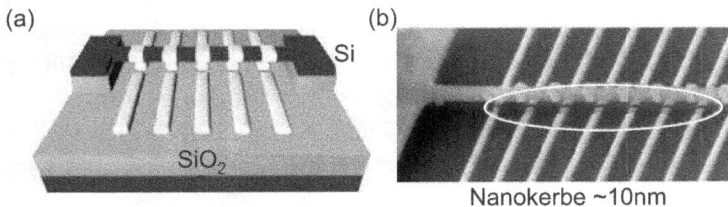

Abb. 28.54. Fabrikation von Feldern molekularer Nanokontakte mit der Schattenmethode [28.200]. (a) Schematische Darstellung der entstehenden Kontakte. (b) Nanokerben von etwa 10 nm Weite.

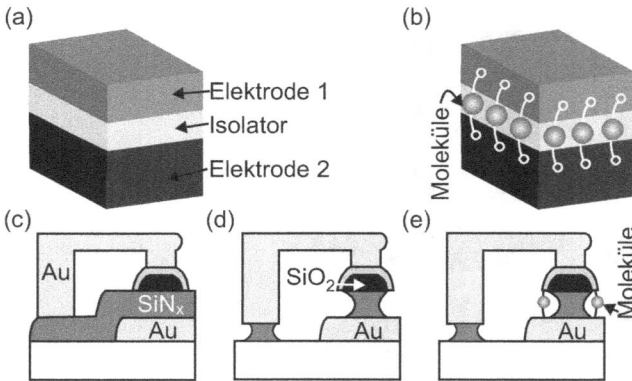

Abb. 28.55. Molekulare Kantenkontakte [28.200]. (a) Zwei durch eine dünne Isolatorschicht ge-
trennte Metallelektroden. (b) Anordnung nach Deposition und kovalenter Bindung der funktionalen
Moleküle. (c) Alternative Anordnung mit isolierendem Nitridfilm. (d) Nach Ätzung des Films. (e) Nach
Deposition und Bindung der Moleküle.

28.5.3 Einsatz von Kohlenstoffallotropen

Unter Bindungsgesichtspunkten sind Molekül-Metall-Kontakte nicht unbedingt immer die beste Wahl. Deshalb gab und gibt es vielseitige Bemühungen zum Einsatz
nichtmetallischer Elektroden [28.200]. Zur Bindung organischer Moleküle bietet sich
in besonderer Weise natürlich Kohlenstoff in Form der unterschiedlichen Allotrope als
Elektrodenmaterial an. Insbesondere vielversprechend auch unter Integrations- und
Skalierungsgesichtspunkten sind die in Abschn. 16.2 und 16.5 diskutierten niedrigdimensionalen Allotrope.

Einwandige Kohlenstoffnanoröhrchen (SWNT) haben einen Durchmesser, der typischen molekularen Dimensionen entspricht, und sie haben ihrerseits interessante und multiple elektronische Transporteigenschaften. Interessanterweise lassen sich
durch Applikation überkritischer Stromdichten SWNT spalten, wobei zwischen beiden Teilen der ursprünglichen Röhre nanoskalige Lücken entstehen [28.242]. Dieses
Phänomen wird benutzt zur Herstellung *organischer Feldeffekttransistoren (OFET)*,
wie in Abb. 28.56 gezeigt. Der Transport durch die molekularen Kanäle solcher OFET
zeigt deutliche Anzeichen eines dezidierten Quantentransports in den entsprechenden Strom-Spannungs-Kennlinien, wie Abb. 28.56(c) zeigt.

An SWNT-basierten molekularen Kontakten mit nur zwei Elektroden wurden ebenfalls sehr erfolgreich Messungen zur *Elektrolumineszenz* einzelner organischer Moleküle durchgeführt [28.243]. Entsprechende Ergebnisse zeigt Abb. 28.57. Gerade diese
Messungen gaben auch Aufschluss über das subtile Zusammenwirken der elektronischen Zustandsdichte der SWNT-Elektroden und der molekularen Orbitale der durch
den Transport zur Lumineszenz angeregten Moleküle [28.243].

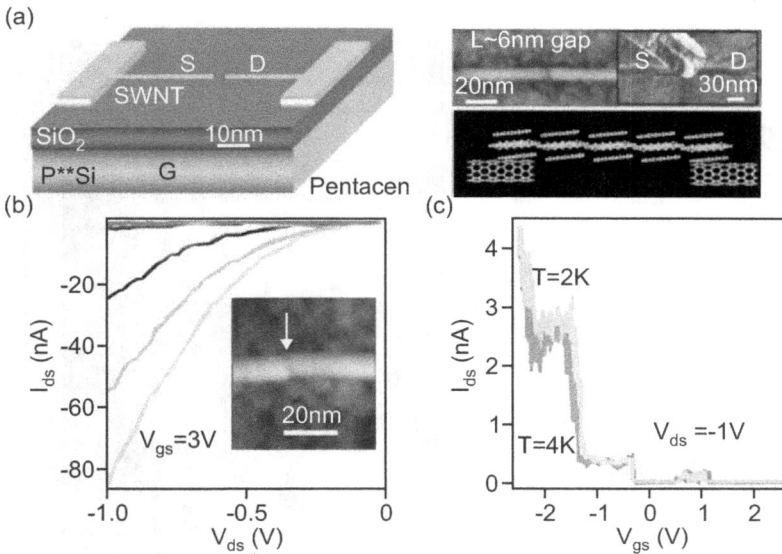

Abb. 28.56. OFET auf der Basis von SWNT und Pentacen ($C_{22}H_{14}$) [28.200]. (a) Elektrodenanordnung, AFM-Aufnahme mit SWNT-Lücke von etwa 6 nm und Pentacendeposition sowie Schema der Pentacendeposition. (b) Drain-Source-Ströme als Funktion der Drain-Source-Spannungen für variierende Gate-Spannungen. (c) Drain-Source-Ströme als Funktion der Gate-Spannung für einen Wert der Drain-Source-Spannung und zwei unterschiedliche Temperaturen.

Besonders hilfreich, wenn auch nicht hochskalierbar, sind abstimmbare SWNT-Kontakte mit kontrollierbarer Weite der Kontaktlücke [28.244]. Ein entsprechendes Verfahren zeigt schematisch Abb. 28.58. Per elektronenstrahlinduzierter Rekomposition adsorbierter Kohlenwasserstoffverbindungen lässt sich eine zuvor durch Applikation einer überkritischen Stromdichte erzeugte SWNT-Unterbrechung gezielt und sehr präzise sukzessive schließen.

Eine mehr an heutige Lithorgaphieprozesse angelehnte Technik zur Erzeugung von nanoskaligen Lücken in SWNT basiert darauf, die Nanoröhrchen lokal in Sauerstoffplasma zu ätzen und dabei lokal chemisch definierte Punktkontakte für die kovalente Bindung organischer Moleküle zu generieren. Dies zeigt Abb. 28.59. Insbesondere die chemische Funktionalisierung der SWNT-Enden beispielsweise über Carboxylgruppen bietet viele Möglichkeiten zur Bindung vieler organischer Moleküle [28.245].

Die Anwendung in Abb. 28.59 stellt eine sehr universelle Plattform dar, um die Vielzahl von Molekülen elektronisch oder optoelektronisch zu charakterisieren. Dabei werden die SWNT-Elektroden jeweils durch organische Moleküle unterschiedlicher Struktur und Länge miteinander verbunden. Zu diesem Zweck lässt sich der Ätzprozess so kalibrieren, dass selbst gemessen an molekularen Größenordnungen, präzise ausgedehnte Lücken zwischen den Elektroden erzeugt werden können. Beispiele für eingesetzte Moleküle zeigt Abb. 28.60.

(a)

Phenanthren-
π-System

OPE-Stab

7,5 nm

NDI-
Chromophor

(b)

(c)

30µm

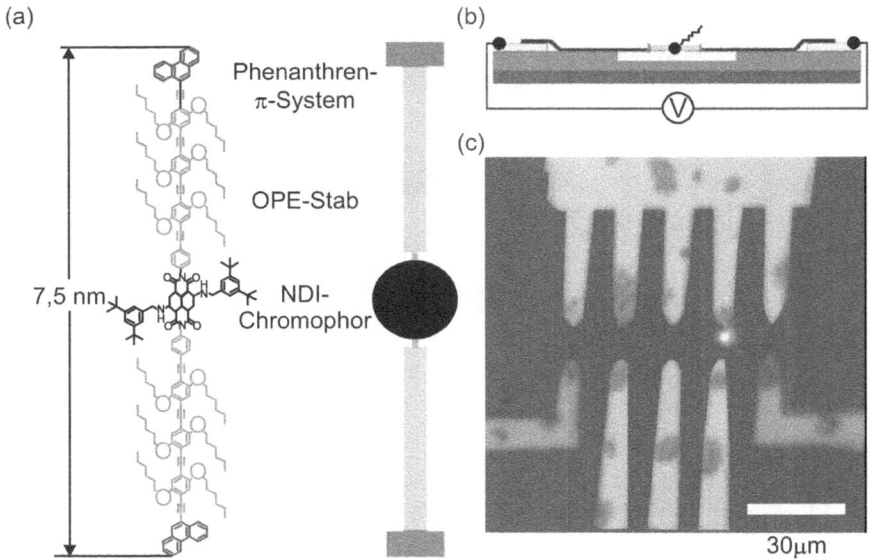

Abb. 28.57. Einzelmolekül-Elektrolumineszenzmessungen [28.200]. (a) Targetmolekül aus zentralem 2,6-Dibenzylamino-substituiertem Naphtalendiimid als Chromophor, zweier Drähte aus Polyphenylenether (OPE) und Phenanthren-Ankergruppen. (b) Seitenansicht der Anordnung. (c) Elektrolumineszenz eines einzelnen Moleküls.

In der Regel werden Transportmessungen vor und nach molekularer Überbrückung durchgeführt. Für das Molekül 3 aus Abb. 28.60(a) zeigt dies Abb. 28.60(b). Für eine Source-Drain-Spannung von 50 mV wurde dabei die Gate-Spannung variiert, wobei das Gate durch das Si-Substrat in Abb. 28.59 gebildet wird. Molekulare Zusatzfunktionalitäten lassen sich beispielsweise in Form von Redox- und pH-Sensitivitäten implementieren, wie dies Molekül 6 in Abb. 28.60(a) zeigt.

Das Arrangement aus Abb. 28.59 stellt offensichtlich eine vielversprechende Plattform zur Realisierung stabiler und reproduzierbarer molekularer Kontakte dar. Ein Hochskalieren im Sinn einer industriellen Massenproduktion erscheint zunächst potentiell denkbar, da der Herstellungsprozess dafür geeignet ist und die Drei-Elektroden-Anordnung hinreichend miniaturisiert werden kann.

Lange Zeit kontrovers diskutiert wurden die elektronischen Transporteigenschaften von DNA-Molekülen [28.246]. Wesentlich zur Aufklärung beigetragen haben die Messungen in Abb. 28.61, die wiederum auf Basis nanoskaliger SWNT-Kontakte durchgeführt wurden. Die Kontakte wurden wie in Abb. 28.59 schematisch dargestellt realisiert. Die DNA-Stränge wurden an den 2'- und 5'-Enden durch Amine modifiziert, so dass sie durch Amin-Brücken an die SWNT-Elektroden binden. Damit ließen sich die elektronischen Eigenschaften der DNA-Doppelstränge charakterisieren. Als Transportmechanismen wurden kohärentes Tunneln, inkohärentes Hopping oder

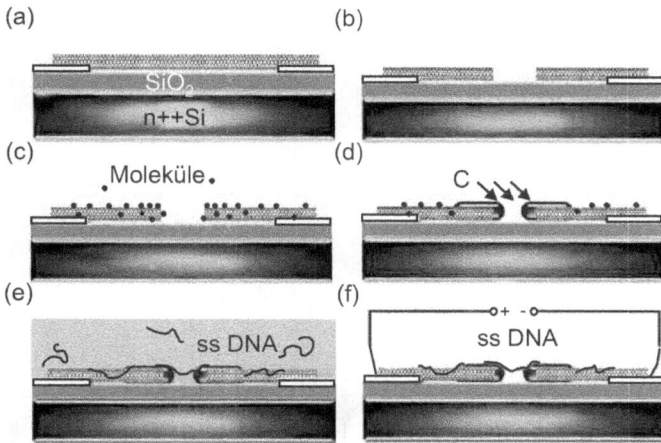

Abb. 28.58. Reduktion der SWNT-Lückenweite durch elektronenstrahlinduzierte Dekomposition von Kohlenwasserstoffen [28.200]. (a) OFET-Ausgangsanordnung. (b) Erzeugung einer SWNT-Lücke. (c) Adsorption von Kohlenwasserstoffen. (d) Dekomposition im Elektronenstrahl. (e) Adsorption organischer Moleküle (hier DNA). (f) Transportmessung.

eine Kombination beider Prozesse diskutiert. Insgesamt erwiesen sich die Transporteigenschaften als zunächst ungeeignet für die Entwicklung einer DNA-basierten Molekularelektronik. Allerdings müssen Elektroden und überbrückende Moleküle als systemische Einheit gesehen werden. Deshalb werden neben Metall- und SWNT- auch Graphenelektroden in Betracht gezogen [28.247].

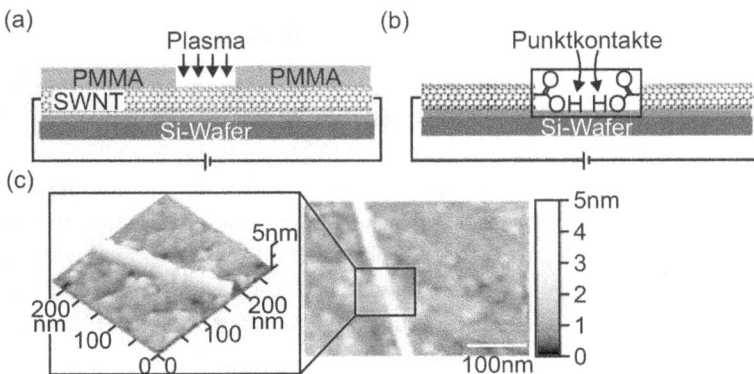

Abb. 28.59. Oxidatives Strukturieren molekularer SWNT-Kontakte [28.200]. (a) Lithographisch definierte Erzeugung einer SWNT-Lücke über ein Sauerstoffplasma. (b) Entstehung funktionalisierter Endgruppen beispielsweise in Form von Carboxylgruppen. (c) AFM-Aufnahme der resultierenden Anordnung.

(a)

R=4-Dodecylbenzol
~2.1 nm
3

~3.1 nm
5

R=C$_6$H$_{13}$
~6.0 nm
4

Oxid. ↓↑ Red.

6

(b)

I (nA)

vor Trennung

nach Verbindung

nach Trennung

-8 -4 0 4 8
V (V)

(c)

pH 3 11 3 11 3 11 3 11 3 11

I$_D$ (nA)

1 2 3 4 5 6 7 8 9 10
n

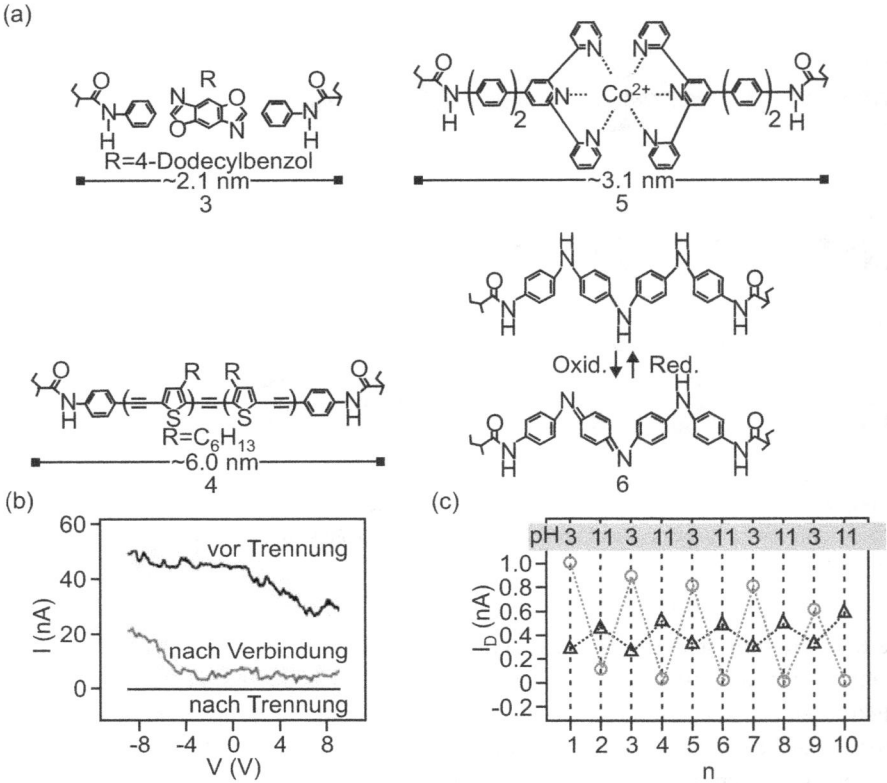

Abb. 28.60. Molekulare Brücken und Transportmessungen zu der Anordnung in Abb. 28.59 [28.200]. (a) Molekulare Brücken. (b) Transportmessungen ohne und mit molekularer Brücke unter Verwendung von Molekül 3 aus (a). Variiert wurde die Gate-Spannung bei fester Source-Drain-Spannung. (c) Veränderung der Transporteigenschaften durch Protonierung und Deprotonierung von Polyanilin (Molekül 6 aus (a), Dreiecke) und von Molekül 4 aus (a).

Die physikalischen Eigenschaften von Graphen wurden ausführlich in Abschn. 16.2 diskutiert. Neben den außerordentlichen intrinsischen Eigenschaften ist im vorliegenden Kontext von großer Bedeutung, dass sich Graphen leicht n- oder p-dotieren lässt. Dies macht Graphen zu einer universellen Baukastenplattform für Sensoren und Elektroden. Besonders für photovoltaische Anwendungen ist die Transparenz der Elektroden ein Vorteil.

In den vergangenen Jahren wurden Strukturierungstechniken entwickelt, die nanoskalige Strukturen aus Graphen ermöglichen und gleichzeitig das Potential für ein Hochskalieren bis in den industriellen Maßstab beinhalten. Dies sind ideale Voraussetzungen zur Weiterentwicklung der Molekularelektronik.

(a)

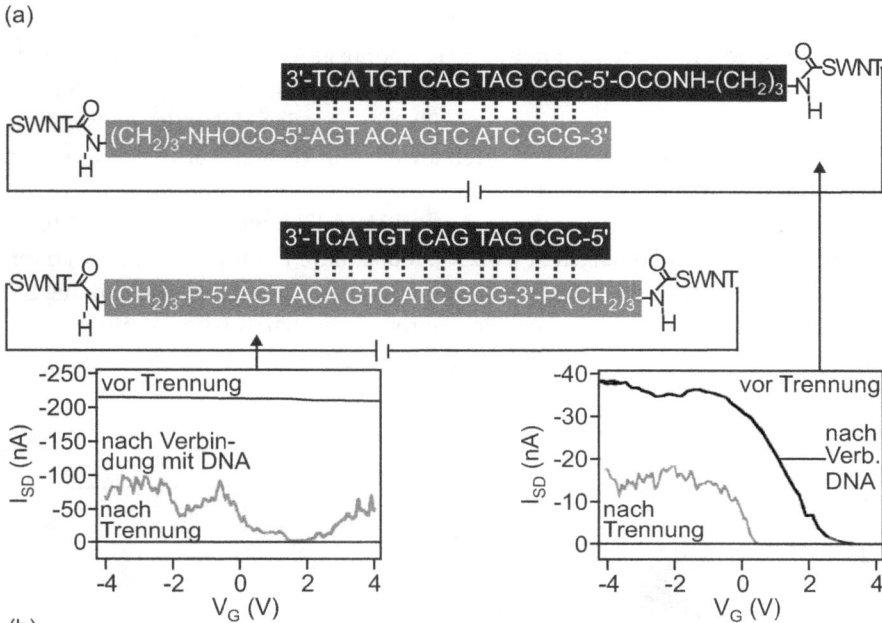

(b)

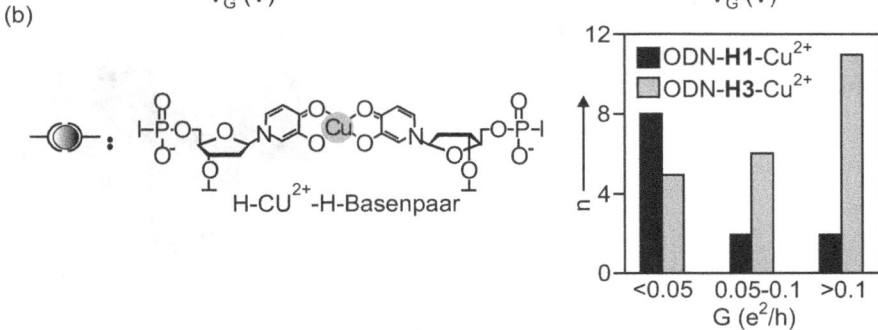

ODN-H1: H_2N-R-5' -CGCGATG**H**CTGTACT-3'
         3' -GCGCTAC**H**GACATGA-5' -R' -NH_2

ODN-H1: H_2N-R-5' -CGCGAT**HHH**TGTACT-3'
         3' -GCGCTA**HHH**ACATGA-5' -R' -NH_2

R: -$(CH_2)_3$-NHCOO-; R' : -OOCNH- $(CH_2)_3$-

Abb. 28.61. Messungen zur Leitfähigkeit von DNA-Molekülen [28.200]. (a) Source-Drain-Strom als Funktion der Gate-Spannung für halbleitende und metallische SWNT. (b) Molekulare Struktur der Cu^{2+}-vermittelten Hydroxyperidon-Nukleobasen und DNA-Sequenzen sowie statistischer Vergleich der Leitfähigkeit zweier Duplex-Strukturen.

Ein frühes Verfahren zur Herstellung von Tunnelkontakten oder molekularen Kontakten zwischen zwei Graphenelektroden nutzte kritische Strome oder Strompulse, um Graphenflocken zwischen zwei Kontakten zu unterbrechen [28.248]. Die entstehenden

Lücken zwischen den Elektroden hatten eine Ausdehnung von 2–3 nm. Diese Technik wurde in der Folgezeit weiter optimiert, und es konnte gezeigt werden, dass sich Kontakte realisieren lassen, deren Transporteigenschaften nicht von den Elektroden dominiert werden, sondern von denjenigen der überbrückenden Moleküle [28.249]. Eine an heute übliche lithographische Verfahren angelehnte Technik zur Herstellung von Graphenpunktkontakten – skizziert in Abb. 28.62 – nutzt die in Abschn. 24.3.3 vorgestellte EBL. Durch so erzeugte Fenster in einem PMMA-Film wird der Graphenfilm in einem Sauerstoffplasma ionengeätzt [28.250]. Molekulare Kontakte lassen sich dann durch Amidbrücken bilden. Die Interelektrodenlücke lässt sich durch die Ätzdauer beeinflussen. Um Kausalitäten zwischen Lückengröße und Ätzprozess zu ermitteln, werden Maßstäbe in Form unterschiedlich langer Moleküle eingesetzt. Binden die Mole-

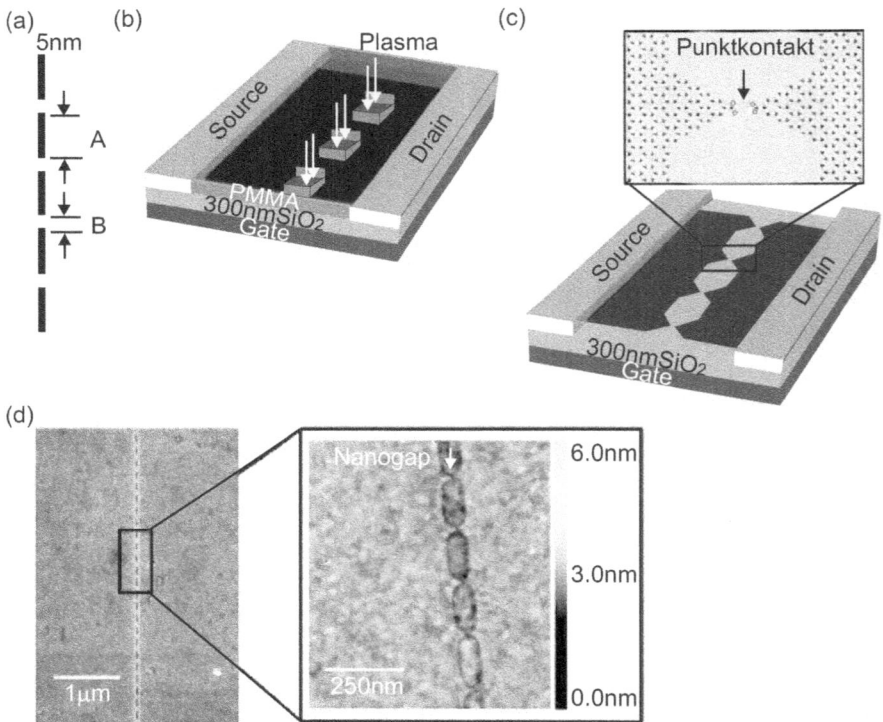

Abb. 28.62. Fabrikation von Graphen-Punktkontaktfeldern [28.200]. (a) Charakteristische Abmessungen mit A = 150 nm, B = 40 nm bei einer lateralen Ausdehnung von 5 nm. (b) Ätzprozess. (c) Struktur der Elektroden nach dem Ätzprozess. (d) SEM- und AFM-Aufnahmen der Elektrodenstruktur.

küle an beide Elektroden, so enspricht die Moleküllänge in etwa der Länge der Lücke zwischen den Elektroden.

Eine besondere Bedeutung kommt generell dem Hinzufügen der funktionalen organischen Moleküle zu. Oligomerisations- und Aggregationsprozesse müssen dabei ausgeschlossen werden. Hier ist die in situ-Synthese organischer Moleküldrähte von besonderem Interesse [28.250]. Wie in Abb. 28.63 schematisch dargestellt, werden im ersten Schritt die Graphenpunktkontakte mit einem Terpyridinliganden funktionalisiert. Dieser beinhaltet eine Amingruppe zur Bindung an die Graphenelektroden und eine dreizählige armatische Tasche, welche für die weitere Koordinationschemie genutzt werden kann. In einem nächsten Schritt erfolgt das Hinzufügen von Co^{2+}-Ionen durch Immersion in Kobaltacetat. In einem dritten Schritt wird Hexadyridin hinzugefügt, was zu einer Schließung der Lücke zwischen den Elektroden führt.

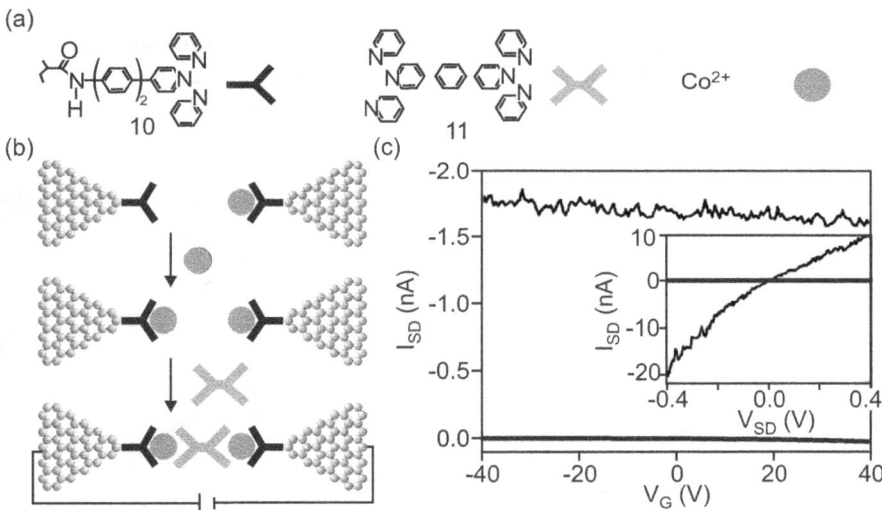

Abb. 28.63. In situ-Formung molekularer Drähte in einer Anordnung von Graphenpunktkontakten [28.200]. (a) Bausteine des molekularen Drahts. (b) Dreistufiger Prozess zur Formung der Drähte. (c) Charakterisierung der molekularen Kontakte in einer FET-artigen Anordnung wie in Abb. 28.62. Nur für komplette Drähte wie in (b), unten, fließt ein Strom.

Der Erfolg von ex situ- oder in situ-Verbindungen lässt sich in Form von Konnektivitätsausbeuten quantifizieren [28.250]. Multiple molekulare Funktionalitäten lassen sich durch pH- oder Lichtabhängigkeiten des elektronischen Transports implementieren [28.250].

Metallelektroden zeigen – neben einigen praktischen Nachteilen wie hoher atomarer Mobilität und leichter Oxidierbarkeit – eine energieunabhängige Zustandsdichte nahe dem Fermi-Niveau. Dies ist zur Nutzung scharf ausgeprägter molekularer

Transporte nicht unbedingt ein Vorteil. Vielmehr müssen Zustandsdichten der Elektroden und Energieniveaus der überbrückenden gebundenen Moleküle ganzheitlich betrachtet werden. Genau aus diesem Grund sind hochdispersive Zustandsdichten der Elektroden unter Umständen von Interesse [28.251]. Über eine solche verfügt beispielsweise Graphit [28.251]. Darüber hinaus ist interessant, dass Graphit starke nicht kovalente Wechselwirkungen aufgrund von van der Waals-Kräften bei π-π-Stapelung zeigt. Damit sind zumindest aus Sicht der Grundlagenforschung auch Metall-Molekül-Graphit-Kontakte von Interesse. Die Metallelektroden können in diesem Kontext durchaus durch eine STM-Sonde gebildet werden. Dies zeigt Abb. 28.64(a). In einer derartigen Anordnung lässt sich eine Vielzahl von Messungen in relativ kurzer Zeit vergleichsweise reproduzierbar durchführen.

Abbildung 28.64(b) zeigt exemplarisch die Leitfähigkeitsmessungen an aminterminierten Oligophenylketten zwischen Graphit-Au-Elektroden. Erwartungsgemäß nimmt der Leitwert G exponentiell mit Zunahme der molekularen Länge ab. Außerdem zeigt sich, dass der Leitwert von der Polarität der Potentialdifferenz zwischen Sonde und Substrat abhängig ist. Dies entspricht der Funktionalität eines Gleichrichters und erlaubt die Definition eines Gleichrichtungsverhältnisses η.

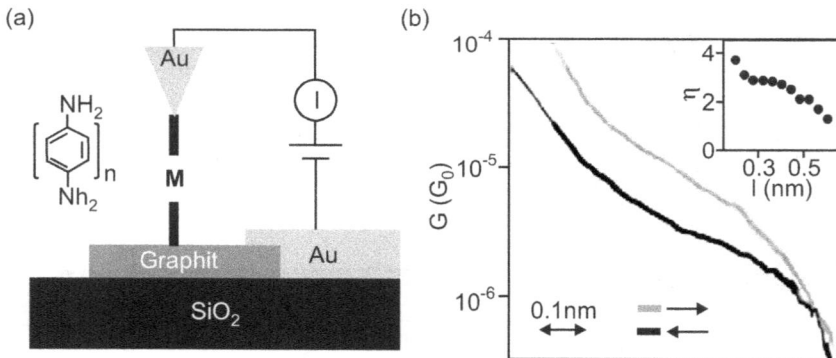

Abb. 28.64. STM-basierte Anordnung zur Vermessung der Transporteigenschaften von aminterminierten Oligophenylketten zwischen Graphit-Au-Elektroden [28.200]. (a) Anordnung. (b) Leitwert G der Moleküle als Funktion ihrer Länge für beide Polaritäten der Potentialdifferenz sowie Gleichrichtungsfaktor η als Funktion der molekularen Länge.

28.5.4 Sonstige Elektroden

Generell sollten die Elektroden in Anordnungen der Molekularelektronik folgende Anforderungen erfüllen: (1) Sie sollten eine hinreichende elektrische Leitfähigkeit haben, die sich insbesondere auch beim Herunterskalieren als praktikabel erweist.

(2) Sie sollten weitestgehend inert gegenüber wechselnden Umgebungsbedingungen und insbesondere Oxidation sein. (3) Sie sollten durch Bottom-up- oder Top-down-Ansätze realisierbar sein. (4) Für eine zukünftige Molekularelektronik muss die Herstellung molekularer Kontakte kompatibel zu industriellen Mikro- und insbesondere Nanofabrikationsprozessen sein. Diese Erkenntnisse haben in den vergangenen Jahren die Suche nach geeigneten alternativen Elektrodenmaterialien maßgeblich bestimmt [28.200]. Dabei erscheinen a priori Si-basierte Elektroden sowie solche aus leitfähigen Polymeren besonders zielführend.

Si-basierte Materialien zeichnen sich aus Sicht der derzeitigen Mikro- und Nanoelektronik gemäß der Diskussion in Abschn. 28.2 und 28.3 dadurch aus, dass sie durch präzise vorgebbare Ladungsträgerdichten und Fermi-Niveaus perfekt für

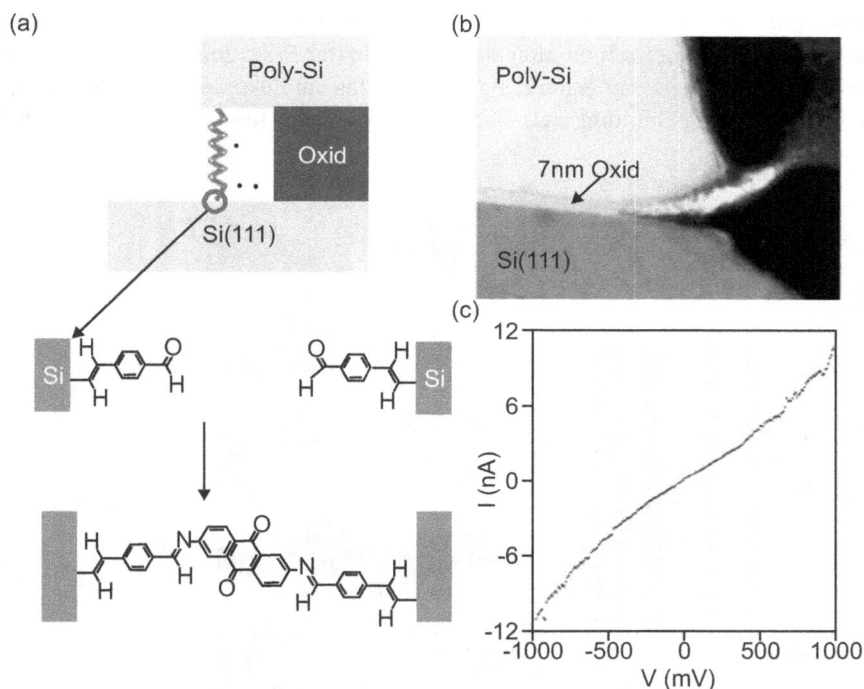

Abb. 28.65. Molekularelektronik auf Basis von Si-Strukturierungsverfahren [28.200]. (a) Anordnung und in situ-Formation auf Basis von Si — CH = CH — C_6H_4 — CHO zur Funktionalisierung der Oberflächen und Kopplung der Moleküle über Aminoendgruppen. (b) TEM-Querschnittsabbildung des Kontakts. (c) I(V)-Charakteristik des Transports durch wenige Moleküle oder sogar ein Molekül.

CMOS-Anwendungen geeignet sind [28.252]. Im Hinblick auf die Anwendung von Si-Elektroden und sonstigen Strukturen im Kontext der Molekularelektronik ist es auch von besonderer Bedeutung, dass die Si-Chemie heute ein Arsenal photochemischer Reaktionen zur Bindung von Si-O-C- sowie Si-C-Brücken aufweist [28.253].

Abbildung 28.65 zeigt exemplarisch eine Anordnung, basierend auf Si-Elektroden, der man die Kompatibilität zu heutigen Strukturierungstechniken sofort ansieht. Gap-Weiten von wenigen nm lassen sich erzeugen, wie in Abschn. 28.5.2 diskutiert. Im Zusammenhang mit Si-basierten Verfahren der Molekularelektronik bieten sich in besonderer Weise Methoden zur in situ-Deposition von molekularen Drähten und Einzelmolekülen an. Im gezeigten Beispiel wurde 4-Ethinylbenzaldehyd verwendet.

Trotz aller bislang diskutierten Fortschritte ist es derzeit nach wie vor eine komplexe Herausforderung, einen funktionalen integrierten Einzelmolekülschaltkreis herzustellen. Das Hauptproblem besteht in der Realisierung leitfähiger Nanodrähte an vorgegebenen Positionen eines Schaltkreises und in der Sicherstellung adäquater Bindungen zwischen Einzelmolekülen und Nanodrähten. Im Prinzip wird dabei die Integration der einzelnen Moleküle mit atomarer Präzision erforderlich. Ein diesbezüglich erster vielversprechender Ansatz ist das „molekulare Löten" [28.254], welches die kovalente Bindung zwischen Einzelmolekülen und Polymernanodräh-

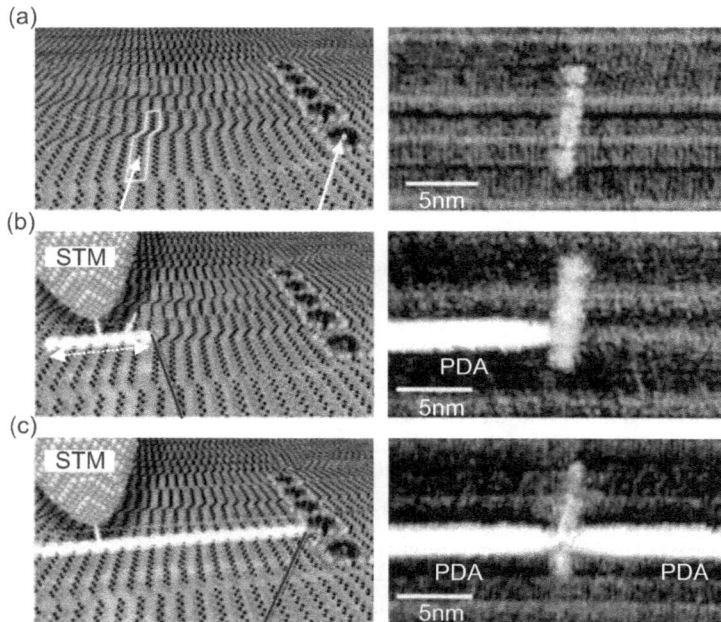

Abb. 28.66. Verfahren des „chemischen Lötens" [28.200]. (a) Adsorption eines Phtalocyaninpentamers auf einem 10,12-Tricosadiinsäurefilm in schematischer Darstellung und STM-Aufnahme. Die Pfeile markieren die Einheiten des SAM und das Pentamer. (b) STM-initiierte Polymerisation und Bindung des Polymers. (c) Schematische Darstellung und STM-Ableitung des molekularen Kontakts.

ten zum Ziel hat. Dazu wurden Phtalocyaninmoleküle auf einer *selbstassemblierten Monolage (Self-Assembled Monolayer, SAM)* deponiert. Dies zeigt Abb. 28.66(a) für einen Diacetylen-SAM. Sodann wird eine STM-Sonde zur lokalen Polymerisation des SAM eingesetzt. Dies ermöglicht die lithographische Erzeugung von Polydiacethylennanodrähten mit atomarer Präzision. Diesen Prozess zeigen Abb. 28.66(b) und (c). Das vordere Ende der Polymernanodrähte beinhaltet reaktive Bindungen, die das Phtalocyaninmolekül kovalent binden. Insgesamt zeigt die Anordnung aus Abb. 28.66(c) das Verhalten einer resonanten Tunneldiode (RTD), wie in Abschn. 3.3.2 diskutiert, allerdings eben basierend auf einem einzelnen Molekül und nicht auf einer komplexen Anordnung von Halbleiterschichten [28.254].

Allgemein wird die Konzeption der Elektroden und Zuleitungen für die Molekularelektronik und die Identifikation der richtigen Materialien dafür als die größte Herausforderung betrachtet [28.200]. Dabei geht es nicht nur um ingenieurtechnische Gesichtspunkte, sondern auch darum, dass Elektroden und Einzelmoleküle transporttechnisch eine komplexe elektronische Einheit bilden. Heutige Forschungsaktivitäten konzentrieren sich genau auf diesen Gesichtspunkt und werfen gleichzeitig viele neue grundsätzliche Fragen auf [28.200].

28.5.5 Charakterisierung molekularer Bauelemente

Zur Charakterisierung der physikalischen Eigenschaften von Molekülen steht ein ganzes Arsenal etablierter mikroskopischer, elektrochemischer, elektrischer, optischer und optochemischer Verfahren zur Verfügung [28.200]. Nicht alle sind für molekulare Kontakte geeignet.

Die *inelastische Elektronen-Tunnel-Spektroskopie (IETS)* ist empfindlich gegenüber der Wechselwirkung zwischen elektronischem Transport und vibronischen Anregungen der Moleküle. Damit ist es möglich, mittels IETS chemische Spezies zu identifizieren [28.255]. Auch molekulare Konformationen, Orientierungen und Transportkanäle sind mittels IETS a priori zugänglich. Insbesondere sind bestimmte Limitationen optischer Spektroskopie bedingt durch Auswahlregeln – etwa bei Infrarot- und Raman-Spektroskopie – nicht gegeben [28.256].

Ein Meilenstein nach der ersten Realisierung eines IETS-Experiments [28.257] war sicherlich IETS an Einzelmolekülen unter Verwendung von STM [28.258]. STM-IETS ist durchaus in der Lage, auch den Einfluss äußerer Gate-Potentiale auf das vibronische Verhalten von Molekülen zu detektieren [28.259], was ja durchaus von praktischer Relevanz bei der Entwicklung molekularelektronischer Bauelemente ist.

Umfangreiche bisherige Messungen haben gezeigt, dass IETS-Daten in äußerst sensibler Weise von der Kopplung zwischen Molekül und Elektroden abhängen [28.260]. Dafür wiederum sind die molekulare Konformation und die lokale Geometrie der Moleküle an der Grenzfläche zu den Elektroden relevant. IETS-Signale sind höchst empfindlich von beiden Faktoren abhängig [28.261].

Von besonderer Bedeutung für eine funktionale Molekularelektronik ist auch das Schaltverhalten einzelner Moleküle, ausgelöst durch besipelsweise Oxidation/Reduktion [28.262], Rotation molekularer Gruppen [28.263], Wechselwirkung mit benachbarten Molekülen [28.264], Fluktuation von Bindungen [28.265] oder durch Molekül-Metall-Hybridisierung [28.266]. Gerade bezüglich dieser Mechanismen hat sich IETS in Kombination mit modellierten Daten als sehr leistungfähig, ja unverzichtbar erwiesen. [28.267]

Als besondere messtechnische Strategie hat sich die Transport- oder Leitfähigkeitsmessung bei variabler molekularer Länge und/oder Temperatur erwiesen [28.267]. Derartige Messungen erlauben folgende Klassifizierung: (1) Direktes Tunneln oder Fowler-Nordheim-Tunneln ohne explizite Temperturabhängigkeit. (2) Thermischer Hopping-Transport mit dizidierter Temperaturabhängigkeit [28.268].

Bei Tunnelprozessen über hinreichend kurze Moleküle zwischen den Elektroden wird ein Elektron quasi in einem Schritt transferiert und hält sich über keine nachweisbare Zeit zwischen den Elektroden, also auf dem Molekül auf. In der Regel fallen die Energien des tunnelnden Elektrons nicht mit molekularen Niveaus zusammen [28.269], weswegen der Prozess als „nichtresonant" bezeichnet wird. Gemäß den Ausführungen in Abschn. 3.2.2 wächst in diesem Fall der Widerstand des Tunnelkontakts exponentiell mit der molkularen Länge: $R = R_0 \exp(\beta l)$. R_0 ist dabei ein effektiver Kontaktwiderstand, l die molekulare Länge und β ein Strukturparameter, der von der Tunnelbarrienhöhe abhängt.

Der Hopping-Prozess ist demgegenüber ein resonanter Prozess, bei dem Elektronen in die Grenzorbitale [12] injiziert werden. Der eigentliche Transportprozess über das Molekül erfolgt dann durch einen inkohärenten Hopping-Mechanismus. Dabei ist eine Reihe von diskreten Transportschritten innerhalb des Moleküls involviert [28.271]. Für längere molekulare Drähte bei moderaten Temperaturen sind Tunnelprozesse weitgehend unterdrückt, und es dominieren Hopping-Prozesse [28.272]. Die Aktivierungsenergie E_a ist dann jene Energie, bei der ein Übergangszustand für ein Elektron erreicht ist. Bei einem Hopping-Prozess sollte der Übergangswiderstand linear von der molekularen Länge l abhängen [28.269]: $R = \alpha l \exp(-E_a/[k_B T])$. α ist ein kontaktspezifischer Widerstand pro Längeneinheit.

Durch Variation der molekularen Länge und der Temperatur kann dezidiert unersucht werden, ob der elektronische Transport in Tunnel- oder Hopping-Prozessen besteht. Sogar Übergänge zwischen beiden lassen sich studieren [28.267]. Ein Beispiel für entsprechende Messungen zeigt Abb. 28.67. Interessanterweise findet der Übergang von dominantem Tunneln zu Hopping bei $l \approx 4\,\text{nm}$ statt, was intuitiv eine beachtliche Länge sein mag.

---

[12] Als Grenzorbitale bezeichnet man in der molekularen Orbitaltheorie gemeinhin das höchste besetzte (*HOMO*) und niegrigste unbesetzte (*LUMO*) Orbital [28.270].

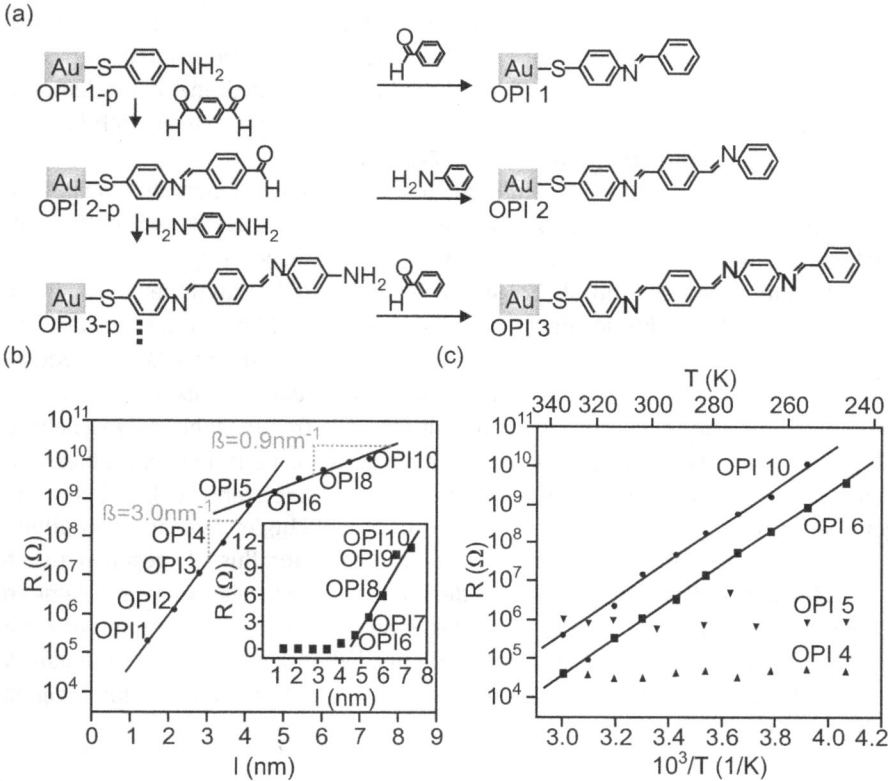

Abb. 28.67. AFM-basierte Messungen des molekularen elektrischen Widerstands R als Funktion der molekularen Länge l und der Temperatur T für konjugierte molekulare Drähte aus Oligophenylalanin (OPI) [28.200]. (a) Molekulare Struktur der Drähte auf einer Goldelektrode. (b) $R(l)$- und $R(T)$-Diagramme für unterschiedlich lange Drähte.

Tunnel- oder Hopping-Prozesse und insbesondere ihre Kombination können verantwortlich sein für eine Reihe sekundärer Phänomene. Dazu gehören Gleichrichtung von Wechselströmen [28.273], Fowler-Nordheim-Tunneln, wie in Abschn. 3.2.2 beschrieben, thermionische Emission, Feldionisation und raumladungsbegrenzte Leitfähigkeit. Der Gleichrichtereffekt resultiert beispielsweise daraus, dass manche molekularen Strukturen bei einer Polarität der applizierten Spannung Transport durch Tunneln zeigen und bei der entgegengesetzten Transport durch Hopping [28.273].

Trotz aller präparativen Fortschritte bei der Herstellung von Einzelmolekülkontakten stellt sich die fundamentale Frage, wieviel an molekularen Identitäten sich aus der Messung von I(V)-Charakteristiken entnehmen lassen. Diese Frage ist insofern von Bedeutung, als dass die elektronischen Funktionalitäten eines ensprechenden Kontakts, der im Sinne eines Bauelements eingesetzt werden soll, ja von der molekularen Signatur direkt abhängen. Messtechnisch gesehen ist eine Rauschspektroskopie vergleichsweise einfach aus I(V)-Messungen ableitbar. De facto haben Rauschmessungen an Einzelmolekülkontakten sehr zum Verständnis des elektronischen Transportmechanismus beigetragen. Dies betrifft die Molekül-Elektroden-Grenzflächen [28.274], Elektron-Photon-Wechselwirkungen [28.275], den Transportprozess an sich [28.276] und die Langzeitstabilität der Kontakte [28.277].

Ein rigoroses Verständnis von Leitfähigkeitsfluktuationen ist nicht nur von Bedeutung für die Anwendung molekularer Bauelemente, beispielsweise als Schalter oder Speicherelement, sondern vermittelt uns auch Details des jeweiligen Transportprozesses. Zu unterscheiden sind als Folge der Leitfähigkeitsfluktuationen Rauschprozesse, bei denen die spektrale Dichte entweder frequenzabhängig oder konstant ist. Frequenzabhängig sind das *Funkelrauschen* und das *Generations-Rekombinations-Rauschen* [28.278]. Andererseits sind *thermisches Rauschen (Johnson-Nyquist-Rauschen)* und *Schrotrauschen* charakterisiert durch eine frequenzabhängige spektrale Rauschdichte $S(f)$. Beispielsweise ist das thermische Rauschen charakterisiert durch $S(f) = 5k_BT/R$, wobei R der charakteristische Widerstand ist [28.279]. Demgegenüber ist das Schrotrauschen, welches für eine Nichtgleichgewichtsverteilung der elektronischen Population auftritt, also nur bei Stromfluss I, gegeben durch $S(f) = 2eIF$[28.279]. F ist der *Fano-Faktor*, der letztlich die Korrelation der tunnelnden Ladungsträger charakterisiert. Die Natur des Schrotrauschens und den Fano-Faktor hatten wir bereits in Abschn. 3.6.3 ausführlicher behandelt. Wenn ein Molekül N unterschiedliche Leitfähigkeitskanäle repräsentiert, so ist der Fano-Faktor gegeben durch [28.276]

$$F = \frac{\sum\limits_{n=1}^{N} \tau_n(1 - \tau_n)}{\sum\limits_{n=1}^{N} \tau_n} \cdot \tag{28.12}$$

τ_n ist hier die jeweilige Transmissionswahrscheinlichkeit. Dieser Zusammenhang impliziert, dass für nur einen einzigen Kanal bei perfekter Kohärenz des Transports ($\tau \approx 1$) das Schrotrauschen verschwindet: $F = 0$. Bei Abwesenheit einer Korrelation zwischen den tunnelnden Ladungsträgern würde ein Poisson-Schrotrauschen von $F = 1$ resultieren. Für $0 < F < 1$ ist $S(f)$ durch das Partitionsrauschen bestimmt, also durch die Freiheitsgrade der Ladungsträger transmittiert oder reflektiert zu werden.

Für die Rauschmechanismen mit frequenzabhängiger Rauschdichte lassen sich die Zusammenhänge aus dem Lorentz-Oszillator-Modell ableiten [28.200]:

$$S(f) \sim \frac{1/(\pi\tau_0)}{4\pi f^2 + (1/\tau_0)^2} \cdot \tag{28.13}$$

τ_0 ist eine charakteristische Zeitkonstante des jeweiligen Transportprozesses. Für $f \to 1/\tau_0$ resultiert also $S(f) \approx 1/f^2$ für den einzelnen Fluktuator. Für eine endliche Zahl von Fluktuatoren wird τ_0 eine entsprechende Verbreitung aufweisen, was für eine hinreichend große Zahl zu $S(f) \sim 1/f$ führt [28.279]. Ein Beispiel für einen einzigen

Lorentz-Fluktuator ist die Generation und Rekombination von Ladungsträgern, wie sie typisch in Halbleitern vorkommt. Sie hat ihre Ursache beispielsweise in einem Transfer von Ladungsträgern zwischen Verunreinigungsniveaus und den Bändern. Aber auch das Auffüllen und Entleeren von diskreten Zuständen in Isolatoren von Tunnelkontakten lässt sich durch eine Anzahl von Lorentz-Oszillatoren beschreiben [28.280].

Ebenfalls einen $1/f$-Verlauf zeigt das Funkel- oder nach diesem Verlauf benannte Rauschen. Die Ursachen für dieses Rauschen, das in jedem elektronischen Bauelement und auch in molekularen Kontakten auftritt, sind vielfältig [28.281]. Die Rauschspektroskopie hat entscheidende Beiträge zum Verständnis des Transports durch molekulare Kontakte geliefert [28.200]. Dazu ist es offensichtlich wichtig, zunächst einmal das Verhalten des molekularen Elektrodensystems zu verstehen, um es sodann mit demjenigen des molekularen Kontakts zu vergleichen. Abbildung 28.68 zeigt entsprechende Resultate.

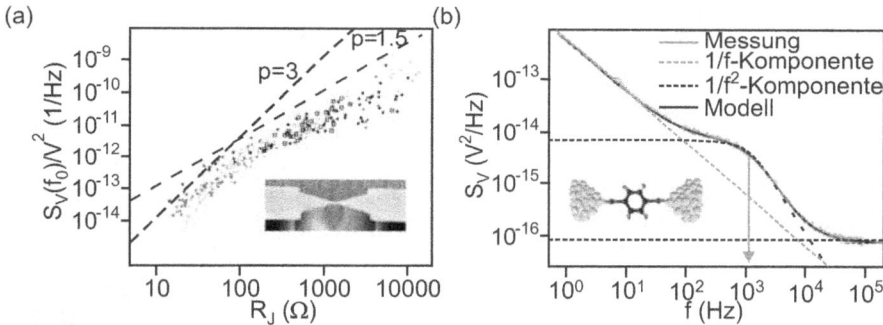

Abb. 28.68. Spektrale Rauschdichte von Nanokontakten [28.200]. (a) Normiertes $1/f$-Rauschen eines Au-Bruchkontakts als Funktion des Kontaktwiderstands R_1 bei angelegter Spannung V. (b) Rauschspektrum des Kontakts mit einem Benzodithiophen-Molekül.

Das *Telegraphie-Rauschen* ist vor allem relevant, wenn nur wenige oder gar einzelne Ladungsträger messbare Schwankungen des Transports erzeugen. Das ist für molekulare Kontakte offensichtlich in der Regel der Fall. Die Rauschart ist eng mit dem Generations-Rekombinations-Rauschen verwandt und besitzt ebenfalls ein Lorentz-Spektrum. Das Telegraphie-Rauschen wurde vielfach gemessen, um den Transport und die Stabilität molekularer Kontakte zu untersuchen [28.277; 28.282]. Abbildung 28.69 zeigt ein Beispiel für einen alkylbasierten molekularen Kontakt. Die zeitlichen Fluktuationen des Transportstroms für unterschiedliche angelegte Spannungen sowie Stromverteilungskurven lassen sich durch direkten Transport für kleine Potentialdifferenzen und das Einfangen und Freisetzen von Ladungsträgern in diskreten molekularen Niveaus bei größeren Potentialdifferenzen erklären.

Eine genaue Kenntnis des Zusammenwirkens der Festkörperbandstruktur der Elektroden und der molekularen Energieniveaus des molekularelektronischen Kon-

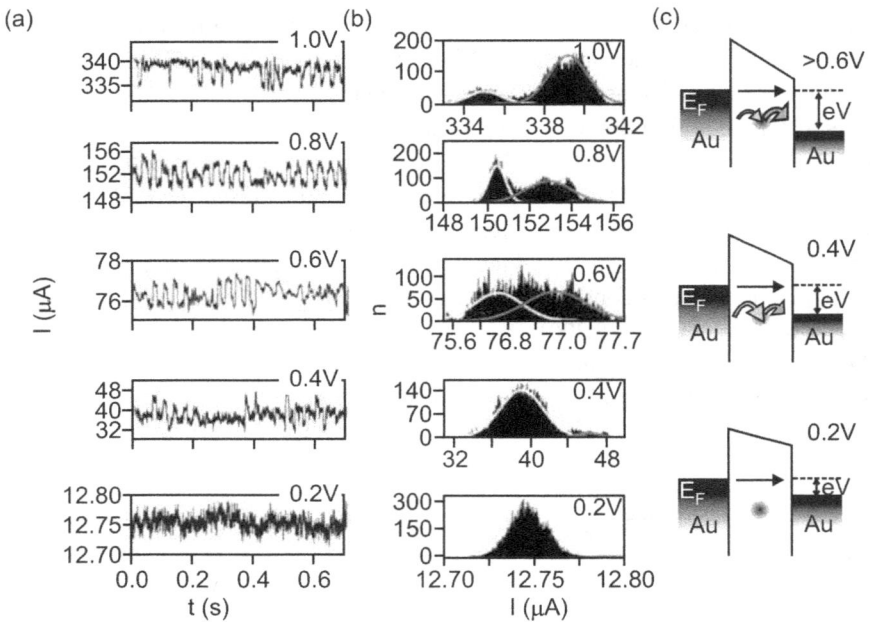

Abb. 28.69. Messungen des Telegraphie-Rauschens an Hexadithiolmolekülen (SH-$(CH_2)_6$- SH) [28.200]. (a) Fluktuationen des Transportstroms für unterschiedliche Potentialedifferenzen der Boldelektroden. (b) Stromverteilungskurve für die unterschiedlichen Potentialdifferenzen. (c) Schematische Darstellungen für den direkten oder indirekten Transport durch das Molekül.

takts ist essentiell für eine genaue Kenntnis der Transportcharakteristika der Anordnung [28.200]. Eine diesbezüglich genauere experimentelle Analyse ermöglicht die *Übergangsspannungsspektroskopie* (*Transition Voltage Spectroscopy, TVS*) [28.283]. TVS basiert auf dem Simons-Transportmodell – also auf dem Tunneleffekt – welches wir in Abschn. 3.3.3 besprochen hatten. Danach gilt $I \sim V \exp(-2d\sqrt{m\Phi}/\hbar)$ mit der Barriereweite d und der effektiven Barrierenhöhe Φ. Übersteigt die applizierte Spannung V die Barrierenhöhe Φ, so befindet man sich im Fowler-Nordheim-Regime, für das nach Abschn. 3.2.2 $I \sim V^2 \exp(-4d\sqrt{2m\phi^3}/[3\hbar eV])$ gilt. Der Übergang zwischen dem Tunnel- und dem Feldemissionsregime wird dann gerade durch die Übergangsspannung V_{trans} markiert [28.200]. Die Barrierenhöhe Φ ist für löcherbasierten Transport und metallische Elektroden durch $\Phi = E_F - E_{\text{HOMO}}$ gegeben und für einen elektronenbasierten Transport durch $\Phi = E_{\text{LUMO}} - E_F$. E_F bezeichnet die Fermi-Energie der Elektroden und E_{HOMO} sowie E_{LUMO} das höchste besetzte und das niedrigste unbesetzte molekulare Orbital. TVS ist also offensichtlich geeignet, um das Energieniveau des dominanten Orbitals zu bestimmen [28.200]. Da jedoch das Simons-Modell komplexe molekulare Konakte nur stark vereinfacht beschreibt, wurden in den vergangenen Jahren komplexere Modelle entwickelt, die auch resonantes Tunneln, wie in Abschn. 3.3.2 diskutiert, beinhalten [28.284]. Abbildung 28.70 zeigt das Simons-Fowler-Nordheim-Modell und die Ergänzung um resonantes Tunneln im Schema.

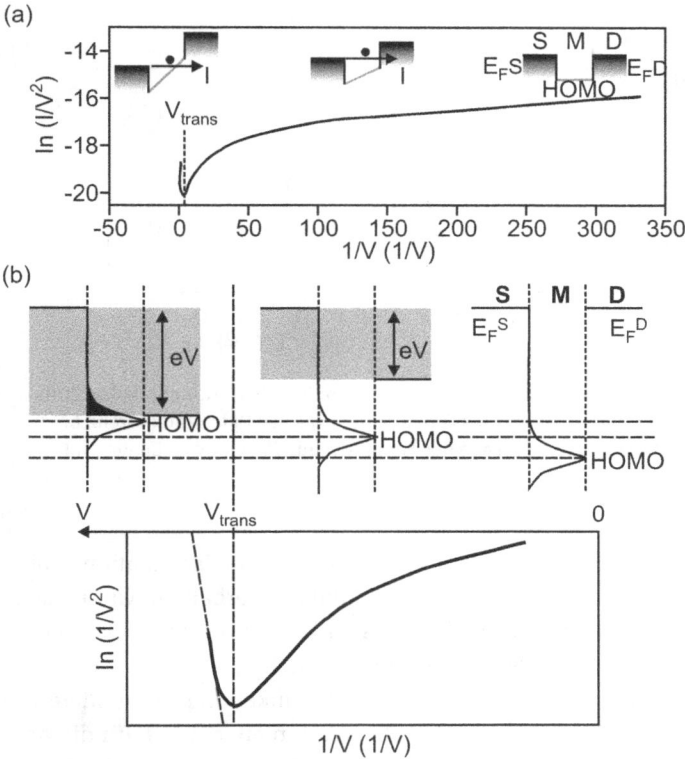

Abb. 28.70. Direktes Tunneln, resonantes Tunneln und Feldemission in molekularelektronischen Kontakten [28.200]. (a) Übergangsspannung V_{trans} im Simons-Fowler-Nordheim-Modell. S, D, M bezeichnen Source, Drain und das Molekül im Kontakt. (b) Modell für resonantes Tunneln, welches den Wendepunkt der Kurve in (a) qualitativ erklärt [28.285].

Für die perspektivische Nutzung der Molekularelektronik, aber auch grundsätzlich ist das thermoelektrische Verhalten molekularer Kontakte von Interesse [28.200]. Dabei ist insbesondere der *Seebeck-Effekt* für die Bestimmung der Majoritätsladungsträger und der involvierten Energieniveaus von Bedeutung [28.214]. Der charakterisierende Seebeck-Koeffizient ist gegeben durch $S = \Delta V/\Delta T$. Für verschwindendes Potential über dem molekularen Kontakt, $V \rightarrow 0$, ergibt sich [28.200]

$$S(E_F) = \frac{\pi^2 k_B^2 T}{3e} \left. \frac{\partial \ln[\tau(E)]}{\partial E} \right|_{E=E_F} . \tag{28.14}$$

$\tau(E)$ ist hier der Transmissionskoeffizient des Kontakts, wie in Abschn. 3.9.2 eingeführt. Das Transmissionsverhalten und der Verlauf des Seebeck-Koeffizienten S sind in Abb. 28.71 dargestellt.

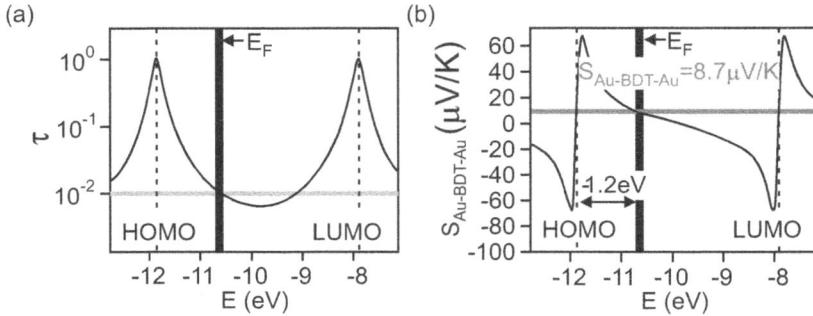

Abb. 28.71. Thermoelektrisches Verhalten für einen Au-1.4-Benzoldiol (BDT)-Au-Kontakt [28.200]. (a) Verhalten des Transmissionskoeffizienten τ als Funktion der externen Potentialdifferenz E. (b) Seebeck-Koeffizient S in Abhängigkeit der Lage des Fermi-Niveaus E_F relativ zu E_{HOMO} und E_{LUMO}.

Um über die elektronischen Transportmessungen hinausgehende Informationen über die molekulare Struktur molekularelektronischer Kontakte zu erhalten, wurden auch zahlreiche optische Spektroskopien verwendet. Dabei kommt der Photoelektronenspektroskopie sicherlich eine besondere Bedeutung zu [28.286].

Eine ebenfalls heute sehr etablierte Technik zur Identifikation insbesondere von Biomolekülen ist die Raman-Spektroskopie [28.287]. Varianten, die sich für die Analyse und gegebenenfalls Identifikation einzelner Moleküle eignen, sind die oberflächenverstärkte Raman-Streuung (*SERS, Surface Enhanced Raman Scattering*) und die spitzenverstärkte Raman-Streuung (*TERS, Tip Enhanced Raman Scattering*).

Raman-Spektroskopie lässt sich simultan zu Transportmessungen und in dynamischen Kontexten durchführen [28.288]. Insbesondere konnte man so erste Informationen dazu erlangen, welche effektiven Temperaturen aufgrund optischer oder elektronischer Anregungen von Vibrations- oder Rotationsmoden in molekularen Kontakten herrschen [28.289], wobei in diesem Zusammenhang der Begriff der Temperatur natürlich spezifisch aufzufassen ist.

Die *UV/VIS-Spektroskopie* ist ein spektroskopisches Verfahren, welches Absorption und Reflexion im UV- und sichtbaren Bereich des Lichts analysiert. Auf diese Weise lassen sich Übergänge in angeregten Zuständen eines Moleküls analysieren [28.290].

Auch Röntgen- und Ultraviolett-Photoelektronenspektroskopien (*XPS, X-Ray Photoelectron Spectroscopy; UPS, Ultraviolet Photoelectron Spectrocopy*) werden im Hinblick auf die Analyse molekularelektrischer Kontakte so modifiziert, dass auch Einzelmolekülkontakte charakterisiert werden können [28.291].

28.5.6 Aspekte der Transporttheorie

Der dominante Transportprozess für einen molekularen Kontakt ist der Tunnelprozess [28.292]. Damit können in erster Näherung die in Abschn. 3.2 ausgeführten Standardansätze zur Beschreibung herangezogen werden. Die Höhe der Potentialbarriere wird durch den Abstand zwischen dem Fermi-Niveau der Elektroden und dem HOMO oder LUMO determiniert, je nachdem, welche Distanz die geringere ist. Gemäß Abschn. 3.2.2 wird der Zusammenhang zwischen Transportstromdichte j und molekularer Länge d pauschalisiert charakterisiert durch $j = j_0 \exp(-\beta d)$. j_0 ist der hypothetische Strom bei verschwindender molekularer Länge und $\beta = 2\sqrt{2m\phi/\hbar^2}$ ist der Tunnelabklingkoeffizient für die Barrienhöhe Φ. Durch die elektronische Kopplung der Moleküle an die Elektroden, insbesondere an Metallelektroden, kommt es zu einer Verbreiterung der diskreten molekularen Energieniveaus zu Minibändern mit Lorentz-artiger Zustandsdichte:

$$D(E) = \frac{1}{\pi} \frac{\Gamma}{(E = E_0)^2 + (\Gamma/2)^2} . \tag{28.15}$$

E_0 ist die Energie des jeweiligen Niveaus des freien Moleküls und Γ die Kopplungsstärke zwischen Molekül und Elektroden. Verteilung und Lage der Energieniveaus können dabei entlang des Transportwegs durch das Molekül oder durch die Moleküle aufgrund der intramolekularen Bindungen durchaus variieren.

Ein weiterer Transportmodus, der a priori in Betracht gezogen werden sollte, ist der kohärente Transport, den wir im Detail in Abschn. 3.6.3 diskutierten. Danach wäre der quantisierte Leitwert gegeben durch

$$G = \frac{2e^2}{h} \sum_i T_i; , \tag{28.16}$$

mit dem Transmissionskoeffizienten T_i für den jeweiligen Kanal. Eine Messung an einem Quantenpunktkontakt, die direkt das durch Gl. (28.16) implizierte Resultat liefert, zeigt Abb. 28.72 anhand eines GaAs/AlGaAs-2DEG-Systems. Die geladene AFM-Sonde dient zur elektrostatischen Manipulation des Punktkontats [28.293]. Hypothetisch würde sich ein phasenkohärenter Metall-Molekül-Kontakt, angeordnet wie in Abb. 28.72, entsprechend verhalten. Auch in diesem Fall würde eine Lorentz-artige Verbreiterung der Transportkanäle resultieren [28.200].

Im Allgemeinen wird man beim molekularen Transport gegebenenfalls Kombinationen aus Tunneln und kohärentem Transport beobachten können. Dabei spielt die kopplungsbedingte Verbreiterung diskreter molekularer Energieniveaus praktisch immer eine zu berücksichtigende Rolle [28.294].

Der Landauer-Formalismus zur Beschreibung des kohärenten Transports gemäß Abschn. 3.6.3 geht von einem ballistischen Transport in gänzlicher Abwesenheit jeglicher Phononenmoden aus. Deshalb kann bei einer realitätsnahen Beschreibung eines molekularen Kontakts dieser Formalismus nur als Grenzfall betrachtet werden

(a)

(b)

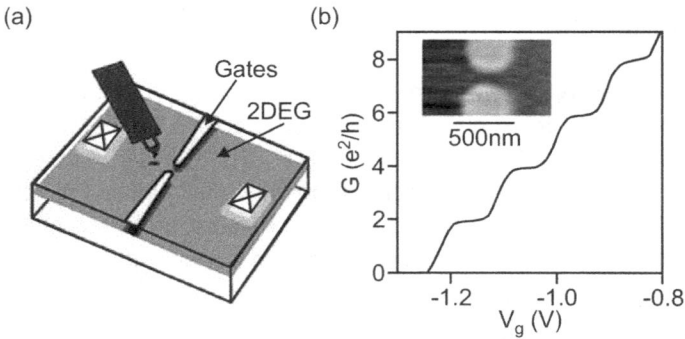

Abb. 28.72. Mögliche Quantisierung des Leitwerts von molekularen Kontakten [28.200]. (a) Klassische Anordnung zur Messung an einem Punktkontakt eines GaAs/AlGaAs-Systems mit geladener AFM-Sonde. (b) Leitwert als Funktion der applizierten Gate-Spannung.

[28.295]. Ob im gegebenen Fall der Landauer-Büttiker-Mechanismus oder kohärentes Tunneln dominiert, lässt sich in Form der Zeitkonstanten für den transversalen Transport klasifiziert. Für den Tunnelprozess hängt die charakteristische Zeitkonstante von der Anzahl der zu besetzenden Zustände bei Transfer durch das Molekül ab [28.296]. Um eine Vorstellung von der Größenordnung zu geben: Für ein Molekül der Länge 1 nm mit einer Barrienhöhe von ~ 1 eV wurde die Transferdauer zu $\approx 0{,}2$ fs bestimmt [28.297]. Für kürzere Moleküle kann die Transferzeit erheblich kürzer sein. In solchen Fällen dominiert dann deutlich kohärentes Tunneln den Transportmechanismus. [28.298].

Die Elektron-Phonon-Kopplung nimmt für wachsende Temperatur und molekulare Länge zu [28.297]. Speziell im Grenzfall sehr starker Kopplung kann es zu einem weiteren Transportmechanismus kommen, dem *thermisch aktivierten Hopping* [28.299]. Dieses ist durch eine Zunahme der Leitfähigkeit mit zunehmender Temperatur charakterisiert.

In Anbetracht der konkurrierenden und a priori unbekannten Transportmechanismen bieten sich zur detaillierten Charakterisierung ab initio-Simulationen an [28.300]. Dabei muss auch der Kontakt zu den metallischen Elektroden im Detail berücksichtigt werden [28.301]. Zur Behandlung des entsprechenden Vielkörperproblems bietet sich die in Abschn. 21.5.3 behandelte Dichtefunktionaltheorie (DFT) an. Die Beschreibung unter Annahme selbstkonsistenter Felder liefert teilweise recht gute Resultate, wenn geeignete Annahmen bezüglich der molekularen Orbitale getroffen werden [28.302].

Generell kommt die Komplexität molekularer Kontakte dadurch zustande, dass die Moleküle auch an mesoskopische Elektrodenanordnungen gekoppelt sind. Zusätzlich können weitere Faktoren zur Gesamtkomplexität des Nanokontakts beitragen. Die Kopplung führt dazu, dass die Moleküle andere elektronische Zustandsichteverteilungen aufweisen als isolierte Moleküle, etwa in der Gasphase. Die Zustandsdichten können statt diskreter Niveaus sogar kontinuierliche energetische Verteilungen aufweisen. Zusätzlich ist das molekulare System offen: Die Anzahl der Elektronen, die sich im gekoppelten Molekül befinden, ist nicht konserviert. Tranport führt dazu, dass sich das Gesamtsystem in einem Nichtgleichgewichtszustand befindet. Variierende Bindungskonstellationen oder auch nur Bindungswinkel haben aber in der Regel einen signifikanten und nichttrivialen Einfluss auf den Ladungstransport durch molekulare Kontakte. Der Standardansatz zur ab initio-Beschreibung besteht heute in der Kombination eines DFT-Ansatzes mit Nichtgleichgewichts-Green-Funktionen. So lassen sich beispielsweise Strom-Spannungs-Kurven molekularer Kontakte mit durchaus wertvollen Ergebnissen berechnen [28.303]. Essentiell dabei ist es, atomistische Details möglichst realitätsnah durch Modelle zu kodieren [28.304]. Dabei muss in der Regel auch die temporäre Lokalisation von Ladung auf dem Molekül, also ein Oxidations- oder Reduktionsvorgang berücksichtigt werden. Auch wenn bereits beachtliche Erfolge in der Modellierung des Transports durch elektronische Kontakte erzielt wurden, sind weitere diesbezügliche Fortschritte in den nächsten Jahren einerseits dringend erforderlich und andererseits absehbar [28.305].

28.5.7 Strategien für molekulare Schaltkreise

Das Anwendungspotential molekularer Schaltkreise ist ausschöpfbar, wenn es gelingt, Funktionalitäten jenseits derjenigen festkörperbasierter heutiger Schaltkreise rational zu designen und in einer Massenproduktion zu realisieren. Dies ist bis heute nicht gelungen, und es ist nicht ganz einfach zu entscheiden, wie weit wir von kommerziellen Anwendungsszenarien entfernt sind [28.200]. Im Kontext dieser Diskussion ist zunächst die Frage zu beantworten, welche molekularen Funktionalitäten sich heute zunächst im Labormaßstab implementieren lassen.

Für den elektronischen Transport relevante Funktionalitäten sind beispielsweise die Realisierung lateraler Transportkanäle, diodenartige Gleichrichtung, transistorartige Modulation, binäre Schaltvorgänge und sensorartige Signaltransduktionen. Es ist evident, dass zur Erreichung der einzelnen molekularen Funktionalitäten zum Teil stark unterschiedliche Moleküldesigns erforderlich sein dürften.

Ein ultimatives Ziel könnten rein molekulare Schaltkreise sein, in denen unterschiedliche Moleküle mit spezifischen elektronischen Funktionalitäten über molekulare Drähte miteinander verbunden sind. Molekulare Drähte, die einen sicheren und definierten Transport von Ladungen gewährleisten, können gewissermaßen als einfachste molekulare Komponenten angesehen werden und wurden bislang schon vielfach realisiert und charakterisiert [28.306].

Molekulare Drähte in Schaltkreisen lassen sich grob in zwei Komponenten unterteilen: In Ankergruppen, welche die Verbindung zu Festkörperelektroden oder molekularen Bauelementen realisieren und in ein molekulares Rückgrat, durch welches der Ladungstransport über vergleichsweise längere Distanzen erfolgt [28.307].

Als molekulare Rückgrate wurden Kohlenwasserstoffketten, metallatomhaltige Moleküle, Porphyrine, Kohlenstoffnanoröhrchen und biologische Moleküle wie DNA in Betracht gezogen [28.200]. Diese elongierten Moleküle besitzen entweder eine elektron- oder lochbasierte Leitfähigkeit [28.308].

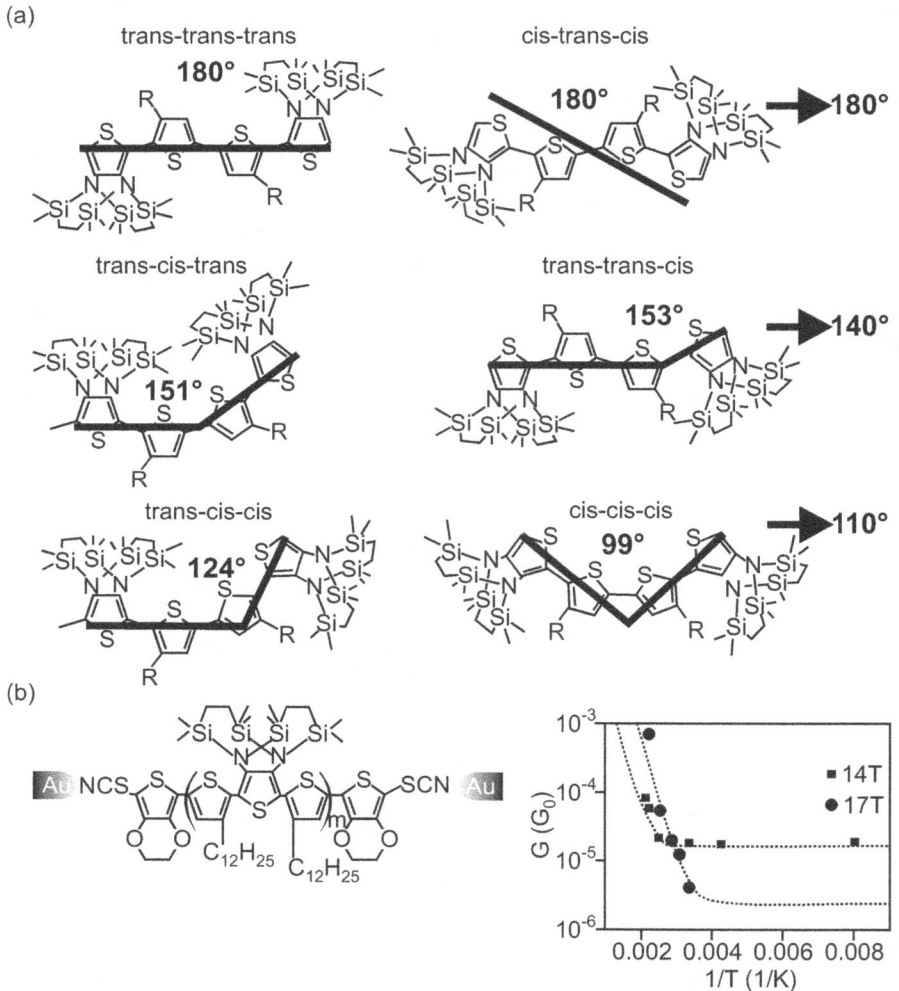

Abb. 28.73. Oligothiophene als molekulare Drähte [28.200]. (a) Unterschiedliche Konfigurationen durch Kombination unterschiedlicher molekularer Konformationen. (b) Temperaturabhängigkeit des Leitwerts zweier ausgewählter Oligothiophene. 14 T entspricht $m = 4$ und 17 T $m = 5$ (linkes Teilbild).

Kohlenwasserstoffketten erscheinen in besonderer Weise geeignet, da sie quasi maßgeschneidert werden können. Von besonderer Bedeutung sind aufgrund ihrer Leitfähigkeit π-konjugierte Ketten. Eine Untergruppe dieser stellen Ketten aromatischer Ringe dar, die *Oligoarylene*. Sie bestehen aus einer Kette aromatischer Ringe, die durch Acetylen, Ethylen oder andere π-Systeme miteinander verbunden sind. Die aromatischen Ringe bestehen zumeist in Benzol oder Thiophen.

Eine besondere Eigenschaft der Oligothiophene ist die *cis-trans-Isomerie*. Diese hat ihre Ursache in der Rotationsflexibilität des einzelnen Moleküls. Die cis-Konfomation resultiert in einem Torsionswinkel von $\approx 47°$. Je nach Kombination der einzelnen Konformationen lassen sich unterschiedlich konfigurierte Oligothiophene herstellen, die jeweils unterschiedliche elektronische Transporteigenschaften besitzen [28.309]. Dies zeigt Abb. 28.73. Das temperaturabhängige Leitfähigkeitsverhalten ist auch in signifikanter Weise von der molekularen Kettenlänge abhängig. Dabei zeigt sich für Kettenlängen im Bereich einiger Nanometer ein Arrhenius-artiger Verlauf, der bei einer charakteristischen Temperatur in einen temperaturunabhängien Verlauf mündet [28.309].

Benzolbasierte molekulare Drähte zeichnen sich durch ein hohes Maß an elektronischer Delokalisierung aus. Aufgrund der strukturellen Symmetrie sind im Ver-

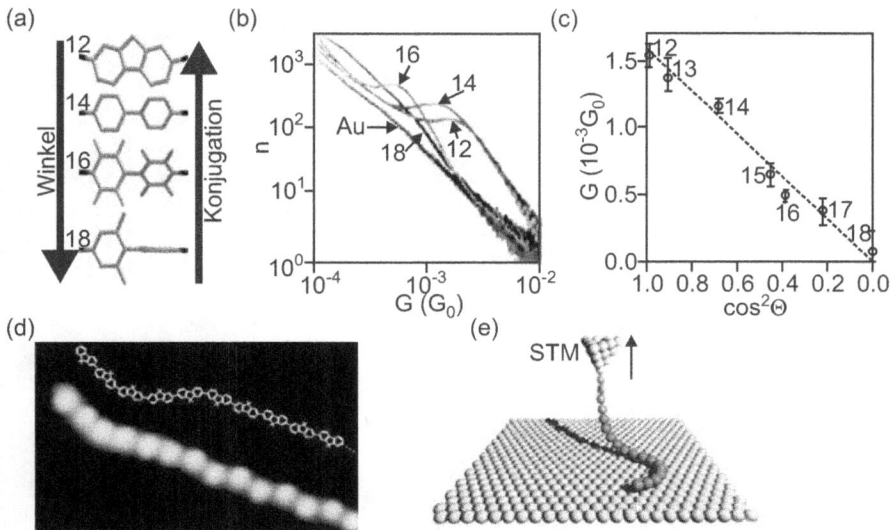

Abb. 28.74. Struktur-Leitfähigkeits-Zusammenhänge für Oligophenylenketten [28.200]. (a) Biphenylketten für einen zunehmenden Verdrillungswinkel. (b) Leitwerthistogramme für die in (a) gezeigten Konfigurationen. Die Pfeile markieren Leitwertmaxima aus Lorentz-Anpassungen. (c) Leitwertmaxima gemäß (b) als Funktion des Verdrillungswinkels gemäß (a). (d) STM-Abbildung einer Fluorenkette. (e) Anordnung bei STM-basierter Leitwertmessung.

gleich zu den Oligothiophenen weniger Konformationsfreiheitsgrade zu berücksichtigen, was die Synthese der molekularen Drähte a priori vereinfacht. Ologophenylenmoleküle bestehen aus einer Kette von Benzolringen, die über C-C-Bindungen miteinander verknüpft sind. Die Ketten wurden im Hinblick auf ihre elektronischen Transporteigenschaften intensiv untersucht [28.310]. Abbildung 28.74 zeigt repräsentative Beispiele. Ebenfalls dargestellt sind hier die Charakterisierungsmöglichkeiten mittels STM sowie die Anordnung einer STM-basierten Leitwertmessung.

(a)

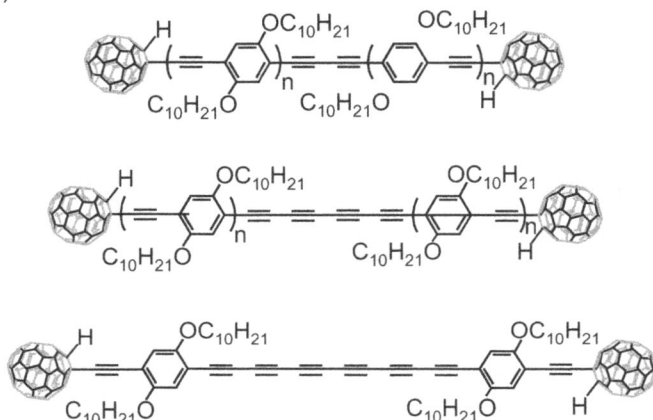

(b)

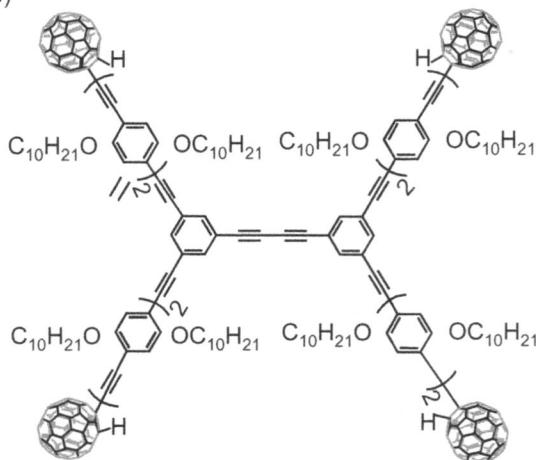

Abb. 28.75. C_{60}-Moleküle als funktionale Ankergruppen [28.200]. (a) Unterschiedlich lange Polyine. (b) Zweidimensional verknüpfte Polyine.

Natürlich ist für molekulare Drähte die Funktionalität der End- oder Ankergruppe von essentieller Bedeutung. Diese dient zum einen der Bindung des Drahts an ein molekulares Bauelement oder an eine metallische Elektrode und muss zum anderen den elektronischen Transport in den molekularen Draht sicherstellen. Die verschiedensten Untergruppen wurden synthetisiert und in Bezug auf ihre Bindungs- und Transporteignung analysiert [28.311]. Wie in Abbildung 28.75 gezeigt, eignen sich aufgrund ihrer Affinität zu Polyinen auch die in Abschn. 16.4 diskutierten Fullerene und insbesondere das C_{60}-Molekül als funktionale Ankergruppe.

Eine weitere molekulare Kategorie, die im Hinblick auf die Synthese molekularer Drähte untersucht wird, besteht in metallorganischen Spezies [28.200]. Potentiell sind entsprechende Moleküle leitfähiger als reine Kohlenwasserstoffkonfigurationen [28.312]. Organometallische Leiter werden klassifiziert als kleine Moleküle, als Koordinationsoligomere und als polymetallische Systeme [28.313]. Abbildung 28.76 zeigt exemplarisch einzelne metallorganische Moleküle.

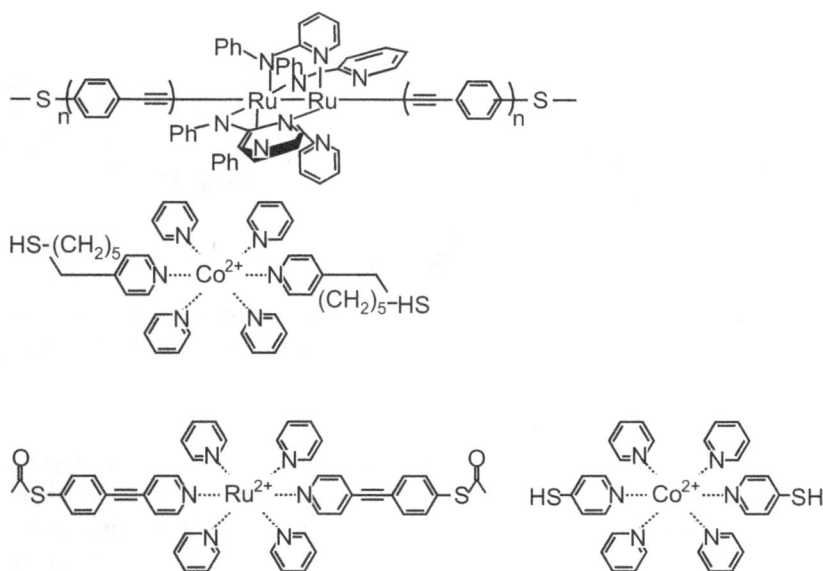

Abb. 28.76. Beispiele für metallorganische Einzelmoleküle, welche sich als molekulare Drähte eignen [28.200].

Porphyrine bestehen aus vier Pyrrolringen, die durch Methingruppen zyklisch miteinander verbunden sind. Die metallorganischen Farbstoffe lassen sich leicht miteinander zu ganzen Feldern verknüpfen, was sie a priori interessant für die Molekularelektronik macht [28.314].

Generell lassen sich die molekularen Drähte aller zuvor genannten Kategorien bei recht guter Leitfähigkeit rational mit vorgebbaren Längen synthetisieren. Sie sind damit ausnahmslos als molekulares Rückgrat für molekularelektrische Schaltkreise geeignet.

Kohlenstoffnanoröhrchen (CNT), die in Abschn. 16.4 im Detail behandelt wurden, bieten sich aufgrund ihrer Geometrie und ihrer chiralitätsabhängigen Transporteigenschaften per se in besonderer Weise als molekulare Drähte an. Im Rahmen unterschiedlichster Kontexte wurden durchaus höher integrierte makromolekulare Strukturen realisiert, was Abb. 28.77 anhand von zwei Beispielen zeigt. Eine der komplexesten Anordnungen ist sicherlich ein ausschließlich auf CNT-basierten Transistoren beruhender Computer [28.315].

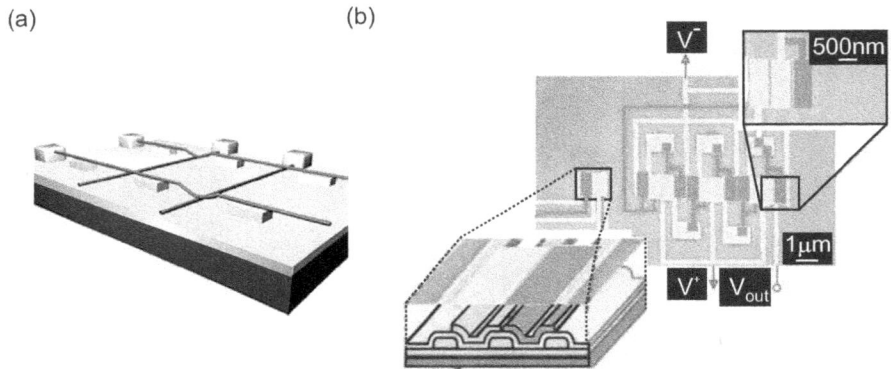

Abb. 28.77. Makromolekulare Schaltkreise auf Basis von CNT [28.200]. (a) Feld aus bistabilen Kreuzelementen in schematischer Darstellung. (b) SEM-Aufnahmen und schematische Darstellung eines Ringoszillators.

CNT haben im Hinblick auf ihren Einsatz als makromolekulare Leiter gegenwärtig den Nachteil, das sie nicht in großer Anzahl mit vorgegebenem Durchmesser und vorgegebener Chiralität bei hoher Reinheit synthetisiert werden können. Außerdem ist ihre Anordnung zu komplexen Schaltkreisen schwierig, und sie besitzen a priori keine Bindungsstellen für eine weitere chemische Funktionalisierung. Synthesefortschritte deuten allerdings darauf hin, dass ein Teil der gegenwärtig bestehenden Probleme bei der molekularelektronischen Anwendung von CNT überwunden werden können [28.316].

Bereits in Kap. 13 hatten wir die nanotechnologische Relevanz von DNA ausführlich diskutiert. Im vorliegenden Kontext stellt sich insbesondere die Frage nach dem elektronischen Transport entlang von DNA-Strängen, die trotz umfangreichster Untersuchungen noch immer nicht abschließend vollumfänglich beantwortet ist [28.317]. Feststeht, dass die Transporteigenschaften duch die Länge, die Sequenz der

Basenpaare und durch den Konformationstyp beeinflusst werden. Zusammenfassend lässt sich aber feststellen, dass die Leitfähigkeit relativ gering und auf kurze DNA-Biopolymere beschränkt ist [28.318].

Aufgrund der nichtoptimalen Transporteigenschaften nativer DNA insbesondere bei Stranglängen $\geq$ 40 nm wurden verschiedene biochemische Ansätze zur Steigerung der Leitfähigkeit verfolgt. Dazu gehört etwa die Synthese exotischerer Konfigurationen wie beispielsweise viersträngiger DNA [28.319]. Als besonders vielversprechend hat sich die Dotierung von DNA mit Interkalaten und insbesondere mit Metallionen erwiesen [28.320].

Carotine sind zu den Terpenen zu zählende ungesättigte Kohlenwasserstoffe vom Typ $C_{40}H_x$, die in vielen Pflanzen vorkommen. Carotine sind prototypische molekulare Leiter mit großem delokalisierten π-Elektronensystem. Sie spielen eine tragende Rolle beim photoinduzierten Elektronentransfer als Donatoren und bei der Photosynthese als Elektronentransporter [28.321]. Zahlreiche Einzelmolekülmessungen haben die extraordinären Transporteigenschaften von Carotinen und carotinoiden Molekülen untermauert [28.322].

Gemäß Gl. (28.15) und (28.16) lässt sich auf Basis des in Abschn. 6.6.3 diskutierten Landauer-Büttiker-Formalismus der phasenkohärente Transport durch ein Einzelmolekül – einen molekularen Draht zwischen zwei Elektroden – charakterisieren durch $G = 2e^2T/h$. T ist in diesem Fall der sich aus allen Kanäen zusammensetzende Transmissionskoeffizient: $T = \Gamma_L\Gamma_R|G_{1N}|$. Γ_L und Γ_R sind die Kopplungsstärken zwischen Molekül und Elektroden. $G_{1N}(E)$ bezeichnet ein Matrixelement der molekularen Greenschen Funktion. Vereinfachend wird hier angenommen, dass das Molekül aus N identischen Segmenten mit einer gewissen elektronischen Kopplung besteht, der Transport also zwischen den Elektroden über ein Molekül mit N Niveaus zwischen dem ersten und N-ten Niveau erfolgt [28.323]. Der Ausdruck zeigt explizit, dass elektronische Kopplungsstärken Γ und die durch $|G_{1N}|$ beschriebenen Transporteigenschaften des molekularen Drahts gleichbedeutend zum Leitwert beitragen [28.324].

Die Kopplung zwischen Molekül und Elektroden hängt natürlich von Elektrodenmaterial und Molekültypus ab. Nichtkovalente Bindungen repäsentieren tendentiell eine schwache Kopplung Γ. Kovalente Bindungen führen hingegen tendentiell zu einer starken Kopplung.

Im Detail sind metallbasierte kovalente Bindungen zwischen molekularem Draht und Elektroden von komplexer Natur, wobei bei entsprechenden organischen Molekülen sowohl π- als auch σ-Beiträge relevant sind. Zudem spielen mögliche unterschiedliche Kontaktgeometrien eine Rolle. Insbesondere können unterschiedliche Strukturen der Elektroden an den Bindungsstellen zu verschiedenen Kontaktkonfigurationen führen [28.325].

Abbildung 28.78 zeigt exemplarisch verschiedene molekulare Kontakte, wie sie beispielsweise STM- oder AFM-basiert typischerweise entstehen. Im Kontext der AFM-basierten „molekularen Erkennung" hatten wir entsprechendes in Abb. 22.122 dargestellt. Die molekulare Brücke ist in jeweils unterschiedlichen Konfigurationen an einzelne Atome der Elekroden gebunden. Diese Konfigurationen sind in Bezug auf die Kopplungsstärken und auf die am Transport teilnehmende Anzahl von Elektronen nicht äquivalent.

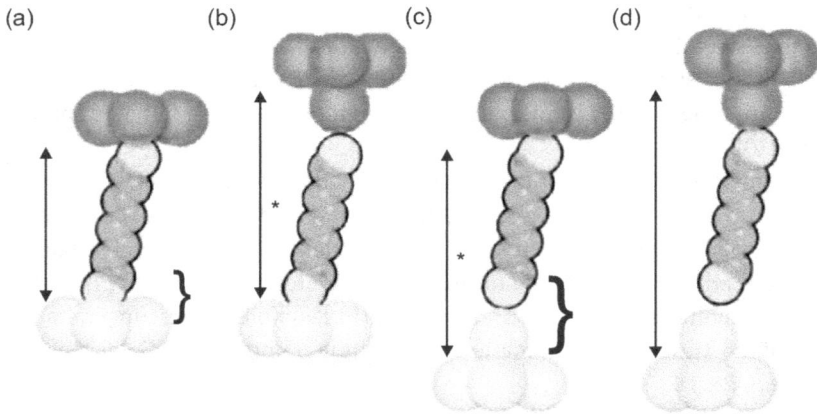

Abb. 28.78. Molekulare Kontaktkonfigurationen [28.200]. Die Doppelpfeile symbolisieren die effektiven Transportdistanzen. (a) Relativ hohe Leitfähigkeit. (b), (c) Mittlere Leitfähigkeit. (d) Relativ geringe Leitfähigkeit.

AFM bietet die Möglichkeit, simultan Leitfähigkeitsmessungen und Messungen der Grenzflächenbindungskräfte durchzuführen. Derartige Vergleichsmessungen haben gezeigt, dass Variationen der Transporteigenschaften für einen gegebenen molekularen Kontakt für einen Bindungstyp auf Variationen der Kontaktgeometrien zurückgeführt werden können. Die zeigt Abb. 28.79 für das Beispiel einer Thiolbindung.

Der Transportprozess durch ein Molekül, das im zeitlichen Mittel elektrisch nicht geladen ist, erfolgt über die Injektion von Elektronen in das niedrigste unbesetzte Orbital (LUMO) und über Entnahme aus dem höchsten besetzten (HOMO). Die entsprechende Energiedifferenz ist dann $\Delta E = (E^{N-1} - E^{N})_{\text{HOMO}} - (E^{N+1} - E^{N})_{\text{LUMO}}$. Im Allgemeinen unterscheidet man drei Regime der elektronischen Kopplung zwischen Elektroden und Molekül. Die schwache Kopplung mit $\Gamma \ll \Delta E$, die starke Kopplung mit $\Gamma \gg \Delta E$ und die mittlere Kopplung [28.200]. Jedes dieser Kopplungsregime führt zu einer unterschiedlichen Mischung molekularer und Festkörperwellenfunktionen [28.217]. Abbildung 28.80 zeigt die Verhältnisse schematisch.

Bei schwacher Kopplung ist ein zweistufiger Transportprozess wahrscheinlich. Per Hopping wird bei Vorhandensein passender unsbesetzter Niveaus ein Elektron auf das Molekül transferiert, um dann unter einem weiteren Hopping-Prozess auf die andere Elektrode zu gelangen. Passende Energieniveaus werden durch die Potentialdifferenz zwischen den Elektroden und gegebenenfalls durch ein Gate-Potential adressiert.

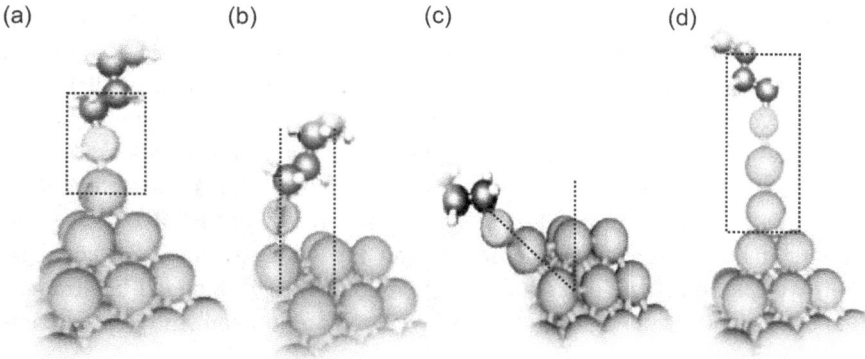

Abb. 28.79. Unterschiedliche Konfigurationen der Bindung zwischen Butandithiol ($HS(CH_2)_4 SH$) und Gold [28.200]. (a) H-Atom verbleibt auf S-Atom. (b) Au-Atom ist nicht exponiert. (c) S-Au-Bindung erfolgt nicht senkrecht zur Oberfläche. (d) Spezielle Koordination des bindenden Au-Atoms.

Bei mittlerer Kopplung gestalten sich die Verhältnisse komplexer. Die molekularen Niveaus verbreitern sich und aus den Elektroden transferierte Elektronen können mit nativen Molekülelektronen wechselwirken. Dies kann beispielsweise zue einer Spinumkehr eines ungepaarten Molekülelektrons und damit zu durch diese Wechselwirkung eröffneten neuen Transportkanälen führen. Unterhalb der Kondo-Temperatur T_K können die in Abschn. 3.6.5 diskutierten Kondo-Resonanzen aufgrund der durch freie Spins bedingten Abschirmeffekte entstehen. Auch können Kotunneleffekte aufteten, die darin bestehn, dass gleichzeitig ein Elektron in das LUMO transferiert und ein weiteres aus dem HOMO emittiert wird. Das Molekül befindet sich dann als Folge in einem angeregten Zustand.

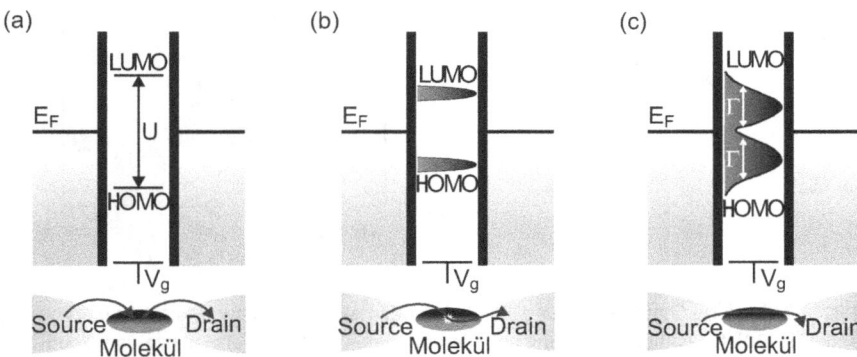

Abb. 28.80. Energieniveaus und Transportprozesse molekularer Kontakte in Abhängigkeit von den Kopplungsstärken [28.200]. (a) Schwache, (b) mittlere und (c) starke Kopplung.

Bei starker Kopplung kommt es zu einer intensiven Mischung von molekularen und Elektrodenzuständen. Die molekularen Niveaus verbreitern sich signifikant und ein kohärenter Transport von Elektronen zwischen den Elektroden wird möglich. Dies ist die für die Verwendung molekularer Drähte im Allgemeinen bevorzugte Situation.

„Molecular Engineering"hat die rationale Gestaltung von Molekülen zum Gegenstand. Im vorliegenden Kontext sollte das molekulare Design sicherstellen, dass eine maximale Kopplung an die Elektroden realisiert wird, dass HOMO, LUMO und Fermi-Energien aufeinander abgestimmt sind und dass externe Stimuli wie Lösungsmittel, pH-Wert, Ionenkonzentrationen oder auch Donatoren die Molekül-Elektroden-Eigenschaften nicht ungünstig beeinflussen. Weitere Forderungen sind Reproduzierbarkeit und Robustheit.

Die experimentelle Charakterisierung von Einzelmolekülkontakten ist im Hinblick auf Vergleichbarkeit und Reproduzierbarkeit nach wie vor eine sehr anspruchsvolle Aufgabenstellung, bei der insbesondere sichergestellt sein muss, dass es sich jeweils um genau eines der infrage stehenden Moleküle handelt. Die AFM-basierte

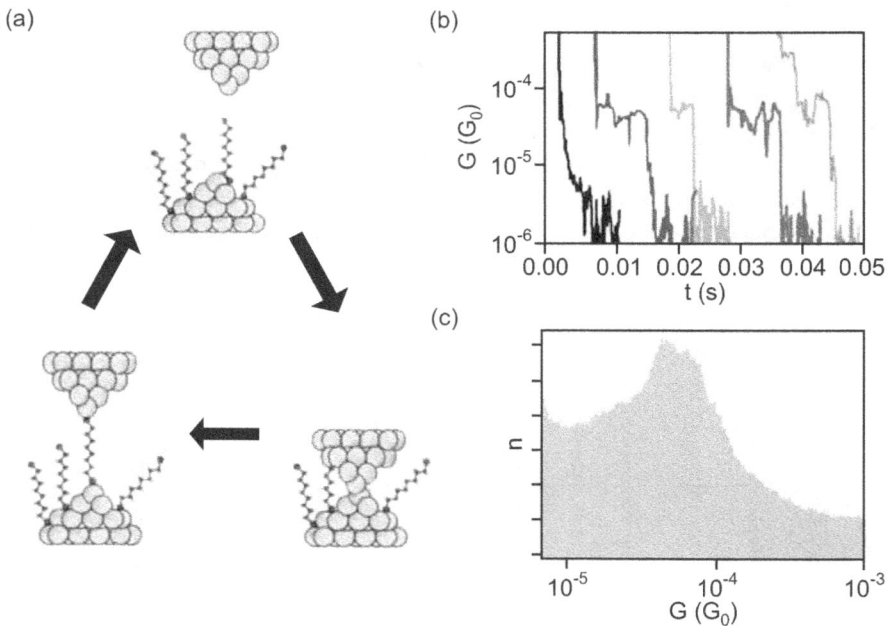

Abb. 28.81. AFM-basierte Charakterisierung molekularer Kontakte mittels der zyklischen Disruptionstechnik [28.200]. (a) Zyklische Formung und Disruption des Kontakts bei gleichzeitiger Realisierung von Transportmessungen. (b) Leitwertkurven des Kontakts aus (a) erhalten bei zyklischem Öffnen und Schließen des Kontakts. (c) Leitwerthistogramm auf Basis einer Vielzahl von Kurven gemäß (b).

Bruchkontakt- oder Disruptionstechnik, diskutiert in Abschn. 22.3.4 und noch einmal dargestellt in Abb. 28.81, hat sich als Methode der Wahl zur Charakterisierung
größerer Anzahlen von Kontakten herauskristallisiert.

Neben Transportkanälen zwischen Bauelementen, also im vorliegenden Kontext
neben molekularen Drähten, sind pn-Übergänge von grundlegender Bedeutung zur
Konzeption von funktionalen Bauelementen. Dieser Sachverhalt ist offensichtlich, da
in der konventionellen Si-basierten Mikroelektronik pn-Übergänge als Dioden fungieren und Grundlage von Transistoren sind. Schon in den 1970er Jahren wurden molekulare Dioden propagiert [28.206]. Wie in Abb. 28.82 dargestellt, bilden organische
Moleküle, bestehend aus elektronenliefernden und elektronenabsorbierenden Teilen,
die Grundlage. Dabei entspricht der molekulare Donator „n" im pn-Übergang und der
Akzeptor „p". In den vergangenen 50 Jahren wurden zahlreiche weitere Vorschläge für
molekulare Dioden gemacht, die eine Reihe unterschiedlicher Gleichrichtungsmecha-
nismen in den Transporteigenschaften nutzen [28.326].

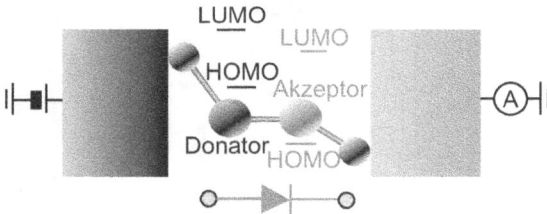

Abb. 28.82. Molekulare Diode mit resultierendem Potentialverlauf [28.200].

Dass der Transportmechanismus in Donator-Akzeptor-Molekülen qualitativ ein anderer ist als in pn-Übergängen, erkennt man schon daran, dass der bevorzugte Transport von der Metallelektrode zum Akzeptorbereich und von dort zum Donatorbereich
und weiter zur Gegenelektrode erfolgt, anstatt einfach vom Donator-zum Akzeptor-
Bereich. Zur Erklärung des Gleichrichtereffekts von Molekülen sind insgesamt drei
Modelle etabliert, die in Abb. 28.83 schematisch dargestellt sind.

Das *Aviram-Ratner-Modell* [28.206] geht von drei Tunnelbarrieren entlang des
Transportpfads aus. Das Gleichrichtungsverhalten – eine mehr oder weniger ausgeprägte Asymmetrie der Transportrichtungen – kommt durch die unterschiedliche
Lage der Donator- und Akzeptorniveaus in Bezug auf die Fermi-Energie der Elektroden
zustande [28.326].

Das später entwickelte *Kornilovitch-Bratkovky-Williams-Modell* geht von nur noch
einem molekularen Orbital aus, wobei asymmetrische Tunnelbarrieren zum Gleichrichtereffekt führen [28.327]. Im *Datta-Paulson-Modell* wiederum wird für räumlich
symmetrische Moleküle der Gleichrichtereffekt auf eine unterschiedliche Kopplung
des jeweiligen Moleküls an die beiden Elektroden zurückgeführt [28.328].

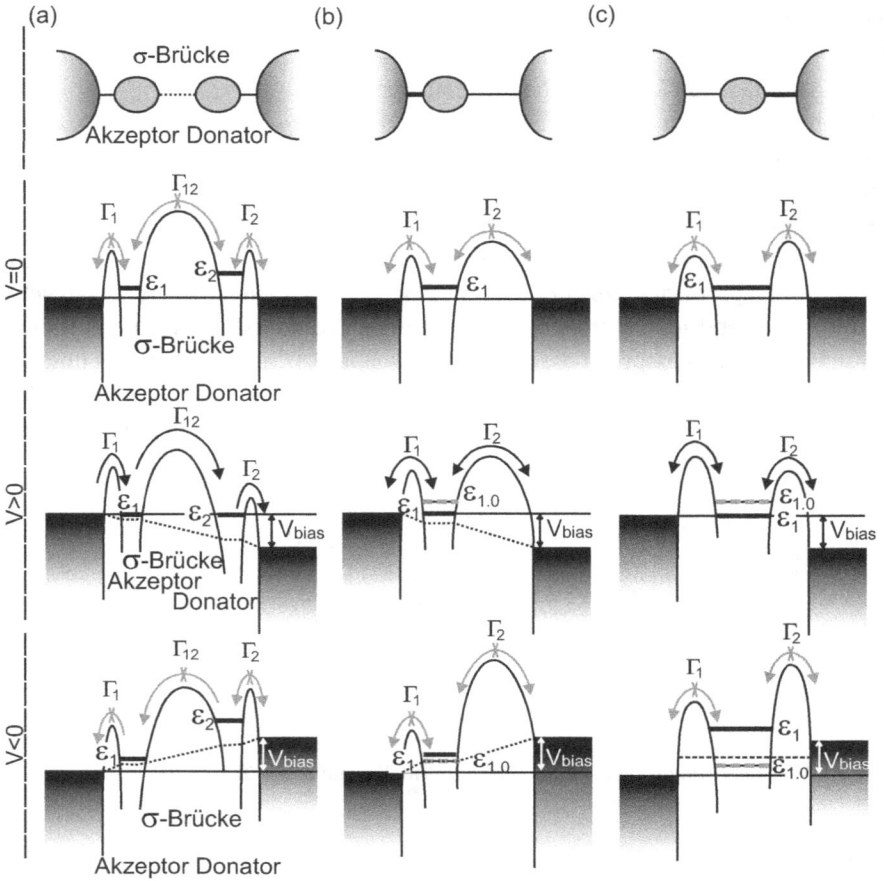

Abb. 28.83. Modelle zur Funktionsweise molekularer Dioden [28.200]. Γ_i spezifiziert den jeweiligen Tunnelprozess. (a) Aviram-Ratner-Modell mit Lage der molekularen Energieniveaus als Funktion der äußeren Potentiale. Donator- und Akzeptorbereich sind durch σ-Bindungen miteinander verbunden. (b) Kornilovitch-Bratkovsky-Williams-Modell mit nur einem Niveau. (c) Datta-Paulson-Modell mit akquirierter unterschiedlicher Ladung der molekularen Enden.

Gleichrichterverhalten wurde experimentell in einer Reihe von Einzelmolekülen und vor allen in sebstassembierten molekularen Monolagen (*Self-Assembled Monolayer*, *SAM*) nachgewiesen [28.200]. Exemplarisch zeigt Abb. 28.84 vier entsprechende Molekülstrukturen.

Moleküle, bei denen Donator- und Akzeptorkomponenten direkt über C-C-Bindungen anstatt über σ- oder π-Brücken miteinander verbunden sind, bezeichnet man als *pn-Kontakt-Molekül* oder *Diblockmoleküle*. Auch derartige Moleküle können ein ausgeprägtes Gleichrichter-Verhalten zeigen. Abbildung 28.84(c) und (d) zeigen diesbezügliche Beispiele.

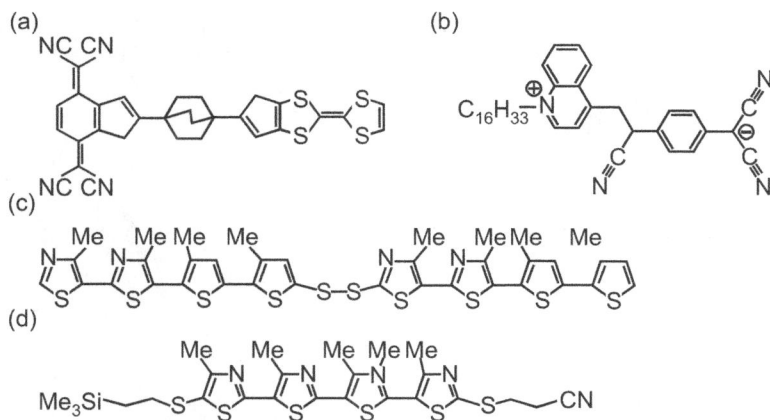

Abb. 28.84. Molekülstrukturen, die zu elektronischen Gleichrichtereffekten führen [28.200]. (a) Donator-σ-Akzeptor-Molekül gemäß dem Aviram-Ratner-Modell. (b) Donatorpi@Donator-π-Akzeptor-Molekül als Bestandteil eines Langmuir-Blodgett-Monolayers. (c) Diblockcopolymer als Bestandteil eines SAM. (d) Molekül mit Tiolgruppen zur präzisen Orientierung in Bezug auf die Elektroden als Einzelmolekül oder in SAM.

Für entsprechende pn-Kontakt- oder DA-Diblockmoleküle wurden beachtliche und applikationsrelevante Gleichrichtungsverhältnisse gefunden. Ein Beispiel für entsprechende Messungen zeigt Abb. 28.85.

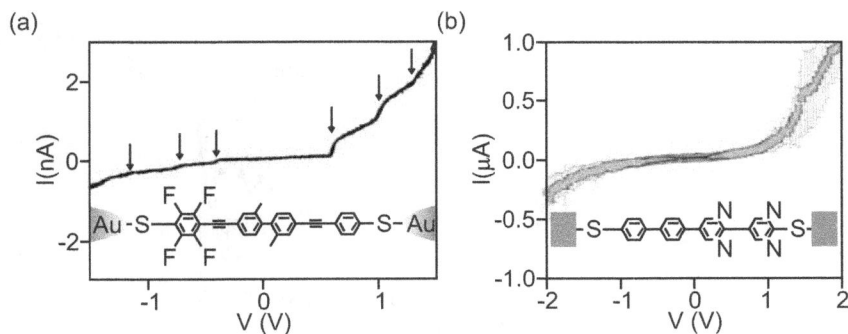

Abb. 28.85. I(V)-Kurven für einzelne Diblockmoleküle [28.200]. (a) Phenyl-Ethinyl-Phenyl-Moleküle zwischen den Elektroden eines Gold-Bruchkontakts. Die Pfeile markieren Stufen in der Kennlinie. (b) Dipyrimidinylmoleküle in einer STM-basierten Elektrodenanordnung.

Für den Gleichtereffekt der pn-Kontakt-Moleküle ist eine gewisse elektronische Entkopplung der Donator- und Akzeptorkomponenten zwingend erforderlich [28.329]. Interessanterweise kann eine variable Kopplung durch einen variierenden Torsionswin-

(a)

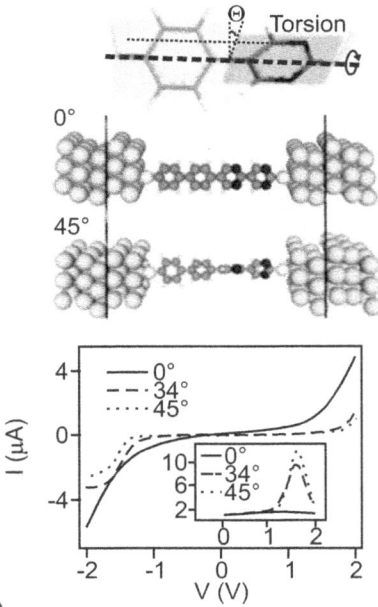

(b)

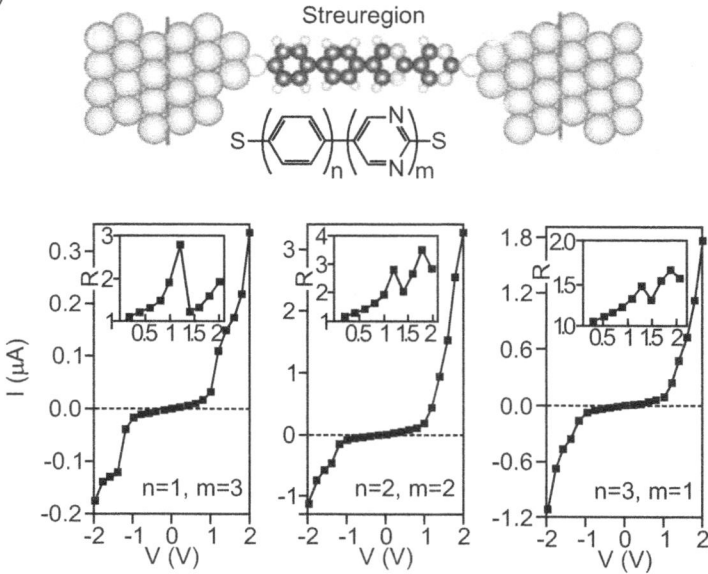

Abb. 28.86. Möglichkeiten zur Manipulations des Gleichrichtungsverhältnisses R durch Design von Diblockmolekülen [28.200]. (a) Variation des Torsionswinkels zwischen den Donator- und Akzeptoreinheiten von Phenyl-Pyrimidinyl-Molekülen. (b) Einfluss der jeweiligen Proportion des Phenyl-Donator-Segments und des Pyrimidinyl-Akzeptor-Segments

kel zwischenden beiden molekularen Teilen – also Donator und Akzeptor – erreicht werden. Dies zeigt Abb. 28.86(a) anhand experimenteller Ergebnisse.

Wie der Torsionswinkel zwischen den Donator-Akzeptor-Einheiten spielt auch ihre Asymmetrie im Aufbau, also beispielsweise in der Kettenlänge, eine Rolle für das Gleichrichtungsverhältnis. Dies zeigt anhand experimenteller Ergebnisse Abb. 28.86(b).

Die an sich wohl naheliegendste Methode zur Erzielung elektronischer Asymmetrien des molekularen Kontakts ist eine asymmetrische Grenzflächenkopplung an die beiden Elektroden, meist aus Metall. Dies kann beispielsweise durch Verwendung von Metallen mit möglichst stark unterschiedlichen Austrittsarbeiten realisiert werden. Im Konkreten ist die Energiebarriere zwischen den Fermi-Niveaus einerseits und den HOMO- und LUMO-Niveaus andererseits von Bedeutung. Durch Differenzen der Austrittsarbeit der Elektroden wurden experimentell beachtliche Gleichrichtungswerte R erzielt [28.330].

(a)

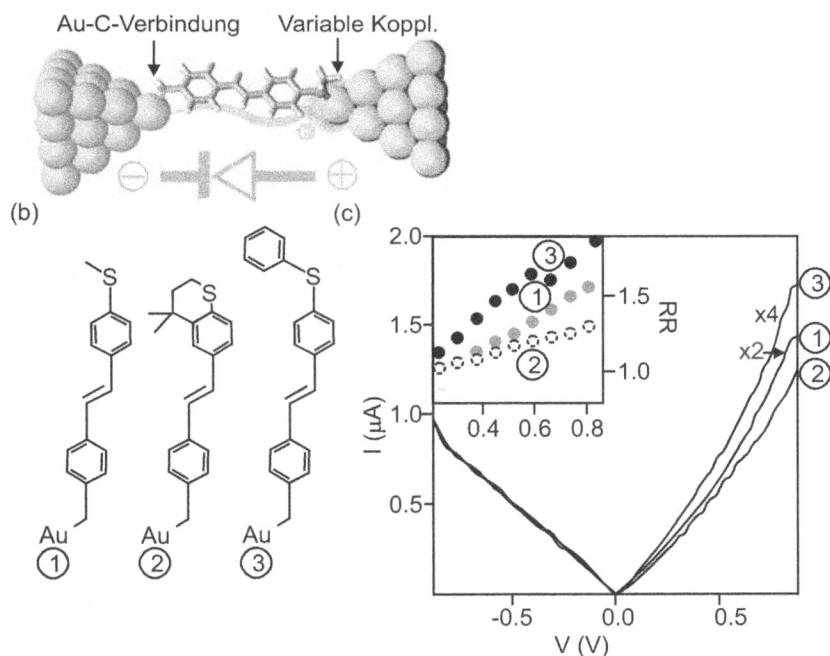

Abb. 28.87. Molekulare Gleichrichter mit unterschiedlichen Ankergruppen [28.200]. (a) Molekül mit Kohlenstoff-Gold-Bindung und variabler Methylsulfid-Gold-Bindung. (b) Struktur dreier molekularer Gleichrichter mit unterschiedlichen Kopplungsstärken bezüglich einer Elektrode. (c) Asymmetrische I(V)-Kurven und spannungsabhängiges Gleichrichtungsverhältnis RR.

Wie bereits erwähnt, besteht eine weitere Möglichkeit zur Reduzierung elektronischer Asymmetrien in der Realisierung unterschiedlicher Kopplungsstärken bezüglich beider Elektroden. Ist eine der Elektroden beweglich, beispielsweise in STM- oder AFM-basierten Anordnungen, so kann die Kopplungsstärke einseitig sogar mit atomarer Präzision variiert werden. Ein Beispiel für das rationale Design von Molekülvarianten mit unterschiedlichen Kopplungsstärken bezüglich einer der beiden Elektroden zeigt Abb. 28.87.

Auch im Kontext molekularer Dioden sind Moleküle mit einem kontrollierbaren intramolekularen Konformationsgrad ausgesprochen interessant. Abbildung 28.88(a) zeigt ein Beispiel für ein Molekül, dessen intramolekulare stereochemische Beschaffenheit sich durch ein externes elektrisches Feld modifizieren lässt. Wird dieses Feld zur Erzeugung eines Transportstroms genutzt, so kommt es zu einem Gleichrichtereffekt.

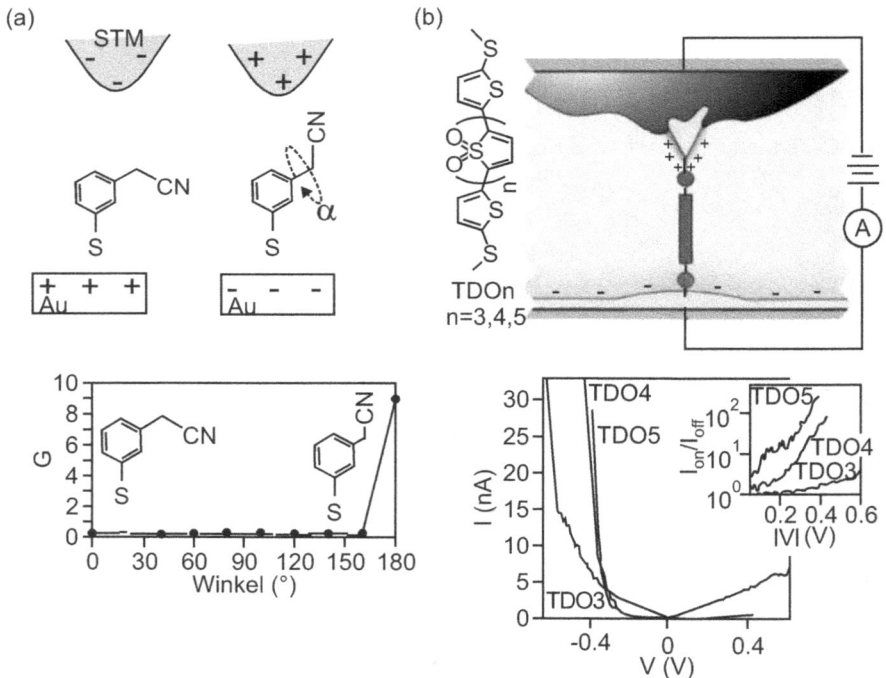

Abb. 28.88. Feldeffektbasierte molekulare Dioden [28.200]. (a) Feldinduzierte Konformationsänderung und relativer Leitwert als Funktion des Torsionswinkels α. (b) Thiophen-1,1-Dioxid (TDO) in einem molekularen Kontakt bei asymmetrischer Kontaktgeometrie und Transporteigenschaften für unterschiedliche molekulare Proportionen.

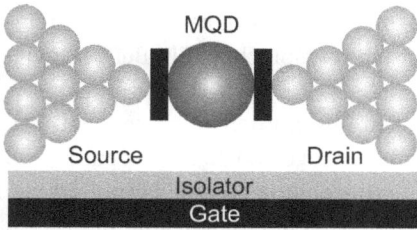

Abb. 28.89. Schematische Darstellung eines Einzelmolekül-FET auf Basis eines molekularen Quantum Dot (MQD).

Unterschiedliche Kontaktgeometrien für ein symmetrisches Molekül haben unterschiedliche Feldstärken an den Enden zur Folge. Auch die dadurch entstehende

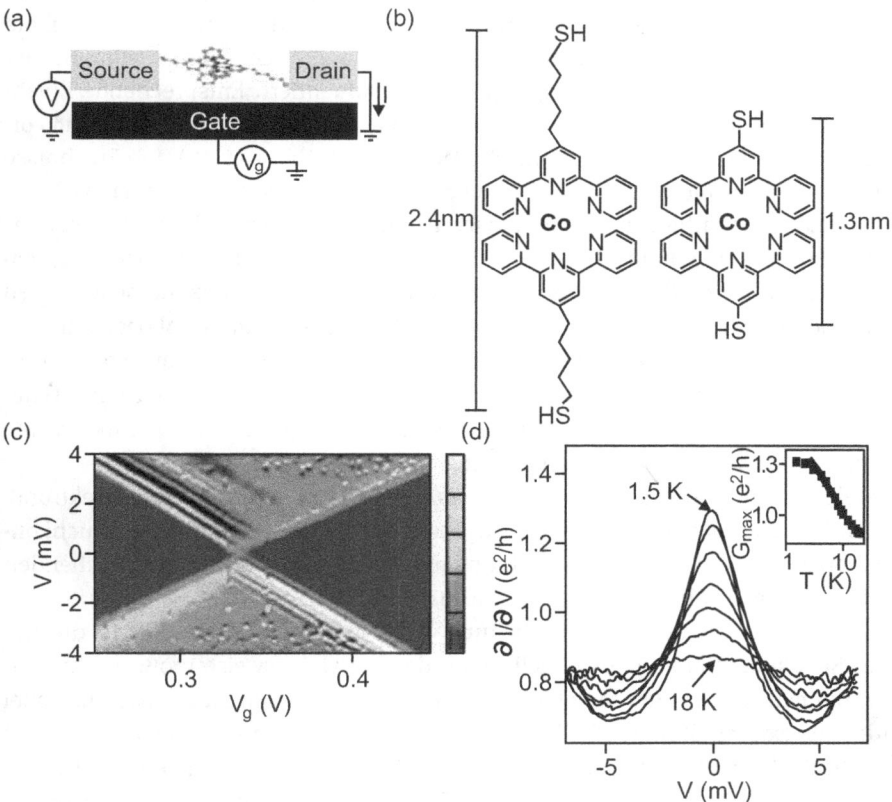

Abb. 28.90. Einzelmolekül-FET [28.200]. (a) Anordnung. (b) Beispielhafte Anordnung auf Basis eines Co-Komplexes. (c) Exemplarisches Coulomb-Profil für ein einzelnes Molekül. (d) Kondo-Maximum der Leitfähigkeit bei variabler Temperatur.

Asymmetrie kann erhebliche Gleichrichtungsfaktoren zur Folge haben, die im Extremfall einem Ein- und Ausschalten des Transportstroms entsprechen. Ein Beispiel zeigt Abb. 28.88(b).

Transistoren sind, wie in den vorangegangenen Abschnitten an zahlreichen Beispielen untermauert, von zentralster Bedeutung für analoge und digitale Schaltkreise. Feldeffekttransistoren kommt gerade für digitale Anwendungen eine besondere Bedeutung zu. Im Kontext der weiteren Miniaturisierung stellt ein molekularer FET ein ultimatives Limit dar. Eine entsprechende Anordnung zeigt schematisch Abb. 28.89. Bereits vor Jahrzehnten wurden Anordnungen untersucht, die man als molekulare Feldeffekttransistoren bezeichnen könnte [28.208; 28.331]. Dominante transportbezogene Phänomene, die experimentell vielfach verifiziert wurden, sind die Coulomb-Blockade, behandelt in Abschn. 3.2.3 und der Kondo-Effekt, diskutiert in Abschn. 2.2.3. Entsprechende Ergebnisse zeigt Abb. 28.90.

Ein weiterer feldinduzierter Effekt ist die Gate-modifizierte Lage der HOMO- und LUMO-Niveaus, also die feldeffektabhängige Modulation der molekularen Orbitale [28.332; 28.259]. Entsprechende Messungen haben auch den Einfluss vibronischer molekularer Moden auf den Transportprozess dokumentiert. Entsprechende Ergebnisse zeigt Abb.28.91. Die starke Kopplung des dominanten Transportorbitals, im vorliegenden Fall des HOMO, an vibronische Moden zeigt Abb. 28.91(b). Die Ergebnisse wurde für 1,4-Benzoldithiol mit einem delokalisierten aromatischen Ring, nicht jedoch für 1,8-Octandithiol mit einem Alkylgerüst beobachtet. Diese Tatsache resultiert daraus, dass das dominante Transportorbital, des HOMO, stark an die vibronischen Moden des 1,4-Benzoldithiols gekoppelt ist, was zu einer Resonanz im inelastischen Tunnelspektrum führt. Entsprechendes wird nicht für 1,8-Octandithiol beobachtet.

Ursächlich ist diesbezüglich der große Abstand des HOMO-Niveaus vom Fermi-Niveau. Die Ergebnise verifizieren insgesamt eindeutig die Möglichkeit einer Gate-Steuerung der Lage der molekularen Orbitale für eine geeignete Molekülstruktur, eine wichtige Voraussetzung für die Realisierung molekularer FET.

Molekulare FET als wohl wichtigste Basis einer umfassenden Molekularelektronik wurden im Labormaßstab erfolgreich auf Basis der zuvor beschriebenen Bruchkontakte hergestellt. Eine elegante Anordnung mit seitlichem Gate und entsprechenden Messergebnissen für Benzoldithiol zeigt Abb. 28.92.

Eine für die digitale Signalverarbeitung wichtige Betriebsart von FET ist diejenige des Schaltens. Daher ist es naheliegend, dass vergleichsweise große Aktivitäten unternommen werden, um molekulare Schalter experimentell zu realisieren. Dabei wurden als externe Stimuli oder Trigger Licht, Wärme, Ionen sowie elektrische und magnetische Felder untersucht. Eine Grundvoraussetzung für einen extern getriggerten Schaltprozess ist dabei, dass der externe Stimulus mindestens zwei stabile Isomere des Moleküls reproduzierbar adressiert. Die Leitwertdifferenz muss dabei detektierbar sein.

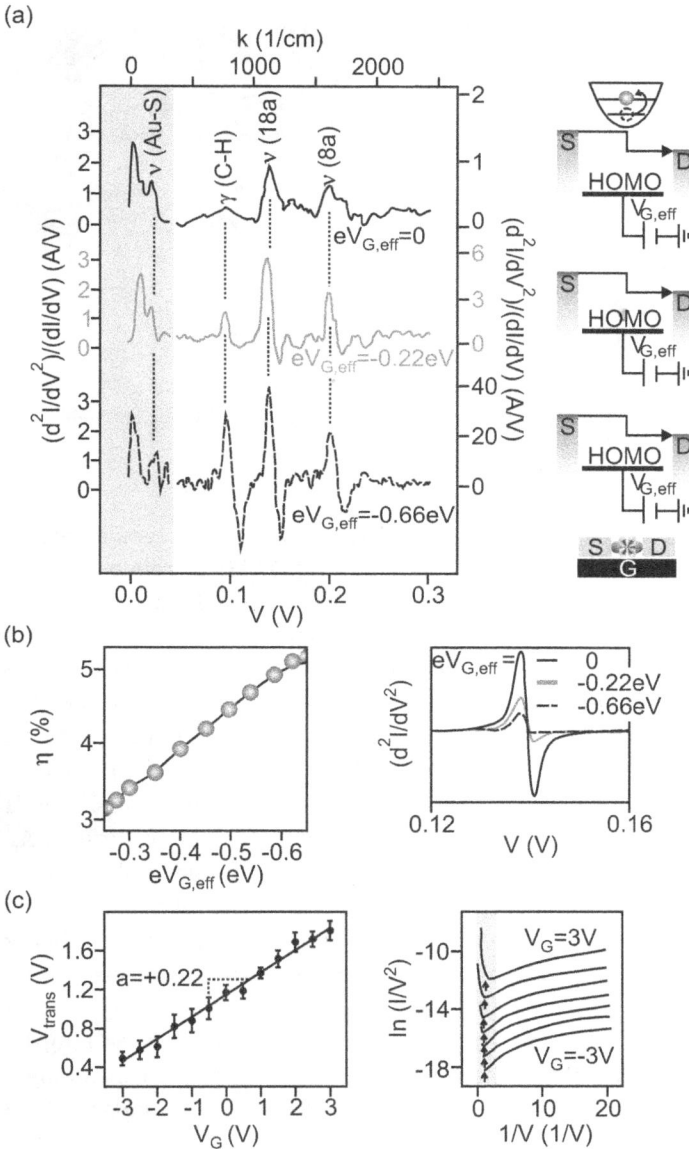

Abb. 28.91. Gate-Modulation molekularer Orbitale in Einzelmolekül-FET [28.200]. (a) Transportmessungen an einer Anordnung gemäß Abb.28.90(a) bei Gate-induzierter variierender Orbitalkonfiguration. Vermerkt ist jeweils die effektive molekulare Gating-Energie $eV_{G,eff}$. Angeregte vibronische Moden sind ebenfalls gekennzeichnet.. Die Messungen erfolgten bei 4,2 K. Der grau hinterlegte Bereich bezieht sich auf die linke Achse. Der Rest der Spektren bezieht sich auf die rechten Achsen. (b) Relative Änderung η des Leitwerts für die vibronische Mode ν (18a) als Funktion von $eV_{G,eff}$ und dazugehörige Transportmessung. (c) Variation der Lage der Energie für den Transort relevanter molekularer Orbitale als Funktion der Gate-Spannung und entsprechende Spektren.

(a)

(b)

300nm

(c)

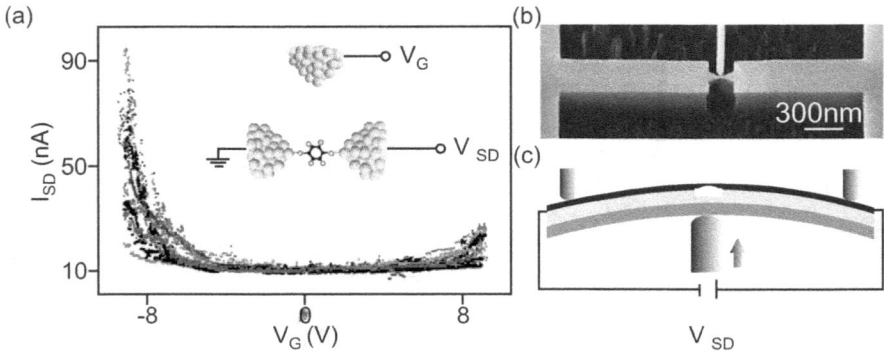

Abb. 28.92. Molekularer FET auf Basis von Benzoldithiol [28.200]. (a) Transportstrom als Funktion der Gate-Spannung. (b) SFM-Abbildung der Anordnung mit Goldkontakten und seitlichem Gate. (c) Schematische Darstellung des Bruchkontakts.

Frühe Ansätze zur Realisierung molekularer Schalter nutzten selbstassemblierte Monolagen in Verbindung mit STM- und AFM-Messungen [28.333]. Besonders bemerkenswert erscheinen optoelektronische Ansätze, bei denen *Photoisomerisation* zum reversiblen Hin- und Herschalten zwischen stabilen Isomeren führt [28.334]. Abbildung 28.93 zeigt Ergebnisse für photochrome molekulare Schalter auf Basis von Diarylethenen. Diesbezüglich wurden wiederum molekulare Bruchkontakte verwendet. In diesem Experiment [28.335] gelang es, vom leitfähigen Zustand durch Beleuchtung der Anordnung (λ = 546 nm) irreversibel in den isolierenden Zustand zu schalten. Reversibilität konnte gleichwohl nicht erreicht werden. Offensichtlich sind hierfür plasmonische Anregungen der eng gekoppelten Au-Elektroden verantwortlich. Allerdings zeigen auch Experimente mit einwandigen Kohlenstoffnanoröhrchen als Elektroden ein irreversibles Verhalten. Wieder konnte der besser leitfähige Zustand lichtinduziert ausgehend vom hochohmigen Zustand erreicht werden, aber nicht der umgekehrte Schaltprozess [28.335]. Ursächlich hierfür könnte die Energiedissipation aus dem angeregten Zustand über die Elektroden sein [28.336].

Die Ergebnisse aus Abb. 28.93 unterstreichen erneut die besondere Bedeutung der Interaktion der den Kontakt überbrückenden Moleküle mit den gewählten Elektroden. Für jedes grundlegende Konzept der Molekularelektronik ist dies ein fundamentaler Gesichtspunkt.

In weiteren Ansätzen zur Realisierung molekularer Photoschalter wurden auch Graphenelektroden im Zusammenhang mit rational konzipierten Graphen-Molekül-Bindungen systematisch untesucht. Das Ziel dieser Untersuchungen war es, die Molekül-Elektroden-Kopplungen und ihren Einfluss auf die Schaltvorgänge dizidiert zu untersuchen [28.337].

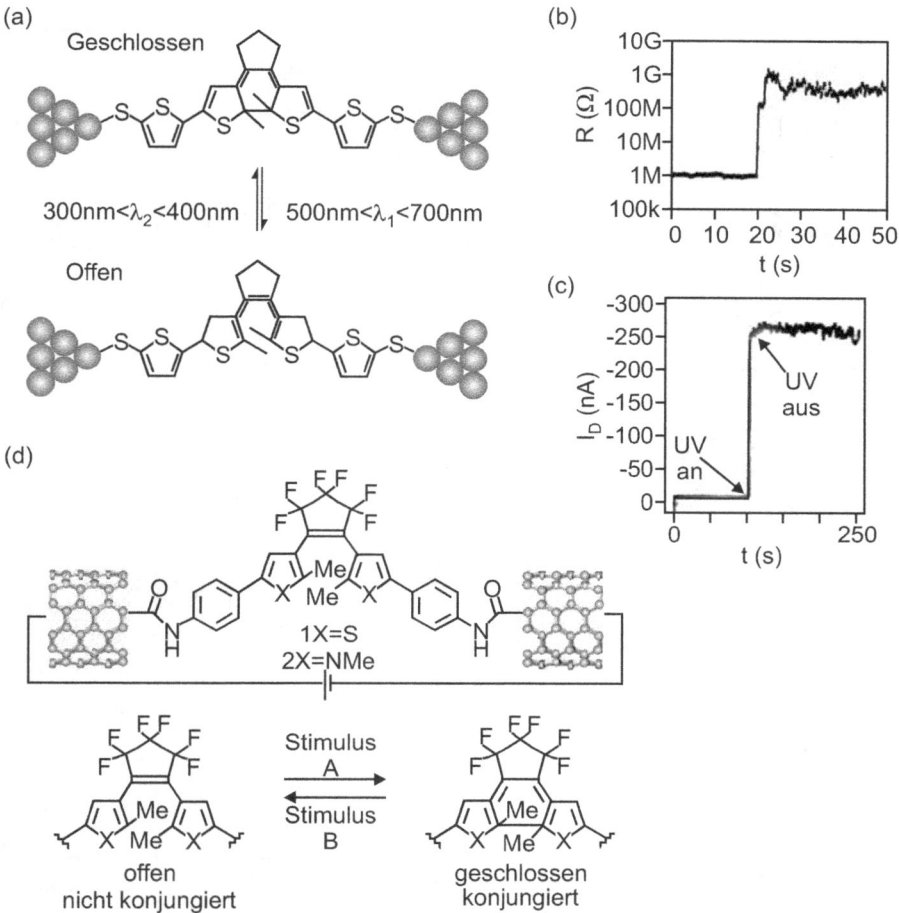

Abb. 28.93. Einzelmolekül-Photoschalter [28.200]. (a) Photochromer molekularer Schalter auf Basis von Diarylethenen zwischen Au-Elektroden eines Bruchkontakts. Photoinduziertes Schalten von der leitfähigen in die isolierende Konfiguration. (b) Zugehöriges Widerstandsdiagramm. (c) Strom durch den Kontakt bei Verwendung von Kohlenstoffnanoröhrchen als Elektroden und Schalten via UV-Licht. (d) Zu (c) gehörige molekulare Anordnung und photoinduzierter Schaltprozess.

Die Ergebnisse zeigt Abb. 28.94. Es wurden wiederum Diarylethenmoleküle verwendet, allerdings mit grundsätzlich unterschiedlichen Ankerketten. Auch auf Basis dieser Ansätze konnten keine revrsiblen Schaltvorgänge, sondern nur reproduzierbare Off-On-Schaltvorgänge erreicht werden [28.337].

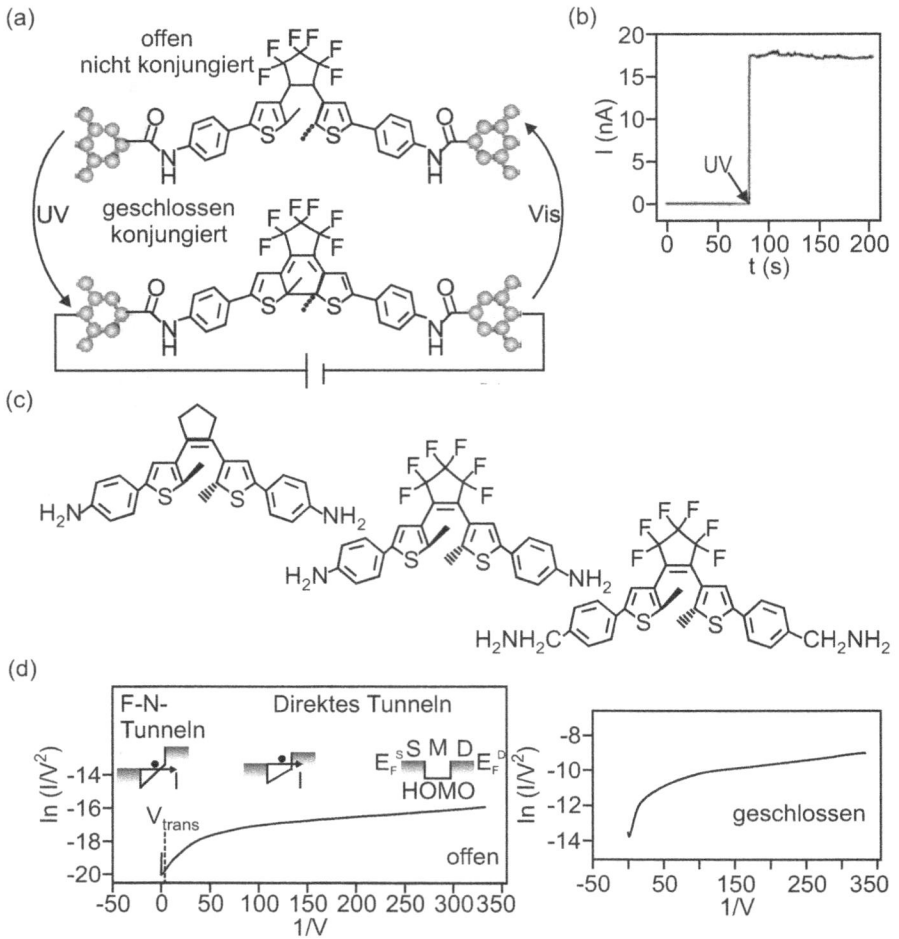

Abb. 28.94. Schaltvorgänge für Diarylethenmoleküle mit unterschiedlichen Ankergruppen und Graphenelektroden [28.200]. (a) Photoinduzierte Konfigurationesmöglichkeiten. (b) Typischer Schaltvorgang zwischen isolierend und leitfähig. (c) Struktur der konkret analysierten Moleküle. (d) Fowler-Nordheim-Darstellungen (F-N) des Transportprozesses und schamatische Darstellung für beide molekularen Konfigurationen.

Besonders kontrollierte Messungen an photochromen Molekülen lassen sich an Bruchkontaktanordnungen mit vorgebbarer Kopplung oder Bindungsstärke zwischen Elektroden und Molekül durchführen. Die Bruchkontakte erlauben dann innerhalb kurzer Zeiten eine Vielzahl von Messungen an identischen oder weitestgehend identischen molekularen Konfigurationen. Entsprechende Ergebnisse zeigt Abb. 28.95 für vier unterschiedliche Diarylethenmoleküle ohne schwefelhaltige Ankergruppen [28.338].

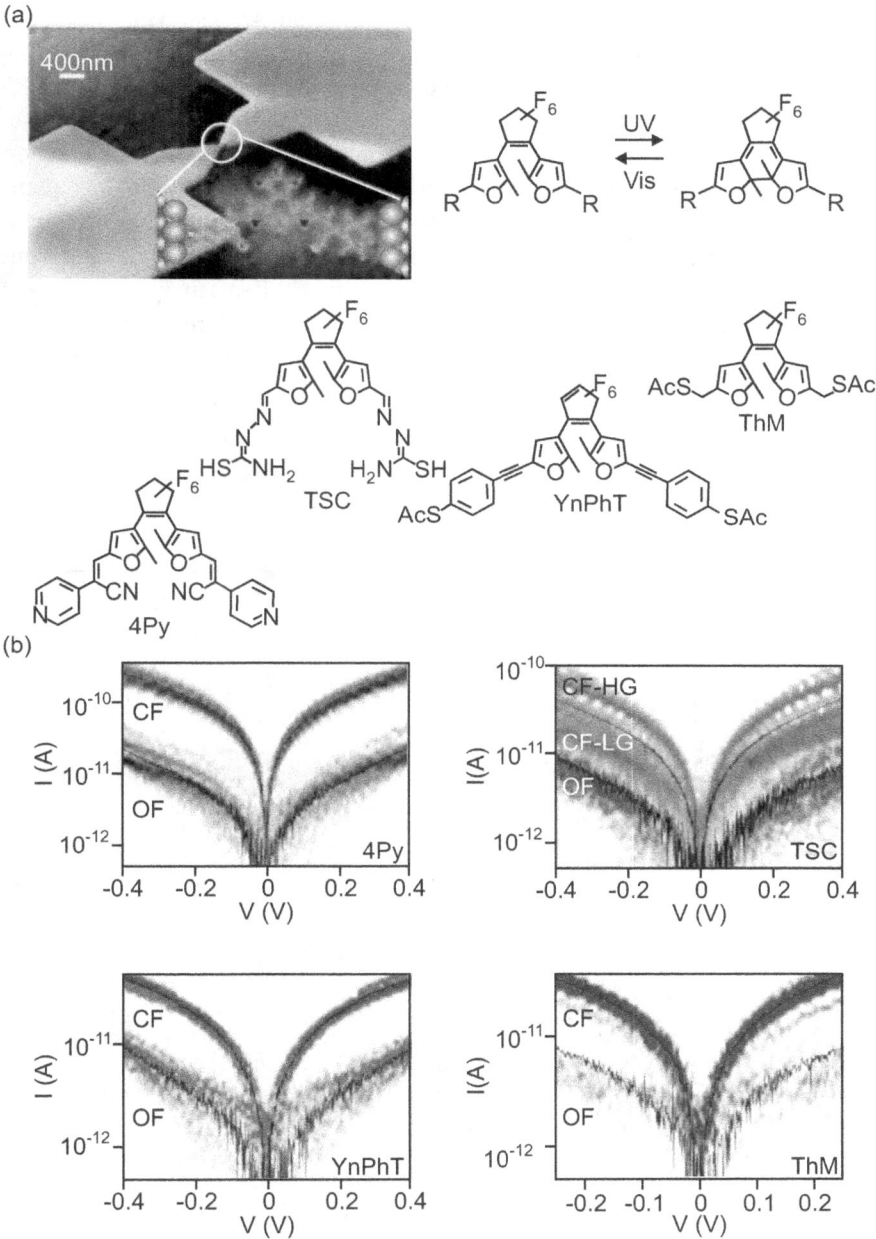

Abb. 28.95. Photoinduzierte Schaltvorgänge schwefelfreier Diarylethenmoleküle [28.200]. (a) Bruchkontaktanordnung und molekulare Strukturen. (b) Schar von I(V)-Kurven für die vier unterschiedlichen Moleküle und für die offene (OF) und geschlossene (CF) molekulare Konfiguration. DF-HG und CF-LG bezeichnen hoch- und niederohmige geschlossene Konfigurationen.

Stereoelektronische Effekte umfassen räumliche Orientierungen von Molekülen oder chemische Reaktionsabläufe, welche sich rein aus der räumlichen Anordnung der Molekülorbitale ergeben [28.339]. Damit bietet es sich an, stereoelektronische Effekte für elektronische Schaltprozesse zu nutzen [28.340]. Abbildung 28.96 zeigt erste diesbezügliche Resultate. Permethyl-Oligosilane mt Methylthiomethyl-Ankerketten zeigen eine Kopplung der stereoelektronischen Eigenschaften der Schwefel-Methylen-σ-Bindungen an den Elektroden gegenüber der starken σ-Konjugation im Oligosilan-Rückgrat. Diese Kopplung wiederum hat drei diskrete dihedrale Konfigurationen mit sehr unterschiedlichen elektronischen Transporteigenschaften zur Folge. Sie zeigt Abb. 28.96(a). Durch Kompression oder Elongation des molekularen Kontakts kann zwischen einem vergleichsweise niedrigen und einem vergleichsweise hohen Leitwert hin- und hergeschaltet werden, wie Abb. 28.96(b) zeigt.

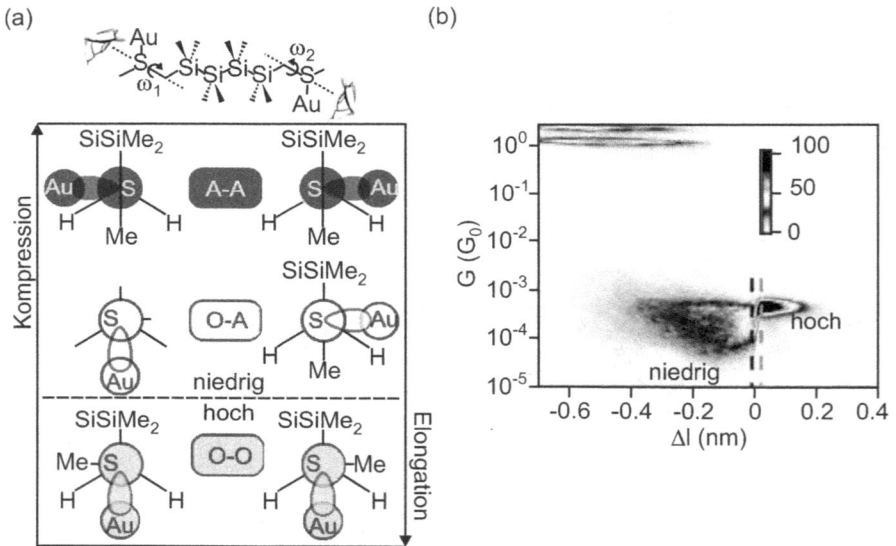

Abb. 28.96. Beeinflussung molekularer Konfigurationen durch stereoelektronische Effekte [28.200]. (a) Distinkte dihedrale Konfigurationen A-A, O-A, und O-O aus Sicht der Schwefel-Methylen-σ-Bindungen im Au-Si$_4$-Au-System. (b) Leitwertdiagramm für Kompression und Elongation des molekularen Kontakts für Si$_4$ auf Basis zahlreicher Messungen.

Die Realisierung von molekularen Kontakten mit Source-, Drain- und Gate-Elektrode ist präparativ sehr anspruchsvoll. Eine prinzipielle Alternative dazu ist ein elektrochemisch induzierter Gating-Effekt. Einen entsprechenden Aufbau zeigt schematisch Abb. 28.97. Hier werden die molekularen Orbitale durch das elektrochemische Potential der Anordnung innerhalb eines Elektrolyts gegenüber einer Referenzelektrode beeinflusst. Unter geeigneten Bedingungen kann die Debye-Länge, die wir unter

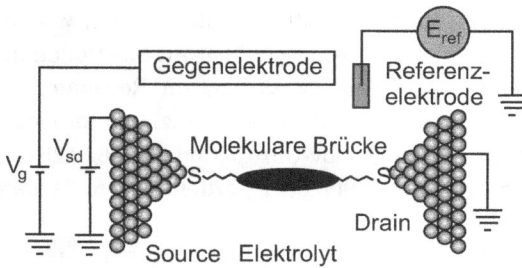

Abb. 28.97. Elektrochemischer Gating-Effekt für einen molekularen Kontakt innerhalb einer elektrochemischen Zelle [28.200].

anderem in Abschn. 22.2.3 diskutiert hatten, sehr gering sein, nur wenige Ångström. Dies hat sehr große effektive Gate-Feldstärken zur Folge: Eine Potentialdifferenz von $\Delta V = 0,5$ V über eine elektrochemische Doppelschicht der Dicke $\Delta z = 0,5$ nm führt zu einer Gate-Feldstärke von $E = 10^9$ V/m, ein Wert, der in reinen Festkörperanordnungen nicht erreichbar wäre.

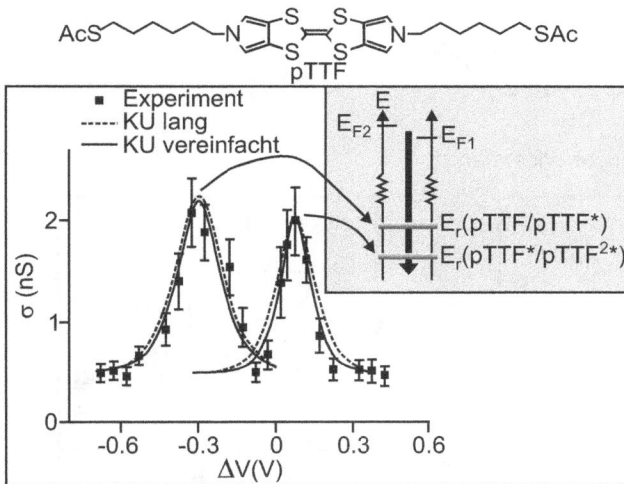

Abb. 28.98. Leitfähigkeits-Potential-Diagramm für ein Pyrrol-Tetrathiafulvalen-Derivat (pTTF) [28.200]. Positive Elektrodenpotentiale führen sukzessive zu den Redoxübergängen pTTF→ pTTF$^+$ →pTTF^{2+}. Die durchgezogenen Linien repäsentieren Resultate, die mittels des Kuznetsov-Ultrup-Modells (KU) erhalten wurden.

Im Kontext des elektrochemischen Gating-Effekts erscheinen redoxaktive Moleküle a priori attraktiv, weil sie unter elektrochemischen Bedingungen wie in Abb. 28.97 gezielt reduziert und oxidiert werden können. Dies kann mit sehr großen On-

Off-Verhältnissen verbunden sein, wie für Pyrrhol-Tetrathiafulvalen gezeigt wurde [28.341]. Für das Derivat wurden $(CH_2)_6$S-Ankergruppen gegenüber Au-Elektroden in STM-basierten Bruchkontakten verwendet. Abbildung 28.98 zeigt die Resultate. Es wurden On-Off-Leitwertverhältnisse mit einem Wert von vier reproduzierbar erreicht [28.341]. Die Ergebnisse können mit Hilfe des Kuznetsov-Ultrup-Modells [28.342] auf Basis eines zweistufigen Ladungsübergangs bei voller oder partieller vibronischer Relaxation gedeutet werden.

Noch größere Leitwertunterschiede wurden mittels elektrochemischen Gatings für Anthrachinon/Hydroanthrachinon-Redoxpaare erzielt [28.343]. Die entsprechenden Ergebnisse zeigt Abb. 28.99.

(a)

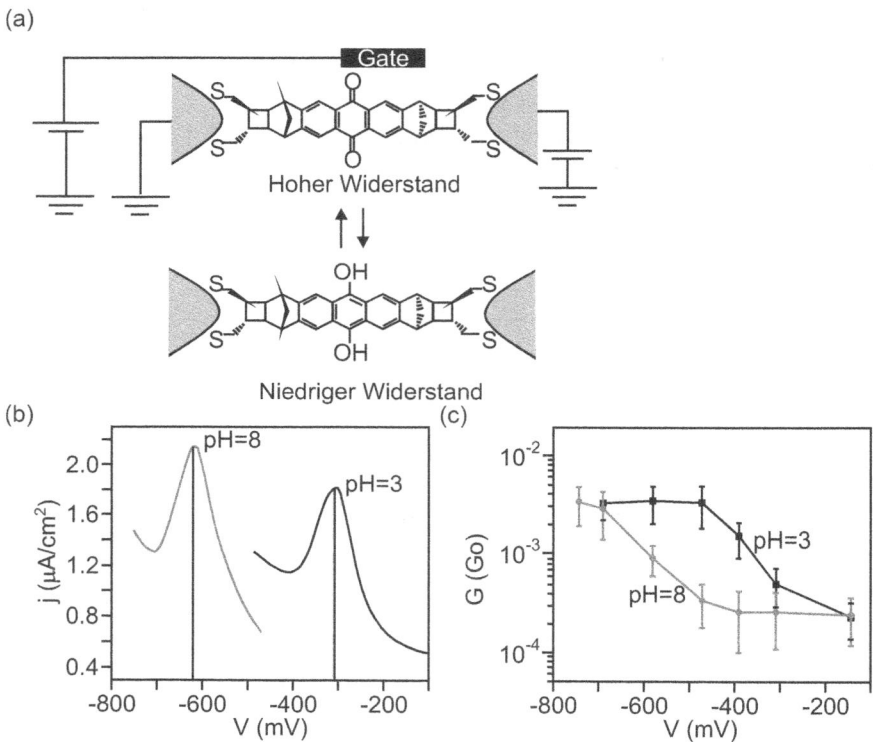

(b)   (c)

Abb. 28.99. Elektrochemisches Gating des Anthrachinon/Hydroanthrachinon-Redoxpaars [28.200]. (a) Indizierte Redoxreaktion. (b) j(V)-Verläufe für unterschiedliche pH-Werte. (c) Leitwert des molekularen Kontakts für variierendes Gate-Potential für die beiden pH-Werte aus (b).

Zur Realisierung molekularer Schalter werden auch spinbasierte Phänomene herangezogen [28.344]. Relevant sind Moleküle, die eine magnetfeldabhängige Konfiguration aufweisen. Insbesondere ist die externe Zugänglichkeit von Spin-Bahn-

Kopplung und Hyperfeinwechselwirkung von Interesse. Wegen großer Relaxations-zeitkonstanten und langer Kohärenzzeiten sind besonders *Einzelmolekülmagnete* von großem Interesse [28.345]. Abstimmbare molekulare Bruchkontakte mit diesen Mole-külen und einer zusätzlichen Gate-Elektrode realisieren molekulare Spintransistoren, welche sich insbesondere für feldeffektbasierte Schaltvorgänge eignen. Eine entspre-chende Anordnung zeigt Abb. 28.100. In diesem Fall kann über die Potentialdiffe-renz zwischen den Transportelektroden die I(V)-Charakteristik gesteuert werden, also zwischen Pseudotriplett- und Pseudosingulettzustand des gekoppelten Spin-paars hin- und hergeschaltet werden [28.346]. In ähnlichen Ansätzen wurde dazu das Gate-Potential verwendet [28.347]. Es liegen mittlerweile zahlreiche experimentelle Beweise vor, die zeigen, dass sich die magnetische Konfiguration von Einzelmolekül-magneten elektrostatisch manipulieren oder sogar schalten lässt. Aus gegenwärtiger Sicht könnten elektrostatisch kontrollierte Spintransistoren damit ein durchaus viel-versprechendes Konzept für eine digitale Molekularelektronik sein.

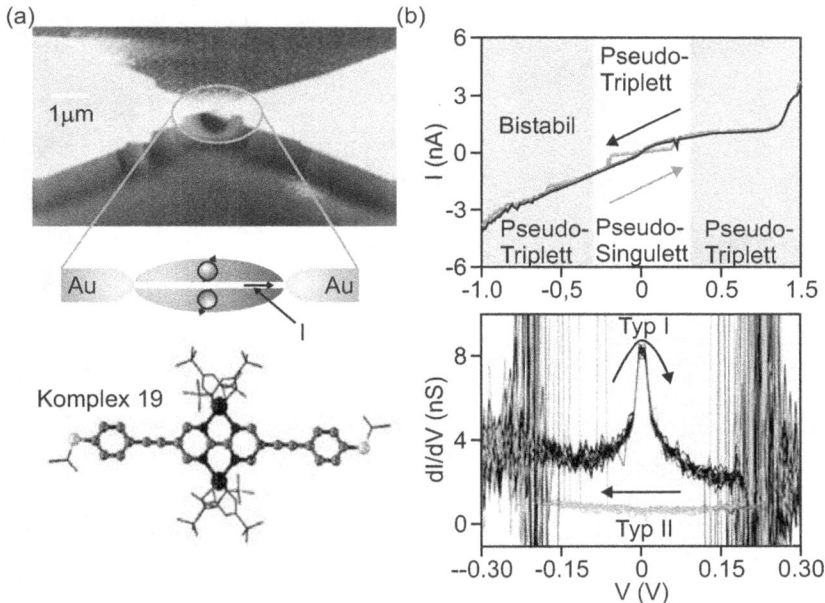

Abb. 28.100. Schaltbarer molekularer Spintransistor auf Basis eines Bruchkontakts mit Gate-Elektrode [28.200]. (a) Bruchkontakt mit Au-Elektroden und verwendeter molekularer Komplex mit einem Spinzentrenpaar. (b) Bistabile I(V)-Charakteristik aufgrund der hysteretischen Kopplung der Spinzentren. Die Typ I-Kennlinie beinhaltet eine Kondo-artige Anomalie bei verschwindender Span-nung als Folge eines Pseudotriplettzustands. Typ II wird einem Singulettzustand zugeschrieben.

Bereits im Jahr 2004 wurde demonstriert, dass auch chemische Einzelmolekülreaktio-nen, im Konkreten die Bindung eines Gast- an ein Wirtmolekül, elektrisch detektiert werden können [28.348]. Im Sinn einer breit definierten molekularelekronischen Signalverarbeitung lässt sich auf Basis dieses ersten Befunds primär die Realisierung neuartiger chemischer Sensoren diskutieren.

Desoxiribozyme, DNA-Enzyme oder *DNAzyme* sind katalytisch aktive DNA-Sequenzen. Bislang wurde eine Vielzahl katalytisch aktiver DNA-Enzyme identifiziert. Allerdings wurden sie bisher nicht in nativen Zellen gefunden, sondern sie werden künstlich produziert, indem aus einer Vielzahl von DNA-Segmenten jene herausgefiltert werden, die enzymatisch aktiv sind. Insbesondere gibt es DNAzym-basierte Biokatalysatoren, die Reaktionen in Anwesenheit bestimmter Metallionen begünstigen [28.349]. Einen diesbezüglich aufgebauten DNAzym-basierten chemischen Sensor zeigt Abb. 28.101.

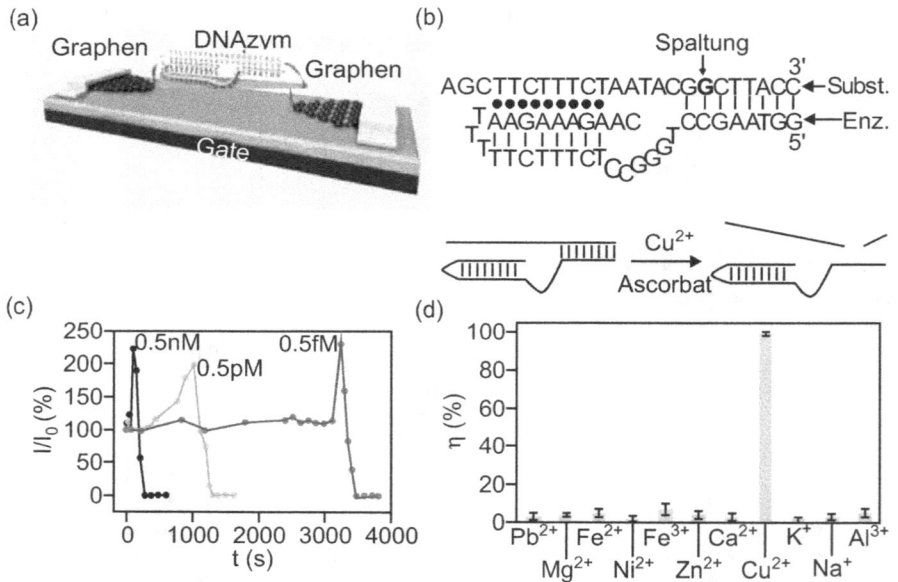

Abb. 28.101. DNAzym-basierter Cu^{2+}-Sensor [28.200]. (a) Graphen-DNAzym-Dreielektrodenkontakt. (b) Struktur des Cu^{2+}-sensitiven DNAzyms und entsprechende katalytische Aktivität. (c) Konzentrationsinduziertes Stromverhältnis, welches die femtomolare Sensitivität des Cu^{2+}-Nachweises unter Beweis stellt. (d) Statistik des Nachweises verschiedener Ionen mit chemischem Sensor.

Motivationen zur Realisierung einer umfassenden Molekularelektronik umfassen natürlich weitaus mehr als die ultimative Miniaturisierung von Schaltkreisen zur digitalen Signalverarbeitung. Besonders vielversprechend erscheint beispielsweise die Einzelmolekülsensorik, die das Potential bietet, biologische Prozesse auf Einzelmolekülebene elektrisch zu detektieren. Dies ist anwendungstechnisch von großer Bedeutung für die Grundlagenforschung in der Biologie, aber auch für die medizinische Diagnostik sowie für die Entwicklung neuartiger Pharmazeutika.

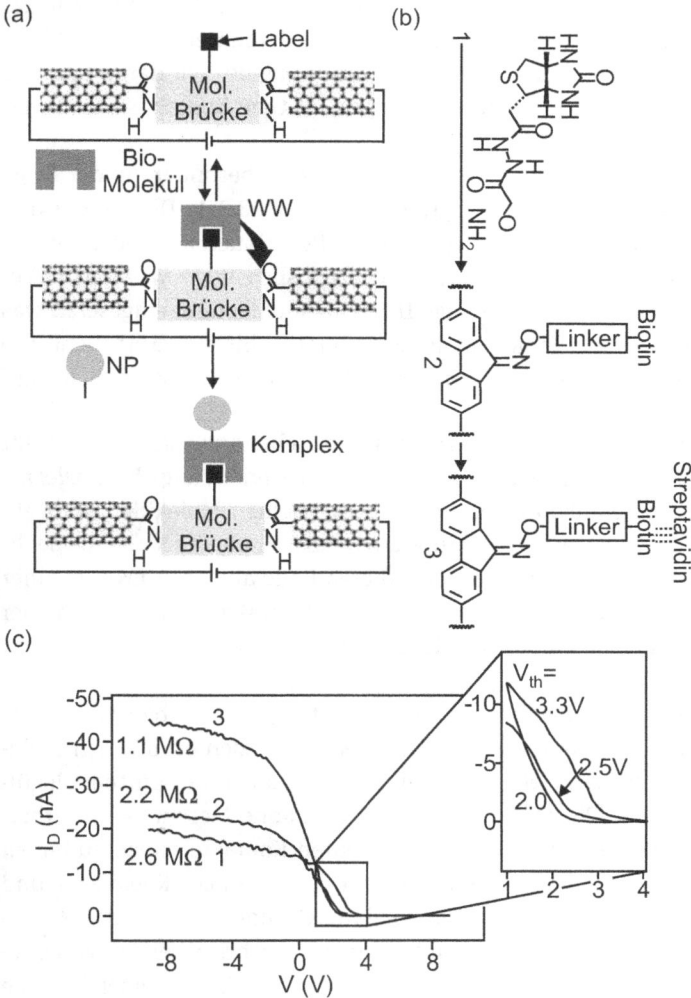

Abb. 28.102. Elektrische Einzelmoleküldetektionen [28.200]. (a) Anordnung mit Kohlenstoffnanoröhrchen und Ankermolekül. Biologische Makromoleküle wie Proteine und funktionalisierte Nanopartikel lassen sich mittels des Ankermoleküls detektieren. (b) Fluorenon als Ankermolekül (1) mit sukzessiver Bindung an Biotin (2) und Streptavidin (3). (c) Strom-Spannungs-Kennlinie bei variierender Gate-Spannung für eine geeignet gewählte, feste Source-Drain-Spannung. Insbesondere unterscheidet sich auch die Schwellspannung V_{tn} für die drei Reaktionsschritte aus (b).

Die Machbarkeit der elektrischen Detektion von Einzelmolekülen wurde bereits vor etwa 20 Jahren unter Beweis gestellt [28.350]. Ergebnisse zu diesen pionierhaften Experimenten sind in Abb. 28.102 dargestellt. Kohlenstoffnanoröhrchen dienten als Elektroden und geeignete Ankermoleküle zum Andocken biologischer Makromoleküle, namentlich von Proteinen. Auch einzelne Nanopartikel konnten auf diese Weise detektiert werden. Ein weiterer Freiheitsgrad der Anordnung besteht darin, dass ein oxidierter Si-Wafer, der als Substrat dient, gleichzeitig als Gate-Kontakt genutzt werden kann [28.350].

Die prototyphafte Anordnung aus Abb. 28.102 diente insbesondere in der Folge dazu, einzelne DNA-Moleküle in Schaltkreise zu integrieren [28.351]. DNA ist ein vielfältig nutzbares Ankermolekül, welches biochemische Reaktionen mit hoher Sensitivität in Leitfähigkeitsvariationen transformiert [28.352]. Insbesondere wurden für diesen Zweck auch Aptamere, kurze einsträngige DNA-Oligonukleotide, eingesetzt, was insbesondere den Nachweis von Proteinen auf Einzelmolekülniveau ermöglicht. Die in Abb. 28.103 gezeigte Anordnung konstituiert eine diesbezügliche Plattform, die auf sehr versatile Weise eingesetzt werden kann.

Aus grundlegender Sicht, aber auch aus Sicht sensorischer Anwendungen besteht ein Interesse am Verständnis und an der präzisen Charakterisierung *thermoelektrischer Effekte* an Einzelmolekülkontakten. Auch bei einzelnen Molekülen wird ein Ladungstransport aufgrund eines Temperaturgradienten entlang des Moleküls beobachtet. Freie Ladungsträger sammeln sich am kälteren Ende an und führen zu einer Potentialdifferenz entlang des Moleküls [28.353]. Zur Charakterisierung dient der *Seebeck-Koeffizient*, der für die unterschiedlichsten molekularen Kontakte bestimmt wurde [28.354].

Weitere systematische Untersuchungen in den letzten Jahren haben Aufschluss darüber geliefert, wie Wärmedissipation und Seebeck-Koeffizienten mit den molekularen – insbesondere mit den elektronischen – Eigenschaften der Einzelmolekülkontakte zusammenhängen [28.355]. Insbesondere simultane Messungen der thermischen Dissipation und des Leitwerts der molekularen Kontakte haben zu einem umfassenden Verständnis des Zusammenhangs zwischen Seebeck-Koeffizient und der für den Transport maßgeblichen Lage molekularer Orbitale geführt [28.356]. Ergänzt wurden diese experimentellen Fortschritte durch Fortschritte bei der Modellierung thermoelektrischer Effekte, was es nunmehr ermöglicht, die thermoelektrische Energiekonversion rational zu optimieren. Der Schlüssel dazu ist die Optimierung der elektronischen Transmission der Einzelmolekülkontakte am Fermi-Niveau der Elektroden.

Eine experimentelle Herausforderung ist die Konzeption von Anordnungen mit möglichst großen Temperaturgradienten entlang des molekulaten Kontakts. Eine solche Anordnung zeigt schematisch Abb. 28.104(a). Die Bestimmung von Leitwerten und Seebeck-Koeffizienten ist simultan möglich. Für Au-Biphenyl-4,4'-Dithiol-Au- und Au-Fulleren-Au-Kontakte konnte gezeigt werden, dass sich Seebeck-Effekt und Leit-

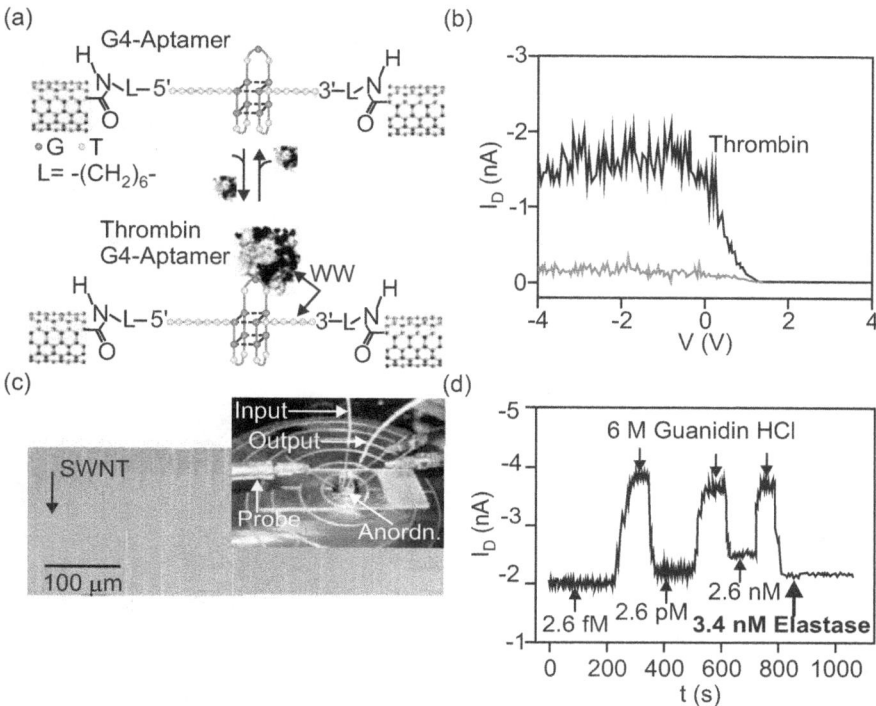

Abb. 28.103. Aptamerbasierte Einzelmolekülanordnung zum Nachweis von DNA-Protein-Interaktionen in Echtzeit. [28.200]. (a) Zugrundeliegende Wechselwirkung im Fall von Thrombin. (b) Strom-Spannungs-Kurve bei Variation der Gate-Spannug und fester Source-Drain-Spannung. Die Interaktion des Aptamers mit Thrombin äußert sich in einem deutlichen Leitfähigkeitsanstieg für negative Gate-Potentiale. (c) Anordnung einer Vielzahl identischer Einzelmolekülkontakte auf Basis einwandiger Kohlenstoffnanoröhrchen sowie vergrößerte Darstellung eines Kontakts. (d) Variationen des Stroms bei festen Potentialen und bei Variation der Thrombinkonzentration für einen einzelnen Kontakt wie in (a).

wert des Kontakts elektrostatisch mit Hilfe der Gate-Elektrode beeinflussen und optimieren lassen [28.357]. Entsprechende Messungen zeigen Abb. 28.104(b) und (c).

Weitere Untersuchungen unter Verwendung einer STM-basierten Anordnung zeigten, dass nicht nur Leitwerte, sondern auch Seebeck-Koeffizienten durch ein rationales molekulares Design („Molecular Engineering") optimiert werden können [28.358]. Die entsprechenden Ergebnisse zeigen Abb. 28.104(d), (e) und (f). Erstaunlicherweise zeigten gerade die Messungen zur thermoelektrischen Konversion, dass innerhalb einer molekularen Familie – im Konkreten Thiophen-1,1-Dioxid (TDO)-haltige Moleküle – der Transportprozess zwischen Löcher- und Elektronenleitung je nach Zusammensetzung der Moleküle – hier in Form von (TDO)$_n$-Einheiten – variieren kann [28.358]. Dies könnten generelle Ansätze zum molekularen Design von p- und n-leitenden molekularen Bereichen sein [28.359]

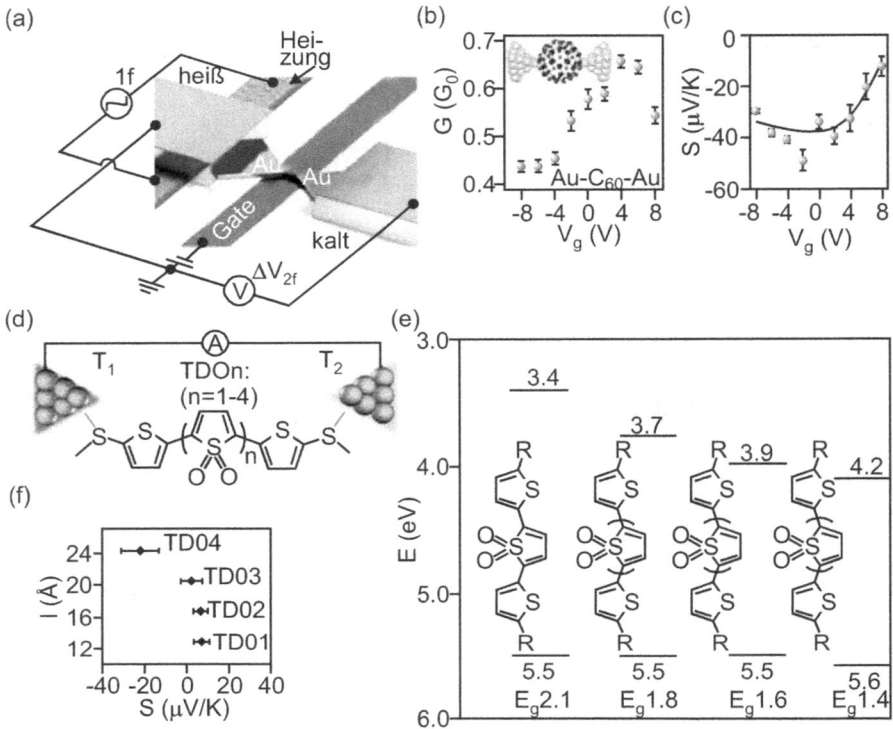

Abb. 28.104. Messung thermoelektrischer Effekte an einzelnen Molekülen [28.200]. (a) Anordnung basierend auf Au-Elektroden und mit einer Gate-Elektrode. (b) Leitwert als Funktion der Gate-Spannung für einen Au-C_{60}-Au-Kontakt. (c) Simultan zum Leitwert gemessener Seebeck-Koeffizient. (d) STM-basierter molekularer Kontakt zur Messung der thermoelektrischen Eigenschaften von Molekülen, die zentral eine unterschiedliche Anzahl von Thiophen-1,1-Dioxid-Gruppen (TDO)$_n$ beinhalten. (e) HOMO- und LUMO-Niveaus für die molekulare (TDO)$_n$-Familie, bestimmt mittels zyklischer Voltammetrie. (f) Seebeck-Koeffizienten in Abhängigkeit von der Anzahl n der (TDO)-Einheiten und damit in Abhängigkeit von der molekularen Länge. Der Vorzeichenwechsel von S > 0 zu S < 0 impliziert einen Wechsel zwischen p- und n-Leitung.

28.5.8 Zusammenfassende Einschätzung

Die Molekularelektronik hat zum Gegenstand die Nutzung spezifischer elektronischer Eigenschaften einzelner Moleküle. Kennzeichnend dabei ist, dass jedes individuelle Molekül als prägendes funktionelles Element wirkt. Grundsätzlich kann die Anzahl simultan genutzter Moleküle dabei mikroskopische oder auch makroskopische Mengen oder Volumina umfassen. Das ist beispielsweise im Hinblick auf die Anzahl der *Luminophore* in organischen Leuchtdioden (*Organic Light Emitting Diode, OLED*), die wir bereits in Abschn. 14.1.1 erwähnten und im Hinblick auf Farbstoffsolarzellen – die Grätzelzellen hatten wir in Abschn. 19.5.3 vorgestellt – der Fall. Im vorliegenden Kontext ist aber insbesondere das Potential der Molekularelektronik zum Erreichen ultimativer Miniaturisierungsgrenzen elektronischer Bauelemente von Relevanz. Dabei sind die übergeordneten Entwicklungskriterien ein geringerer Energieverbrauch, eine größere Verarbeitungsgeschwindigkeit und ein größerer Integrationsgrad, gemessen an einer Fortschreibung des Mooreschen Gesetzes auf Basis konventioneller Miniaturisierungsansätze, wie in Abschn. 28.1 diskutiert.

Die Beurteilung der in die Zukunft projizierten Relevanz der Molekularelektronik im Hinblick auf Miniaturisierung und Erhöhung der Integrationsdichte ist keinesfalls einfach, da trotz sehr dynamischer und erkenntnisreicher Grundlagenforschung praktische Realisierungsprobleme maßgeblich sind.

Zunächst einmal stellen die absolut reproduzierbare Herstellung der Elektrodenanordnung mit molekular dimensionierter Lücke und das Elektrodenmaterial ein gegenwärtig ungelöstes Problem dar. Alle in der Grundlagenforschung sehr erfolgreichenb und vorgestellten Ansätze haben sich bislang als für die Massenproduktion ungeeignet herausgestellt. Elektrodenformen und - materialien erweisen sich im Hinblick auf eine Langzeitstabilität und im Hinblick auf die Anbindung der funktionalen Einzelmoleküle als problematisch. Gegenwärtig schätzt man das in Abschn. 16.2 im Detail diskutierte Graphen aufgrund der Stukturierungsmöglichkeiten, aufgrund der elektronischen Transporteigenschaften und aufgrund des kovalenten Bindungspotentials als vielversprechend ein.

Die Komplexität der Herstellung von Einzelmolekülkontakten tangiert nicht nur die Massenproduktionsmöglichkeiten, sondern selbst die Grundlagenforschung. Die Reproduzierbarkeit von Ergebnissen ist ein latentes Problem, welches insbesondere auch durch die Anwendung eher makroskopischer spektroskopischer Verfahren verstärkt wird. Insofern bieten Transportmessungen sicherlich den besten Zugang zu den relevanten Eigenschaften von Einzelmolekülkontakten. Was fehlt, ist ein konsentiertes Standardkontaktlayout, welches Reproduzierbarkeit der Einzelmoleküleigenschaften sicherstellt und welches für möglichst viele Charakterisierungsmethoden geeignet ist [28.200].

Eine industrielle Transformation von der konventionellen Festkörperlektronik in eine umfassende Molekularelektronik setzt voraus, dass es zunächst einmal effiziente Schnittstellen zwischen beiden Welten gibt. Diese fehlen aber gegenwärtig [28.359]. Im Idealfall sollten molekularelektronische Komponenten und konventionelle, beispielsweise auf CMOS-Basis, auch im Hinblick auf die Herstellungsverfahren zumindest gegenseitig verträglich, wenn nicht kompatibel sein. Dies ist gegenwärtig noch nicht einmal ansatzweise in Sicht.

Generell sind Ladungstransferprozesse in einzelnen Molekülen vergleichsweise schnell, sie liegen typisch im fs-Bereich [28.297]. Wegen geringer Leitwerte und damit geringer Transportströme ist der schnelle Betrieb von Einzelmolekülbauelementen bei Taktfrequenzen von $\geq$ GHz eine Herausforderung.

Hochintegrierte Schaltungen sind nur realisierbar, wenn die Energiedissipation pro Bauelement hinreichend gering ist. Einzelmoleküle in Kontakt mit Elektroden zeigen nicht selten einen großen Übergangswiderstand. Typisch sind durchaus Werte im Bereich 1–100 MΩ [28.360]. Dieser Bereich wiederum setzt hinreichende Potentialdifferenzen voraus und impliziert eine große Leistungsaufnahme. Erforderlich sind Strategien zur Optimierung der Elektroden-Molekül-Bindungen, die sich bislang nur zum Teil als erfolgreich erwiesen haben [28.216; 28.361]. Und schließlich muss auch der intramolekulare Transport hinreichend niederohmig sein [28.362].

Ein weiteres fundamentales ungelöstes Problem ist die Adressierbarkeit des individuellen Einzelmolekülkontakts sowohl bei der Herstellung hochintegrierter Schaltungen als auch im Betrieb. Dabei wird es sich entweder um identische Anordnungen oder unterschiedliche handeln, die in jedem Fall inklusive der Elektroden Abmessungen von nur wenigen nm haben. Hier erscheinen ultimativ eigentlich nur Selbstorganisationsprozesse, die wir grundlegend in Kap. 4 diskutiert und bewertet hatten, denkbar. Dass sich auf Basis dieser Prozesse und biologischer Konstruktionsprinzipien komplexe informationsverarbeitende Systeme mit geringer Leistungsaufnahme und beachtlichen kognitiven Fähigkeiten realisieren lassen, beweist der Aufbau neuronaler Systeme und insbesondere des Gehirns aller Wirbeltiere und einiger wirbelloser und insbesondere auch das zentrale Nervensystem des Menschen. Andererseits sind die Konstruktionsmerkmale dieser komplexen biologischen Systeme gänzlich andere als diejenigen unserer heutigen technischen zur Informationsverarbeitung. Andererseits sind natürlich auch konstruktionsbedingte Stärken und Schwächen technischer und biologischer Informationsverarbeitung offensichtlich, so dass nicht einfach biomimetische Konzeptionsansätze, wie in Abschn. 12.2 diskutiert, zu vielversprechenden molekularelektronischen Lösungen führen. Damit ist eine grundlegende Frage, welche spezifischen Vorteile eigentlich den großen Aufwand zur Herstellung hochintegrierter molekularelektronischer Schaltungen rechtfertigen würden.

Das fundamentalste aller Probleme ist ein erschöpfendes Verständnis der bislang experimentell beobachteten vielfältigen Effekte in Einzelmolekülkontakten. Rahmentheorien, welche die Struktur von Molekülen mit Transportphänomenen wie Tunneln, Landauer-Büttiger-Transport, Quanteninterferenz, Einzelelektroneneffekten oder auch nur Hopping im Sinn einer standardisierten Beurteilungsagenda verknüpfen, existieren bislang nicht. Damit ist aber auch nicht klar, welche Funktionalität molekularelektronische Bauelemente ultimativ repräsentieren werden und welche komplexen Schaltungen sich so realisieren lassen werden können [28.200].

Das Diskutierte impliziert klare Vorteile der Molekularelektronik gegenüber halbleiterbasierten Bauelementen: Eine noch nicht gänzlich bekannte ungeheure Vielfalt an elektronischen, opto- und thermoelektrischen Effekten. Außerdem ist das prinzipielle Miniaturisierungspotential maximal. Eine mittelfristig aus heutiger Sicht realistisch erscheinende molekularelektronische Revolution erscheint aber genauso klar unwahrscheinlich, da das konkrete Leistungspotential und auch konkrete Realisierungsstrategien gänzlich unbekannt sind. Aus diesem Grund erscheinen Nischenanwendungen im Bereich Sensorik und in Kombination mit konventioneller, halbleiterbasierter Elektronik als wahrscheinliches mittelfristiges Zukunftsszenario.

28.6 Spintronik

28.6.1 Grundlagen

Die *Spintronik (Spintronics)* wird im Kontext der elektronischen Datenverarbeitung als vielversprechend angesehen, weil Potentiale zur Reduktion der aufgenommenen Leistung und zur Steigerung der Leistungsfähigkeit bestehen [28.363]. Ein konsentiertes Szenario zur Fortschreibung der Miniaturisierung, wie in Abschn. 28.5.1 diskutiert, existiert hingegen gegewärtig nicht. Insofern ist die Spintronik eher als ein Ansatz zu verstehen, der Quanteninformationsverarbeitung, neuromorphe Informationsverarbeitung oder molekularelektronische Ansätze begünstigt.

Spintronische Bauelemente nutzen explizit neben der Ladung von Elektronen den Spinfreiheitsgrad. Der Spin wird dabei entweder durch magnetische Materialien im Sinn von Polarisatoren oder Analysatoren kontrolliert oder über die Spin-Bahn-Wechselwirkung [28.364].

Die für spintronische Konzepte wohl wichtigste Größe ist die Spinpolarisation, also der Anteil an Elektronen, der einer diskreten Spinrichtung zugeordnet werden kann. Dies impliziert bereits, dass weitere Größen wie etwa die *Spindiffusionslänge* oder in Abschn. 3.6.5 präzisierte andere spinbezogene Größen eine wichtige anwendungsrelevante Rolle spielen. Auch der Spintransport über Magnonen ist a priori relevant [28.365]. Die Spinpolarisation kann räumlich entweder über elektronischen Transport oder über die Propagation von Mangnonen in Istolatoren wie Ytrium-Eisen-Granat transferiert werden.

Relevante Längenskalen für den elektronischen Transport sind die elastische mittlere freie Weglänge und die Spindiffusionslänge. In magnetischen Materialien ist die mittlere freie Weglänge, die wir in Abschn. 2.2.2 einführten, spinabhängig und erstreckt sich über den Bereich $1\,\text{Å} \leq l \leq 100\,\text{nm}$. Die Spindiffusionslänge, eingeführt in Abschn. 2.2.3, wiederum liegt im Bereich $1\,\text{nm} \leq l \leq 1\,\mu\text{m}$ und ist klein bei großer Spin-Bahn-Wechselwirkung und groß bei kleiner Spin-Bahn-Wechselwirkung insbesondere in magnetischen Materialien. Wenn die relevanten Bauelementeabmessungen deutlich unterhalb der beiden charakterisischen Längen liegen, so ist der Transport ballistisch und der Spin bleibt erhalten. Ein letzendliches Ziel der Spintronik ist die Realisierung von Quantenfunktionalitäten auf Basis der großen Spinkohärenzlängen speziell in Halbleitern. Auf dem Weg dahin wurde bislang insbesondere der spinpolarisierte Einzelelektronentransistor (SET) intensiv im Hinblick auf eine Signalverarbeitung mit nur einem diskreten Elektronenspin untersucht [28.366].

Eine anwendungsbezogene wichtige Größe ist die Effizienz der Spingeneration [28.367]. Grundsätzlich können spinpolarisierte Elektronen auf der Basis unterschiedlicher Mechanismen mehr oder weniger effizient in nichtmagnetischen Materialien generiert werden [28.368]: Durch *Spininjektion* aus ferromagnetischem Material, mittels elektrischer und magnetischer Felder, durch Einkopplung elektromagnetischer Wellen, durch Zeeman-Aufspaltung, auf Basis elektromagnetischer Kräfte, von Temperaturgradienten und auf mechanische Weise. Theoretisch kann die Effizienz der Spingeneration 100 % betragen [28.369], experimentell wurden niedrigere, aber durchaus beachtliche Werte von ≥ 50 % beobachtet [28.370]. Auch in magnetischen Materialien wurden sehr große Effizienzen beobachtet [28.371].

28.6.2 Elektrische Spininjektion

Die Injektion spinpolarisierter Elektronen aus einem ferromagnetischen in ein unmagnetisches Material ist der wohl anwendungsbezogen wichtigste Effekt zur Generation eines Stroms spinpolarisierter Elektronen. Eine derartige Injektion, also die Spinpolarisation von Elektronen in ferromagnetischen Materialien ist sowohl Grundlage des bereits 1975 verifizierten *Tunnelmagnetowiderstandseffekts (Tunneling Magnetoresistance, TMR)* [28.372], des *gigantischen Magnetowiderstandeffekts (Giant Magnetoresistance, GMR)* [28.373], als auch des *Johnson-Transistors* [28.374]. Diese Effekte und daraus konzipierte Bauelemente waren gleichsam frühe Wegbereiter der Spintronik.

Der TMR-Mechanismus, der wohl für die Spintronik bislang wichtigste, ist in Abb. 28.105 schematisch dargestellt. Spinpolarisierte Elektronen tunneln dabei zwischen zwei ferromagnetischen Materialien durch eine isolierende Barriere, werden also in die Barriere injiziert. Genutzt wird das TMR-Widerstandsverhältnis, das sich durch Leitwertvergleich für eine Parallel- sowie Antiparallelorientierung der Magnetisierung von FM1 und FM2 ergibt. Das TMR-Verhältnis ist direkt mit den Spinpolarisationen P_i der Ferromagnete verbunden: $TMR = 2P_1P_2/(1 - P_1P_2)$. Die Spinpolarisationen mit $0 \leq P \leq 1$ hängen direkt mit den Besetzungszahlen N der Majoritäts- und Minoritätsladungsträger zusammen: $P = N_{Ma} - N_{Mi}/(N_{Ma} + N_{Mi})$ [28.372].

Der TMR-Effekt ist anwendungstechnisch so ungeheuer bedeutsam, weil Verhältnisse von $TMR \geq 10^3$% erreichbar scheinen [28.371]. Es ist offensichtlich, dass für $P_1, P_2 \approx 100$% das TMR-Verhältnis prinzipiell beliebig große Werte erreichen kann. Das macht den TMR-Effekt heute zur unverzichtbaren Grundlage für Leseköpfe in höchst leistungsfähigen Festplattenlaufwerken (Hard Disk Drive, HDD) [28.375] und für ultrahochempfindliche Magnetfeldsensoren. Selbst kommerzielle Exemplare erreichen Auflösungen im Bereich $\geq 1pT/\sqrt{Hz}$. Im Rahmen von Labormustern erreicht man derzeit $\geq 10 fT/\sqrt{Hz}$ [28.376].

Beim GMR-Effekt entsteht das magnetfeldabhängige Widerstandsverhalten durch eine spinabhängige Streuung von Elektronen, welche in die unmagnetische metallische Barriere injiziert werden. Auch in diesem Fall werden bei weniger aufwändiger Herstellung des Kontakts beachtliche Widerstandsverhältnisse erreicht [28.377].

Die elektrische Spininjektion kann auch in ein halbleitendes Material und sogar in zweidimensionale Elektronengase, wie in Abschn 19.3 eingeführt, erfolgen [28.378]. Der Grad der Spinpolarisation im niedrigdimensionalen Elektronengas oder im Halbleiter hängt kritisch von den Transfereigenschaften der Grenzfläche zwischen Ferro-

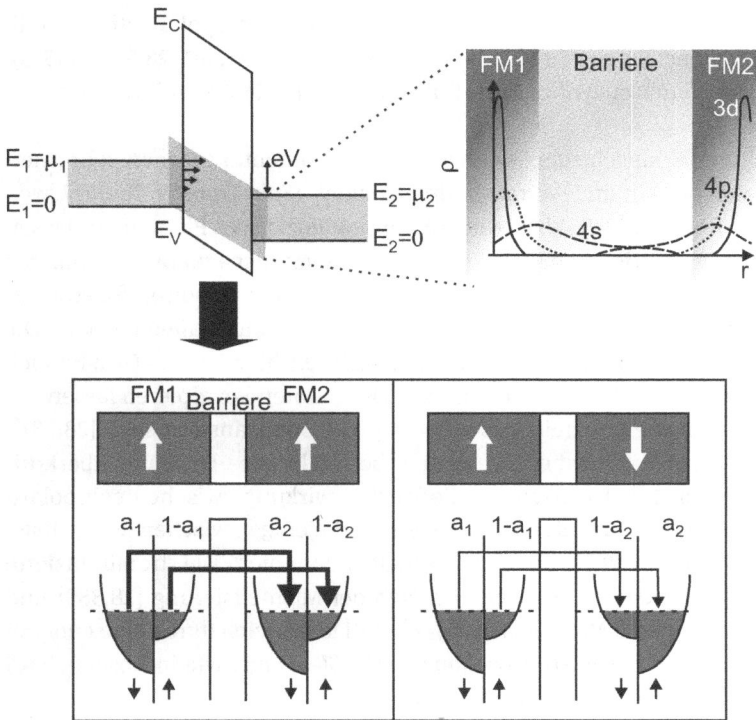

Abb. 28.105. Spinpolarisiertes Elektronentunneln zwischen zwei Ferromagneten FM1 und FM2 [28.364].

magnet und Halbleiter ab. Mit wachsender Entfernung von der Injektionsstelle nimmt die Spinpolarisation erwartungsgemäß ab [28.379].

Von besonderer technologischer Bedeutung ist natürlich die Si-basierte Spintronik. Auch wenn Si als indirekter Halbleiter a priori nicht optimal für die Spininjektion geeignet erscheint [28.380], so wurden doch in den letzten Jahren vielversprechende Werte für Spinpolarisation [28.381] und Spindiffusionslänge [28.382] demonstriert. Ein bevorzugtes Ziel in diesem Kontext ist die Entwicklung spinpolarisierter MOSFET [28.383].

Die Injektion spinpolarisierter Ströme im Halbleiter mit direkter Energielücke und entsprechend optimierten Halbleiter-LED-Strukturen kann zur Erzeugung von zirkular polarisiertem Licht über Elektrolumineszenz genutzt werden [28.384].

Von besonderer Bedeutung wäre natürlich eine Verknüpfung der Spintronik mit der in Abschn. 28.2 und 28.3 im Detail behandelten Si-basierten Elektronik. Wegen der indirekten Bandlücke wurde für Si allerdings eine irrelevant geringe Spininjektionseffizienz erwartet [28.380]. Wider Erwarten wurden aber für geeignete und bezüglich des *Widerstands-Flächen-Produkts* optimierte Hereostrukturen wie Co/Al$_2$O$_3$/Si,

Fe/Al$_2$O$_3$/Si oder auch Permalloy/Si vergleichsweise große Spinpolarisationen injiziert und Spindiffusionslängen von bis zu $\approx$ 150 nm gemessen [28.381; 28.382; 28.385]. Diese Befunde lassen auch eine Si-basierte Spintronik grundsätzlich relevant erscheinen.

Ein anwendungstechnisch sehr wichtiges und fundamental gesehen sehr interessantes Phänomen besteht im *Spintransferdrehmoment, (Spin Transfer Torque)*, welches wir bereits in Abschn. 3.6.5 skizzierten. In Konsequenz dieses Phänomens lassen sich durch einen spinpolarisierten Strom gekoppelte atomare magnetische Momente in ihrer Polarisation modifizieren. Konkret lässt sich die nicht anisotrop fixierte Magnetisierung einer ferromagnetischen Schicht rotieren oder umschalten [28.386]. Die Dynamik des Effekts umfasst die *Spintransferoszillationen* im MHz- bis GHz-Bereich [28.386], auf deren Basis sich technisch nutzbare Oszillatoren konzipieren lassen.

Grundsätzlich beschreibt bereits das ursprüngliche Spintransfermodell [28.387], dass unter bestimmten Rahmenbedingungen – beispielsweise bei einer überkritischen Stromdichte von 10^6–10^7 A/cm^2 – die Wechselwirkung zwischen spinpolarisierten Ladungsträgern und lokaler Magnetisierung diejenige zwischen Magnetisierung und dem durch den Strom bedingten Magnetfeld dominiert. Die strominduzierte Generation von Spinwellen [28.388], das Schalten der Magnetisierung [28.389] und die stationäre Präzession der Magnetisierung [28.390] lassen sich durch eine entsprechend erweiterte *Landau-Lifshitz-Gilbert-Slonczewski-Gleichung*, wie in Abschn. 3.6.5 kurz angerissen, vollständig beschreiben.

Ebenfalls beschreiben lässt sich a priori die Bewegung von Domänenwänden unter dem Einfluss eines spinpolarisierten Stroms [28.391]. Im Kontext der spintransfergetriebenen Domänenwandbewegung ist beispielsweise das Phänomen des *Domänenwandwiderstands* zu berücksichtigen [28.392]. Die berechnete Bewegung von Domänenwänden unter dem Einfluss von Magnetfeldern und/oder spinpolarisierter Ströme zeigt qualitativ Abb. 28.106.

Der Spintransfereffekt kann insbesondere genutzt werden, um in GMR-Anordnungen, also Anordnungen zur Implementierung des gigantischen Magnetowiderstandseffekts, den Widerstand zwischen zwei Werten hin und her zu schalten. Dies ist extrem wichtig für Speicherbauelemente der Spintronik, die auf dem GMR-Effekt beruhen, oder, wie heute noch relevanter, auf dem Tunnelmagnetowiderstandseffekt. Beide Effekte, GMR und TMR, wurden in Abschnitt 3.6.5 eingeführt.

Als noch vergleichsweise exotischer Ansatz kann die Spininjektion in organische Materialien angesehen werden, wobei den in Kap. 16 disktuierten Kohlenstoffgrundbausteinen eine besondere Bedeutung zukommt. So wurde eine beachtliche Spinpolarisation in mehrwandigen Kohlenstoffnanoröhrchen *(Multi-Walled Carbon Nanotube, MWCNT)* mittels La$_{0,7}$Sr$_{0,3}$MnO$_3$-Elektroden erzielt [28.394]. Auch Graphen erscheint in ersten Experimenten vielversprechend [28.395], und insbesondere die großen Spindiffusionslängen in den Kohlenstoffallotropen sind a priori attraktiv. Wie im vorherigen Abschnitt bereits erwähnt, werden auch komplexere organische Moleküle im Hinblick auf ihre spintronischen Eigenschaften untersucht, und häu-

(a)   (b)   (c)

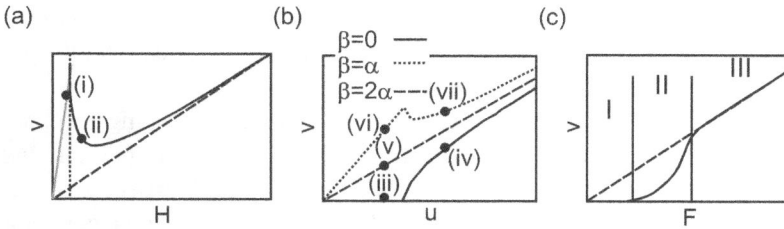

Abb. 28.106. Bewegung von Domänenwänden in ferromagnetischen Materialien unter dem Einfluss von Magnetfeldern und/oder spinpolarisierten Strömen [28.364]. (a) Geschwindigkeit v einer 180°-Blochwand unter dem Einfluss eines ummagnetisierenden Felds H. Das Maximum von v tritt beim Walker-Zusammenbruch (Walker Breakdown) auf. (i) und (ii) markieren zwei benachbarte Punkte in den unterschiedlichen Regimen der Kennlinie. Zunächst behält die Wand ihre Struktur (i), und dann tritt eine Rotation der lokalen Magnetisierung entlang der gesamten Wand auf (ii). (b) Domänenwandgeschwindigkeit als Funktion eines spinpolarisierten Stroms mit der Spindriftgeschwindigkeit u. α ist der Gilbert-Dämpfungsparameter und β ist ein phänomenologischer nicht-adiabatischer Spintransferparameter. (iii)–(vii) markieren unterschiedliche Bewegungsregime je nach α/β-Verhältnis. (c) Bewegungsregime als Funktion der treibenden Wechselwirkung (Feld oder Strom): (I) Kriechen, (II) Enthaftung (Depinning), (III) gleichmäßige Wandbewegung.

fig ist gerade ihre Kombination mit konventionellen ferromagnetischen Festkörpern interessant [28.396].

Eine besondere Bedeutung kommt unter den heutigen Ansätzen zur Realisierung einer Spintronik den GMR- und TMR-Kontakten zu. Bei GMR-Kontakten – zumeist in nanostrukturierter Säulenform – werden zwei ferromagnetische Schichten durch eine unmagnetische leitfähige Schicht voneinander getrennt. Beim Transfer durch den ersten Ferromagneten werden die Leitungselektronen spinpolarisiert. Der spinpolarisierte Strom übt nach Transfer durch das nichtmagnetische Material ein Drehmoment auf die lokalisierten Zustände im zweiten Ferromagneten aus. Jenseits der kritischen Stromdichte ($\approx 10^7$ A/cm^2) kann der zweite Ferromagnet so ummagnetisiert werden. Der magnetoresistive Effekt der GMR-Anordnung kommt, wie in Abschn. 3.6.5 beschrieben, durch die Abhängigkeit des Widerstands der Anordnung von den relativen Magnetisierungsrichtungen der beiden ferromagnetischen Schichten zustande. Damit lässt sich die Differenz der Magnetisierungsrichtungen der beiden ferromagnetischen Schichten von außen variieren oder schalten und gleichzeitig lässt sich die Abweichung ihrer Magnetisierungsrichtungen messen. Aufgrund dieser Phänomene bezeichnet man entsprechende Anordnungen häufig als *Spinventile (Spin Valves)*. Der Magnetowiderstandseffekt kann ≥ 100 % betragen [28.397].

Bei TMR-Kontakten sind die beiden ferromagnetischen Schichten durch eine dünne Tunnelbarriere separiert. Als besonders geeignet haben sich MgO-Schichten erwiesen. Auch mittels TMR-Kontakten erhält man Magnetowiderstandseffekte ≥ 100 % und handhabbare kritische Stromdichten ($\leq 10^7$ A/cm^2) [28.398].

Sowohl der GMR- als auch der TMR-Effekt sind heute Grundlage von Leseköpfen in magnetischen Festplattenlaufwerken [28.399] sowie auch von hochempfindlichen analogen Magnetfeldsensoren [28.400].

Natürlich sind im vorliegenden Kontext auch die in Abschn. 3.6.4 angesprochenen *Spin-Hall-Effekte* von Bedeutung [28.401]. So wurde ein Spin-Hall-Effekt, in den zuvor diskutierten metallischen Spinventilen nachgewiesen [28.402]. In der Folge wurde ein Spininjektions-Hall-Effekt, der in einer Hall-Spannung als Funktion einer Spinpolarisation eines Transportstroms besteht, auch in einem zweidimensionalen Elektronengas (*2DEG*) im GaAs/AlGaAs/GaAs-Schichtsystem nachgewiesen. Da es sich um ein System mit direkter Bandlücke handelt, bestehen auch interessante Anknüpfungspunkte für optische Effekte wie dem *spinabhängigen photovoltaischen Effekt* [28.402]. Eine instruktive Übersicht über die schon in Abschn. 3.6.4 diskutierten Hall-Effekte liefert Abb. 28.107.

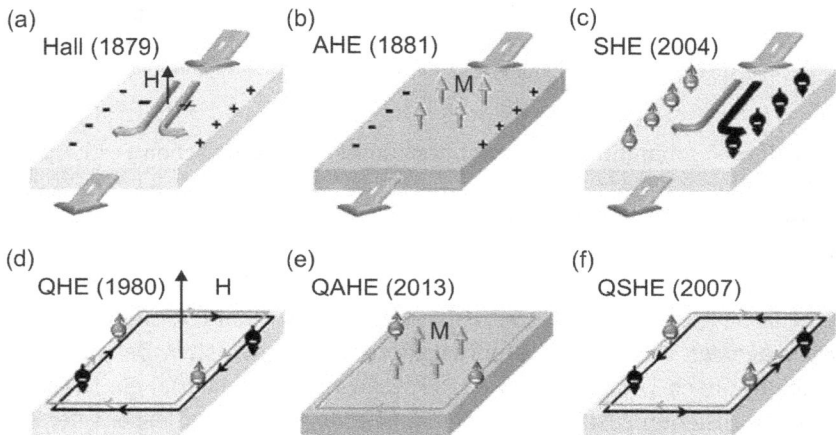

Abb. 28.107. Schematische Darstellung der verschiedenen Hall-Effekte [28.364]. (a) Konventioneller Hall-Effekt, (b) anomaler Hall-Effekt, (c) Spin-Hall-Effekt, (d) Quanten-Hall-Effekt, (e) anomaler Quanten-Hall-Effekt und (f) Quanten-Spin-Hall-Effekt.

Die anomalen Hall-Effekte sind im vorliegenden Kontext besonders interessant, weil sie dadurch induziert werden, dass das magnetische Feld **H** durch eine remanente Magnetisierung **M** ersetzt wird. Relevanten Einfluss auf den Effekt gewinnt damit die Spin-Bahn-Kopplung [28.364]. Auch in diesem Fall gibt es eine quantisierte Variante für zweidimensionale isolierende Lagen. Dies wurde für Cr-dotierte Monolagen von Bi_2Si_3 mit spektakulären Ergebnissen demonstriert [28.402].

Eine besondere Bedeutung in der Spintronik kommt der Grenzflächenkopplung zwischen Antiferromagneten und Ferromagneten zu. Diese Kopplung kann genutzt werden, um über ein „*Austauschfeld" (Exchange Bias Field*) die Magnetisierung der ferromagnetischen Schicht anisotrop zu verankern [28.403]. Das ist prinzipielle Grundlage vieler Bauelementestrategien [28.404]. Dies betrifft sowohl GMR- als auch TMR-Systeme.

Erstaunlicherweise wurde in antiferromagnetischen Schichten auch Spinpolarisation für Transportströme verifiziert, was die Grundlage der „*antiferromagnetischen Spintronik"* darstellt [28.405].

Eine im vorliegenden Kontext sehr interessante Magnetisierungskonfiguration ist diejenige der *magnetischen Skyrmionen (Skyrmions)*. Diese haben ihre Ursache in der Dzyaloshinskii-Moriya-Wechselwirkung, die wir in Abschn. 3.2.2 einführten. Sie kann, wie in Abb. 28.108 dargestellt, zur Formation einer *Vortex-Konfiguration* führen [28.406]. Bei den Skyrmionen handelt es sich um Quasiteilchen im Sinn der Ausführungen in Abschn. 2.2.4. Man unterscheidet zwischen Bloch-, Néel- und Anti-Skyrmionen. Dabei ist das Anti-Skyrmion eine Kombination von Bloch- und Néel-Skyrmion, wie Abb. 28.108 zeigt.

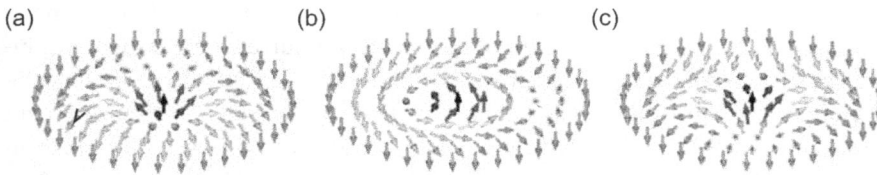

(a)   (b)   (c)

Abb. 28.108. Skyrmionen in 2D-Ferromagneten bei uniaxialer Anisotropie senkrecht zur Darstellungsebene [28.364]. (a) Bloch-Skyrmion. (b) Néel-Skyrmion. (c) Anti-Skyrmion.

Skyrmionen wurden erstmalig in einem MnSi-Film beobachtet [28.407] und gehören seither zum festen Repertoire ultradünner magneetischer Schichten. Sie sind topologisch geschützte Festkörperdefekte mit einem Durchmesser von typisch ≈ 10 nm und damit für nanoelektronische bzw. spintronische Anwendungen per se geeignet.

Potentiell kommen auch topologische Isolatoren für den Einsatz in spintronischen Bauelementen infrage [28.408]. Experimentell haben sich dazu 2D-Systeme auf Basis von CdTe/HgTe/CdTe-Schichten und 3D-Systeme auf Basis von Ti-(111)-Oberflächen als vielversprechend erwiesen [28.408].

28.6.3 Spannungsabhängiger Magnetismus

Die Vision der Modifikation magnetischer Eigenschaften durch einen elektrischen Feldeffekt wurde bereits im Jahr 2000 experimentell verifiziert [28.409]. Diese frühen Untersuchungen lassen die Möglichkeit einer *vollkommen spannungsgesteuerten Spintronik* als realistisch erscheinen. In der Folge wurden weitere Effekte wie die spannungsabhängige Spin-Bahn-Kopplung für zweidimensionale Elektronengase aufgrund der in Abschn. 3.6.5 eingeführten *Rashba-Aufspaltung* nachgewiesen [28.410].

Die spannungsgesteuerte Kontrolle magnetischer Eigenschaften wurde auch für ferromagnetische Materialien wie FePd [411] und Co [28.411] demonstriert. Aus technologischer Sicht bietet sich die Anwendung dieses Phänomens speziell für magnetische Tunnelkontakte an [28.412]. Die spannungsinduzierte Modifikation der magnetischen Anisotropie wurde für weitere Systeme domonstriert [28.413]. Da die „Response-Zeiten" sehr kurz sind und benötigte Feldstärken handhabbar, ist der spannungsgesteuerte oder Gate-adressierbare Magnetismus nicht nur von fundamentalem Interesse, sondern a priori auch anwendungsrelevant für nanoskalige spintronische Bauelemente.

28.6.4 Elektrodynamische Phänomene

Ein auch anwendungstechnisch sehr relevantes Phänomen zur Generation spinpolarisierter Ströme ist die Photoexzitation. Diese lässt sich nutzen zur Erzeugung spinpolarisierter Transportströme und zur Detektion eben dieser [28.415]. Speziell MOS-Anordnungen (Metal Oxide Semiconductor) wurden zu diesem Zweck untersucht [28.416]. Eine spezielle Anwendung besteht in der spinpolarisierten Rastertunnelmikroskopie, die wir in Abschn. 22.2.6 im Detail behandelten [28.417]. Grenzflächen zwischen Halbleitern und Ferromagneten haben sich als besonders interessant erwiesen [28.418].

Mittels zirkular oder linear polarisierten Lichts, ein Drehmoment tragend, lässt sich sogar die Magnetisierung extern schalten [28.419]. Dies impliziert völlig neue Ansätze für die magnetooptische Datenspeicherung [28.420]. Insbesondere sind hohe Zugriffsgeschwindigkeiten dabei potentiell sehr interessant [28.421].

Mikrowellen koppeln vorzugsweise über die *ferromagnetische Resonanz (FMR)* an den Ferromagnetismus. Diese Ankopplung ist Grundlage des Spinpumpens (*Spin Pumping*) [28.422]. Ein zur Entstehung des Spintransferdrehmoments quasi inverser Effekt führt zur Induktion eines spinpolarisierten Gleichstroms in einem unmagnetischen Material, welches eine Grenzfläche zu einer in ferromagnetischer Resonanz befindlichen Schicht aufweist [28.422]. Auch aus diesem Phänomen lassen sich interessante neuartige Ansätze für eine Spintronik ableiten [28.423].

Für heute übliche Taktfrequenzen im GHz-Bereich ist es wichtig, dass auch in der Spintronik Schaltprozesse realisiert werden können, die vergleichbar schnell sind. Für Ferromagnetika ist diesbezüglich die Dämpfungskonstante α von Bedeutung. Dieser Befund macht *Heusler-Legierungen* a priori interessant [28.424]. Diese können neben einer niedrigen Dämpfungskonstante auch eine Spinpolarisation von ≈ 100 % aufweisen [28.425].

Die Winkelabhängigkeit des Spintransterdrehmoments kann dazu genutzt werden, Mikrowellenoszillationen eines Stroms in geeigneten Multischicht-Säulenstrukturen oder ferromagnetischen Tunnelkontakten zu erzeugen [28.426]. Diese *Spindrehmomentoszillatoren* (*Spin Torque Oscillator*) erzeugen typische Frequenzen im Bereich einiger GHz für Ausgangsleistungen ≲ 1 μW [28.427]. Die Frequenz lässt sich extern in Grenzen variieren, und mehrere Oszillatoren können phasenstarr gekoppelt werden. Der zugrunde liegende Effekt lässt sich gleichsam auch invertieren, was zur Konzeption von *Spindrehmomentdioden* (*Spin Torque Diode*) führt.

Eng verwandt mit den Spindrehmomentoszillationen sind die *Spin-Bahn-Drehmoment-Oszillationen* (*Spin Orbit Torque Oscillation*) [28.428].

Spinwellen als kollektive magnetische Anregungen und ihre Quantisierung in Form von Magnonen bilden die Grundlage der *Magnonspintronik* oder auch *Magnonik* [28.365; 28.429]. Spintronisch relevante Felder beinhalten die Generation und Propagation von Spinwellen, die Detektion und Manipulation nichtlinearer Wechselwirkungen sowie makroskopische magnonische Quantenzustände [28.430]. Die Magnonik eignet sich per se sehr gut für die Konzeption nanoskaliger Bauelemente und für die Adaption von Konzepten, die ursprünglich für die integrierte Optik entwickelt wurden [28.431].

28.6.5 Sonstige spinbasierte Phänomene

Spinkaloritronik impliziert erhebliche Potentiale in den Bereichen Energy Harvesting und hocheffizienter Spintransport [28.432]. Der *Spin-Seebeck-Effekt* führt dazu, dass bei einem Temperaturgradienten entlang eines ferromagnetischen Materials spinpolarisierte Ströme entgegengesetzter Polarisation an zwei gegenüberliegenden Elektroden detektiert werden können [28.433]. Der Effekt besteht in der Konversion thermischer Energie in einen spinpolarisierten Strom.

In ferromagnetischen Isolatoren können über einen Temperaturgradienten Spinwellen angeregt werden. Grundlegend dafür sind der Spin-Seebeck-Effekt und der Spin-Nernst-Effekt [28.433]. Schematisch ist dies in Abb. 28.109 dargestellt. Die entsprechenden Effekte sind teilweise umkehrbar und eröffnen weitere Möglichkeiten des Energy Harvesting [28.434]. Die spinkaloritronischen Effekte werden komplettiert durch den anomalen Nernst-Effekt und den anomalen Ettingshausen-Effekt, bei denen eine Potentialdifferenz als Funktion von Magnetisierung und senkrecht dazu appliziertem Temperaturgradienten [28.434] sowie ein Temperaturgradient als Funktion von Magnetisierung und senkrecht dazu appliziertem Strom [28.435] entstehen.

Den Aharonov-Bohm-Effekt [28.436] und den Altshuler-Aronov-Spivak-Effekt [28.437] hatten wir in Abschn. 3.5.2 als Quanteninterferenzeffekte von Elektronen vorgestellt. Die Effekte treten üblicherweise in Halbleitern oder Metallen auf, die von

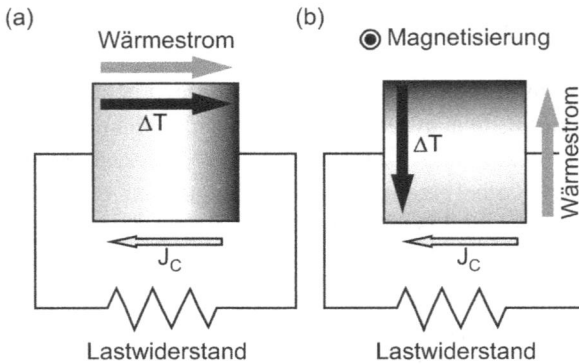

Abb. 28.109. Schematische Darstellung des (a) Spin-Seebeck-Effekts und (b) Spin-Nernst-Effekts [28.364].

einem magnetischen Fluss durchsetzt sind, der die quantendynamische Phase der Ladungsträger modifiziert [28.438]. Ein Bezug zur Spintronik tritt dadurch auf, dass eine Rotation des Spins eines Elektrons während der Bewegung auf einem orbitalen Pfad, beispielsweise in einem metallischen Nanoring, zu einem zusätzlichen Phaseelement der Berry-Phase [28.439], die wir bereits in Abschn. 3.6.4 und 19.1.5 diskutierten, führt. Eine Kontrolle der geometrisch bedingten Spinphase wurde für Halbleiter bereits vor einiger Zeit unter Beweis gestellt [28.440]. Der durch die Berry-Phase zu erwartende Spinstrom lässt sich offenbar ebenfalls nachweisen [28.441].

Interessanterweise lassen sich Spinströme auf Basis des Barnett-Effekts [28.442] durch mechanische Rotation erzeugen [28.443]. Der maßgebliche Term für einen mit der Winkelgeschwindigkeit $\boldsymbol{\Omega}$ rotierenden Leiter in einem externen Feld ist $\sim (\boldsymbol{\Omega} \times \mathbf{r}) \times \mathbf{B}$, wobei $\mathbf{r}$ die Distanz zum Rotationszentrum ist [28.443]. Für eine signifikante Spinpolarisation ist eine hinreichende Spin-Bahn-Kopplung erforderlich. Der Effekt wurde vor einigen Jahren experimentell bestätigt [28.442]. Varianten des Effekts lassen sich durch Nutzung Rayleigh-artiger akustischer Oberflächenwellen [28.443] oder der magnetohydrodynamischen Spingeneration in Flüssigkeiten erzeugen [28.444]. Die mechanisch induzierte Erzeugung und Konversion von Spinströmen wird auch als *„Spinmechatronik"* bezeichnet.

28.6.6 Relevante Materialien

Vorteilhaft für spintronische Anwendungen sind natürlich Materialien mit einer Spinpolarisation von $\approx 100\,\%$ am Fermi-Niveau bei Raumtemperatur. Kandidaten für solche generell noch zu entwickelnde Materialien sind halbmetallische Ferromagnetika [28.445]. Die Materialien werden als halbmetallisch bezeichnet, weil nur eines der elektronischen Spinbänder eine Energielücke aufweist. Aus heutiger Sicht sind vier

Materialklassen bekannt: 1. Oxide wie CrO_2 [28.446] und besonders Spinelle wie Fe_3O_4 [28.447]. 2. Persovkite wie (LaSr)MnO_2 [28.448]. 3. Magnetische Halbleiter wie EuO und EuS [28.449], (Ga, Mn)As [28.450] und CrAs [28.451]. 4. Heusler-Legierungen wie NiMnSb [28.452].

Topologische Isolatoren, Isolatoren mit topologisch geschützter Oberflächenleitfähigkeit, sind Festkörper, die im Innern vollständig isolierend sind und auf der Oberfläche oder an den Außenkonturen eine Ladungsträgermobilität aufweisen. Die Dotierung solcher topologischer Isolatoren mit Übergangsmetallelementen kann einen intrinsischen Magnetismus induzieren [28.453]. Zweidimensionale spinaufgespaltene Systeme erlauben über den Rashba-Edelstein-Effekt [28.454] einen neuartigen Weg zur Generation von Spinströmen [28.370]. Untersuchte Materialien schließen insbesondere Mn-dotiertes Bi_2Ti_3 und BiTeSc [28.453] ein.

Extrem schnelle Schaltvorgänge in spintronischen Bauelementen setzen bei ferromagnetischen Materialien einen möglichst niedrigen Gilbert-Dämpfungsparameter α voraus. Da α proportional zur elektronischen Zustandsdichte am Fermi-Niveau ist [28.455], versprechen halbmetallische Ferromagnete Dämpfungskonstanten in der Größenprdnung $\alpha \lesssim 0{,}01$.

Antiferromagnetische Materialien haben ebenfalls eine hohe Relevanz für spintronische Anwendungen. Antiferromagntische Metalle werden häufig genutzt, um die Austauschwechselwirkung mit einer feromagnetischen Schicht und deren Magnetisierung räumlich zu verankern oder zu „pinnen" [28.456].

Eine wichtige Voraussetzung für die Verwendung von Antiferromagnetika in spintronischen Bauelementen ist eine hinreichend hohe Néel-Temperatur. Auch diesbezüglich sind Heusler-Legierungen wieder vielversprechend. Beispiele sind Ru_2MnGe, Ni_2MnAl oder Mn_2VAl. Auch MnN ist Gegenstand intensiver Untersuchungen.

28.6.7 Entwicklungsstand der Spintronik

Der Entwicklungstand der Spintronik als Variante der Nano- und Molekularelektronik bemisst sich am Entwicklungsgrad entsprechender Bauelemente und an der Konkurrenzfähigkeit gegenüber anderen, zuvor diskutierten Varianten. Dazu sollen im Folgenden die wichtigsten Bauelemente und Systeme vorgestellt werden.

Spintronische Bauelemente lassen sich in zwei Kategorien unterteilen. Mottbasierte nutzen Elektronen- und/oder Löcherspins. Dirac-basierte nutzen Spinwellen und Spin-Bahn-Momente. Schlüsselphänomene, vielfach genutzt in spintronischen Bauelementen, sind der in Abschn. 3.6.5 diskutierte Riesenmagnetowiderstandseffekt und das spinpolarisierte Tunneln, beschrieben in Abschn. 22.2.6. GMR- und TMRbasierte spintronische Bauelemente finden sich heute als Massenkomponenten in Form von Leseköpfen in Festplattenlaufwerken. Die Miniaturisierung gerade der Köpfe bis in den Nanometerbereich hat zu Flächenspeicherdichten von Tb/$inch^2$ geführt.

GMR-basierte Schichtsysteme werden auch als „Spin Valves" bezeichnet. Diese Systeme zeigen eine signifikante Änderung des elektrischen Widerstands, wenn von einer Parallelorientierung der magnetischen Schichten zu einer Antiparallelorientierung umgeschaltet wird. Die gegenwärtige Forschung dazu konzentriert sich insbesondere auch auf Heusler-Legierungen. Weitere Bemühungen zur Steigerung der Flächenspeicherdichte bei magnetischen Festplattenlaufwerken umfassen das wärmegestützte magnetische Speichern (*HAMR, Heat Assisted Magnetic Recording*). Dabei wird eine plasmonische Antenne, die Grundlagen wurden in Abschn. 2.2.4 beschrieben, genutzt, um lokal das Speichermedium zu erwärmen, und so die Ummagnetisierung zu unterstützen [28.458]. Ein weiterer energiegestützter Ummagnetisierungsprozess nutzt die Einkopplung von Mikrowellen [28.459], (*MAMR, Microwave Assisted Magnetic Recording*). Dabei reduzieren Mikrowellen, erzeugt durch einen Spintransferozillator, das nötige Ummagnetisierungsfeld zum Schreiben eines Bits beträchtlich [28.460].

Magnetische Sensoren sind par excellence zu einem Alltagsprodukt geworden. Sie werden zur Messung von Feldern, Positionen, Winkeln und Rotationen verwendet und basieren auf dem Hall-, dem GMR- oder dem TMR-Effekt. Dies impliziert einen beträchtlichen Markt für spintronische Bauelemente. Neue Entwicklungen konzentrieren sich insbesondere auf höchstempfindliche Sensoren für biomedizinische Anwendungen, wie etwa die Magnetokardiographie oder -enzephalographie [28.461]. Für derartige Anwendungen ist es erforderlich, in den Empfindlichkeitsbereich von pT/$\sqrt{Hz}$ vorzustoßen [28.462].

Magnetische Speicher mit wahlfreiem Zugriff (*Magnetic Random Access Memories, MRAM*) wurden konzeptionell bereits 1972 entwickelt [28.463]. MRAM erlauben eine nichtflüchtige Datenspeicherung und besitzen eine Reihe inhärenter Vorteile im Hinblick auf Zugriffszeiten, Skalierbarkeit und Leistungsaufnahme [28.464]. In der heutigen Standardlösung besteht eine MRAM-Zelle aus einem Ansteuertransistor und einem schaltbaren magnetischen Tunnelkontakt. Die Abmessungen einer Zelle sind nanoskalig und die Speicherkapazität kommerziell verfügbarer Chips reicht bis in den Gbit-Bereich [28.465]. Gegenwärtige Entwicklungsschwerpunkte umfassen den Einsatz des Spintransferdrehmoments, Spannungssteuerung magnetischer Eigenschaften sowie weitere Verringerungen von Zugriffszeiten und Zellengrößen.

Das Spintransferdrehmoment kann auch genutzt werden zur Erzeugung von Mikrowellen [28.390]. Entsprechende Bauelemente werde als Spintransferoszillatoren bezeichnet. Typischerweise bestehen diese in einem magnetischen Tunnelkontakt, durch den ein Gleichstrom fließt und der gleichzeitig einem externen Magnetfeld ausgesetzt ist, welches das Spintransferdrehmoment kompensiert. Das Resultat ist eine Präzessionsbewegung der Magnetisierung. Die Frequenzen bewegen sich typischerweise im GHz-Bereich und die Oszillationsleistung kann den μW-Bereich erreichen [28.466].

Spintronische Ansätze werden auch im Kontext neuromorpher Architekturen bewertet und analysiert [28.467]. Insbesondere sind spintronische Ansätze grundsätzlich attraktiv bezüglich der Leistungsaufnahme pro Bauelement [28.468] und bezüglich der Implementierung bestimmter Algorithmen [28.469].

Ein a priori vielversprechendes spintronisches Speicherkonzept zeigt Abb. 28.110. Der „Racetrack-Speicher" speichert Bits in Nanodrähten aus ferromagnetischem Material [28.470]. Die einzelnen Bits werden durch entgegengesetzt magnetisierte Domänen repräsentiert, wobei typisch 10 bis 100 Bits pro Nanodraht vorliegen. Das Lesen und Schreiben erfolgt durch Vorbeischieben der Bits an Lese- und Schreibstationen. Das Schreiben erfolgt durch Injektion spinpolarisierter Stromstöße, das Lesen mittels eines magnetischen Tunnelkontakts. Neben der horizontalen Anordnung der Speicherdrähte ist auch die vertikale denkbar. Dabei handelt es sich dann um ein dreidimensionales System, dessen Nanostrukturierung eine potentiell sehr große Speicherdichte erlaubt.

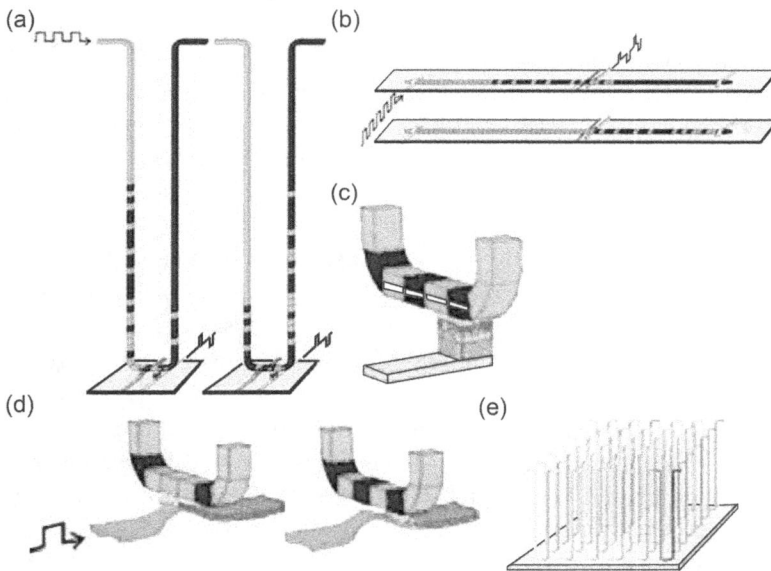

Abb. 28.110. Konzept des Racetrack-Speichers [28.364]. (a) Vertikale und (b) horizontale Anordnung. (c) Leseprozess und (d) Schreibprozess. (e) Dreidimensionales Feld von Racetrack-Nanodrähten.

In einer alternativen Variante des Racetrack-Speichers verwendet man statt nanoskaliger Domänen magnetische Skyrmionen. Bei diesen handelt es sich, wie zuvor dikutiert, um topologisch geschützte Quasiteilchen im Sinn der in Abschn. 2.2.4 präzisierten Aussagen. Die Wirbelstrukturen lassen sich an der Oberfläche ultradünner ferromagnetischer Filme gezielt schreiben und lesen [28.471]. Die Vorteile der Verwendung von Skyrmionen gegenüber derjenigen von Domänen verdeutlicht Tab. 28.2

Tab. 28.2. Skyrmionen und Domänen im Racetrack-Speicher im Vergleich [28.364].

	Skyrmionen	Domänen
Größe	10–50 nm	20–50 nm
Bewegungsgeschwindigkeit	≈100 m/s	≈500–750 m/s
Kritische Stromdichte	$\approx 10^2$ A/cm^2	$\approx 10^7$

Ein *spintronischer Feldeffekttransistor*, ein *Spin-FET*, setzt die Modulation spinpolarisierter Ströme über ein elektrisches Feld voraus. Der Schlüssel dabei ist eine große Spin-Bahn-Kopplung, über die ein elektrisches Feld die Spinpolarisation eines Transportstroms modulieren kann [28.472]. Alternativ können für einen Gating-Effekt auch Magnetfelder [28.473] oder zirkular polarisiertes Licht verwendet werden [28.474]. Spinpolarisierte Ströme können auch zur Erzeugung von polarisiertem Licht in Form von LED oder Lasern genutzt werden [28.475]. Insbesondere spinpolarisierte Laser fungieren dabei als hocheffiziente Spinfilter und Spinverstärker [28.476].

Mit der MRAM-Technologie hat die Spintronik den kommerziellen Markt erreicht und ist für führende Unternehmen der Mikroelektronik interessant geworden. Potentielle Vorteile gegenüber der ladungsbasierten Elektronik bestehen vor allem in der Nichtflüchtigkeit gespeicherter Informationen, in niedriger Leistungsaufnahme und in neuartigen Memristorkonzepten. Hauptforschungs- und -entwicklungsanstrengungen konzentrieren sich zur Zeit auf folgende Bedarfe [28.364]: (1) Kompatibilität der Bauelemente und ihrer Materialien zu Bauelementen der Mikroelektronik und insbesondere der CMOS-Technologie. (2) Beeinflussung der Magnetisierung und Spinpolarisation durch elektrische Felder. (3) Spin-Bahn-basierte Phänomene als Alternative zu Magnetowiderstandseffekten bei niedriger Leistungsaufnahme. (4) Innovative Schaltkreise, die gezielt spezifische Effekte der Spintronik nutzen. (5) Implementierung stochastischer Computer-Algorithmen. (6) Innovative Magnetfelddetektoren mit großer Empfindlichkeit und großer Frequenzbandbreite. (7) Bauelemente der *Optospintronik*. (8) Energiegewinnung unter Nutzung spinkalorimetrischer Systeme und insbesondere unter Nutzung von Spindioden. (9) Implementierung artifizieller Neuronen und Synapsen. (10) Spintronische Tieftemperaturbauelemente für die in Abschn. 3.4 diskutierten Verfahren der Quanteninformationstechnolgie.

Je nach zukünftiger Abdeckung der genannten Bedarfe in Form solider Grundlagenforschung und applikationsnaher technologischer Entwicklungen kann die Spintronik in den kommenden Jahren zu erheblichen Entwicklungssprüngen der Nano- und Molekularelektronik beitragen.

Literatur

[28.1]   G.F. Moore, Electronics **38**, 114 (1965).

[28.2]   www.itrs2.net.

[28.3]   https://newsroom.ibm.com.

[28.4]   https://irds.ieee.org.

[28.5]   https://rebootingcomputing.ieee.org.

[28.6]   H.H. Radamson, X. He, Q. Zhang, J. Lin, H. Cui, J. Xiang, Z. Kong, W. Xiong, J. Li, J. Gao, H. Yang, S. Gu, X. Zhao, Y. Du, J. Yu and G. Wang, Micromachines **10**, 293 (2019).

[28.7]   M. Xu, H.L. Zhu, L.C. Zhao, H.X. Yin, J. Zhong, J.E. Li, C. Zhao, D.P. Chen and T.C. Ye, IEEE Électron Device Lett. **36**, 648 (2019); L. Yang, Q.Z. Zhang, Y.B. Huang, Z.S. Zheng, B. Li, B.H. Li, X.Y. Zhang, H.P. Zhu, H.X. Yin, Q. Guo, J. Luo and Z. Han, IEEE Trans. Nucl. Sci. **65**, 1503 (2018).

[28.8]   H. Radamson and L. Thylén, *Monolithic Nanoscale Photonics-Electronics Integration in Silicon and other Group IV Elements* (Elsevier, San Diego, 2014).

[28.9]   H. Radamson, I. Simon, J. Luo and C. Zhao, *CMOS Past, Present and Future* (Elsevier, Duxford, 2018).

[28.10]   G.L. Wang, J. Luo, C.L. Qin, R.R. Liang, Y.F. Xu, J.B. Liu, J.F. Li, H.X. Yin, J. Yan, H. Zhu, J. Xu, C. Zhao, H.H. Radamson and T. Ye, Nanoscale Res. Lett. **12**, 078502 (2017).

[28.11]   M.R. Linford and C.E.D. Chidsey, J. Am. Chem. Soc. **115**, 12631 (1993).

[28.12]   A.B. Sieval, V. Vleeming, H. Zuilhof and E.J.R. Suitholter, Langmuir **15**, 8288 (1999).

[28.13]   J.C. Ho, R. Yerushalmi, Z.A. Jacobson, Z. Fan, R.L. Alley and A. Javey, Nature Mat. **7**, 62 (2008).

[28.14]   L. Ye, S.P. Pujari, H. Zuilhof, T. Kudernac, M.P. de Jong, W.G. van der Wiel and J. Huskens, ACS Appl. Mat. Interfaces **7**, 3231 (2015).

[28.15]   I.L. Markov, Nature **512**, 147 (2014).

[28.16]   W. Zhang, S.H. Brongersma, Z. Li, D. Li, O. Richard and K. Maex, J. Appl. Phys. **101**, 063703 (2007); L.G. Wen, P. Roussel, O.V. Pedreira, B. Briggs, B. Groven, S. Dutta, M.I. Popovici, N. Heylen, I. Ciofi, K. Vanstreels, F.W. Østerberg, O. Hansen, D.H. Petersen, K. Opsomer, C. Detavernie, C.J. Wilson, S.V. Elshocht, K. Croes, J. Bömmels, Z. Tökei and C. Adelmann, ACS Appl. Mat. Interfaces **8**, 26119 (2016).

[28.17]   S. Dutta, S. Kundu, A. Gupta, G. Jamieson, J.F.G. Granados, J. Bömmels, C.J. Wilson, Z. Tökei and C. Adelmann, IEEE Electron Device Lett. **38**, 949 (2017)

[28.18]   H.H. Radamson, Y.B. Zhang, X.B. He, H.S. Cui, J.J. Li, J.J. Xiang, J.B. Liu, S.H. Gu and G.L. Wang, Appl. Sci. **7**, 1047 (2017).

[28.19]   X. Zhou, N. Waldron, G. Boccardi, F. Sebaai, C. Merckling, G. Eneman, S. Sioncke, L. Nyns, A. Opdebeeck, J.W. Maes, Q. Xie, M. Givens, F. Tang, X. Jiang, W. Guo, B. Kunert, L. Teugels, K. Devriendt, A.S. Hernandez, J. Franco, D. Van Dorp, K. Barla, N. Collaert and A.V.Y. Thean, *Scalability of InGaAs Gate-All-Around FET Integrated on 300 mm Si Platform: Demonstration of Channel Width Down to 7 nm and L_g Down to 36 nm*, in: *VLSI Technology 2016* (IEEE; New York, 2016).

[28.20]   N. Margalit, C. Xiang, S.M. Bowers, A. Bjorlin, R. Blum and J.E. Bowers, Appl. Phys. Lett. **118**, 220501 (2021).

[28.21]   F.A. Zwanenburg, A.S. Dzurak, A. Morello, M.Y. Simmons, L.C.L. Hollenberg, G. Klimeck, S. Rogge, S.N. Coppersmith and M.A. Eriksson, Rev. Mod. Phys. **85**, 961 (2013).

[28.22]   E.P. Nordberg, G.A. Ten Eyck, H.L. Stalford, R.P. Muller, R.W. Young, K. Eng, L.A. Tracy, K.D. Childs, J.R. Wendt, R.K. Grubbs, J. Stevens, M.P. Lilly, M.A. Eriksson and M.S. Carroll, Phys. Rev. B **80**, 115331 (2009).

[28.23]   S.V. Kravchenko and M.P. Sarachik, Rep. Prog. Phys. **67**, 1 (2004).

[28.24] F. Simmel, D.A. Wharam, M.A. Kastner and J.P. Kotthaus, Phys. Rev. B **59**, R10441 (1999).

[28.25] A. Fujiwara, H. Inokawa, K. Yamazaka, H. Namatsu, Y. Takahashi, N.M. Zimmerman and S.B. Martin, Appl. Phys. Lett. **88**, 053121 (2006).

[28.26] H. Sellier, G.P. Lansbergen, J. Caro, S. Rogge, N. Collaert, I. Ferain, M. Jurczak and S. Biesemans, Phys. Rev. Lett. **97**, 206805 (2006); M. Hofheinz, X. Jehl, M. Sanquer, G. Molas, M. Vinet and S. Deleonibus, Appl. Phys. Lett. **89**, 143504 (2006).

[28.27] M. Field, C.G. Smith, M. Pepper, D.A. Ritchie, J.E.F. Frost, G.A.C. Jones and D.G. Hasko, Phys. Rev. Lett. **70**, 1311 (1993).

[28.28] E.P. Nordberg, H.L. Stalford, R. Young, G.A. Ten Eyck, K. Eng, L.A. Tracy, K.D. Childs, J.R. Wendt, R.K. Grubbs, J. Stevens, M.P. Lilly, M.A. Eriksson and M.S. Carroll. Appl. Phys. Lett. **95**, 202102 (2009).

[28.29] S.E.S. Andresen, R. Brenner, C.L. Wellard, C. Yang, T. Hopf, C.C. Escott, R.G. Clark, A.S. Dzurak, D.N. Jamieson and L.C.L. Hollenberg, Nano Lett. **7**, 2000 (2007).

[28.30] C.H. Yang, W.H. Lim, F.A. Zwanenburg and A.S. Dzurak, AIP Adv. **1**, 042111 (2011).

[28.31] R. Hanson, L.P. Kouwenhoven, J.R. Petta, S. Tarucha and L.M.K. Vandersypen, Rev. Mod. Phys. **79**, 1217 (2007).

[28.32] D.H. Cobden, M. Bockrath, P.L. McEuen, A.G. Rinzler and R.E. Smalley, Phys. Rev. Lett. **81**, 681 (1998).

[28.33] Z. Zhong, Y. Fang, W. Lu and C.M. Lieber, Nano Lett. **5**, 1143 (2005); F.A. Zwanenburg, C.F.W.M. van Rijmenam, Y. Fang, C.M. Lieber and L.P. Kouwenhoven, Nano Lett. **9**, 1071 (2009); S. Roddaro, A. Fuhrer, P. Brusheim, C. Fasth, H.Q. Xu, L. Samuelson, J. Xiang and C.M. Lieber, Phys. Rev. Lett. **101**, 186802 (2008).

[28.34] G. Katsaros, P. Spathis, M. Stoffel, F. Fournel, M. Mongillo, V. Bouchiat, F. Lefloch, A. Rastelli, O.G. Schmidt and S. De Franceschi, Nature Nanotechnol. **5**, 458 (2010).

[28.35] W.G. van der Wiel, S. De Franceschi, J.M. Elzerman, T. Fujisawa, S. Tarucha and L.P. Kouwenhoven, Rev. Mod. Phys. **75**, 1 (2002).

[28.36] Y. Hu, H.O.H. Churchill, D.J. Reilly, J. Xiang, C.M. Lieber and C.M. Marcus, Nature Nanotechnol. **2**, 622 (2007).

[28.37] C.B. Simmons, M. Thalakulam, B.M. Rosemeyer, B.J. Van Bael, E.K. Sackmann, D.E. Savage, M.G. Lagally, R. Joynt, M. Friesen, S.N. Coppersmith and M.A. Eriksson, Nano Lett. **9**, 3234 (2009).

[28.38] A.B. Fowler, J.J. Wainer and R.A. Webb, IBM J. Res. Dev. **32**, 372 (1988).

[28.39] M.G. Peters, S.G. Den Hartog, J.I. Dijkhuis, O.J.A. Buyk and L.W. Molenkamp, J. Appl. Phys. **84**, 5052 (1998); M. Sanquer, M. Specht, L. Ghenim, S. Deleonibus and G. Guegan, Phys. Rev. B **61**, 7249 (2000).

[28.40] T. Mizuno, J. Okumtura and A. Toriumi, IEEE Trans. Electron Devices **41**, 2216 (1994).

[28.41] A. Asenov, A.R. Brown, J.H. Davies, S. Kaya and G. Slavcheva, IEEE Trans. Electron Devices **50**, 1837 (2003).

[28.42] A.M. Tyryshkin, S.A. Lyon, A.V. Astashkin and A.M. Raitsimring, Phys. Rev. B **68**, 193207 (2003).

[28.43] E. Bielejec, J.A. Seamons and M.S. Caroll, Nanotechnology **21**, 085201 (2010).

[28.44] E. Prati, M. Hori, F. Guagliardo, G. Ferrari and T. Shinada, Nature Nanotechnol. **7**, 443 (2012).

[28.45] Y. Ono, K. Nishiguchi, A. Fujiwara, H. Inokawa and Y. Takahashi, Appl. Phys. Lett. **90**, 102106 (2007).

[28.46] M. Hofheinz, X. Jehl, M. Sanquer, G. Molas, M. Vinet and S. Deleonibus, Eur. Phys. J. B **54**, 299 (2006).

[28.47] M. Pierre, R. Wacquez, X. Jehl, M. Sanquer, M. Vinet and M. Cueto, Nature Nanotechnol. **5**, 133 (2010).

[28.48] G.P. Lansbergen, R. Rahman, C.J. Wellard, I. Woo, J. Caro, N. Collaert, S. Biesemans, G. Klimeck, L.C.L. Hollenberg and S. Rogge, Nature Phys. **4**, 656 (2008).

[28.49] C,W.J. Banakker, Phys. Rev. B **44**, 1646 (1991).

[28.50] M. Füchsle, J. Miwa, S. Mahapatra, H. Ryu, S. Lee, O. Warschkow, L.C.L. Hollenberg, G. Klimeck and M.Y. Simmons, J. Nature Nanotechnol. **7**, 242 (2012).

[28.51] B.E. Kane, Nature **393**, 133 (1998).

[28.52] B. Roche, E. Dupont-Ferrier, B. Voisin, M. Cobian, X. Jehl, R. Wacquez, M. Vinet, Y.M. Niquet and M. Sanquer, Phys. Rev. Lett. **108**, 206812 (2012).

[28.53] B. Weber, S. Mahapatra, T.F. Watson and M.Y. Simmons, Nano Lett. **12**, 4001 (2012).

[28.54] K. Nabors and J. White, IEEE Trans. Comput. Aided Des. Integr. Circuits Syst. **10**, 1447 (1991).

[28.55] C. Wasshuber, H. Kosina and S. Selberherr, IEEE Trans. Comput. Aided Des. Integr. Circuits Syst. **16**, 937 (1997).

[28.56] J.M. Elzerman, R. Hanson, L.H.W. van Beveren, B. Witkamp, L.M.K. Vandersypen and L.P. Kouwenhoven, Nature **430**, 431 (2004).

[28.57] S. Mahapatra, H. Büch and M.Y. Simmons, Nano Lett. **11**, 4376 (2011).

[28.58] S.P. Dash, S. Sharma, R.S. Pantel, M.P. de Jong and R. Jansen, Nature **462**, 491 (2009); I. Appelbaum, B. Huang and D.J. Monsma, Nature **447**, 295 (2007).

[28.59] R. de Sousa, C.C. Lo and J. Bokor, Phys. Rev. B **80**, 045320 (2009).

[28.60] A.R. Stegner, C. Boehm, A. Huebl, M. Stutzmann, K. Lips and M.S. Brandt, Nature Phys. **2**, 835 (2006).

[28.61] H. Huebl, F. Höhne, B. Grolik, A.R. Stegner, M. Stutzmann and M. Brandt, Phys. Rev. Lett. **100**, 177602 (2008); J. Lu, F. Höhne, A. Stegner, L. Dreher, M. Stutzmann, M. Brandt and H. Hübl, Phys. Rev. B **83**, 235201 (2011).

[28.62] I. Martin, D. Mozyrsky and H. W. Jiang, Phys. Rev. Lett. **90**, 018301 (2003).

[28.63] M. Xiao, I. Martin, E. Yablonovitch and H.W. Jiang, Nature **430**, 435 (2004).

[28.64] M. Morello, J.J. Pla, F.A. Zwanenburg, K.W. Chan, K.Y. Tan, H. Huebl, M. Mottönen, C.D. Nugroho, C. Yang, J.A. van Donkelaar, A.D.C. Alves, D.N. Jamieson, C.C. Escott, L.C.L. Hollenberg, R.C. Clark and A.S. Dzurak, Nature **467**, 687 (2010).

[28.65] C.B. Simmons, J.R. Prance, B.J. Van Bael, T.S. Koh, Z. Shi, D.E. Savage, M.G. Lagally, R. Joynt, M. Friesen, S.N. Coppersmith and M.A. Eriksson, Phys. Rev. Lett. **106**, 156804 (2011); H. Büch, S. Mahapatra, R. Rahman, A. Morello Y.M. Simmons, Nature Commun. **4**, 2017 (2013).

[28.66] J. Levy, Phys. Rev. Lett. **89**, 147902 (2002).

[28.67] J.R. Petta, A.C. Johnson, J.M. Taylor, E.A. Laird, A. Yacoby, M.D. Lukin, C.M. Marcus, M.P. Hanson and A.C. Gossard, Science **309**, 2180 (2005).

[28.68] C. Barthel, D.J. Reilly, C.M. Marcus, M.P. Hanson and A.C. Gossard, Phys. Rev. Lett. **103**, 160503 (2009).

[28.69] H. Bluhm, S. Foletti, I. Neder, M. Ruder, D. Mahalu, V. Umansky and A. Jacoby, Nature Phys. **7**, 109 (2010).

[28.70] L.V.C. Assali, H.M. Petrilli, R.B. Capaz, B. Koiller, X. Hu and S. Das Sarma, Phys. Rev. B **83**, 165301 (2011).

[28.71] J.R. Prance, Z. Shi, C.B. Simmons, D.E. Savage, M.G. Lagally, L.R. Schreiber, L.M.K. Vandersypen, M. Friesen, R. Joynt, S.N. Coppersmith, and M.A. Eriksson, Phys. Rev. Lett. **108**, 046808 (2012).

[28.72] B.M. Maune, M.G. Borselli, B. Huang, T.D. Ladd, P.W. Deelman, K.S. Holabird, A.A. Kiselev, I. Alvarado-Rodriguez, R.S. Ross, A.E. Schmitz, M. Sokolich, C.A. Watson, M.F. Gyure and A.T. Hunter, Nature **481**, 344 (2012).

[28.73]   J.J. Pla, K. Tan, J. Dehollain, W. Lim, J. Morton, D. Jamieson, A. Dzurak and A. Morello, Nature **489**, 541 (2012).

[28.74]   J.P. Dehollain, J.J. Pla, E. Siew, K. Tan, A.S. Dzurak and A. Morello, Nanotechnology **24**, 015202 (2013).

[28.75]   P.S. Churchland and T.J. Sejnowski, *The Computational Brain* (MIT Press, Cambridge, 1994).

[28.76]   V.K. Sangwan and M.C Hersam, Nature Nanotechn. **15**, 517 (2020).

[28.77]   H. Hertz, A. Krogh and G. Palmer, *Introduction to the Theory of Neural Computation* (Addison Wesley, Reading, 1999).

[28.78]   K. Aboumerhi, A. Güemes, H. Liu, F. Tenore and R. Etienne-Cummings, J. Neurol. Eng. **20**, 041004 (2023).

[28.79]   A.L. Hodgkin and A.F. Huxley, J. Physiol. **117**, 500 (1952).

[28.80]   T. Prodromakis, C. Toumazou and L. Chua, Nature Mat. **11**, 478 (2012).

[28.81]   L. Chua, IEEE Trans. Circ. Theo. **18**, 507 (1971).

[28.82]   L. Chua and S.M. Kang, Proc. IEEE **64**, 209 (1976).

[28.83]   Y.V. Pershin and M. Di Ventra, J. Phys. D: Appl. Phys. **52**, 01LT01 (2018); J. Kim, Y.V. Pershin, M. Yin, T. Datta and M. Di Ventra, Adv. Electron. Mat. **6**, 2000010 (2020).

[28.84]   H.Y. Lee, P.S. Chen, T.Y. Wu, Y.S. Chen, C.C.Wang, P.J. Tzeng, C.H. Lin, F. Chen, C.H. Lien and M.-J. Tsai, IEEE International Electron Devices Meeting (San Francisco, 2008).

[28.85]   D.R. Lamb and P.C. Rundle, Br. J. Appl. Phys. **18**, 29 (1967).

[28.86]   I.-S. Park, K.-R. Kim, S. Lee and J. Ahn, Jap. J. Appl. Phys. **48**, 2172 (2007); A. Mehonic, S. Cueff, M. Wojdak, S. Hudziak, O. Jambois, C. Labbé, B. Garrido, R. Rizk and AJ. Kenyon, J. Appl. Phys. **111**, 074507 (2012)

[28.87]   M. Lanza, Materials **7**, 2155 (2014).

[28.88]   S. Hong, O. Anciello and D. Wonters (Eds, *Emerging Non-Volatile Memories* (Springer, Heidelberg, 2014).

[28.89]   I. Vulov, E. Linn, S. Tappertzhofen, S. Schmelzer, J. van den Hurk, F. Lentz and R. Waser, Nature Comm. **4**, 1771 (2013).

[28.90]   K. Tsunoda, K. Kinoshita, H. Noshiro, Y. Yamazaki, I. Izuka, Y. Ho, A. Takahashi, A. Okano, Y. Sato, T. Fukano, M. Aoki and Y. Sugiyama, IEEE International Electron Devices Meeting, 767 (Washington, 2007).

[28.91]   V. Kannan and J.U. Rhee, Appl. Phys. Lett. **99**, 143504 (2011).

[28.92]   Stanford News; news.stanford.edu/2022/08/18/new-chip-ramps-ai-computing-efficiency/

[28.93]   M. Prezioso, F. Merrikh-Bayat, B. Chakrabati and D. Strukov, *RRAM-Based Hardware Implementations of Artificial Neural Networks: Progress Update and Challenges Ahead*, in: H. Ferechteh, H. Teherani, D.C. Look and D.J. Rogers (Eds), *Oxide-Based Materials and Devices VII* (SPIE, Bellingham, 2016).

[28.94]   B. Muthuswamy and S. Banerjee, *Introduction to Nonlinear Circuits and Networks* (Springer, Cham, 2019).

[28.95]   C. Chua, Appl. Phys. A **102**, 765 (2011).

[28.96]   D.B. Strukov, G.S. Snider, D.R. Stewart, R. Duncan and R.S. Williams, Nature **453**, 80 (2008); R.S. Williams, IEEE Spectr. **45**, 28 (2008).

[28.97]   M. Di Ventra and Y.V. Pershin, Nanotechnology **24**, 255201 (2013); K.M. Sundqvist, D.K. Ferry and L.B. Kish, Fluct. Noise Lett. **16**, 1771001 (2017); I. Abraham, Sci. Rep. **8**, 10972 (2018).

[28.98]   M.A. Zidau, J.P. Strachan and D. Wei, Nature Electron. **1**, 22 (2018).

[28.99]   E. Linn, A. Siemon, R. Waser and S. Menzel, IEEE Trans. Circ. Sys. **61**, 2402 (2014).

[28.100] Y.V. Pershin and M. Di Ventra, Adv. Phys. **60**, 145 (2011).

[28.101] F. Caravelli, F.L. Traversa and M. Di Ventra, Phys. Rev. E **95**, 022140.

[28.102] F. Argall, Solid-State Electron. **11**, 535 (1968).

[28.103] R.S. Williams, IEEE Spectr. **45**, 28 (2008).

[28.104] K. Terabe, T. Hasegawa, C. Liang and M. Aono, Sci. Tech. Adv. Mat. **8**, 536 (2007).

[28.105] O. Kavehei, A. Iqbal, Y.S. Kim, K. Eshraghian, S.F. Al-Sarawi and D. Abbott, Proc. R. Soc. A **466**, 2175 (2010).

[28.106] M.H. Ben Jaanaa, S. Carrara, J. Georgiou, N. Archontas and G. De Micheli, Proc. 9th IEEE Conf. Nanotechnology **1**, 152 (2009).

[28.107] J.H. Krieger and S.M. Spitzer, Proc. 2004 Non-Volatile Memory Techn. Symp., 121 (2004).

[28.108] F. Alibart, S. Pleutin, O. Bichler, Ch. Gamrat, T. Serrano-Gotarredona, B. Linares-Barranco and D. Vuillaume, Adv. Funct. Mat. **22**, 609 (2012).

[28.109] O. Bichler, W. Zhao, F. Alibart, S. Pleutin, S. Lenfant, D. Vuillaume and C. Gamrat, Neur. Comput. **25**, 549 (2013).

[28.110] M. Crupi, L. Pradhan and S. Tozer, IEEE Can. Rev. 68, 10 (2012); V. Erokhin, T. Berzina, K. Gorshikov, P. Camorani, A. Pucci, L. Ricci, G. Ruggeri, R. Signala and A. Schütz, J. Mat. Chem. **22**, 22881 (2012)

[28.111] A.A. Bessonov, M.N. Kirikova, D.I. Petukov, M. Allen, T. Ryhänen and M.J.A. Bailey, Nature Mat. **14**, 199 (2014).

[28.112] R. Ge, X. Wu, M. Kim, J. Shi, S. Sonde, L. Tao, Y. Zhang, J.C. Lee and D. Akinwande, Nano Lett. **18**, 434 (2017).

[28.113] X. Wu, R. Ge, P.-A. Chen, H. Chou, Z. Zhang, B. Yanfeng, , M-H. Chiang, J.C. Lee and D. Akinwande, Adv. Mat. **31**, 1806790 (2019).

[28.114] M. Kim, R. Ge, X. Wu, X. Lan, T. Xing, J. Tice, J.C. Lee and D. Akinwande, Nature Commun. **9**, 2524 (2018); M. Kim, D. Ducournan, S. Skrzypczak, S.J. Yang, P. Szriftiser, N. Wainstein, K. Stern, H. Happy, E. Yalon, E. Palecchi and D. Akinwande, Nature Electron. **5**, 331 (2022).

[28.115] S.M. Hus, R. Ge, P.-A. Chen, L. Liang, G.E. Donnelly, W. Ko, F. Huang, M.H. Chiang, A.P. Li and D. Akinwande, Nature Nanotechn. **16**, 58 (2021)

[28.116] A. Chanthbouala, V. Garcia, O.R. Cherifi, K. Bouzehouane, S. Fusil, X. Moya, S. Xavier, H. Yamada, C. Deranlot, N.D. Mathur, M.Bibes, A. Barthélémy and J. Grollier, Nature Mat. **11**, 860 (2012).

[28.117] O.A. Ageev, Y.F. Blinov, O.I. Il'in, A.S. Kolomiitsev, B.G. Konoplev, M.V. Rubashkina, V.A. Smirnov and A.A. Fedotov, Techn. Phys. **58**, 1831 (2013).

[28.118] M.V. Il'na, O.I. Il'in, Y.F. Blinov, V.A. Smirnov, A.S. Kolomiytsev, A.A. Fedotov, B.G. Konoplev and O.A. Ageev, Carbon **123**, 514 (2017).

[28.119] Y. Park, M.-K. Kim and J.-S. Lee, J. Mat. Chem. C**8**, 9163 (2020).

[28.120] N. Raeis-Hosseini, Y. Park and J.-S Lee, Adv. Funct. Mat. **28**, 1800553 (2018).

[28.121] Y. Park and J.-S. Lee, ACS Nano **11**, 8962 (2017).

[28.122] M.K. Hota, M.K. Bera, B. Kundu, C. Subhas and C.K. Maiti, Adv. Funct. Mat. **22**, 4493 (2012).

[28.123] S. Cardona-Serra, L.E. Rosaleni, S. Giménez-Santamarina, L. Martinez-Gil und A. Gaila-Ariño, Phys. Chem. Chem. Phys. **23**, 1802 (2020).

[28.124] G. Milano, S. Porro, I. Valov and C. Ricciardi, Adv. Electron. Mat. **5**, 1800909 (2019); S. Carrara, IEEE Sensors J. **21**, 12370 (2021).

[28.125] X. Wang, Y. Chen, H. Xi and D. Dimitrov, IEEE Electron. Device Lett. **30**, 294 (2009); A. Chanthbouala, R. Matsumoto, J. Grollier, V. Cros, A. Anane, A. Fert, A.V. Khvalkovskiy, K.A. Zvezdin, K. Nishimura, Y. Nagamine, H. Maehara, K. Tsunekawa, A. Fukushima and S. Yuasa, Nature Phys. **7**, 626 (2011).

[28.126] M. Bowen, J.-L. Maurice, A. Barthe'le'my, P. Prod'homme, E. Jacquet, J.P. Contour, D. Imhoff and C. Colliex, Appl. Phys. Lett. **89**, 103517 (2006).

[28.127] D. Halley, H. Majjad, M. Bowen, N. Najjari, Y. Henry, C. Ulhaq-Bouillet, W. Weber, G. Berto-ni, J. Verbeeck and G. Van Tendeloo, Appl. Phys. Lett. **92**, 212115 (2008); P. Krzysteczko, G. Günter and A. Thomas, Appl. Phys. Lett. **95**, 112508 (2009); E. Bertin, D. Halley, Y. Hen-ry, N. Najjari, H. Majjad, M. Bowen, V. DaCosta, J. Arabski and B. Doudin, J. Appl. Phys. **109**, 013712 (2011); F. Schleicher, U. Halisdemir, D. Laccour, M. Gallard, S. Boukari, G. Schmerber, V. Davesne, P. Panissod, D. Halley, H. Majjad, Y. Henry, B. Leconte, A. Boulard, D. Spor, N. Beyer, C. Kiebas, E. Sternitzky, O. Cregut, M. Ziegler, F. Montaigne, E. Beaure-paire, P. Gilliot, M. Hehn and M. Bowen, Nature Commun. **5**, 4547 (2014).

[28.128] V. Garcia, M. Bibes, L. Bocher, S. Valencia, F. Kronast, A. Crassous, X. Moya, S. Enouz-Vedrenne, A. Gloter, D. Imhoff, C. Deranlot, N.D. Mathur, S.Fusil, K. Bouzehouane and A. Barthélémy, Science **327**, 1106 (2010); D. Pantel, S. Goetze, D. Hesse and M. Alexe, Nature Mat. **11**, 289 (2012).

[28.129] Y.V. Pershin and M. Di Ventra, Phys. Rev. B **78**, 113309 (2008).

[28.130] Y.V. Pershin and M. Di Ventra, Phys. Rev. B **77**, 073301 (2008).

[28.131] K. Campbell, Microelectron. J. **59**, 10 (2017).

[28.132] A. Peotta and M. DiVentra, Phys. Rev. Appl. **2**, 034011 (2014).

[28.133] Z. Dong, C. Sing Lai, Y. He, D. Qi and S. Duan, IET Circ. Dev. Sys. **13**, 1241 (2019).

[28.134] D. Ielmini and H.S.-P. Wong, Nature Electron. **1**, 333 (2018); L. Luo, D. Zhekang, S. Duan and S.L. Chun, IET Circ. Dev. Sys. **14**, 811 (2020); E. Lethonen, J.H. Poikonen and M. Laiho, Electron. Lett. **46**, 230 (2010).

[28.135] Y.V. Pershin, S. La Fontaine and M. DiVentra, Phys. Rev. E **80**, 021926 (2009); T. Saigusa, A. Tero, T. Nakagaki and Y. Kuramoto, Phys. Rev. Lett. **100**; 018101 (2008).

[28.136] M. Versace and B. Chandler, IEEE Spectrum **47**, 30 (2010); G. Snider, R. Amerson, D. Car-ter, H. Abdalla, M. S. Qureshi, J. Léveillé, M. Versace, H. Ames, S. Patric, B. Chandler, A. Garchetchinikov and E. Mingolla, IEEE Comp. **44**, 21 (2011).

[28.137] F. Merrikh-Bayat, S. Bhageri-Shouraki and A. Rohani, IEEE Trans. Fuzzy Sys. **19**, 1083 (2011); F. Merrikh-Bayat and S. Bhageri-Shouraki, arXiv:1103.1156.

[28.138] L. Chua, Nanotechnology **24**, 383001 (2013).

[28.139] Y. LeCun, Y. Bengio, and G. Hinton, Nature **521**, 436 (2015).

[28.140] C.D. James, J.B. Aimone, N.E. Miner, C.M. Vineyard, F.H. Rothanger, K.D. Karlson, S.A. Mulder, T.J. Draelos, A. Faust, M.J. Marinella, J.H. Naegele and S.J. Plimpton, Biol. In-sp. Cog. Arch. **19**, 49 (2017); M.E. Bear, B.W. Connors and M.A. Paradiso, *Neuroscience: Exploring the Brain* (Jones & Bartlett, Burlington, 2016); G. Indiveri, E. Chicca and R.J. Douglas, Cogn. Comp. **1**, 119 (2009); G. Indiveri, B. Linares-Barranco, T.J. Hamilton, A. van Schaik, R. Etienne-Cummings, T. Delbruck, S.-C. Liu, P. Dudek, P. Häfliger, S. Renaud, J. Schemmel, G. Cauwenberghs, J. Arthur, K. Hynna, F. Folowosele, S. Saigh, T. Serrano-Gotarredona, J. Wijekoon, Y. Wang and K. Boahen, Front. Neurosci. **5**, 73 (2011).

[28.141] O. Krestinskaya, A. P. James and C.O. Leon, IEEE Trans. Neural. Netw. Learn Syst. **31**, 4 (2020); S. Ju and P.Y. Chen, IEEE Sol. Stat. Circuit Mag. **8**, 43 (2016).

[28.142] D. Jariwala, V.K. Sangwan, L.J. Lauhon, T.J. Marks and M.C. Hersam, Chem. Soc. Rev. **42**, 2824 (2013); ACS Nano **8**, 1102 (2014); V.K. Sangwan and M.C. Hersam, Annu. Rev. Phys. Chem. **69**, 299 (2018); D. Jariwala, T.J. Marks and M.C. Hersam, Nature Mat. **16**, 170 (2018).

[28.143] V.K. Sangwan, H.-S. Lee, H. Bergeron, I. Balla, M.E. Beck, K.-S. Chen and M.C. Hersam, Nature **554**, 500 (2018); L. Sun, Y. Zhang, G. Hwang, J. Jiang, D. Kim, Y.A. Eshete, R. Zhao and H. Yang, Nano Lett. **18**, 3229 (2018).

[28.144] Y. van de Burgt, A. Melianas, S.T. Keene, G. Malliaras and A. Salleo, Nature Electron. **1**, 386 (2018); S. Esqueda, X. Yan, Ch. Ruthergien, A. Kane, T. Cain, P. Marsh, Q. Liu,

K.Galatsis, H. Wang and Ch. Zhou, ACS Nano **12**, 7352 (2018); S. Kim, B. Choi, M. Lim, J. Yoon, J. Lee, H.-D. Kim and S.-J. Choi, ACS Nano **11**, 2814 (2017).

[28.145] J. Zhu, Y. Yang, R. Jia, Z. Liang, W. Zhu, Z.U. Rehman, L. Bao, X. Zhang, Y. Cai, L. Song and R. Huang, Adv. Mat. **30**, 1800195 (2018); S. Wang, Ch. Chen, Zh. Yu, Y. He, X. Chen, Q. Wan, Y. Shi, D.W. Zhang, H. Zhou, X. Wang and P. Zhou, Adv. Mat. **31**, 1806227 (2018)

[28.146] C.D. Schuman, T.E. Patok, R.M. Patton, J.D. Birdwell, M.E. Dean, G.S. Rose and J.S. Plank, arXiv: 1705.06963; Y. Kim, A. Chortos, W. Xu, X. Liu, J.Y. Oh, D. Son, J. Kang, A.M Foudeh, Ch. Zhu, Y. Lee, S. Niu, J. Liu, R. Pfaltner, Z. Bao and T.-W. Lee, Science **360**, 998 (2018).

[28.147] O. Krestinskaya, A.P. James, C.O. Leon, IEEE Trans. Neural. Netw. Learn. Sys. **31**, 4 (2020); D. Kuzum, S. Yu and H.S.P. Wong, Nanotechnology **24**, 382001 (2013); H.S.P. Wong, H.-Y. Lee, S. Yu, Y.-S. Chen, Y. Wu, P.-S. Chen, B. Lee, F.T. Chen and M.J. Tsai, Proc. IEEE **100**, 1951 (2012); A. Sengupta and K. Rog, Appl. Phys. Expr. **11**, 030101 (2018).

[28.148] J.J. Yang, D.B. Strukov and D.R. Stewart, Nature Nanotechnol. **8**, 13 (2013); G.W. Burr, R.M. Shelby, A. Sebastian, S. Kim, S. Kim, S. Sidler, K. Virwany, M. Ishii, P. Narayanan, A. Fumarola, L.L. Sanches, I. Boybat, M. Le Gallo, K. Moon, J. Woo, H. Hwang and Y. Leblebici, Adv. Phys. X **2**,89 (2017); M.A. Zidan, J.P. Strachan and W.D. Lu, Nature Electron. **1**, 22 (2018); M. Ziegler, C. Wanger, E. Chicca and H. Kohlstedt, J. Appl. Phys. **124**, 152003 (2018).

[28.149] W.S. Mc Culloch and W.A. Pitts, Bull. Math. Biophys. **5**, 115 (1943); F. Rosenblatt, Psych. Rev. **65**, 386 (1958); J. Hertz, A. Krogh and R.G. Palmer, *Introduction to the Theory of Neural Computation*, (Westview, Boca Raton, 2018); P.D. Wassermann, *Neural Computing: Theory and Practice* (Van Nostrand Reinhold, New. York, 1989).

[28.150] M.F. Bear, B.V. Connors and M.A. Paradiso, *Exploring the Brain* (Kluwer, Philadelphia, 2016).

[28.151] I. Goodfellow, Y. Bengio and A. Courville, *Deep Learning* (MIT Press, Cambridge, 2016); D.E. Rumelhart, G.E. Hinton and R.J. Williams, Nature **323**, 533 (1986).

[28.152] D.S. Jeong, K.M. Kim, S. Kim, B.J. Choi and C.S. Hwang, Adv. Electron. Mat. **2**, 1600090 (2016).

[28.153] C. Diorio, P. Hasler, A. Minch and C.A. Mead, IEEE Trans. Electron. Dev. **43**, 1972 (1996).

[28.154] D.V. Buonomano and W. Maass, Nature Rev. Neurosci. **10**, 113 (2009); C. Qian, L.-an Kong, J. Yang, Y. Gao and J. Sun, Appl. Phys. Lett. **110**, 083302 (2017).

[28.155] M. Lanza, H.-S.P. Wong, E. Pop, D. Ielmini, D. Strukov, B.C. Regan, L. Larcher, M.A. Villena, J.J. Yang, L. Goux, A. Belmonte, Y. Yang, F.M. Puglisi, J. Kang, B. Magyari-Köpe, E. Yalon, A. Kenyon, M. Buckwell, A. Mehonic, A. Shluger, H. Li, T.-H. Hou, B. Hudec, D. Akinwande, R. Ge, S. Ambrogio, J.B. Roldan, E. Miranda, J. Suñe, K.L. Pey, X. Wu, R. Li, A. Holleitner, U. Wurstbauer, M.C. Lemme, M. Liu, S. Long, Q. Liu, H. Lv, A. Padovani, P. Pavan, I. Valov, X. Jing, T. Han, K. Zhu, S. Chen, F. Hui and Y. Shi, Adv. Electron. Mat. **5**, 1800143 (2019).

[28.156] S. Yu and Y.P. Chen, IEEE Sol. Stat. Circuit Mag. **8**, 43 (2016).

[28.157] Y.J. Seok, S.J. Song, J.H. Yoon, K.J. Yoon, T.H. Park, D.E. Kwon, H. Lim, G.H. Kim, D.S. Jeong and C.S. Hwang, Adv. Funct. Mat. **24**, 5316 (2014).

[28.158] T. Tuma, A. Pantazi, M. Le Gallo, A. Sebastian and E. Eleftheriou, Nature Nanotechnol. **11**, 693 (2016).

[28.159] J.J. Yang, M.D. Pickett, X. Li, D.A.A. Ohlberg, D.R. Stewart and R.S. Williams, Nature Nanotechnol. **3**, 429 (2008).

[28.160] M.D. Pickett, G. Madeiros-Rebeiro and R.S. Wiliams, Nature Mat. **12**, 114 (2013).

[28.161] E. Linn, R. Rosezin, C. Kageler and R. Waser, Nature Mat. **9**, 403 (2010).

[28.162] N.K. Upadhyay, H. Jiang, Z. Wang, S. Asapu, Q. Xia and J.J. Yang, Adv. Mat. Tech. **4**, 1800589 (2019).

[28.163] C. Sun, M.T. Wade, Y. Lee, J.S. Orcutt, L. Alloatti, M.S. Georgas, A.S. Waterman, J.M. Shainline, R.R. Avizienis, S. Lin, B.R. Moss, R. Kumar, F. Pavanello, A.H. Atabaki, H.M. Cook, A.J. Ou, J.C. Leu, Y.-H. Chen, K. Asanović, R.J. Ram, M.A. Popović and V.M. Stojanović, Nature **528**, 534 (2015).

[28.164] C. Mesaritakis, A. Kapsalis, A. Bogris and D. Syvridis, Sci. Rep. **6**, 39317 (2016).

[28.165] P. Maier, F. Hartmann, M. Emmerling, C. Schneider, M. Kamp, S. Höfling and L. Worschech Phys. Rev. Appl. **5**, 054011 (2016); P. Maier, F. Hartmann, T. Mander, M. Emmerling, C. Schneider, M. Kamp, S. Höfling, and L. Worschech, Appl. Phys. Lett. **106**, 203501 (2015).

[28.166] Y. Wang, Z. Lv, J. Chen, Z. Wang, L. Zhou, X. Chen and S.-T. Han, Adv. Mat. **30**, 1802883 (2018); S.-T. Han, L. Hu, X. Wang, Y. Zhou, Y.-J. Zeng, S. Ruan, C. Pan and Z. Peng, Adv. Sci. **4**, 1600435 (2017); F. Alibart, S. Pleutin, D. Guérin, C. Novembre, S. Lenfant, K. Limimouni, C. Gamrat and D. Vuillaume; Adv. Funct. Mat. **20**, 330 (2010); Z. Wang, S. Joshi, S.E. Savel'ev, H. Jiang, R. Midya, P. Lin, H. Hu, N. Ge, J.P. Strachan, Z. Li, Q. Wu, M. Barnell, G.-L. Li, H.L. Xin, R.S. Williams, Q. Xia and J.J. Yang, Nature Mat. **16**, 101 (2017).

[28.167] S. Goswami, A.J. Matula, S.P. Rath, S. Hedström, S. Saha, N. Annamalai, D. Sengupta, A. Patra, S. Ghosh, H. Jani, S. Sarkar, M.R. Motapothula, C.A. Nijhuis, J. Martin, S. Goswami, V.S. Batista and T. Venkatesan, Nature Mat. **16**, 1216 (2017).

[28.168] L.O. Chua, Proc. IEEE **91**, 1830 (2003); V.P. Roychowdhury, D.B. Janes, S. Bandyopadhyay and W. Xiadong, IEEE Trans. Electron. Dev. **43**, 1688 (1996); M.V. Altaisky, N.N. Zolnikova, N.E. Kaputkina, V.A. Krylov, Y.E. Lozovik and N.S. Dattani, Appl. Phys. Lett. **108**, 103108 (2016).

[28.169] S. Pi, C. Li, H. Jiang, W. Xia, H. Xin, J.J. Yang and Q. Xia, Nature Nanotechnol. **14**, 35 (2018).

[28.170] J. Joshi, A.C. Parker and C.A. Hsu, Annu. Int. Conf. Eng. Med. Biol. Soc. 1651 (2009); D. Jariwala, V.K. Sangwan, L.J. Lauhon, T.J. Marks and M.C. Hersam, Chem. Soc. Rev. **42**, 2824 (2013).

[28.315] M.M. Shulaker, G. Hills, R.S. Park, R.T. Howe, K. Saraswat, H.-S.P. Wong and S. Mitra, Nature **547**, 74 (2017).

[28.172] I. Sanchez Esqueda, X. Yan, C. Ruterglen, A. Kane, T. Cain, P. Marsh, Q. Liu, K. Galatsis, H. Wang and C. Zhou, ACS Nano **12**, 7352 (2018); S. Kim, B. Choi, M. Lim, J. Yoon, J. Lee, H.-D. Kim and S.-J. Choi, ACS Nano **11**, 2814 (2017).

[28.173] X. Duan, Y. Huang and C.M. Lieber, Nano Lett. **3**, 487 (2002).

[28.174] D.S. Hong, Y.S. Chen, J.R. Sun and B.G. Shen, Adv. Electron. Mat. **2**, 1500359 (2016); C.J. O'Kelly, J.A. Fairfield, D. McCloskey, H.G. Manning, J.F. Donegan and J.J. Boland, Adv. Electron. Mat. **2**, 1500458 (2016).

[28.175] W. Xu, S.-Y. Min, H. Hwang and T.-W. Lee, Sci. Adv. **2**, e1501326 (2016).

[28.176] J.M. Shainline, S.M. Buckley, R.P. Mirin and S.W. Nam, Phys. Rev. Appl. **7**, 034013 (2017).

[28.177] J. Rivnay, S. Inal, A. Salleo, R.M. Owens, M. Berggren and G.G. Malliaras, Nature Rev. Mat. **3**, 17086 (2018); R. Waser, R. Dittmann, G. Staikov and K. Szot, Adv. Mat. **21**, 2632 (2009); B. Cho, S. Song, Y. Ji, T.-W. Kim and T. Lee, Adv. Funct. Mat. **21**, 2806 (2011).

[28.178] N.B. Zhitenev, A. Sidorenko, D.M. Tennant, and R.A. Cirelli, Nature Nanotechnol. **2**, 237 (2007).

[28.179] Q. Lai, L. Zhang, Z. Li, W.F. Stickle, R.S. Williams and Y. Chen, Adv. Mat. **22**, 2448 (2010); E.J. Fuller, F. El Gabaly, F. Léonard, S. Agarwal, S.J. Plimpton, R.B. Jacobs-Gedrim, C.D. James, M.J. Marinella and A.A. Talin, Adv. Mat. **29**, 1604310 (2017).

[28.180] Y. van Burgt, E. Lubberman, E.J. Fuller, S.T. Keene, G.C. Faria, S. Agarwal, M.J. Marinella, A.A. Talin and A. Salleo, Nature Mat. **16**, 414 (2017).

[28.181] P. Pkoupidenis, D.A. Koutsouras, T. Lonjaret, J.A. Fairfield and G.G. Malliaras, Sci. Rep. **6**, 27007 (2016).

[28.182] C. Pan, Y. Ji, N. Xiao, F. Hui, K. Tang, Y. Guo, X. Xie, F.M. Puglisi, L. Larcher, E. Miranda, L. Jiang, Y. Shi, I. Valov, P.C. McIntyre, R. Waser and M. Lanza, Adv. Funct. Mat. **27**, 1604811 (2017); Y. Shi, X. Liang, B. Yuan, V. Chen, H. Li, F. Hui, Z. Yu, F. Yuan, E. Pop, H.-S.P. Wong and M. Lanza, Nature Electron. **1**, 458 (2018).

[28.183] H. Tian, W. Mi, X.-F. Wang, H. Zhao, Q.-Y. Xie, C. Li, Y.-X. Li, Y. Yang and T.-L. Ren, Nano Lett. **15**, 8013 (2015).

[28.184] L. Wang, Z. Wang, W. Zhao, B. Hu, L. Xie, M. Yi, H. Ling, C. Zhang, Y. Chen, J. Lin, J. Zhu and W. Huang, Adv. Electron. Mat. **3**, 1600244 (2017).

[28.185] M.T Sharbati, Y. Du, J. Torres, N.D. Ardolino, M. Yun and F. Xiong, Adv. Mat. **30**, 1802353 (2018).

[28.186] S.G. Yi, M.U. Park, S.H. Kim, C.J. Lee, J, Kwon, G.-H. Lee and K.-H. Yoo, ACS Appl. Mat. Inter. **10**, 31480 (2018).

[28.187] R.A. John, F. Liu, N.A. Chien, M.R. Kulkarni, C. Zhu, Q. Fu, A. Basu, Z. Liu and N. Mathews, Adv. Mat. **30**, 1800220 (2018).

[28.188] D. Hebb, *The Organisation of Behavior: A Neuropsychological Story* (Erlbaum Mawah, New Jersey, 2002).

[28.189] V.K. Sangwan, H.S. Lee and M.C. Hersam, IEDM 2017 Digest (IEEE, San Francisco, 2018).

[28.190] B. Standley, W. Bao, H. Zhang, J. Bruck, C.N. Lau and M. Bockrath, Nano Lett. **8**, 3345 (2008); S.G. Sarwat, P. Gehring, G. Rodriguez Hernandez, J.H. Warner, G.A.D. Briggs, J.A. Mol and H. Bhaskaran, Nano Lett. **17**, 3688 (2017).

[28.191] M. Yoshida , R. Suzuki, Y. Zhang, M. Nakano and Y. Iwasa, Science Adv. **1**, 1500600 (2015).

[28.192] X. Zhu, X. Li, X. Liang and W.D. Lu, Nature Mat. **18**, 141 (2018).

[28.193] E. Zhang, H. Zhang, S. Krylyuk, C.A. Milligan, Y. Zhu, D.Y. Zemlyanov, L.A. Bendersky, B.P. Burton, A.V. Davydov and J. Appenzeller, Nature Mat. **18**, 55 (2018).

[28.194] C. Tan, Z. Liu, W. Huang and H. Zhang, Chem. Soc. Rev. **44**, 2615 (2015); J. Kang, V.K. Sangwan, J.D. Wood and M.C. Hersam, Acc. Chem. Res. **50**, 943 (2017).

[28.195] R.A. Brodes, Art, Intell. **47**, 139 (1991).

[28.196] D.B. Strukov and R.S. Williams, Proc. Natl. Acad. Sci. USA **106**, 20155 (2009).

[28.197] V.K. Sangwan, M.E. Beck, A. Henning, J. Luo, H. Bergeron, J. Kang, I. Balla, H. Inbar, L.J. Lauhon and M.C. Hersam, Nano Lett. **18**, 1421 (2018).

[28.198] T. Someya, Z. Bao and G.G. Malliaras, Nature **540**, 379 (2016).

[28.199] A.T. Haedler, K. Kreger, A. Issac, B. Wittmann, M. Kivala, N. Hammer, J. Köhler, H.W. Schmidt and R. Hildner, Nature **523**, 196 (2015).

[28.200] D. Xiang, X. Wang, C. Jia, T. Lee and X. Guo, Chem. Rev. **116**, 4318 (2016).

[28.201] M.A. Ratner, Nature Nanotechnol. **8**, 378 (2013); M.R. Bryce and M.C. Petty, Nature **374**, 771 (1995); J.M. Tour, W.A. Reinerth, L. Jones , T.P. Burgin, C.W. Zhou, C.J. Muller, M.R. Deshpande and M.A. Reed, Ann. N.Y. Acad. Sci. **852**, 197 (1998); M.C. Petty, M.R. Bryce and D. Bloor, *An Introduction to Molecular Electronics* (Oxford Univ. Press, New York, 1995).

[28.202] J.C. Cuevas and E. Scheer, *Molecular Electronics: An Introduction to Theory and Experiment* (World Scientific, New York, 2010); J.R. Heath, Annu. Rev. Mater. Res. **39**, 1 (2009); C.R. Kayan and M.A. Ratner, MRS Bull. **29**, 376 (2004).

[28.203] A. Nitzan and M.A. Ratner, Science **300**, 1384 (2003).

[28.204] R.M. Metzger, Chem. Rev. **115**, 5056 (2015).

[28.205] D. Mann and H. Kuhn, J. Appl. Phys. **42**, 4398 (1971); E.E. Polymeropoulos and J. Sagiv, J. Chem. Phys. **69**, 1836 (1978).

[28.206] A. Aviram and M.A. Ratner, Chem. Phys. Lett. **29**, 277 (1974).

[28.207] L.A. Bumm, J.J. Arnold, M.T. Cygan, T.D. Dunbar, T.P. Burgin, L. Jones, D.L. Allara, J.M. Tour and P.S. Weiss, Science **271**, 1705 (1996).

[28.208] M. A. Reed, C. Zhou, C. J. Muller, T. P. Burgin and J. M. Tour, Science **278**, 252 (1997); J. Park, A.N. Pasupathy, J.I. Goldsmith, C. Chang, Y. Yaish, J.R. Petta, M. Rinkoski, J.P. Sethna, H.D. Abruna, P. McEuen and D.C. Ralph, Nature **417**, 722 (2002); J. Xiang, B. Liu, S.T. Wu, B. Ren, F.Z. Yang, B.W. Mao, Y.L. Chow and Z.Q.A. Tian, Angew. Chem. Int. Ed. **44**, 1265 (2005); A.P. Bonifas and R.L. McCreery, Nature Nanotechnol. **5**, 612, (2010).

[28.209] A.N. Pasupathy, R. Bialczak, J. Martinek, J. Grose, L.A.K. Donev, P.L. McEuen and D.C. Ralph, Science **306**, 86 (2004); H. Vazquez, R. Skouta, S. Schneebeli, M. Kamenetska, R. Breslow, L. Venkataraman and M.S. Hybertsen, Nature Nanotechnol. **7**, 663 (2012); I. Diez-Perez, J. Hihath, T. Hines, Z.S. Wang, G. Zhou, K. Mullen and N.J. Tao, Nature Nanotechnol. **6**, 226 (2011).

[28.210] Y. Cao, S. Dong, S. Liu, L. He, L. Gan, X. Yu, M.L. Steigerwald, X. Wu, Z. Liu and X. Guo, Angew. Chem. Int. Ed. **51**, 12228 (2012).

[28.211] M.A. Ratner, B. Davis, M. Kemp, V. Mujica, A. Roitberg and S. Yuliraki, Ann. N.Y. Acad. Sci. **852**, 22 (1998); V. Mujica, M. Kemp and M.A. Ratner, J. Chem. Phys. **101**, 6849 (1994).

[28.212] S.M Lindsay and M.A. Ratner, Adv. Mat. **19**, 23 (2007); M.A. Zimbovskaya and M.R. Pederson, Phys. Rep. **509**, 1 (2011); M.Y. Wang, T. Lee and M.A. Reed, Rep. Progr. Phys. **68**, 523 (2005); C.J. Lambert, Cem. Soc. Rev. **44**, 875 (2015).

[28.213] L. Liu, J. Jiang and Y. Luo. Phys. E **47**, 167 (2013).

[28.214] S.V. Aradhya and L. Venkataraman, Nature Nanotechnol. **8**, 399 (2013); L. Sun, Y.A. Diaz-Fernandez, T.A. Gschneidtner, F. Westerlund, S. Lara-Avila and K. Moth-Poulsen, Chem. Soc. Rev. **43**, 7378 (2014); N.J. Tao, Nature Nanotechnol. **1**, 173 (2006); M Galperin, M.A. Ratner, A. Nitzau and A. Troisi, Science **319**, 1056 (2008); S.J. van der Molen and P. Liljeroth, J. Phys.: Condens. Matter **22**, 133001 (2010); D. Natelson, Y. Li and J.B. Herzog, Phys. Chem. Chem. Phys. **15**, 5262 (2013); K. Moth-Poulson and T. Bjornholm, Nature Nanotechnol. **4**, 551 (2009); A. Carlson, A.M. Bowen, Y. Huang, R.G. Nuzzo and J. Rogers, Adv. Mat. **24**, 5284 (2012).

[28.215] B. Xu and N.J.J. Tao, Science **301**, 1221 (2003); F. Chen, J. Hihath, Z. Huang, X. Li and N.J.J. Tao, Annu. Rev. Phys. Chem. **58**, 535 (2007).

[28.216] Z. Cheng, R. Skouta, H. Vazquez, J.R. Widawsky, S. Schneebeli, W. Chen, M. Hybertsen, R. Breslow, L. Venkataraman, Nature Nanotechnol. **6**, 353 (2011); Y.S. Park, A.C. Whalley, S. Kamenteska, M.L. Steigerwald, M.S. Hybertsen, C. Nuckolls and L. Venkataraman, J. Am. Chem. Soc. **129**, 15768 (2007); M. Kamenetska, S.Y. Quek, A.C. Whalley, M.L. Steigerwald, H.J. Choi, S.G. Louie, C. Nuckolls, M.S. Hybertsen, J.B. Neaton and L. Venkataraman, J. Am. Chem. Soc. **132**, 6817 (2010).

[28.217] C. Jia and X. Guo, Chem. Soc. Rev. **42**, 5642 (2013).

[28.218] W. Li, L. Sepunaru, N. Amdursky, S.R. Cohen, I. Pecht, M. Sheves and D. Cahen, ACS Nano **6**, 10816 (2012); S.V. Aradhya, M. Frei, M.S. Hybertsen and L. Venkataraman, Nature Mat. **11**, 872 (2012); C. Wagner, N. Fournier, F.S. Tautz and R. Temirov, Phys. Rev. Lett. **109**, 076102 (2012).

[28.219] S. Pan, Q. Fu, T. Huang, A. Zhao, B. Wang, Y. Luo, J. Yang and J. Hou, Proc. Natl. Acad. Sci. USA **106**, 15259 (2009); Z.T. Xie, I. Baldea, C.E. Smith, Y.F. Wu and C.D. Frisbie, ACS Nano **9**, 8022 (2015).

[28.220] S. Schmaus, A. Bagrets, Y. Nahas, T.K. Yamada, A. Bork, M. Bowen, E. Beaurepaire, F. Evers and W. Wulfhekel, Nature Nanotechnol. **6**, 185 (2011); X. Fei, G. Wu, V. Lopez, G. Lu, H. Gao and L. Gao, J. Phys. Chem. C **119**, 11975 (2015).

[28.221] J. Schwoebel, Y. Fu, J. Brede, A. Dilullo, G. Hoffmann, S. Klyatskaya, M. Ruben and R. Wiesendanger, Nature Commun. **3**, 953 (2012).

[28.222] V. Madhavan, W. Chen, T. Jamneala, M.F. Crommie and N.S. Wingreen, Science **280**, 567 (1998).

[28.223] R.P. Andres, T. Bein, M. Dorogi, S. Feng, J.L. Henderson, C.P. Kubiak, W. Mahoney, R.G. Osifchin and R. Reifenberger, Science **272**, 1323 (1996).

[28.224] W. Wang, Y. Ji, H. Zhang, A. Zhao, B. Wang, J. Yang and J.G. Hou, ACS Nano **6**, 7066 (2012); L. Chen, Z. Hu, A. Zhao, B. Wang, Y. Luo, J. Yang and J.G. Hou Phys. Rev. Lett. **99**, 146803 (2007).

[28.225] H. Rascón-Ramos, J.M. Artes, Y. Li and J. Hihath, Nature Mat. **14**, 517 (2015).

[28.226] Z.H. Li, H. Li, S.J. Chen, T. Froehlich, C. Yi, C. Schonenberger, M. Calame, S. Decurtins, S.X. Liu and E. Bourget, J. Am. Chem. Soc. **136**, 8867 (2014); M. Baghernejad, X.T. Zhao, K.B. Ornso, M. Fueg, C.C. Huang, W.J. Hong, P. Broekmann, Th. Wandlowski, K.S. Thygesen and M.R. Pryce, J. Am. Chem. Soc. **136**, 17922 (2014).

[28.227] C.M Guedon, H. Valkenier, T Markussen, K.S. Thygesen, J.C. Hummelen and S.J. Van Der Molen, Nature Nanotechnol **7**, 304 (2012); T. Markussen, R. Stadler and K.S. Thygesen, Nano Lett. **10**, 4260 (2010); S. Ballmann, R. Härtle, P.B. Coto, M. Elbing, M. Mayor, M.R. Bryce, M. Thoss and H.B. Weber, Phys. Rev. Lett. **109**, 056801 (2012).

[28.228] N.R. Wilson and J.V. McPerson, Nature Nanotechnol. **4**, 483 (2009).

[28.229] E. Leary, M.Theres-González, C. van der Pol, M.R. Bryce, S. Filippone, N. Martin, G. Rubio-Bollinger and N. Agraït, Nano Lett. **11**, 2236 (2011); P. Moreno-García, A. La Rosa, V. Kolivoska, D. Bermejo, W.J. Hong, K. Yoshida, M. Baghernejad, S. Filippone, P. Broekmann, T. Wandlowski and N. Martin, J. Am. Chem. Soc. **137**, 2318 (2015).

[28.230] N. Clement, G. Patriarche, K. Smaali, F. Vaurette, K. Nishiguchi, D. Troadec, A. Fujiwara and D. Vuillaume, Small **7**, 2607 (2011); K. Smaali, N. Clement, G. Patriarche and D. Vuillaume, ACS Nano **6**, 4639 (2012).

[28.231] X.D. Cui, A. Primak, X. Zarate, J. Tomfohr, O.F. Sankey, A.L. Moore, T.A. Moore, D. Gust, G. Harris and S.M. Lindsay, Science **294**, 571 (2001).

[28.232] D. Xiang, H. Jeong, T. Lee and D. Mayer, Adv. Mat. **25**, 4845 (2013).

[28.233] A.F. Morpurgo, C.M. Marcus and D.B. Robinson, Appl. Phys. Lett. **74**, 2084 (1999); C.Z Li, H.X. He and N.J. Tao, Appl. Phys. Lett. **77**, 3995 (2000); Y.X. Wu, W.J. Hong, T. Akiyama, S. Gautsch, V. Kolivoska, T. Wandlowski and N.F. de Rooij, Nanotechn. **24**, 235302 (2013).

[28.234] J.K. Mbindyo, T. Mallouk, J.B. Mattzela, L. Kratochvilova, B. Razavi, T.N. Jackson and T.S. Mayer, J. Am. Chem. Soc. **124**, 4020 (2002).

[28.235] H.C. Kolb, M.G. Finn and K.B. Sharpless, Angew. Chem. Int. Ed. **40**, 2004 (2001).

[28.236] Y. Loo, D.V. Lang, J.A. Rogers and J.W.P. Hsu, Nano Lett. **3**, 913 (2003).

[28.237] K.H. Kim, S. Gaba, D. Wheeler, J.M. Cruz-Albrecht, T. Hussain, N. Srinivasa and W.A. Lu, Nano Lett. **12**, 389 (2012)

[28.238] J.G. Kushmerick, D.D. Holt, J.C. Yang, J. Naciri, M.H. Moore and R. Shashidhar, Phys. Rev. Lett. **89**, 086802 (2002); J.G. Kushmerick, J. Naciri, J.C. Yang and R. Shashidhar, Nano Lett. **3**, 897 (2003).

[28.239] J.Y. Tang, Y.L. Wang, J.E. Klare, G.S. Tulevski, J.S. Wind and C. Nuckolls, Angew. Chem. Int. Ed. **46**, 3892 (2007).

[28.240] J.D. Wang, Z.X. Wang, Q.C. Li, L. Gan, X. Xu, L.D. Li and X.F. Guo, Angew. Chem. Int. Ed. **52**, 3369 (2013).

[28.241] P. Tyagi, J. Mat. Chem. **21**, 4733 (2011); G.J. Ashwell, P. Wierzchowiec, C.J. Bartlett and P.D. Buckle, Chem. Commun. **11**, 1254 (2007).

[28.242] P.G. Collins, M.S. Arnold and P. Avouris, Science **292**, 706 (2001).

[28.243] C.W. Marquardt, S. Grunder, A. Blaszczyk, S. Dehm, F. Hennrich, H. von Löhneysen, M. Mayor and R. Krupke, Nature Nanotechnol. **5**, 863 (2010).

[28.244] D. Wei, Y. Liu, L. Cao, Y. Wang, H. Zhang and G. Yu, Nano Lett. **8**, 1625 (2008).

[28.245] X. Guo, J.P. Small, J.E. Klare, Y. Wang, M.S. Purewal, I.W. Tam, B.H. Hong, R. Caldwell, L. Huang and S. O'Brien, Science **311**, 356 (2006).

[28.246] X. Guo, A.A. Gorodetsky, J. Hone, J.K. Barton and C. Nuckolls, Nature Nanotechnol. **3**, 163 (2008).

[28.247] X. Wan, Y. Huang and Y. Chen, Acc. Chem. Res. **45**, 598 (2012); W. Yang, K.R. Ratinac, S.P. Ringer, P. Thordarson, J.J. Gooding, and F. Braet, Angew. Chem. Int. Ed. **49**, 2114 (2010); S. Liu and X. Guo, NPG Asia Mat. **4**, e23 (2012); Y. Cao, Z. Wei, S. Liu, L. Gan, X. Guo, W. Xu, M. Steigerwald, Z. Liu and D. Zhu, Angew. Chem. Int. Ed. **49**, 6319 (2010); Y.J. Park, K. Sun, J. Woo and Y.-H. Xie, ACS Nano **4**, 3927 (2010); C. Di, D. Wei. G. Yu, Y. Liu, Y. Guo and D. Zhu, Adv. Mat. **20**, 3289 (2008); W.H. Lee, J. Park, S. Sim, S. Lim, K.S. Kim, B.H. Hong and K. Cho, J. Am. Chem. Soc. **133**, 4447 (2011); M. Tsutsui and M. Taniguchi, Sensors **12**, 7259 (2012).

[28.248] F. Prins, A. Barreiro, J.W. Ruitenberg, J.S. Seldenthuis, N. Aliaga-Alcalde, L.M.K. Vandersypen and H.S.J. van der Zant, Nano Lett. **11**, 4607 (2011).

[28.249] K. Ullmann, P.B. Coto, S. Leitherer, A. Molina-Ontoria, N. Martin, M. Thoss and H.B. Weber, Nano Lett. **15**, 3512 (2015).

[28.250] Y. Cao, S. Dong, S. Liu, Z. Liu and X. Guo, Angew. Chem. Int. Ed. **125**, 3998 (2013).

[28.251] T. Ahmed, S. Kilina, T. Das, J.T. Haraldsen, J.J. Rehr and A.V. Balatsky, Nano Lett. **12**, 927 (2012).

[28.252] J.M. Buriak, Chem. Rev. **102**, 1271 (2002).

[28.253] C. Miramond and D. Vuillaume, J. App. Phys. **96**, 1529 (2004); A.B. Sieval, A.L. Demirel, J.W. Nissink, M.R. Linford, J.H. van der Maas, W.H. de Jeu, H. Zuilhof and E.J.R. Sudhölter, Langmuir **14**, 1759 (1998).

[28.254] Y. Okawa, S.K, Mandal, C. Hu, Y. Tateyama, S. Gödecker, S. Tsukamoto, T. Hasegawa, J.K. Gimzewski and M. Aono, J. Am. Chem. Soc. **133**, 8227 (2011).

[28.255] A. Song, M.A. Reed and T. Lee, Adv. Mat. **23**, 1583 (2011); J. Hikath and N.J. Tao, Progr. Surf. Sci. **87**, 189 (2012); N. Okabayashi, M. Paulsson and T. Komeda, Progr. Surf. Sci. **88**, 1 (2013).

[28.256] P. Hapala, R. Temirov, F.S. Tautz and P. Jelinek, Phys. Rev. Lett. **113**, 226101 (2014); M.S. Dhug, G. Ye, S.H. Cai, Y.G. Sun and J. Jiang, AIP Adv. **5**, 017144 (2015).

[28.257] R.C. Jaktevia and J. Combe, Phys. Rev. Lett. **17**, 1139 (1966).

[28.258] B.C. Stripe, M.A. Rezaei and W. Ho, Science **280**, 1732 (1998).

[28.259] H. Song, Y. Kim, Y.H. Yang, H. Jeong, M.A. Reed and T. Lee, Nature **462**, 1039 (2009).

[28.260] O. Tal, M. Krieger, B. Leerink and J.M. van Ruitenbeek, Phys. Rev. Lett. **100**, 196804 (2008).

[28.261] W.Y. Wang, T. Lee, F. Krätzschmer and M.A. Reed, Nano Lett. **4**, 643 (2004); H. Ren, J.L. Yang and Y. Luo, J. Chem. Phys. **133**, 064702 (2010); J. Leng, L. Liu, X. Song, Z. Li and C. Wang, J. Phys. Chem. C **113**, 18353 (2009).

[28.262] J.M. Seminario, A.G. Zacarias and J.M. Tour, J. Am. Chem. Soc. **122**, 3015 (2000).

[28.263] M. Di Ventra, S.G. Kim, S.T. Pantelides and N.D. Lang, Phys. Rev. Lett. **86**, 288 (2001).

[28.264] G.K. Ramachandran, T.J. Hopson, A.M. Rawlett, L.A. Nagahara, A. Primak and S.M.A. Lindsay, Science **300**, 1413 (2003).

[28.265] J. He, Q. Fu, S. Lindsay, J.W. Ciszek and J.M. Tour, J. Am. Chem. Soc. **128**, 14828 (2006).

[28.266] M. Paulsson, T. Frederiksson and M. Brandbygge, Nano Lett. **6**, 258 (2006); L.T. Cai, M.A. Cabassi, H. Yoon, O.M. Cabarcos, C.L. McGuiness, A.K. Flatt, D.L. Allara, J.M. Tour and. T.S. Mayer, Nano Lett. **5**, 2365 (2005); H. Cao, J. Jiang, J. Ma and Y. Luo, J. Phys. Chem. C **112**, 11018 (2008); D.P. Long, J.L. Lazorcik, B.A. Mantooth, M.H. Moore, M.A. Ratner, A. Troisi, Y. Yao, J.W. Ciszek, J.M. Tour and R. Shashidhar, Nature Mat. **5**, 901 (2006).

[28.267] S.H. Choi, B. Kim and C.D. Frisbie, Science **320**, 1482 (2008); L. Luo, A. Benameur, P. Brignou, S.H. Choi, S. Rigaut and C.D. Frisbie, J. Phys. Chem. C **115**, 199555 (2011).

[28.268] W.Y. Wang, T. Lee and M. A. Reed, Phys. Rev. B **68**, 035416 (2003).

[28.269]   L.A. Luo, S.H. Choi and C.D. Frisbie, Chem. Mat. **23**, 631 (2011).

[28.270]   I. Fleming, *Molecular Orbitals and Organic Chemical Reactions* (Wiley, Chichester, 2010)

[28.271]   R. Yamada, H. Kumazawa, S. Tanaka and H. Tada, Appl. Phys. Express **2**, 025002 (2009).

[28.272]   T. Hines, I. Diez-Perez, J. Hihath, H.M. Liu, Z.S. Wang, J.W. Zhao, G. Zhou, K. Müllen and N. Tao, J. Am. Chem. Soc. **132**, 11658 (2010).

[28.273]   C.A. Nijhuis, W.F. Reus, J.R. Barber, M.D. Dickey and G.M. Whitesides, Nano Lett. **10**, 3611 (2010).

[28.274]   Y. Kim, H. Song, D. Kim, T. Lee and H. Jeong, ACS Nano **4**, 4426 (2010); O. Adak, E. Rosenthal, J. Meisner, E.P. Andrade, A.N. Pasupathy, C. Nickolls, M.S. Hybertsen and S. Venkataraman, Nano Lett. **15**, 4143 (2015).

[28.275]   D. Secker, S. Wagner, S. Ballmann, R. Härtle, M. Thoss and H.B. Weber, Phys. Rev. Lett. **106**, 136807 (2011); M. Galperin, A. Nitzau and A. Ratner, Phys. Rev. B **74**, 075326 (2006); M. Kumar, R. Avriller, A.L. Yeyati and J.M. van Ruitenbeek, Phys. Rev. Lett. **108**, 146602 (2012).

[28.276]   D. Djukie and J.M. van Ruitenbeek, Nano Lett. **6**, 789 (2006); P.J. Wheeler, J.N. Russom, K. Evans, N.S. King and D. Natelson, Nano Lett. **10**, 1287 (2010).

[28.277]   D. Xiang, T. Lee, Y. Kim. T. Mei and Q.L. Wang, Nanoscale **6**, 13396 (2014); V.A. Sydoruk, D. Xiang, S.A. Vitusevich, M.V. Petrychuk, A. Vladyka, Y. Zhang, A. Offenhäusser, V.A. Kochelap, A. Belyaev and D. Meyer, J. Appl. Phys. **112**, 014908 (2012).

[28.278]   D.L. Smith, J. Appl. Phys. **53**, 7051 (1982).

[28.279]   R. Ochs, D. Secker, M. Elbing, M.M. Mayor and H.B. Weber, Faraday Discuss. **131**, 281 (2006).

[28.280]   C.T. Ropers and R.A. Buhrman, Phys. Rev. Lett. **53**, 1272 (1984).

[28.281]   A. Konczakowska and B.M. Wilamovski, *Noise in Semiconductor Devices*, in: B.M. Wilamovski and J.D. Irwin (Eds), *Fundamentals of Industrial Electronics*, (CRC Press, Boca Raton, 2011).

[28.282]   J. Brunner, M.T. González, C. Schönenberger and M. Calame, J. Phys.: Condens. Matter **26**, 474202 (2014).

[28.283]   J.M. Beebe, B. Kim, J.W. Gadzuk, C.D. Frisbie and J.G. Kushmerick, Phys. Rev. Lett. **97**, 026801 (2006).

[28.284]   E.H. Huisman, C.M. Guédon, B.J. van Wees and S.J. van der Molen, Nano Lett. **9**, 3909 (2009); M. Araidai and M. Tsukada, Phys. Rev. B **81**, 235114 (2010).

[28.285]   C. Jia, J. Wang, C. Yao, Y. Cao, Y. Zhong, Z. Liu, Z. Liu and X. Guo, Angew. Chem. Int. Ed. **52**, 8666 (2013).

[28.286]   A.J. Bergren and R.L. McCreery, Annu. Rev. Anal. Chem. **4**, 173 (2011); A.B.S. Elliot, R. Horvath and K.C. Gordon, Chem. Soc. Rev. **41**, 1929 (2012).

[28.287]   S.E.J. Bell and N.M.S. Sirimuthu, J. Am. Chem. Soc. **128**, 15580 (2006), K.C. Bantz, A.F. Meyer, N.J. Wittenberg, H. Im, O. Kurtulus, S.H. Lee,c N.C. Lindquist, S.H. Oh and C.L. Haynes, Phys. Chem. Chem. Phys. **13**, 11551 (2011).

[28.288]   T. Konishi, M. Kiguchi, M. Takase, F. Nagasawa, H. Nabika, K. Ikeda, K. Uosaki, H. Misawa and K. Murakoshi, J. Am. Chem. Soc. **135**, 1009 (2013); D.R. Ward, N.J. Halas, J.W. Ciszek, J.M. Tour, Y. Wu, P. Nordlander and D. Natelson, Nano Lett. **8**, 919 (2008); N. Jiang, E.T. Foley, J.M. Klingsporn, M.D. Sonntag, N.A. Valley, J.A. Dieringer, T. Seideman, G.C. Schatz, M.C. Hersam and R.P. Van Duyne, Nano Lett. **12**, 6506 (2012); L. Cui, B. Liu, D. Vonlanthen, M. Mayor, Y.C Fu, J.F. Li and T. Wandlowski, J. Am. Chem. Soc. **133**, 7332 (2011).

[28.289]   D.R. Ward, D.A. Corley, J.M. Tour and D. Natelson, Nature Nanotechnol. **6**, 33 (2011).

[28.290]   E.A.B. Kantchev, T.B. Norsten, M.L.Y. Tan, J.J.Y. Ng and M.B. Sullivan, Chem. Eur. J. **18**, 695 (2012).

[28.291] H. Cohen, J. Electron Spectrosc. Relat. Phenom. **176**, 24 (2010); O. Yaffe, Y.B. Qi, L. Sche-res, S.R. Puniredd, L. Segev, T. Ely, H. Haick, H. Zuilhof, A. Vilan, L. Kronik, A. Kahn and D. Cahen, Phys. Rev. B **85**, 045433 (2012).

[28.292] X. Zhu, Surf. Sci. Rep. **56**, 1 (2004).

[28.293] M.A. Topinka, B.J. LeRoy, S.E.J. Shaw, E.J. Heller, R.M. Westervelt, K.D. Maranowski and A.C. Gossard, Science **289**, 2323 (2000).

[28.294] E.A Osorio, T. Bjornhølm, J.M. Lehn, M. Ruben and H.S.J van der Zant, J. Phys.: Condens. Matter **20**, 374121 (2008).

[28.295] N.S. Wingreen, K.W. Jacobsen and J.W. Wilkins, Phys. Rev. Lett. **61**, 1396 (1988).

[28.296] M. Buttiker and R. Landauer, Phys. Scr. **32**, 429 (1985).

[28.297] A. Nitzau, Annu. Rev. Phys. Chem. **52**, 681 (2001).

[28.298] D. Segal and A. Nitzau, Chem. Phys. **268**, 315 (2001).

[28.299] H. Song, M.A. Reed and T. Lee, Adv. Mat. **20**, 374114 (2011).

[28.300] Y. Meir and N. Wingreen, Phys. Rev. Lett. **68**, 2512 (1992); A. Triosi and M.A. Ratner, Nano Lett. **6**, 1784 (2006); T.A. Papadopoulos, I.M. Grace and C.J. Lambert, Phys. Rev. B **74**, 193306 (2006); Y.Q. Xu, C.F. Fang, B. Cui, G. Ji, Y.X. Zhai and D.S. Liu, Appl. Phys. Lett. **99**, 043304 (2011).

[28.301] Y.Q. Xue and M.A. Ratner, Phys. Rev. B **68**, 115406 (2003).

[28.302] Y.H. Kim, J. Tahir-Kheli, P. Schultz and W. Goddard, Phys. Rev. B **73**, 234519 (2006); N.A. Borshch, N.A. Pereslavtseva and S.I. Kurganski, Semiconductors **45**, 713 (2011); A.A. Khan, V. Srivastava, M. Rajagopalan and S.P. Sanyal, J. Phys. Conf. Ser. **377**, 012081 (2012).

[28.303] Y.Q Xu, C.F. Fang, B. Cui, G.M. Ji, Y.X. Zhai and D.S. Liu, Appl. Phys. Lett. **99**, 043304 (2011)

[28.304] Z. Li, B. Zou, C.K. Wang and Y. Luo, Phys. Rev. B **73**, 075326 (2006).

[28.305] N.A. Zambovskaya and M.R. Pederson, Phys. Rep. **509**, 1 (2011); C.J. Lambert, Chem. Soc. Rev. **44**, 875 (2015), L.L. Liu, J. Jiang and Y. Luo; Phys. E **47**, 167 (2013).

[28.306] R.L. Carroll and C.B. Garman, Angew. Chem. Int. Ed. **41**, 4378 (2002).

[28.307] A.L. NcCreery, Chem. Mat. **16**, 4477 (2004).

[28.308] N. Robertson and C.A.A. McGowan, Chem. Soc. Rev. **32**, 96 (2003).

[28.309] S. K. Lee, R. Yamada, S. Tanaka, G.S. Chang, Y. Asai and H. Tada, ACS Nano **6**, 5078 (2012).

[28.310] D.J. Wold, R. Haag, M.A. Rampi and C.D. Frisbie, J. Phys. Chem. B **106**, 2813 (2002); A. Salomon, D. Cahen, S.M. Lindsay, J. Tomfohr, V.B. Engelkes and C.D. Frisbie, Adv. Mat. **15**, 1881 (2009); L. Lafferentz, F. Ample, H. Yu, S. Hecht, C. Joachim and L. Grill, Science **223**, 1193 (2009).

[28.311] N. Zhou and Y. Zhao, J. Org. Chem. **75**, 1498 (2010); N.R. Campness, A.N. Khlobystov, A.G. Majuga, M. Schröder and N.V. Zyk, Tetrahedron. Lett. **40**, 5413 (1999); C.K.Y. Lee, J.L. Groneman, P. Turner, L.M. Rendina and M.M. Harding, Tetrahedron **62**, 4870 (2006).

[28.312] T.L. Schull, J.G. Kushmerick, C.H. Patterson, C. George, M.H. Moore, S.K. Pollack and R. Shashidhar, J. Am. Chem. Soc. **125**, 3202 (2003); T. Ren, Organometallics **24**, 4854 (2005).

[28.313] R. Mas-Ballesté, O. Castillo, P.J. Sanz Miguel, D. Olea, J. Gómez-Herrero and F. Zamora, Eur. J. Inorg. Chem. **2009**, 2885 (2009).

[28.314] G. Sedghi, V.M. Garcia-Suárez, L.J. Esdaile, H.L. Anderson, C.J. Lambert, S. Martin, D. Bethell, S.J. Higgins, M. Elliott, N. Bennett, J.E. Macdonald and R.J. Nichols, Nature Na-notechnol. **6**, 517 (2011); G. Sedghi, L.J. Esdaile, H.L. Anderson, S. Martin, D. Bethell, S.J. Higgins and R.J. Nichols, Adv. Mat. **24**, 653 (2012); G. Sedghi, K. Sawada, L.J. Esdaile, M. Hoffmann, H.L. Anderson, D. Bethell, W. Haiss, S.J. Higgins and R.J. Nichols, J. Am. Chem. Soc. **130**, 8582 (2008).

[28.315] M.M. Shulaker, G. Hills, N. Patil, H. Wei, H.-Y. Chen, H.-S.P. Wong and S. Mitra, Nature **501**, 526 (2013).

[28.316] F. Yang, X. Wang, D. Zhang, J. Yang, X.Z. Luo Da, J. Wei, J.Q. Wang, Z. Xu, F. Peng, X. Li, R. Li, M. Li, X. Bai, F. Ding and Y. Li, Nature **510**, 522 (2014); Y. Chen and J. Zhang, Acc. Chem. Res. **47**, 2273 (2014); Y. Hu, L. Kang, Q. Zhao, H. Zhong, S. Zhang, L. Yang, Z. Wang, J. Lin, Q. Li, Z. Zhang, L. Peng, Z. Liu and J. Zhang, Nature Commun. **6**, 6099 (2015).

[28.317] M. Taniguchi and T. Kawai, Phys. E **33**, 1 (2006).

[28.318] J.C. Genereux and J.K. Barton, Chem. Rev. **110**, 1642 (2010).

[28.319] S.P. Liu, S.H. Weisbrod, Z. Tang, A. Marx, E. Scheer and A. Erbe, Angew. Chem. Int. Ed. **49**, 3313 (2010); C.-A. Di, D. Wei, G. Yu, Y. Liu, Y. Guo and D. Zhu, Adv. Mat. **20**, 3289 (2008).

[28.320] S. Liu, G. Clever, Y. Takezawa, M. Kaneko, K. Tanaka, X. Guo and M. Shionoya, Angew. Chem. Int. Ed. **50**, 8762 (2011).

[28.321] T.A. Moore, D. Gust, P. Mathis, J.C. Mialocq, C. Chachaty, R.V. Bensasson, E.J. Land, D. Doizi, P.A. Liddell, W. Lehman, G.A. Nemeth and A.L. Moore, Nature **307**, 630 (1984).

[28.322] G. Leatherman, E.N. Durantini, D. Gust, T.A. Moore, A.L. Moore, S. Stone, Z. Zhou, P. Rez, Y.Z. Liu and S.M. Lindsay, J. Phys. Chem. B **103**, 4006 (1999); G.K. Ramachandran, J.K. Tomfohr, J. Li, O.F. Sankey, X. Zarate, A. Primal, Y. Terazono, T.A. Moore, A.L. Moore, D. Gust, L.A. Nagahara and S.M. Lindsay, J. Phys. Chem. B **107**, 6162 (2003); J. He, F. Chen, J. Li, O.F. Sankey, Y. Terazono, C. Herrero, D. Gust, T.A. Moore, A.L. Moore and S.M. Lindsay, J. Am. Chem. Soc. **127**, 1384 (2005); Y.A. Zhao, S.M. Lindsay, S. Jeon, H.J. Kim, L. Su, B. Lim and S. Koo, Chem.-Eur. J. **19**, 10832 (2013); J. Mang, S.B. Kim, N.J. Lee, E. Choi, S.Y. Jung, I. Hong, S.-H. Bae, J.T. Oh, B. Lim, J.W. Kim, C.J. Kang and S. Koo, Chem.-Eur. J. **10**, 7395 (2010); I. Visoly-Fisher, K. Daie, Y. Terazono, C. Herrero, F. Fungo, L. Otero, E. Durantini, J.J. Silber, L. Sereno, D. Gust, T.A. Moore, A.L. Moore and S.M. Lindsay, Proc. Natl. Acad. Sci, USA **103**, 8686 (2006).

[28.323] A. Nitzau, J. Phys. Chem. A. **105** 2677 (2001).

[28.324] S. Karthäuser, J. Phys.: Condens. Matter **23**, 013001 (2011).

[28.325] C.H. Ko, M.J. Huang, M.D. Fu and C.H Chen, J. Am. Chem. Soc. **132**, 756 (2010); C.M. Kim and J. Bechhöfer, J. Chem. Phys. **138**, 014707 (2013).

[28.326] E. Lörtscher, B. Gotsmann, Y. Lee, L.P. Yu, C. Rettner and H. Riel, ACS Nano **6**, 4931 (2012).

[28.327] P.E. Kornilovitch, A.M. Bratkovsky and R.S. Williams, Phys. Rev. B **66**, 165436 (2002).

[28.328] F. Zahid, A.W. Ghosh, M. Paulsson, E. Pilozzi and S. Datta, Phys. Rev. B **70**, 2455317 (2004).

[28.329] B. Cui, W.K. Zhao, H. Wang, J.F. Zhao, H. Zhao, D. Li, X.H. Jiang, P. Zhao and D.S. Liu, Appl. Phys. **116**, 073301 (2014).

[28.330] T. Kim, Z.-F. Liu, C. Lee, J.B. Neaton and V. Latha, Proc. Natl. Acad. Sci. USA **111**, 10928 (2014).

[28.331] W.J. Liang, M.P. Shores, M. Bockrath, J.R. Long and H. Park, Nature **417**, 725 (2002).

[28.332] A. W. Ghosh, T. Rakshit and S. Datta, Nano Lett. **4**, 565 (2004).

[28.333] J.L. Zhang, J.Q. Zhong, J.D. Lin, W.P. Hu, K. Wu, G.Q. Xu, AT.S. Wee and W. Chen, Chem. Soc. Rev. **44**, 2998 (2015).

[28.334] E.M. Glebov, I.P. Pozdnyakov, V.F. Plyusnin and I. Khmelinskii, J. Photochem. Photobiol. C **24**, 1 (2015).

[28.335] A.C. Whalley, M.L. Steigerwald, X. Guo and C. Nuckolls, J. Am. Chem. Soc. **129**, 12590 (2007).

[28.336] M. Irie, T. Eriguchi, T. Takada and K. Uchida, Tetrahedron **53**, 12263 (1997).

[28.337] X. Jia, J. Wang, C. Yao, Y. Cao, Y. Zhong, Z. Liu, Z. Liu and X. Guo, Angew. Chem. Int. Ed. **52**, 8666 (2013)

[28.338] Y. Kim, T.J. Hellmuth, D. Sysolev, F. Pauly, T. Pietsch, J. Wolf, A. Erbe, T. Huhn, U. Groth, U.E. Steiner and E. Scheer, Nano Lett. **12**, 3736 (2012).

[28.339] A.J. Kirby, *Stereoelectronic Effects* (Oxford Univ. Press, Oxford, 2001).

[28.340] T. Su, H. Li, M.L. Steigerwald, L. Venkataraman and C. Nuckolls, Nature Chem. **7**, 215 (2015).

[28.341] N.J. Kay, S.J. Higgins, J.O. Jeppsen, E. Leary, J. Lycoops, J. Ulstrup and R.J. Nichols, J. Am. Chem. Soc. **134**, 16817 (2012).

[28.342] J. Zhang, A.M. Kuznetsov, I.G. Medvedev, Q. Chi, T. Albrecht, P.S. Jensen and J. Ulstrup, Chem. Rev. **108**, 2737 (2008).

[28.343] N. Darwish, I. Diez-Perez, P. Da Silva, N.J. Tao, J.J. Gooding and M.N. Paddon-Row, Angew. Chem. Int. Ed. **51**, 3203 (2012).

[28.344] S. Sanvito and A.R. Rocha, J. Comput. Theor. Nanosci. **3**, 624 (2006).

[28.345] M.N. Leuenberger and D. Loss, Nature **410**, 794 (2001).

[28.346] S. Wagner, F. Kisslinger, S. Ballmann, F. Schramm, R. Chandrasekar, T. Bodenstein, O. Fuhr, D. Secker, K. Fink, M. Ruben and H.B. Weber, Nature Nanotechnol. **8**, 575 (2013).

[28.347] E.A. Osoro, K. Moth-Poulsen, H.S.J van der Zant, J. Paaske, P. Hedegård, K. Flensberg, J. Bendix and T. Bjørnholm, Nano Lett. **10**, 105 (2010).

[28.348] X.Y. Xiao, B.Q. Xu and N.J. Tao, Angew. Chem. Int. Ed. **43**, 6148 (2004).

[28.349] L. Gao, L.-L. Li, X. Wang, P. Wu, Y. Gao, B. Liang, X. Li, Y. Liu, Y. Lu and X. Guo, Chem. Sci. **6**, 2469 (2015).

[28.350] X. Guo, A. Whalley, J. E Klare, L. Huang, S. O'Brien, M. Steigerwald and C. Nuckolls, Nano Lett. **7**, 1119 (2007).

[28.351] S. Roy, H. Vedala, A.D. Roy, D.-H. Kim, M. Doud, K. Mathee, H.-K. Shin, N. Shimamoto, V. Prasad and W. Choi, Nano Lett. **8**, 26 (2008); X. Guo, A.A. Gorodetsky, J. Hone, J.K. Barton and C. Nuckolls, Nature Nanotechnol. **3**, 163 (2008); S. Liu, X. Zhang, W. Cuo, Z. Wang, X. Guo, M.L. Steigerwald and X. Feng, Angew. Chem. **123**, 2544 (2011).

[28.352] H. Wang, N.B. Muren, D. Ordinario, A.A. Gorodetsky, J.K. Barton and C. Nuckolls, Chem. Sci. **3**, 62 (2012)

[28.353] M. Tsutsui and M. Taniguchi, Sensors **12**, 7259 (2012); Y. Dubi and M. DiVentra, Rev. Med. Phys. **83**, 131 (2011).

[28.354] P. Reddy S.Y. Jang, R.A. Segalman and A. Majumdar, Science **315**, 1568 (2007).

[28.355] W. Lee, K. Kim, W. Jeong, L. Angela Zotti, F. Pauly, J. Carlos Cuevas and P. Reddy, Nature **498**, 209 (2013); J.R. Widawsky, P. Darancet, J.B. Neaton and L. Venkataraman, Nano Lett. **12**, 354 (2012).

[28.356] S. Guo, G. Zhou and N. Tao, Nano Lett. **13**, 4326 (2013); C. Evangeli, K. Gillemot, E. Leary, M.T. González, G. Rubio-Bollinger, C.J. Lambert and N. Agrait, Nano Lett. **13**, 2141 (2013)

[28.357] Y. Kim, W. Jeong, K. Kim, W. Lee and P. Reddy, Nature Nanotechnol. **9**, 881 (2014).

[28.358] E.J. Dell, B. Capozzi, J. Xia, L. Venkataraman and L.M. Campos, Nature Chem. **7**, 209 (2015).

[28.359] Q. Shen, X.F. Guo, M.L. Steigerwald and C. Nuckolls, Chem. Asian J. **5**, 1040 (2010); X. Yu, R. Lovrincic, O. Kraynius, G. Man, T. Ely, A. Zohar, T. Toledano, D. Cahen and A. Vilan, Small **10**, 5151 (2014).

[28.360] Y. Kim, T. Pietsch, A. Erbe, W. Belzig and E. Scheer, Nano Lett. **11**, 3734 (2011).

[28.361] F. Scholz, E. Kaletova, E.S. Stensrud, W.E. Ford, A. Kohutova, M. Mucha, J. Stibor, J. Michl, and F. von Wrochem, J. Phys. Chem. Lett. **4**, 2624, (2013).

[28.362] Z. Li, T.H. Park, J. Rawson, M.J. Therien and E. Borguet, Nano Lett. **12**, 2722 (2012).

[28.363] P.J. Pajput, S.U. Bhandari and G. Wadhwa, Silicon **14**, 9195 (2022).

[28.364] A. Hirohata, K. Yamada, Y. Nakatani, I.-L. Prejbeanu, B. Diény, P. Pirro and B. Hillebrands, J. Magn. Magn. Mat. **509**, 166711 (2020).

[28.365] A.V. Chumak, V.I. Varyuchka, A.A. Serga and B. Hillebrands, Nature Phys. **11**, 453 (2015).

[28.366] A. Fujiwara and Y. Takahashi, Nature **410**, 560 (2001).

[28.367] A. Hirohata, Front. Phys. **6**, 23 (2018).

[28.368] A. Hirohata and U. Takanashi, J. Phys. D: Appl. Phys. **47**, 193001 (2014); S. Maekawa, S.O. Valenzuela, E. Saitoh and T. Kimura (Eds), *Spin Current* (Oxford Univ. Press, Oxford, 2017).

[28.369] A. Kirihara, K. Kondo, M. Ishida, K. Ihara, Y. Iwasaki, H. Someya, A. Matsuba, K. Uchida, E. Saitoh, N. Yamamoto, S. Kohmoto and T. Murakami, Sci. Rep. **6**, 23114 (2016); D. Loss and P.M. Goldbar, Phys. Rev. B **45**, 13544 (1992).

[28.370] K. Kondou, R. Yoshimi, A. Tsukazaki, Y. Fukuma, J. Matsuno, K.S. Takahashi, M. Kawasaki, Y. Tokura and Y. Otani, Nature Phys. **12**, 1027 (2016).

[28.371] W.H. Butler, X.-G. Zhang, T.C. Schulthess and J.M. MacLaren, Phys. Rev. B **63**, 054416 (2001); J. Mathon and A. Umerski, Phys. Rev. B **63**, 220403 (R) (2001).

[28.372] M. Jullière, Phys. Lett. A **54**, 225 (1975)

[28.373] N.N. Baibich, J.M. Broto, A. Fert, F. Nguyen van Dau, F. Petroff, P. Etienne, P. Creuzet, A. Friederich and J. Chazelas, Phys. Rev. Lett. **61**, 2472 (1988); G. Binasch, P. Grünberg, F. Saurenbach and W. Zinn, Phys. Rev. B **39**, 4828 (R) (1989).

[28.374] M. Johnson, Phys. Rev. Lett. **67**, 3594 (1993).

[28.375] B.-Y Jiang, K. Zhang, T. Machita, W. Chen and M. Dovik, J. Magn. Magn. Mat. **571**, 170546 (2023).

[28.376] D. Murzin, D.J. Mapps, K. Levada, V. Belyaev, A. Omelynchik, L. Panina and V. Rodionova, Sensors **20**, 1569 (2010).

[28.377] J. W. Jang, Y. Sukuraba, T.T. Sasaki, Y. Miura and K. Hono, Appl. Phys. Lett. **108**, 102408 (2016).

[28.378] S. Datta and B. Das, Appl. Phys. Lett. **56**, 665 (1990); P.R. Hammar, B.R. Bennet, M.J. Yang and M. Johnson, Phys. Rev. Lett. **83**, 203 (1999).

[28.379] P. Kotissek, M. Bailleul, M. Sperl, A. Spitzer, D. Schuh, W. Wegscheider, C.H. Back and G. Bayreuther, Nature Phys. **3**, 872 (2007).

[28.380] I. Žutič, J. Fabian and S.C. Erwin, Phys. Rev. Lett. **97**, 026602 (2006).

[28.381] B.T. Jonker, G. Kioseoglou, A.T. Hanbicki, C.H. Li and P.E. Thompson, Nature Phys. **3**, 542 (2007).

[28.382] E. Shikoh, K. Ando, K. Kubo, E. Saitoh and M. Shiraishi, Phys. Rev. Lett. **110**, 127201 (2006).

[28.383] S. Sugahara and M. Tanaka, ACM Trans. Stor. **2**, 197 (2006).

[28.384] A.T. Hanbicki, B.T. Jonker, G. Itskos, G. Kioseoglou and A. Petrou, Appl. Phys. Lett. **80**, 1240 (2002); S.A. Crooker, M. Furis, X. Lou, C. Adelmann, D.L. Smith, C.J. Palmstrøm and P.A. Crowell, Science **309**, 2191 (2005).

[28.385] B.-C. Min, K. Motohashi, C. Lodder and R. Jansen, Nature Mat. **5**, 817 (2006).

[28.386] C. Baraduc, M. Chsiev and U.Ebels, *Introduction to Spin Transfer Torque*, in: F. Nasarpouri and A. Nogaret (Eds) *Nanomagnetism and Spintronics* (World Scientific, Singapore, 2011); Y. Suzuki, A.A. Tulapurkar, Y. Shiota and C. Chappert, *Spininjection and Voltage Effects in Magnetic Nanopillars and its Applications*, in: T. Shinjo (Ed.), *Nanomagnetism and Spintronics*, (Elsevier, Amsterdam 2014)

[28.387] J.C. Slonczewski, J. Magn. Magn. Mat. **159**, L1 (1996).

[28.388] M. Tsoi, A.G.M. Jansen, J. Bass, W.C. Chiang, M. Seck, V. Tsoi and P. Wyder, Phys. Rev. Lett. **80**, 4281 (1998); **81**,493 (E) (1998).

[28.389] J.A. Katine, F.J. Albert, R.A. Buhrman, E.B. Myers and D.C. Ralph, Phys. Rev. Lett. **84**, 3149 (2000).

[28.390] S.I. Kiselev, J.C. Sankey, I.N. Krivorotov, N.C. Emley, R.J. Schoelkopf, R.A. Buhrman and D.C. Ralph, Nature **425**, 380 (2003).

[28.391] A. Thiaville, Y. Nakatani, J. Miltat and Y. Suzuki, Europhys. Lett. **69**, 990 (2005).

[28.392] D. Kent, J. Yu, U. Rüdiger and S.S.P. Parkin, J. Phys. D: Condens. Matter **13**, R461 (2001).

[28.393] J. Bass, J. Magn. Magn. Mat. **408**, 244 (2006).

[28.394] N. Tombros, C. Jozsa, M Popinciuc, H.T. Jonkman and B.J. van Wees, Nature **448**, 571 (2007).

[28.395] B. Dlubak, M.-B. Martin, C. Deranlot, B. Servet, S. Xavier, R. Mattana, M. Sprinkle, C. Berger, W.A. De Heer, F. Petroff, A. Anane, P. Seneor and A. Fert, Nature Phys. **8**, 557 (2012).

[28.396] M. Cinchetti, K. Heimer, J. Wüstenberg, O. Andreyev, M. Bauer, S. Lach, C. Ziegler, Y. Gao and M. Aeschlimann, Nature Mat. **8**, 115 (2009).

[28.397] A.K. Petford-Long, *Magnetic Recording Systems: Spin Valves*, in: K.H. Buschow, R.W. Cahn, M.C. Flemings, B. Ilschner, E.J. Kramer, S. Mahajan and P. Veyssière (Eds), *Encyclopedia of Materials: Science and Technology* (Pergamon, Oxford, 2001).

[28.398] J. Hayakawa, S. Ikeda, Y.M. Lee, R. Sasaki, T. Meguro, F. Matsukura, H. Tagahashi and H. Ohno, Jpn. J. Appl. Phys. **44**, L 267 (2005).

[28.399] K.Z. Gao, O. Heinonen and Y. Chen, J. Magn. Magn. Mat. **321**, 495 (2009).

[28.400] M.A. Khan, J. Sun, B. Li, A. Przybysz and J. Kosel, Eng. Res. Express **3**, 022005 (2021).

[28.401] J. Wunderlich, A.C. Irvine, J. Sinova, B.G. Park, X.L. Xu, B. Kästner, V. Novák and T. Jungwirth, Nature Phys. **5**, 675 (2009).

[28.402] C.-Z. Chang, J. Zhang, X. Feng, J. Shen, Z. Zhang, M. Guo, K. Li, Y. Ou, P. Wei, L.-l. Wang, Z.-Q. Ji, Y. Feng, S. Ji, X. Chen, J. Jia, X. Dai, Z. Fang, S.-C. Zhang, K. He, Y. Wang, L. Lu, X.-C. Ma and Q.-K. Xue, Science **340**, 167 (2016).

[28.403] W.H. Meiklejohn and C.F. Bean, Phys. Rev. **105**, 904 (1957).

[28.404] R.E. Fontana, Jr., B.A. Gurney, T. Lin, V.S. Speriosu, S.H. Tsang and D.R. Wilhoit, US Patent 5.701.223 (1997)

[28.405] T. Jungwirth, X. Marti, P. Wadey and J. Wunderlich, Nature Nanotechnol. **11**, 231 (2016); V. Baltz, A. Manchon, M. Tsoi, T. Moriyama, T. Ono and Y. Tserkovnyak, Rev. Mod. Phys. **90**, 015005 (2018).

[28.406] T.H.R. Skyrme, Proc. Royal Soc. London, A **247**, 260 (1958); **252**, 236 (1959); **260**, 127 (1961); **262**, 237 (1961).

[28.407] S. Mühlbauer, B. Binz, F. Jonietz, C. Pfleiderer, A. Rosch, A. Neubauer, R. Georgii and P. Boni, Science **323**, 915 (2009).

[28.408] M. Konig, S. Wiedmann, C. Brüne, A. Roth, H. Buhmann, I.W. Molenkamp , X.-L. Qi and S.C. Zhang, Science **318**, 766 (2007); F. Lu and C.L. Kane, Phys. Rev. B **76**, 045302 (2007)

[28.409] H. Ohno, D. Chiba, F. Matsukura, T. Omiya, E. Abe, T. Dietl, Y. Ohno and K. Ohtani, Nature **408**, 944 (2000).

[28.410] H.C. Koo, J.H. Kwon, J. Eom, J. Chang, S.H. Han and M. Johnson, Science **325**, 1515 (2009).

[28.411] M. Weisheit, S. Fählerl, A. Marty, Y. Souche, C. Poinsignon and D. Givord, Science **315**, 349 (2007).

[28.412] D. Chiba, S. Fukami, K. Shimamura, N. Ishiwata, K. Kobayashi and T. Ono, Nature Mat. **10**, 853 (2011).

[28.413] T. Nozaki, A. Koziol-Rachwal, M. Tsujikawa, Y. Shito, X. Xu, T. Ohkubo, T. Tsukahara, S. Miwa, M. Suzuki, S. Tamaru, H. Kubota, A. Fukushima, K. Hono, M. Shirai, Y. Suzuki and S. Yuasa, NPG Asia Mater **9**, e451 (2017).

[28.414] L. Herrera Diez, Y.T. Liu, D.A. Gilbert, M. Beimeguenai, J. Vogel, S. Pizzini, E. Martinez, A. Lamperti, J.B. Mohammedi, A. Laborieux, Y. Roussigné, A.J. Grutter, E. Arenholtz, P. Quarterman, B. Maranville, S. Ono, M. Salah El Hadri, R. Tolley, E.E. Fullerton, L. Sanchez-Tejerina, A. Stashkevich, S.M. Chérif, A.D. Kent, D. Querlioz, J. Langer, B. Ocker and D. Ravelosona, Phys. Rev. Appl. **12**, 034005 (2019).

[28.415]   M .W.J. Prins, H. van Kempen, H. van Leuken, R.A. de Groot, W. Van Roy and J. De Boeck, J. Phys. D: Condens. Matter **7**, 9447 (1995).

[28.416]   K. Nakajima, S.N. Okuno and K. Inomata, Jpn. J. Appl. Phys. **37**, 1919 (1998).

[28.417]   K. Sueka, K. Mukasa and K. Hayakawa, Jpn. J. Appl. Phys. **32**, 2989 (1993).

[28.418]   J.A.C. Bland, S.J. Steinmüller, A. Hirohata and T. Taniyama, *Optional Studies of Electron Spin Transmission*, in: B. Heinrich and J.A.C. Bland (Eds), *Ultrathin Magnetic Structures IV* (Springer, Berlin, 2005).

[28.419]   E. Beaurepaire, J.-C. Merle, A. Daunois and J.-Y. Bigot, Phys. Rev. Lett. **76**, 4250 (1996); C-H. Lambert, S. Mangin , B.S.D.Ch.S. Varaprasad, Y.K. Takahashi, M. Hehn, M. Cinchetti, G. Malinowski, K. Hono, Y. Fainman, M. Aeschlimann and E.E. Fullerton, Science **345**, 1337 (2014).

[28.420]   J. Feldmann, N. Youngblood, D. Wright, H. Bhaskaran and W.H.P. Pernice, Nature **569**, 208 (2019).

[28.421]   L. Aviles-Félix, L. Alvaro-Gomez, G. Li, C.S. Davies, A. Oliver, M. Rubio-Roy, S. Auffret, A. Kirilyuk, A.V. Kimel, Th. Rasing, L.D. Buda-Prejbeanu, R.C. Sousa, B. Diény and I.L. Prebeanu, AIP Adv. **9**, 125328 (2019); C.D. Stanciu, F. Hansteen, A.V. Kimel, A. Kirilyuk, A. Tsukamoto, A. Itoh and Th. Rasing, Phys. Rev. Lett. **99**, 047601 (2007).

[28.422]   Y. Tserkovniak, A. Brataas and G.E.W. Bauer, Phys. Rev. Lett. **88**, 117601 (2002).

[28.423]   E. Saitoh, M. Uchida, H. Miyajima and G. Tatara, Appl. Phys. Lett. **88**, 182509 (2006).

[28.424]   M. Oogane, T. Kubota, H. Naganuma and Y. Ando, J. Phys. D: Appl. Phys. **48**, 164012 (2015); C. Sterwerf, S. Paul, B. Khodadadi, M. Meinert, J.M. Schmalhorst, M. Buchmeier, C.K.A. Mewes, T. Mewes and G. Reiss, J. Appl. Phys. **120**, 083904 (2016).

[28.425]   C. Guillemard, S. Petit-Watelot, L. Pasquier, D. Pierre, J. Ghanbaja, J.-C. Rojas-Sánchez, A. Bataille, J. Rault, P. Le Fèvre, F. Bertran and S. Andrieu, Phys. Rev. Appl. **11**, 064009 (2019).

[28.426]   O. Boulle, V. Cros, J. Groller, L.G. Pereira, C. Deranlot, F. Petroff, G. Faini, J. Barnas and A. Fert, Nature Phys. **3**, 492 (2007).

[28.427]   A.M. Deac, A. Fukushima, H. Kubota, H. Maehara, Y. Suzuki, S. Yuasa, Y. Nagamine, K. Tsunekawa, D.D. Djayaprawira and N. Watanabe, Nature Phys. **4**, 803 (2008).

[28.428]   R. Ramaswamy, J.M. Lee, K. Cai and H. Yang, Appl. Phys. Rev. **5**, 031107 (2018); A. Manchon, J. Železný, L.M. Miron, T. Jungwirth, J. Sinova, A. Thiaville, K. Garello and P. Gambardella, Rev. Mod. Phys. **91**, 035004 (2019).

[28.429]   A.A. Serga, A.V. Chumak and B. Hillebrands, J. Phys. D: Appl. Phys. **43**, 264002 (2010).

[28.430]   S.O. Demokritov, V.E. Demidov, O. Dzyapko, G.A. Melkov, A.A. Serga, B. Hillebrands and A. N. Slavin, Nature **443**, 430 (2006)

[28.431]   T. Schneider, A.A. Serga, B. Leven, B. Hillebrands, R.L. Stamps and M.P. Kostylev, Appl. Phys. Lett. **92**, 022505 (2008); A. Chumak, A. Serga and B. Hillebrands, Nature Commun. **5**, 4700 (2014); A.J.E. Kreil, H.Y. Musiienko-Shmarova, P. Frey, A. Pomyalov, V.S. L'vov, G.A. Melkov, A.A. Sarga and B. Hillebrands, Phys. Rev. B **104**,144414 (2021).

[28.432]   K. Uchida, S. Takahashi, K. Harii, J. Ieda, W. Koshibae, K. Ando, S. Maekawa and E. Saitoh, Nature **455**, 778 (2008).

[28.433]   T. Au, V.I. Vasyuchka, K. Uchida, A.V. Chumak, K. Yamaguchi, K. Harii, J. Ohe, M.B. Jungfleisch, Y. Kajiwara, H. Adachi, B. Hillebrands, S. Maekawa and E. Saitoh, Nature Mat. **12**, 549 (2013).

[28.434]   K. Hasegawa, M. Mizuguchi, Y. Sakuraba, T. Kamada, T. Kojima, T. Kubota, S. Mizukami, T. Miyazaki and K. Takanashi, Appl. Phys. Lett. **106**, 252405 (2015).

[28.435]   T. Seki, R. Iguchi, K. Takanashi and K. Uchida, J. Phys. D: Appl. Phys. **51**, 254001 (2018).

[28.436]   Y. Aharonov and D. Bohm, Phys. Rev. **115**, 485 (1959).

[28.437]   B.I. Altshuler, A.G. Aronov and B.Z. Spivak, JETP Lett. **33**, 94 (1981).

[28.438] Y. Imry, *Introduction to Mesoscopic Physics*, (Oxford Univ. Press, Oxford, 1997).

[28.439] D. Loss and P.M. Goldbart, Phys. Rev. B **45**, 13544 (1992).

[28.440] N. Nagasawa, D. Frustraglia, H. Saarikosky, K. Richter and J. Nitta, Nature Commun. **4**, 2526 (2013).

[28.441] B.K. Sahoo, S. Mukerjee and A. Soori, Phys. Rev. B **110**, 195426 (2024); X.C. Xie, Phys. Rev. B **77**, 035327 (2008).

[28.442] A. Hirohata, Y. Baba, B.A. Murphy, B. Ng, Y. Yao, K. Nagao and J.Y. Kim, Sci. Rep. **8**, 1974 (2018); H. Chudo, M. Ono, K. Harii, M. Matsuo, J. Ieda, B. Haruki, S. Okayasu, S. Maekawa, Y. Yasuoka and E. Saitoh, Appl. Phys. Exp. **7**, 063004 (2014).

[28.443] D. Kobayashi, T. Yoshikawa, M. Matsuo, R. Iguchi, S. Maekawa, E. Saitoh and Y. Nozaki, Phys. Rev. Lett. **119**, 077202 (2017).

[28.444] T. Takahashi, M. Matsuo, M. Ono, K. Harii, H. Chudo, S. Okayasu, J. Ieda, S. Takahashi, S. Maekawa and E. Saitoh, Nature Phys. **12**, 52 (2016).

[28.445] I. Galanakis and P.H. Dederichs (Eds), *Half Metallic Alloys* (Springer, Berlin, 2005); K. Elphick, W. Frost, M. Samiepour, T. Kubota, K. Takanashi, H. Sukegawa, S. Mitani and A. Hirohata, Sci. Technol. Adv. Mat. **22**, 235 (2021).

[28.446] K. Schwarz, J. Phys. F **16**, L 211 (1986).

[28.447] A. Yamase and K. Shiratori, J. Phys. Soc. Jpn. **53**, 312 (1984).

[28.448] Y. Okimoto, T. Katsfuhi, T. Shikawa, A. Urushibaru, T. Ariman and Y. tokura, Phys. Rev. Lett. **75** 109 (1995).

[28.449] J.S. Moodera and R.H. Meservey, *Spin-Polarized Tunneling*, in: M. Johnson (Ed.), *Magnetoelectronics* (Elsevier, Amsterdam, 2004).

[28.450] H. Munekata, H. Ohno, A. Segmüller, L.L. Chang and L. Esaki, Phys. Rev. Lett. **63**, 1849 (1989).

[28.451] H. Akinaga, T. Manago and M. Shirai, Jpn. J. Appl. Phys. **39**, L 1118 (2000).

[28.452] R.A. de Groot, F.M. Müller, P.G. van Engen and K.H. Buschow, Phys. Rev. Lett. **50**, 2024 (1983).

[28.453] Y.S. Hor, P. Roushan, H. Beidenkopf, J. Seo, D. Qu, J.G. Checkelsky, L.A. Wray, D. Hsieh, Y. Xia; S.-Y. Xu, D. Qian, M.Z. Hasan, N.P. Ong, A. Yazdani and R.J. Cava, Phys. Rev. B **81**, 195203 (2010); J.G. Checkelsky, J. Ye, Y. Onose, Y. Iwasa and Y. Tokura, Nature Phys. **8**, 729 (2012).

[28.454] V.M. Edelstein, Sol. State Commun. **73**, 283 (1990).

[28.455] V. Kambersky, Cam. J. Phy. **48**, 2906 (1970).

[28.456] A. Hirohata, T. Huminiuc, J. Sinclair, H. Wu, M. Semiepour, G. Vallejo-Fernandez, K. O'Grady, J. Balluf, M. Meinert, G. Reiss, E. Simon, S. Khmelevsyi, L. Szunyogh, R. Yanes Díaz, U. Nowak, T. Tsuchiya, T. Sugiyama, T. Kubota, K. Takanashi, N. Inami and K. Ono, J. Phys. D: Appl. Phys. **50**, 443001 (2017).

[28.457] A. Hirohata, W. Frost, M. Samiepour and J.Y. Kim, Materials **11**, 105 (2018).

[28.458] G. Ja, Y. Peng, E.K.C. Chang, Y. Ding, A.Q. Wu, X. Zhu, Y. Kubota, T.J. Klemmer, H. Amini, L. Gao, Z. Fan, T. Rausch, P. Subedi, M. Ma, S. Kalarickal, C.J. Rea, D.V. Dimitrov, P.W. Huang, K. Wang, X. Chen, C. Peng, W. Chen, J.W. Dykes, M.A. Seigler, E.C. Gage, R. Chantrell and J.-U. Thiele, IEEE Trans. Magn. **51**, 3201709 (2015).

[28.459] J.G. Zhu and Y. Tang, IEEE Trans. Magn. **44**, 125 (2008).

[28.460] T. Seki, K. Utsumiya, Y. Nozaki, H. Imamura and K. Takanashi, Nature Commun. **4**, 1726 (2013).

[28.461] S. Baillet, Nature Neurosci. **20**, 327 (2017).

[28.462] K. Fujiwara, M. Oogane, A. Kanno, M. Imada, J. Jono, T. Terauchi, T. Okuno, Y. Aritomi, M. Morikawa and M. Tsuchida, Appl. Phys. Exp. **11**, 023001 (2018).

[28.463] C.J. Schwee, IEEE Trans. Magn. **8**, 405 (1972).

[28.464] I.M. Miron, K. Garello, G. Gaudin, P.-J. Zermatten, M.V. Costache, S. Auffret, S. Bandiera, B. Bodmacq, A. Schuhl and P. Gambardella, Nature **476**, 189 (2011).

[28.465] Y. Shiota, T. Nozaki, F. Bonell, S. Murakami, T. Shinjo and Y. Suzuki, Nature Mat. **11**, 39 (2011).

[28.466] H. Maehara, H. Kubota, Y. Suzuki, T. Seki, K. Nishimura, Y. Nagamine, T. Tsunekawa, A. Fukushima, H. Arai, T. Taniguchi, H. Imamura, K. Ando and S. Yuasa, Appl. Phys. Exp. **7**, 023003 (2014).

[28.467] W.A. Borders, H. Akima, S. Fukami, S. Moriya, S. Kurihara, Y. Horio, S. Sato and H. Ohno, Appl. Phys. Exp. **10**, 013007 (2016); S. Tsunegi, T. Taniguchi, R. Lebrun, K. Yakushiji, V. Cros, J. Grollier, A. Fukushima, S. Yuasa and H. Kubota, Sci. Rep. **8**, 13475 (2018).

[28.468] W.A. Borders, A.Z. Pervaiz, S. Fukami, K.Y. Camsari, H. Ohno and S. Datta, Nature **573**, 390 (2019).

[28.469] T. Devolder, D. Rontani, S. Petit-Watelot, K. Bouzehouane, S. Andrieu, J. Létang, M.-W. Yoo, J.-P. Adam, C. Chappert, S. Girod, V. Cros, M. Sciamanna and J.-V. Kim, Phys. Rev. Lett. **123**, 147701 (2019).

[28.470] H. Hayashi, L. Thomas, R. Moriya, C. Rettner and S.S.P. Parkin, Science **320**, 209 (2008); S.S.P. Parkin, M. Hayashi and L. Thomas, Science **320**, 190 (2008).

[28.471] N. Romming, C. Hannekin, M. Menzel, J.E. Bickel, B. Wolter, K. von Bergmann, A. Kubetzka and R. Wiesendanger, Science **341**, 636 (2013).

[28.472] W.Y. Choi, H.-J. Kim, J. Chang, S.H. Han, H.C. Koo and M. Johnson, Nature Nanotech. **10**, 666 (2015).

[28.473] B.A. Murphy, A.J. Vick, M. Samiepur and A. Hirohata, Sci. Rep. **6**, 37398 (2016).

[28.474] A. Hirohata and J.-Y. Kim, *Optically Induced and Detected Spin Current*, in: S. Maekawa, S.O. Valenzuela, E. Saitoh and T. Kimura (Eds), *Spin Current* (Oxford Univ. Press, Oxfort, 2017).

[28.475] S. Hallstein, J.D. Berger, M. Hilpert, H.C. Schneider, W.W. Rühle, F. Jahnke, S.W. Koch, H.M. Gibbs, G. Khitrova and M. Oestreich, Phys. Rev. B **56**, R 7076 (1997); J. Rudolph, S. Döhrmann, D. Hägele and M. Oestreich, Appl. Phys. Lett. **87**, 241117 (2005).

[28.476] C. Gothgen, R. Oszwaldowski, A. Petrou and I. Zutic, Appl. Phys. Lett. **93**, 042513 (2008).

Stichwortverzeichnis

https://doi.org/10.1515/9783486855449-007

www.ingramcontent.com/pod-product-compliance
Lightning Source LLC
Chambersburg PA
CBHW081220220326
41598CB00037B/6842